ADINA 应用基础与实例详解

岳戈 陈权 等 编著

ADINA APPLIED BASE AND EXAMPLE DETAILED EXPLAIN

本书附带光盘为ADINA公司提供的900节点版本

人民交通出版社
China Communications Press

内 容 提 要

本书以 ADINA 结构模块为主，详细介绍了 ADINA 的使用操作，包括界面、几何模型、有限元模型、分析类型、后处理、命令流等方面的系统讲解，面向初学者设计了 21 道练习例题，涵盖了结构部分的主要技术功能，实用性强是本书最大特点。

图书在版编目（CIP）数据

ADINA 应用基础与实例详解/岳戈等编著. —北京：人民交通出版社，2008.7

ISBN 978-7-114-07250-5

Ⅰ.A… Ⅱ.岳… Ⅲ.建筑设计：计算机辅助设计－应用软件，ADINA Ⅳ.TU201.4

中国版本图书馆 CIP 数据核字（2008）第 093130 号

书　　名：ADINA 应用基础与实例详解
著 作 者：岳　戈　陈　权　等
责任编辑：高　培
出版发行：人民交通出版社
地　　址：（100011）北京市朝阳区安定门外外馆斜街 3 号
网　　址：http://www.ccpress.com.cn
销售电话：（010）59757969，59757973
总 经 销：北京中交盛世书刊有限公司
经　　销：各地新华书店
印　　刷：北京市密东印刷有限公司
开　　本：787×1092　1/16
印　　张：23.25
字　　数：560 千
版　　次：2008 年 7 月第 1 版
印　　次：2010 年 3 月第 2 次印刷
书　　号：ISBN 978-7-114-07250-5
定　　价：49.00 元
（如有印刷、装订质量问题，由本社负责调换）

前　言

ADINA 非线性有限元软件对中国用户并不陌生。1981 年 ADINA 的非商业软件进入中国市场，为有限元在我国的应用起到了很好的推动作用，不但解决了许多急需解决的工程问题，其源代码也成为国内一些程序开发研究的基础。20 世纪 80 年代末 NASTRAN、ANSYS、ABAQUS、MARC 等优秀商业化软件相继进入我国，在科研、工程、教育领域广泛应用，用户们似乎有一种“五岳归来不看山”的感觉。

2002 年 ADINA 的商业化软件再次进入中国，用户惊奇地发现，ADINA 卓越的非线性求解功能、强大的流固耦合场求解功能比之其他软件更胜一筹。

近年来许多用户，尤其是高校师生深感 ADINA 软件资料匮乏。鉴于这种情况，一些 ADINA 用户以焦点仿真工作室的名义编写了本书。本书以结构分析为主，面向初学者，详细介绍了 ADINA 的使用操作，并提供了几十个例题，用户通过本书的学习，特别是例题练习，肯定会受益匪浅。第 8 章有部分实例难度超出了本书的预期内容，这些练习前面加注了“*”号。

为了后续学习应用的需要，焦点仿真工作室还编写了《ADINA CFD/FSI 分析及应用》、《ADINA 应用实例汇编》，为本书的高级内容部分。

由于作者水平有限，希望本书能起到抛砖引玉的作用。

参加本书编写并为此付出辛勤劳动的有岳戈、陈权、王丽娟、晓舟、梁宇白、陈晨几位同志。本书之所以出版与人民交通出版社土木与建筑图书出版中心的大力支持与帮助是分不开的，在这里对他们的工作表示诚挚的谢意。

作者

2008 年 2 月于北京

目　录

第 1 章　ADINA 软件简介 …… 1
1.1　ADINA 软件概况 …… 1
1.2　ADINA 软件的主要技术特点 …… 2
1.2.1　Windows 界面风格 …… 2
1.2.2　基于 Parasolid 核心的实体建模技术 …… 2
1.2.3　丰富的数据接口 …… 3
1.2.4　出色的网格自动生成技术和网格划分能力 …… 3
1.2.5　丰富的单元类型和材料模式 …… 3
1.2.6　完善的求解理论框架和高效的线性、非线性求解技术 …… 3
1.2.7　结构、流体、热的真正耦合分析 …… 4
1.2.8　完善的用户开发环境 …… 4
1.2.9　广泛的适用领域 …… 4
1.3　ADINA 软件的主要模块功能简介 …… 7
1.3.1　ADINA-AUI(前后处理模块) …… 7
1.3.2　ADINA Structure(结构分析模块) …… 7
1.3.3　ADINA-CFD(流体分析模块) …… 8
1.3.4　ADINA-FSI:流体/结构耦合分析模块(需要 ADINA Structure 和 ADINA-CFD 模块) …… 9
1.3.5　ADINA-Thermal:热分析模块 …… 9
1.3.6　ADINA-TMC:热/结构耦合分析模块 …… 9
1.3.7　Transor:与 CAD/CAE 软件的专用接口 …… 9
1.4　ADINA 用户界面(AUI)概述 …… 9
1.4.1　综述 …… 9
1.4.2　ADINA 软件的安装 …… 10
1.4.3　启动和退出 AUI …… 16
1.4.4　AUI 布局 …… 17
1.5　ADINA 常用菜单、工具条和对话框操作 …… 19
1.5.1　File 菜单 …… 19
1.5.2　Edit 菜单 …… 21
1.5.3　View 菜单 …… 22
1.5.4　图标工具条 …… 22
1.5.5　对话框操作 …… 24
1.6　ADINA 中的区域(ZONE)概念 …… 26

1.6.1 定义区域……27
1.6.2 激活区域……29
1.6.3 指定区域颜色……29
1.6.4 显示区域……30
1.6.5 区域结果变量列表……30
1.7 ADINA 文件系统……31
1.7.1 ADINA 系统中用到的主要文件类型……31
1.7.2 数据库和数据库文件……32
1.7.3 临时作业文件……32
1.7.4 映像(Mapping)文件……32
1.7.5 CAD 和有限元数据文件……33
1.7.6 求解器输入数据文件……34
1.7.7 批处理(Batch)文件……34
1.7.8 作业(Session)文件和命令文件……34
1.7.9 计算结果(porthole)文件……35
1.7.10 ADINA 系统文件调用关系……35
第 2 章 ADINA 基本分析过程与分析控制参数……38
2.1 ADINA 有限元分析的基本步骤……38
2.2 ADINA 建模的步骤……39
2.2.1 建议按照如下的步骤定义模型……39
2.2.2 有限元分析中的单位制……39
2.3 ADINA 的分析控制参数……39
2.3.1 标题……39
2.3.2 自由度……40
2.3.3 时间函数……41
2.3.4 时间步……42
2.3.5 分析假定……43
2.3.6 方程求解设置……46
2.3.7 其他分析控制选项……48
2.3.8 文件控制……49
第 3 章 几何建模……54
3.1 坐标系……55
3.1.1 局部坐标系的类型……55
3.1.2 定义局部坐标系的方法……56
3.1.3 创建局部坐标系的操作步骤……57
3.2 Native 几何建模方式……58
3.2.1 创建和删除点……58
3.2.2 创建和删除线……59
3.2.3 创建和删除面……67

3.2.4 创建和删除体 …… 70
3.2.5 空间函数 …… 73
3.2.6 实例:拉力作用下的开孔板 …… 75
3.3 Parasolid 几何建模方式 …… 87
3.3.1 导入 Parasolid 模型 …… 87
3.3.2 创建和删除 Parasolid 体 …… 88
3.3.3 切割面(Section Sheet) …… 94
3.3.4 布尔运算 …… 95
3.3.5 Parasolid 体修改器 …… 98
3.3.6 实例:压力容器几何建模 …… 102
3.4 两种几何建模方式的共用操作 …… 105
3.4.1 几何变换 …… 105
3.4.2 几何域 …… 107
3.4.3 几何尺度测量 …… 107
3.4.4 面连接 …… 107
第 4 章 有限元模型与网格划分 …… 108
4.1 材料 …… 108
4.1.1 ADINA 中的应力应变类型 …… 108
4.1.2 ADINA Structure 材料模型 …… 110
4.1.3 ADINA-Thermal 材料模型 …… 120
4.1.4 ADINA-CFD 材料模型 …… 121
4.2 单元和单元组 …… 123
4.2.1 单元类型 …… 123
4.2.2 定义单元组 …… 124
4.2.3 几何元素的单元属性 …… 128
4.3 边界条件 …… 129
4.3.1 自由度边界条件 …… 129
4.3.2 约束方程 …… 130
4.3.3 刚性连接 …… 130
4.3.4 梁的端点自由度松弛 …… 131
4.4 荷载 …… 131
4.4.1 荷载类型与施加对象 …… 131
4.4.2 定义与施加荷载 …… 132
4.5 初始条件 …… 133
4.5.1 定义初始条件 …… 134
4.5.2 施加初始条件 …… 134
4.6 接触 …… 135
4.6.1 接触组(Contact Group) …… 135
4.6.2 接触面 …… 136

4.6.3 接触对 …… 137
4.6.4 划分接触网格 …… 138
4.6.5 接触控制 …… 138
4.7 网格密度控制与网格划分 …… 139
4.7.1 网格划分密度 …… 139
4.7.2 生成单元和节点 …… 141
4.7.3 删除生成的单元和节点 …… 146
第 5 章 分析类型与求解 …… 147
5.1 分析类型 …… 147
5.2 求解 …… 152
5.2.1 生成求解器输入数据文件 …… 152
5.2.2 AUI 环境启动求解 …… 152
5.2.3 Windows Start Menu 方式启动求解 …… 153
5.2.4 批处理模式进行求解 …… 153
5.2.5 内存分配 …… 153
5.3 求解器 …… 154
第 6 章 后处理 …… 155
6.1 读入结果文件 …… 155
6.1.1 完整地读入结果文件 …… 155
6.1.2 有选择地读入结果文件 …… 156
6.1.3 读入耦合分析的结果文件 …… 156
6.2 网格图 …… 156
6.2.1 显示初始网格 …… 156
6.2.2 显示变形网格 …… 156
6.2.3 变形显示比例 …… 157
6.2.4 显示节段法向 …… 157
6.2.5 显示接触面 …… 157
6.2.6 显示刚性连接和约束方程 …… 157
6.2.7 显示荷载 …… 157
6.2.8 显示边界条件 …… 157
6.2.9 修改网格图 …… 157
6.3 云图/等值线图 …… 158
6.3.1 显示云图/等值线图 …… 158
6.3.2 修改云图/等值线图 …… 159
6.3.3 删除云图/等值线图 …… 159
6.3.4 光滑处理开关 …… 159
6.4 矢量图 …… 160
6.4.1 显示矢量图 …… 160
6.4.2 修改矢量图 …… 160

6.4.3 删除矢量图 …… 160
6.4.4 快速显示主应力矢量图 …… 160
6.5 切片图 …… 160
6.6 曲线图 …… 162
6.6.1 路径曲线 …… 162
6.6.2 时程曲线 …… 162
6.7 动画 …… 163
6.8 列表 …… 164
6.8.1 摘要信息 …… 165
6.8.2 极值列表(ADINA-AUI 适用) …… 165
6.8.3 使用过滤器列表(ADINA-AUI 适用) …… 166
6.8.4 不经过滤的列表(ADINA-AUI 适用) …… 166
第 7 章 ADINA 命令 …… 167
7.1 命令输入模式 …… 167
7.2 命令的格式 …… 167
第 8 章 实例详解 …… 172
实例 1 集中/均布荷载作用下的悬臂梁 …… 172
实例 2 平面框架静力分析(节点自由度松弛) …… 179
实例 3 预应力混凝土梁 …… 186
实例 4 约束方程应用(不同自由度单元连接) …… 203
实例 5 初始应力场施加 …… 211
实例 6 三维实体单元测试 …… 224
实例 7 结构非线性:方块体大变形分析 …… 230
实例 8 接触模态分析 …… 239
实例 9 冲击载荷作用的梁——模态叠加 …… 249
实例 10 地震载荷作用的梁——谱分析 …… 252
实例 11 一端有弹簧支撑的悬臂梁 …… 256
*实例 12 流固耦合计算——水坝相互作用(势流体) …… 260
实例 13 桩与土计算 …… 270
*实例 14 蒸汽—空气热交换器 …… 287
*实例 15 用滑移网格法对简化的涡轮做 FSI 分析 …… 297
*实例 16 结构流体和热的三场耦合模型 …… 302
*实例 17 带多孔介质的流固耦合模型 …… 313
实例 18 带散热片的轴对称管的热机耦合分析 …… 324
实例 19 板梁的屈曲分析 …… 332
实例 20 采用 LDC 算法计算网壳结构的稳定性、屈曲和后屈曲分析 …… 338
实例 21 受均匀拉力的中心开孔板 …… 345
附录 …… 355
参考文献 …… 362

第 1 章　ADINA 软件简介

1.1　ADINA 软件概况

ADINA 软件是美国 ADINA R&D 公司的产品，是基于有限元技术的大型通用分析仿真平台，广泛应用于各个工业领域、研究机构和教育机构。ADINA R&D 公司由世界著名的有限元技术专家 K. J. Bathe 博士及其同事于 1986 年创建，总部位于美国马萨诸塞州 Watertown。该公司专门致力于开发能够对结构、热、流体及流构(固)耦合、热构(固)耦合问题进行综合性有限元分析的程序——ADINA，从而为用户提供一揽子解决方案。

K. J. Bathe 博士于 1975 年到麻省理工学院工作，带领研究队伍开发了 ADINA 程序，其含义是 Automatic Dynamic Incremental Nonlinear Analysis。从 1975 年到 1984 年间，尽管 ADINA 不是商业产品，但它却是全球最先进的有限元分析程序。一方面由于其理论基础深厚、功能强大，被工程界、科学研究、教育等众多用户广泛应用；另一方面其源代码是 Public Domain Code，传播到全球各个领域，甚至很多商业有限元程序都来自 ADINA 的基础代码。我国曾经于 1981 年引进 ADINA 非线性结构分析程序，为有限元程序在我国工程问题中的应用带来了一个新的高潮，许多一直无法解决的工程难题都迎刃而解。经过 30 年的不断发展，ADINA 软件以其领先的计算理论、对非线性问题的稳定求解技术(ADINA 的很多求解技术持有专利)、强大而广泛的多物理场仿真功能获得全球用户的好评，被誉为有限元软件中的精品。

ADINA 系统主要包括下列产品模块：

- ADINA-AUI：前后处理模块
- ADINA Structure：结构分析模块
- ADINA-CFD：计算流体动力学(CFD)分析模块
- ADINA-Thermal：热分析模块
- ADINA-FSI：流体/结构耦合分析模块(包括热)
- ADINA-TMC：热/机械耦合分析模块
- ADINA-M：Parasolid 高级建模模块
- ADINA-Transor：与 CAD/CAE 软件的专用接口
- 900-NODE Version：900 节点的教育学习版(不包含 Parasolid 高级建模功能)

ADINA 软件有 UNIX 工作站版、Linux 版和 Windows 版三个主要版本。从 8.0 版本开始，ADINA 在不同平台上的界面几乎完全一致。目前，ADINA8.4 版已正式发布并面向全球用户供应。ADINA8.4 版的开发历时一年多，增加了许多新功能，并在诸多方面增强了原有功能，比如：在前后处理模块中增加了树状模型视图和标签对话框，在 ADINA-M 模块中消除了对实体模型大小的限制，进一步增强了 IGES 文件转换、网格划分、大规模 CFD 模型求解、显式动力求解、接触问题求解的能力，提供了新的 3 结点壳单元(MITC3 单元)、大应变壳单元的ULH公式、形状记忆合金(SMA)材料模型、VOF模型中的相变效应、紊流分析中的剪应力传播(SST)模型,等等。本书的写作就是基于ADINA8.4版和Windows平台的。

另外,ADINA8.4版支持所有主流计算平台,具体情况参见表1-1。并且,ADINA对硬件资源的要求也比较低,对于PC机来说,最低配置为:64M内存/215M硬盘安装空间/CD-ROM/4M显存的显卡。

ADINA8.4版支持的计算平台 表1-1

硬件/操作系统	32位版本	64位版本	并行功能②
HP/HP-UX 11, PA-RISC computers	No	Yes, ADINA-M①	总体矩阵组集,求解器
HP/HP-UX 11.22, Itanium computers	No	Yes, ADINA-M	总体矩阵组集,求解器
Linux kernel 2.4.0 and higher, x86 computers	Yes, ADINA-M	No	总体矩阵组集,求解器
Linux kernel 2.4.0 and higher, Itanium computers(including SGI Altix)	提供x86版的AUI,可以使用ADINA-M	Yes	总体矩阵组集,求解器
Linux kernel 2.4.21 and higher, Intel X86_64 and AMD Opteron computers	No	Yes, ADINA-M	总体矩阵组集,求解器
IBM/AIX 5.1	No	Yes, ADINA-M	求解器
SGI/IRIX 6.5.16m and higher	No	Yes, ADINA-M	总体矩阵组集,求解器
Sun/SunOS 5.8 (Solaris 8)	No	Yes, ADINA-M	求解器
Windows 2000, XP③	Yes, ADINA-M	No	求解器

注:①ADINA-M仅支持表中标明的平台。
②只有ADINA Structure和ADINA-Thermal有并行的总体矩阵组集功能。
③支持3GB地址空间。

1.2 ADINA软件的主要技术特点

1.2.1 Windows界面风格

ADINA软件是一个全集成有限元分析系统,采用完全的Windows界面风格,既可以采用图标也可以采用菜单来执行任务。ADINA可以根据用户的喜好重新布置界面,可以根据用户的需要任意添加和减少图标,还可以自己定义快捷键来完成操作。在前处理中,撤销(Undo)和重做(Redo)次数也可以由用户自己定义。

1.2.2 基于Parasolid核心的实体建模技术

ADINA采用Parasolid作为其前处理的几何建模内核技术,这是全球CAD/CAE软件最为流行的建模技术，绝大多数知名 CAD/CAE 软件都采用 Parasolid 作为几何建模的核心技术。因此，ADINA 一方面可以方便地创建各种复杂的几何模型，另一方面可以与采用 Parasolid 核心的软件直接交换几何模型，由于数据结构完全相同，不存在信息失真或丢失的问题，可以实现无缝集成，如 Unigraphics、SolidWorks、IronCAD、SolidEdge、MicroStation。其他一些 CAD/CAE 软件，即使没有采用 Parasolid 内核，只要有 Parasolid 接口，就可将创建的 CAD/CAE 模型以 Parasolid 格式传入 ADINA。

1.2.3 丰富的数据接口

除了上面讲到的 Parasolid 接口，ADINA 还提供与国际上流行的其他 CAD/CAE 软件的各种数据传递接口，这些接口可以完成几何模型、有限元模型的转换，有些软件系统甚至可以与 ADINA 直接集成，作为 ADINA 的前后处理使用。例如：

(1)IGES 通用数据接口。一些与 ADINA 还没有直接接口的 CAD 系统通过此接口可以将几何模型读入 ADINA(如 CATIA)。

(2)MSC. Nastran 输入文件可以直接读入 ADINA-AUI 数据库。

(3) 与 Pro/Engineer、Unigraphics、SolidEdge、SolidWorks、Microstation、AutoCAD、IDEAS、NASTRAN、PATRAN 实现模型数据传递。

1.2.4 出色的网格自动生成技术和网格划分能力

对于有限元计算而言，网格质量与求解器同样重要，也是有限元程序发展的重要方向之一。ADINA 具有多种智能化的网格自动生成技术，提供多种高质量的网格划分器，具有强大的网格划分功能。除常见网格划分外，对复杂模型进行自动六面体网格划分，同时也具有自适应网格重划分功能。

另外，材料、载荷和边界条件可直接赋予几何模型，修改单元网格不会影响模型载荷和边界条件的定义。

1.2.5 丰富的单元类型和材料模式

单元类型详见 4.2 节。

ADINA 支持 100 多种金属和非金属材料模式，比如各向同性线弹性、正交各向异性线弹性、非线性弹性、双线段等温塑性、多线段等温塑性、Mroz 双线段等温塑性、正交各向异性塑性、Ilyushin、Gurson、热弹性、热弹塑性、蠕变、混凝土、弹性橡胶、超弹性、曲线描述地质材料、Drucker-Prager、岩石-黏土、带皱褶纤维、黏弹性，等等，此外还支持用户自定义材料。

1.2.6 完善的求解理论框架和高效的线性、非线性求解技术

ADINA 求解理论框架如图 1-1 所示，同时具有隐式/显式时间积分算法、有限元/控制体积方法、时域/频域求解方法，实现了真正意义上的结构/热/流体多场耦合问题的求解。

ADINA 求解非线性问题采用自动时间步长技术，由程序根据问题稳定性自动判断时间步或载荷步大小；提供 Line Search 方式配合 Newton-Raphson 迭代处理循环加载卸载问题模拟；提供基于改进弧长法的 LDC 方法计算非线性屈曲和后屈曲问题；提供专用的固有频域求解器 Determinant-Search 用于流固耦合模态求解，等等。

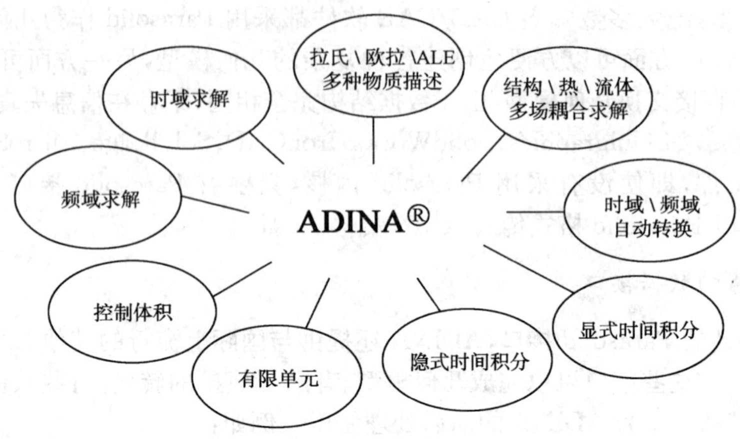

图 1-1 ADINA 系统的求解理论体系

1.2.7 结构、流体、热的真正耦合分析

ADINA-FSI (Fluid Structure Interaction)是全球领先的流固耦合求解器。由于 ADINA 的结构和流体求解器都是同一家产品，ADINA-FSI 很容易将 ADINA Structure 和 ADINA-CFD 的功能融合在一起，实现流体/结构耦合的高级分析。特点有：

➢ 流体和结构的网格可独立划分，即流体和结构在界面上的网格不需要一致

➢ 可考虑自由液面运动

➢ 可考虑移动壁面问题

➢ 当流体区域发生变化时可考虑网格重划分

➢ 结构域采用 Lagrange 坐标系，流体域采用 Euler 坐标系，流固耦合界面采用 ALE(Arbitrary Lagrange Euler)坐标系。

➢ ALE 输运参量包括速度、压力、位移等参量

➢ 不同域自动采用相同时间积分

➢ 流固耦合有两种选项

  ✧ FSI

  ✧ Thermal FSI

➢ 任何流体本构和结构材料都可进行耦合分析

1.2.8 完善的用户开发环境

任何一个商业化软件，都不可能完全满足所有的工程问题以及所有用户的需求，尤其是研究院所、高校等一些处在科学研究最前沿的单位。为此 ADINA 提供丰富的二次开发功能，如图 1-2 所示，允许用户方便地自定义各种用户功能，常见如本构算法、材料破坏准则、接触摩擦形式；断裂力学判据和开裂扩展规律、用户边界条件/荷载等等。

1.2.9 广泛的适用领域

ADINA 功能强大，在世界范围内被广泛采用，表 1-2 列出了 ADINA 的典型应用领域和

所能解决的代表性工程问题。但 ADINA 的适用领域不限于表 1-2 所列的范围，用户们可以灵活地把 ADINA 应用于自己的研究和工作领域。

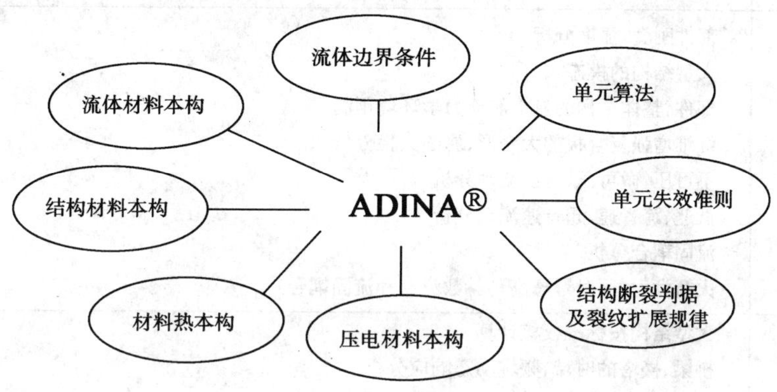

图 1-2　ADINA 支持全面二次开发环境

ADINA 的典型应用　　表 1-2

典型应用领域	代表性问题
机械工业	结构应力应变分析 结构的屈曲、后屈曲分析 结构固有动态特性和基于频域的动载响应分析 结构时域瞬态动载分析 温度相关的结构变形、蠕变和断裂分析 机械系统多体接触分析 压力容器设计(可考虑高温高压、流固耦合) 轴承、减振等系统工作过程仿真(可考虑多体接触、流体流动及流固耦合)
汽车工业	部件刚度、强度分析 基于 FMVSS 标准的整车结构准静态试验仿真 基于 FMVSS 标准的整车结构冲击试验仿真 发动机系统多场耦合分析 ABS 制动防抱死系统 油泵管道应力和流动分析 车灯照明系统(考虑灯罩内空气流动、光辐射等效应) 轮胎横径向刚度、防滑等力学分析
材料加工	薄板拉延成形 金属轧制 金属和塑胶材料的水压成型 多种温度相关、硬化模式材料本构 金属切割、切削过程仿真 考虑塑性变形焦耳热转化 考虑部件间接触传热 考虑摩擦生热

续上表

典型应用领域	代表性问题
航空航天	部件刚度、强度分析 大型结构的模态求解 部件、整体结构的航空航天力学环境预测 纤维增强复合板的大变形、屈曲失稳分析 不可压、微可压、可压流动分析 低速、跨音速、超音速流动分析 流固耦合分析 火箭发射(同时考虑高马赫数流动和流固耦合)
土木工程	大型结构按标准校核计算 桥梁、楼塔的时域、频域动态响应分析 大型建筑的地震响应分析 大型容器(油罐等)的地震响应分析 坝、隧道、桥等多孔介质体固结、渗流分析 混凝土结构、岩土分析 结构(桩)与土壤的相互作用 隧道开挖、支护等施工过程仿真 大坝浇注、管道填埋等施工过程仿真
电子电器	静电场分析 压电效应分析(可由用户自定义压电特性) 电子产品跌落仿真 麦克风、音响、助听器的声学设计(声场、结构耦合求解) 压缩机内部工质流动分析 热交换设计(同时考虑多相流动、热、流固耦合) 焊点(封装工艺)设计(循环加载和材料蠕变) 电子产品散热设计 MEMS(微机电系统)器件设计(尤其涉及微流体问题)
断裂力学	求解裂纹萌生、扩展历史 可考虑周围流体流动 可考虑温度、压力、动力学效应等因素 采用网格自适应划分技术 用户可自定义材料模式、断裂判据和裂纹扩展规律
国防军工	应力波传播问题 核容器设计(高温高压、金属蠕变、流固耦合) 防护工程结构设计 结构冲击、破坏 材料热力耦合破坏研究
生物力学	骨骼受力变形分析 假肢、假牙等力学设计 细胞在血管中的运动、结石排石过程仿真 人工肺、心脏的工作过程 脑组织损伤

1.3　ADINA 软件的主要模块功能简介

ADINA 系统的每个模块都有着丰富的功能，简介如下。

1.3.1　ADINA-AUI(前后处理模块)

- 基于 Parasolid 内核的实体建模
- 几何 Parasolid 接口
- 有限元模型数据接口
- 通用 IGES 几何传输
- 自动网格划分
- 加载和边界条件
- 模型列表
- 结果列表
- 等值线显示
- 向量显示
- 流场粒子流显示
- 动画生成
- 多种图形输出格式 Bmp，Jpeg，Gif...
- 用户自定义图标
- 在线帮助文档
- 宏语言
- 二次开发资源

1.3.2　ADINA Structure(结构分析模块)

(1)结构线性分析

- 静力分析
- 隐式瞬态算法
- 显式瞬态算法
- 频率/模态
- 模态叠加
- 周期对称
- 子结构
- 声流体

(2)结构非线性分析

- 材料非线性
- 大变形/大应变/大转动
- 静力分析

- 隐式瞬态算法
- 显式瞬态算法
- 接触(包括考虑接触的模态分析)
- 断裂力学(裂纹扩展、考虑动力学、温度效应、用户自定义单元、材料模式、断裂力学判据和裂纹扩展规律……)
- 模态叠加
- 复合材料(每层可以为不同的非线性材料、多种复合材料失效准则)
- 多孔介质
- 子结构
- 单元生死
- 初始应变/应力输入
- 重启动/结果映射/自动时间步长控制/势流体

(3)频域求解

- 响应谱
- 傅立叶分析
- 谐振
- 随机振动
- 基础响应谱

(4)屈曲分析

- 线性屈曲
- 非线性屈曲

1.3.3 ADINA-CFD(流体分析模块)

- 稳态/瞬态
- 层流/湍流
- 有限元/控制体积(Lagrange/Euler/ALE 物质与参考构形关系)
- 牛顿/非牛顿流体
- 不可压缩流动
- 微可压缩流动
- 低速可压缩流动
- 高速可压缩流动
- 各种湍流模型
- 自然/强迫对流
- 共轭传热/传质
- 气/液相变、气蚀
- 自动无量纲化
- CFL 自动求解控制
- 重启动,结果映射

- 多种边界条件
- 单元生死
- 网格自动重划分

1.3.4　ADINA-FSI：流体/结构耦合分析模块(需要 ADINA Structure 和 ADINA-CFD 模块)

- 势流体与结构耦合求解
- 不可压缩流体/微压缩流体/低速可压缩流体/高速可压缩流体与结构耦合求解
- 各种流体与多孔介质材料的耦合求解

1.3.5　ADINA-Thermal：热分析模块

- 稳态/瞬态
- 热传导/对流/辐射
- 相变
- 流体介质中的辐射(几何示踪理论)
- 焦耳热
- 单元生死
- 自动时间步长控制
- 用户自定义热属性

1.3.6　ADINA-TMC：热/结构耦合分析模块

- 热应力
- 塑性功热转化/摩擦生热
- 热电耦合
- 压电分析

1.3.7　Transor：与 CAD/CAE 软件的专用接口

ADINA 与国际上流行的 CAD、CAE 软件的数据传递接口，如 Pro/Engineer，I-DEAS，AutoCAD/MDT，PATRAN……这些接口可以完成几何模型、有限元模型的直接转换，有些系统甚至与 ADINA 直接集成，作为 ADINA 的前后处理使用。

1.4　ADINA 用户界面(AUI)概述

1.4.1　综述

ADINA 是一个全集成有限元分析系统，所有分析模块使用统一的前后处理用户界面 ADINA User Interface(AUI)，易学易用，友好的交互式图形界面实现所有建模和后处理功能。命令流文件 Jobname.in 自动记录跟踪用户输入数据和所选的选项，用户可以随意查看、编辑 Jobname.in 文件达到重建或修改整个模型的目的。

AUI 提供了基于窗口环境的友好界面，借助于这一环境，通过使用 ADINA-AUI 系统，可以创建、求解和显示有限元模型。

AUI提供了各种ADINA分析系统的输入和输出文件格式和图形用户界面，本节将详细叙述其使用方法。对于ADINA Structure、ADINA-Thermal、ADINA-CFD、ADINA-FSI和ADINA-TMC等求解器，AUI提供了启动和监控这些系统运行状态的窗口。

ADINA-AUI的主要特点包括：可通过Native和Parasolid方式创建各种几何模型；直接读入各种CAD系统，如AutoCAD和基于Parasolid核心的实体（Unigraphics，SolidWork和SolidEdge等软件）生成几何模型。物理性能、载荷和边界条件可直接赋予到几何模型，因此修改单元网格不会影响模型载荷和边界条件的定义；对于变载荷，ADINA提供各种时间函数和空间函数，空间函数能够实现各种非均布载荷的加载。ADINA提供多种网格划分，具有强大的网格划分功能。除常见网格划分外，对复杂模型进行自动六面体网格划分，同时也具有自适应网格重划分功能。

➢ 前处理功能

- 用户可以根据需要添加和减少图标，任意组织界面
- 可对常用功能操作自定义快捷键
- 具有Undo和Redo功能
- 模型动态旋转、缩放和平移
- 快速方便的布尔运算，快速建立复杂模型
- 各种加载方式，载荷可以随时间和空间位置而变化
- 多种网格划分功能，可对复杂模型进行自动六面体网格划分

➢ 后处理功能

- 后处理支持各种结果变量可视化处理方法。如网格变形图、线面消隐、彩色云图、等值线图、矢量图等；旋转、平移、缩放、图形输出、生成动画和图形注释等操作；
- 各种变量曲线图绘制、流场粒子、切片显示等技术；
- 可将多种结果用一幅图形表示（如使用一副图形同时表示流体速度与结构应力）；
- 从输出变量中定义导出变量；
- ADINA可以方便地生成应力、温度、变形等计算结果的动画显示、切片动画，动画播放同时可以进行旋转、缩放、平移等操作；
- 模型可以进行隐藏、透明显示；
- 方便地绘制出模型的任意点任一计算结果参量随时间或其他参量的变化曲线，例如应力—应变曲线、位移—时间曲线、应力—时间曲线等等；
- 可以以多种图形格式输出分析结果。

1.4.2 ADINA软件的安装

1）Windows操作系统下软件的安装

首先确认安装机器带有网卡，同时系统中安装有TCP/IP协议和NetBIOS协议，并根据您所购买软件的授权是浮动License还是锁定节点License提取License信息。

（1）ADINA浮动License的信息提取和安装

①ADINA浮动License信息提取

在 Windows 系统下的命令提示符窗口(开始—程序—附件—命令提示符)输入【ipconfig】/【all】,然后系统将在 DOS 窗口中显示如:

Physical Address……:00-0B-DB-19-8F-2B

其中,下划线显示的即网卡号。

对高校版浮动 License 要设定网络的网段,如 192.168. *. *(所有要使用 ADINA 的客户端必须与 ADINA 服务器保持网段一致)。对企业版浮动 License 直接执行②中步骤 b。

②ADINA 预安装方法

缺省的 ADINA 安装目录<ADINA Home Directory>是 C:\Program Files\ADINA R&D, Inc\ADINA System 8.4,用户可以选择其他安装目录。如果系统是 Windows NT/2000/XP,必须以管理员身份登录。

a. 将 ADINA 8.4 安装光盘放进光驱,自动弹出 ADINA 安装菜单。如果没有出现安装菜单,从系统的开始主菜单中选择运行光盘中的 autorun\CDStart.exe 文件(图 1-3)。

图 1-3

b. 从安装菜单中拾取 Install ADINA System 8.4 选项并按要求执行安装过程。当出现 Setup Type 选择窗口时,选择自定义安装即【Custom】选项(图 1-4)。

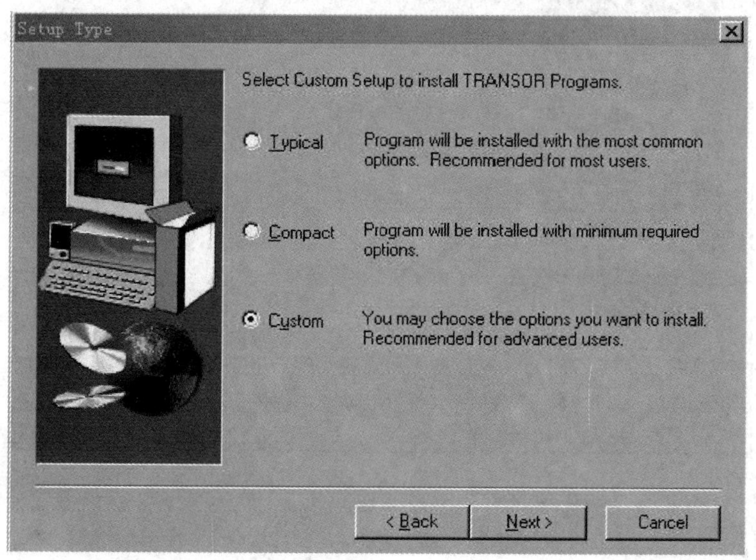

图 1-4

c. 在选择安装组件时(图 1-5)，单击下拉菜单选择【Floating License Manager】，即浮动 License 安装。

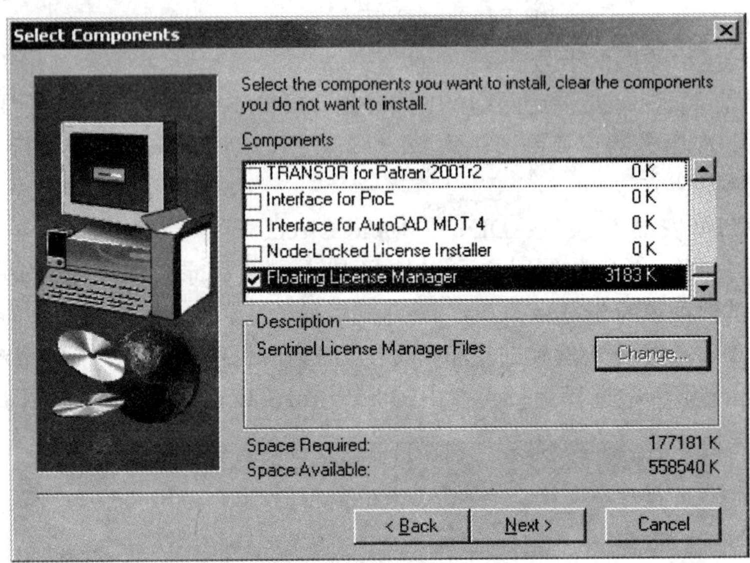

图 1-5

d. 当出现 ADINA License Type 窗口需要选择 License 类型时，根据您的软件授权类型选择【Floating-Educational】(教育版浮动 License)或【Floating-Industry】(企业版浮动 License)。

e. 下一步，如图 1-6 所示，输入 License 服务器的 IP 地址，安装程序会连续出现两次问题提示，两次均应点击【YES】，然后按程序要求完成整个安装过程。

图 1-6

f. 重新启动计算机。

③ADINA 正式安装方法

最终 ADINA 公司将以文件“lservrc”形式把 License 提供给您，请将此文件(注意：此文件应没有任何扩展名)复制到 License 服务器的<ADINA Home Directory>\Sentinel 目录下。如果采用 Windows NT/2000/XP 系统，运行<ADINA Home Directory>\Sentinel 目录下的 loadls.exe 程序，单击【Add】按钮启动 License 服务；如果采用 Windows 95/98 系统，运行 lserv9x.exe 程序。重新启动服务器，启动 ADINA 软件并开始使用。

④ADINA 客户端安装方法

ADINA 客户端的安装可以参照 ADINA 服务器预安装的方法，但可以不安装 Floating License Manager，即预安装第 c 步可以不做。另外需要注意的是在第 e 步要输入 ADINA 服务器的 IP 地址，并且对此后连续出现的两次问题提示回答 YES。

(2)锁定节点 ADINA License 信息提取及安装

①打开系统的【开始】→【程序】→【ADINA System 8.4】→【Install Node Locked License】，弹出窗口，窗口中显示 System ID(网卡物理地址)，此信息将反馈给 ADINA 公司申请 License。

②ADINA 锁定节点的安装方法参考浮动 License 的安装过程，不同之处是当出现 ADINA License Type 窗口需要选择 License 类型时，选择【Node-Locked】。

③收到 ADINA 的 License 文件后，注意锁定节点 License 文件是一个文本文件。打开系统的【开始】→【程序】→【ADINA System 8.4】→【Install Node Locked License】，弹出窗口，按窗口的提示(图 1-7)，分别将 ADINA License 文件中的字符串拷贝到窗口五个栏目中。典型的 License 文件格式是：

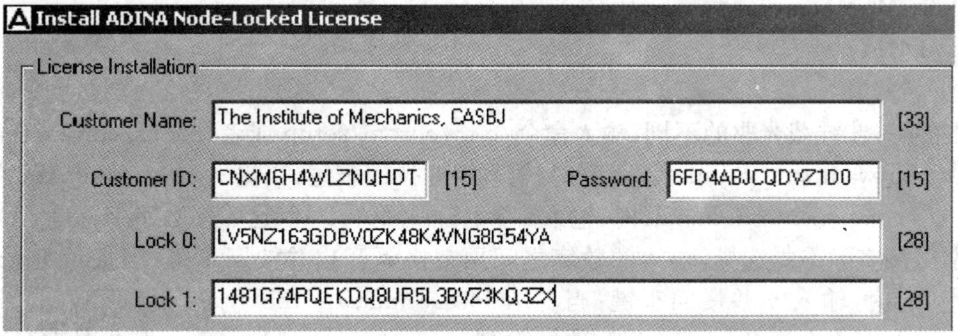

Install ADINA Node-Locked License
License Installation
Customer Name: The Institute of Mechanics, CASBJ [33]
Customer ID: CNXM6H4WLZNQHDT [15] Password: 6FD4ABJCQDVZ1D0 [15]
Lock 0: LV5NZ163GDBV0ZK48K4VNG8G54YA [28]
Lock 1: 1481G74RQEKDQ8UR5L3BVZ3KQ3ZX [28]

图 1-7

Customer Name：The Institute of Mechanics，CASBJ
[33 characters]
Program Level：Master System
1.Hostname：unknown
Computer Type：Windows 95/NT/2000
Customer ID = CNXM6H4WLZNQHDT [15]
Password = 6FD4ABJCQDVZ1D0 [15]
Lock 0 = LV5NZ163GDBV0ZK48K4VNG8G54YA [28]
Lock 1 = 1481G74RQEKDQ8UR5L3BVZ3KQ3ZX [28]

依次将 Customer Name、Customer ID、Password、Lock 0、Lock 1 后面的字符串(有下划

线)拷贝到相应的空格中,字符串大小写必须与文件中一致;

④选择【OK】关闭窗口;

⑤打开系统的【开始】→【程序】→【ADINA System 8.4】→【ADINA-AUI】,启动 ADINA 软件。

2)Linux 操作系统下软件的安装

ADINA 在 Linux 系统下的安装也分为预安装、提取信息并获取 License 和正式安装三个步骤。

(1)ADINA 浮动 License 的信息提取和安装

①ADINA 预安装

a. 挂载光盘

有些 linux 系统不能自动挂载光盘,当把光盘放入光驱后根据系统的不同需要输入命令:mount /mnt/cdrom 或者 mount /media/cdrom,详细内容请参考 linux 手册。若所使用的 linux 系统可以自动挂载光盘则不需要这一步操作。

b. 建立 ADINA 安装目录

在安装 ADINA 前需要先确定 ADINA 的安装目录,本文称之为<ADINA Home>。可以选择一个现有的目录作为<ADINA Home>,也可以建立一个目录作为<ADINA Home>。

例如要把/home/ADINA 作为<ADINA Home>,而当前/home 目录下并没有 ADINA 这个目录,可以进行以下操作:

cd /home

mkdir ADINA

cd ADINA

c. 开始安装

根据第一步挂载光驱的不同,输入命令/mnt/cdrom/setup 或者/media/cdrom/setup。当提示 Do you want to continue? [y/n]时,输入 y 并按回车键;当提示 Select the ADINA System 8.4.2 components to install 时,输入 1 3 4 5 6 7 10 11 12(这一串数字字符是 ADINA 模块代码,可按实际需要选择,输入的数字之间用空格隔开),并按回车键;当提示 Is that correct? [y/n]时,输入 y 并按回车键;当提示 Please indicate the type of ADINA license you have 时,如果是企业浮动 License 版,选择 2. Floating License—Industry;如果是教育浮动 License 版,选择 3. Floating License—Educational。

d. 完成预安装

当提示 Please enter the name or IP address of the license server 时输入 ADINA 服务器的 IP 地址并回车;当提示 Is this correct(y or n)? 时输入 y 并回车;然后根据提示完成安装。

②提取信息并获得 LICENSE

a. 用 ifconfig 命令查询网卡物理地址(HWaddr),并记录。

b. 进入<ADINA Home>目录中的 slm 目录,输入命令. /echoid,计算机会返回类似 Lock Code 1 1-14282 的信息,把它记录下来。

c. 输入命令 hostid,计算机会返回一个字符串,把它记录下来。把以上信息发送给 ADINA 公司。

d. 对于教育版浮动 LICENSE,提供所有需要使用 ADINA 的计算机所属的网段,如:

192.168.＊.＊，最多 6 个网段。

③正式安装

把从 ADINA 公司得到的 license 文件（lservrc）放到＜ADINA Home＞/slm 目录中，进入＜ADINA Home＞/slm 目录，输入./lserv，ADINA 会自动完成正式安装。

注：在＜ADINA Home＞/slm 目录中的 readme.txt 文件中有关于浮动 license 安装的更详细的说明。在 ADINA 总部网站www.adina.com上有更为详尽的英文版的安装说明（包括各种 UNIX 版 ADINA 的安装说明）。UNIX 版的安装与 LINUX 版的安装过程类似，只是不同 UNIX 系统挂载光盘的方法不同。

（2）锁定节点 ADINA License 信息提取及安装

①ADINA 预安装

a、b 步同浮动 License 的安装，c 步不同之处在于当出现 ADINA License Type 窗口需要选择 License 类型时，选择【Node-Locked】。

完成预安装后，当提示 Please select one of following password installation options 时选择【3. Do not install the password now】，然后根据提示完成安装。

②提取信息并获得 LICENSE

在＜ADINA Home＞目录中输入./adhostid，把返回的信息 The host ID of this machine is：0030487a1372 中的 0030487a1372 记录下来（每台计算机不同），然后将此信息发送给 ADINA 公司。

③正式安装

得到 ADINA 公司返回的 license 文件（license.dat 或 adina.txt）后，把这个文件放到＜ADINA Home＞目录中。进入＜ADINA Home＞目录，输入命令./adpass，ADINA 会自动完成正式安装。

若存在问题，则需要按照预安装的方法重新安装一次，当提示 Please select one of following password installation options 时选择【2. Install the password mannually】。然后把从 ADINA 公司得到的 LICENSE 文件用文本编辑器打开（命令 gedit license.dat 或 gedit adina.txt），按照提示手工顺序填写 customer name、customer ID、lock 0 和 lock1 这四条信息，每次填写完一条信息按一次回车键，再按 y 键和回车键。最后根据提示完成安装。

3）安装 ADINA 在 Windows 简体中文系统上的字库

为了解决 ADINA 在简体中文版 Windows2000\XP 系统中出现的菜单显示问题，亚得科技有限公司—ADINA 中国公司为中国用户制定一个新的字库，安装在中文系统中可消除菜单显示问题，同时不影响系统的任何其他使用。

（1）附带的字库 Cnadina.fon 文件可以从 ADINA 中国网站 www.adina.com.cn 上下载，把该文件拷贝到系统字库目录\Winnt\font\下（中文 WindowsXP 系统为\Windows\fonts）。在开始＞运行窗口中输入 regedit（图 1-8），并点击【运行】按钮，弹出系统设置表。

（2）在设置表的编辑＞查找中输入字符串“GRE_Initialize”，如果点击出现的【Gre_Initialize】时右侧窗口中出现“GUIFont. Facename”项，则点击右键，将其值修改为“CN Font Adina”，然后关闭此表（图 1-9）。

（3）重启动机器，进入 ADINA，ADINA 将使用新字库。

图 1-8

(默认)	REG_SZ	(数值未设置)
DisableRemote...	REG_DWORD	0x00000000 (0)
FIXEDFON.FON	REG_SZ	svgafix.fon
FONTS.FON	REG_SZ	svgasys.fon
GUIFont.CharSet	REG_DWORD	0x00000086 (134)
GUIFont.Facename	REG_SZ	CN Font Adina
GUIFont.Height	REG_DWORD	0x00000009 (9)
OEMFONT.FON	REG_SZ	vga936.fon

图 1-9

1.4.3 启动和退出 AUI

在 Windows 操作系统中成功安装 ADINA 软件之后，有 3 种启动 AUI 的方法：

(1)双击桌面上 ADINA 安装时自动生成的 AUI 图标(不生成其他模块的图标)。

(2)从 Windows 系统菜单调用 AUI，【开始】→【程序】→【ADINA System 8.4】→【ADINA-AUI】。

(3)用命令行方式启动。

事实上，在命令行上可以启动 AUI 或任何求解器。如：

启动 AUI，C:\ADINA\ADINA System 8.4\bin\aui.exe；

启动 AUI 并直接运行命令流文件 model.in，C:\ADINA\ADINA System 8.4\bin\aui-m 100MB-b model.in；

启动 CFD 求解器 ADINA-CFD 执行计算任务 tunnel.dat(对应于求解器的数据文件)，C:\ADINA\ADINA System 8.4\bin\adinaf -b -m 120MB-M 400MB-t 2 tunnel。

以上命令行参数的意义参见表 1-3。

命令行参数(<…>表示可以省略，[…|…]表示选择其中之一)　　表 1-3

参　数	意　义
-m <MTOT>[K|M|G][W|[B]]	指定基本内存数量。K，M，G 分别代表 10^3，10^6，10^9 的乘子，B 代表字节(bytes)，W 代表字(words)。此处一个字 word=4 bytes。上述命令参数不区分大小写，AUI 的缺省内存分配为前次设定值；初始值为 16MB
-b (文件名)	批处理方式运行，使用命令直接指定文件

续上表

参　数	意　义
-M	指定方程求解器内存数量
-t	指定启动的 CPU 个数
-adina	启动 AUI 并选择 ADINA Structure 模块
-wdir	指定工作目录，缺省值为前次设定值
-guireset	恢复 GUI 各组成部分到初始位置。如果使用了该参数，所有用户定制的工具条就会被删除
-noadinam	不检查 ADINA-M 的授权。只有在使用浮动授权，且 ADINA-AUI 的授权多于 ADINA-M 的授权情况下才设置该参数

AUI 启动之后，往往需要进行以下几个方面的设定：

(1)前后处理模式的选择：在 AUI 控制窗口左上端的下拉菜单中选择【ADINA Structure】，ADINA-Thermal 或 ADINA-CFD(不同的求解器和后处理 ADINA-Processing，则有对应的菜单系统)。

如果在上一步操作中存储了 AUI 系统，它会自动记忆前一工作时间段内所存储的 AUI 系统类型，自动给出对应有限元系统(ADINA Structure，ADINA-Thermal 或 ADINA-CFD)的前后处理模式(ADINA-AUI 或 ADINA-Processing)。调用有限元系统 AUI 时，AUI 利用这一信息来设定前后处理模式的初始值。

(2)内存分配：设定 AUI 能够使用的内存，打开【Edit】/【Memory Usage】菜单。AUI 保留并记忆该内存设定，并将它们用作下一次调用 AUI 的缺省内存。

推荐 AUI 的许可内存为计算机的内存值的一半。AUI 内存缺省设定为 16 MB。

(3)注册：AUI 在 Windows Registry 操作系统的注册表中保存一些永久性的设置。修改 Registry 可以改变 AUI 设置，从 Windows Start Menu 点选【Run】并运行 REGEDIT。在注册表 Registry 设置窗口，打开 HKEY/CURRENT USER/Software/ADINA R&D, Inc/AUI / Version 8.4 菜单打开对话框。可以修改的数值：

内存 Memory：AUI 许用内存(MB)。

工作目录 WorkDir：AUI 工作目录。

例如改变内存许可值的操作如下：选择加亮显示名称 Memory，点选【Edit】/【Modify】菜单，设定 Value Data 的新值(MB)，数制 Base 为十进制 Decimal，然后点击【OK】。点选【Registry】/【Exit】菜单，退出注册表 Registry 配置系统。

退出 AUI：点选【File】/【Exit】菜单。

1.4.4　AUI 布局

如图 1-10 所示，ADINA 界面分为 8 个部分，分别是主菜单(1)，图标工具条(2)，模块选择窗口(3)，图形窗口(4)，模型树状视图窗口(5)，命令窗口(6)，信息窗口(7)，状态条(8)。

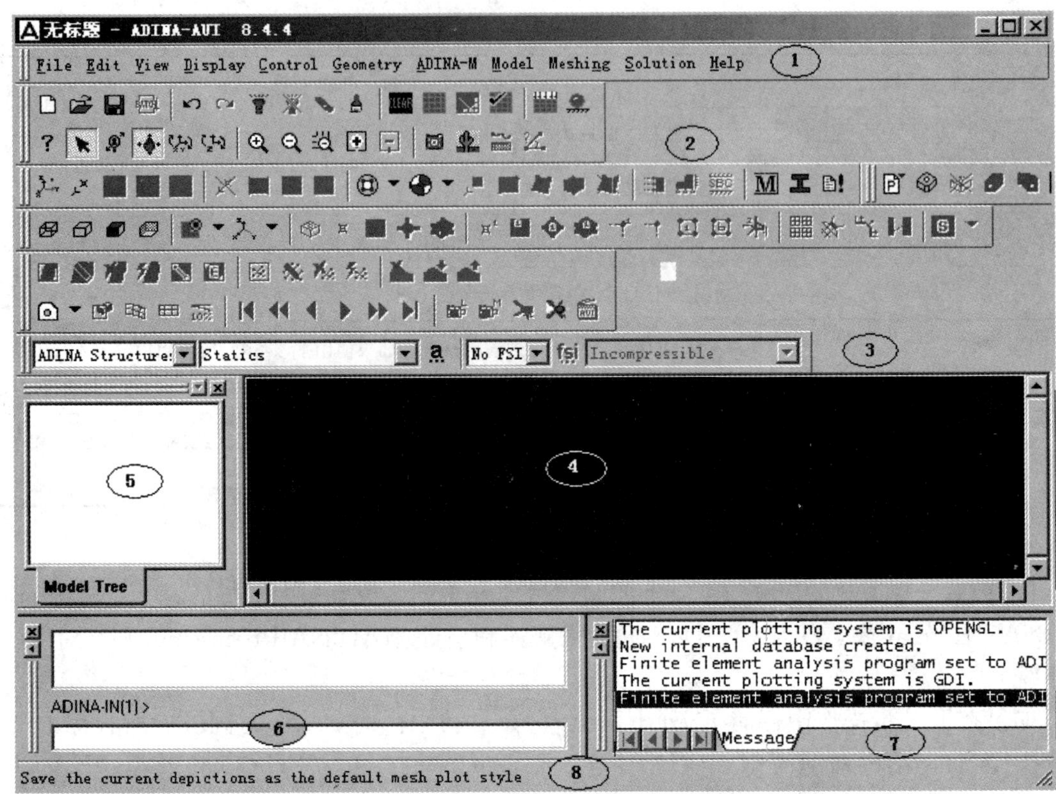

图 1-10　ADINA AUI 布局

主菜单：主菜单包括 ADINA 软件所有功能；采用下拉菜单和弹出窗口方式执行操作或输入；大部分菜单的功能都有可直接点击使用相应图标。ADINA 菜单系统是标准的 Windows 风格，如果菜单项左边有一个图标，就表示该菜单项和该图标按钮具有相同的功能；如果菜单项右边跟着 3 个小黑点，就表示点击该菜单项会弹出一个对话框；菜单项最右边的字符串表示预定义的快捷键；菜单项最右边的黑三角指示下一级子菜单。

图标工具条(ToolBars)：图标工具条包括 ADINA 大部分(70%)常见的操作，相当于常用命令的快捷键，用户可以自定义图标。按照其功能相关性，分为 5 组：通用(General)工具条：包含基本的 Windows 操作和视图功能；建模(Modeling)工具条：包含所有的建模功能、材料和单元属性定义；模型显示(Display)工具条：以线框、阴影、实体等不同方式显示模型、模型节点、单元号等；后处理显示(Results)工具条：包括常用后处理功能，包括绘制云图、矢量图、切片显示、动画等；ADINA-M 工具条：基于 Parasolid 内核的几何建模工具条。

模块选择窗口(Module Bar)：在模块选择窗口中首先选择好要用的模块，随着模块选择不同，ADINA 部分菜单将随之改变，主要是位于 MODEL 主菜单中选项，当选择后处理【Post Processing】模块时，主菜单也会随之改变。对应于不同的模块，子功能区中选择分析类型，以结构模块为例参见图 1-11。

图形窗口(Graphics window)：图形窗口是模型的几何对象和有限元网格的显示区域。图形区的颜色、图形显示颜色、显示方式等都可以由用户控制，用户应该了解并熟练掌握图形对象交互式操作。

模型树状视图窗口(Model Tree):本窗口是从 ADINA8.3 版开始新增加的一个窗口,目前仅适用于前处理,它以树状目录的形式显示有限元模型的构成情况,可以通过鼠标点击对模型中感兴趣的部分快速定位,并利用点击鼠标右键后弹出的菜单进行修改、删除、设定为当前值和高亮显示的快捷操作。

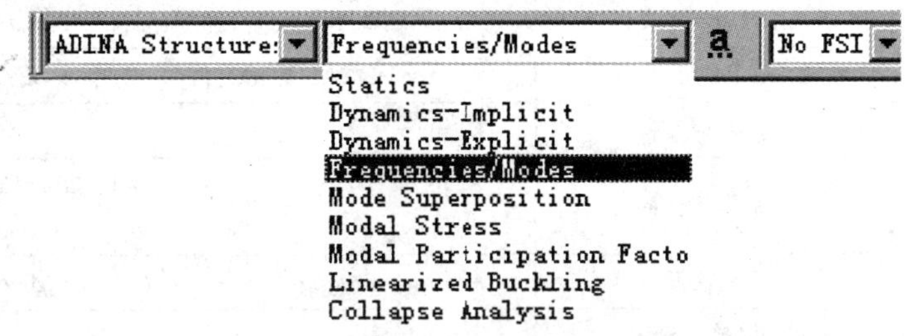

图 1-11　模块选择

命令窗口(Command window):命令窗口为可切换式窗口,位于 ADINA-AUI 窗口的底部。通过点选【View】/【Command Window】菜单可以切换命令窗口的打开或关闭状态。在该窗口内可以直接输入 ADINA-AUI 或 ADINA-AUI 命令,实现菜单系统的所有操作。

信息窗口(Message window):信息窗口也是可切换式窗口,位于图形窗口的下面。通过点选【View】/【Message Window】菜单,可以切换信息窗口的打开或关闭状态。信息窗口内显示 AUI 命令执行过程中的全部信息(log)。对于某些警告或错误等信息,AUI 将通过弹出式对话框显示这些信息。

状态条(Status Bar):状态条用来显示鼠标跟随说明信息。当鼠标放在图标等位置静止短时间后,将在鼠标附近出现对此图标的功能解释,并在界面最底部的状态条上出现更详细的说明。

1.5　ADINA 常用菜单、工具条和对话框操作

1.5.1　File 菜单

File 菜单主要用于文件操作,如图 1-12 所示,涉及很多文件类型,列表 1-4 说明如下:

File 菜单说明　　表 1-4

菜单项	功能	文件类型	文件格式
New	创建新的内部数据库	(在内存中)	
Open	读入文件/数据库	*.in 命令流输入文件 *.idb 模型数据库文件 *.por (t)结果文件 *.ses 工作记录文件 *.pdb 后处理数据库文件 *.plo (t)后处理命令流文件	*.in 文本格式 *.idb 二进制格式 *.por(t)二进制格式/文本格式 *.dat 文本格式
Save/Save As	保存当前数据库	*.in 命令流输入文件 *.idb 数据库文件 *.x_t Parasolid 几何模型文件[1]	Parasolid

续上表

菜 单 项	功 能	文 件 类 型	文 件 格 式
Import IGES	读入 IGES 文件	*. igs IGES 几何文件[2]	IGES
Import NASTRAN	读入 Nastran 文件	*. nas Nastran 数据文件	Nastran
Export NASTRAN	输出 Nastran 文件	*. nas Nastran 数据文件	Nastran
Export Universal	输出 I-DEAS 文件	*. unv I-DEAS 数据文件	I-DEAS
Initial/Thermal Mapping	读入映射文件	*. map	
Vector Snapshot	矢量图快照	*. ps *. ai	PostScript Adobe-Illustrator
Bitmap Snapshot	位图快照	*. bmp/dib/jpg	BMP/DIB/JPEG
Snapshot/Movie Setup	快照/动画设置		

注：1. 当模型中存在 Parasolid 几何模型时，存储数据库时同时生成两个文件，即 *. idb 和 *. x_t(Parasolid)文件，当拷贝或移动数据库文件时，必须同时移动或拷贝几何模型的 *. x_t 文件。当模型中不存在 Parasolid 几何体时，数据库文件只有 *. idb 文件。

2. IGES 接口是最早出现的较为通用的 CAD 图形交换标准，具有众多的版本，对线、面元素可以较为准确的描述并交换，对于实体几何元素的描述缺乏精度。几乎所有 CAD 软件都有 IGES 接口，但采用的 IGES 标准不尽相同，因此如果有 Parasolid 格式或直接接口，则不使用 IGES 进行数据交换。

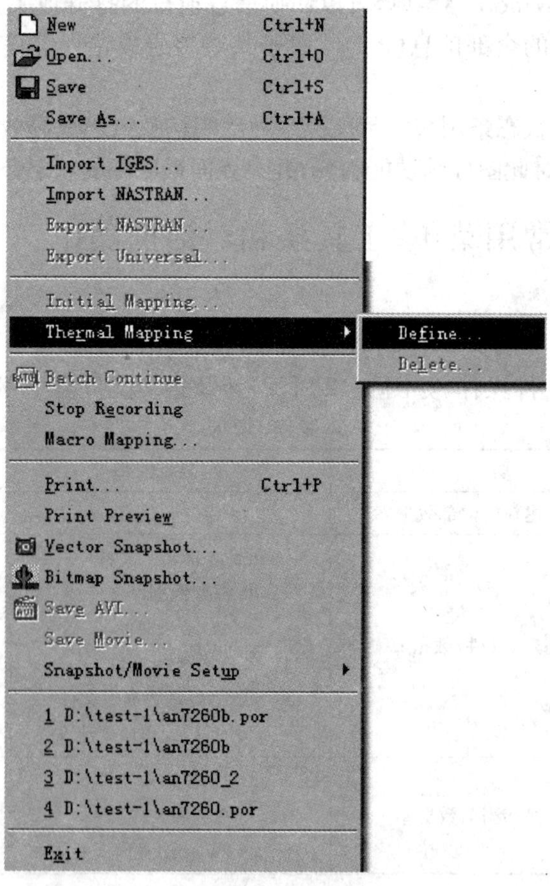

图 1-12 File 菜单

1.5.2 Edit 菜单

如图 1-13 所示，Edit 菜单除了撤销、重做、复制和擦除的常见菜单项外，其余菜单项用于一些重要的设置，但用户开始学习时可以忽略这些设置，使用缺省值即可。分述如下：

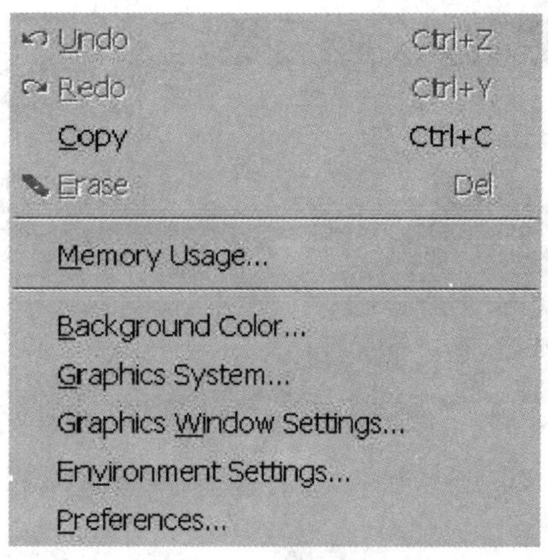

图 1-13 Edit 菜单

(1)Memory Usage：内存设置，设置 AUI 在存储模型元素、实体布尔操作、网格划分以及后处理的结果运算过程中将使用到的内存。AUI(第一次启动)缺省的内存设置为 16MB，用户可以在该菜单项下改变设置，最好在刚刚启动 AUI 未读入模型状态下设置。求解时，可以先退出 AUI，释放内存给求解器使用。

(2)Background Color：设置图形区背景颜色，缺省为黑色。

(3)Graphic System：设置图形显示方式 AUI 提供了 GDI 和 OpenGL 两种图形显示方式，用户可以在使用 AUI 的任何时候选择 GDI 或 OpenGL 显示方式，尤其是使用 OpenGL 方式显示出现问题时。GDI 方式的特点是图形效果好，对显卡要求不高，但是大模型动态旋转、平移、缩放图形速度慢，尤其是当模型规模超过 300 000 单元后，GDI 方式非常慢。建议当机器的显卡内存小于 16MB 时使用。

OpenGL 方式动态旋转、平移、缩放图形速度快，但对显卡要求高，建议当机器的显卡内存为 321MB 或 64MB 时使用。如果显卡内存小，用 OpenGL 方式可能导致显示图形失真，这时可改用 GDI 显示方式。

(4)Graphics Windows Settings：图形窗口设置，设置窗口线框是否显示及其比例，标题的内容及其显示位置和字体大小等。

(5)Enviroment Settings：环境参数设置，此窗口中可以定义恢复操作(Undo)次数，缺省为 5 次，但定义次数太多可能导致数据库很大；可以设置文本，线条，填充和在拖曳时显示图形变换的模式(当模型较大动态显示速度较慢时，在 Show Graphic Transformation 中选择【Partial Graphics】选项)；还可以指定双精度数据列表时的有效数字位数，缺省为 6 位。

1.5.3 View 菜单

如图 1-14 所示，View 菜单用来控制 AUI 中除主菜单和图形窗口以外其他窗口是显示还是关闭，并可以通过定制(Customize)菜单项设置 AUI 的布局，比如增加或者删除图标按钮，等等。

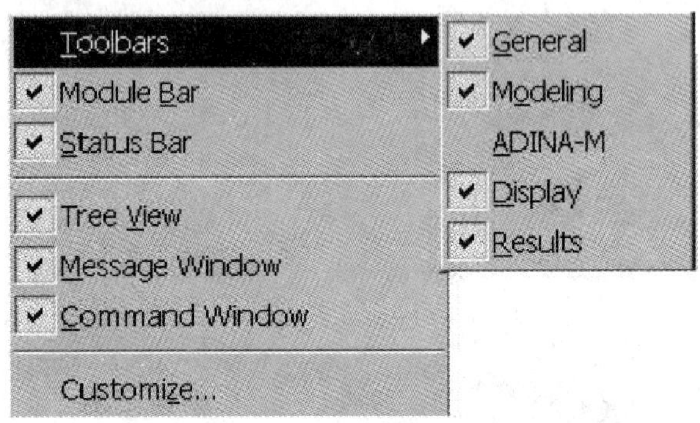

图 1-14 View 菜单

1.5.4 图标工具条

AUI 中的图标工具条都是浮动的，以方便使用为原则，用户可以根据自己的喜好随意把它们停靠的主窗口内外的任何位置。5 个图标工具条提供了大量的图标按钮，多数图标属于见名知意的类型，为了方便大家认识和记忆，把它们分行逐一注释如下(图 1-15～图 1-19)，并对一些基本操作进行了较详细的说明，其他具体操作在后续章节中讲述。

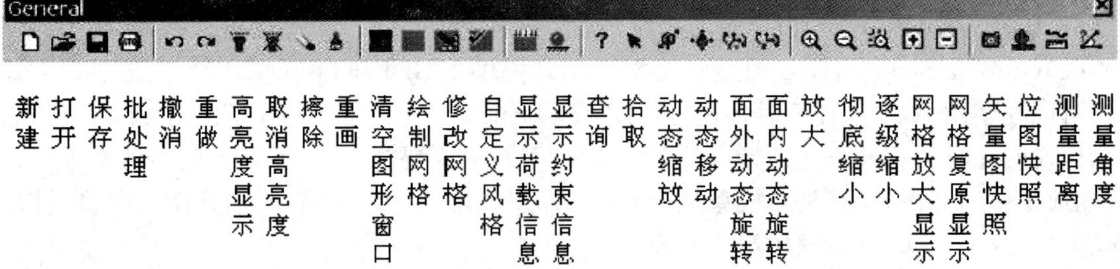

图 1-15 通用工具条

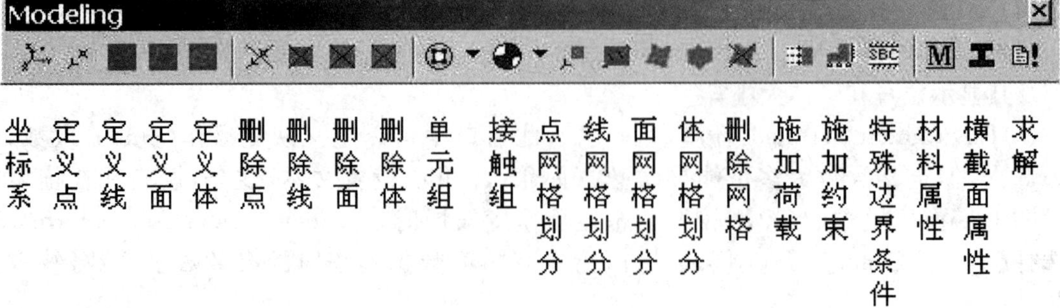

图 1-16 建模工具条

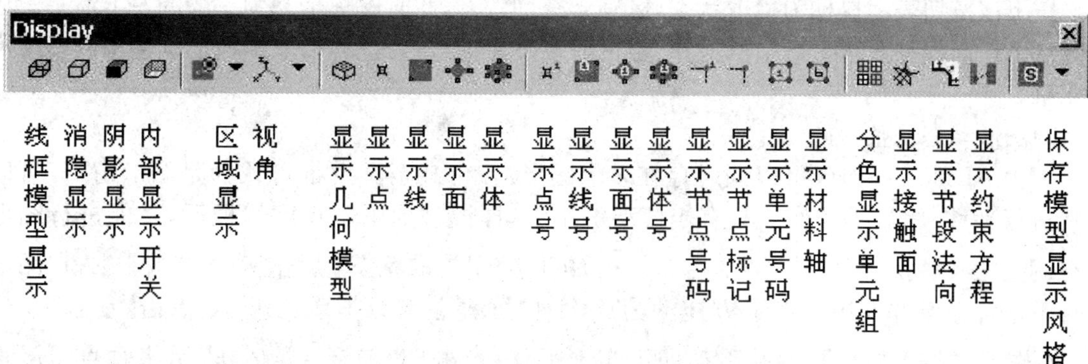

图 1-17　模型显示工具条

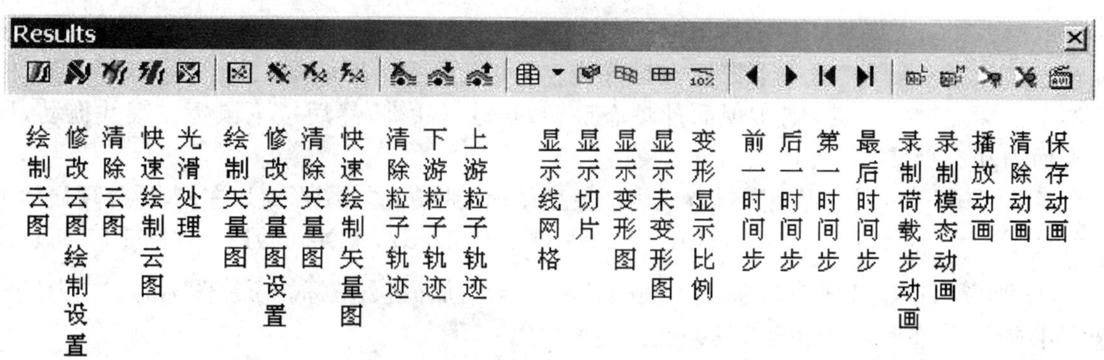

图 1-18　后处理显示工具条

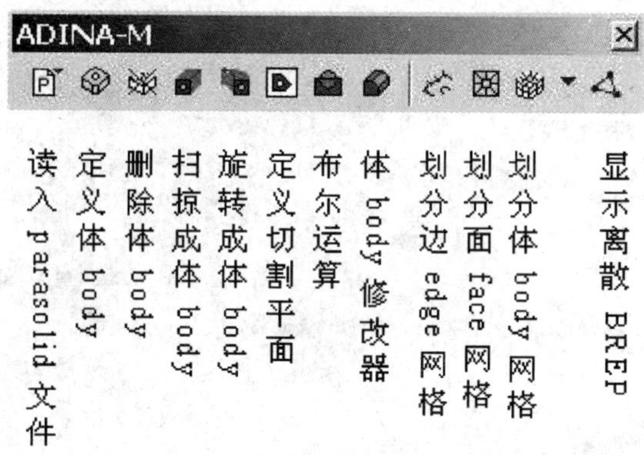

图 1-19　ADINA-M 工具条

1)查询功能

按下该按钮表示鼠标为查询状态，区别于拾取状态，此时鼠标呈现为一个问号。用左键点击任何模型元素（几何元素、节点、单元、单元组等），模型元素加亮显示，相关的信息显示在信息窗口中。查询节点、单元信息时，一般要先显示出元素的标号，然后点击标号。

2)拾取功能

按下该按钮表示鼠标为拾取状态，区别于查询状态，此时鼠标呈现为一般的左上箭头。用左键点击任何模型元素进行拾取操作，也可以按下左键进行拖动，拾取由橡筋框包围的一组模型元素。

3)图形动态调整功能

因为 ADINA 图形区可以同时存在多个图形窗口，甚至文字都可认为是图形窗口，可以分别进行平移、缩放等操作。只有当模型被激活，即模型周围出现虚线框后，才能进行图形动态调整的各种操作。按下屏幕拾取箭头，鼠标处于拾取状态，点击【动态缩放】，在图形区按下鼠标左键并向屏幕右上方拖动为放大，向屏幕左下方拖动为缩小；点击【动态平移】，在图形区按下鼠标左键并移动即可实现平移；点击【动态旋转】，表示绕垂直于屏幕的坐标轴 Z 轴旋转，即在屏幕平面内旋转；点击【动态旋转】，则表示向屏幕平面外旋转。在拾取箭头和动态平移图标都按下时，还可以快捷键方式进行动态缩放和动态旋转。按住 Ctrl 键，然后按下鼠标左键并拖动，实现模型动态缩放；按住键盘 Shift 键，然后按下鼠标左键并拖动，则实现面外动态旋转；按住 Alt 键，然后按下鼠标左键并拖动，则实现面内动态旋转。

通常情况下，习惯的界面安排方式为把模型显示工具条放在图形窗口左侧，后处理显示工具条放在右侧。同时在【View】>【Customize】>【Command】>【Display】下，如图 1-20 所示窗口中，增加和两个图标。再点击【Results】，增加图标。添加图标的方式为鼠标选中相应图标，拖曳到界面的工具条上。

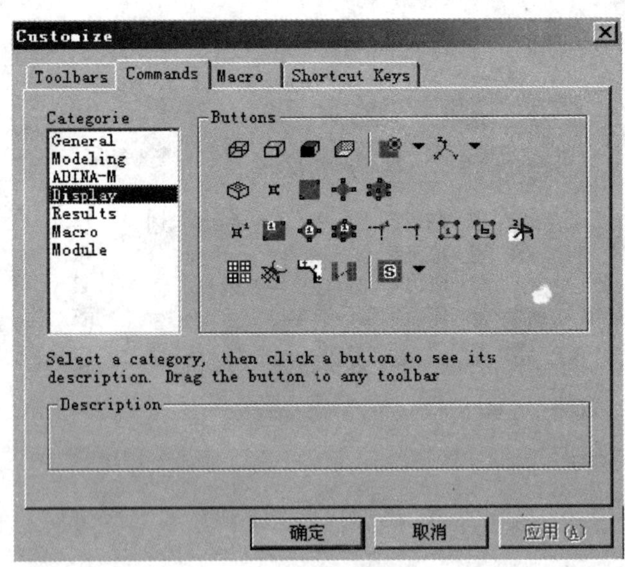

图 1-20

调整之后界面的显示如图 1-21 所示。

1.5.5 对话框操作

点击上节中的图标按钮之后，大多数都会弹出一个对话框，事实上，交互式建模过程中的数据输入几乎全部是通过对话框来完成的。因此很有必要理解并掌握对话框操作，下面以定义线的对话框为例进行说明，如图 1-22 所示。

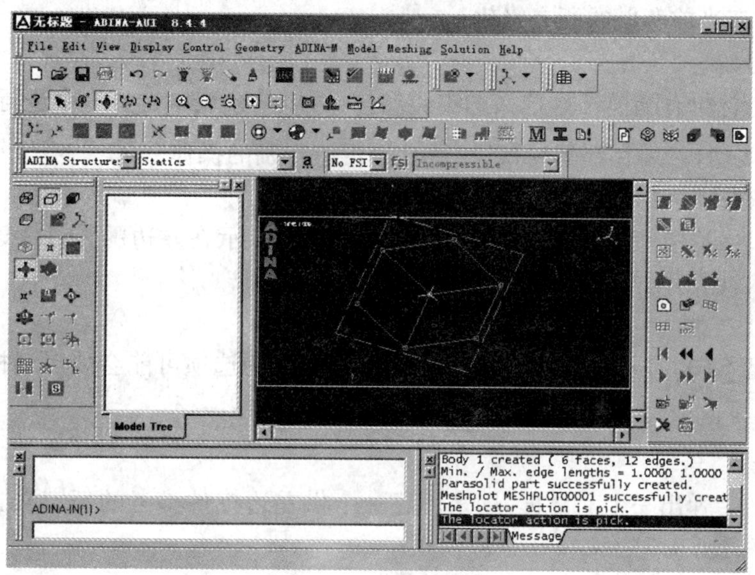

图　1-21

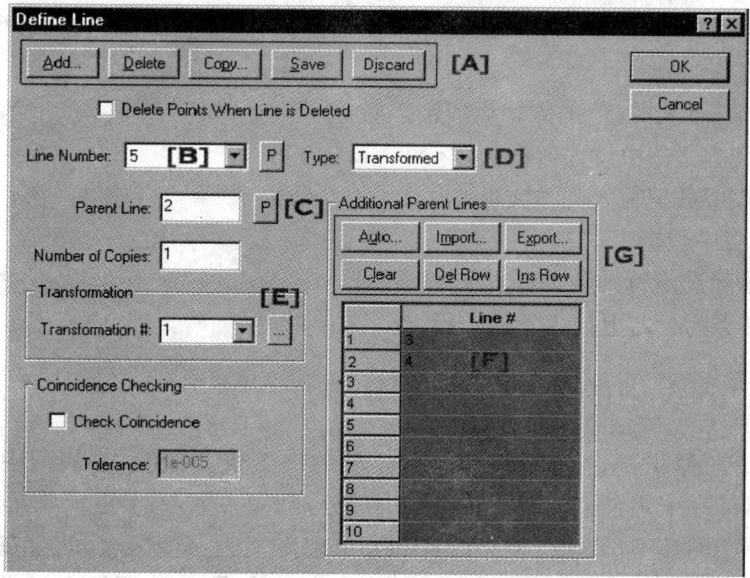

图 1-22　典型对话框

[A]：常用按钮

Add：增加一个新的实体，本例为一条线。程序会自动给新实体编号并显示在相关的控件上，如线号组合框[B]，缺省值是原先最大编号加 1。如果不想使用自动编号，也可以自己指定编号。

Delete：删除当前实体。

Copy:复制当前实体。

Save:保存当前实体,但不退出对话框。

Discard:放弃当前所做的所有修改。

[B]:实体号码

该组合框包含所有当前已经定义的本类实体,可以从列表中选择一个进行操作,也可以先点击右边的 P 按钮,然后在图形窗口进行拾取,再进行别的操作。

[C]:拾取按钮

在图形窗口中拾取相应的实体后,该实体号码就会显示在左边的控件中,如果号码已知,也可以直接输入,而不用拾取操作。

[D]:实体子类型

实体子类型不同,需要输入的数据就会不同,[D]框的选项可能会使对话框中的控件发生变化。

[E]: ... 按钮

点击该按钮会弹出一个对话框,用来创建一个供左边控件参考的新定义。本例中是定义一个新的转换关系。

[F]:绿色表列

ADINA 中的所有绿色表列都可以通过双击表列进入图形拾取方式,然后从图形窗口进行拾取来输入数据,拾取完成后,必须按 ESC 键返回对话框。当然,也可以直接向表列键入数据。

[G]:数据表按钮

Auto:以初值/步长/终值的方式生成输入数据。

Import:从文本文件中读入数据。

Export:把表中数据写入文本文件。

Clear:清空表中数据。

Del Row:删除选定行的数据。

Ins Row:在当前行之上插入新的一行。

1.6 ADINA 中的区域(ZONE)概念

区域(Zone)是 ADINA 用来组织和显示模型的一个重要概念,是模型中节点、单元、点、线、面、体等元素的一个集合。模型的任何一个部分,例如一个点、节点或单元都可以定义为一个区域。对于复杂的模型,如果把模型的各部分单独定义为一些区域,就会在显示模型、进行加载、定义边界条件、显示结果时带来很大方便。例如,在图 1-23 所示金属成型的模型中,把模型的 4 个部分分别作为一个区域,分不同颜色显示。

ADINA 预定义了名字叫 Whole Model 的区域,该区域包含了整个模型,用户不能对其进行修改或删除。在前处理中,该区域包括所有的几何元素和有限元模型。在后处理中,则包括读入的结构模型(ADINA Structure 模块),流体模型(ADINA-CFD 模块)等,其中 ADINA Structure 和 ADINA-CFD 也是系统预定义的区域。区域的操作主要有:显示区域、定义区域、激活区域、指定区域颜色、区域结果变量列表。

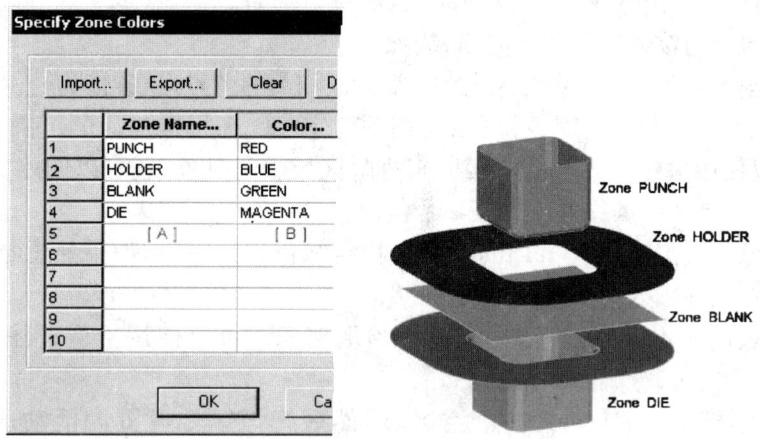

图 1-23　分色显示区域

1.6.1　定义区域

命令:ZONE

图标:(位于模型显示工具条)

通过如图 1-24 所示的对话框定义区域时,必须给定一个名字并指定构成区域的对象。可供选择的对象几乎包括了所有的模型元素:约束方程、接触组/接触对/接触段/接触面、节点、单元/单元组、几何点/线/面/体、Parasolid 线/面/体、辐射组/辐射面、刚性连接、子结构等,而且元素可任意组合。最常用的是用几何元素或单元组来定义区域。

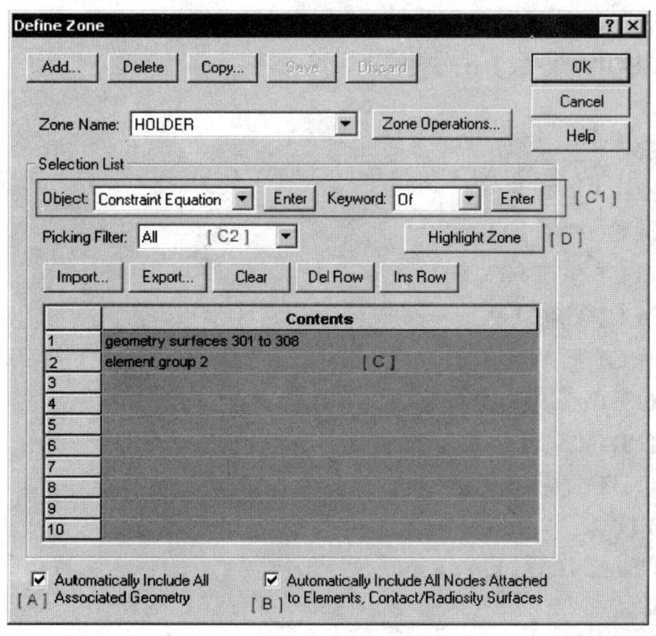

图 1-24　定义区域

选项[A]:是否自动包含相关的几何元素,缺省值为是。比如,定义区域时选择了一个几何体,就会自动包含与该体相关的几何面、线和点。

选项[B]:是否自动包含与单元、接触面/辐射面相关的节点,缺省值为是。

选项[C]:指定区域包含的对象,可以使用关键字 TO 来指定对象的范围(如绿色表第一行所示),也可以使用关键字 SUBTRACT 来排除区域中的对象,还可以使用关键字 OF 来保证对象的唯一性。有 2 种操作方法。

(1)利用对象和关键字列表[C1]的功能来指定绿色表的内容,如果熟悉指定对象用的语法,也可以直接在表中输入对象名。

(2)在绿色表内双击,然后在图形窗口内拾取对象。可以使用拾取过滤器[C2]来帮助拾取。

另外,暂时不指定对象,定义一个空区域,然后把该区域设置为活动区域,随后建立的模型对象就会自动加入该区域,也同时归属于区域 Whole Model。具体可以参考第八章实例。

注:有效的对象名如下面所列,不分大小写,只需要保证对象名的唯一性,可以不用全称,只用阴影部分。

GE OMETRY PO INT or PO INT
GE OMETRY LINE or LINE
GE OMETRY SUR FACE or SUR FACE
GE OMETRY VO LUME or VO LUME
GE OMETRY ED GE or ED GE
GE OMETRY F ACE or F ACE
GE OMETRY B ODY or B ODY
GE OMETRY SH EET or SH EET
NODE
EL EMENT
EL EMENT GRO UP
CONTA CT SUR FACE
CONTA CT SEG MENT
CONTA CT GRO UP
CONTA CT PAI R
RA DIOSITY GRO UP
RA DIOSITY SUR FACE
RA DIOSITY SE GMENT
RI GID LINK
CONS TRAINT EQ UATION
LA YER
EL EMENT LA YER
INTER FACE EL EMENT

BOUNDARY SURFACE ELEMENT

BOUNDARY SURFACE

POTENTIAL－INTERFACE

PROGRAM

SUBSTRUCTURE

REUSE

CYCLIC PART

GEOMETRY_MODEL or GEOMETRY MODEL

WHOLE_MODEL or WHOLE MODEL

例如，(1)指定单个对象，单元组 1 和几何面 3：

EL GRO 1

ge sur 3

(2)指定对象范围，单元 20～单元 45 和接触面 1～接触面 3：

el 20 TO 45

Conta Sur 1 To 3

(3)如果模型中有一个以上的单元组、接触组或者 Parasolid 体，为了保证对象的唯一性，就需要使用关键字**OF**：

el 20 to 45 OF el gro 2

Conta Sur 1 to 3 OF conta gro 1

edge 2 of body 1

(4)指定除单元组 1 以外的整个模型：

whole_model SUBTRACT element group 1

(5)指定从节点为 4，主节点为 7 的刚性连接：

RIGID LINK 4:7

(6)指定从节点为 37，z 自由度(编号为 3)方向上的约束方程：

CONSTR EQ 37:3

1.6.2　激活区域

命令：ACTIVEZONE

图标：(位于模型显示工具条)

通过如图 1-25 所示的对话框指定一个或多个区域为活动区域，缺省的活动区域为 Whole_Model，即整个模型。要激活的区域必须是已经定义好的区域，但可以是空区域，还可以在图 1-25 的表中[A]区用鼠标右键的弹出菜单现场定义区域。如果随后修改了模型，活动区域就会发生相应的改变。

1.6.3　指定区域颜色

命令：COLORZONE

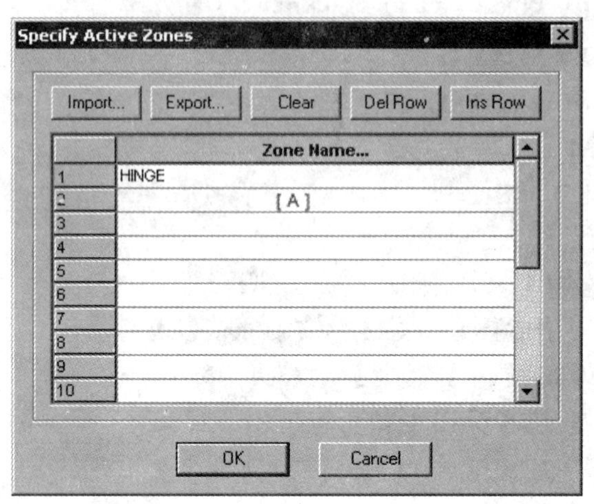

图 1-25　指定活动区域

图标：(位于模型显示工具条)

如图 1-23 所示，在[A]区指定活动区域，在[B]区指定颜色。

1.6.4　显示区域

图标：(位于模型显示工具条)

单独显示已定义的一个区域。

1.6.5　区域结果变量列表

命令：ZONELIST

菜单：【List】>【Value List】>【Zone...】

如图 1-26 所示，在[A]区指定区域名，在[B]区显示结果列表，最多可以列出一个区域内所有实体的 6 个结果变量。缺省情况下，结果值有 6 位有效数字，可以通过菜单【Edit】>【Environment Settings...】设置成 1～12 位有效数字。

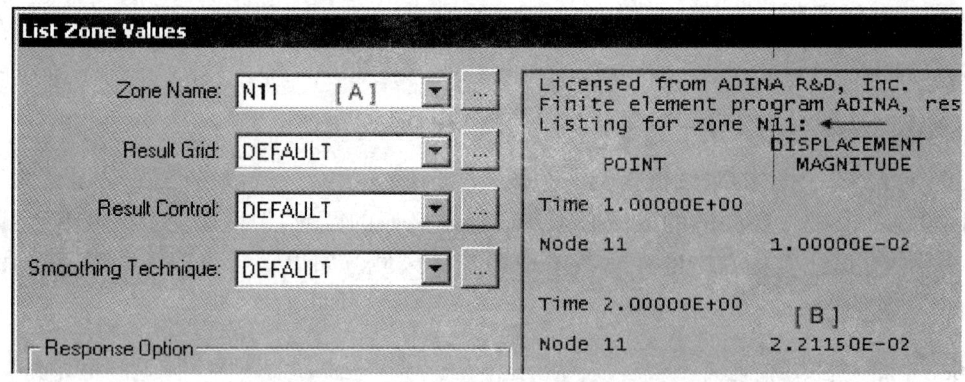

图 1-26　区域结果变量列表

1.7 ADINA文件系统

1.7.1 ADINA系统中用到的主要文件类型

文件存取：对于Windows版本，AUI使用【File】>【Open】菜单对话框打开文件，使用【File】>【Save】和【File】>【Save As】对话框保存文件。在这些对话框中，“Files of type”字段决定文件的类型，在选定“Files of type”字段后，AUI将只显示该类型的文件名列表。输入文件名并点击【OK】后，AUI自动追加对应于所选文件类型的扩展后缀名，完成打开或保存文件过程。表1-5给出了【File】>【Open】和【File】>【Save】常用的文件类型。

文件类型及相应扩展名 表1-5

文件类型	扩展名	文件类型	扩展名
ADINA-AUI前处理数据库文件	.idb	ADINA-AUI后处理命令流文件	.plo
ADINA-AUI后处理数据库文件	.pdb	Porthole结果文件	.por
ADINA-AUI命令流文件	.in		

例如，读入命令流文件名a001.in，点选【File】>【Open】菜单，设定‘Files of type’= ADINA-AUI command file，选择a001（或在File name字段中键入a001）后点按【OK】。

求解器数据文件生成：对于Windows版本，能够在同一个对话框内完成数据文件生成和有限元系统运行操作。点选【Solution】>【Data File】/【Run】菜单，输入文件名即可。输入文件名时，可以不输入扩展名.dat。对话框的底部是一些控制有限元系统执行过程中的参数。

将文件引入到对话框表中填充表格数据：若打算通过引入文件填充对话框表格，那么文件的分列必须为制表符定界，数据不能够用引号。文件第一行必须含有表格的列字段标题或空行。具体操作可以参考第八章实例。

结果文件：点选【File】>【Open】菜单，载入某一结果文件到ADINA-AUI中。

工作目录：对于Windows版本，当使用【File】>【Open】和【File】>【Save As】对话框时，AUI将根据最后使用的打开或保存文件路径更新工作文件夹。

ADINA的AUI与各求解器以及AUI与其他CAD、CAE软件之间通过文件交换数据。本章主要关注ADINA的AUI与各求解器之间的数据文件。在一个简单分析中，从某一文件中输入几何模型信息可能需要使用ADINA-AUI，模型定义完毕，将全部模型定义数据再存储到ADINA输入数据文件中。当运行ADINA时，ADINA读入该数据文件并生成一个输出文件和结果文件。然后可以运行ADINA-AUI系统调入结果文件，对模型进行后处理，并将图形窗口内容保存到某一图形文件。

ADINA-AUI能够存取数据库文件，还能够读入命令流文件，也可以将命令流存储到作业文件中，运行过程中还会生成临时文件。

ADINA中用到的主要文件类型如下：

(1)数据库和数据库文件；

(2)临时工作文件；

(3)作业文件；

(4)输入数据文件；

(5)CAD 和有限元数据文件；

(6)求解器输入数据文件；

(7)批处理文件；

(8)对话文件和命令流文件。

1.7.2 数据库和数据库文件

数据库和数据库文件新建、打开、保存等图标均位于 General 工具条内。

创建一个新数据库文件：点击 General 工具条【New】图标或打开【File】>【New】菜单。创建新的数据库将清掉当前的数据库。如果当前数据库打开以后做过修改，那么系统会提示选择确认操作，以免发生误清除操作。

打开已有数据库文件：点击 General 工具条内【Open】图标或选定【File】>【Open】菜单。AUI 显示选择文件对话框来让用户打开某一文件。数据库文件打开后，文件内容就用于定义模型数据库。如果当前数据库自打开以来做过修改，那么系统会提示确认操作，以免发生误清除操作。

可以打开以前版本的 AUI 数据库，打开数据库前，AUI 将删除并重新进行初始化图形和模型显示信息。AUI 不删除模型定义信息。

存储数据库：点击 General 工具条【Save】图标保存数据库(或打开【File】>【Save】菜单)或打开菜单【File】>【Save As】。可以覆盖已有文件。创建新的文件选定【Save As】操作。不必将当前文件名保持成与先前打开的文件名完全一致。如果选择已有文件，将会提示确认覆盖文件操作。

数据库文件名称可以是操作系统所能支持的任何名称，将'.idb'作为 ADINA-AUI 数据库文件、'.pdb'作为 ADINA-Processing 数据库文件的扩展名。

减少数据库文件的大小：多数情形，存储数据库之前，通过清除图形窗口(点击 General 工具条【Clear】图标或点选【Display】>【Clear Window】菜单)操作，能够显著减少数据库文件大小。

1.7.3 临时作业文件

ADINA-AUI 运行中利用临时作业文件保存数据信息。ADINA-AUI 启动时，创建临时作业文件，并随着作业进程不断修改。

使用过程中，临时作业文件可能会变得很大，尤其是撤销(UNDO)特性处于有效态时，或者显示网格图、云图等图形时。存储或打开一个数据库都会重置临时作业文件。

退出 ADINA-AUI/ADINA-Processing，自动清除工作文件。(如果不正常退出 ADINA-AUI 或 ADINA-Processing，临时作业文件将遗留在磁盘中，用户必须自行删除)。

临时作业文件名，Windows 版本为“TMP＊.DTB”，“＊”为 5 位数字。该文件缺省创建在工作目录下。

1.7.4 映像(Mapping)文件

ADINA-Thermal 和 ADINA-CFD 创建含有计算结果的映像文件。映像文件可以用于从一个求解模块向另一个求解模块传递计算结果，特别是当两个模块使用不同的网格划分时的情况。映像文件还可以用于同一求解模块中通过修改网格，进行多次运行时的结果传递，如锻压过程。

映像文件可以是有格式，也可以是无格式的：

ADINA-T mapping 文件：ADINA-Thermal 映像文件包含每一求解时刻的温度解。

ADINA-F mapping 文件：ADINA-CFD 映像文件包含 ADINA-CFD 计算得到的每一求解时刻的节点结果，如速度、节点压力、温度和湍流变量(取决于计算过程所计算的变量结果)等。

初始映像 Initial mapping：该特性使用已有映像文件为 ADINA Structure 或 ADINA-CFD 网格生成初始条件。

当使用 ADINA-AUI 建立 ADINA-Thermal 或 ADINA-CFD 模型时需要引用映像文件。生成完有限元节点后，打开【File】>【Initial Mapping】菜单，然后在对话框内输入映像文件名并选定结果变量。如果当前的模型比映像文件中的模型大，可以通过控制外推法则，而得到“外节点(external nodes)”。

可以在 ADINA-AUI 中将初始场用云图绘制出来。

当 ADINA-AUI 创建数据文件时，ADINA-AUI 使用映像文件在数据文件中设置计算变量的初始值。

温度映像 Thermal mapping：该特性使用已有映像文件生成 ADINA Structure 温度应力分析所需要的温度场文件。

当使用 ADINA-AUI 建立 ADINA Structure 模型时需要引用映像文件。使用 ADINA-AUI 生成有限元节点后，打开【Control】>【Mapping】菜单，然后点击【Create the Mapping File】。如果当前的模型比映像文件中的模型大，可以控制外推法则得到“外节点(external nodes)”。

当 ADINA-AUI 创建数据文件时，ADINA-AUI 使用映像文件创建提供 ADINA Structure 每一求解时刻的节点温度的文件。

1.7.5　CAD 和有限元数据文件

可以将外部定义的 CAD 几何文件和有限元数据文件输入到 ADINA-AUI 中。ADINA 支持下列文件格式：

Parasolid：该格式要求 AUI 含有 ADINA-M 模块。

Pro/ENGINEER：AUI 作为 Pro/ENGINEER 应用选项运行，点选【File】>【Import】>【Pro】/【ENGINEER】菜单，输入一个 Pro/ENGINEER 零件或装配部件模型到 ADINA-AUI 中。AUI 映像每个 Pro/ENGINEER 零件成一个 B-rep AUI 实体。

NASTRAN：NASTRAN 输入数据文件可以直接读入到 ADINA-AUI 数据库。必须确保 NASTRAN 接口存在。许多 CAD/CAE 系统都可以生成 NASTRAN 文件。本接口使得 ADINA 可以使用多种 CAD/CAE 系统产生的文件。

引入 NASTRAN 输入数据文件，打开【File】>【Import】>【NASTRAN…】菜单对话框，点击【Options…】按钮(显现 NASTRAN-ADINA Options 对话框)。

NASTRAN RBAR 和/或 RBE2 单元转化为相应的 ADINA 单元类型(spring，rigid-link，或 beam)时，有很多的选项。对于 2D 模型，XY 平面可以转换到 YZ 平面。

IGES：AUI 能够使用 IGES 文件，并从文件中输入 CAD 几何定义。

读入 IGES 文件，打开【File】>【Import IGES】菜单，进入对话框操作。如果 AUI 中未包含 ADINA-M，那么 AUI 只能够导入 IGES 文件中的线段，而不含面和体。AUI 含有 ADINA-M 时，也能够导入面和体，IGES 接口将 IGES 模型转换成 ADINA-M 的实体和表面。

导入对话框中可以选择是否变换 2D 模型 X-Y 平面的模型坐标到 Y-Z 平面（ADINA 约定）。

1.7.6 求解器输入数据文件

ADINA 各个求解器从其输入文件中获得基本数据。生成输入数据文件，选定 ADINA-AUI 系统中的【Solution】>【Data File/Run】菜单。该文件扩展名为“. dat”。

当开始一个计算作业时，指定该文件（即选定计算窗口中的【Job】>【Start】菜单）。注意根据分析选项的不同，计算可能使用其他输入文件。

1.7.7 批处理(Batch)文件

ADINA-AUI 能够接受命令流文件中的命令。ADINA 中所附的验证考题就是以命令流文件形式提供的。另外，用户可以基于作业对话(session)文件创建一个命令流文件，参见第七章的内容。

推荐命令流文件扩展名 ADINA-AUI 为“. in”，ADINA-Processing 为“. plo”。

从命令流文件读入命令，选定【File】>【Open】菜单，设定“Files of Type”区域为“ADINA-AUI Command Files”或者“ADINA-Processing Command Files”，并从文件对话框中进行选择。如果不是 AUI 第一次从给定文件中读命令，将从文件中未读过的命令开始读取。要想让 AUI 从文件的第一行命令开始读，在命令窗口 Command Window 内键入 READ 命令，如下例：

READ (file name) REWIND=YES

READ END 命令：当 AUI 读到命令流文件中的 READ END 命令时，AUI 自动暂停。这时 AUI 激活 General 工具条中的【Batch Continue】图标，点击该图标将继续读命令流文件命令。当然，也可以通过点选菜单【File】>【Batch Continue】。

1.7.8 作业(Session)文件和命令文件

Session files：ADINA-AUI 支持生成作业(session) 文件。此文件包括了命令流文件中的命令，它等效于使用 AUI 时的作业式操作。退出 AUI 后可以编辑作业文件，以后使用 AUI 时可以作为命令流文件读入作业文件。

缺省时 AUI 激活作业文件，使用根据日期命名的文件，AUI 在工作目录下建立作业文件。调用 AUI 时，AUI 向标准输出写入作业文件名称。关闭作业文件选项，选择【File】>【Stop Recording】。打开作业文件选项，【File】>【Start Recording】。

Session 文件的内容：一旦选定作业文件选项，那么每当点按对话框中的【OK】，【 Save】或【Apply】钮，AUI 将等效 AUI 命令写入作业文件。而选定作业文件选项以前的对话框选择操作不会写进作业文件。

在作业文件里，有关写文件的全部命令，如数据库命令等都注释掉了（即不运行该命令）。该特性是为了当回放作业文件时，避免偶然覆盖文件。READ 命令（对应于【File】>【Batch】>

【Specify】对话框）也被注释掉了，因为当执行 READ 命令时，作业文件已经包含了 AUI 处理命令。

命令流文件：ADINA-AUI 还允许创建一个命令流文件。类似于作业文件，命令流文件包括 AUI 等效于对话框选定操作的命令。然而，与作业文件不同，命令流文件中包含了从开始创建数据库到直到最后一个对话框选择操作全过程中，等效于对话框选定操作的全部 AUI 命令。另外，还有一些与作业文件的不同之处是，当执行了附加对话框选定时，AUI 不再写入命令文件。

使用文件特性能够记录建造模型所需要的命令。还可以使用命令流文件特性进行作业恢复重建工作。

建立命令流文件的步骤：

(1)【File】>【Save As】；

(2)将保存类型设置为："ADINA-AUI Command Files"，填写文件名称。命令流文件中不存储图形。

命令流文件的内容：命令流文件利用了 AUI 数据库文件包含创建数据库的命令的时间先后顺序这一特征。这里需要强调一点，命令流文件是完全按照命令输入时间排列的一系列命令。

可以通过开关选择是否进行命令流存储。在用户界面上，打开【Control】>【Environment Settings】(ADINA-AUI)或【Definitions】>【Environment Settings】(ADINA-AUI)菜单，点击或下拉"Store Session File Commands in Database"字段旁边的按钮。缺省设置为存储命令流文件。

另外，请注意构造一个模型时，不要频繁开关存储命令文件特性，因为这会引起模型定义"断档"等错误。

1.7.9　计算结果(porthole)文件

求解器 ADINA Structure、ADINA-Thermal、ADINA-CFD 各自都将模型定义信息和计算结果信息写入到一个特别输出文件中。该文件称为结果(porthole)文件。ADINA-FSI 系统将输出写入到两个结果文件，一个是 ADINA Structure 数据，另一个是 ADINA-CFD 数据。ADINA-TMC 输出两种结果文件，ADINA Structure 数据和 ADINA-Thermal 数据。

结果文件主要供 ADINA-AUI 系统输入后进行结果后处理用。

一般约定，该文件名称与数据文件相同，扩展名为". por"，在 Linux 和 Unix 平台为". port"。

结果文件可以是无格式，也可以是有格式的(无格式文件较小，但有时不适于计算机之间的数据传递)。

在对模型进行后处理，必须将结果文件读入到 ADINA-Processing 中。调入结果文件到 ADINA-Processing，点选【File】>【Open】菜单，设定"Files of Type"为"ADINA Structure/-Thermal/-CFD Porthole Files"，然后在对话框中选定要打开的文件。

1.7.10　ADINA 系统文件调用关系

AUI 前处理用到的文件，如图 1-27 所示。

其中：CAD 文件格式有：Parasolid、NASTRAN 和 IGES 等。

图形文件格式有：Postscript、HP-GL、HP-GL/2、Adobe Illustrator 等。

ADINA 用到的文件，如图 1-28 所示。

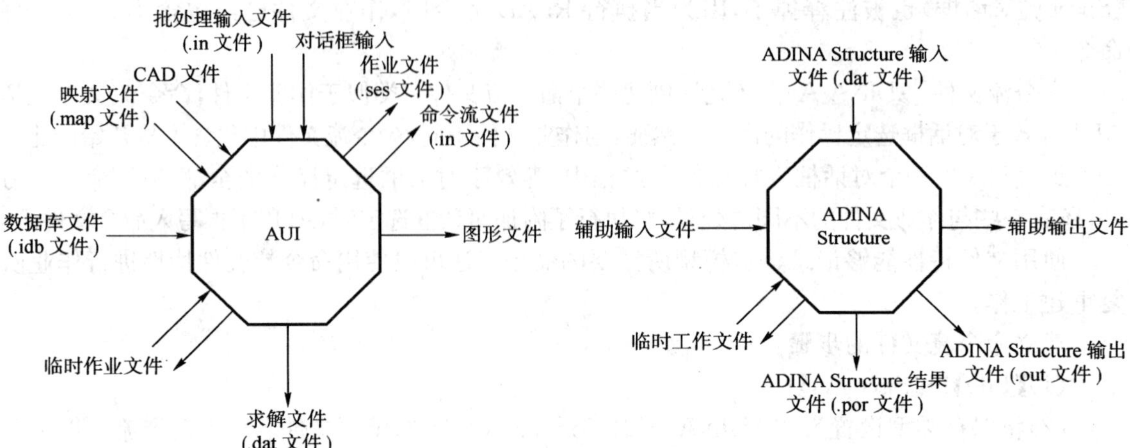

图 1-27　AUI 前处理用到的文件

图 1-28　ADINA Structure 用到的文件图

其中：ADINA Structure 辅助输入文件可以是：重启动 Restart、模态 Mode Shape、温度 Temperature、温度梯度 Temperature Gradient、压电 Piezoelectric 等。

ADINA Structure 辅助输出文件可以是：重启动 Restart、模态 Mode Shape、温度 Temperature、压电 Piezoelectric 和其他的输出结果等。

ADINA-Thermal 用到的文件，如图 1-29 所示。

其中：ADINA-Thermal 辅助输入文件可以是：重启动 Restart、映像 Mapping、温度 Temperature、温度梯度 Temperature Gradient、压电 Piezoelectric 等。

ADINA-Thermal 辅助输出文件可以是：重启动 Restart、映像 Mapping、温度 Temperature、温度梯度 Temperature Gradient、压电 Piezoelectric 等。

ADINA-CFD 用到的文件，如图 1-30 所示。其中：辅助输入文件可以是：重启动 Restart、温度 Temperature。

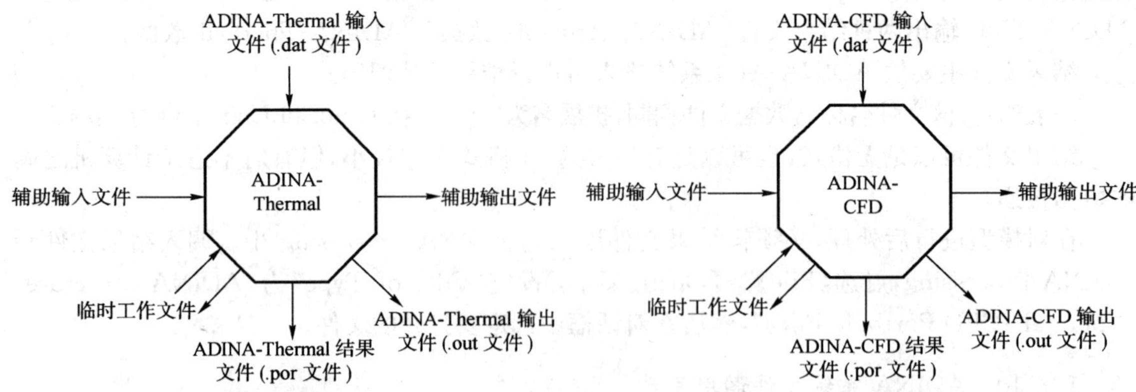

图 1-29　ADINA-Thermal 用到的文件

图 1-30　ADINA-CFD 用到的文件

ADINA-CFD 辅助输出文件可以是：重启动 Restart、映像 Mapping、温度 Temperature 等。

ADINA-FSI 用到的文件，如图 1-31 所示。

ADINA-TMC 用到的文件，如图 1-32 所示。

AUI 后处理用到的文件，如图 1-33 所示。

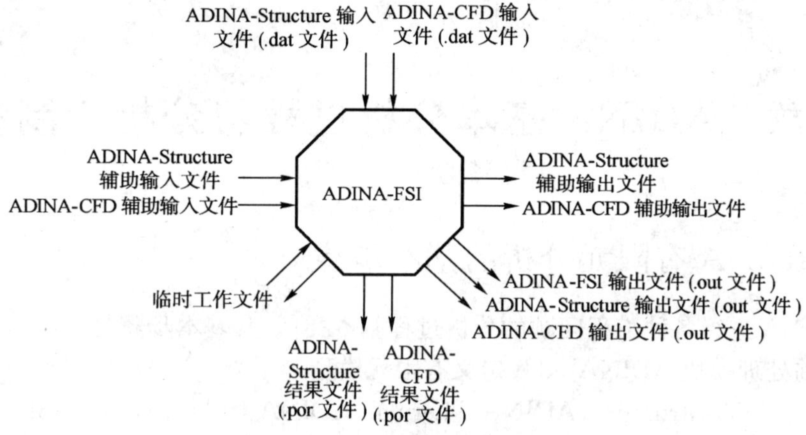

图 1-31　ADINA-FSI 用到的文件

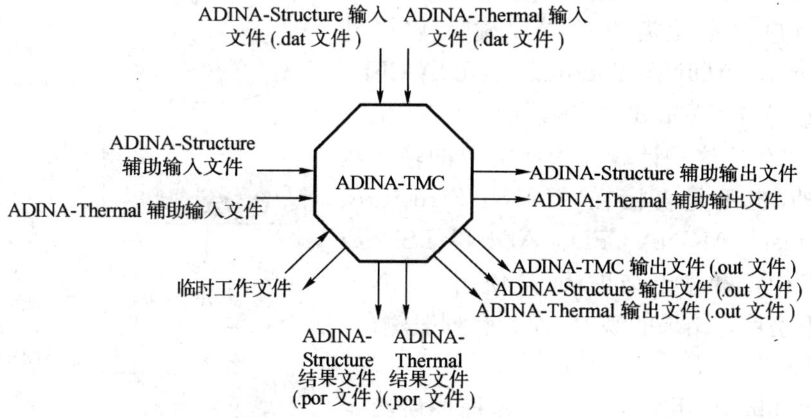

图 1-32　ADINA-TMC 用到的文件

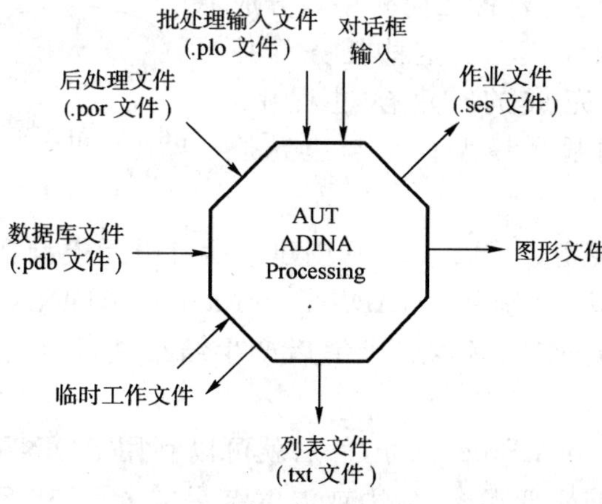

图 1-33　AUI 后处理用到的文件

第 2 章　ADINA 基本分析过程与分析控制参数

2.1　ADINA 有限元分析的基本步骤

利用 ADINA 进行各种工程问题的分析过程基本类似，其基本步骤是：

(1)使用前处理模块 ADINA-AUI 定义有限元模型；

(2)应用 ADINA Structure，ADINA-Thermal，ADINA-CFD，ADINA-FSI，ADINA-TMC 或这些求解器的组合对模型实施求解计算；

(3)最后用 ADINA-AUI 进行计算结果的列表、绘图显示等后处理。

实际上用户根本无需直接提供输入数据到 ADINA Structure、ADINA-Thermal、ADINA-CFD、ADINA-FSI 或 ADINA-TMC 求解器中，而是借助于 ADINA-AUI 来生成这些计算模块所需要的输入数据文件。另外，也不是直接在 ADINA Structure、ADINA-Thermal、ADINA-CFD、ADINA-FSI 或 ADINA-TMC 中查看输出结果，而是使用 ADINA-AUI 来完成模型计算结果的观察、检验和列表输出。如图 2-1 所示。

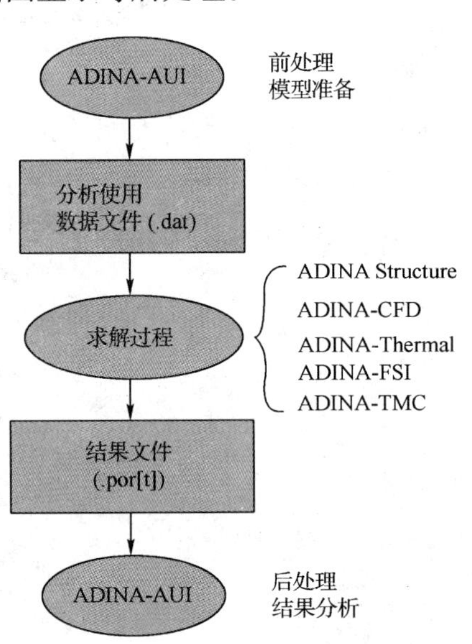

图 2-1　用 ADINA 进行分析的基本过程框架

在有限元分析中，用户必须完整地描述所给定的模型，这些描述信息包括几何模型、材料特性、边界条件和载荷等。此外，还需要将几何模型划分成由节点、单元组成的有限元模型。这些任务都是在 ADINA-AUI 环境中完成的。建模过程中，ADINA-AUI 提供了实时显示模型荷载与边界条件的功能。

根据要计算的问题类型，ADINA-AUI 创建包括有限元模型在内的数据文件，这些文件根据求解问题的类型，分别用于 ADINA Structure、ADINA-Thermal、ADINA-CFD、ADINA-FSI 或 ADINA-TMC 求解器。求解后产生结果文件，结果文件包含模型定义和模型结果。

将结果文件读入 ADINA-Processing，然后就可以利用 ADINA-Processing 来观察计算得到的结果。例如绘制网格变形图、应力或温度结果的云图、支反力、速度或应力的矢量图等，还可以绘制计算结果的时间历程曲线，或结果沿模型中某条线段的分布变化曲线等。

2.2　ADINA 建模的步骤

2.2.1　建议按照如下的步骤定义模型

(1)建立分析问题的几何模型

a. 根据问题类型选择模块和模块选项，指定总体控制参数(详见 2.3 节)。

b. 使用 ADINA-AUI 定义几何模型的形状和尺寸，也可以通过接口输入其他软件的几何模型。

c. 定义材料、边界条件、初始条件、载荷等。这些参数可以直接定义在几何模型上，必要时尚需在几何模型上指定其他几何特性，比如壳的厚度等。

以上 3 步所涉及的操作位于 Control、Geometry、ADINA-M 和 Model 菜单。

(2)在几何模型上定义有限元模型

a. 定义模型所有使用到的单元组(Element Group)。

b. 定义划分单元的各种控制参数。

c. 对几何模型进行网格剖分，生成有限元模型。

以上 3 步所涉及的操作位于 Meshing 菜单。

(3)生成求解器输入数据文件

并不一定要严格遵守以上步骤。例如，可以先定义几何模型的一部分，然后生成该部分的有限元网格，接着再定义其他部分的几何模型和有限元网格。但是按照上述步骤使用 ADINA-AUI 定义模型更为简便。

2.2.2　有限元分析中的单位制

在有限元分析中，单位制是一个很重要的问题，几何模型尺寸、载荷、材料属性、边界条件、初始条件等都要有确定的单位。一般的，有限元程序都不用指定单位制，而只要求在分析过程中做到单位制统一。由于用户在不同的单位制之间特别容易引起混淆而导致错误，所以建议用户使用国际单位制。在应用 ADINA 软件时，也要求遵循上述原则。但在某些特殊问题中，例如热辐射，对单位制有较严格的规定。

2.3　ADINA 的分析控制参数

这里所说的 ADINA 分析控制参数是对进行分析的总体控制参数，比如，标题、自由度、时间函数、时间步、分析假定等，全部位于 Control 菜单。在建模过程中的任何时候都可以设置或者修改这些参数，可以一开始设置部分参数，比如标题和自由度，接着建模，直到求解之前再设置其他参数。对于一些简单问题，一般不用进行设置，采用缺省设置就行了，但是首先了解一下这些参数会帮助用户更好地从整体上考虑要分析的问题。以下以结构分析模块为例介绍。

2.3.1　标题

命令：Heading <STRING>

菜单:【Control】>【Headinga…】

如图 2-2 所示,指定分析问题的标题,包含空格在内不超过 80 个字符,字符串不需要使用引号。建议指定标题。

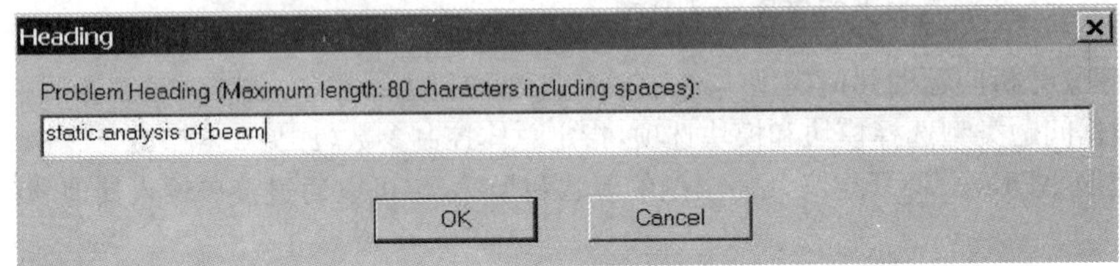

图 2-2　定义标题

2.3.2　自由度

命令:MASTER IDOF=＜...＞ OVALIZATION=＜...＞ SHELLNDOF=＜...＞

菜单:【Control】>【Degrees of Freedom...】

如图 2-3 所示,指定整个模型的有效自由度。如果求解自由度包括了无效自由度,则生成求解文件 *.dat 时,给出警告信息,但通常不影响计算过程和结果。

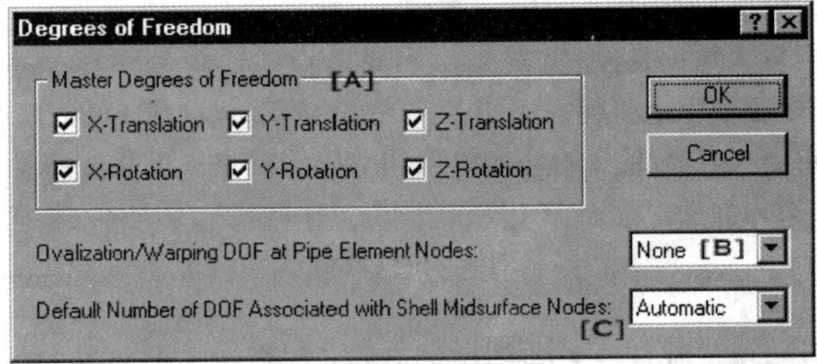

图 2-3　定义自由度

说明:

[A]:主自由度,缺省设置为 6 个自由度均为有效自由度,即复选框均为选中状态。如果整个模型中有某个自由度无效,把该自由度对应的复选框改为不选即可。例如:

(1)对于只包含二维实体单元的模型,不选三个转动自由度和 X 方向的平动自由度(ADINA 中二维模型位于 YZ 平面);

(2)对于只包含三维实体单元的模型,不选三个转动自由度;

(3)对于只包含平面应力或者平面应变等参梁单元的模型,不选 X 方向的平动自由度和绕 Y 轴以及 Z 轴的转动自由度。

如果使用了斜坐标(skew system),自由度就相应于斜坐标方向。

[B]:管单元的节点椭圆/翘曲自由度,缺省设置为不包含该自由度。如果使用该自由度,就有 3 种情况:面内(In-Plane)、面外(Out-Of-Plane)、全部(All)。

[C]:与壳的中面节点相关的自由度数,缺省设置为自动(Automatic),即以下 4 种情况:

(1)节点位于以一定角度相交的壳单元的边上;

(2)节点同时从属于其他结构单元,比如,梁单元/管单元/等参梁单元;

(3)节点与刚性连接相连;

(4)节点上作用有边界条件。

采用 6 个自由度,整体坐标系或者斜坐标系下的 3 个平动自由度和 3 个转动自由度。

其余情况都是 5 个自由度,3 个整体坐标系或者斜坐标系下的平动自由度和两个中面局部坐标系下的转动自由度。

也可以通过菜单【Model】>【Shell Midsurface Nodes】显式指定 5 个还是 6 个自由度。

2.3.3　时间函数

命令:TIMEFUNCTION

菜单:【Control】>【Time Function…】

无论是静力分析还是瞬态分析,ADINA 中的任何载荷都必须定义载荷随时间的变化关系。对于瞬态问题,时间为真实时间,基于当前时间(步)计算加速度、速度、应变率等物理量。在不包含诸如蠕变和黏性之类的时间效应的静态分析中,时间为“伪时间”,仅作为计数器使用,因此在这样的静态分析中,“时间”可认为没有单位。时间函数定义了载荷比例因子随时间的变化过程,因此时间函数是没有单位的,但时间函数可以用于控制荷载随时间的变化,如图 2-4 所示。对于非线性静力分析,如果在一个时间步内施加全部荷载,就可能导致不收敛。因此,也可以用时间函数分多个时间步来施加逐渐增加的载荷。

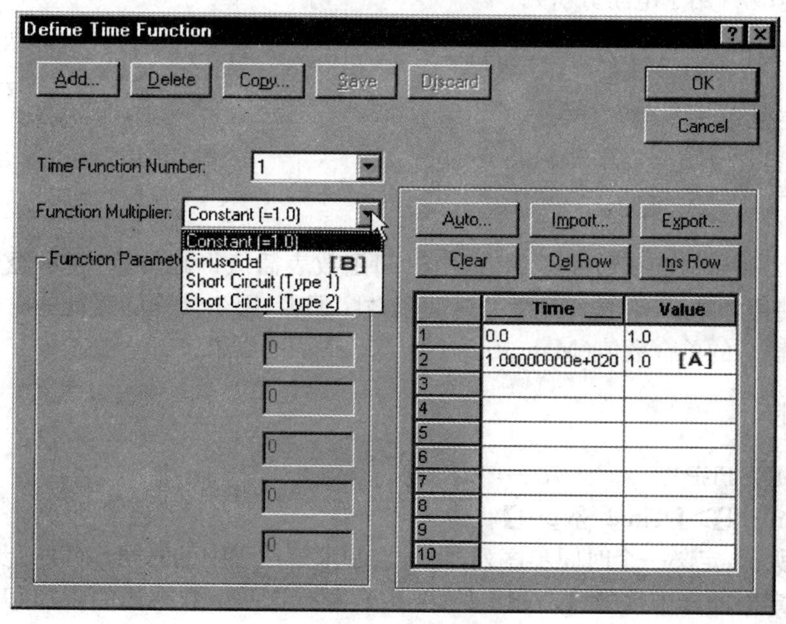

图 2-4　定义时间函数

说明:

[A]:时间函数表,通过在表中直接输入各个时刻和载荷比例因子的值来定义时间函数,缺省设置为时间 0～1e20,载荷比例因子恒定等于 1,乘子也恒定等于 1,相应的时间函数编号为 1,曲线如图 2-5 所示。用户可以通过控制时间点的多少,来模拟任何时间函数。如果时间函数是周期函数,配合相应的乘子类型来实现会更方便。载荷比例因子恒定等于 1 时,是标准

周期函数;载荷比例因子变化时,则时间函数在发展过程中周期不变,幅值发生变化。

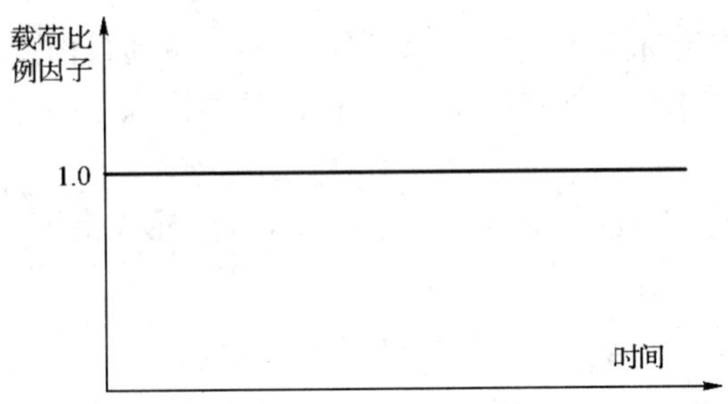

图 2-5　缺省的时间函数曲线

[B]:时间函数乘子,用于修改时间函数表中的载荷比例因子,有 4 种类型:

(1)常数 1.0(缺省)

$$f(t)=f^{*}(t)$$

(2)正弦

$$f(t)=f^{*}(t)\cdot\sin(\omega t+\phi)$$

(3)短路类型 1(用于电学分析)

$$f(t)=f^{*}(t)\cdot\sqrt{[a+b\cdot\exp(-t/\tau)]}$$

(4)短路类型 2(用于电学分析)

$$f(t)=f^{*}(t)\cdot\left\{\sqrt{\frac{\mu_0}{4\pi}}\cdot\sqrt{2}\cdot I\cdot[\sin(\omega t-\phi+\alpha)+\exp(-t/\tau)\cdot\sin(\phi-\alpha)]\right\}$$

其中,$f^{*}(t)$表示时间函数曲线的值,由时间函数表插值得到;$f(t)$表示经过乘子修正的 ADINA 真正使用的结果函数,即最终的时间函数。那么,用于计算的载荷—时间变化曲线就是定义载荷时输入的单一数值(Magnitude)与 $f(t)$乘积的结果。

2.3.4　时间步

命令:TIMESTEP

菜单:【Control】>【Time Step…】

如图 2-6 所示,定义一个时间步序列,用于控制求解过程中的时间步(载荷步)增量。表中每一行需要指定时间步个数(整数)和步长(实数),每行这两个数乘积的累加和就是总的求解时间,图 2-6 中所示数据的总时间步个数为 26,总求解时间为 2.1 时间单位。缺省设置为一行一步,步长等于 1.0。

对于多数分析,包括所有的非线性分析和瞬态分析,其求解过程需要分成很多步。由于 ADINA 规定任何载荷都必须定义载荷随时间的变化关系,因此通过定义求解过程的时间步就决定了相应载荷—时间曲线中的载荷值,时间步也可以被称为载荷步。在图 2-7 中,第 n 个时间步长为 0.4,在前一时间步结果收敛时其载荷为 L_{n0},进入此时间步求解时,载荷增加到

L_{n1}；相应于时间步 n 的载荷增量为 L_{n1} 与 L_{n0} 之差。

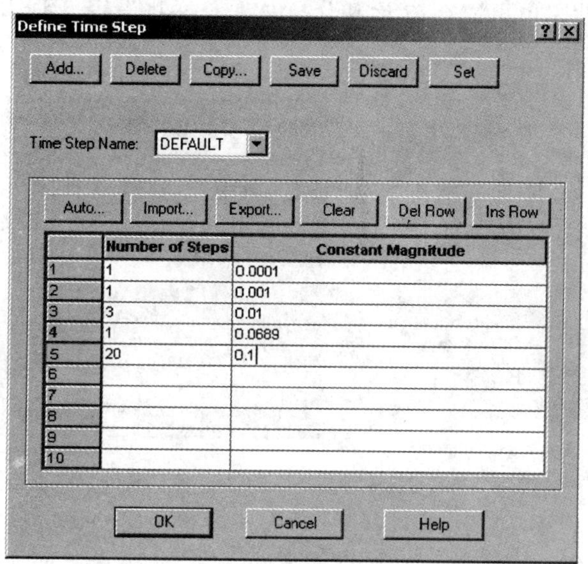

	Number of Steps	Constant Magnitude
1	1	0.0001
2	1	0.001
3	3	0.01
4	1	0.0689
5	20	0.1
6		
7		
8		
9		
10		

图 2-6　定义时间步

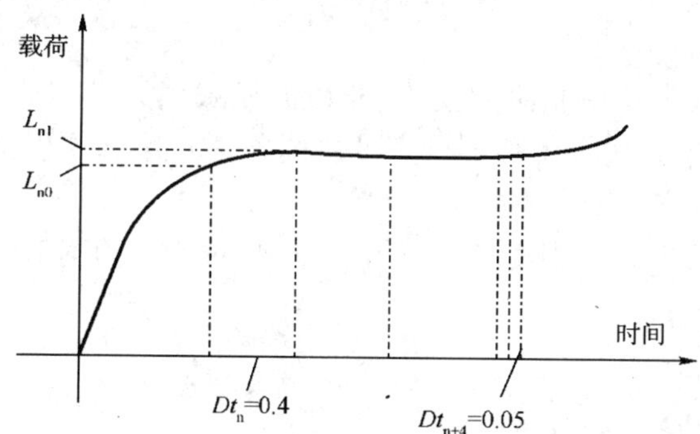

图 2-7　时间步与载荷增量的关系

2.3.5　分析假定

1)流固耦合开关

菜单:【Control】>【Analysis Assumptions】>【Fluid Structure Interaction…】

如图 2-8 所示,设定模型是否进行流固耦合分析,是否包含多孔介质。如果选中图示 Fluid Structure Interaction 开关,则后续菜单中出现定义流固耦合边界的菜单;如果选中图示 Includes Porous Coupling 开关,并在 Element Group 中选择【Element Option】为 Porous media,则后续菜单中出现定义多孔介质材料特性的菜单。

2)几何非线性设置

命令:KINEMATICS

菜单:【Control】>【Analysis Assumptions】>【Kinematics...】

如图 2-9 所示，定义整个模型的几何非线性设置，缺省设置为小位移(包括小转动)小应变，即不存在几何非线性。也可以在单元组设置中改变这些设置，因此，一个模型的不同单元组可以使用不同的几何非线性设置。

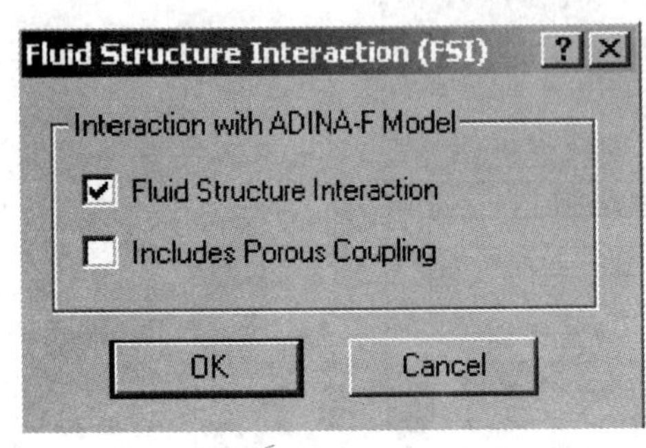

图 2-8 流固耦合开关

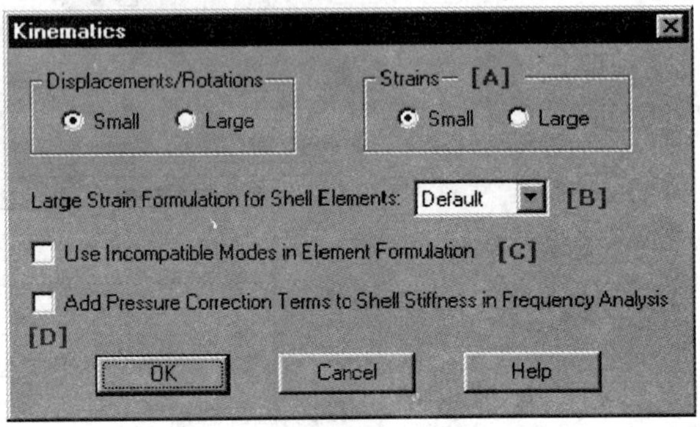

图 2-9 几何非线性设置

说明：

[A]：应变，大应变仅适用于部分材料模式下的壳、二维和三维实体单元。

[B]：壳单元的大应变公式，对于显式瞬态动力分析或者采用刚体接触算法的情况，缺省为 ULJ(Updated Lagrangian Jaumann)公式，其他情况下缺省为 ULH(Updated Lagrangian Hencky)公式。

[C]：是否在单元公式中使用非协调模式(非协调模式引入节点无关的多余自由度，有利于解决变形锁定问题，但单元边界位移不再满足协调条件)，该选项仅适用于 4 节点四边形二维实体单元和 8 节点六面体三维实体单元。

[D]：是否在频率分析中给壳刚度增加压力修正项，对于压力荷载作用下产生大位移的壳结构应该选中该选项。

3)质量矩阵形式

命令：MASS-MATRIX

菜单：【Control】>【Analysis Assumptions】>【Mass Matrix…】

如图 2-10 所示，定义动力分析所采用的质量矩阵形式。对于静力分析，质量矩阵仅用于计算离心力和质量荷载。图中 Lumped 代表集中质量矩阵，是对角矩阵，在进行中心差分方法求解瞬态动力问题时自动采用集中质量矩阵；Consistent 代表一致质量矩阵，是稀疏矩阵。

图中第三项是集中转动质量乘子，对于所有的梁、板、壳、管和等参梁单元，该乘子大于等于零。对于频率分析，缺省为 0；对于 NEWMARK 或者 WILSON-θ 直接积分法，缺省也为 0；对于中心差分直接积分法缺省为 1。

4)Rayleigh 阻尼

命令：RAYLEIGH-DAMPING

菜单：【Control】>【Analysis Assumptions】>【Rayleigh Damping ...】

如图 2-11 所示，采用标准 Rayleigh 质量和刚度阻尼的形式来定义整个模型或者各个单元组的阻尼。图中对整个模型指定了 5%的质量阻尼。需要注意的是，频率分析和模态叠加法会忽略 Rayleigh 阻尼。

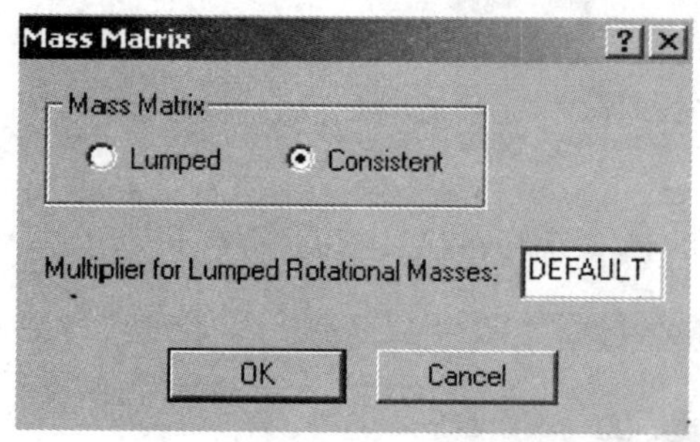

图 2-10　质量矩阵形式

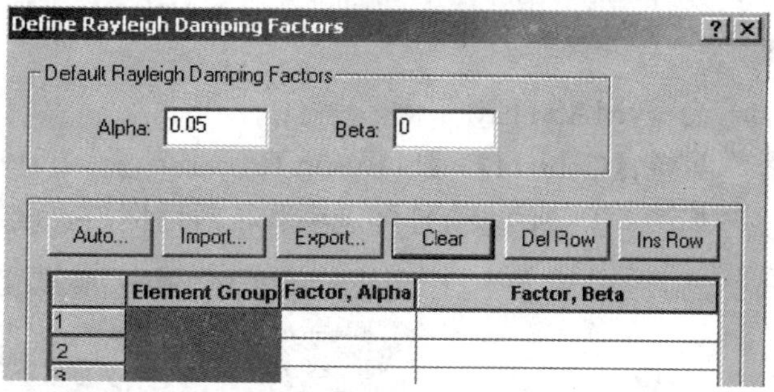

图 2-11　定义 Rayleigh 阻尼系数

5)模态阻尼

命令:MODAL-DAMPING

菜单:【Control】>【Analysis Assumptions】>【Modal Damping…】

如图 2-12 所示,定义模态叠加法中相应于各阶模态的阻尼系数。因此,要对每个参与模态叠加的模态都定义阻尼系数。该系数代表了各模态阻尼与临界阻尼的比值,亦称阻尼比。

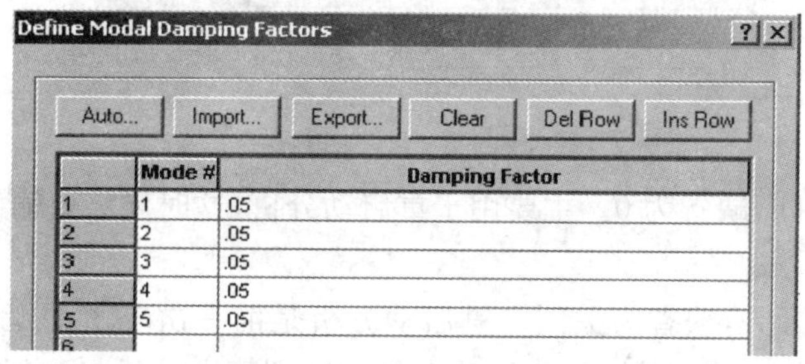

图 2-12　定义模态阻尼系数(阻尼比)

6)温度条件设定

命令:TEMPERATURE-REFERENCE

菜单:【Control】>【Analysis Assumptions】>【Default Temperature Settings...】

如图 2-13 所示,定义整个模型的初始温度和初始温度梯度以及给定的温度和温度梯度。可以在初始条件中给模型的各部分赋予不同的初始温度和初始温度梯度,也可以在施加载荷中给模型的各部分赋予不同的给定温度和给定温度梯度。需要注意的是,温度梯度仅适用于壳单元。

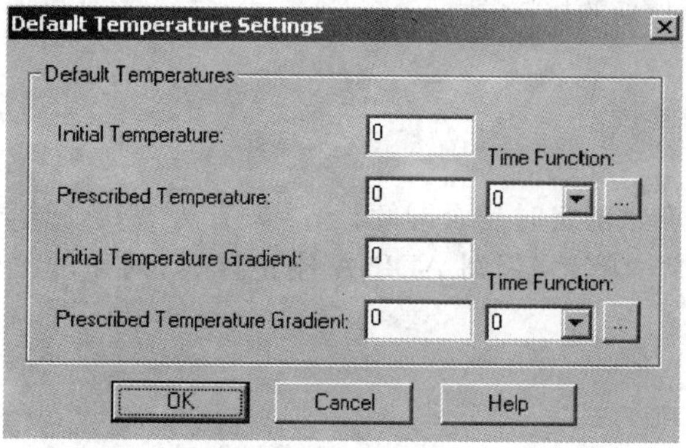

图 2-13　温度条件设定

2.3.6 方程求解设置

命令:MASTER

菜单:【Control】>【Solution Process…】

如图 2-14 所示,有许多选项和子对话框需要设定:

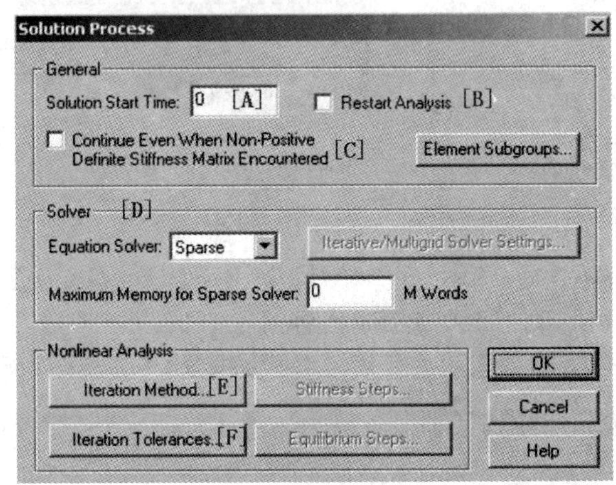

图 2-14 方程求解设置

[A]:求解开始时间,缺省为 0。主要用于重启动分析,这时候需要输入前一次求解的终止时间。

[B]:重启动分析开关,缺省为关闭。重启动分析是前一次求解的继续,还可以从静力分析转到动力分析,如预应力模态计算,或从动力分析转到静力分析,但必须用到前一次求解生成的重启动文件(.res 文件)。在重启动分析中,除了下面列出的内容外,不能对模型的几何元素和大多数单元数据进行修改,如:时间增量、求解步数、附加求解时间。

➢ 时间函数;

➢ 增加新的增量求解控制变量,变更迭代方法和容差,修改自动时间步长和荷载位移控制;

➢ 增加新的外部荷载,包括给定位移;

➢ 在材料模型中增加新的材料常数;

➢ 固定边界条件;

➢ 约束方程和刚性连接;

➢ Rayleigh 阻尼。

[C]:开关:刚度矩阵非正定时是否继续计算,缺省为关闭。这时候,对于线性问题,除非模型中定义了势流体单元,否则 ADINA 停止计算;对于非线性问题,除非模型中使用了:

(1)自动时间步长

(2)自动载荷位移控制

(3)单元生死

(4)势流体单元

(5)接触

否则 ADINA 也停止计算。

如果打开了此开关，ADINA 将总是继续执行计算。如果遇到主元等于零的情况，ADINA 就会给对角线元素赋一个很大的数值，等效于给该自由度附加了一个刚度很大的弹簧。

在线性分析中，如果刚度矩阵非正定，就常常意味着模型定义有错误，比如约束不充分，应该首先检查模型。如果强制打开此开关，就会得到错误的结果。

[D]：求解器选项，共有四种求解器，缺省为稀疏求解器。

- Direct——直接求解器；
- Iterative——迭代求解器；
- Sparse——稀疏求解器；
- Multigrid——多栅求解器。
- 3D-Iteration——3D 迭代求解器

如果选择了迭代求解器，就会激活右边的【Iterative/Multigrid Solver Settings…】按钮，单击后弹出图 2-15 所示的对话框，一般使用缺省设置即可。

[E]：迭代方法选项按钮，单击后弹出图 2-16 所示的对话框：

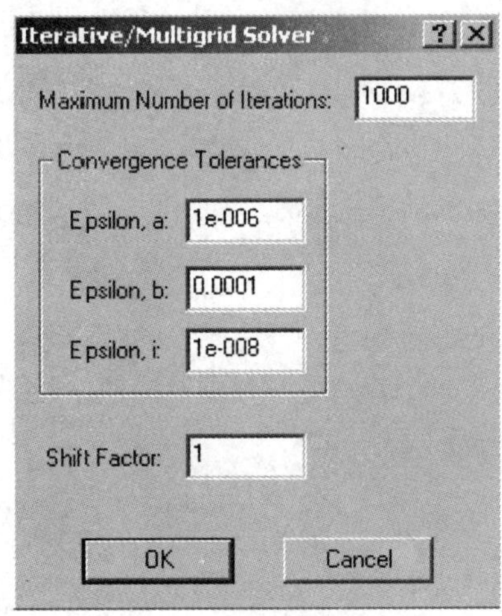

图 2-15　迭代/多栅求解器设置对话框

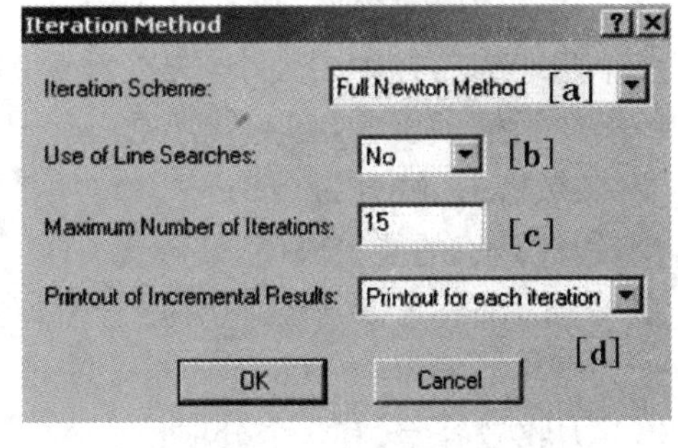

图 2-16　迭代方法选项对话框

[a]：迭代方法，共有 3 种：

- Full Newton Method——完全牛顿法(缺省)；
- Modified Newton Method——修正牛顿法；
- BGFS Matrix Update Method——BGFS 矩阵更新法。

[b]：是否使用线性搜索，缺省为否。

[c]：最大平衡迭代次数，缺省为 15 次。一般为 8～15 次。

[d]：是否输出每次迭代的结果，缺省为是。

[F]:迭代收敛准则和容差选项按钮,单击后弹出图 2-17 所示的窗口:

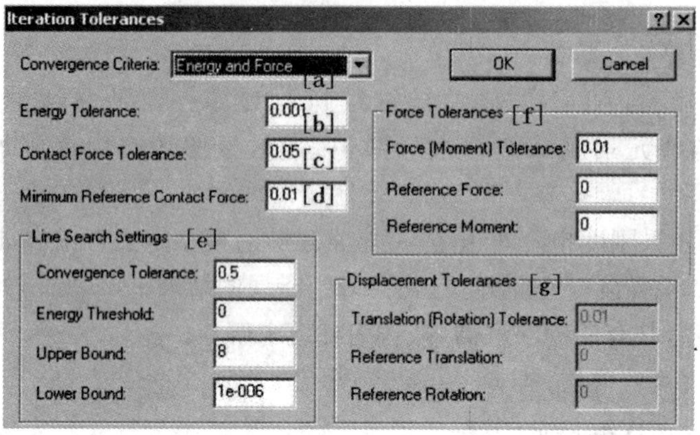

图 2-17

[a]:迭代收敛准则,共有 5 种,最常使用的是第一个和第二个准则。

✧ Energy——能量准则(缺省);

✧ Energy and Force——能量和力准则;

✧ Energy and Displacement——能量和位移准则;

✧ Force——力准则;

✧ Displacement——位移准则。

[b]:能量收敛容差,缺省为 0.001。

[c]:接触力收敛容差,缺省为 0.05。

[d]:最小参考接触力大小,缺省为 0.01。

[e]:线性搜索设置,有 4 个分项:

✧ 收敛容差,缺省为 0.5;

✧ 线性搜索的能量阈值,缺省为 0;

✧ 上界,缺省为 8;

✧ 下界,缺省为 1e-006。

[f]:力收敛容差,有 3 个分项:

✧ 力(力矩)容差,缺省为 0.01;

✧ 参考力,缺省为 0;

✧ 参考力矩,缺省为 0。

[g]:位移收敛容差,有 3 个分项:

✧ 平动(转动)位移容差,缺省为 0.01;

✧ 参考平动位移,缺省为 0;

✧ 参考转动位移,缺省为 0。

2.3.7 其他分析控制选项

菜单:【Control】>【Miscellaneous Options...】

如图 2-18 所示，需要设置多个选项。

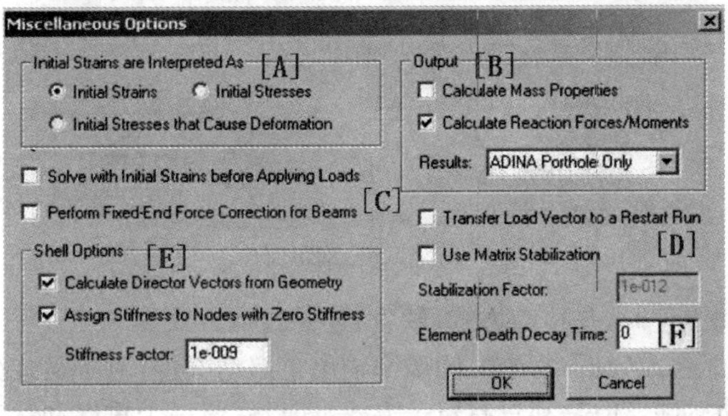

图 2-18　其他分析控制选项

[A]：把初始应变解释为：

Initial Strains——初始应变（缺省）；

Initial Stresses——初始应力；

Initial Stress that Cause Deformation——产生变形的初始应力。

这里的设置仅仅是个开关，优点是利用同样的文件格式，既可以代表初始应变又可以代表初始应力，简化了初始条件设置。初始条件输入只有应变没有应力，如果在此选择了初始应力，就可将应力作为应变通过菜单【Model】>【Initial Condition】>【Apply On Nodes...】输入，则输入数据当作初始应力参与计算。

[B]：输出选项：

是否计算质量特性，比如模型的质量和质心坐标，缺省为否。

是否计算支反力/力矩，缺省为是。

计算结果写入(1)ADINA 结果文件（缺省）；(2)NASTRAN OP2 文件；(3)两者都写入。

[C]：是否在施加荷载前对初始应变进行求解，缺省为否。

是否对梁进行固端力修正，缺省为否。

[D]：是否在重启动文件中写入载荷向量，缺省为否。

是否使用矩阵稳定系数，缺省为否；如果选中了该项，就会激活下一行的编辑框，需要指定稳定系数的大小，缺省为 1e-12。

[E]：壳选项：

是否用几何模型计算导向向量，缺省为是。

是否对零刚度节点指定刚度系数，缺省为是，缺省刚度系数大小为 1e-09。

[F]：单元刚度消失时间，缺省为 0。

2.3.8　文件控制

1)重启动文件输出控制菜单：【Control】>【Restart File(.Res)…】

如图 2-19 所示，主要有两方面的控制：

[A]：输出重启动文件的时间步间隔；

图 2-19 重启动文件写出控制

[B]:更新重启动文件时,是覆盖方式(缺省)还是追加方式。

缺省状态下,对于隐式分析,每个时间步都输出重启动文件;对于显式分析,第一时间步的每一步都写出重启动文件。但是都只有覆盖方式,即只保留一个重启动状态。

2)输出文件控制命令:PRINTOUT

菜单:【Control】>【Printout】>【Volume...】

ADINA 在求解过程中要产生一个输出文件(.out 文件),从初始化数据、求解收敛过程到计算结果,以及可能出现的错误信息都可以写到这个文件中。通过如图 2-20 所示的对话框来控制写入该文件的信息,比如:

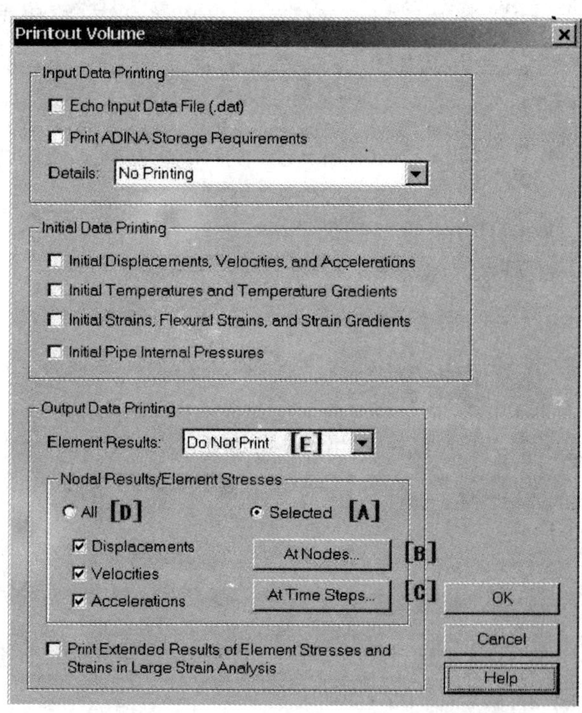

图 2-20 输出文件控制

- 是否写入求解文件的输入数据;
- 是否写入全部单元结果和节点结果;
- 写入所选择节点、单元的结果;
- 以单元组写入还是以单个单元写入;

➢ 写入哪些时间步的结果。

缺省情况下，如图 2-20 所示，输入数据、初始化数据、节点和单元结果都不写入输出文件。如果选择全部写入的话，可能导致输出文件很大。所以下面重点说明第三组选项的设置。

[A]：选择开关，如果选中，就需要同时指定[B]和[C]的内容，并选择[B]和[C] 按钮左边的位移、速度、加速度等结果项。

[B]：节点结果输出控制按钮，单击后弹出如图 2-21 所示的对话框，指定节点号码范围。也可以通过命令 PRINTNODES 或者菜单【Control】>【Printout】>【Results at Nodes…】进行设置。

[C]：输出时间步控制按钮，单击后弹出如图 2-22 所示的对话框，指定输出时间步范围。也可以通过命令 PRINT-STEPS 或者菜单【Control】>【Printout】>【Time Steps...】进行设置。

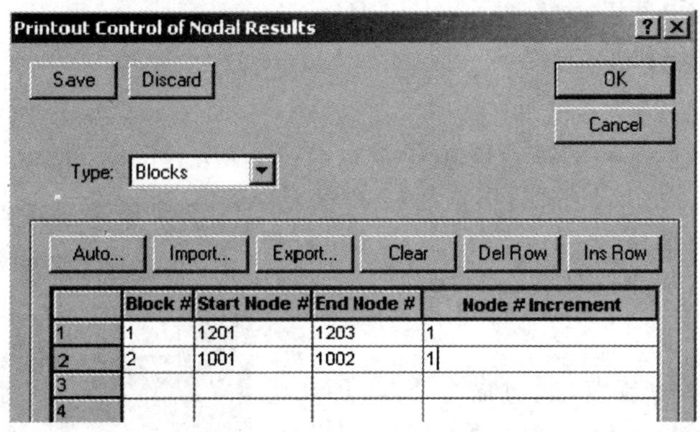

图 2-21　节点结果输出控制

Specify Printout Time Steps

Auto...　Import...　Export...　Clear　Del Row　Ins Row

	Block #	Initial Time Step	Final Time Step	Time Step Increment
1	1	2	20	2
2				
3				
4				
5				
6				
7				
8				
9				
10				

Apply　OK　Cancel

图 2-22　输出时间步控制

[D]：全选开关，如果选中，[B]和[C]的设置就会失效，全部节点的所有时间步的结果都会写入输出文件。

[E]：单元结果输出选项，缺省为不输出。这里的设置是对整个模型的，如果要输出或者不输出指定单元的结果，就需要(1)在单元组对话框中指定某个单元组是否输出结果，或者(2)在单元数据对话框中指定某个单元是否输出结果(菜单【Meshing】>【Elements】>【Element

Data...】)。

3)结果文件控制命令:PORTHOLE

菜单:【Control】>【Porthole】>【Volume...】

结果文件(.por 文件)中保存了用于 ADINA 后处理的求解结果,缺省为二进制文件,如图 2-23 所示。可以把结果文件设定为文本文件,但是文件体积通常会增大 2~2.5 倍。文本格式的结果文件在所有平台上兼容,而且对于利用 ADINA 进行开发的用户特别有用。二进制结果文件虽然体积小,但是只在部分平台上兼容。

缺省情况下,结果文件中保存所有输入数据和所有时间步的结果数据,包括:

- 单元结果;
- 初始位移和结果位移;
- 初始速度和结果速度;
- 初始加速度和结果加速度;
- 温度。

说明:最大时间步数选项的缺省值用 0 表示,含义是所有的时间步。

可以通过下面几个方面控制结果文件保存的信息多少:

(1)是否保存输入数据、单元结果和节点结果,如图 2-23 所示;

(2)指定保存结果的节点,通过命令 SAVENODES 或者菜单【Control】>【Porthole】>【Results at Nodes...】来完成,与图 2-20 的[B]类似;

(3)指定保存结果的单元组或者单元,在单元组对话框中指定某个单元组是否输出结果,或者在单元数据对话框中指定某个单元是否输出结果(菜单【Meshing】>【Elements】>【Element Data...】)与图 2-20 的[E]类似;

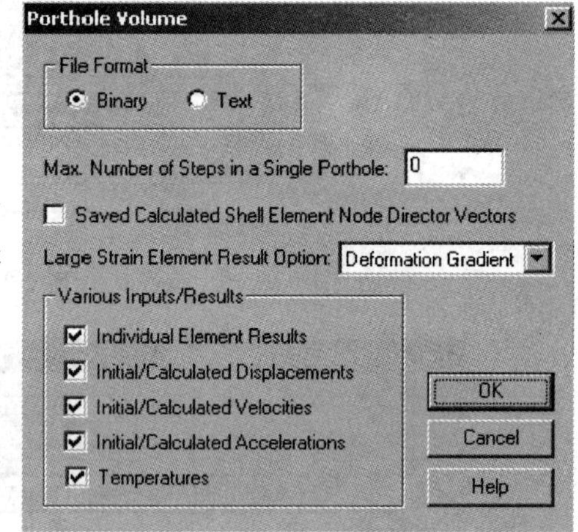

图 2-23 结果文件控制

(4)指定保存节点结果的时间步,通过命令 NODESAVE-STEPS 或者菜单【Control】>【Porthole】>【Time Steps(Nodal Results)...】来完成,与图 2-20 的[C]类似;

(5)指定保存单元结果的时间步,通过命令 ELEMSAVE-STEPS 或者菜单【Control】>【Porthole】>【Time Steps(Element Results)...】来完成,与图 2-20 的[C]类似。

4)映射文件控制菜单:【Control】>【Mapping File Control...】

映射文件(.map 文件)用于在同一分析模型中的不同阶段(网格进行了重划分后)传递节点坐标、应力应变等结果,例如金属的锻压大变形分析。ADINA-CFD 模块中的映射文件则主要用于不同模型之间的变量传递。

映射文件控制用于控制在不同分析阶段写出结果到映射文件,或从映射文件读入结果到当前网格(当前构形),从而完成结果传递,如图 2-24 所示。

5)特殊文件输入/输出控制菜单:【Control】>【Miscellaneous File I/O...】

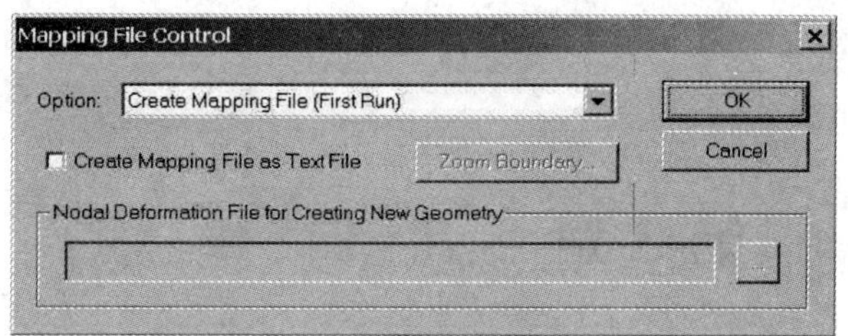

图 2-24　映射文件控制

弹出的对话框如图 2-25 所示，主要设置有：

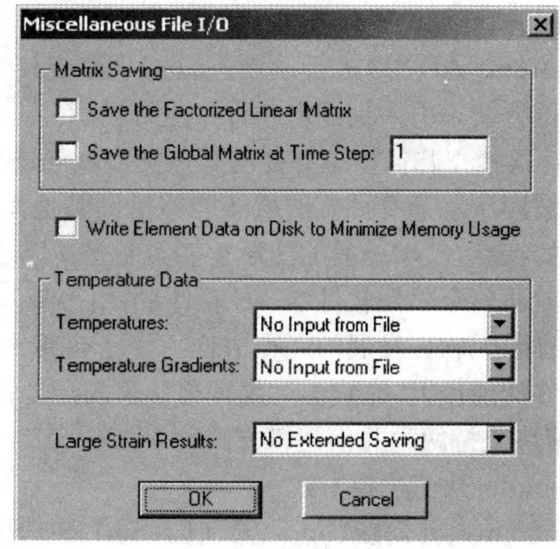

图 2-25　特殊文件输入/输出控制

(1)方程矩阵输出

把任意时间步的有效矩阵存储到名字为 fort. 70 的 ASCII 文件中，主要用于用户开发。

(2)温度数据输入

当进行热/结构耦合分析(TMC)时，一般选择【Input From File】方式，即在结构模型计算过程中逐步读取温度结果文件(. tem 文件)，该文件是 ADINA-Thermal 计算自动输出的。

第3章　几 何 建 模

几何建模就是建立分析对象的几何数据信息并在屏幕上动态地显示出来。有限元软件中的几何建模方法一般有如下 3 种：

➢ 以文本方式输入或以非可视化编程方式生成数据文件，再以图形显示。

➢ 应用图形软件(如 AutoCAD 等)进行绘制，通过 DXF 或其他格式的数据文件作为接口，生成数据文件，计算后再将结果引入到图形软件中进行显示。

➢ 自带图形模块，交互式建立几何模型并能与其他图形软件进行数据交换。

第 1 种方法已经逐渐被淘汰。第 2 种方法虽然能够借助其他图形软件的功能，但由于有限元模型几何参数有自身的特点，仅用一般的图形软件不能完整地建立起来，因此不是很理想的方法。第 3 种方法是目前通用有限元软件(CAE 软件)中用得最多也是最好的方法，使用方便，集成化程度高，代表了有限软件发展的一个方向。由于自带图形模块，使得有限元软件能够在不借助其他图形软件的前提下，完成前后处理与计算的全过程。

ADINA 自带的图形模块支持两种几何建模方式：

(1)ADINA Native(Simple)几何建模方式

几何元素包括几何点(Point)、几何线(line)、几何面(Surface)、几何体(Volume)等。每个线、面和体形状比较简单，能够独立进行网格剖分。组合有公共边界的简单几何对象可以建立复杂的几何模型。可以使用自由网格剖分或映射网格剖分技术。

Native 几何建模方式是一种从底向上的建模方式，与几乎所有的 CAD/CAE 系统的几何建模概念相同。也可以通过接口读入 CAD 软件的几何模型。

ADINA-Native 建模的所有功能菜单位于 Geometry 主菜单下。

(2)ADINA Parasolid (B-Rep.)几何建模方式

ADINA-M 是采用 Parasolid(Unigraphs)的建模技术，这是使用最为广泛的 3D 复杂实体模型建模技术，使用边界曲面表达法描述每个实体，每个实体都典型地描述了一个要进行网格划分的完整几何结构。其几何元素为 Body、Face、Edge、Point，其中 Face 和 Edge 只能作为 Body 的组成部分存在，而不能单独存在。在 Parasolid 几何对象上划分网格，有时只能使用自由格式剖分技术。

ADINA 中的 Parasolid 实体称为 ADINA-M 实体或 ADINA B-Rep. 实体，Parasolid 建模功能菜单位于 ADINA-M 主菜单下。ADINA-M 是 AUI 的附加模块，需要独立的授权才能使用，ADINA 教育版没有提供该模块。

在划分网格、施加约束、载荷等条件时，往往要求选择相应的几何元素，除了几何点以外，ADINA 区别两种不同类型的几何元素，即对于线、面、体，ADINA Native 和 Parasolid 模型的名称分别为：

Line——Edge

Surface——Face

Volume——Body

在一个分析模型中，可以同时使用 AUI-Native 几何元素和 Parasolid 几何元素建立模型，ADINA 提供两种实体网格连续的技术。两种模型的网格连续过渡需要使用【Geometry】>【Face】>【Face Link】选项。由于 AUI 操作过程中区别两种几何元素，所以用户必须时刻清楚地知道需要输入 Line、Surface、Volume 还是 Edge、Face、Body。

另外，对于几何元素的编号，要求 Body、Volume、Surface、line、Point 的编号唯一，不得重复。Face 和 Edge 的编号则是局部的，与 Body 关联，因此，在使用 Face 和 Edge 的时候必须指定相应的 Body。

在本书后面的章节中，将 Line 称为线或者几何线，将 Surface 称为面或者几何面，将 Volume 称为体或者几何体；而将 Edge 称为 Parasolid 线或者 Parasolid 边，将 Face 称为 Parasolid 面，将 Body 称为 Parasolid 体，仅在不会引起混淆的情况才简称为边、面、体。

对于 2-D 实体模型，由于 ADINA 规定 2-D 实体单元(轴对称、平面应力和平面应变)必须位于整体坐标系 YZ 平面，所以创建的相关几何面也必须位于整体坐标系 YZ 平面。而且，要求 2-D 轴对称单元的 Y 坐标为正值，对称轴为 Z 轴。

3.1　坐标系

坐标系是 ADINA 中最基本的内容，在建模、初始/边界条件施加及结果后处理中都起着重要的作用，是学习和精通 ADINA 所必须完全掌握的重要内容。

ADINA 中的坐标系主要有以下 9 种：

Global System(整体坐标系)

Local Coordinate System(局部坐标系)

Skew System(斜坐标系)

Geometry Triads(几何的坐标架)

Element Local Coordinate System(单元坐标系)

Orthotropic Axes System(用于与初始应变轴或材料轴对齐的正交轴系)

Initial Strain Axes(初始应变轴)

Material Axes(材料轴)

Result Transformation System(结果转换坐标系)

ADINA 缺省的坐标系是整体直角笛卡儿坐标系，标号为 0，坐标轴为 X，Y，Z。用户构建几何模型时，多数情况下使用缺省坐标系就足够了，仅当用户使用局部坐标系建模更加方便的时候，才有必要定义局部坐标系，ADINA 坐标系都是右手坐标系。

3.1.1　局部坐标系的类型

局部坐标系在前处理中用于几何模型的建立，在后处理中可以用作结果转换坐标系，几何模型复杂时，选用合适的局部坐标系可以更加方便地建立几何模型，不用于求解。

局部坐标系需要用户自行定义，有三种类型：

- ➢ 直角笛卡儿坐标系
- ➢ 柱坐标系
- ➢ 球坐标系

柱坐标、球坐标与笛卡儿坐标的变换关系如图 3-1 所示。

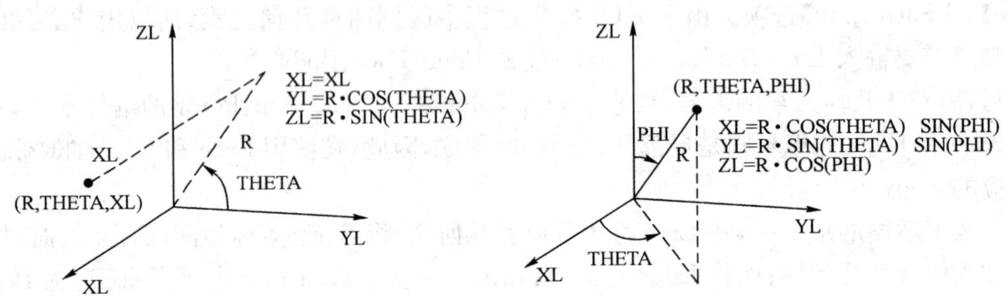

图 3-1 柱坐标、球坐标与笛卡儿坐标的变换关系

3.1.2 定义局部坐标系的方法

相对于整体坐标系定义局部坐标系，坐标轴为 XL，YL，ZL，如图 3-2 所示。

定义局部坐标系的 3 种方式：

(1)原点和方向矢量(Origin and Direction Vectors)

通过给定整体笛卡儿坐标系下的局部坐标系原点坐标和 XL、YL、ZL 轴的方向矢量来定义局部坐标系。

(2)原点和欧拉角(Origin and Euler Angles)

通过给定整体笛卡儿坐标系下的局部坐标系原点坐标和欧拉角来定义局部坐标系。欧拉角如图 3-3 所示，其中，φ 是绕 X 轴的转角，θ 是绕 Y′轴的转角，ξ 是绕 X″轴的转角。

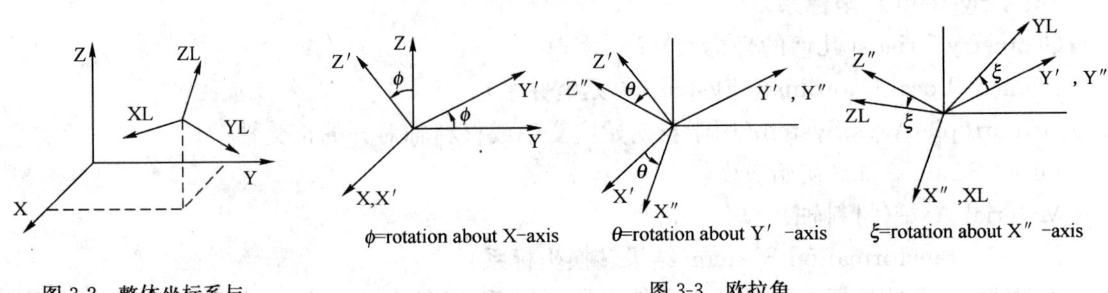

图 3-2 整体坐标系与局部坐标系

图 3-3 欧拉角

(3)三个几何点(Three Geometry Points)

三个几何点规定如下：P1 点为局部坐标系原点，P1 到 P2 的方向规定为 XL 轴。P1，P2，P3 三点定义 XL-YL 平面。YL 轴垂直于 XL 轴，而且指向 P1 和 P2 连线 P3 所在的一侧。采用右手法则定义 ZL 轴。

定义新的局部坐标系时，需要分配一个标号，新定义的坐标系标号为 1，2，…，在其他对话框中引用该标号就可以使用该坐标系。可以创建多个局部坐标系，在任何时候都可以通过设置功能激活任何已有的坐标系，几何建模的坐标值，复制、反射等各种几何变换操作都基于激活的坐标系。缺省的当前激活坐标系为整体笛卡儿坐标系。

如果重新定义了某一坐标系，对于曾经使用该坐标系定义的几何点，可以选择在整体坐标系下移动或保持静止不动。后一种情形，AUI 自动刷新相对于局部坐标系的点的坐标。

3.1.3　创建局部坐标系的操作步骤

命令：SYSTEM

菜单：【Geometry】>【Coordinate Systems...】

图标：

(1)选择菜单或者单击图标，弹出定义局部坐标系对话框，单击【Add】按钮，添加一个坐标系，如图 3-4 所示，新生成的局部坐标系标号为 1。

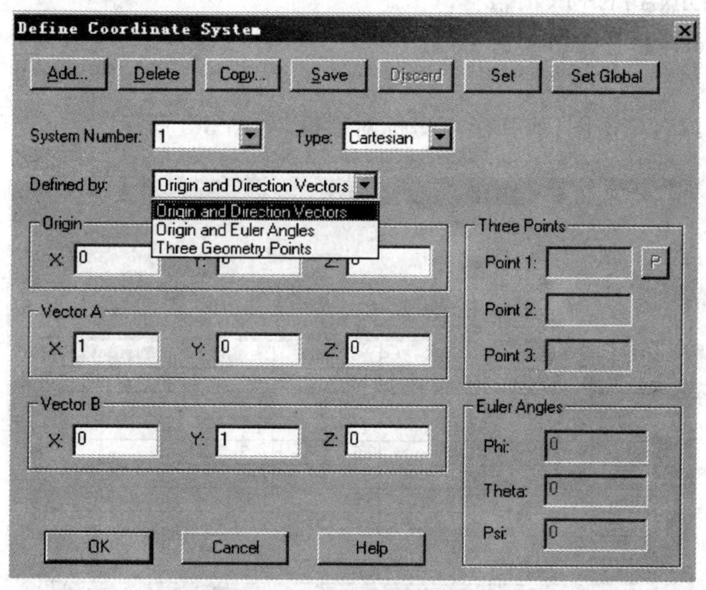

图 3-4　定义坐标系对话框

(2)在 Type 中选择坐标系类型，笛卡儿坐标、柱坐标和球坐标三者择一。

(3)在 Defined by 中选择定义坐标系的方式。如果选择原点和方向矢量方式，就需要输入原点坐标和方向矢量；如果选择原点和欧拉角方式，就需要输入原点坐标和欧拉角；如果选择三个几何点方式，就需要输入三个几何点的标号。

最后单击【OK】按钮，关闭对话框。

一旦定义并保存了一个局部坐标系，该坐标系自动成为当前激活坐标系。如果要重新把整体坐标系设为当前激活坐标系，单击【Set Global】按钮即可。

说明：定义坐标系的 3 种方式中，原点和方向矢量方式需要指定坐标原点、XL 方向矢量(Vector A)、XL-YL 平面内的一个矢量(Vector B)，所有输入值均相对于整体坐标系；三个几何点方式需要指定 3 个点的标号(P1,P2,P3),P1 为原点,P1 与 P2 确定 X 方向,P1、P2、P3 确定 X-Y 平面,Y 轴的方向垂直 X 轴并指向 P3 点一侧,按照右手法则确定 Z 轴;原点和欧拉角方式相对整体坐标系通过欧拉角确定。

其他有关坐标系的定义参见附录。

3.2 Native 几何建模方式

3.2.1 创建和删除点

创建几何点通常是 Native 方式建模的第一步。点的空间位置由其坐标定义,可以在整体坐标系或者某一局部坐标系下通过输入坐标值进行点的定义。几何点和有限元节点完全是两码事,它们具有完全不同的意义。在几何点位置 AUI 可能生成节点,也可能不生成节点。

1)创建点的操作步骤

命令:COORDINATES POINT

菜单:【Geometry】>【Points...】

图标:

(1)选择菜单或者单击图标,弹出点坐标对话框,如图 3-5 所示。

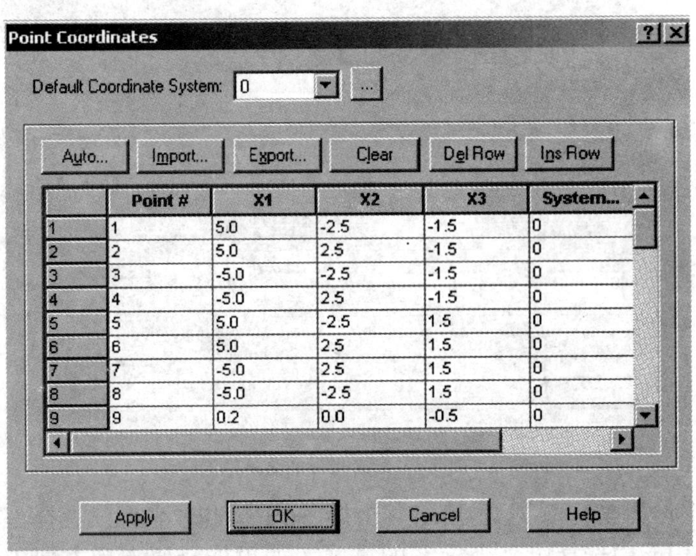

图 3-5 创建点对话框

(2)首先在对话框中选择已经定义的坐标系或者现场定义坐标系,然后根据采用的坐标系类型在表格中输入坐标值。每个几何点都必须输入一个标号,标号可以不连续,在其他对话框中使用几何点时就要引用该标号。坐标值也可以不输入,空格默认为 0。填充完一个空格后,可以使用鼠标激活到另外一个空格,或使用上下左右箭头移动到另外空格,或使用 Tab 键向右移动到下一个空格。

数据表 X1,X2,X3 列数据根据坐标系类型按下列格式输入(表 3-1):

不同坐标系下的坐标类型　　表 3-1

坐标类型	X1	X2	X3
整体直角坐标	X	Y	Z
局部直角坐标	XL	YL	ZL
局部柱坐标	R	THETA	XL
局部球坐标	R	THETA	PHI

该对话框中还提供了其他的操作：

Auto：自动增量输入，仅限于坐标值增量相同的点的输入。

Import /Export：输入/输出点坐标文件（*.txt），此文件为 ASCII 格式，字段之间使用 Tab 键相隔开。

有时要读入大量来自工程测量的点坐标值，可以通过 Excel 文件直接生成此格式的 TXT 文件，然后由 Import 读入。

Clear：清除列表中的所有内容。

Del Row：删除光标所在一行的内容。

Ins Row：在光标所在处增加一行，内容为空，可填入数据。

Apply：执行前面的设定和操作，但不退出对话框。

说明：ADINA 的多种数据都采用这种数据表格方式进行管理，如节点、单元、组、几何变换等，后面不再详细说明。

2)删除点的方法与操作步骤

删除点有两种操作方法：

(1)打开如上所述的创建点对话框，然后删去对应点的数据行，再点击【OK】或【Apply】即可。

(2)单击 Geometry 工具条删除点图标，此时，鼠标光标为十字，然后拾取要删除的点(可以连续拾取多个点)，或用橡筋框拾取若干个点，AUI 会高亮显示被拾取的点。再单击鼠标中间键或同时按下双键鼠标的双键执行删除。最后按键盘 Esc 键退出删除状态。

注意，已经被用来定义线、面、体的点不能被删除。

3.2.2　创建和删除线

在已有点的基础上才能定义线，每条线都需要分配一个标号，还必须指定一个线类型参数，指明线段是直线、弧线、圆、螺旋曲线、多义线、组合线、旋转线、延伸线还是转换线。任何一条线段都有一个等参坐标，称之为 u 坐标，第一个端点为 0.0，另一个端点为 1.0，u 坐标沿线递增。有些情况下必须知道线的 u 坐标方向。显示线及其线标号时，ADINA 也同时给出线的 u 坐标方向供察看。

某些类型的线在定义的时候需要辅助点，ADINA 提供了重合点检查选项，如果选中了该选项，而且在需要辅助点的位置已经存在一个点(容差范围内)，那么就不创建新的点；否则，ADINA 总是自动在需要辅助点的位置上创建一个新的点。

1)创建线的操作步骤

命令:LINE <type>

菜单:【Geometry】>【Lines】>【Define...】

图标:

(1)选择菜单或者单击图标,弹出定义线对话框,如图 3-6 所示。

(2)单击【Add】按钮,缺省地从 1 开始给线编号。

(3)选择线的类型,缺省为直线。

(4)输入定义线的点以及必要的其他参数。

(5)单击【SAVE】或【OK】按钮,生成线。

2)线的类型

(1)直线(Straight)

直线由两个端点定义,如图 3-6 所示。输入端点标号有两种方式:一种方式已知端点的标号(如在图中显示的端点标号),直接输入点的标号到 Point1、Point2 空格中;另外一种方式选择 Point1 空格右侧的【P】按钮,在图形窗口用鼠标拾取相应的 Point1、Point2,然后自动返回到定义线对话框。

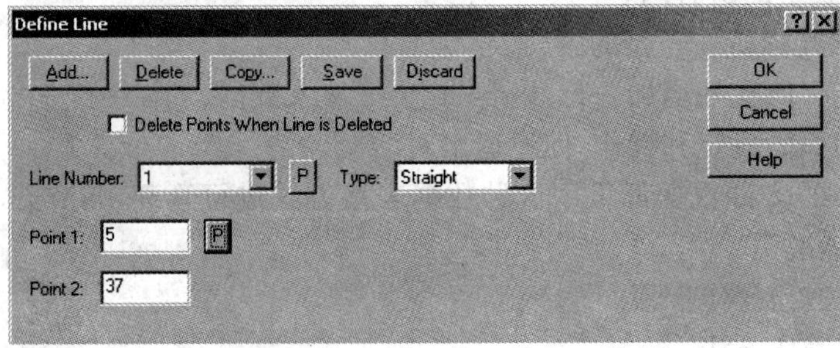

图 3-6 定义线对话框

(2)弧线(Arc)

弧线可以是圆弧,也可以是变半径弧,但总是非闭合的,要定义闭合圆弧需要选择线的类型为圆。定义弧线有多种方式:

P1,P2,Center——起点、终点、中心点方式,如图 3-7 所示。

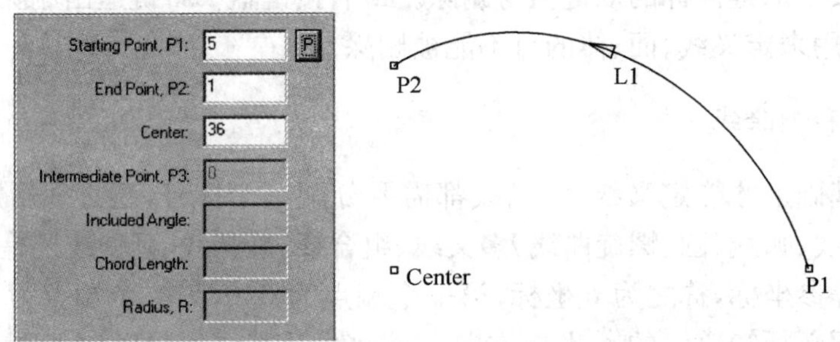

图 3-7 起点、终点、中心点方式定义弧线

当中心点到 P1 和 P2 两点的距离相等时,生成一段圆弧;当中心点到 P1 和 P2 两点的距离不等时,半径沿弧线按线性插值变化。P1、P2 和 Center 三点不能共线,即不在同一条直线上,而且弧线夹角必须小于 180 度。

P1,P2,P3——起点、终点、中间点方式,如图 3-8 所示。

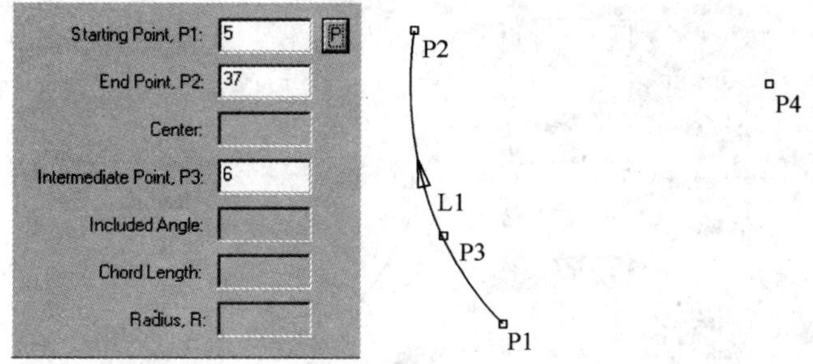

图 3-8　起点、终点、中间点方式定义弧线

弧线由不共线的三点构成。除非选中了重合点检查选项并且在弧的中心已经有一个几何点存在,否则,ADINA 会自动生成中心点 P4。

P1,Center,Angle,P3——起点、中心点、夹角和面内点方式,如图 3-9 所示。

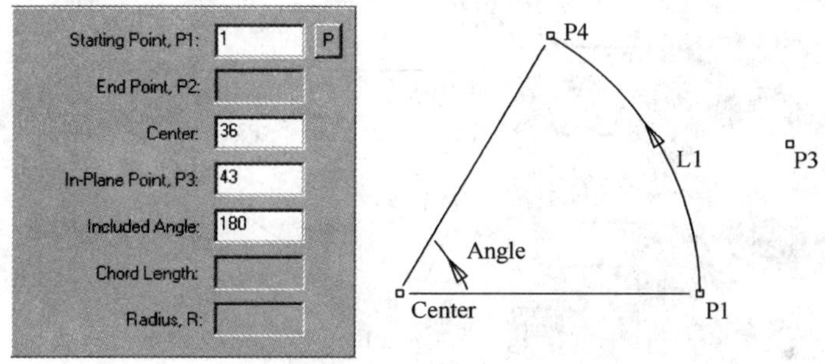

图 3-9　起点、中心点、夹角和面内点方式定义弧线

弧线处于不共线的 P1、Center、P3 三点构成的平面内。夹角正方向为从 P1 到 P3。除非选中了重合点检查选项并且在弧线终点处已经有一个几何点存在,否则,ADINA 会自动生成弧线终点 P4。

P1,Center,P3,Chord——起点、中心点、面内点和弦长方式,如图 3-10 所示。

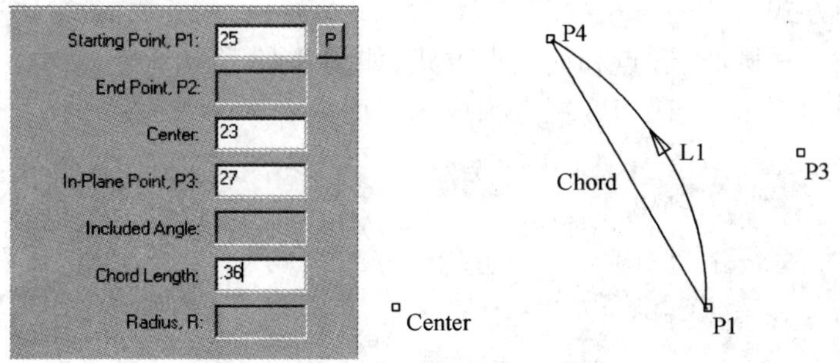

图 3-10　起点、中心点、面内点和弦长方式定义弧线

弧线处于 P1、Center、P3 三点构成的平面内,这三点必须不共线。P3 位于 P1 和 Center 连线的一侧,弧线终点将位于同一侧。除非选中了重合点检查选项并且在弧线终点处已经有一个几何点存在,否则,ADINA 会自动生成弧线终点 P4。

P1,P2,P3,Radius——起点、终点、面内点和半径方式,如图 3-11 所示。

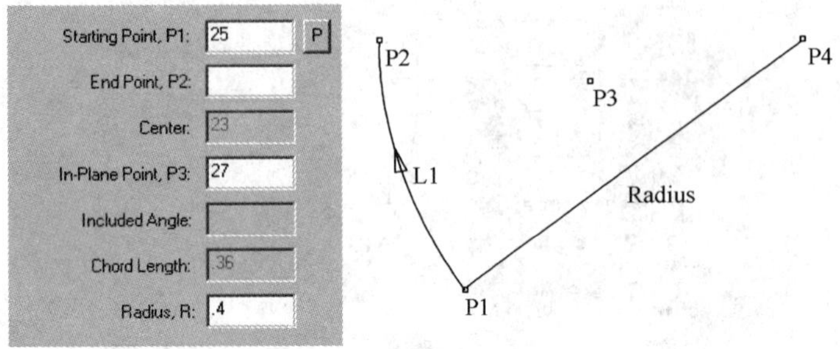

图 3-11　起点、终点、面内点和半径方式定义弧线

弧线处于 P1、P2、P3 三点构成的平面内,这三点必须不共线。P3 位于 P1 和 P2 连线的一侧,弧线中心点将位于同一侧。除非选中了重合点检查选项并且在弧线中心点处已经有一个几何点存在,否则,ADINA 会自动生成弧线中心点 P4。

P1,P2,P3,Angle——起点、终点、面内点和夹角方式,如图 3-12 所示。

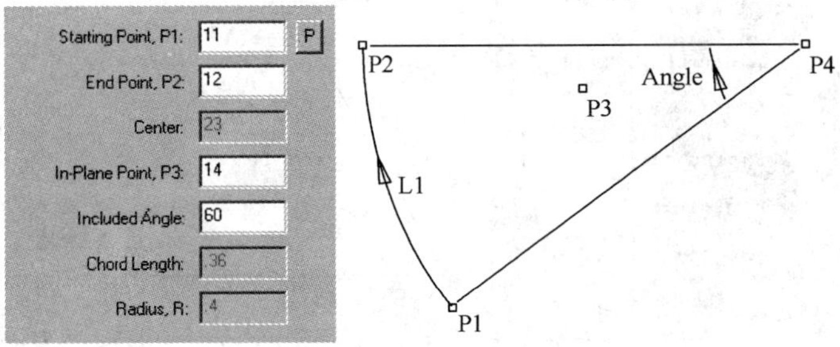

图 3-12　起点、终点、面内点和夹角方式定义弧线

弧线处于 P1、P2、P3 三点构成的平面内,这三点必须不共线。夹角正方向为从 P1 到 P3。除非选中了重合点检查选项并且在弧线中心点处已经有一个几何点存在,否则,ADINA 会自动生成弧线中心点 P4。

(3)圆(Circle)

定义圆有 3 种方式:

Center,P1,P3——圆心、起点和面内点方式,如图 3-13 所示。

圆位于不共线的 Center、P1、P3 三点构成的平面内。

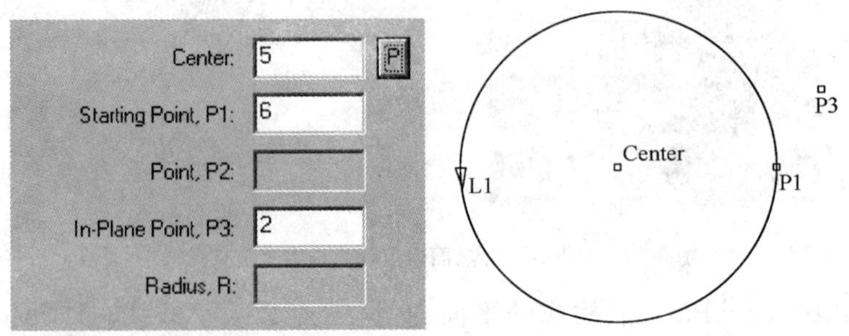

图 3-13　圆心、起点和面内点方式定义圆

P1,P2,P3——三点方式,如图 3-14 所示。

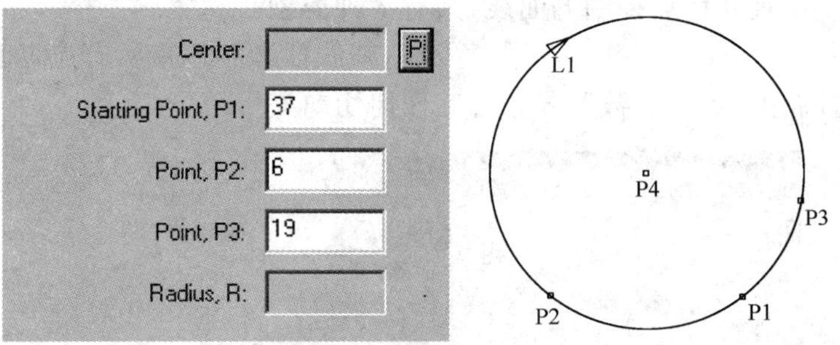

图 3-14　三点方式定义圆

其中 P1 是起点。要求 P1,P2,P3 三点不共线。除非选中了重合点检查选项并且在圆心处已经有一个几何点存在,否则,ADINA 自动生成圆心 P4。

Center,P2,P3,Radius——圆心、标杆点、面内点和半径方式,如图 3-15 所示。

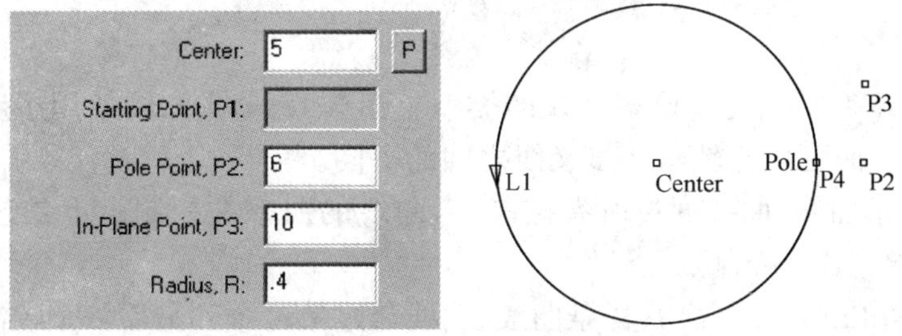

图 3-15　圆心、标杆点、面内点和半径方式定义圆

Center,P2,P3 确定圆所在的平面,所以这三点不能共线。其中 P2 点决定标杆的方向,比如说决定起点的位置。除非选中了重合点检查选项并且在起点处已经有一个几何点存在,否则,系统自动生成圆的起点 P4。

(4)螺旋曲线(Curvilinear line)

螺旋曲线是在给定局部坐标系(柱坐标或球坐标)中的插值曲线。曲线上点的坐标由两端的几何端点线性插值确定。用户需要指定几何端点的标号 P1 和 P2,其中 P1 为起点,以及用于插值的坐标系标号。例如,局部坐标系 1 为柱坐标,P1 的坐标值为 R=1.0、THETA=0.0、XL=0.0,P2 的坐标值为 R=2.0、THETA=1000.0、XL=5.0,则生成的曲线如图 3-16 所示。注意:对于球坐标系,若 P1 =P2,AUI 通过全 360°角度坐标插值生成圆,用 θ 或 φ 指定插值的角度均可。

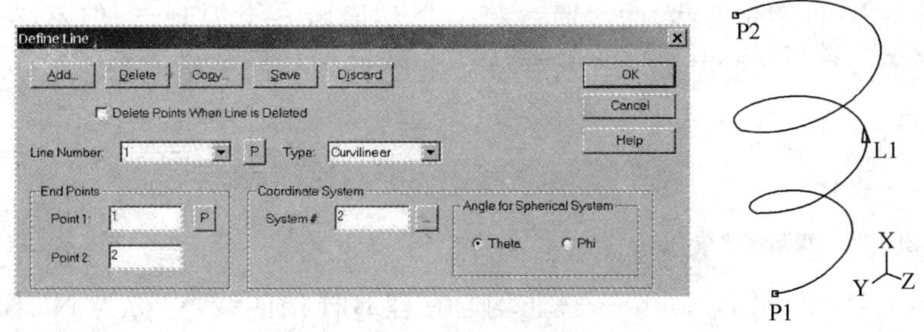

图 3-16　定义螺旋曲线

(5)多义线(Polyline line)

多义线是由一系列几何点控制的曲线,共有 7 种类型:

Straight line segments——折线,用一系列直线线段顺序连接所有点,如图 3-17 所示。至少需要指定 2 个控制点,点的总数不限。忽略任何切向矢量信息。

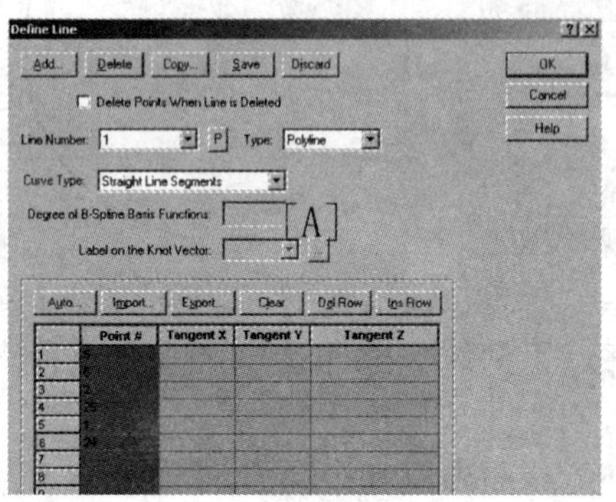

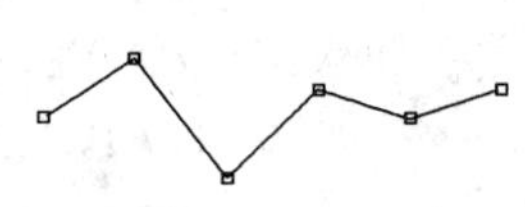

图 3-17　定义折线

说明:在图 3-17 中[A]处选择多义线的类型。图 3-18～图 3-22 使用了和图 3-17 对话框中相同的控制点,从而可以比较这些多义线之间的不同。

Spline——样条曲线,曲线通过所有控制点,曲线的曲率在控制点上是连续的,如图 3-18 所示。至少需要指定 2 个控制点。

Quadratic B-spline——二次 B 样条曲线,曲线通过第一个和最后一个控制点,但不必通过中间控制点,如图 3-19 所示。至少需要指定 3 个控制点。

Cubic B-spline——三次 B 样条曲线,曲线通过第一个和最后一个控制点,但不必通过中间控制点,如图 3-20 所示。至少需要指定 4 个控制点。

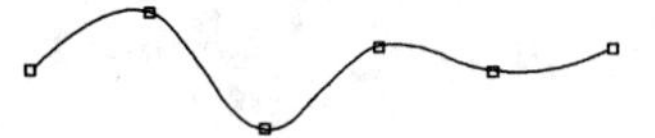

图 3-18　样条曲线

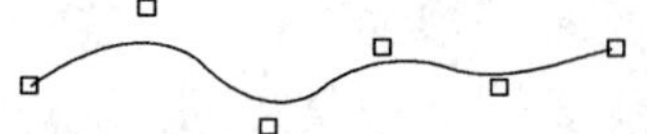

图 3-19　二次 B 样条曲线

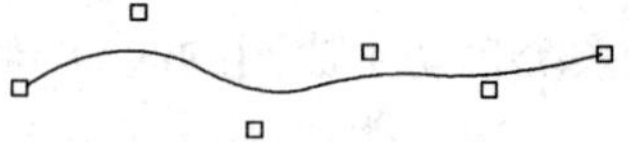

图 3-20　三次 B 样条曲线

Bi-arc——双圆弧曲线,每对相邻点由两段圆弧连接而成,如图 3-21 所示。可以在任何一个控制点上指定切线方向,否则,由程序自动计算曲线的切线方向。至少需要指定 3 个不共线的控制点。此外还要求所有控制点位于同一平面内,且任何指定的切向矢量也必须位于该平面内,如果不能满足这些条件,系统会给出错误信息。

Bezier curve——贝塞尔曲线,曲线通过第一个和最后一个控制点,但不必通过中间控制点,如图 3-22 所示。至少需要指定 3 个控制点。忽略任何切向矢量信息。

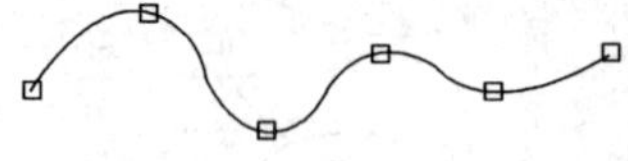

图 3-21　双圆弧曲线

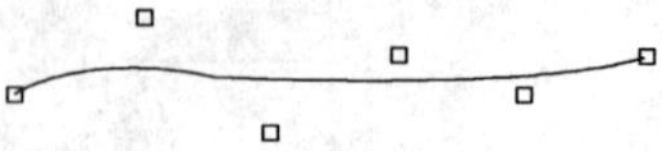

图 3-22　贝塞尔曲线

Non-Uniform Rational B-Spline——非均匀有理 B 样条曲线,也称为 NURBS 曲线,很多 CAD 几何内核都应用了它。NURBS 曲线定义比较复杂,涉及控制点、权重和结点,从而实现线段参数值的非均匀分布。一般不用 ADINA 直接定义 NURBS 曲线，而是主要用于读入 IGES 文件中的 NURBS 曲线。

(6)复合线(Combined line)

复合线由其他几何线复合而成。定义复合线时“母”线必须形成连接序列。复合线可以是闭合的，这时，最后一个母线连接到第一个母线上。复合线对创建平面体(sheet bodies)很有用。图 3-23 给出了一个由母线 L1 和 L2 创建复合线的例子。

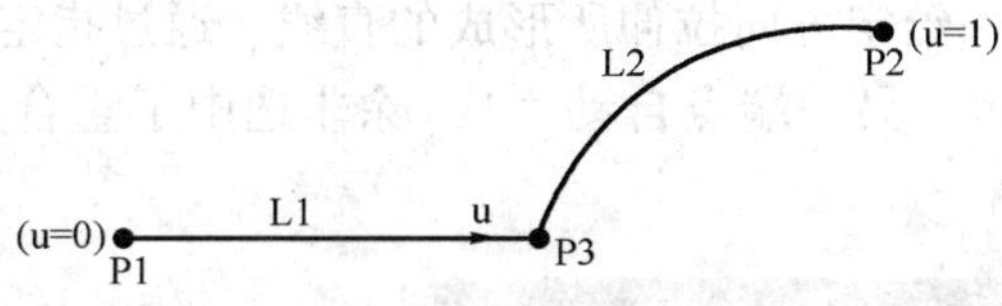

图 3-23 由母线 L1 和 L2 创建复合线

(7)截断线(Section line)

把已有几何线的一部分定义为一条新的线，即为截断线。定义时需要指定已有的母线号码和截断线起点与终点的等参坐标，如图 3-24 所示，u=0 到 u=1 为已经存在的线，输入的数值为 u=0.4和 u=0.7，得到新的线。截断线端点既可以使用已有几何点，也可以生成新的几何点。

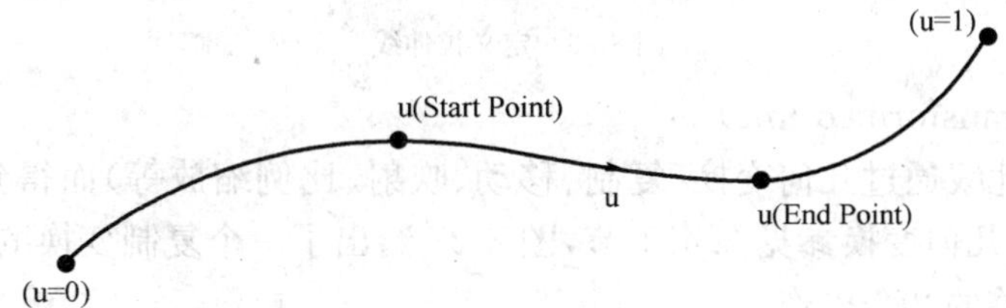

图 3-24 截断线

(8)旋转线(Revolved line)

旋转线是一个点(初始点)绕某个轴旋转所生成的圆弧，如图 3-25 所示。旋转角必须在 −360°和 360°之间，角度的正负号按右手法则确定。圆弧的另一端点自动生成，除非选中了重合点检查选项并且在该点处已经有一个几何点存在。定义旋转轴有以下 4 种方式：

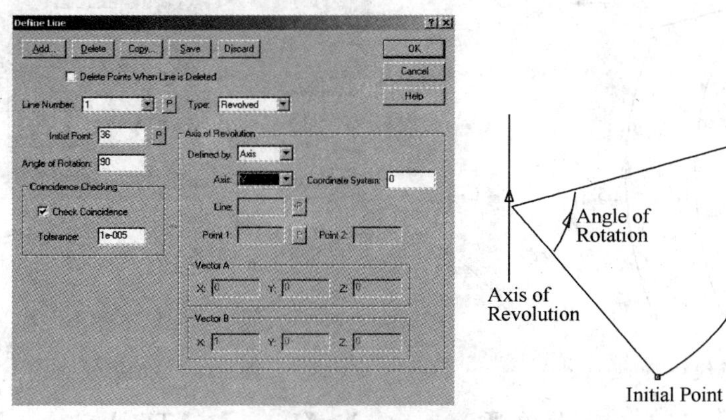

图 3-25 定义旋转线

Axis——坐标轴方式，旋转轴直接使用坐标系的一个坐标轴。

Line——线方式，旋转轴是给定几何线的两个端点所确定的直线。所给定的几何线可以是直线或者曲线，但必须是开放的。

Two Points——两点方式，旋转轴是两个不重合的给定几何点所形成的直线。

Vectors——双矢量方式，旋转轴由一个位置矢量(Vector A)和一个方向矢量(Vector B)确定。

(9)拉伸线(Extruded line)

拉伸线是一个点沿某一给定方向拉伸所形成的直线。通过指定一个初始点和一个矢量的方式来定义，如图 3-26 所示。另一端点自动生成，除非选中了重合点检查选项并且在该点处已经有一个几何点存在。

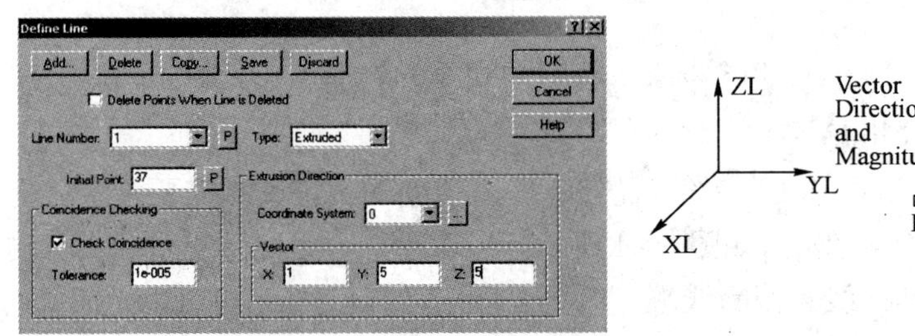

图 3-26　定义拉伸线

(10)变换线(Transformed line)

变换线是由其他线通过几何变换(复制、移动、映射、比例缩放等)而得到的线。可以同时变换多条线，有关的几何变换参见 3.4.1 节，图 3-27 给出了一个复制变换的例子。

3)与定义线有关的 2 个操作

(1)线的拆分(Split line)菜单:【Geometry】>【Lines>Split...】

拆分一个已有的线形成两个新的线，但拆分并不删除原有的线。既可以通过输入拆分点的等参坐标值(u=0～1)来明确地指定拆分位置，也可以使用鼠标在拆分位置点击来确定。比如将线段等分，则输入 u=0.5，如图 3-28 所示。

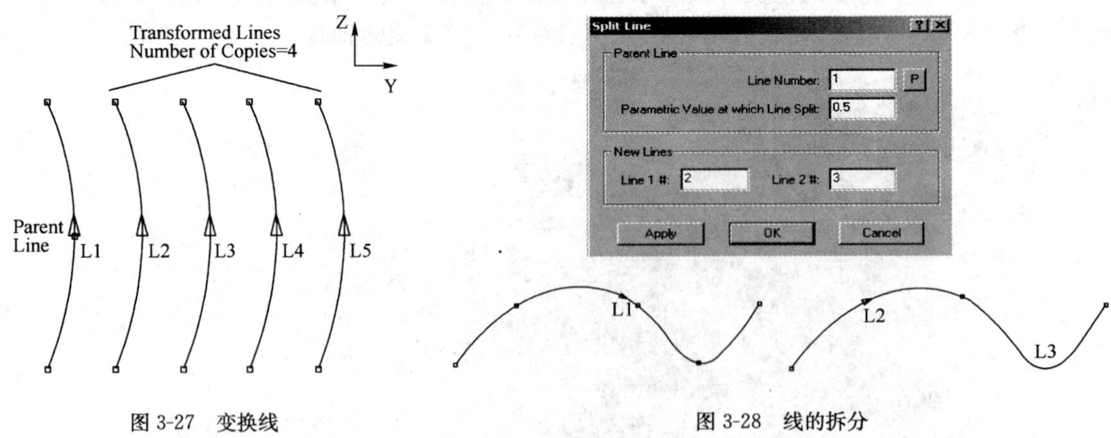

图 3-27　变换线

图 3-28　线的拆分

(2)线的厚度(line thickness)菜单:【Geometry】>【Lines】>【Thickness...】

只有在对线划分等参梁单元或者轴对称壳单元时才有意义；缺省的厚度是为 1；如果划分

单元后修改厚度，则单元厚度随之变化。

4）删除线

删除线有两种方式：

（1）点击删除线图标，然后用鼠标拾取图形窗口中要删除的线即可；可以连续拾取，按键盘 Esc 键退出删除状态。这种方式不删除相关的点。

（2）点击定义线的图标或者选择菜单【Geometry】＞【Line】＞【Define...】，在定义线的列表中选择要删除线的相应标号（或线标号旁边的【P】按钮，进入图形拾取状态），然后点击【Delete】按钮即可。这种方式可以选择是否删除相关的点。

注意：不能删除已经用于定义面或体的线。

3.2.3　创建和删除面

AUI 几何面可以是平面，也可以是曲面，但只能由四条或者三条边围成，如图 3-29 所示。每个几何面都映射到一个 u-v 等参坐标系，一个角点在(u,v) = (0.0,0.0)处，对角角点在(u,v) = (1.0,1.0)处。一个几何面拓扑等效于一个正方形，因此，单个几何面可以代表一个矩形板或者球面的一部分，但不能代表一个有孔的矩形板。当几何面四条边中的一条边退化缩成一个点，就称为退化几何面，该面拓扑等效于一个三角形。通过单击面标号图标（位于模型显示工具栏），可以同时察看面的标号与 u-v 坐标系。请记住面的边线和顶点的编号顺序约定，如图 3-30 所示，与图 3-29 最左边的正方形比较可知，映射的 u-v 坐标系原点在 V3 点，而不是 V1 点。

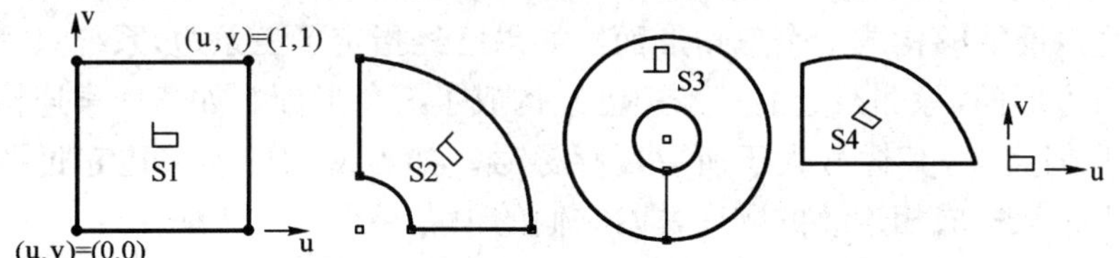

图 3-29　几何面的例子

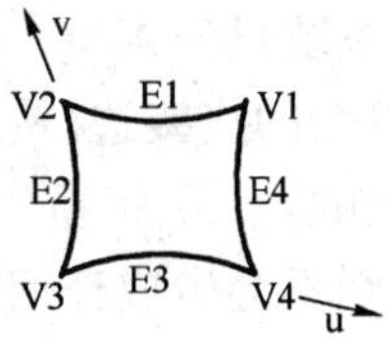

图 3-30　顶点和边线的编号约定

1）定义几何面的步骤

命令：SURFACE<type>

菜单：【Geometry】＞【Surfaces】＞【Define...】

图标：

（1）点击图标或者选择菜单，弹出如图 3-31 所示的对话框；

（2）点击【Add】按钮；

（3）选择面的类型；

（4）输入相应的参数；

（5）点击【Save】或者【OK】按钮生成面。

每个面都必须分配一个标号，并选定面的类型。

2）面的类型

（1）边构造面(Patch Surface)仅由三或四条线组成面，如果由三条线构成，第四条线位置输入 0，参见图 3-31 和图 3-32。

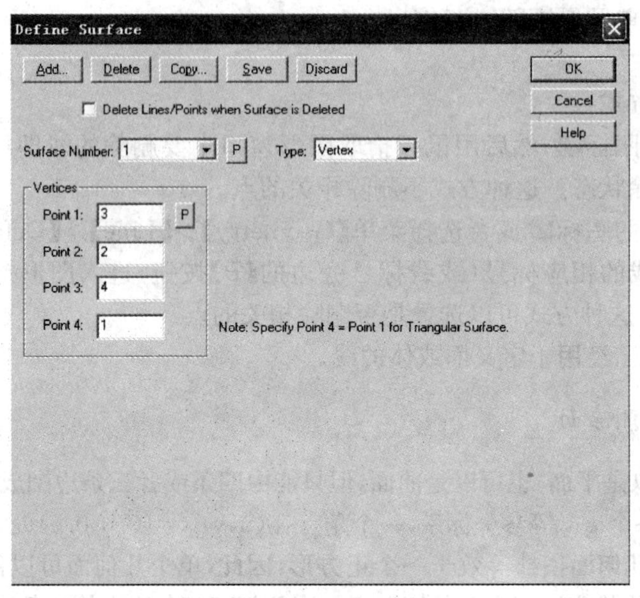

图 3-31 定义几何面

几何面由指定的几何线段标号定义，这些几何线段作为面的边线。至少要指定两条边。如果定义了两条相邻的边，系统会搜索一条唯一的连接边，形成一个三角形面。如果定义了两条相对的边，系统就会搜索寻找另外两个边，形成一个四边形面。除非给定的边是连在一起时，系统只搜索单个的连接边以便能够构成一个三角形面。如果已经指定了三条边，系统只搜索单个的连接边，构成一个四边形面，除非给定的三条边已经构成了三角形面。如若搜索连接边失败，AUI 将新生成一条几何直线，其标号大于所有现存标号。如若搜索的连接边超过两条，则不会生成任何面。边线必须构成相连续的顺序，即：它们的顶点必须相互匹配。

(2)顶点构造面(Vertex Surface)

直接指定面的三个或者四个顶点来生成面，如图 3-33 所示。键盘输入或者鼠标点击拾取点的顺序可以顺时针或逆时针，会影响到 u-v 坐标系，建议统一采用逆时针顺序选择。重复其中已经指定的一个顶点编号即可定义一个三角形面，例如，1,1,2,3；1,2,2,3；1,2,3,3；或 1,2,3,1 等定义的所有三角形面都由 1,2,3 点构成。

如果在相邻顶点之间没有已经定义好的线，AUI 会自动生成一条直线，如图 3-33 中的 L3 和 L4。

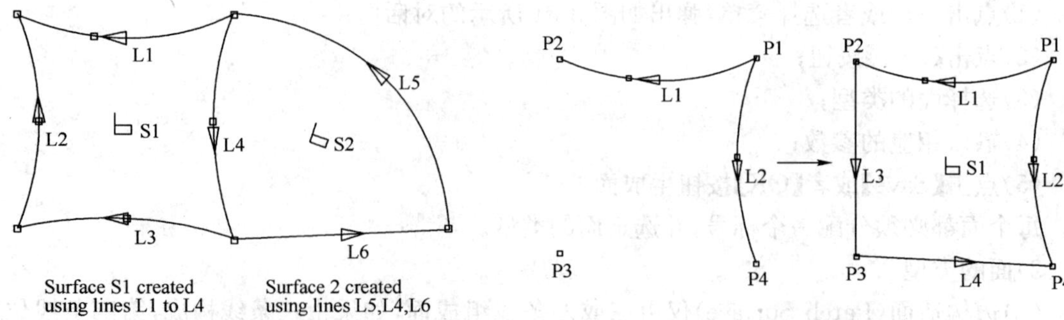

图 3-32 通过线定义的面

图 3-33 通过顶点定义的面

(3)栅格构造面(Grid Surface)

由控制其形状的几何点栅格(阵列)来定义面。栅格点的个数由阵列的行数 MPOINT 和列数 NPOINT 确定,如图 3-34 所示,该面由四行四列共 16 个点形成,第一行:点 1～点 4;第二行:点 5～点 8;第三行:点 9～点 12;第四行:点 13～点 16。该面在显示的时候会在 u 和 v 方向上分别有 11 条中间线。该类型有 4 种定义方式:

Polyface——多元曲面:控制点的栅格由四边形网格连接构成。至少要有 2 行和 2 列栅格点,曲面通过所有的栅格点。

Quadratic B-spline——二次 B 样条曲面:曲面由控制点栅格导出。至少要有 3 行和 3 列栅格点,曲面不一定通过所有的栅格点。

Cubic B-spline——三次 B 样条曲面:曲面由控制点栅格导出。至少要有 4 行和 4 列栅格点,曲面不一定通过所有的栅格点。

Bezier——贝塞尔曲面:曲面由控制点栅格导出。至少要有 3 行和 3 列栅格点,曲面不一定通过所有的栅格点。

如果某个等同于边线控制点定义的多义线尚不存在,将会生成一个新的多义线。

(4)旋转面(Revolved Surface)

曲面由几何线段绕某个轴旋转生成,如图 3-35 所示。用户需要指定初始线(可以一次指定多条线来生成多个面)和旋转角度。旋转角度必须在－360°到 360°之间,正负号按右手法则确定。旋转轴的定义方式有四种,与旋转线相同,参见 3. 2. 2 节。用户可以指定是否由 AUI 建立几何线和点或者由 AUI 自动搜索几何点和线,生成旋转面的剩余边线。

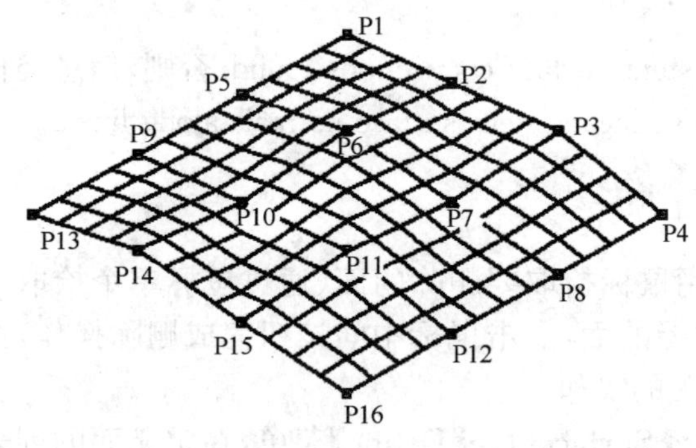

图 3-34　通过栅格定义面

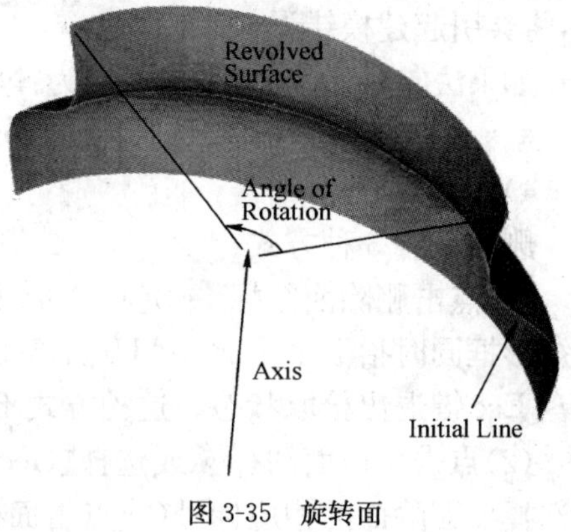

图 3-35　旋转面

(5)拉伸面(Extruded Surface)

曲面由初始线沿给定方向拉伸而成,如图 3-36 所示。用户需要用一个矢量或者既有线来指定拉伸的距离和方向,与拉伸线相同,参见 3. 2. 2 节。可以同时拉伸多条曲线生成多个曲面。可以指定在拉伸方向上生成的线的分段数,缺省分段数为 1。还可以指定是否由 AUI 建立几何线和点或者由 AUI 自动搜索几何点和线,生成拉伸面的剩余边线。

(6)变换面(Transformed Surface)

这种面由母面通过几何变换生成。具体的几何变换类型参见 3. 4. 1 节。可以同时指定多个母面进行变换,并为每个母面指定拷贝的份数。比如图 3-37 所示的平移变换,母面 S1 生成了 4 个拷贝。

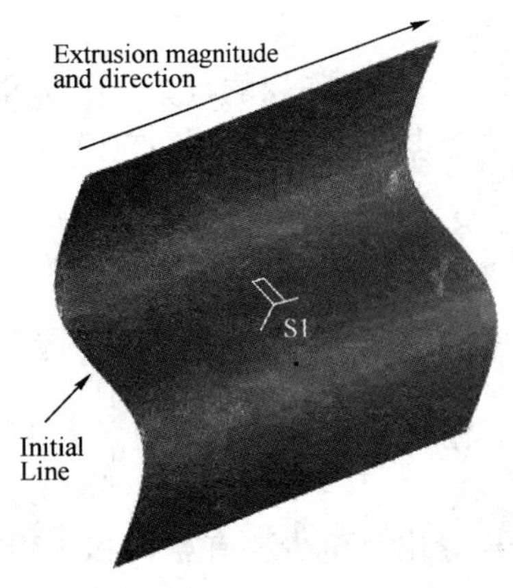

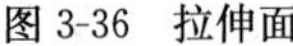
图 3-36　拉伸面

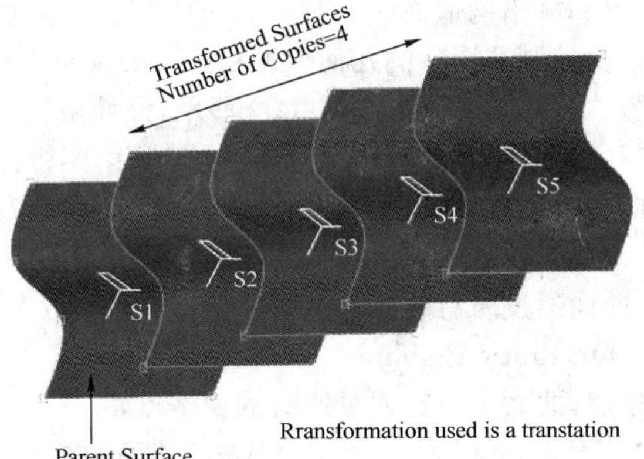

图 3-37　面的平移变换

3)与定义面有关的 2 个操作

(1)面的厚度(Surface Thickness)

用面建立板或壳单元时,可以给几何面赋予厚度。选择【Geometry】>【Surface】>【Surface Thickness】菜单,在数据表中输入厚度数据,缺省厚度为 1;设置面的厚度后,划分的板或壳单元厚度与面厚度相同;划分单元后,改变面的厚度,已划分的板或壳单元厚度将随之自动改变。

(2)面的方向(Surface Orientation)菜单:【Geometry】>【Surface】>【Surface Orientation】用于检查相连的各个面的法向是否一致。单元的法向取决于面的法向;建模时采用统一的逆时针顺序选择点或线,可获得一致法向。如果相邻曲面法向指向相反,在曲面上生成壳单元时,将会引起建模错误。

如果法向一致,法向检查信息为:No inconsistent surface connections found;否则,信息类似于:＊＊＊WARNING:Surface 1 and surface 2 have inconsistent surface normals along line 2。

4)删除面

删除面有 3 种方式:

(1)点击删除面图标,光标变成十字后,用鼠标拾取要删除的面(通过鼠标单个拾取或用矩形框同时拾取多个面),AUI 高亮显示所选择的面,点击鼠标中间按钮完成删除操作,按键盘 Esc 键退出拾取状态。这种方式不删除相关的线和点。

(2)点击生成面图标或选择【Geometry】>【Surfaces】>【Define】菜单,在定义面的列表中选择要删除面的相应标号(或点击面标号旁边的【P】按钮,进入图形拾取状态进行拾取),然后点击【Delete】按钮即可。这种方式可以选择是否删除相关的线和点。

(3)由【Geometry】>【Surfaces】>【Delete All】菜单删除全部几何面,包括定义面所用到的所有线和点,要慎用此功能,以免误删。

为了使拾取面的操作容易一些,可以单击阴影显示图标,打开阴影显示开关,即可在面上任何位置进行拾取;也可以单击面标号显示图标,显示面的标号,即可在面的标号上进行拾取。

注意:不能删除已经用于定义体的面。

3.2.4　创建和删除体

AUI 几何体可以是六面体、五面体或者四面体。将六面体映射到一个 u-v-w 等参坐标系，一个角点在(u,v,w)=(0.0,0.0,0.0)处，对角角点在(u,v,w)=(1.0,1.0,1.0)处，拓扑地等效于一个正方体。当六面体的某一两个表面退化缩成线或者点，就形成了退化几何体，拓扑等效于棱柱体、棱锥体或四面体，如图 3-38 所示。如果需要观察 u-v-w 坐标系，就需要单击显示体号图标，这时候，AUI 会在体的每个面上显现 u-v-w 坐标系。

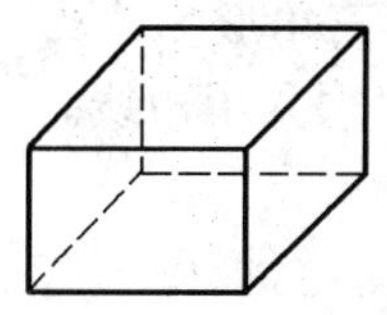
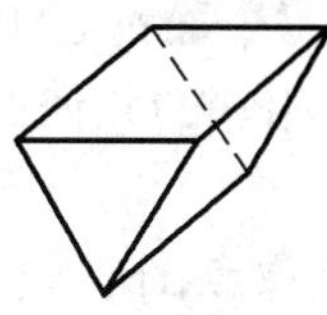
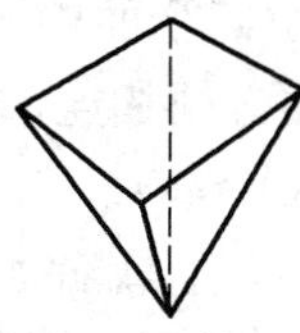
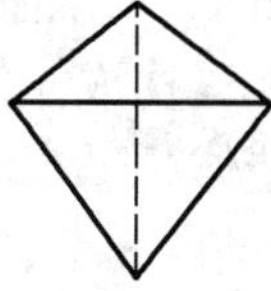

图 3-38　几何体的拓扑形状

在创建体的时候，要牢记几何体面和顶点的编号顺序约定，参见图 3-39 和图 3-40。

1)定义几何体的步骤

命令：VOLUME <type>

菜单：【Geometry】>【Volumes】>【Define...】

图标：

(1)点击定义体的图标按钮或者选择菜单，弹出如图 3-39 所示的对话框；

(2)点击【Add】添加按钮；

(3)选择体的类型；

(4)输入相应的参数；

(5)点击【Save】或【OK】按钮生成体。

2)体的类型

(1)面构造体(Patch Volume)

面构造体是由 6 个、5 个或者 4 个几何面围成的几何体，如图 3-39 所示。为了防止在相邻体的共享面上出现网格不匹配的情况，必须严格按照图中给出的顺序来指定面的标号。面构造体有四种形状：

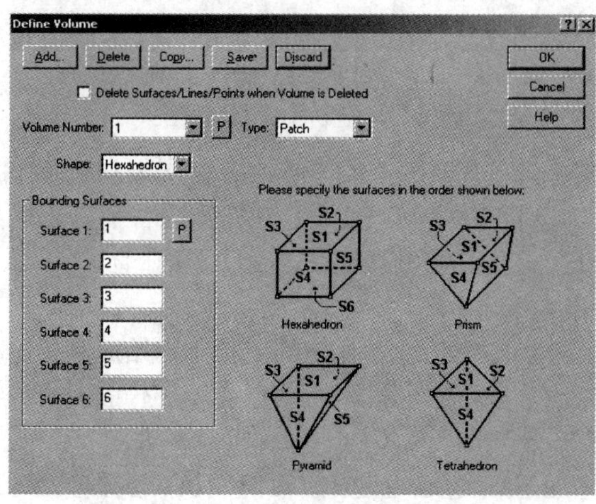

图 3-39　定义面片构造体

Hexahedron——六面体：即“砖块”体，由六个面构成，每个面都必须是四边形。

Prism——棱柱体：由五个面构成，1、3 和 5 号面必须是四边形，而 2 和 4 号面必须是三角形。

Pyramid——棱锥体：由五个面构成，1 号面必须是四边形，而 2-5 号面必须是三角形。

Tetrahedron——四面体：由四个面构成，每个面都必须是三角形。

在任何情形下，构成体的面必须相连，即：相邻的几何面必须共用边线。

(2)顶点构造体(Vertex Volume)

顶点构造体是由 8 个、6 个、5 个或者 4 个顶点围成的几何体，如图 3-40 所示。为了防止在相邻体的共享面上出现网格不匹配的情况，必须严格按照图中给出的顺序来指定顶点的标号。顶点构造体也有和面构造体一样的四种形状。

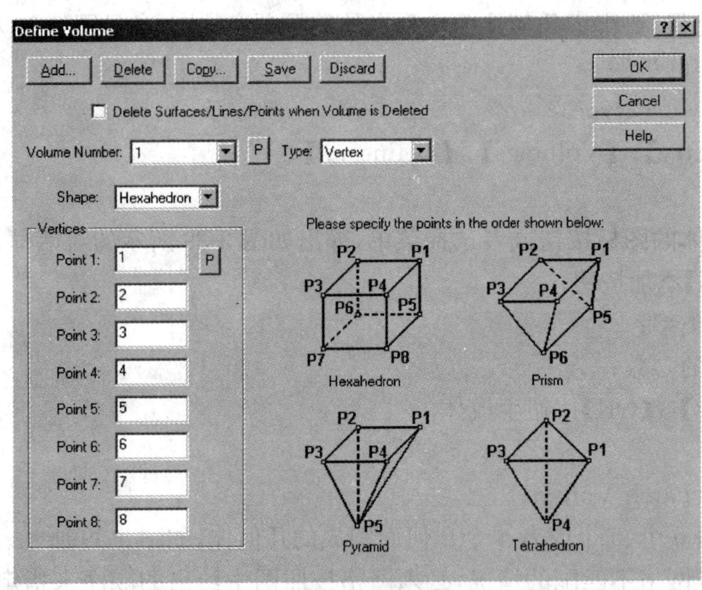

图 3-40　定义顶点构造体

如果相邻的两个顶点之间已经存在一条线，新建的体就会使用该线；否则，AUI 会在这两个顶点之间自动创建一条直线。对于面也同样处理。

(3)旋转体(Revolved Volume)

旋转体是几何面绕某个轴旋转而成的体，用户需要指定初始面和旋转角度，如图 3-41 所示。旋转角度必须在－360°到 360°之间，角度的正负号按右手法则确定。定义旋转体的转轴有四种方式，与旋转线相同。可以同时旋转多个面生成多个体。

(4)拉伸体(Extruded Volume)

拉伸体由几何面沿给定方向拉伸而成，用户需要指定初始面和拉伸的距离与方向，如图 3-42 所示。可以指定拉伸方向上所生成线的分段数，缺省为 1。还可以同时拉伸多个面生成多个体。

(5)变换体(Transformed Volume)

变换体由其他几何体通过几何变换生成。几何变换有多种类型，详见 3.4.1 节。图 3-43 给出了一个旋转变换的例子，母体绕 X 轴旋转 30 度，生成 11 个拷贝。

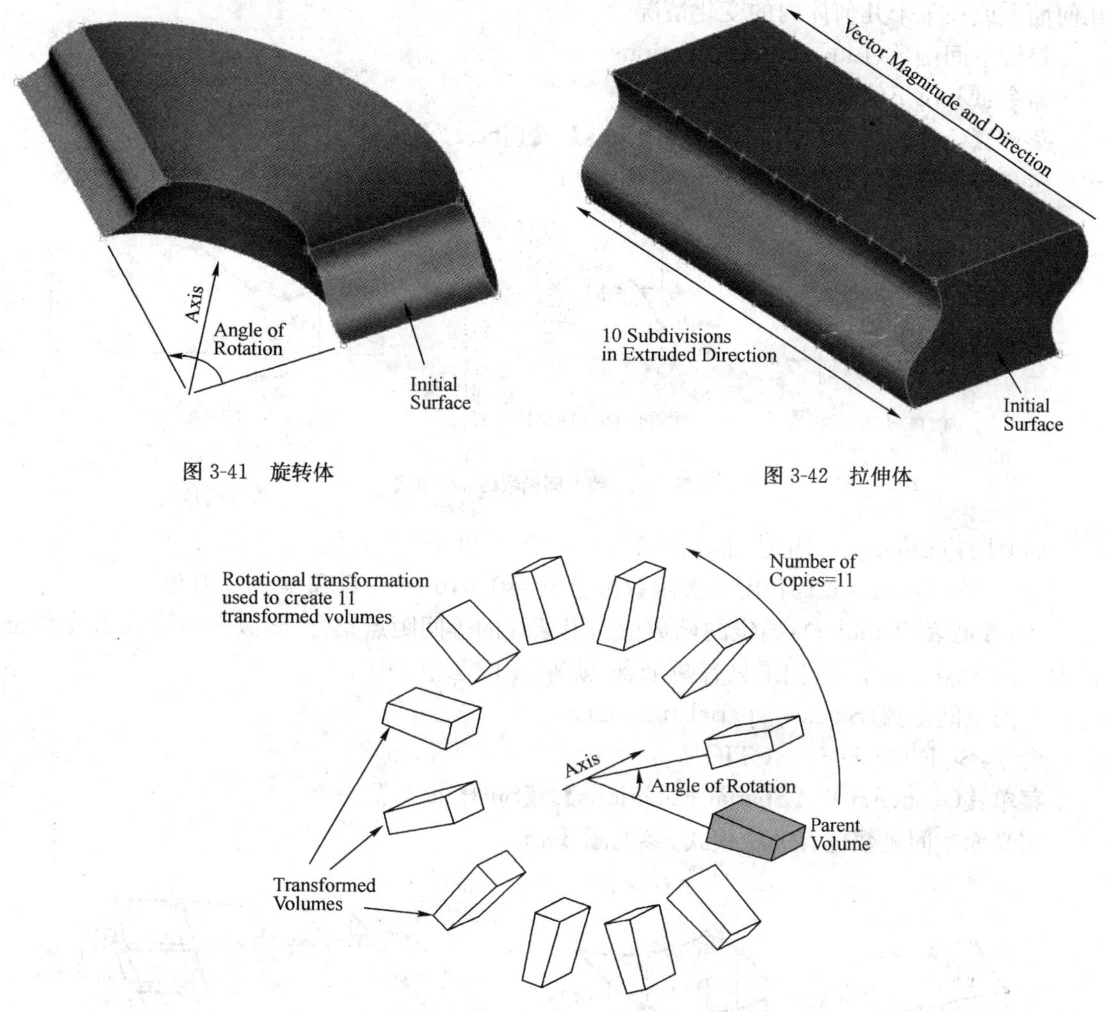

图 3-41 旋转体

图 3-42 拉伸体

图 3-43 体的旋转变换

3)删除体

删除几何体有 3 种方法：

(1)单击删除体图标，光标变成十字，用鼠标拾取要删除的体(通过鼠标单个拾取或用矩形框同时拾取多个体)，AUI 高亮显示所选择的体，点击鼠标中间键完成删除操作，最后按 ESC 键退出删除状态。这种方式不删除与体相关的面、线和点。

(2)打开定义体对话框，选择要删除的体号，然后单击【Delete】按钮即可。这种方式还可以选择是否删除与体相关的面、线和点。

(3)通过菜单【Geometry】>【Volumes】>【Delete All...】，删除全部几何体，包括定义体所用到的所有面、线和点。这种方式要谨慎使用。

3.2.5 空间函数

空间函数用于描述某个量在空间上的分布，特别适合于描述载荷沿着某个几何线、在某个几何面上或在某个几何体内的变化情况。

1)线空间函数(Line spatial functions)

命令:LINE-FUNCTION

菜单:【Geometry】>【Spatial Functions】>【Line...】

定义线空间函数有 3 种模式,参见图 3-44。

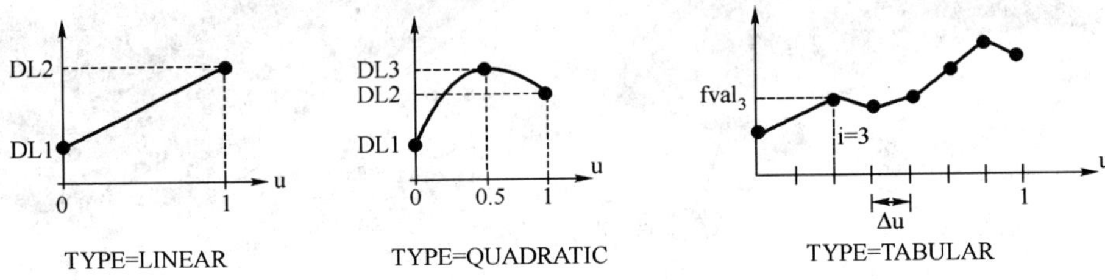

图 3-44 线空间函数的 3 种模式

(1)线性(Linear):利用线性函数拟合 u = 0.0 和 u= 1.0 值。

(2)二次(Quadratic):利用二次函数拟合 u =0.0,u = 0.5 和 u = 1.0 值。

(3)数据表(Tabular):给定的函数值为沿某线的等间距点集合,函数由两输入值线性插值得出。至少需要 3 个点,如果只有两个点,就等同于模式(1)了。

2)面空间函数(Surface spatial functions)

命令:SURFACE-FUNCTION

菜单:【Geometry】>【Spatial Functions】>【Surface...】

定义面空间函数也有 3 种模式,参见图 3-45。

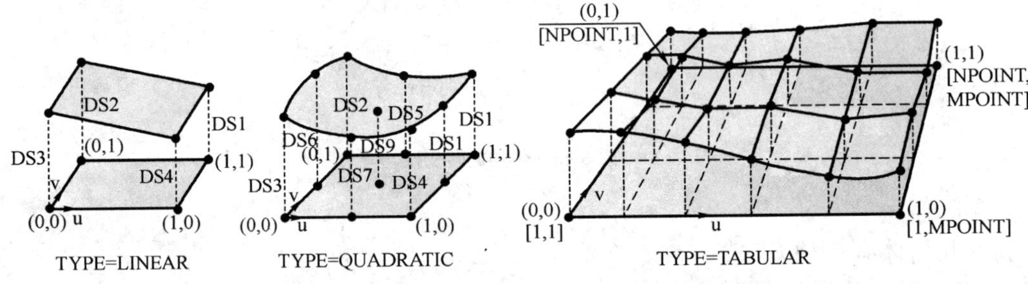

图 3-45 面空间函数的 3 种模式

(1)线性(Linear):利用双线性函数拟合 4 个顶点的值。

(2)二次(Quadratic):利用双二次函数拟合 4 个顶点、4 个边中点和面中心点的值。

(3)数据表(Tabular):函数值由面内等间距的栅格点阵确定,函数在输入值之间进行双线性插值得出。

3)体空间函数(Volume spatial functions)

命令:VOLUME-FUNCTION

菜单:【Geometry】>【Spatial Functions】>【Volume...】

定义体空间函数有两种模式:

(1)线性(Linear):利用三线性函数拟合 8 个顶点的值。

(2)二次(Quadratic):利用三维二次函数拟合 8 个顶点、12 个边中点、6 个面中心点和 1 个体中心点的值。

3.2.6　实例:拉力作用下的开孔板

如图 3-46 所示,一个带圆孔的薄板受拉力作用,对该结构进行 Native 方式的几何建模,并进行计算分析和结果后处理。这是一个弹性力学平面应力问题,根据对称性,取 1/4 结构进行分析(图 3-47),可以用 900 节点的 ADINA 教育版来完成。读者可以先完成几何建模,等阅读了后续的其他章节之后再继续完成其他步骤。

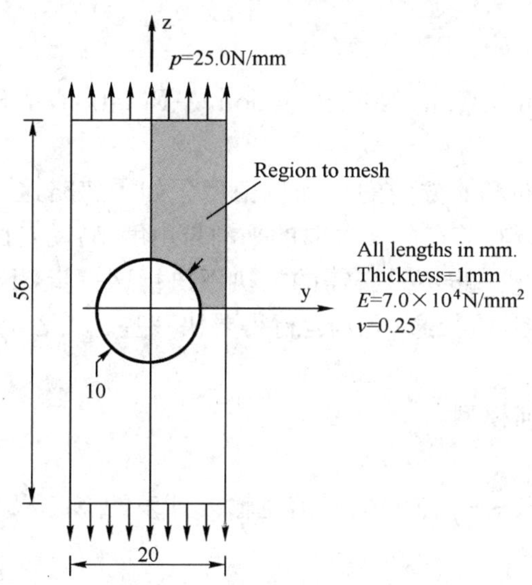

图 3-46　拉力作用下的开孔板

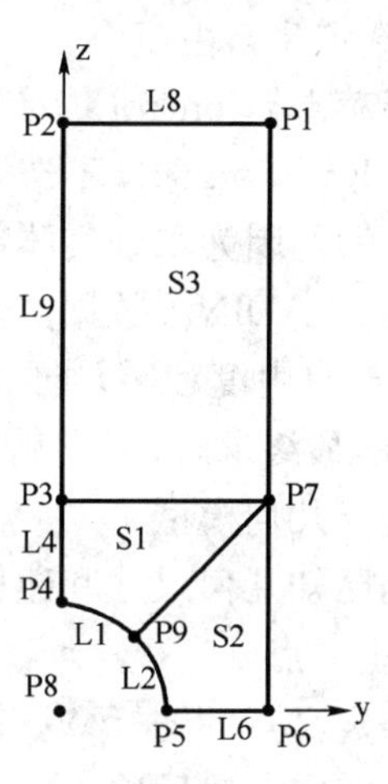

图 3-47　几何建模规划

通过本例主要练习以下内容:

- 指定分析标题;
- 选定模型主自由度;
- 在柱坐标系下输入几何点;
- 定义几何面;
- 定义边界条件;
- 用鼠标查询图形信息;
- 在几何面上生成单元;
- 显示点号、线号和面号;
- 放大图形窗口;
- 画变形前和变形后的网格;
- 用鼠标移动网格和改变网格尺寸;
- 用鼠标删除图形窗口中多余的文字;
- 画单元的矢量图;

➢ 画应力云图；
➢ 画应力路径图；
➢ 修改曲线图形。

操作步骤：

1)启动 AUI，选择分析模块

启动 AUI，从模块选择工具条中的下拉式列表框中选 ADINA Structures。

2)定义模型的控制数据

(1)指定分析标题：

选择菜单【Control】>【Heading...】，输入标题“Sample3.2.6：Plate with a hole in tension”，然后单击【OK】。

(2)选定主自由度

选择菜单【Control】>【Degrees of Freedom...】，把 X-Translation，X-Rotation，Y-Rotation 和 Z-Rotation 选项不选，然后单击【OK】。

这样做是因为二维实体单元仅提供了 y 方向和 z 方向的平动自由度。如果忽略这一步，AUI 在生成 ADINA 数据文件时也会自动删除所有节点的 x 方向的平动自由度、转动自由度，y 方向转动自由度和 z 方向的转动自由度，因此这一步不是必需的。执不执行这一步，不影响 ADINA 的最终求解，但影响 ADINA 的运行效率，执行这一步，运行得要快一些。

3)建立几何模型

根据已知几何尺寸和建模规划逐步建立几何模型：

(1)定义点

单击定义点的图标，并把建模规划中的 P1～P8 点的坐标信息输入到表的 X2，X3 列中(X1 列为空白)，然后单击【OK】。如图 3-48 所示。

Point #	X2	X3
1	10	28
2	0	28
3	0	10
4	0	5
5	5	0
6	10	0
7	10	10
8	0	0

图 3-48

建模规划中的 P9 点是 1/4 圆弧的中点，该点的坐标可以在柱坐标系下很方便地给出。单击定义局部坐标系的图标，增加 1 号坐标系，把类型设置成柱坐标系，单击【OK】。然后再单击定义点的图标，在表中增加一行输入，如图 3-49 所示数据。

Point #	X1	X2	X3
9	5	45	0

图 3-49

再单击【OK】。图形窗口如图 3-50 所示。

(2)定义弧线

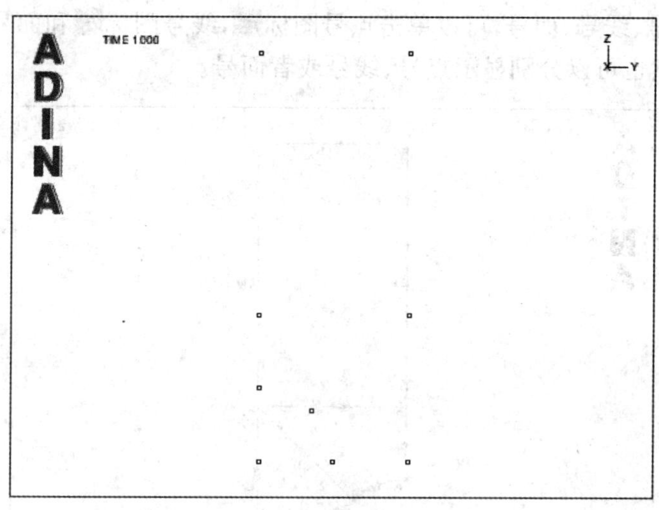

图 3-50

单击定义线的图标，增加线 1，把类型设置成 Arc，P1 处输入 4，P2 处输入 9，Center 处输入 8，单击【Save】。再增加线 2，P1 处输入 9，P2 处输入 5，Center 处输入 8，然后单击【OK】。图形窗口如图 3-51 所示。

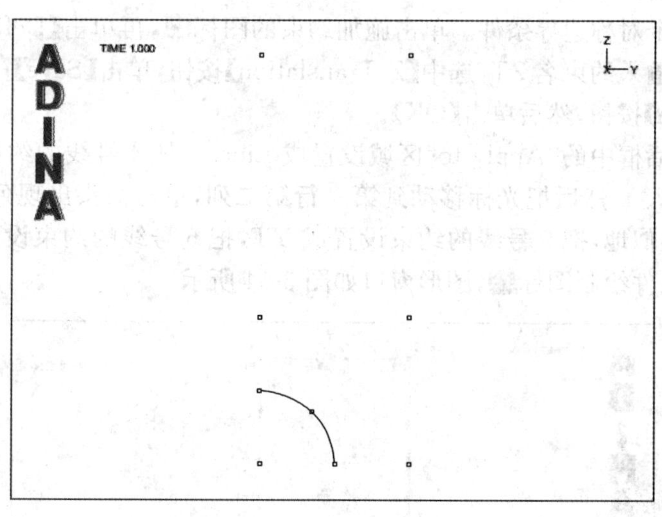

图 3-51

(3)定义面

单击定义面的图标，增加面 1，确认已把类型设置成 Vertex，依次定义(定义一个面后，单击【Add】)如下的三个面，然后单击【OK】。如图 3-52 所示。

Surface Number	Point 1	Point 2	Point 3	Point 4
1	7	3	4	9
2	7	9	5	6
3	1	2	3	7

图 3-52

若需要查看点号、线号、面号，可以单击点号图标，线号图标和面号图标，图形窗口如图 3-53 所示，当然也可以分别显示点号、线号或者面号。

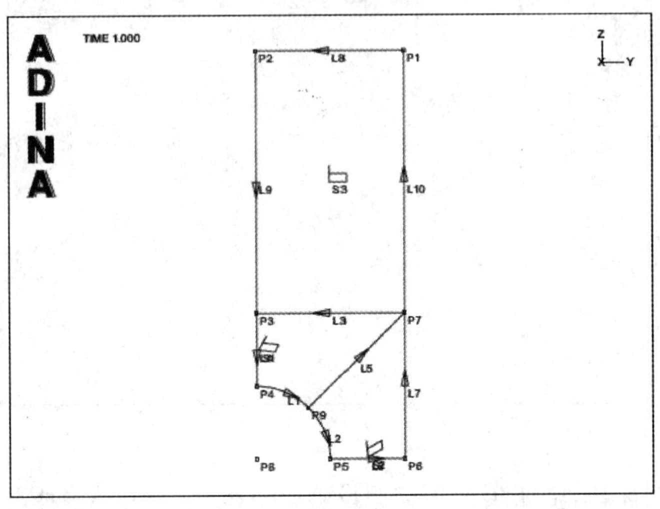

图 3-53

4)定义并施加边界条件

该模型需要两个对称边界条件。单击施加约束的图标，再单击【Define...】按钮。在定义约束的对话框中输入约束名 ZT，选中【Z-Translation】按钮，单击【Save】；再输入约束名 YT，选中【Y-Translation】按钮，然后单击【OK】。

把施加约束对话框中的“Apply to”区域设置成 Lines。把 4 号线的约束设置成 YT，在表的第一行第一列输入 4，然后把光标移动到第一行第二列，单击箭头出现列表，从下拉式列表框中选择【YT】。类似地，把 9 号线的约束设置成 YT，把 6 号线的约束设置成 ZT，然后单击【OK】。单击边界条件绘制图标，图形窗口如图 3-54 所示。

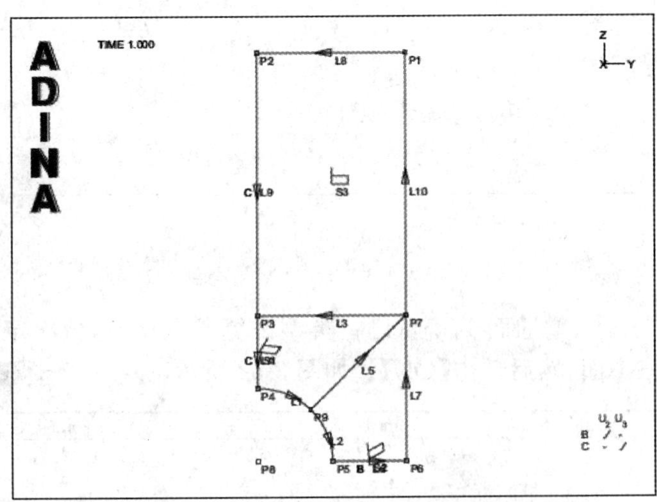

图 3-54

注意:6 号线上有一个标记 B,图形窗口右下角的表中显示自由度 U2(y 方向的平移自由度)是未被约束的,U3(z 方向的平移自由度)是被约束的;同样的,4 号线和 9 号线上有一个标记 C,表中显示自由度 U2 是被约束的,U3 是未被约束的。

5)定义并施加载荷

单击施加荷载的图标,把荷载类型设置成压力 Pressure,单击 Load Number 区域右侧的【Define...】按钮。在 Define Pressure 对话框中增加 pressure 1,把 Magnitude 设置成−25,单击【OK】。在施加荷载对话框中,确认已把“Apply to”区域设置成 Line,然后在表中第一行的 Site # 输入 8,再单击【OK】关闭对话框。单击荷载绘制图标,图形窗口如图 3-55 所示。

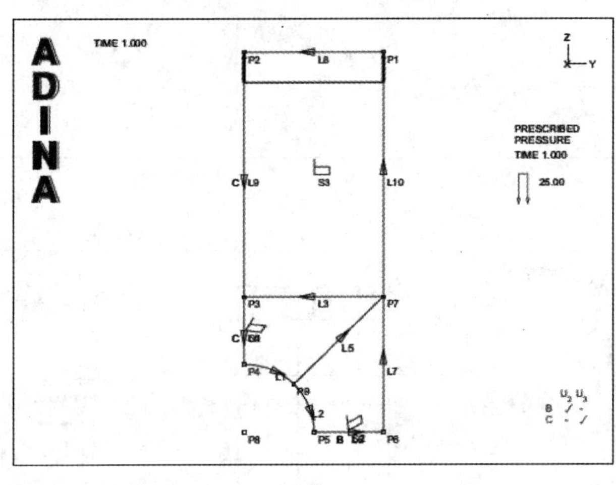

图　3-55

6)定义材料

单击材料定义管理器图标,再单击 Elastic 框中的【Isotropic】按钮。在 Define Isotropic Linear Elastic Material 对话框中,增加材料 1,把弹性模量设置为 7E4,泊松比设置为 0.25,然后单击【OK】。单击【Close】按钮关闭材料定义管理器对话框。

7)定义单元

(1)定义单元组

单击定义单元组的图标,增加单元组 1,把单元类型设置为 2-D 实体单元,把单元子类型设置为平面应力,然后单击【OK】。

(2)网格控制

本例给所有的点赋以统一的网格尺寸,由 AUI 自动计算划分的份数。选择菜单【Meshing】>【Mesh Density】>【Complete Model】,确认把“Subdivision Mode”设置成“Use End-Point Sizes”,然后单击【OK】。再选择菜单【Meshing】>【Mesh Density】>【Point Size】,把“Points Defined from” 设置为“All Geometry Points”,把 Maximum 设置成 2(单元最大边长度不超过 2),然后单击【OK】。图形窗口如图 3-56 所示。

(3)生成单元

单击划分面网格的图标,在 Surface # 表中的前三行分别输入面标号 1、2、3,单击【OK】,生成有限元网格。图形窗口如图 3-57 所示。

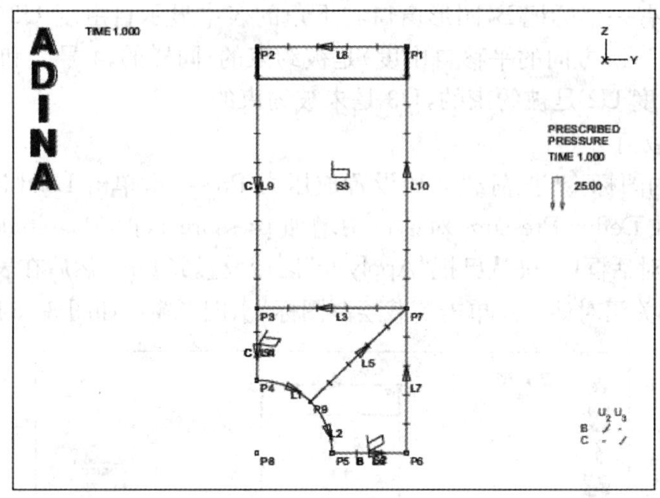

图 3-56

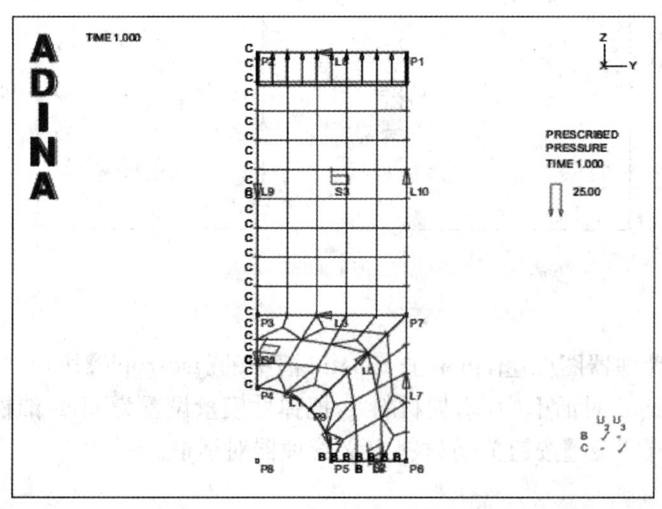

图 3-57

孔周围的网格显得有些粗糙，需要重新细划。首先要删除该处的网格，单击删除网格的图标，把“Delete Mesh from”区域设置成 Surface，在 Surface ＃表中输入 1、2 后单击【OK】。图形窗口如图 3-58 所示。

然后加密孔周围的网格控制密度，选择菜单【Meshing】>【Mesh Density】>【Point Size】，把表中 4、5、9 号点的 Mesh Size 输入成 1. 0，再单击【OK】。图形窗口如图 3-59 所示。

最后给面 1 和面 2 重新划分网格，单击划分面网格的图标，在 Surface ＃表中的前两行输入 1 和 2，然后单击【OK】。图形窗口如图 3-60 所示。

8)保存数据库，生成 ADINA 求解数据文件，进行求解

单击保存的图标，把数据库保存到文件 sam31. idb 中。单击【Data File】/【Solution】图标，把文件名设置成 sam31，确认选了【Run ADINA】按钮后，单击【Save】，这时候程序生成 ADINA 数据文件 sam31. dat 并运行 ADINA 求解器进行求解。运行完毕后，关闭所有对话框。

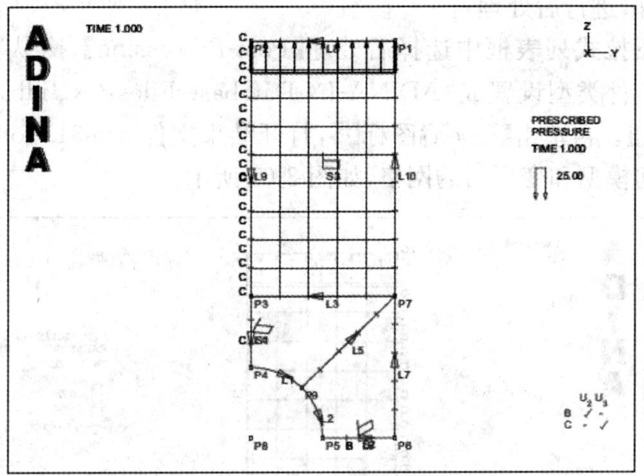

图　3-58

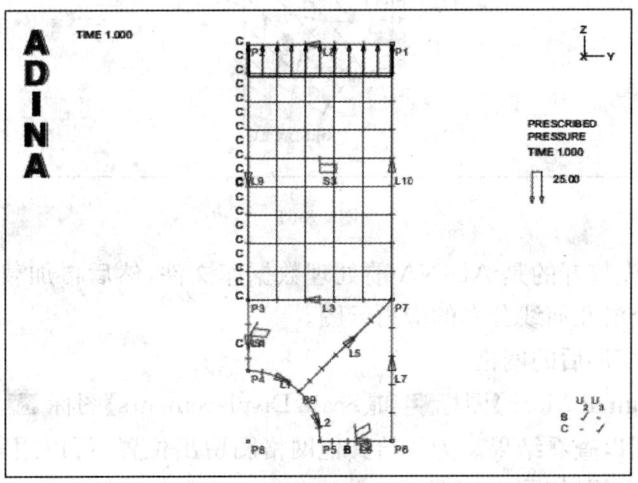

图　3-59

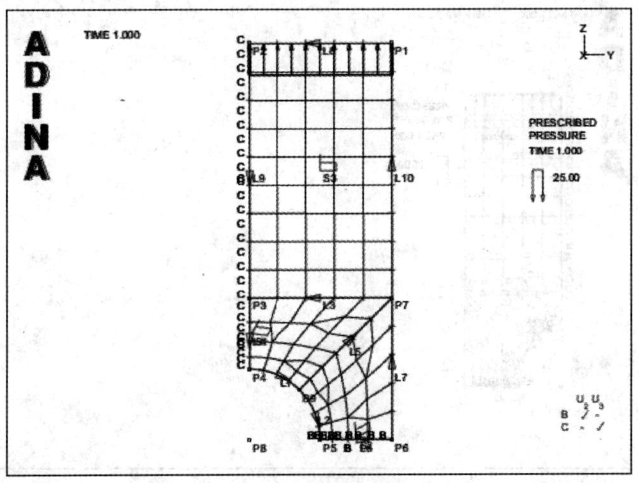

图　3-60

9)加载结果文件,进行后处理

从程序模块的下拉式列表框中选择后处理【Post-Processing】,默认其余选项,然后单击【Open】图标,把文件类型设置成“ADINA-IN Database Files（*.idb)”,选中文件 sam31,然后单击【Open】按钮。再单击【Open】图标,打开结果文件 sam31. por。这时候,在图形窗口中重叠显示了几何模型和变形后的网格,如图 3-61 所示。

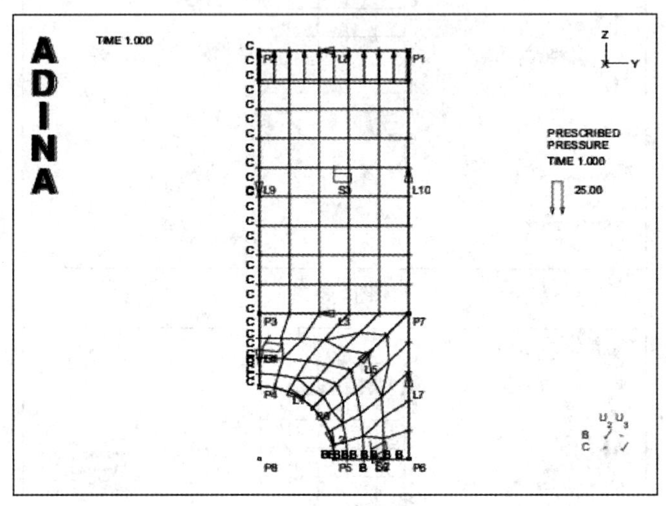

图 3-61

请注意:本例首先打开的是 ADINA 前处理数据库文件,然后再加载结果文件,这样做的目的是后面要画一个沿几何线分布的应力云图。

(1)初始网格和变形后的网格

单击【Show Original Mesh】图标和【Scale Displacements】图标。可以在同一窗口中同时画若干个网格图以查看结果。为了给其他网格图留出位置,可以用鼠标缩小第一个网格图,并将其移到窗口左侧,如图 3-62 所示。

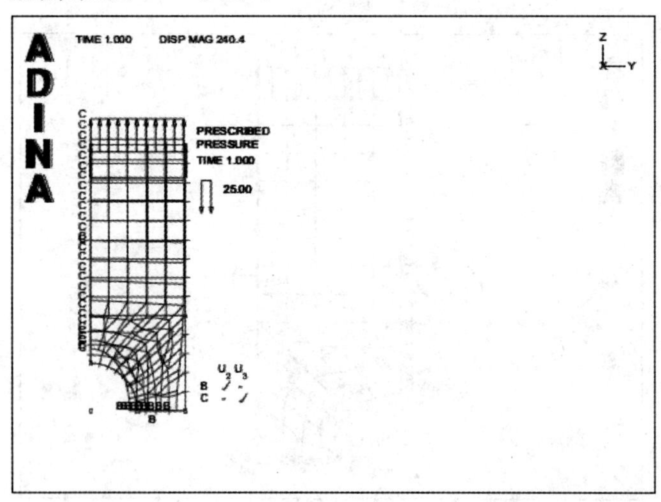

图 3-62

移动网格图的具体操作为：单击拾取图标和动态平移图标，然后单击网格图中的任意一条线，这时就会在网格图的周围出现一个范围框，框中的网格图高亮显示，接着按下鼠标左键并移动光标，网格图会随着移动，移动到合适的位置后，松开鼠标。

改变网格图大小的具体操作为：单击动态缩放图标，选中对象，按下鼠标左键，向右上角移动鼠标进行放大，向左下角移动鼠标进行缩小，随着鼠标的移动，网格图会动态地发生改变。网格图的大小合适时，松开鼠标。

在图形窗口的空白处单击鼠标左键，可以取消网格图的高亮显示，即释放选中的对象。用同样的方法可以移动和改变图形窗口中边界条件表和载荷图例的大小。

(2)应力云图

单击绘制网格图的图标，用鼠标把新网格图移到第一个网格图的右侧并改变网格图的大小。这一次用组合键的操作改变网格图的大小，在动态平移图标处于按下状态时，选择网格图，同时按住【Ctrl】键和鼠标左键并进行拖动，即可改变网格图的大小。

在同一位置，有两套坐标轴和两个"TIME 1.000"文本。要删除不想要的文本，在确认拾取图标是按下状态后，把光标移到文本上，然后单击鼠标左键。文本变为高亮度，单击擦除图标删除文本(也可以按下键盘上的【Del】或【Delete】键)。用同样的方法可以把两套坐标轴和两个"TIME 1.000"文本以及"DISP MAG"文本都删除。

现在单击【Create Band Plot】图标，把 Band Plot Variable 设置成 (Stress: STRESS-ZZ)，单击【OK】。调整云图的图例，直到得到如图 3-63 所示的结果为止。

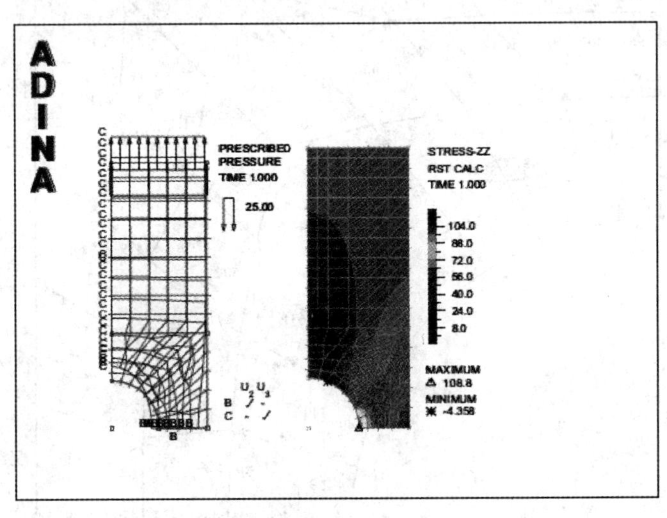

图 3-63

(3)应力矢量图

单击绘制网格图的图标，用鼠标把新网格图移到第二个网格图的右侧并改变网格图的大小，删除新的坐标轴图例和新的 TIME 1.000 文本。

单击【Quick Vector Plot】图标，调整云图的图例，直到得到如图 3-64 所示为止。

(4)放大显示孔附近的单元和节点并进行查询

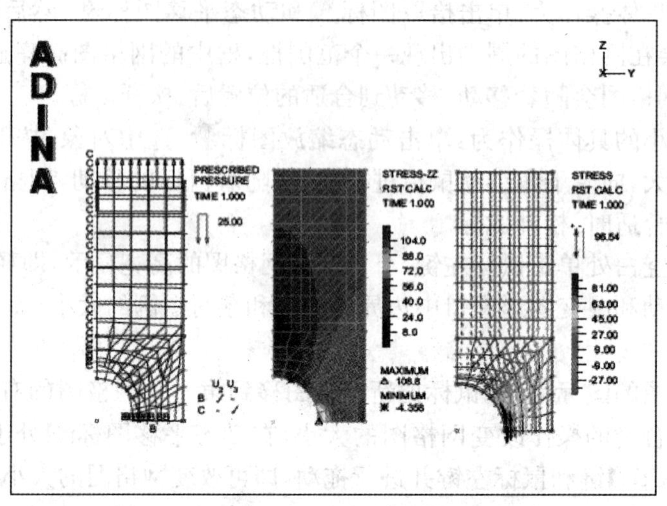

图 3-64

单击【Clear】图标，再单击显示节点标号的图标。节点有很多，需要放大显示。单击【Zoom】图标，把鼠标光标移到孔顶部附近的点，按下鼠标左键，并向右下拖动，用橡筋框选择孔附近的网格区域，然后释放鼠标。图形窗口则如图 3-65 所示。

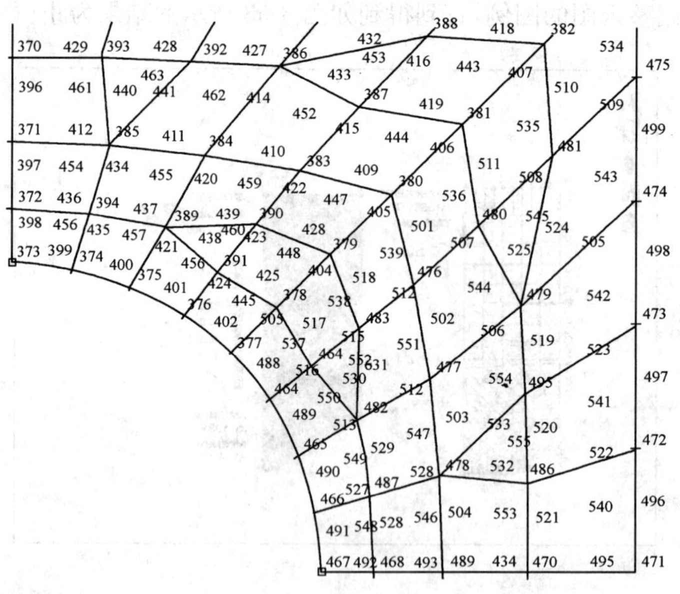

图 3-65

要查看当前的 467 号节点，可以单击【Query】图标，把鼠标光标移到 467 号节点，然后单击鼠标左键，AUI 的信息框中和控制窗口底部的状态栏中都会显示"Node 467, curr=(0.00000E+00, 4.99614E+00, 0.00000E+00)"。按下键盘空格键可以从信息框中得到更多的有关 467 号节点的信息，包括与 467 号节点相连的单元信息（要显示信息框，可以选【View】>【Message Window】）。要查询孔附近的单元号，可以把鼠标光标移到单元上，单击鼠标左键，AUI 的信息框中和控制窗口底部的状态栏中都会显示“Element group 1, element 122,side-1”,在目标图形上反复单击鼠标左键,可以得到鼠标光标所在位置的相关信息。按下键盘空格键可以从信息框中得到更多的有关信息。现在用选取框选取一部分图形,选中的部分自动高亮显示,并且 AUI 会把每一个目标图形的信息写入到信息框,使用信息框中的竖向滚动条查看所有信息。

(5)水平对称轴上的应力曲线图

要画水平对称轴上的应力曲线图,需要先定义一条“节点线”,来列出水平对称轴上的节点。选择菜单【Definitions】>【Model Line】>【General】,增加名字为“SYMMETRY”的节点线,在表的第一行第一列输入“LINE 6”(不必输入引号),然后单击【OK】。AUI 的信息框中和控制窗口底部的状态栏中都显示“9 nodes in gnline”。请注意,这一步操作仅在读入结果文件之前就打开了 ADINA 前处理数据库的情况下才可能实现,这是因为几何信息来源于 ADINA 前处理数据库。现在单击【Clear】图标,选择菜单【Graph】>【Response Curve (Model Line)】,检查 Model Line Name 是 SYMMETRY 后,再确认 X Variable 选项的设置是(Coordinate: DISTANCE),Y Variable 是(Stress: STRESS-ZZ),Y Smoothing Technique 是 AVERAGED 后,单击【Apply】。图形窗口如图 3-66 所示。

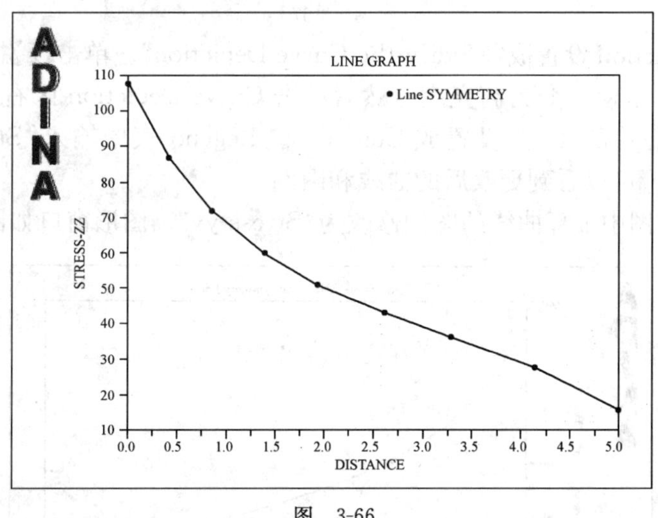

图　3-66

在上图中再增加一个应力分量。在 Display Response Curve (Model Line) 对话框中确认 Line Name 是 SYMMETRY,并且 X Variable 是(Coordinate: DISTANCE),Y Variable 是(Stress: STRESS-YY),Y Smoothing Technique 是 AVERAGED 后,再把 Graph Attributes 框中的 Plot Name 设置成 PREVIOUS,然后单击【OK】。图形窗口如图 3-67 所示。

通过菜单【Graph】>【Modify】对图形标题、坐标轴和曲线稍作修改,使之更符合用户习惯。

修改标题:单击【P】按钮,把光标移到图形框上,单击,使之变为高亮度。然后单击 Graph Depiction 区右侧的【…】按钮,把 Title Attributes 框中的 Type 设置成 Custom,在 Graph Title 表中输入“Stresses on horizontal symmetry line”(不必输入引号),然后单击【OK】。单击【Apply】可以看到更改后的标题。用拾取图标和鼠标光标把标题居中。

修改坐标轴:把 Action 设置成“Modify the Axis Depiction”。单击【P】按钮,把光标移到 Y 轴上,单击使之变为高亮度。然后单击 Axis Depiction 区右侧的【…】按钮,把 Label Attributes 框中的 Type 设置成 Custom，在 Label 表中输入“Stress (N/mm ＊ ＊ 2)”，然后单击【OK】。单击【Apply】可以看到更改后的坐标轴。

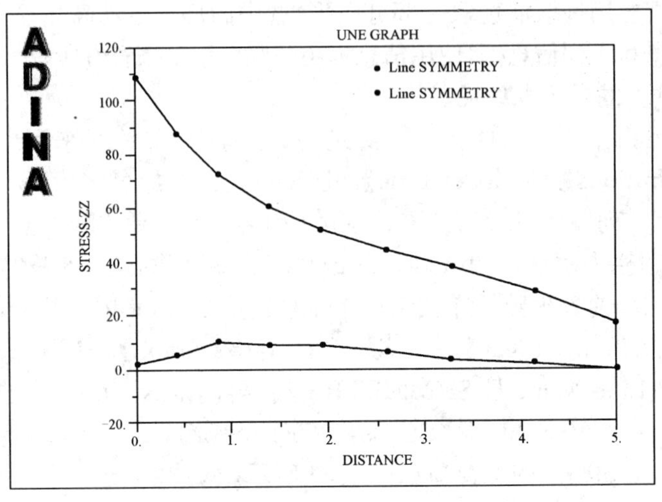

图 3-67

修改曲线：把 Action 设置成“Modify the Curve Depiction”。单击【P】按钮，把光标移到图中上部的曲线上，单击使之变为高亮度。然后单击 Curve Depiction 区右侧的【...】按钮，把 Legend Attributes 框中的 Type 设置成 Custom，在 Legend 表中输入“Stress-zz”，然后单击【OK】。单击【Apply】可以看到更改后的曲线和图例。

类似地，可以把图中下部曲线的图例修改为“Stress-yy”。图形窗口如图 3-68 所示：

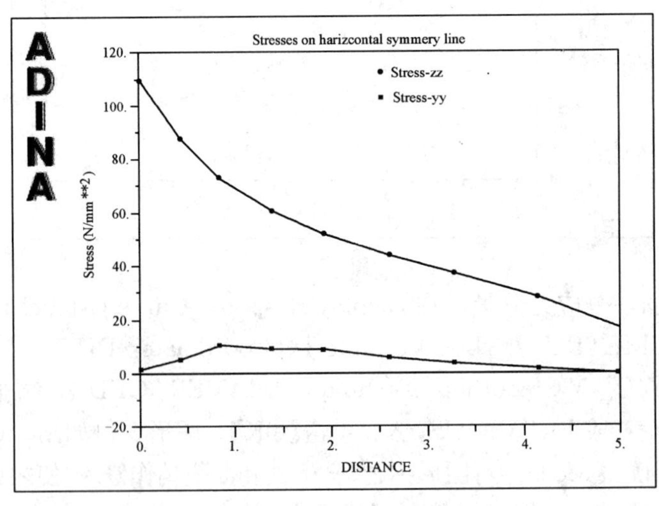

图 3-68

列表查看数值：选择【Graph】>【List】菜单。可以看到水平对称轴的起点处的 STRESS-ZZ 值是 1.08832E+02 (N/mm^2)。单击【Close】关闭对话框。

10)退出 AUI

选择菜单【File】>【Exit】退出 AUI，退出过程全部选用默认选项。

3.3　Parasolid 几何建模方式

3.3.1　导入 Parasolid 模型

导入 SolidWorks、Unigraphics 和 SolidEdge 等基于 Parasolid 核心的 CAD 软件所创建的 Parasolid 模型，不但可以导入零件模型，还可以导入装配体模型。不管导入的零件形状复杂还是简单，ADINA-M 都把它们看作一般 Parasolid 体，可以用 ADINA-M 工具（布尔操作，倒角，等等）对其进行修改，但不能重新定义。

命令：LOADSOLID

菜单：【ADINA-M】>【Import Parasolid Model...】

图标：

弹出对话框的一部分如图 3-69 所示。

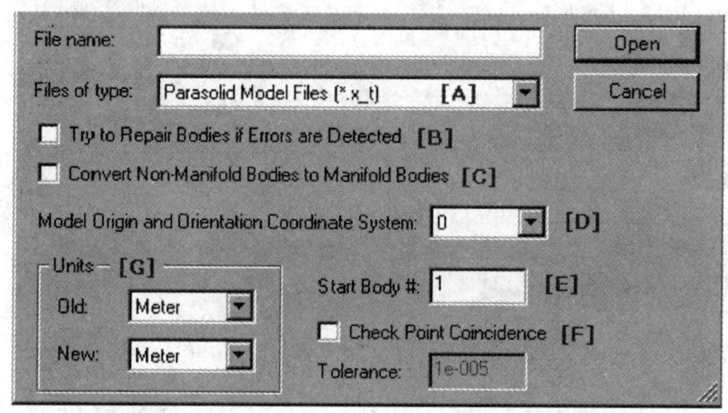

图 3-69　导入 Parasolid 模型

[A]文件类型（格式）：Parasolid 模型文件可以是文本文件（＊.x_t）或者二进制文件（＊.x_b）。

[B]错误修复：要导入的模型只有在很少的情况下可能会出现问题，如果选中了该选项，程序就会设法修复与容差、不连续以及自交叉相关的问题。

[C]多面体转换：ADINA-M 仅支持多面体（manifold solid body，指每条边仅被两个面所共用的体），因此，如果 Parasolid 模型文件包含了非多面体，通常程序会报错并停止文件导入。如果选中了该选项，程序就会继续运行并设法把非多面体转换成多面体。

[D]模型的原点和方向坐标系：对导入的模型重新定位定向的时候，可以指定一个直角坐标系，缺省为 0，即整体直角坐标系。如果采用局部坐标系（参见 3.1 节），用来定义局部坐标系的矢量 A 就决定了模型的 X 轴，并且矢量 B 和 A 决定了模型的 X-Y 平面。

[E]体的起始编号：Parasolid 模型文件中第一个体的编号，如果系统中已有体已经使用了该编号，程序会自动给导入的体赋予一个更大的可用编号。

[F]重合点检查：除非在要创建新点的位置已经有一个点存在，否则创建新的点。

[G]单位：旧单位指 Parasolid 模型文件中的单位，新单位指 ADINA-M 模型中的单位。此选项用来匹配原先 CAD 程序和 ADINA-M 模型所使用的单位。

3.3.2 创建和删除 Parasolid 体

1)直接定义 Parasolid 体

命令:BODY <type>

菜单:【ADINA-M】>【Define Body...】

图标:

主要操作步骤:点击定义 Parasolid 体的图标按钮或者选择菜单,弹出对话框;点击【Add】添加按钮;选择体的类型;输入相应的参数;点击【Save】或者【OK】按钮生成体。如图 3-70 所示。

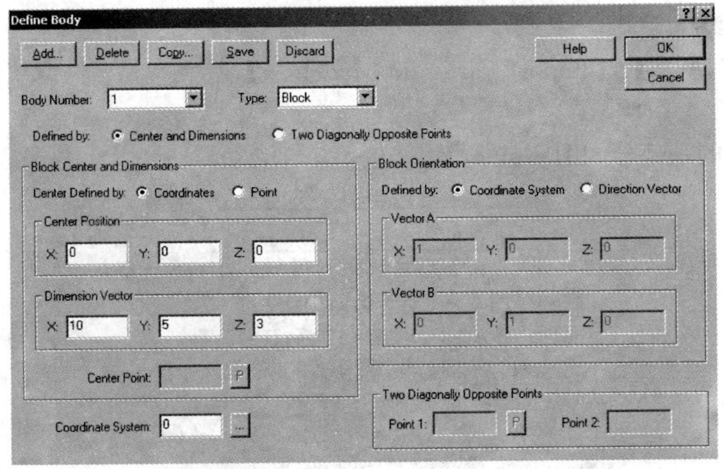

图 3-70 定义 Parasolid 体

可直接定义的 Parasolid 体的类型有砖块体、圆柱、球体、圆环、圆锥、圆管、棱柱和平面体,其中前 7 种是 ADINA-M 的体元(Primitives),如图 3-71 所示。体元可以在整体坐标系下定义,也可以在局部坐标系下定义。

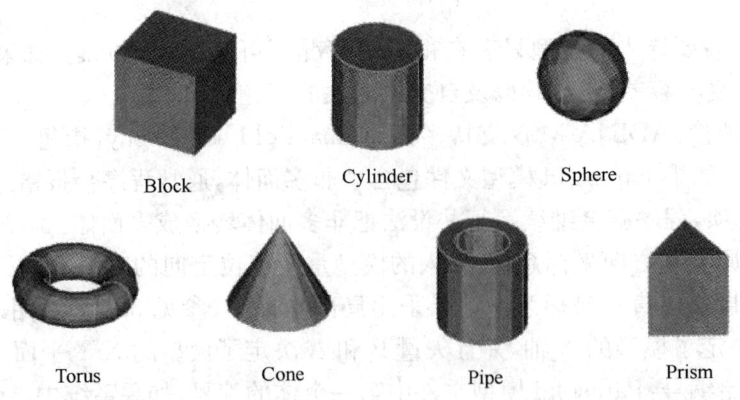

图 3-71 ADINA-M 的 7 种体元

(1)砖块体(Block)

砖块体有两种定义方式:中心和尺寸方式,两对角点方式。当采用第一种方式的时候,中心位置可以通过指定中心点号码或给定中心点的坐标值来确定;尺寸通过输入尺寸矢量的三个分量来确定，实际上就是输入块体的长宽高(DX、DY、DZ)。缺省时，砖块体的方向由坐标系决定。也可以通过两个方向矢量确定块体的方向，但最好使用缺省设置。如图 3-72 所示。

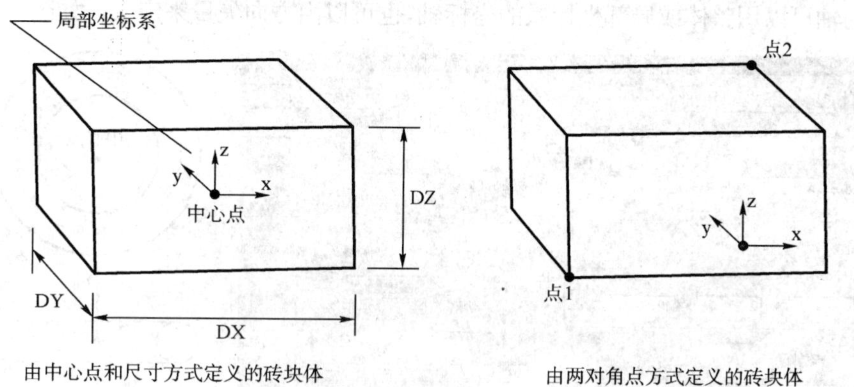

图 3-72　定义块体

(2)圆柱(Cylinder)

圆柱体也有两种定义方式：中心和长度方式，两端点方式。两种方式都需要指定圆柱的半径大小，如图 3-73 所示。圆柱的轴可以用整体或局部坐标系的坐标轴，也可以由方向矢量来定义。

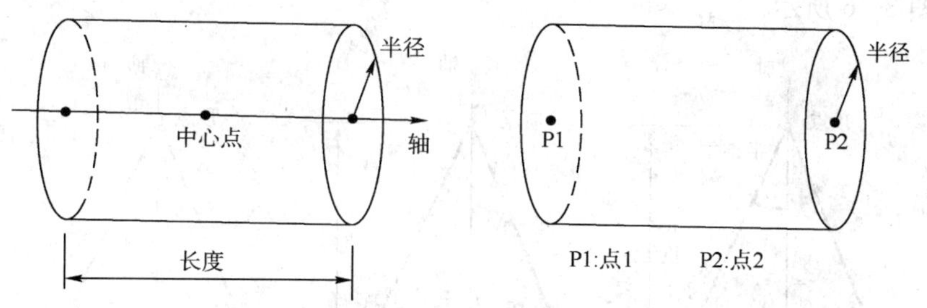

图 3-73　定义圆柱

(3)球体(Sphere)

定义球体需要指定球心和半径。如图 3-74 所示。

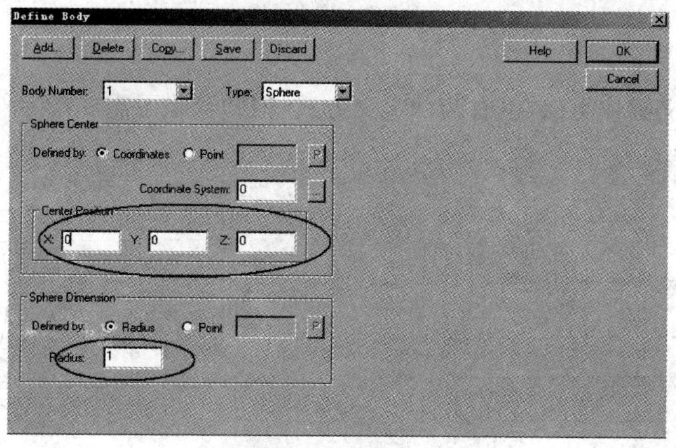

图 3-74　定义球体

(4)圆环(Torus)

定义圆环需要指定中心位置和两个半径,分别为大半径(Major Radius)和小半径(Minor Radius)。圆环的轴可以用整体或局部坐标系的坐标轴,也可以由方向矢量来定义。如图 3-75 所示。

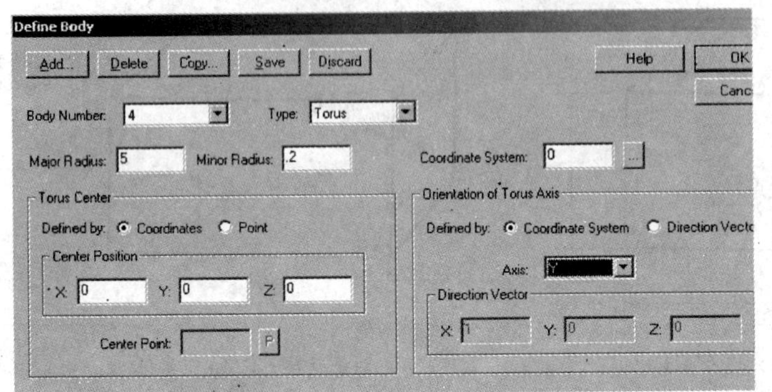

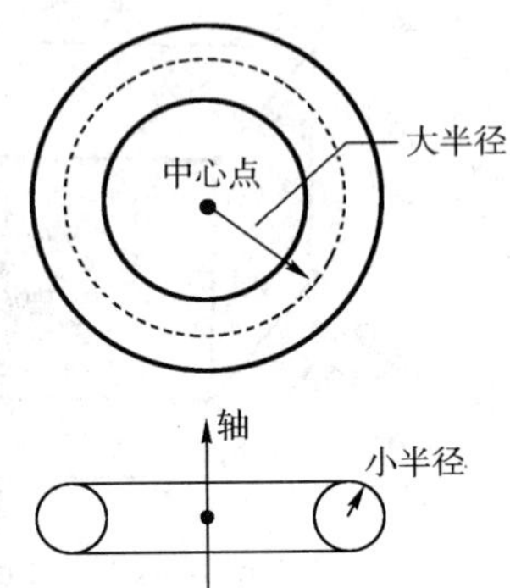

图 3-75 定义圆环

(5)圆锥(Cone)

定义圆锥有三种方式:顶点、半锥角、高度方式;底圆中心点、底圆半径、高度方式;顶点、底圆中心点和底圆半径方式。圆锥的轴可以用整体或局部坐标系的坐标轴,也可以由方向矢量来定义。如图 3-76 所示。

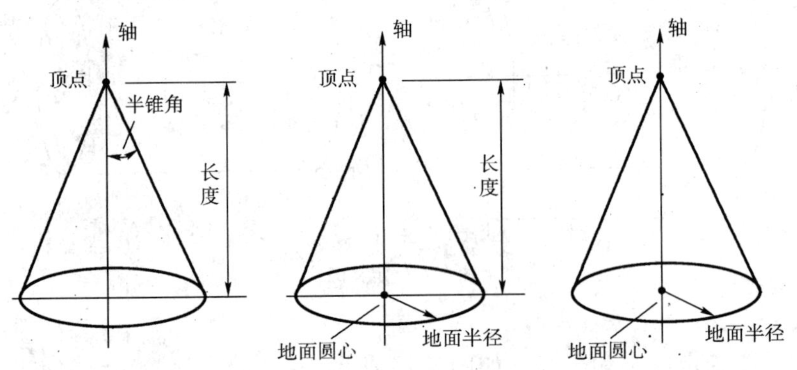

图 3-76 定义圆锥

(6)圆管(Pipe)

定义圆管与定义圆柱类似,也有两种定义方式,但圆管除了需要指定外半径以外还要指定壁厚。如图 3-77 所示。

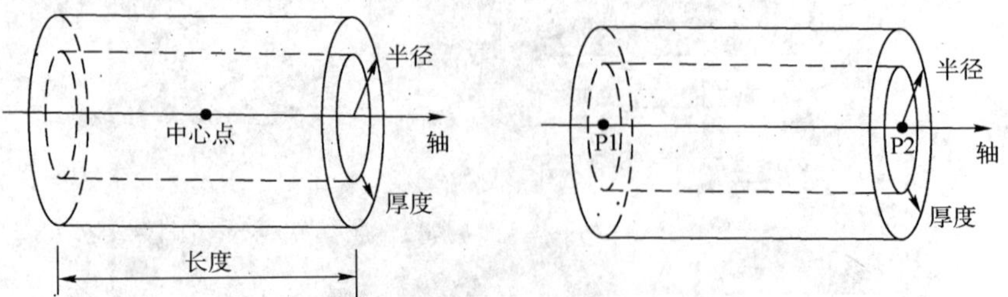

图 3-77 定义圆管

(7)棱柱(Prism)

棱柱有两种定义方式:中心和长度方式,三点方式。两种方式都需要指定棱柱的侧面数目(大于等于 3,缺省为 3)和端面外接圆的半径。棱柱的轴可以用整体或局部坐标系的坐标轴,也可以由方向矢量来定义。图 3-78 给出了定义三棱柱的示意图。

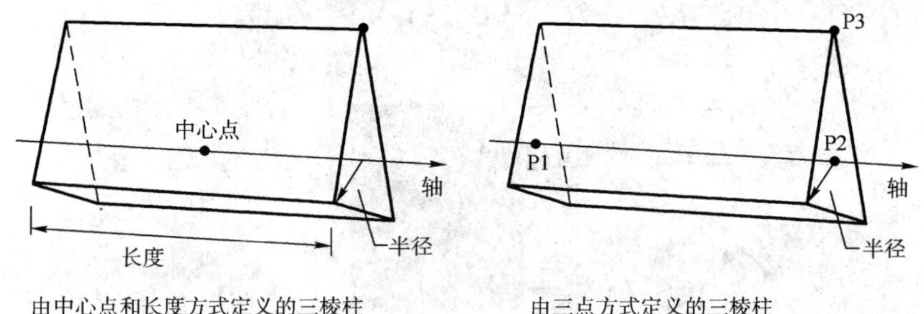

图 3-78　定义三棱柱

(8)平面体(Sheet Body)

平面体实际上是一个剪裁面,而不是一个真正的实体。平面体由一个外边界和零个或多个内边界围成。外边界和内边界都必须是闭合的几何线(line),最常用的是组合线(Combined Line),如图 3-79 中的左图所示。要求在定义平面体之前已经定义了所需的线。

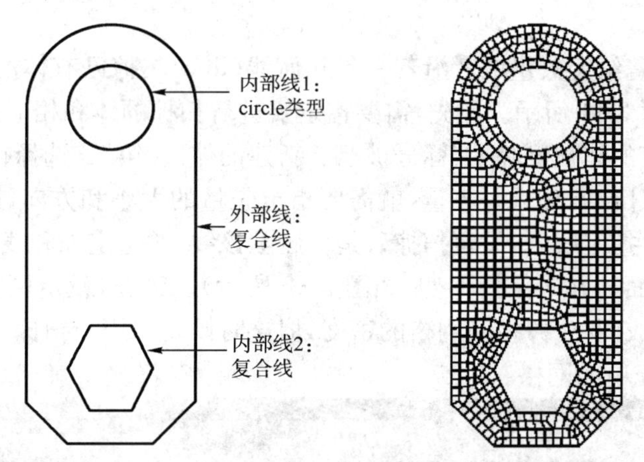

图 3-79　平面体

平面体除了由用户创建之外,还可以由 IGES 等接口读入 CAD 面自动生成。平面体非常有用,支持自由网格划分,可以直接用于 2D 模型;可以用作扫掠体或旋转体的初始面,如果带网格进行扫掠或旋转就能生成三维网格,大大提高有限元建模的效率。

2)在已有体的基础上创建新体

(1)变换体(Transformed Body)

使用与直接定义 Parasolid 体相同的菜单和图标,由于母体已经存在,所以弹出对话框的体类型选项列表里出现了变换体选项,选中后,对话框发生变化,如图 3-80 所示。指定母体编号和复制的份数,然后在 Transformation Label 选项处设置几何变换的类型,最后点击【Save】或者【OK】按钮生成新体。

可以利用变换体操作来实现体的移动,这时,需要在 Define by 分组框里选择【Moving】选项。

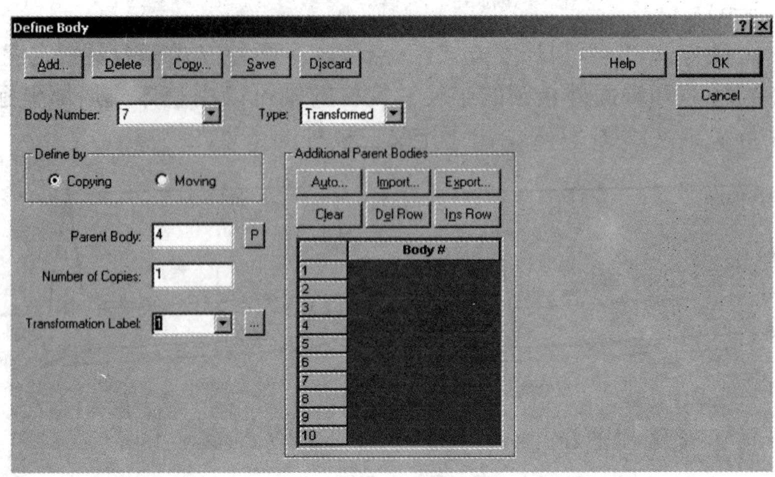

图 3-80 定义变换体

(2)扫掠体(Body Sweep)

命令:BODY SWEEP

菜单:【ADINA-M】>【Body Sweep...】

图标:

扫掠体是通过沿着给定矢量或者沿着一条几何线(line)扫掠已有体的一个面来生成新的体,相应的对话框如图 3-81 所示。首先,需要指定要进行扫掠的体和相应的面,并设定新体是否取代原有的体(原有的体被删除,其标号被赋予新建的体)。第二,选择扫掠是沿着给定矢量还是沿着一条几何线(line),如果是矢量,就需要指定矢量的大小和方向,以及对应的坐标系;如果是几何线,就需要指定线号,设定扫掠后是否删除该线,并选定面和线的对齐方式(面的方向跟随线的切向或者面的方向保持不变,如图 3-82 所示)。第三,设定网格生成选项,即扫掠生成体的同时可以生成网格,并控制网格的密度,但这时候要求用于扫掠的面上必须已经剖分了 2D 实体单元或者壳单元网格。

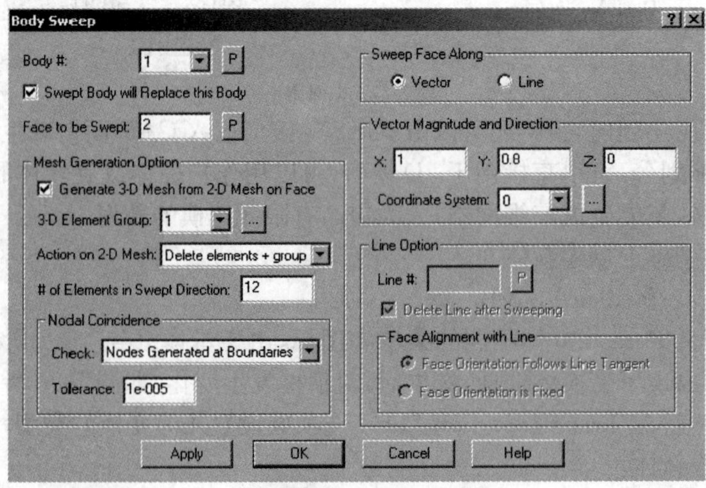

图 3-81 扫掠体

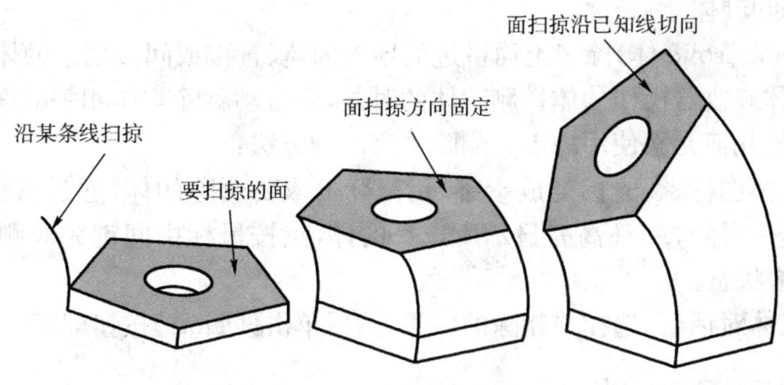

图 3-82　扫掠体的例子

(3)旋转体(Body Revolved)

命令:BODY REVOLVED

菜单:【ADINA-M】>【Body Revolved...】

图标:

旋转体是通过绕某个轴旋转已有体的一个面来生成新的体,相应的对话框如图 3-83 所示。该对话框与扫掠体的对话框比较类似,不同点在于旋转体需要设定旋转角度和旋转轴。旋转轴的定义方式有四种,与 Native 建模中点旋转成线时的旋转轴定义方式相同。旋转体的例子参见图 3-84。

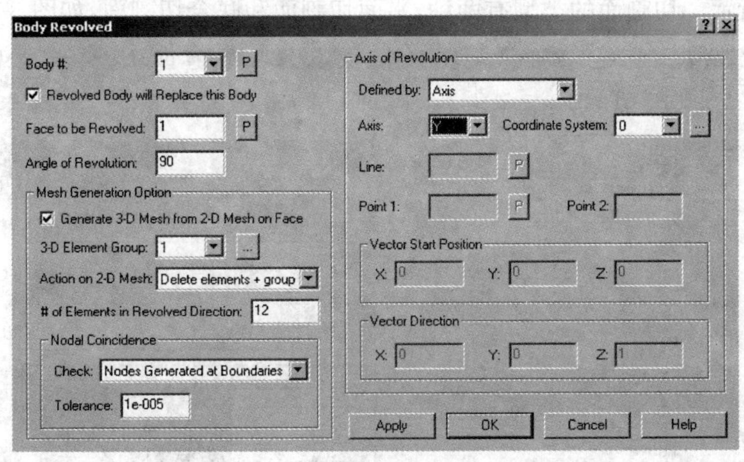

图 3-83　旋转体

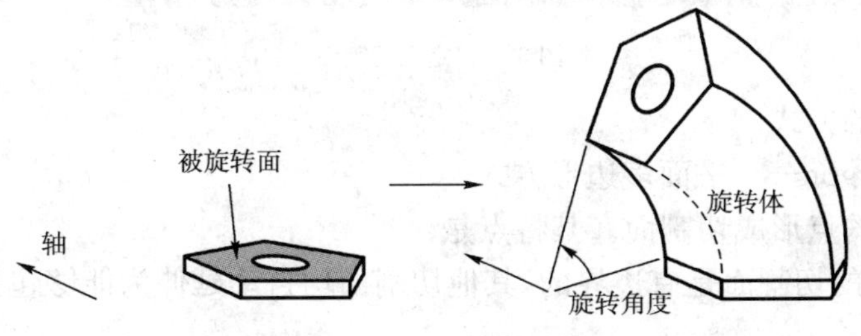

图 3-84　旋转体的例子

3)删除 Parasolid 体

可以删除的 Parasolid 体,除了上面讲过的导入的体、直接或间接创建的体,还包括后面经过布尔运算或者体修改器操作的体。删除体的时候,会自动删除与体相关的面和边,以及与体相关的没有被其他几何元素使用的点。删除体有两种方法:

(1)单击删除体图标,光标变成十字,用鼠标拾取要删除的体(通过鼠标单个拾取或用矩形框同时拾取多个体),AUI 高亮显示所选择的体,点按鼠标中间键完成删除操作,最后按【ESC】键退出删除状态。

(2)打开定义体对话框,选择要删除的体号,然后单击【Delete】按钮即可。

3.3.3 切割面(Section Sheet)

切割面的功能是把一个 Parasolid 体切割成两个甚至更多个体。定义切割面后,切割体的操作在体修改器中进行。

1)定义切割面的步骤

命令:SHEET PLANE

菜单:【ADINA-M】>【Define Section Sheet...】

图标:

主要操作步骤:点击定义切割面的图标按钮或者选择菜单,弹出对话框;点击【Add】添加按钮;选择切割面的类型和定义方式;输入相应的参数;点击【Save】或者【OK】按钮生成切割面。如图 3-85 所示。切割面的类型有两种,平面切割面和联合切割面,如图 3-86 所示。

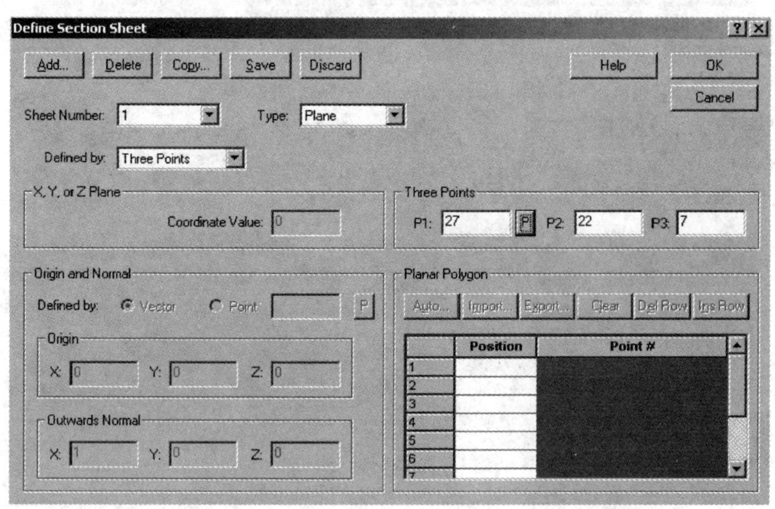

图 3-85 定义切割面

2)定义切割面的方式

(1)Planar Polygon——平面多边形方式

由一系列共面的点形成切割面。其特点是:

➢ 仅这种方式的切割面是有边界的,其他切割面均自动延伸为能够包括切割面创建时刻已有体的平面;

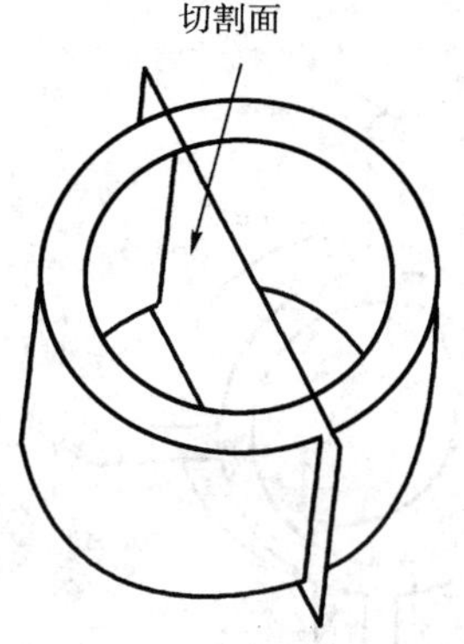

图 3-86　两种切割面的例子

➢ 仅这种方式的切割面可以连接成为联合切割面；

➢ 仅这种方式的切割面可以是多边形。

(2)X-Plane、Y-Plane、Z-Plane——X、Y、Z 平面方式

切割面是一个法向指向 X、Y 或 Z 整体坐标方向的平面，该平面可以偏离整体坐标系原点一定距离。

(3)Origin and Normal——原点和法向方式

切割面由原点和法向定义。原点可以是一个点，也可以是坐标系的原点。法向由一个矢量给出。

(4)Three Points——三点方式

切割面由不共线的三点定义。

3.3.4　布尔运算

命令：BODY ＜boolean type＞

菜单：【ADINA-M】>【Boolean Operator...】

图标：

1)布尔运算的用法

布尔运算主要用于处理几何元素之间的集合运算，从而建立更加复杂的几何模型。在 ADINA-M 中，布尔运算用于 Parasolid 体之间的合并(merge)、求交(intersect)、相减(subtract)操作。首先需要明确一下目标体和操作体的概念。

目标体(Target Body)：将要被修改的体。相当于减法或除法中的被减数或被除数。

操作体(Operating Bodies)：用于合并到目标体、与目标体求交集或者从目标体中减去的体。相当于减法或除法中的减数或除数。缺省时，布尔运算之后会删除操作体，但用户可以设置为保留。

2)布尔运算的类型

ADINA-M 中的布尔运算有三种。

(1)合并(Merge)

把一个或多个操作体合并到目标体中,要求所有操作体必须与目标体相交,如图 3-87 所示。

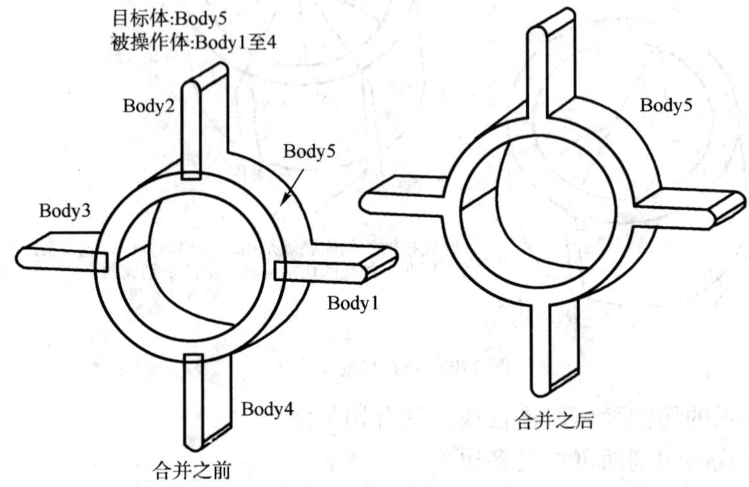

图 3-87 合并

(2)求交(Intersect)

目标体和一个或多个操作体之间的交集,要求至少有一个操作体与目标体相交。求交运算可能会产生多个体,如图 3-88 所示。

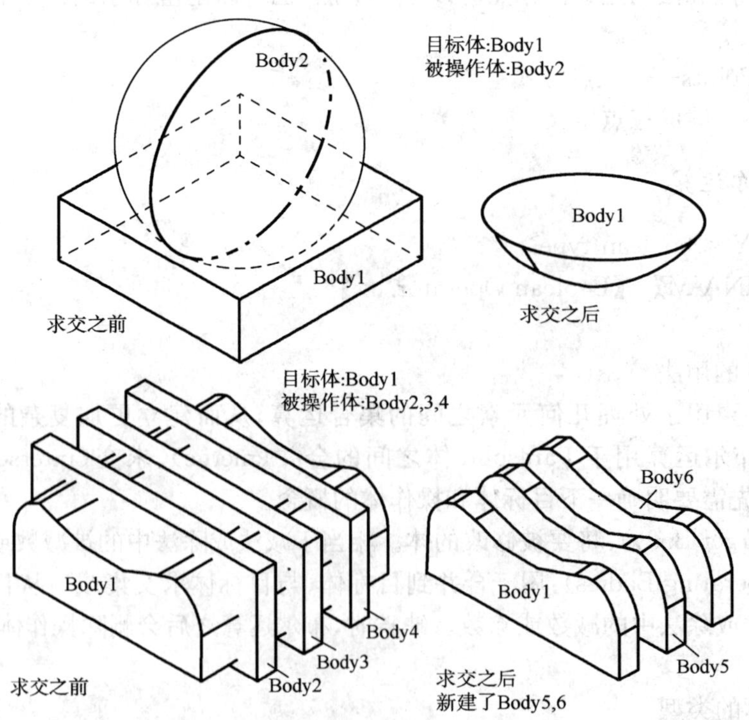

图 3-88 求交

(3)相减(Subtract)

从目标体中减去一个或多个操作体,相减运算可能会产生多个体,如图 3-89 所示。

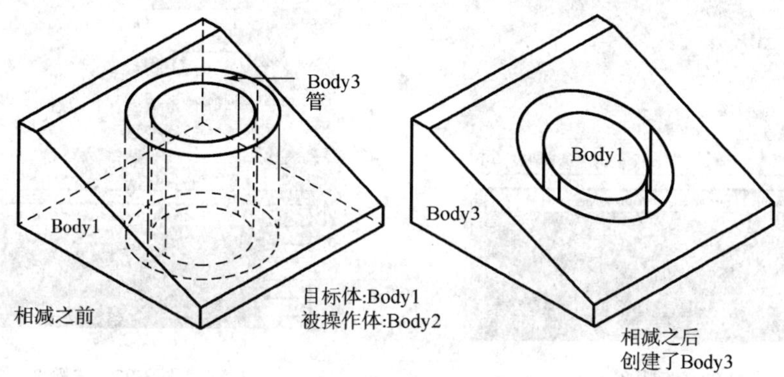

图 3-89　相减

相减运算也可以用于在目标体的表面上形成印记。印记相当于一个子面,可以方便地用来施加荷载和边界条件,如图 3-90 所示。要形成印记,操作体必须与目标体正好保持接触状态,并选中保留印记边界的选项,然后执行相减运算。下面以图 3-91 所示的例子说明生成印记的方法和步骤,其中的关键就是生成一个正好与目标体保持接触状态的操作体。

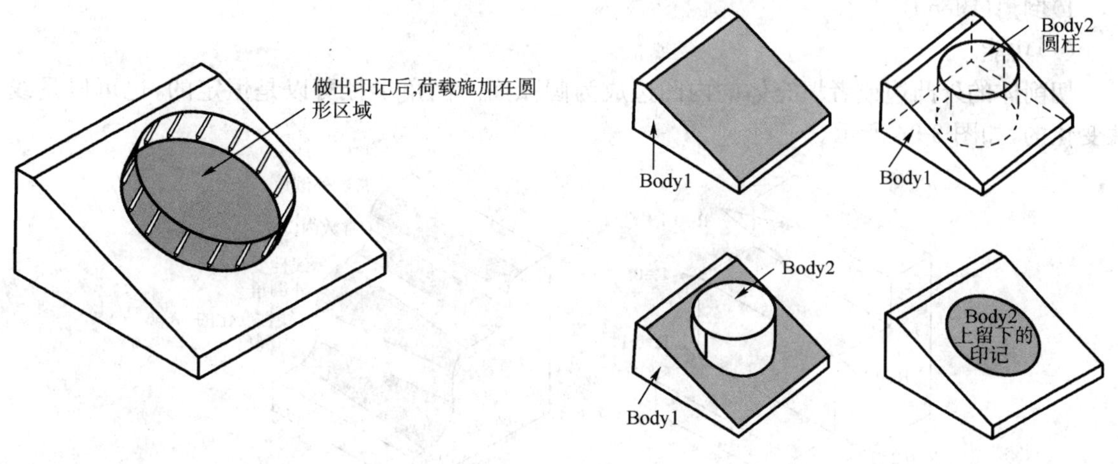

图 3-90　印记　　　图 3-91　生成印记的步骤 1

步骤 1:创建辅助圆柱体 Body2,与 Body1 相交;

步骤 2:用 Body2 减去 Body1,但要选中保留操作体(Body1)的选项,如图 3-91 和图 3-92 所示;结果,Body2 的底面正好与 Body1 的斜面保持接触;

步骤 3:用 Body1 减去 Body2,并选中保留印记边界的选项,如图 3-91 和图 3-93 所示;结果,形成印记。

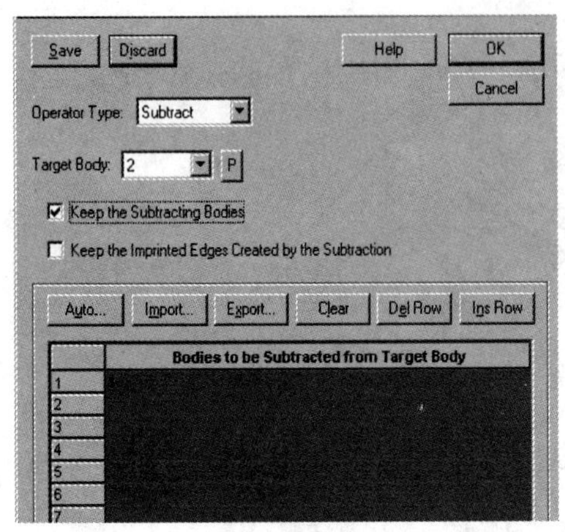

图 3-92　步骤 2

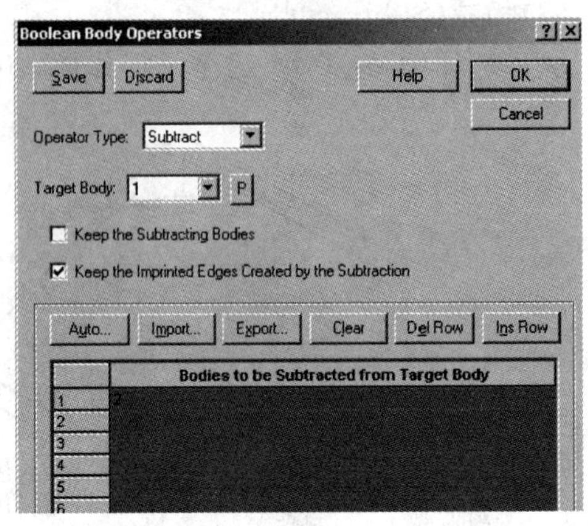

图 3-93　步骤 3

3.3.5　Parasolid 体修改器

体修改器用于对目标体进行倒角、切角、切割、抽空和分割操作。这些操作很有用，可以为有限元网格的剖分带来很大的方便。

命令：BODY <modifier type>

菜单：【ADINA-M】>【Body Modifier...】

图标：

1)倒角(Blend)

(1)功能

切削体的外凸边或者填充体的内凹边成为圆弧面。倒角半径可以是恒定的，也可以是线性变化的，如图 3-94 所示。

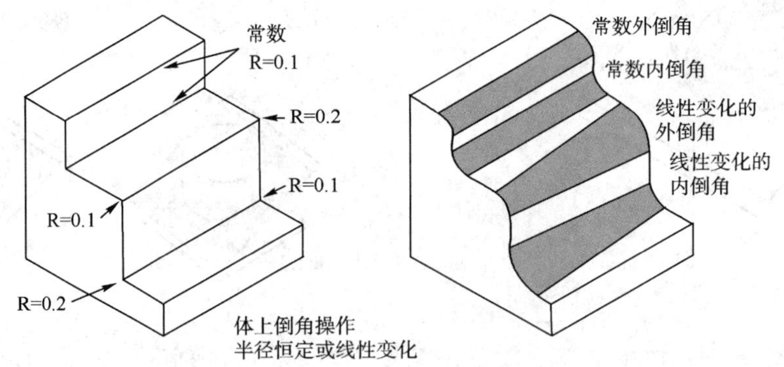

图 3-94　倒角

(2)选项

倒角操作有三个倒角选项，如图 3-95 所示。

- 同时对多个边以相同的恒定半径倒角：需要指定半径大小，在列表中指定边的标号；
- 对一个边用两个半径倒角：需要指定两个半径大小、边的标号以及边的一个端点，该端点处将使用第一个半径；

➢ 对多个面的所有边以相同的恒定半径倒角：需要指定半径大小，在列表中指定面的标号。

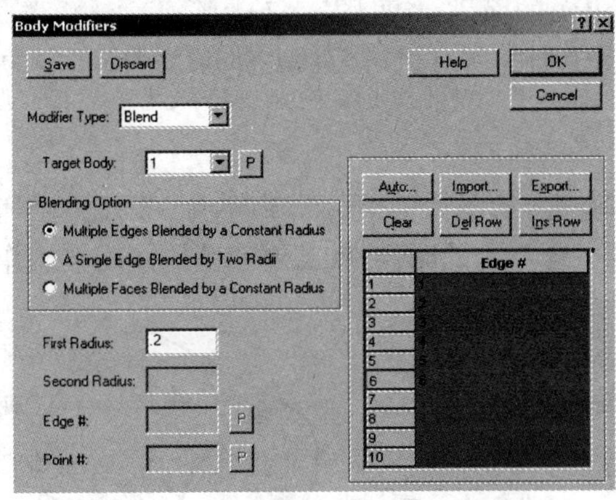

图 3-95　倒角选项

2）切角（Chamfer）

（1）功能

把体的外凸边切成斜面。在该边相连的两个面上切角的范围可以相同，也可以不同，如图 3-96 所示。

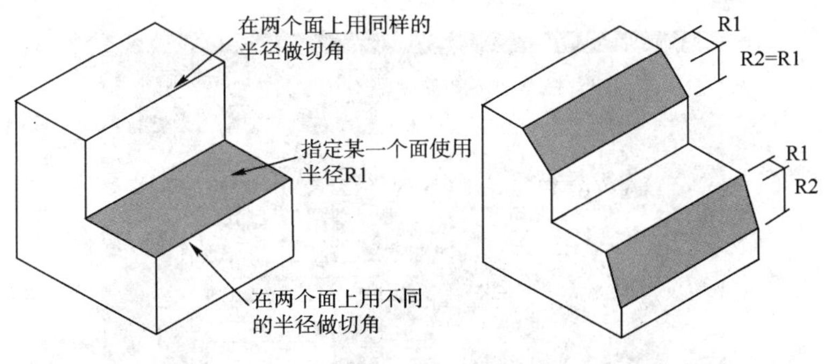

图 3-96　切角

（2）选项

切角操作有 2 个切角选项，如图 3-97 所示。

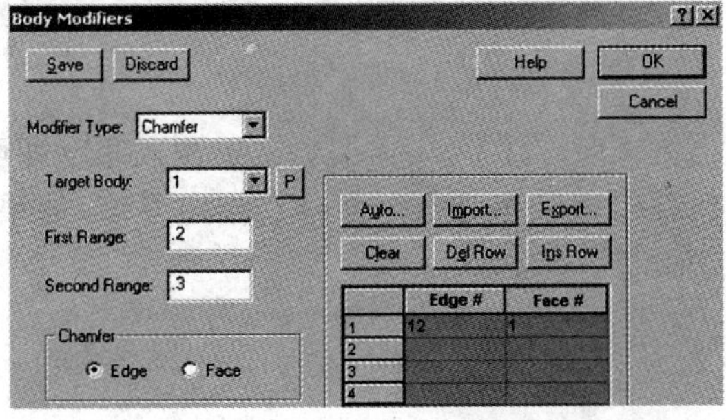

图 3-97　切角选项

➢ 对指定的一个或多个边切角：需要输入第一切角范围（R1）和第二切角范围（R2），R2 缺省时与 R1 相等；如果 R2 等于 R1，就不需要在表中指定面号；如果 R2 不等于 R1，就必须在表中为每个边指定要使用 R1 的面号，参见图 3-97；

➢ 对指定的一个或多个面的所有边切角：R1 自动用于所指定的面。

3）抽空（Hollow）

（1）功能

把一个体的内部抽成空腔，如图 3-98 所示。但不允许因此而产生多于一个的体，所以，当一个体内部已经有一个或多个空腔的时候，就需要谨慎地使用本操作。

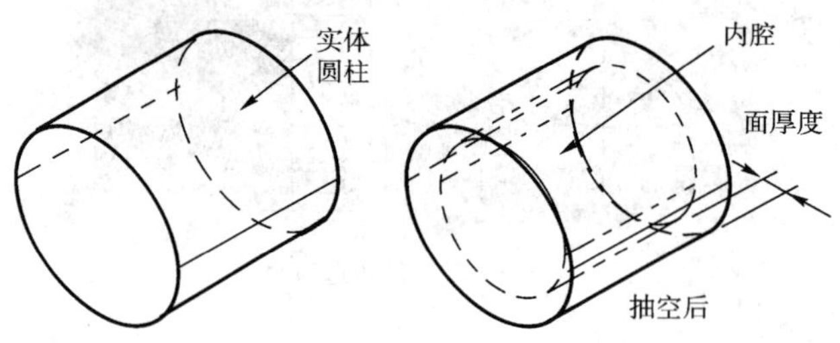

图 3-98　抽空

（2）选项

指定面的厚度有两种方式，如图 3-99 所示。

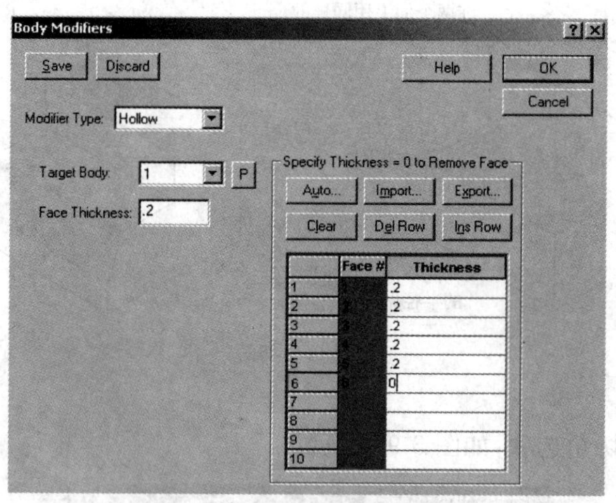

图 3-99　抽空选项

➢ 统一指定面的厚度：在 Face Thickness 编辑框里输入厚度即可；

➢ 分别指定面的厚度：在输入表里为每个面分别指定厚度，如果指定某个面的厚度为 0，那么操作执行后该面处为开口。

4）分割（Partition）

（1）功能

用体自身的一个面或多个面把体分割成两个或多个体，如图 3-100 所示。

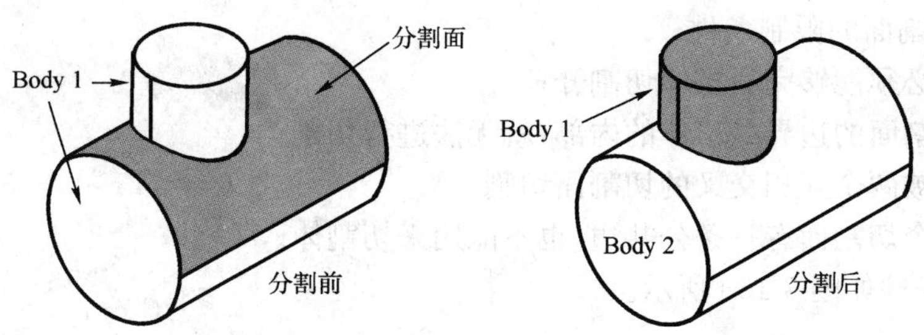

图 3-100　分割

(2)延伸面选项

在有些情况下,必须把面延伸才能完全分割一个体,这时候就需要打开延伸面选项开关,执行的效果如图 3-101 所示。

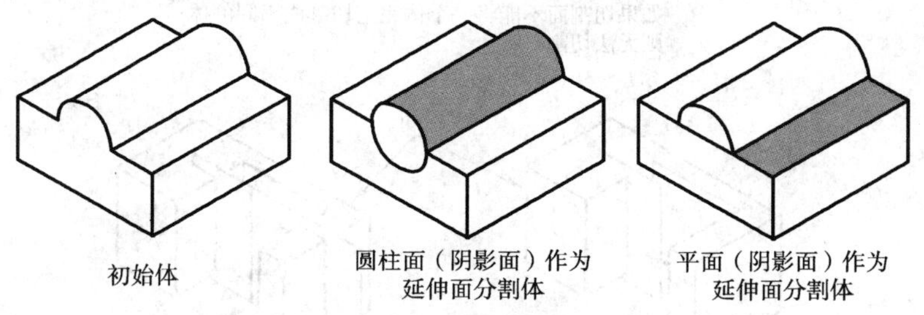

图 3-101　延伸面选项的例子

5)切割(Section)

(1)功能

用一个或多个切割面(包括联合切割面)把一个体切割成两个或多个体,如图 3-102 所示。因此,只有在定义了切割面之后才能够使用本操作。

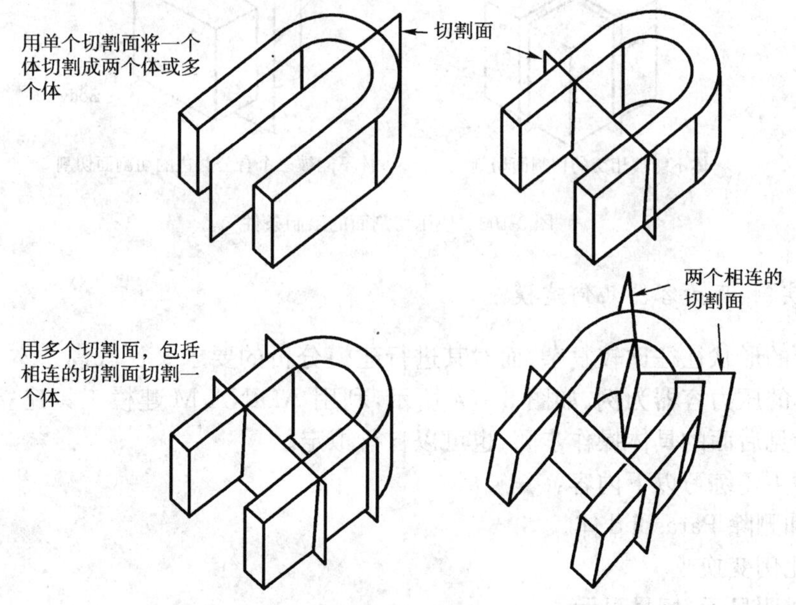

图 3-102　切割

(2)使用切割面的限制条件

- 切割面必须能够完全把体切割开；
- 如果切割面的边界处于体的内部，就无法进行切割；
- 体不能被两个互相交叉的切割面切割；
- 如果三个切割面有一条公共边，也不能用来切割体。

以上限制条件如图 3-103 所示。

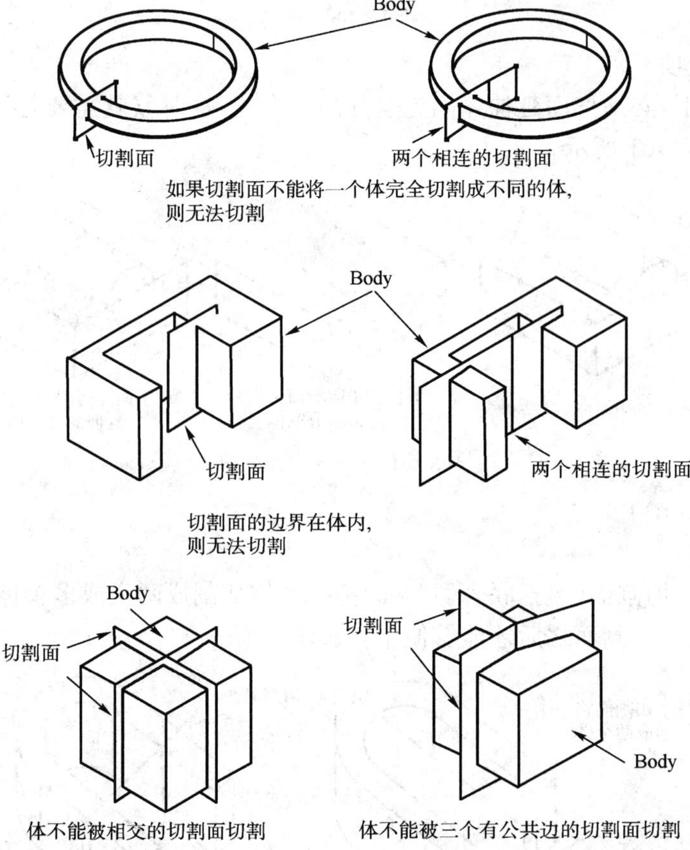

图 3-103 使用切割面的限制条件

3.3.6 实例：压力容器几何建模

压力容器的形状往往比较复杂，而对其进行建模分析的要求又比较高。本节以一个形状相对比较简单的压力容器为例，如图 3-104 所示，利用 ADINA-M 建模工具建立几何模型，有关几何尺寸参见后面的具体操作步骤，也可以自行拟定。

通过本例主要练习以下内容：

- 定义和删除 Parasolid 体
- 体的比例变换
- 体的透明显示、标号显示

➢ 布尔操作——合并

➢ 体的抽空操作

➢ 体的倒角操作

操作步骤：

1)定义 body1

选择菜单【ADINA-M】>【Define Body...】，增加 1 号体，类型为球体，半径为 1，其余为缺省值。该球体经过比例变换后作为压力容器的顶部。

2)定义 body2

增加 2 号体，类型为圆柱体，半径为 1，长度为 2，中心点为(0，0，−1)，轴向为 Z 轴，其余为缺省值。该圆柱体是压力容器的主体结构。

图 3-104　简单的压力容器

3)定义 body3

body3 由 body1 经过比例变换得到。首先增加 3 号体，指定类型为变换体，母体为 1 号体，然后定义 1 号几何变换，如图所示，几何变换的类型为比例变换，比例因子分别为 1、1、0.4，即把球体 Z 向压缩到原来尺寸的 40%。如图 3-105 所示。

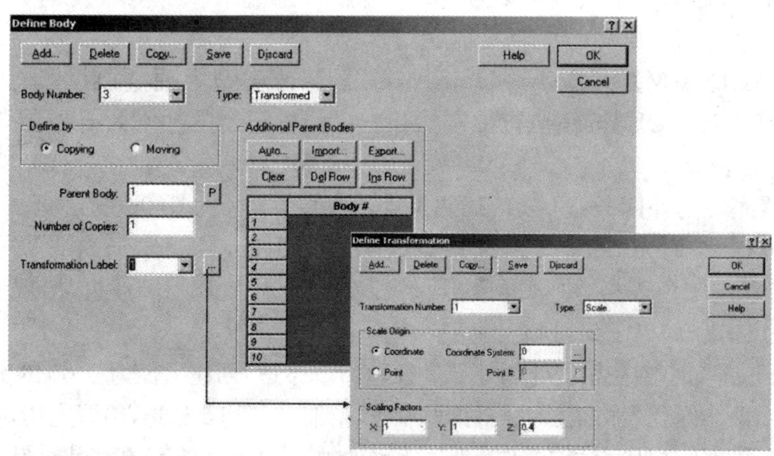

图　3-105

关闭对话框，图形窗口自动显示 3 个已经定义的体，此时仅为消隐的线框图。为了更好地观察，可以点击图标和进行透明显示，点击图标显示体的标号，效果如图 3-106 所示。

4)删除 body1

点击 ADINA-M 工具条上的删除体图标，拾取 body1 即可删除，然后按【ESC】键退出拾取状态。如果工具条窗口没有显示 ADINA-M 工具条，就需先通过菜单【View】>【Toolbars】>【ADINA-M】激活一下。

5)定义 body4

再次选择菜单【ADINA-M】>【Define Body...】，增加 4 号体，类型为圆柱体，半径为 0.15，长度为 0.6，中心点为(0，−0.5，0.3)，轴向由方向矢量(0，−0.2，1)确定，其余为缺省值，点击【OK】按钮。由线框显示的效果如图 3-107 所示。

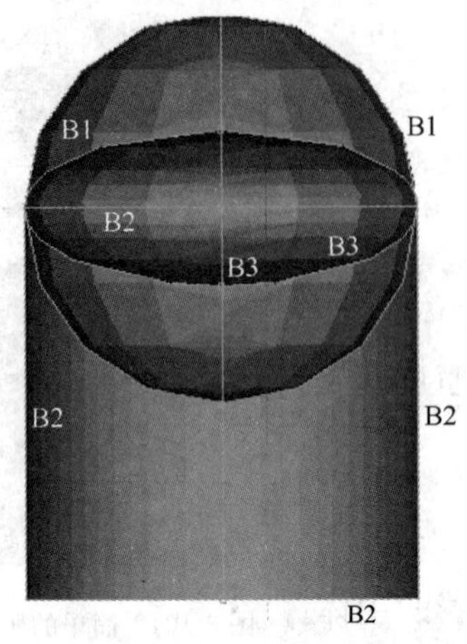

图 3-106

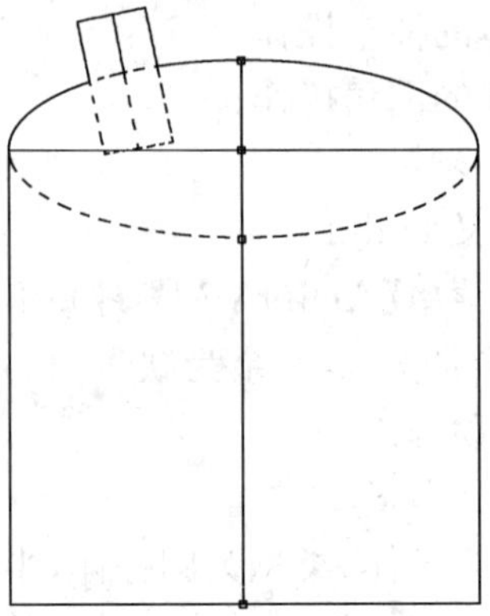

图 3-107

6)合并 body2、body3 和 body4

选择菜单【ADINA-M】>【Boolean Operators...】,再选择操作类型为【Merge】,目标体为 2 号体,操作体为 3 号和 4 号体,即把 Body3 和 Body4 加到 Body2 上,点击【OK】按钮执行合并操作。完成合并后,数据库中只剩下 2 号体。

7)抽空 body2

选择菜单【ADINA-M】>【Body Modifiers...】,修改类型为抽空,目标体为 2 号体,输入缺省面厚度 0.06,点击【OK】按钮执行抽空操作。由线框显示的抽空效果如图 3-108 所示。

8)倒角

首先对容器底部内外四条边(4、1、18、15 号边)创建半径为 0.06 的倒角。再次选择菜单【ADINA-M】>【Body Modifiers...】,选择修改类型为倒角,目标体仍为 2 号体,输入第一半径为 0.06,接着双击绿色表格,进入屏幕拾取状态,拾取 4、1、18、15 号边,拾取完毕,按【ESC】键返回对话框,点击【Save】按钮,执行倒角操作。

然后对容器顶部与小圆柱相交处的外部 2 条边(8、5 号边)创建半径为 0.04 的倒角。重新输入第一半径为 0.04,双击绿色表格,进入屏幕拾取状态,拾取 8 号和 5 号边,拾取完毕,按【ESC】键返回对话框,点击【OK】按钮,关闭对话框并执行倒角操作。由线框显示的倒角效果如图 3-109 所示。

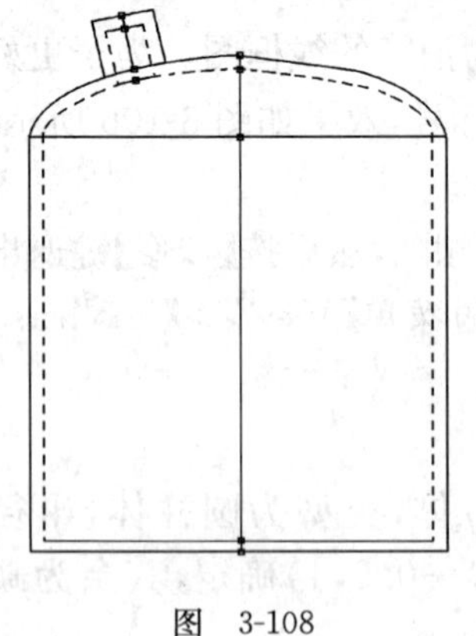

图 3-108

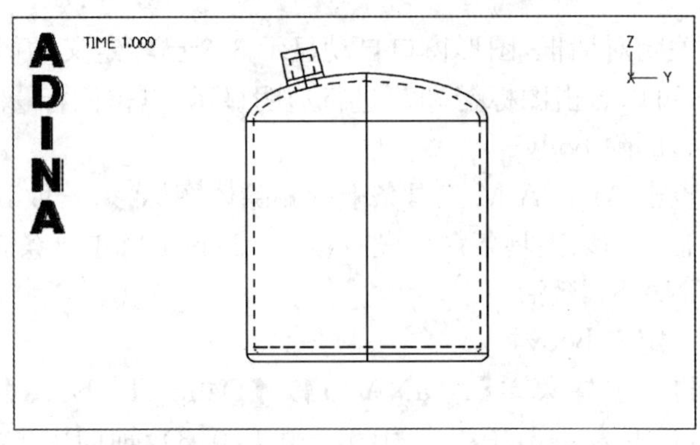

图 3-109

9)保存数据库,退出 AUI

3.4　两种几何建模方式的共用操作

3.4.1　几何变换

命令:TRANSFORMATION <transformation type>

菜单:【Geometry】>【Transformations...】

ADINA 支持 3D 几何变换,几何变换不仅可以用于几何线(Line)、面(Surface)、体(Volume),还可以用于 Parasolid 体(Body)。利用几何变换可以生成新的几何对象,也可以实现几何对象的拷贝或者平移。

通过【Geometry】>【Transformations...】菜单可以定义多个几何变换,每一个几何变换都必须分配一个号码,供相关的对话框引用。

ADINA 支持多种类型的几何变换。

1)平移(Translation)

平移变换是沿坐标轴 X、Y 和 Z 方向的刚体移动,有三种定义方式,如图 3-110 所示。

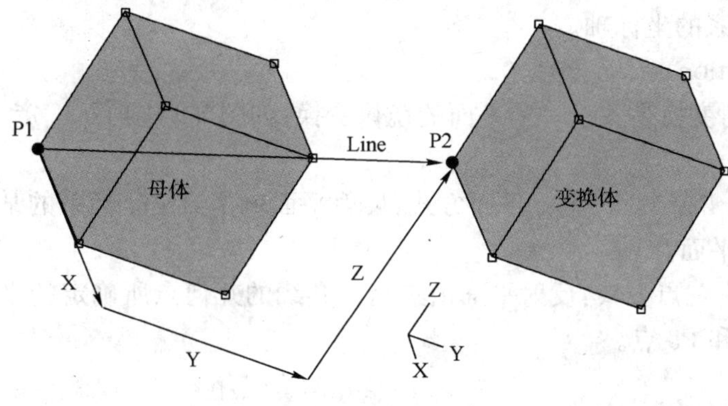

图 3-110　平移变换

(1)Coordinate Axes——坐标轴方式:需要指定在给定坐标系下 X、Y 和 Z 方向的平移距离。

(2)Line——线方式:指定一条线作为平移矢量,方向为从线的起点指向终点。

(3)Two Points——两点方式:沿两几何点(P1 和 P2)所确定的矢量进行平移。

2)旋转(Rotation)

旋转变换是绕旋转轴转动一个角度。定义转轴有四种模式:

(1)Axis——坐标轴方式:旋转轴直接使用坐标系的一个坐标轴。

(2)Line——线方式:旋转轴是给定几何线的两个端点所确定的直线。所给定的几何线可以是直线或者曲线,但必须是开放的。

(3)Two Points——两点方式:旋转轴是两个不重合的给定几何点所形成的直线。

(4)Vectors——双矢量方式:旋转轴由一个位置矢量(Vector A)和一个方向矢量(Vector B)确定。

3)比例变换(Scale)

比例变换是对几何对象在 X、Y 和 Z 方向进行缩放变换,三个方向的比例因子可以不同,如图 3-111 所示。通过比例因子和原点来定义比例变换,其中原点的定义有两种方式:

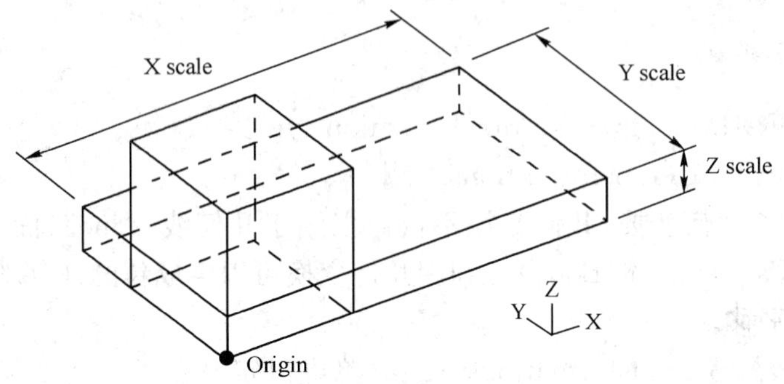

图 3-111 比例变换

(1)Coordinate System——坐标系方式:比例变换的原点就是给定坐标系的原点,X、Y 和 Z 比例因子的方向平行于给定坐标系的坐标轴。

(2)Point——点方式:比例变换的原点是给定的几何点,X、Y 和 Z 比例因子的方向平行于整体笛卡儿坐标系的坐标轴。

4)反射(Reflection)

顾名思义,反射变换是关于一个平面的镜像变换,如图 3-112 所示。定义反射平面有两种方式:

(1)Coordinate Plane——坐标平面方式:反射平面就是给定坐标系的某一坐标平面,比如图 3-112 中的 XY 平面。

(2)3-Point——三点方式:反射平面由三个不共线的几何点所确定的平面来定义,比如图 3-112 中的 P1、P2 和 P3 点。

5)点(Points)

点变换是一种刚体变换,通过三个不共线的初始点(P1,P2,P3)和三个不共线的目标点(Q1,Q2,Q3)来定义,如图 3-113 所示。变换的规则为:

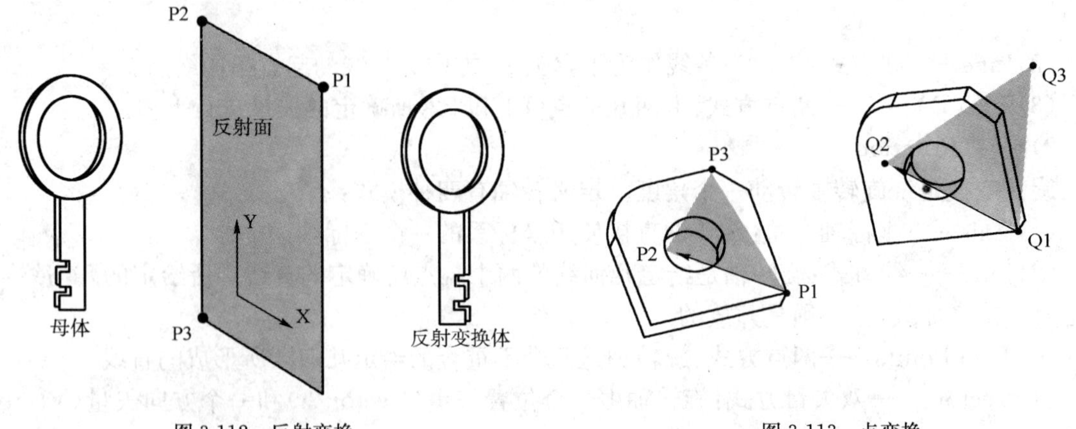

图 3-112 反射变换

图 3-113 点变换

(1)P1 点变换到 Q1 点;

(2)P1 到 P2 的方向变换为 Q1 到 Q2 的方向;

(3)P1,P2,P3 构成的平面变换为 Q1,Q2,Q3 构成的平面。

6)直接变换(Direct)

直接变换是通过指定变换矩阵 T 来实现的一种任意变换。从图形学的角度来说,前面所述的任何一种变换都仅仅是表示了变换矩阵的一种具体情况,但直接指定变换矩阵需要输入 12 个矩阵元素,难度较大。

$$\begin{bmatrix} X \\ Y \\ Z \end{bmatrix}_{\text{new}} = \begin{bmatrix} T_{11} & T_{12} & T_{13} & T_{14} \\ T_{21} & T_{22} & T_{23} & T_{24} \\ T_{31} & T_{32} & T_{33} & T_{44} \end{bmatrix} \begin{bmatrix} X \\ Y \\ Z \\ 1 \end{bmatrix}_{\text{old}}.$$

7)组合变换(Combined)

组合变换是一种广义变换,由已经定义的一系列几何变换按照一定次序组合而成。

8)逆变换(Inverse)

逆变换是已经定义的几何变换的逆向变换。

3.4.2 几何域

命令:DOMAIN<NAME>

菜单:【Geometry】>【Domains...】

几何域就是几何元素的集合,可以包括几何点/线/面/体和 Parasolid 边/面/体。生成单元时,使用几何域来限定域内几何元素的节点重合性检查。

3.4.3 几何尺度测量

命令:MEASURE <...>

菜单:【Geometry】>【Measure...】

用于测量两个几何点或者两个节点之间的距离,一条边或线的长度,以及三个几何点或者三个节点所形成夹角的角度。

3.4.4 面连接

命令:FACELINK <...>

菜单:【Geometry】>【Faces】>【Face Link...】

为了保证网格划分的连续性,有时候需要在独立的 Parasolid 体的两个面之间,或者是在一个 Parasolid 面和一个几何面之间建立连接关系。一旦建立了这种连接关系,系统就会存储先划分了网格的那个面的网格信息,划分另外一个面的网格的时候,就会自动使用相同的网格,从而在连接的面之间划分一致的网格。

如果修改了其中一个 Parasolid 体,系统会自动更新相关的面连接。如果删除了其中一个 Parasolid 体或者是删除了一个几何面,系统会自动删除相关的面连接。

第4章 有限元模型与网格划分

4.1 材料

命令:MATERIAL<type>

菜单:【Model】>【Materials】>【Manage Materials...】

图标:M

ADINA-AUI采用材料表(Material Table)方式管理模型中的材料定义,每种材料具有唯一的材料标号,供定义单元组(Element Group)时引用。ADINA Structure、ADINA-Thermal和ADINA-CFD三个模块定义材料参数的菜单和图标是相同的,但模块不同,材料本构不同,需要的参数就不同。

4.1.1 ADINA中的应力应变类型

使用材料模型的时候,必须清楚地知道应力应变的类型,从而为输入材料参数正确地准备数据。在理解计算结果的时候,也必须清楚地知道应力应变的类型,才能正确地解释计算结果。

1)小位移/小应变

小应变情况下,应变应该小于2%。

对于材料参数输入,所有单元和材料模型都采用工程应力和工程应变,工程应变也称为名义应变。对于结果输出,所有单元和材料模型都采用柯西(Cauchy)应力和工程应变,柯西应力也称为真实应力。

2)大位移/小应变

对于材料参数输入,采用二阶Piola-Kirchhoff应力和Green-Lagrange应变。在小应变条件下,二阶Piola-Kirchhoff应力近似等于工程应力,Green-Lagrange应变近似等于工程应变。

对于结果输出,使用任何材料模型的2D和3D实体单元都输出柯西应力和Green-Lagrange应变,梁、等参梁、管和壳单元则输出二阶Piola-Kirchhoff应力和Green-Lagrange应变。

3)大位移/大应变

(1)2D和3D实体单元

对于双线性塑性、多线性塑性、Drucker-Prager、Mroz双线性、正交各向异性塑性、温度相关塑性、蠕变、塑性蠕变、多线性塑性蠕变、塑性变参数蠕变、多线性塑性变参数蠕变、黏弹性和用户自定义材料模型,材料参数输入采用柯西应力和对数应变(对数应变也称为真实应变);结果输出采用柯西应力和变形梯度。

对于Mooney-Rivlin、Ogden、Arruda-Boyce和hyper-foam材料模型,使用了完全拉格朗

日公式，材料参数输入为 Mooney-Rivlin、Ogden、Arruda-Boyce 和 hyper-foam 常数，结果输出采用柯西应力和变形梯度。

(2)壳单元

假定壳单元是单层的，并且是用中面节点来定义的。

对于双线性塑性和多线性塑性材料模型，3 节点、4 节点、9 节点和 16 节点的壳单元既可以选用 ULJ 公式也可以选用 ULH 公式，缺省地，除了使用刚性目标接触算法或者显式时间积分的情况以外，选用 ULH 公式。对于正交各向异性塑性材料模型，必须是 3 节点、4 节点、9 节点和 16 节点的壳单元，并选用 ULJ 公式。

所以，当选用 ULJ 公式的时候，材料参数输入采用柯西应力和对数应变，结果输出采用柯西应力和对数应变。当选用 ULH 公式的时候，材料参数输入采用 Kirchhoff 应力和对数应变，结果输出采用 Kirchhoff 应力和 Left Hencky 应变。

4)应变和应力的度量

下面以轴向拉伸的杆为例来说明 ADINA 中的应变和应力度量，相应的公式参见式(4-1)～式(4-10)。

工程应变：
$$e_0=\frac{l-l_0}{l_0} \tag{4-1}$$

Green-Lagrange 应变：
$$\varepsilon=\frac{1}{2}\frac{l^2-l_0^2}{l_0^2} \tag{4-2}$$

Almansi 应变：
$$\varepsilon_a=\frac{1}{2}\frac{l^2-l_0^2}{l^2} \tag{4-3}$$

对数应变：
$$e=\ln\left(\frac{l}{l_0}\right) \tag{4-4}$$

Hencky 应变：
$$e=\int_{l_0}^{l}\frac{\mathrm{d}l}{l} \tag{4-5}$$

拉伸比：
$$\lambda=\frac{l}{l_0} \tag{4-6}$$

其中，l_0 是杆的初始长度，l 是拉伸后的长度。

请注意，由于 Green-Lagrange 应变不受刚体转动的影响，所以对于小应变小转动而言，Green-Lagrange 应变和工程应变是相等的。

工程应力：
$$\sigma=\frac{F}{A_0} \tag{4-7}$$

柯西应力：
$$\tau=\frac{F}{A}=\frac{\sigma A_0}{A} \tag{4-8}$$

二阶 Piola-Kirchhoff 应力：
$$S=\frac{Fl_0}{A_0 l}=\frac{\sigma l_0}{l} \tag{4-9}$$

Kirchhoff 应力：
$$J\tau=\frac{Fl}{A_0 l_0}=\frac{\sigma l}{l_0} \tag{4-10}$$

其中，l_0 是杆的初始长度，l 是拉伸后的长度，A_0 是杆的初始横截面面积，A 是拉伸后的横截面面积，F 是拉力。

如果材料是不可压缩的，那么就可以用 $\tau=J\tau=\frac{\sigma l}{l_0}$ 来计算柯西应力，用工程应力来计算 Kirchhoff 应力。当材料是几乎不可压缩的时候，Kirchhoff 应力与柯西应力近似相等。

4.1.2 ADINA Structure 材料模型

ADINA 软件中包含有大量的结构材料本构，可直接用于大多数结构分析，如图 4-1 所示。

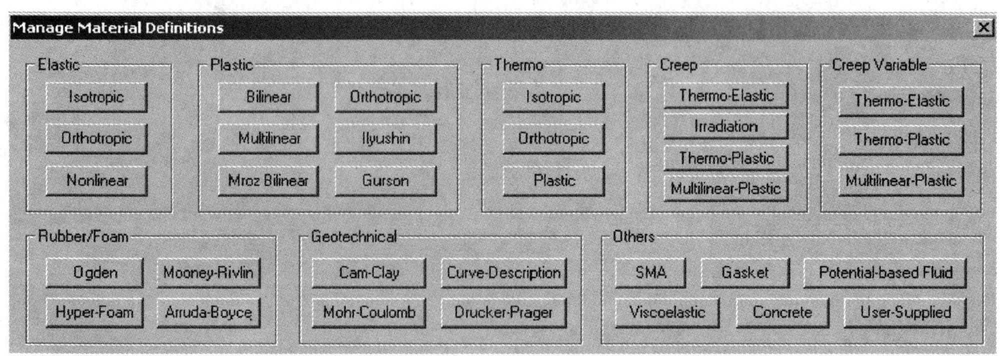

图 4-1 结构材料模型

1）弹性材料（Elastic）

（1）各向同性线弹性（Isotropic）

该材料适用于小应变分析，适用于除流体单元以外的所有单元类型。如图 4-2 所示，必须指定弹性模量，泊松比、密度和热膨胀系数缺省为 0，图 4-2 中还给出了这 4 个材料参数的取值范围。当进行动力分析时，必须指定密度；当进行线性热—结构耦合分析时（通常仅在结构模块中施加已知的温度分布），必须指定热膨胀系数。

另外，所有定义材料的对话框都有一个描述（Description）选项，用于加入一些注释说明的文本，并不参与计算，因此可以忽略该选项。

（2）正交各向异性线弹性（Orthotropic）

如图 4-3 所示，材料参数包括 a、b、c 三个材料主轴方向的弹性模量，ab、ac、bc 三个方向的泊松比，ab、ac、bc 三个方向的剪切模量，密度，以及一个起皱（Wrinkling）选项。

当进行 3D 分析时，必须指定所有的弹性模量、泊松比和剪切模量；当进行 2D 分析时，需要指定弹性模量和泊松比以及 ab 方向的剪切模量，共 7 个参数。

起皱选项用于模拟纤维织物的起皱现象，但仅适用于带有 3-D 平面应力选项的 2-D 实体单元。

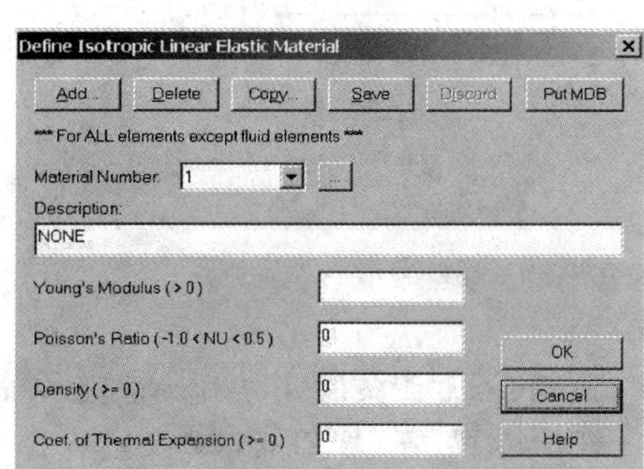

图 4-2　各向同性线弹性材料

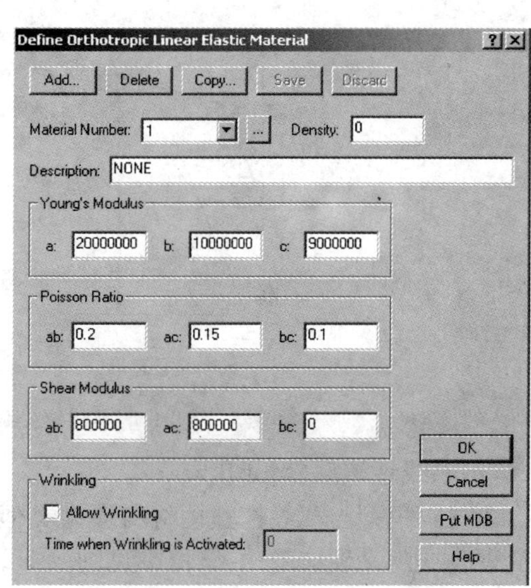

图 4-3　正交各向异性线弹性材料

(3)非线性弹性(Nonlinear)

该材料由给定的单轴应力应变曲线来描述,只适用于杆单元。应力应变曲线可以在参数表中直接输入,也可以引用已定义曲线的标号。通过不同的应力应变曲线可以方便地模拟桁架、非线性弹簧(参见图 4-4a))、索(参见图 4-4b))和结构之间的间隙。

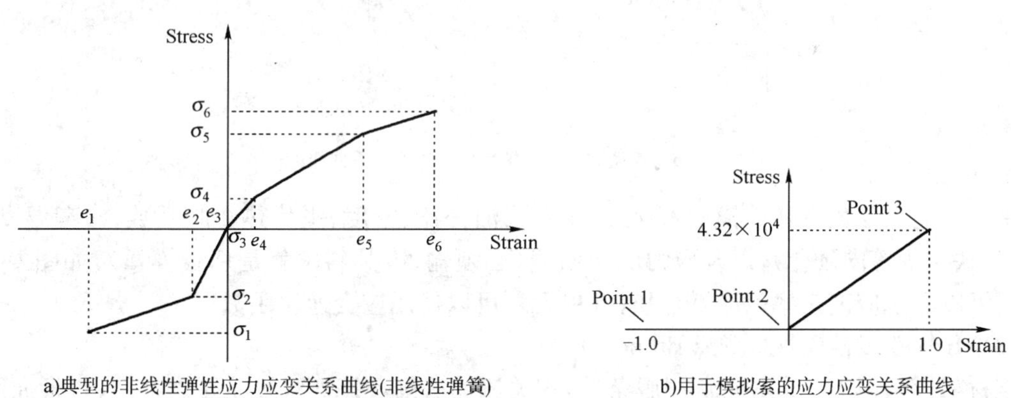

a)典型的非线性弹性应力应变关系曲线(非线性弹簧)　　b)用于模拟索的应力应变关系曲线

图 4-4　非线性弹性材料的应力应变曲线

2)塑性材料(Plastic)

(1)双线性塑性(Bilinear)

该材料模型遵循 von Mises 屈服条件,相关流动法则,等向应变硬化或随动应变硬化条件(参见图 4-5)。适用于杆、梁、等参梁、管、壳、2D 和 3D 实体单元。

基本的输入参数有弹性模量 E(必须输入)、泊松比、初始屈服应力 ${}^0\sigma_y$(必须输入)、密度、切线模量 E_T、最大允许有效塑性应变(考虑材料破坏时输入)、平均热膨胀系数和参考温度(考虑热—结构耦合时输入)以及硬化方式(缺省为等向硬化)。还可以考虑应变速率效应,但只有杆单元才可以使用应变速率函数。

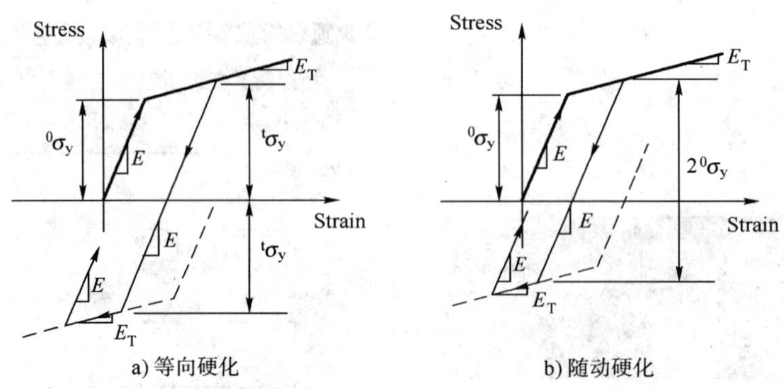

图 4-5 典型的双线性塑性应力应变关系曲线

(2)多线性塑性(Multilinear)

该材料模型与双线性塑性材料模型类似，遵循 von Mises 屈服条件，相关流动法则，等向应变硬化或随动硬应变化条件(参见图 4-6)。适用于杆、等参梁、管、壳、2D 和 3D 实体单元。

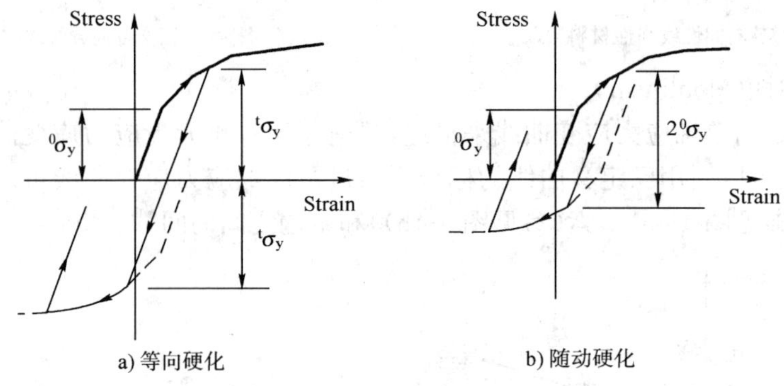

图 4-6 典型的多线性塑性应力应变关系曲线

基本的输入参数有弹性模量 E(必须输入)、泊松比、密度、平均热膨胀系数、参考温度、硬化方式(缺省为等向硬化)，以及应力应变曲线(必须输入，其斜率就是切线模量)，如图 4-7 所示。还可以考虑应变速率效应，但只有杆单元才可以使用应变速率函数。

(3)Mroz 双线性塑性(Mroz Bilinear)

该材料模型遵循 von Mises 屈服条件，相关流动法则，Mroz 双线性硬化条件(包括屈服面位移规则和界限面位移规则)。典型的 Mroz 双线性塑性应力应变关系曲线如图 4-8 所示。适用于 2D 和 3D 实体单元。在小位移/小应变情况下，采用材料非线性公式。在大位移/小应变情况下，采用 TL 公式。在大位移/大应变情况下，采用 ULH 公式。

基本的输入参数有弹性模量 E(必须输入)、泊松比、密度、初始屈服应力 $^0\sigma_y$(必须输入)、界限应力 σ_{yB}(必须输入)、切线模量 E_T(必须输入)、界限面上的切线模量 E_{TB}(必须输入)、最大允许有效塑性应变(考虑材料破坏时输入)、平均热膨胀系数和参考温度。

(4)正交各向异性塑性(Orthotropic)

该材料模型遵循 Hill 屈服条件，相关流动法则，双线性比例硬化条件。适用于壳单元、2D 和 3D 实体单元。在小位移/小应变情况下，采用材料非线性公式。在大位移/小应变情况下，采用 TL 公式。在大位移/大应变情况下，采用 ULJ 公式。

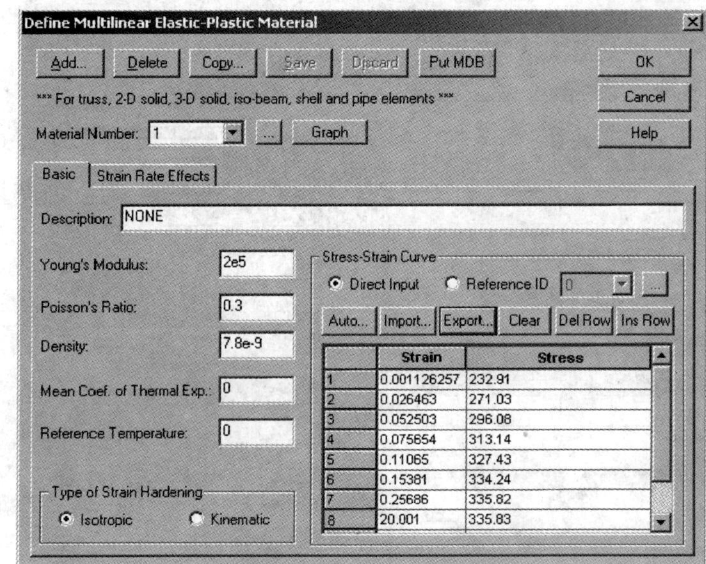

图 4-7 ·多线性塑性材料

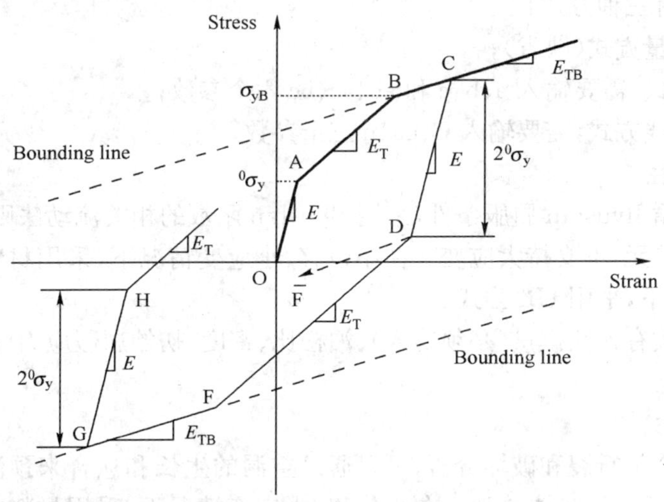

图 4-8　典型的 Mroz 双线性塑性应力应变关系曲线

如图 4-9 所示，材料参数包括密度，最大允许有效塑性应变，a、b、c 三个材料主轴方向的弹性模量，ab、ac、bc 三个方向的泊松比，ab、ac、bc 三个方向的剪切模量，6 个初始屈服应力分量，a、b、c 三个方向的平均热膨胀系数，参考温度，以及各向异性参数选项和塑性模量选项。

确定各向异性参数有三种方式：

➢ 初始屈服应力方式（缺省）；

➢ Lankford 系数方式，需要输入 R0、R45、R90 三个参数；

➢ Hill 各向异性参数方式，需要输入 F、G、H、L、M、N 六个参数。

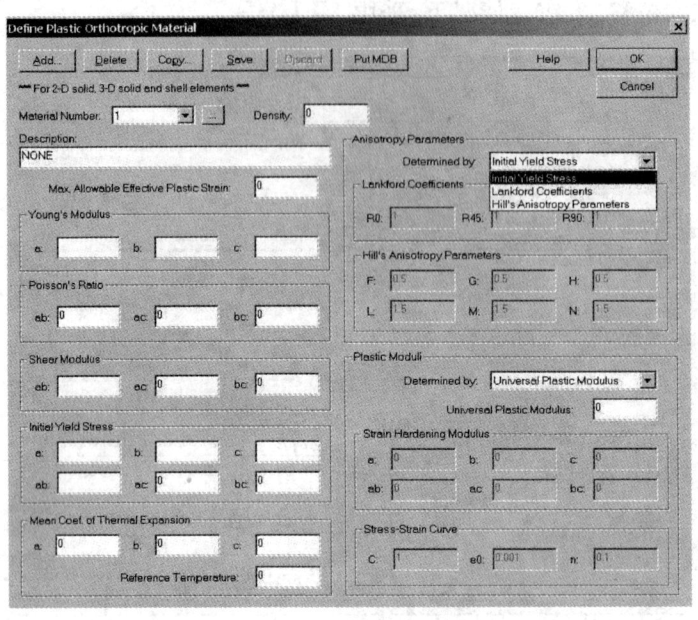

图 4-9　正交各向异性塑性材料

确定塑性模量有三种方式：

- 通用塑性模量方式(缺省)；
- 应变硬化方式，需要输入 a、b、c 和 ab、ac、bc 六个参数；
- 应力应变曲线方式，需要输入 C、e0、n 三个参数。

(5)Ilyushin 塑性

该材料模型遵循 Ilyushin 屈服条件，采用 Ilyushin 函数的相关流动法则，双线性等向硬化条件。仅适用于板单元，不支持大应变。在小位移/小应变情况下，采用材料非线性公式。在大位移/小应变情况下，采用 UL 公式。

所需的输入参数有弹性模量(必须输入)、泊松比、密度、初始屈服应力(必须输入)、切线模量、Ilyushin 系数。

(6)Gurson 塑性

该材料模型适合于断裂和破坏分析，可以通过空洞的生长和愈合来预测延性裂纹的出现和发展。适用于 2D 和 3D 实体单元。在小位移/小应变情况下，采用材料非线性公式。在大位移/小应变情况下，采用 TL 公式。在大位移/大应变情况下，采用 ULH 公式。

Gurson 材料模型的屈服函数表达式参见式(4-11)。

$$\phi = \left(\frac{q}{\sigma_0}\right)^2 + 2q_1 f^* \cosh\left(-\frac{3}{2}\frac{q_2 p}{\sigma_0}\right) - (1 + q_3 f^{*2}) = 0 \tag{4-11}$$

其中，q 是 von Mises 应力，σ_0 是等效屈服拉应力，p 是压力(压为正)，q_1、q_2 和 q_3 是 Tvergaard 常数，f^* 是基于空洞体积率的函数。

所需的输入参数有密度、弹性模量(必须输入)、泊松比、初始屈服应力(必须输入)、平均热膨胀系数、参考温度、3 个 Tvergaard 常数、初始空洞体积率、空洞集结粒子的体积率、临界空洞体积率、破坏空洞体积率等。

3)温度相关材料(Thermo)

温度相关材料的弹性模量、剪切模量、泊松比和热膨胀系数都是温度的分段线性函数,需要输入材料在不同温度下的材料参数曲线,不同温度之间的材料参数由线性插值得到。

(1)各向同性弹性材料(Isotropic):适用于杆、等参梁、壳、管、2D 和 3D 实体单元。在小位移/小应变情况下,采用材料非线性公式。在大位移/小应变情况下,采用 TL 或者 UL 公式。

(2)正交各向异性弹性材料(Orthotropic):适用于壳、2D 和 3D 实体单元。在小位移/小应变情况下,采用材料非线性公式。在大位移/小应变情况下,采用 TL 或者 UL 公式。

(3)塑性材料(Plastic):适用于杆、等参梁、壳、管、2D 和 3D 实体单元。在小位移/小应变情况下,采用材料非线性公式。在大位移/小应变情况下,采用 TL 或者 UL 公式。在大位移/大应变情况(仅适用于 2D 和 3D 实体单元)下,采用 ULH 公式。

4)蠕变材料(Creep)

(1)温度相关弹性蠕变(Thermo-Elastic)

该材料模型是温度相关弹性材料和蠕变材料模型的组合,如图 4-10 所示,除了需要输入线弹性材料的参数(弹性模量、泊松比、密度)外,还需要选择蠕变算法并输入相应的参数,选择蠕变硬化类型和破坏准则。

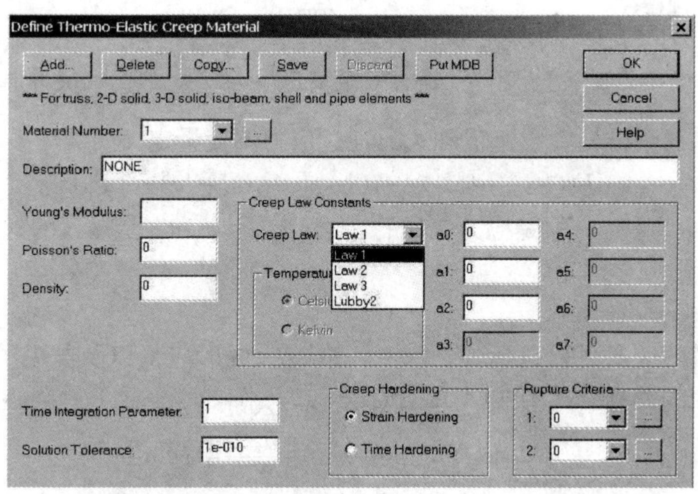

图 4-10　温度相关弹性蠕变材料

蠕变算法 1(幂形式),参见式(4-12)。

$$ {}^{t-C}e = a_0 {}^{t}\sigma^{a_1} t^{a_2} \tag{4-12} $$

其中 a_0、a_1、a_2 是三个需要输入的材料常数。

蠕变算法 2(指数形式),参见式(4-13)。

$$ {}^{t-C}e = F(1-e^{-Rt})+Gt \tag{4-13} $$

其中 $F=a_0 e^{a_1 \cdot {}^{t}\sigma}$,$R=a_2\left(\frac{{}^{t}\sigma}{a_3}\right)^{a_4}$,$G=a_5 e^{a_6 \cdot {}^{t}\sigma}$;$a_0 \sim a_6$ 是 7 个需要输入的材料常数。

蠕变算法 3(8 参数形式),参见式(4-14)。

$$ {}^{t-C}e = S \cdot T \cdot e^{-H} \tag{4-14} $$

其中 $S=a_0\,{}^t\sigma^{a_1}$，$T=t^{a_2}+a_3t^{a_4}+a_5t^{a_6}$，$H=\dfrac{a_7}{{}^t\theta+273.16}$；$a_0\sim a_7$ 是 8 个需要输入的材料常数。

蠕变算法 4(Lubby2 蠕变算法)，参见式(4-15)。

$$\overset{t-C}{e}=\left[\frac{-1}{\overline{G}_K({}^t\overline{\sigma})}\exp\left(-\frac{\overline{G}_K({}^t\overline{\sigma})}{\eta_K({}^t\overline{\sigma})}t\right)+\frac{t}{\eta_M({}^t\overline{\sigma})}+\frac{1}{\overline{G}_K({}^t\overline{\sigma})}\right]{}^t\overline{\sigma} \tag{4-15}$$

其中 $\eta_M({}^t\overline{\sigma})=\eta_M^*e^{m\,{}^t\overline{\sigma}}$，$\overline{G}_K({}^t\overline{\sigma})=\overline{G}_K^*e^{K_1\,{}^t\overline{\sigma}}$，$\eta_K({}^t\overline{\sigma})=\eta_K^*e^{K_2\,{}^t\overline{\sigma}}$；$m$、$k_1$、$k_2$、$\eta_M^*$、$\overline{G}_K^*$、$\eta_K^*$ 是 6 个需要输入的材料常数，对应于对话框中的 $a_0\sim a_5$。应用 Lubby2 蠕变算法进行计算的结果对于 m、k_1 和 k_2 三个参数非常敏感，取值的时候要仔细。

在以上 4 个算法中，$\overset{t-C}{e}$、${}^t\sigma$ 和 ${}^t\theta$ 分别是 t 时刻的有效蠕变应变、有效蠕变应力和温度，温度可以是绝对温度也可以是摄氏温度。前 3 个算法主要用于金属材料，最后一个算法主要用于岩土材料的长期蠕变。

过大的蠕变应变会导致材料破坏，可以通过以下两种方式指定破坏准则：

一种是输入随温度和有效应力变化的单轴蠕变应变破坏包线，这时的破坏准则参见式(4-16)。

$$\overset{t-C}{e}\leqslant\frac{e_{u,r}^C}{TF} \tag{4-16}$$

其中，$e_{u,r}^C$是破坏时的单轴蠕变应变，$\overset{t-C}{e}$ 是有效蠕变应变，$TF=\dfrac{|{}^t\sigma_m|}{{}^t\overline{\sigma}}$(缺省值)是三轴系数。

另一种是输入三个材料参数(α、β 和 $\overline{\sigma}_u$)，通过应力不变量定义的破坏准则如式(4-17)。

$$\alpha J_3({}^t\sigma)+J_1({}^t\sigma)+(1-\alpha-\beta)J_2({}^t\sigma)\leqslant\overline{\sigma}_u \tag{4-17}$$

其中，${}^t\sigma$ 是应力张量，J_1、J_2、J_3 是应力张量的三个不变量，α 和 β 是输入的材料属性，$\overline{\sigma}_u$ 是最大有效应力。

(2)放射蠕变(Irradiation)

放射蠕变材料的应变可以包括弹性应变、热应变、放射应变以及与中子流相关的蠕变应变。放射蠕变应变的计算公式为式(4-18)和式(4-19)。

$$\overset{\phi-c}{e}=[1-\exp(-a_1\phi)]\frac{a_2\,{}^\phi\sigma}{E_0}+M^\phi\sigma\phi \tag{4-18}$$

$$M=a_3\exp(a_4\theta+a_5) \tag{4-19}$$

其中，ϕ 和 θ 分别是 t 时刻的中子流和绝对温度，$a_1\sim a_5$ 是材料常数，E_0 是初始弹性模量。

后继弹性模量取决于中子流和温度，由漂移规则确定。

(3)温度相关弹塑性蠕变(Thermo-Plastic)

该材料模型是温度相关弹塑性材料模型和蠕变材料模型的组合。所需的输入参数可以参考温度相关塑性材料和温度相关弹性蠕变材料。

温度相关弹塑性蠕变材料的应变可以包括弹性应变、热应变、与时间无关的塑性应变和与时间相关的蠕变应变。

(4)温度相关多线性弹塑性蠕变(Multilinear-Plastic)

该材料模型是温度相关多线性弹塑性材料模型和蠕变材料模型的组合。所需的输入参数可以参考温度相关多线性塑性材料和温度相关弹性蠕变材料。

5)变参数蠕变材料(Creep Variable)

变参数蠕变材料模型有 3 种类型：

(1)温度相关弹性蠕变(Thermo-Elastic)；

(2)温度相关弹塑性蠕变(Thermo-Plastic)；

(3)温度相关多线性弹塑性蠕变(Multilinear-Plastic)。

与前面的蠕变材料模型类似，但主要使用蠕变算法 3 和 Lubby2 蠕变算法，而且蠕变算法 3 的所有参数都可以是温度和有效应力的函数，Lubby2 蠕变算法的所有参数都可以是温度的函数(参数 m、k_1 和 k_2 已经考虑了应力效应)。

6)橡胶/泡沫材料(Rubber/Foam)

橡胶/泡沫材料模型包括 Ogden、Mooney-Rivlin、Hyper-Foam 和 Arruda-Boyce 四种，适用于 2D 和 3D 实体单元，支持大位移/大应变，采用 TL 公式。

这四种材料模型可以包含以下材料特性：

- 各向同性超弹性材料特性(必须输入)；
- 黏弹性材料特性(可选，但不能和 Mullins 材料特性同时使用)；
- Mullins 材料特性(可选，但不能和黏弹性材料特性同时使用)；
- 正交各向异性材料特性(可选)；
- 热应变材料特性(可选)。

另外，这四种材料模型可以与温度无关，或者在黏弹性材料中把温度效应和时间效应相互叠加，或者完全依赖于温度。

(1)Ogden 材料模型

Ogden 材料模型适用于完全不可压缩材料，其应变能密度的表达式参见式(4-20)。

$$W_{\mathrm{D}}=\sum_{\mathrm{n}=1}^{9}\left(\frac{\mu_{\mathrm{n}}}{\alpha_{\mathrm{n}}}\left[\lambda_1^{\alpha_{\mathrm{n}}}+\lambda_2^{\alpha_{\mathrm{n}}}+\lambda_3^{\alpha_{\mathrm{n}}}-3\right]\right) \tag{4-20}$$

其中，$\mu_1 \sim \mu_9$，$\alpha_1 \sim \alpha_9$ 是 18 个需要输入的 Ogden 材料常数。当只输入 $\mu_1 \sim \mu_3$，$\alpha_1 \sim \alpha_3$(要求 $\alpha_1 \sim \alpha_3$ 不等于 0)时，上式就成为标准的三项 Ogden 材料公式。

另外，Ogden 材料还需要输入体积模量。

(2)Mooney-Rivlin 材料模型

Mooney-Rivlin 材料模型适用于完全不可压缩材料，其应变能密度的表达式参见式(4-21)。

$$\begin{aligned}W_{\mathrm{D}}= & C_1(I_1-3)+C_2(I_2-3)+C_3(I_1-3)^2+C_4(I_1-3)(I_2-3)+C_5(I_2-3)^2+ \\ & C_6(I_1-3)^3+C_7(I_1-3)^2(I_2-3)+C_8(I_1-3)(I_2-3)^2+C_9(I_2-3)^3+ \\ & D_1(\exp(D_2(I_1-3))-1)\end{aligned} \tag{4-21}$$

其中，$C_1 \sim C_9$，$D_1 \sim D_2$ 是 11 个需要输入的 Mooney-Rivlin 材料常数。当只输入 C_1 时，上式为简单弹性；当只输入 C_1 和 C_2 时，上式为标准的两项 Mooney-Rivlin 方程。$D_1 \sim D_2$ 通常在模拟生物组织结构时采用

另外，Mooney-Rivlin 材料还需要输入体积模量。

(3)Hyper-Foam 材料模型

Hyper-Foam 材料模型一般适用于高可压缩材料，但当其体积模量是剪切模量的 10 倍以上时，材料实际上是几乎不可压缩的。其应变能密度函数包含独立的剪切变形项和体积变形

项，参见式(4-22)。

$$W=\sum_{n=1}^{N}\frac{\mu_n}{\alpha_n}\left[\lambda_1^{\alpha_n}+\lambda_2^{\alpha_n}+\lambda_3^{\alpha_n}-3+(J_3^{-\alpha_n\beta_n}-1)\right] \tag{4-22}$$

其中，N 的最大值为 9，μ_n、α_n、β_n 是需要输入的材料常数，最多为 27 个。缺省时，$\mu_1=1.85$、$\alpha_1=4.5$、$\beta_1=9.2$，$\mu_2=9.2$、$\alpha_2=-4.5$、$\beta_2=9.2$。

(4)Arruda-Boyce 材料模型

Arruda-Boyce 材料模型适用于完全不可压缩材料，其应变能密度的表达式参见式(4-23)。

$$W_D=\mu\sum_{i=1}^{5}\left[\frac{C_i}{\lambda_m^{2i-2}}(I_1^i-3^i)\right] \tag{4-23}$$

其中，$C_1=\frac{1}{2}$，$C_2=\frac{1}{20}$，$C_3=\frac{11}{1\,050}$，$C_4=\frac{19}{7\,050}$，$C_5=\frac{519}{673\,750}$，μ 是初始剪切模量(缺省值为 12.600 8)，λ_m 是锁定伸长比(缺省值为 1)。

另外，Arruda-Boyce 材料还需要输入体积模量(缺省值为 63000)。

7)岩土材料(Geotechnical)

(1)剑桥黏土材料模型(Cam-Clay)

该材料模型是一种压力相关的塑性材料模型，遵循椭圆屈服函数、相关流动法则，破坏由临界状态线控制，并且可以考虑黏土材料的固结行为。适用于 2D 和 3D 实体单元。在小位移/小应变情况下，采用材料非线性公式。在大位移/小应变情况下，采用 TL 公式。在大位移/大应变情况下，采用 ULH 公式。

剑桥黏土材料模型能够模拟黏土材料在正常固结或者超固结状态下的应变硬化和应变软化行为，静水压力作用下的非线性弹性体积应变，以及黏土材料的理想塑性极限状态(体积和有效应力不变，而塑性剪切可以无限增大的一种状态)。

需要输入的参数有弹性模量 E(必须输入)、泊松比、密度、初始屈服面的大小、超固结比、土压力系数。还需要选择初始条件的计算类型(初始应力或者初始刚度)、输入临界状态常数 γ 和 μ、各向等向正常固结的斜率 λ 和卸载—重新加载的斜率 κ。

(2)曲线描述材料模型(Curve-Description)

曲线描述材料使用应力应变增量描述岩土材料，适用于 2D 实体单元(平面应变和轴对称)和 3D 实体单元。在小位移/小应变情况下，采用材料非线性公式。在大位移/小应变情况下，采用 TL 公式。

需要输入的参数有密度和质量密度、法向刚度折减系数和剪切刚度折减系数、体积应变—体积模量—剪切模量曲线。

(3)莫尔—库仑材料模型(Mohr-Coulomb)

该材料模型基于理想塑性莫尔—库仑屈服函数、非相关流动法则和拉伸截止。适用于 2D 和 3D 实体单元。在小位移/小应变情况下，采用材料非线性公式。在大位移/小应变情况下，采用 TL 公式。在大位移/大应变情况下，采用 ULH 公式。

需要输入的参数有弹性模量 E(必须输入)、泊松比、密度、内摩擦角、黏聚力、拉伸截止极限。另外，还需要设定膨胀角选项(膨胀角小于内摩擦角)。

(4)D-P 材料模型(Drucker-Prager)

该材料模型基于理想塑性 D-P 屈服条件，非相关流动法则(使用带帽的 D-P 屈服函数)，拉伸截止和带帽的硬化条件。适用于 2D 和 3D 实体单元。在小位移/小应变情况下，采用材料非线性公式。在大位移/小应变情况下，采用 TL 公式。在大位移/大应变情况下，采用 ULH 公式。

需要输入的参数有弹性模量 E(必须输入)、泊松比、密度、拉伸截止极限、帽的初始位置、帽的比率、屈服函数参数、帽的硬化参数、势函数参数。

8)其他材料(Other)

(1)形状记忆合金材料 SMA(Shape Memory Alloy)

该材料模型用于模拟形状记忆合金材料的超弹性效应和形状记忆效应，比如，由温度或者应力引起的镍钛合金固—固相变(马氏体相变和奥氏体相变)。适用于杆、等参梁、2D 和 3D 实体单元。

(2)垫圈材料(Gasket)

垫圈具有密封效果，可以防止流体渗漏。垫圈材料在厚度方向或者材料主轴方向是一种非线性弹塑性材料。适用于小位移/小应变和大位移/小应变情况下的 2D 和 3D 实体单元。

该材料的抗拉刚度为常数(可以为零)，硬化方式为等向硬化，荷载—变形特性由压力闭合曲线描述。

垫圈材料有两种类型：

➢ 简单类型——忽略了垫圈的面内变形，可以不考虑面内自由度，只考虑厚度方向的刚度；

➢ 完全类型——考虑垫圈的面内变形为弹性。

(3)势流体材料(Potential-based Fluid)

势流体材料用于势流体单元，可用来计算自由液面问题。需要输入的材料参数有体积模量、密度和自由液面体积力基准点的三个坐标值。

(4)黏弹性材料(Viscoelastic)

该材料模型是一种各向同性黏弹性材料，适用于杆、壳、2D 和 3D 实体单元。在小位移/小应变情况下，采用材料非线性公式。在大位移/小应变情况下，采用 TL 公式。在大位移/大应变情况下(仅适用于 2D 和 3D 实体单元)，采用 ULH 公式。

(5)混凝土材料(Concrete)

混凝土材料模型是一种非常复杂的非线性材料模型，主要用于混凝土材料，也可以用于岩石材料。适用于 2D 和 3D 实体单元。在小位移/小应变情况下，采用材料非线性公式。在大位移/小应变情况下，采用 TL 公式。

该材料模型有三方面的特性：

➢ 应力—应变关系为非线性，允许材料考虑应变软化；

➢ 由破坏包线定义开裂和压碎；

➢ 能够模拟材料开裂和压碎后的行为。

(6)用户自定义材料(User-Supplied)

用户自定义材料适用于 2D 和 3D 实体单元，用户可以构造任何类型的材料模型，把本构算法插入到 ADINA 软件提供的相应子程序 CUSER2(用于 2D 实体单元)和 CUSER3(用于 3D 实体单元)中，重新编译生成相应的动态连接库即可。

在小位移/小应变情况下，采用材料非线性公式。在大位移/小应变情况下，采用 TL 公式。在大位移/大应变情况下(仅适用于 2D 和 3D 实体单元),采用 ULH 公式。

4.1.3 ADINA-Thermal 材料模型

ADINA 软件提供了大量用于热分析的材料模型,如图 4-11 所示。

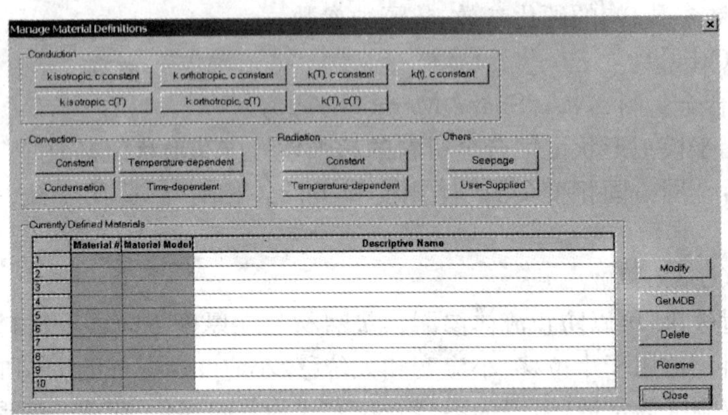

图 4-11 热分析材料模型

1)热传导(Conduction)

热传导本构由热传导率 k 和比热容 C(在这里是按单位体积输入比热容,而不是单位质量)确定,适用于热传导单元,可同时考虑焦耳热。有以下 7 种模型。

(1)各向同性,热传导率为常数,比热容为常数。

(2)各向同性,热传导率为常数,比热容与温度相关。

(3)正交各向异性,三个方向的热传导率均为常数,比热容为常数。

(4)正交各向异性,三个方向的热传导率为常数或者与温度相关,比热容与温度相关。

(5)各向同性,热传导率与温度相关,比热容为常数。

(6)各向同性,热传导率和比热容都与温度相关。

(7)各向同性,热传导率与时间相关,比热容为常数。

2)热对流(Convection)

热对流材料适用于表面热对流单元,有以下 4 种模型。

(1)对流系数为常数。

(2)考虑凝结现象。需要输入凝结现象发生的温度条件和压力条件,饱和蒸汽的参数,不同时间和不同压力下的凝结系数和对流系数。

(3)对流系数与温度相关。对流系数是温度的函数或者表面温度以及环境温度的函数,需要输入对流系数随温度变化的曲线。

(4)对流系数与时间相关。需要输入对流系数随时间变化的曲线。

3)热辐射(Radiation)

热辐射材料适用于表面热辐射单元,有以下 2 种模型。

(1)定常辐射

需要输入辐射系数,指定温度单位,并输入 Stefan-Boltzmann 常数。

(2)与温度相关的辐射

需要指定温度单位，输入 Stefan-Boltzmann 常数，并输入辐射系数随温度变化的曲线。

4)其他(Other)

(1)渗流(Seepage)材料

顾名思义，渗流材料模型用于渗流分析，并不是热分析，但由于两者的算法表达形式相同，因此归类到这里。渗流材料需要输入的材料参数为渗透率和重度。

(2)用户自定义材料

用户自定义材料适用于 2D 和 3D 热传导单元，热传导壳单元和表面热对流单元。用户需要通过修改 ADINA 软件提供的相应子程序 TUSER2(用于 2D 热传导单元，材料参数与温度相关，非各向同性传导矩阵)，TUSR3T(用于 3D 热传导单元，材料参数与温度相关，非各向同性传导矩阵)，TUSRT7(用于热传导壳单元，材料参数与温度相关，非各向同性传导矩阵)和 TUSERH(用于热对流单元，材料参数与温度相关)来实现自定义材料。

4.1.4　ADINA-CFD 材料模型

如图 4-12 所示，ADINA 软件提供了丰富的流体材料模型。

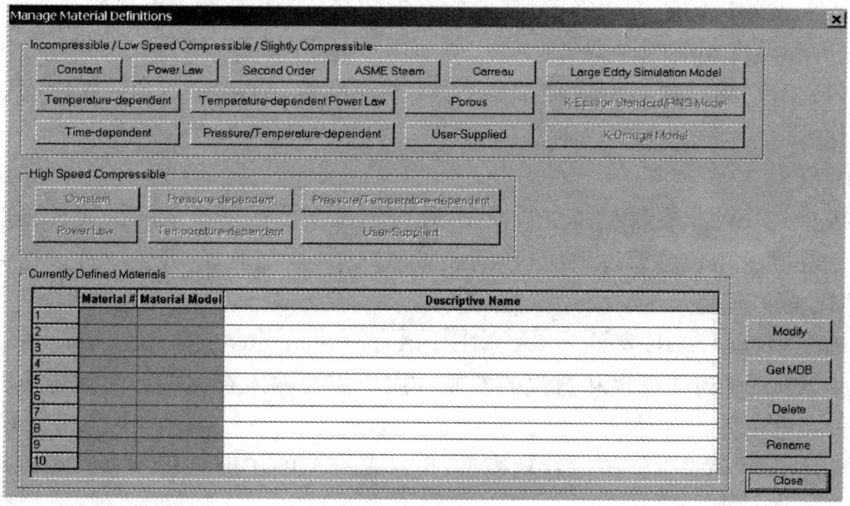

图 4-12　流体材料模型

1)不可压缩/低速可压缩/轻微可压缩流体材料

这三类材料都可以用于流构耦合问题和质量传递问题，还可以通过附加单元组的方式模拟多孔介质。对于低速可压缩流体材料，必须包含温度参数。对于不可压缩和轻微可压缩流体材料，可以同时考虑热传递。

(1)材料参数为常数

该材料模型最简单也最常用，需要输入的材料参数有黏度 μ、等压比热 C_p、密度 ρ、重力加速度 g、热传导率 k、热膨胀系数 β、参考温度 θ_0、单位体积的热生成率 q^B、表面张力系数 σ、体积模量 κ 和等容比热 C_v。除了体积模量的缺省值为 1e20 外，其余的缺省值为 0。

对于不可压缩流体，不需要输入体积模量和等容比热，这时，程序假设体积模量为无穷大，并强迫 $C_v=C_p$。如果不考虑热传递，就可以忽略参数 k、C_p、q^B、β 和 θ_0。

对于轻微可压缩流体，强迫 $C_v = C_p$，因此不再需要输入 C_v。在不考虑热传递的情况下，可以忽略参数 k、C_p、q^B、β 和 θ_0。

对于低速可压缩流体，流体密度由与温度和压力相关的状态方程计算，因此不需要输入体积模量和密度。其他所有参数都必须输入。

(2)材料参数与温度相关

该材料模型的参数与(1)相同，其中的 μ、C_p、C_v、k、q^B、β、σ、κ 随温度变化，仅适用于包含热传递的问题。

(3)材料参数与时间相关

该材料模型的参数与(1)相同，但其中的 μ、C_p、C_v、k、q^B、β、σ、κ 随时间变化。

(4)幂模型

该材料模型是一种典型的非牛顿流体材料模型，黏度 μ 由幂方程确定，其他所有参数与(1)相同。

(5)与温度相关的幂模型

该材料模型是一种非牛顿流体材料模型，是幂模型的扩展，仅适用于包含热传递的问题。黏度 μ 由包含温度效应的幂方程确定，其他所有参数与(1)相同。

(6)与压力和温度相关的模型

与模型(1)相比，该材料模型增加了参考压力 p_0 参数，而且 μ、C_p、C_v、k、q^B、β、σ、κ、ρ 随压力和温度变化。

(7)二阶模型

该材料模型是一种非牛顿流体材料模型，是与温度相关的幂模型的扩展，仅适用于包含热传递的问题。黏度 μ 由包含温度效应(包括二阶项)的幂方程确定，其他所有参数与(1)相同。

(8)ASME 蒸汽模型

该材料模型根据 ASME 蒸汽表(ASME International Steam Tables for Industrial Use, ASME Press, 2000)自动计算水和蒸汽的性质。用户需要输入有关的参数和转换因子。

(9)Carreau 模型

该材料模型是一种非牛顿流体材料模型，也是幂模型的扩展。

(10)多孔介质

除了与模型(1)相同的参数外，该材料模型还需要输入固体密度 ρ_s、固体等压比热 C_{ps}、固体热传导率 k_s、孔隙率 ϕ、渗透率 κ。

(11)大涡模拟(Large-Eddy-Simulation)模型

该材料模型是一种零阶湍流模型，但不包含类似于 $k-\varepsilon$ 模型的附加求解变量，仍然被当作层流来处理。

(12)$k-\varepsilon$ 湍流模型

除了与模型(1)相同的参数外，该材料模型还需要输入多个参数(都有缺省值)。

(13)$k-\omega$ 湍流模型

除了与模型(1)相同的参数外，该材料模型还需要输入多个参数(都有缺省值)。

(14)SA 模型

Spalart-Allmaras 模型，除了与模型(1)相同的参数外，该材料模型还需要输入多个参数

（都有缺省值）。

(15)用户自定义材料模型

需要用 Fortran 语言编写用户子程序，通过参数传递所有所需的数据。传入子程序的数据包括点的坐标、时间、单元组、单元标号、求解变量等，从子程序返回的数据与模型(1)相同。

2)高速可压缩流体材料

这类材料可以用于流构耦合问题和质量传递问题，并包含湍流选项。

(1)材料参数为常数

该材料模型最简单也最常用，需要输入的材料参数有黏度 μ、黏度比 μ_2^*、等压比热 C_p、等容比热 C_v、热传导率 k、单位体积的热生成率 q^B。

(2)幂模型

该材料模型的黏度和热传导率由 Southerland 公式确定，要输入的材料参数有黏度 μ_0、黏度比 μ_2^*、参考温度 θ_μ 和 θ_k、温度常数 S_μ 和 S_k、指数 m_μ 和 m_k、等压比热 C_p、等容比热 C_v、热传导率 k_0、单位体积的热生成率 q^B。

(3)材料参数与压力相关

该材料模型的参数与幂模型相同，但 μ_0、C_p、C_v、k_0、q^B 随压力变化。

(4)材料参数与温度相关

该材料模型的参数与幂模型相同，但 μ_0、C_p、C_v、k_0、q^B 随温度变化。

(5)材料参数与压力和温度相关

该材料模型的参数与幂模型相同，但 μ_0、C_p、C_v、k_0、q^B 随压力和温度变化。

(6)用户自定义

需要用户自己编写子程序，把当前压力和温度作为参数传入子程序，返回参数为 μ、k、q^B、f、$\frac{\partial f}{\partial p}$、$\frac{\partial f}{\partial \theta}$，其中 f 是 C_p 和 C_v 的函数。

4.2　单元和单元组

在 ADINA 软件中，单元的重要特点是单元算法与材料本构相互独立，因此选择单元的主要依据为模型的几何形态及其具备的功能，对用户来说单元的使用简单明了。单元分为若干大的类型，如梁、杆、壳等，每一类都包括低阶和高阶单元，并可能有不同的算法。对于 2D 单元，ADINA 软件要求单元必须位于 YZ 平面内，如果是轴对称模型，则 Z 轴为对称轴，且位于＋Y 平面。

单元组是 ADINA 软件中的一个重要概念，无论是直接建立单元，还是由几何模型划分有限元网格，都必须先定义单元组。单元组就像一个容器，每个单元组中所容纳的单元具有相同的单元类型、材料类型（由给定材料号确定）、位移插值公式、积分阶次和其他控制信息。

4.2.1　单元类型

ADINA Structure 模块支持下列单元类型(12 大类)：杆(truss)单元、2-D 实体(2-D solid)单元、3-D 实体(3-D solid)单元、梁(beam)单元、等参梁(iso-beam)单元、板(plate)单元、壳(shell)单元、管(pipe)单元、弹簧(spring)单元、通用(general)单元、2-D 势流体(2-D potential-based fluid)单元、3-D 势流体(3-D potential-based fluid)单元。

ADINA-Thermal 模块支持下列单元类型:1-D 热传导(1-D conduction)单元、2-D 热传导(2-D conduction)单元、3-D 热传导(3-D conduction)单元、壳(shell)单元、边界对流(boundary convection)单元、边界辐射(boundary radiation)单元。

ADINA-CFD 模块支持下列单元类型:2-D 流体单元(2-D fluid)、3-D 流体单元(3-D fluid)。

以下仅详细说明结构模块的部分单元类型。

4.2.2 定义单元组

命令:EGROUP<type>

菜单:【Meshing】>【Element Groups...】

图标:

在定义单元组对话框中,点击【Add】按钮,程序自动赋予新的单元组标号。然后选择单元类型,再根据不同单元类型设置相应的参数。以下对 4 种最常用的单元组进行介绍,其他单元组可以参考 ADINA 软件的联机文档。

1)杆单元组

- 杆单元的单元坐标系为 r,从节点 1 指向节点 2,不需要单元坐标系辅助节点。
- 只能承受轴向载荷,不需要定义截面形状,但必须在【Model】>【Geometry Attribute】或【Meshing】>【Element Data】中输入横截面面积。如果有初始应变,也在此输入(一般为求解方便,可输入接近零的初始应变值)。
- 适用于小位移或大位移问题。
- 2-node 单元通常可以用于模拟桁架结构、索结构、线性弹簧、非线性间隙单元。
- 3 或 4-node 高阶单元用于模拟索、锚杆、钢筋混凝土结构中的钢筋,即 Rebar。

定义杆单元组的对话框如图 4-13 所示。

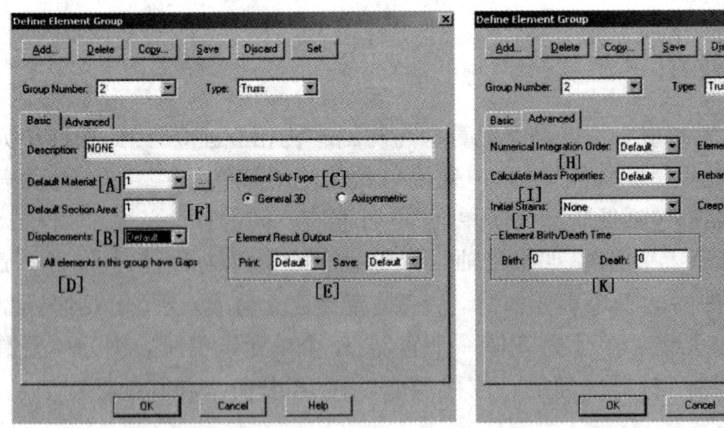

图 4-13 定义杆单元组

[A]:材料标号。

[B]:几何非线性定义,有 Default, Large, Small 三个选项。选择 Default 时,此单元组单元算法采用【Control】>【Analysis Assumption】>【Kenamatic】>【Displacement】中定义;选择 Large 时,采用几何非线性算法;选择 Small 时,采用小变形小应变算法。

[C]：单元子类型。可以是 3D 单元，此时节点数为 2～4；如果是轴对称模型，其节点数为 1，即环(Ring)单元。

[D]：用于模拟间隙单元。

[E]：单元结果的输出控制。

[F]：截面面积。

[H]：积分阶次。

[I]：计算质量特性。选择【Yes】可计算单元组所有单元的质量和质心坐标；选择【Default】则是否计算确决于【Control】>【Miscellaneous Options】中的相应定义。

[J]：初始应变输入，有 None、Nodal Strain Only、Element Strain Only、Nodal/Element Strains4 个选项。

[K]：设定单元生死时间。

[L]：如果选择【Use as Rebars】，则必须在 Rebar Lable 中定义组成钢筋的所有线，Rebar 单元在生成 2D 或 3D 实体单元时自动生成。

[M]：蠕变分析。当考虑模型经历一段时间蠕变变形后再受其他载荷的分析中使用，要输入蠕变发生的时间。

2)2D 实体单元组

➢ 2D 实体单元适用于小位移/小应变、大位移/大应变、大位移/小应变，即适合各种几何非线性分析。

➢ 轴对称情况下，刚度是整体结构单位弧度的刚度，因此，集中荷载也必须是单位弧度所分配的荷载大小。

➢ 一般 9 节点单元求解精度最高，但是使用显式动力算法分析应力波传播时推荐使用 4 节点单元。

➢ u/p 混合单元算法(位移—压力单元方程)应用于几乎不可压缩材料(橡胶材料)以及弹塑性材料分析中可能出现剪切锁定和体积锁定的情况，应使用 9 节点单元或 4 节点单元。注意：当选择了橡胶材料时，AUI 自动选择混合内插公式，而对于弹塑性材料，用户需要自己选择。

➢ 当弯曲效应显著时，最好采用多点积分单元，不要使用 3-node 三角形单元。

定义二维实体单元组的对话框如图 4-14 所示。

[A]：单元子类型，包括轴对称、平面应力、平面应变、3D 平面应力、广义平面应变。3D 平面应力一般用于从 2D 网格通过扫掠或旋转方式生成 3D 网格时的初始网格。

[B]：单元选项，包括多孔介质(Porous Media)、用户自定义(User-Coded)材料、简单垫片材料(Simple gasket)、通用垫片材料(General Gasket)。只有当模型中的单元选项设置为多孔介质时，才能在【Model】>【Materials】>【Porous Property】中设置其参数。

[C]：广义平面应变的参考点，可以是几何点或节点。

[D]：几何非线性，参见杆单元的解释。

[E]：插值算法，有 Default、Displacement、Mixed、Set Pressure Explicit4 种。如果采用 Default，则当定义橡胶材料时，自动设置为 Mixed(U/P 混合插值算法)，否则为 Displacement 算法；当塑性分析中存在体积锁定和剪切锁定时，用户需要指定其为 Mixed 算法；Set Pressure Explicit 是 Mixed 一种简化形式，对压力自由度显式求解，计算更快。

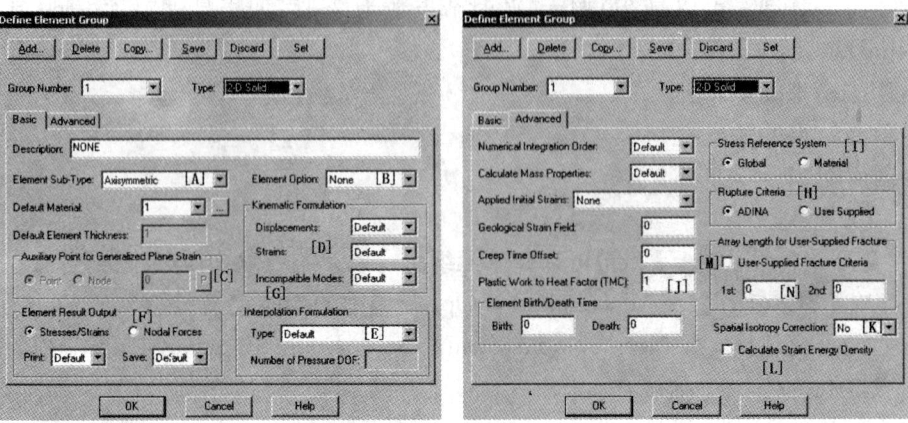

图 4-14　定义 2D 实体单元组

[F]:单元结果输出。一般以应力/应变(Stress/strain)方式输出结果,特殊问题中需要单元节点力(Nodal Force)输出计算结果。

[G]:非协调模式选项。

[H]:破坏准则,可以是 ADINA 已有的准则或用户自定义准则。

[I]:应力结果坐标系。应力结果最初在单元坐标系获得,可以映射到总体坐标系或材料坐标系下。一般各向异性材料应力结果才需要转换到材料坐标系。

[K]:开关,退化单元是否采用空间各向同性算法。

[L]:开关,是否计算应变能。

[M]:开关,是否使用用户自定义准则。

[J]:塑性功转化成热的系数,一般为 0.95～1。

[N]:用户自定义断裂准则,输入所需参数。

三维实体(3D-solid)单元的定义与二维实体单元类似。

3)梁单元组

➢ 具有等截面的二节点的哈密顿直梁。

➢ 网格划分需要指定辅助节点确定单元 R、S、T 坐标系。

➢ 结构性能通过输入梁截面和材料来描述或弯矩—曲率输入曲线描述。

➢ 可定义端点自由度松弛和刚性端。

➢ 适用于小位移、大位移、小应变分析。

➢ 所有截面类型均适用于弹性梁单元,但只有矩形截面、圆截面梁可以用于非线性弹塑性梁。

定义梁单元组的对话框如图 4-15 所示。

[A]:刚度选项,两种方式:

➢ 通过材料和梁截面特性计算其刚度,此时要输入材料标号并在【Model】>【Geometry Attribute】中定义 Cross Section,之后指定给相应的几何尺寸;

➢ 使用非线性弯矩—曲率梁算法,此时要在【Model】>【Materials】>【Beam Rigidity】中定义弯矩曲率梁的性能曲线。

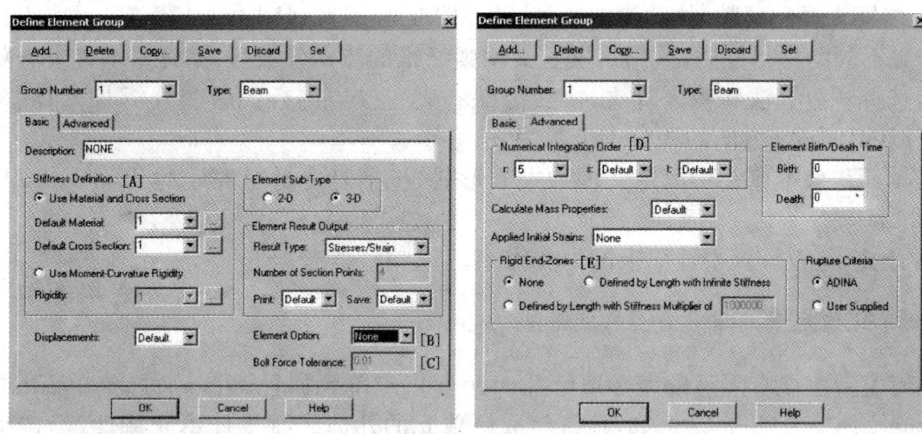

图 4-15　定义梁单元组

[B]:单元选项,有预紧螺栓(Bolt)和 Tied 两个选项。如果选择了【Bolt】,就需要在 Element Data 或 Geometry Attribute 中输入预紧力大小。

[C]:螺栓预紧力计算公差,一般采用缺省值。

[D]:积分阶次(积分点个数),R、S、T 为梁单元坐标系,一般采用缺省设置。

[E]:刚性端。一般选择【Defined by Length with Infinite Stiffness】方式。刚性端一般定义在梁和梁的相连接位置,相邻两个单元共用一个节点,必须对两个单元在共用节点处指定刚性端属性。也可在【Meshing】>【Element Data】中指定。

4)壳单元组

➢ 壳单元适用于小位移/小应变,大位移/小应变,大位移/大应变问题。但是只有双线性塑性、多线性塑性、各交异性塑性材料模型可以考虑大位移/大应变。

➢ 分析壳最有效的单元为 4-node 壳单元,即 MITC4 shell,具有最好的算法和精度,可以用于分析薄壳、厚壳、多层壳(通常是复合材料)结构。

定义壳单元组的对话框如图 4-16 所示。

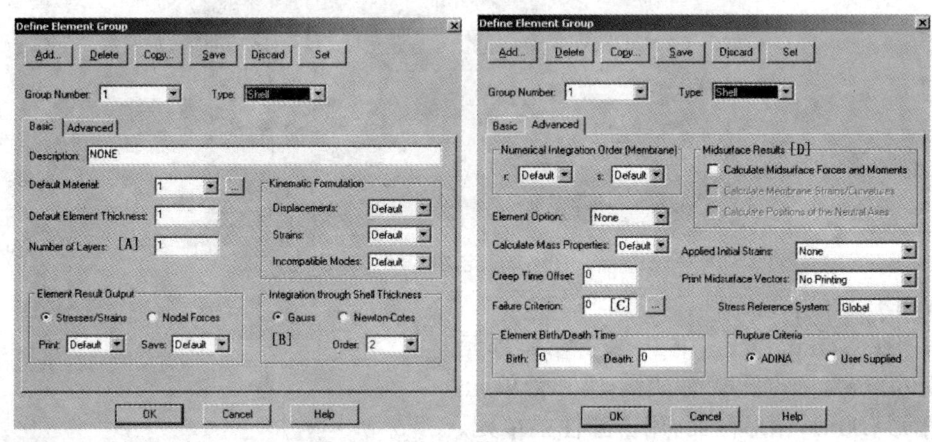

图 4-16　定义壳单元组

[A]:多层材料的层数,如防弹玻璃等,并在【Meshing】＞【Element】＞【Element Layer】中给每层定义不同的材料性质,或给每层定义增强纤维的体积分数等,如纤维增强复合材料。

[B]:选择积分算法和积分阶次,一般为缺省设置。当进行大应变分析时,如汽车碰撞和板成形模拟中,厚度 t 方向的积分点个数为 3～5 个。

[C]:单元失效准则。可以定义多种失效形式,包括复合材料失效的 Tsai-Hill、Tsai-Wu、Tsai-Hashin 等。

[D]:开关,是否计算中性面上的力和力矩。

4.2.3 几何元素的单元属性

由几何模型建立有限元模型必须给几何元素指定单元属性,可以通过菜单 Model＞Element Properties＞... 进行。例如,给待生成杆单元的几何线赋予杆单元特性,给待生成壳单元的几何面赋予壳单元特性,给待生成 3D 实体单元的几何实体赋予 3D 实体单元特性等。可赋予几何元素的典型单元特性有杆单元横截面面积、材料标号、数据打印和存储选项、单元生死时刻等。大多数特性都有缺省值,用户不必专门输入,除非想修改缺省值。从 ADINA 8.3 版开始,可以更方便地通过指定单元组标号把所有属性赋予几何元素。

下面专门说明一下梁、等参梁和管单元的横截面属性(图 4-17)。

命令:CROSS-SECTION＜type＞

菜单:【Model】＞【Element Properties】＞【Cross-Sections...】

图标:

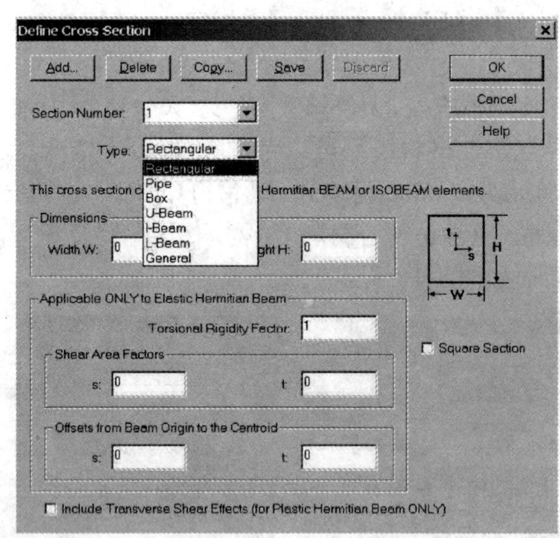

图 4-17 定义横截面

横截面类型有下列几种:

- 矩形(Rectangular),用于梁、等参梁单元。
- 管(Pipe),中空圆截面,用于梁和管单元。
- 箱形(Box),箱形截面,用于弹性梁单元。
- U 形梁,U-截面,用于弹性梁单元。
- I 形梁,I-截面(工字梁),用于弹性梁单元。

➢ L 形梁,L-截面,用于弹性梁单元。

➢ 通用截面(Properties),要求输入主惯性矩和抗剪面积等,用于弹性梁单元。

4.3 边界条件

ADINA 结构分析的边界条件分为三种类型:

➢ 自由度边界条件,最常见的一种边界条件,控制节点的任意自由度状态为固定(Fixed)或自由(Free)。

➢ 约束方程类边界条件,包括约束方程和刚性连接(Rigid Link),用来定义主自由度与从自由度的相关性。

➢ 特殊边界条件,包括梁单元端点自由度松弛和刚性区、流构耦合 FSI 边界、势流体边界、表面张力。

定义任何边界条件后,可用图标显示和隐藏边界条件。

4.3.1 自由度边界条件

1)定义固定约束

命令:FIXITY

菜单:【Model】>【Boundary Conditions】>【Define Fixity...】

图标:

首先每个固定约束都必须指定一个名字,而不是标号,该名字由至多 30 个字符组成。然后在图 4-18 所示的对话框中选择要约束的自由度即可。缺省定义的两个边界条件名字为全自由(None)和全约束(ALL)。

2)施加固定约束

命令:FIXBOUNDARY<geometry type>

菜单:【Model】>【Boundary Conditions】>【Apply Fixity...】

图标:

固定约束可以施加在几何元素上(图 4-19)和节点上。

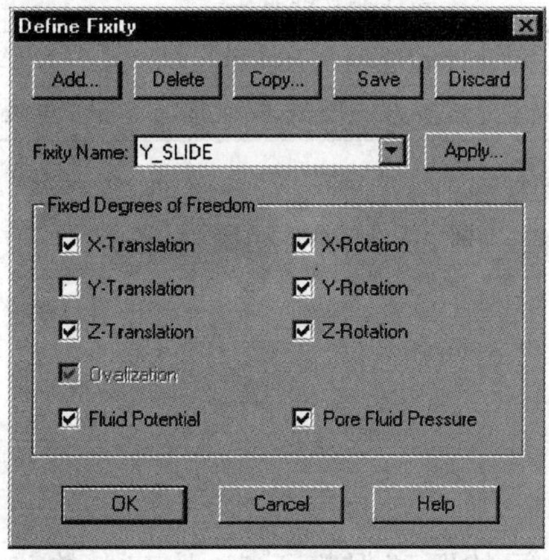

图 4-18 定义固定约束

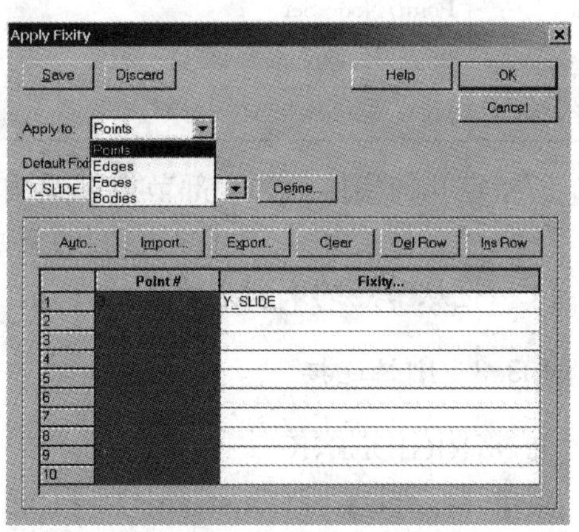

图 4-19 施加固定约束

建议把各种物理条件施加在几何元素上，如约束、约束方程、载荷、接触等等，这样往往使物理条件的定义简单明了，同时不受单元网格的影响。也可直接将其定义在节点和单元上，此时删除或修改网格时，物理条件定义随之消失。

4.3.2 约束方程(图 4-20)

命令：CONSTRAINT

菜单：【Model】>【Constrains】>【Constraint Equations...】

约束方程把从自由度表示为主自由度集合的线性组合，用来建立主自由度(Master)与从自由度(Slave)之间的相关性。对同一从自由度，如果输入了几个约束方程，那么将只使用标号最大的约束方程。

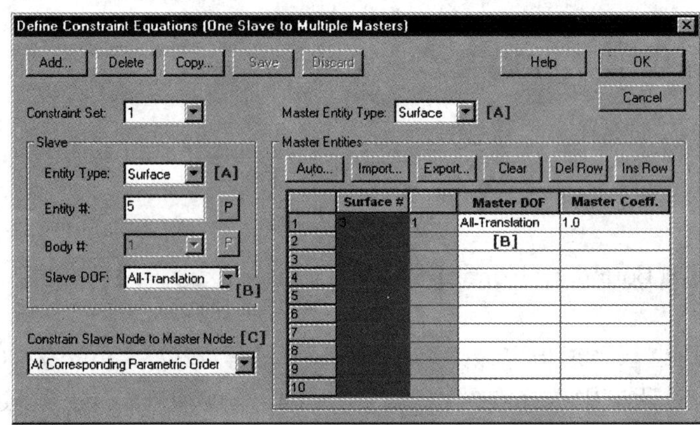

图 4-20 定义约束方程

[A]：主自由度和从自由度的实体类型，如表 4-1 所示：

主自由度和从自由度的实体类型 表 4-1

从自由度实体类型	主自由度实体类型	从自由度实体类型	主自由度实体类型
Point	Point/Node-Set	Edge	Point/Edge/Node-Set
Line	Point/Line/Node-Set	Face	Point/Face/Node-Set
Surface	Point/Surface/Node-Set	Node-Set	Point/Line/Surface/Edge/Face/Node-Set

所指定几何实体上的全部节点都遵循相同的约束方程。

[B]：主自由度和从自由度，它们的自由度类型必须一致，比如同为结构自由度。

[C]：把从节点约束到主节点的方式。

4.3.3 刚性连接

命令：RIGIDLINK

菜单：【Model】>【Constrains】>【Rigid Links...】

刚性连接与约束方程类似，从节点和主节点之间的距离保持不变，从节点的转动与主节点一致。对同一从自由度，如果输入了几个刚性连接，那么将只使用标号最大的刚性连接。

定义刚性连接的对话框如图 4-21 所示，定义时还需要注意以下几点：

- 刚性连接只能用于主结构中的节点，不能用于子结构中的节点。
- 主节点的位移自由度必须是独立的。
- 对含有刚性连接关系的节点施加固定约束时，不能妨碍刚性连接关系。
- 对从节点和主节点可以使用不同的斜坐标系。
- 刚性连接不约束管翘曲自由度和势流体自由度。

4.3.4　梁的端点自由度松弛

命令：ENDRELEASE

菜单：【Model】>【Boundary Conditions】>【End Release...】

此功能松弛梁单元某个端节点（Node1 或 Node2）的弯矩和（或）轴力，即在此节点不向相邻单元传递弯矩和（或）轴力。一般只松弛弯矩，用来模拟铰。

定义节点松弛同时要在梁单元的 Element Nodes 列表中查看要松弛的节点是 Node1 还是 Node2。然后在图 4-22 所示的对话框中指定该节点所要松弛的自由度。

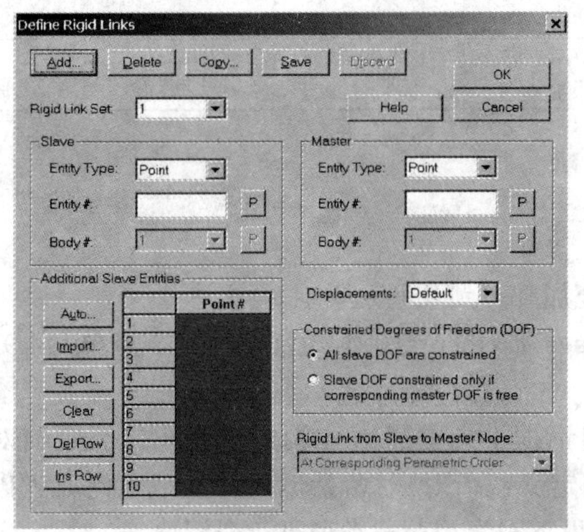

图 4-21　定义刚性连接

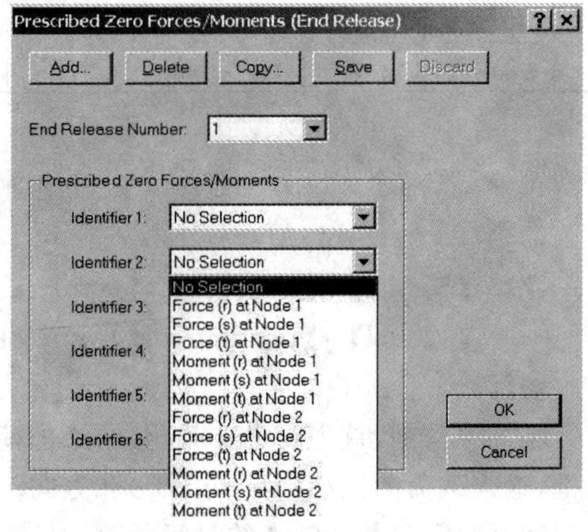

图 4-22　定义端点自由度松弛

4.4　荷载

载荷可以分为标量载荷和矢量载荷，矢量载荷具有方向性，不但要定义大小，而且需要确定其方向，如集中力（force）。

荷载可以施加在几何元素上，也可以施加在节点和单元上。施加在几何元素上的载荷不受网格划分的影响。施加分布载荷时，用户可以选择使用空间函数，用来描述载荷随几何体的空间不均匀分布特征。施加载荷后，可以用图标显示或隐藏载荷。

4.4.1　荷载类型与施加对象

ADINA 中的荷载类型与施加对象的对应关系如表 4-2 所示。

荷载类型与施加对象 表 4-2

荷 载 类 型	点 point	线 line	面 surface	体 volume	边 edge	面 face	体 body	模型	节点	单元
Force	√	√	√		√	√			√	
Moment	√								√	
Pressure		√	√		√	√				√
Distributed Line Load		√			√					
Centrifugal								√		
Mass Proportional								√		
Displacement	√	√	√	√	√	√	√		√	
Temperature	√	√	√	√	√	√	√		√	
Temperature Gradient	√	√	√		√	√			√	
Pipe-Internal Pressure	√	√			√				√	
Electromagnetic		√			√					
Pore Flow		√	√		√	√				√
Pore Pressure	√	√	√	√	√	√	√		√	
Distributed Fluid Potential Flux		√	√		√	√				√
Concentrated Fluid Potential Flux	√	√	√	√	√	√	√		√	

4.4.2 定义与施加荷载

命令:APPLY-LOAD

菜单:【Model】>【Loading】>【Apply...】(施加载荷到几何元素上)

【Model】>【Loading】>【Apply on Nodes/Elements...】(施加载荷到节点单元上)

图标:

施加载荷前,首先要定义载荷,在施加荷载对话框上点击【Define】按钮,弹出定义载荷对话框,输入载荷的大小(Magnitude)和方向。关闭定义载荷对话框,然后选择加载几何元素以及时间函数等参数。缺省的时间函数标号为1。以下对常用荷载类型进行介绍。

(1)集中力(Force)(图 4-23)

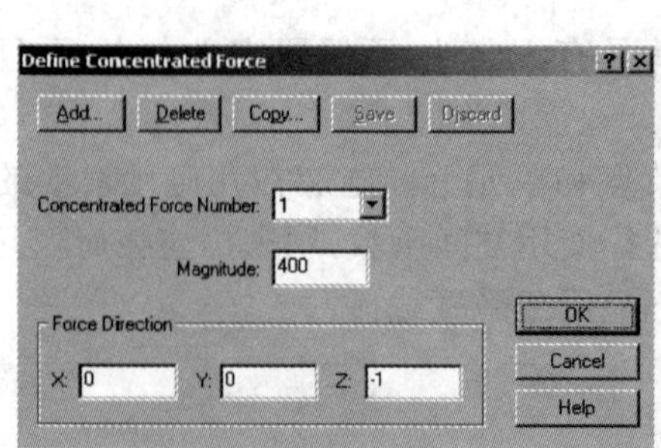

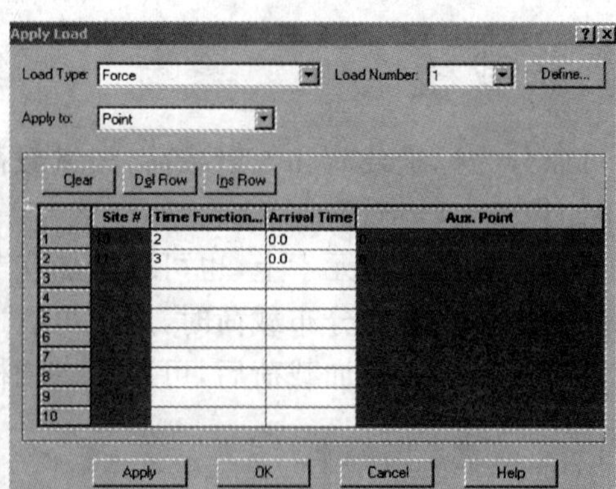

图 4-23 定义并施加集中力

在输入加载对象时，可选择是否输入辅助点重新定义集中力的方向。

(2)力矩(Moment)

需要同时定义力矩大小和转轴，力矩只能施加在点和节点上。

(3)位移(Displacement)

位移载荷可以施加在任何几何元素和节点上。

(4)压力(Pressure)(图 4-24)

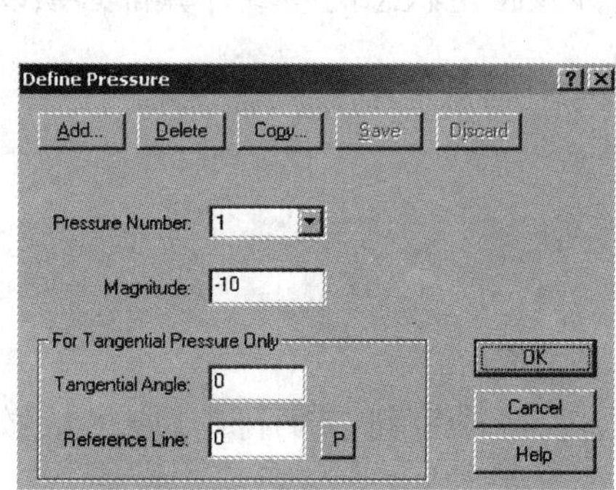

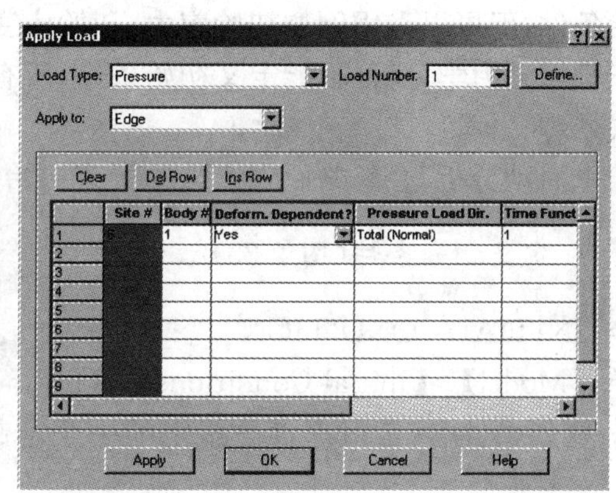

图 4-24　定义并施加压力

压力的缺省方向保持与几何元素或单元的边界法向一致；用户可以在输入加载对象时重新指定压力方向，即沿某坐标轴或切线压力。如果是大变形分析，可以让压力跟随网格的变形进行调整(跟随压力)，即设置 Deformable Dependent 项为 Yes。如果计算过程中模型局部单元失效，新构成的表面可自动加载压力。

(5)分布线荷载(Distributed Line Load)

分布线荷载只能是线压力载荷，而且必须在输入加载对象时指定辅助定位点。

(6)离心力(Centrifugal)

与质量分布相关的离心力载荷只能施加到整个模型上，因此不需要指定加载对象，在定义时，要指定旋转轴和角速度大小。

(7)质量比例载荷(Mass Propotional)

用来模拟重力加速度或地基加速度产生的惯性力荷载，载荷施加在整个模型上，不需指定加载对象。

如果对于重力载荷，时间函数应为恒定值；而当载荷为地基加速度时，时间函数一定是变化的，如地震分析中输入的地震加速度时程曲线。

4.5　初始条件

ADINA 软件中可以施加的初始条件有：

- 温度和温度梯度；
- 位移、速度和加速度；

➢ 管的椭圆度和翘曲；

➢ 管的内压；

➢ 应变或应力。

对于时域瞬态动力分析，必须指定必要的初始条件才能求解；常用的初始条件与运动相关，如初始速度。

对于静力问题，求解同样需要初始条件。但由于过程在伪时间内进行，几乎不采用运动相关的初始条件，但可以采用例如初始应力、初始应变等条件。

对于频域动力学分析，不能定义初始条件；所有涉及特定状态的频域计算都必须以预应力模态方式处理。

对于重启动分析，会忽略原先定义的所有初始条件。

4.5.1　定义初始条件(图 4-25)

命令：INITIAL-CONDITION

菜单：【Model】＞【Initial Conditions】＞【Define...】

[A]：初始条件名，是用户自己指定的一个不超过 30 个字符的字符串，应尽量做到见名知意。

[B]：变量名，可以在此处点击，从下拉变量列表中选择。

[C]：初始应变的解释方式，有初始应变、初始应力和引起变形的初始应力三种。为了激活初始应变或应力，还需要在定义单元组的时候指定“Applied Initial Strains”选项。

4.5.2　施加初始条件(图 4-26)

命令：SET-INITCONDITION＜geometric entity type＞

菜单：【Model】＞【Initial Conditions】＞【Apply...】

施加初始条件之前必须先定义初始条件，初始条件施加以后不能被删除。

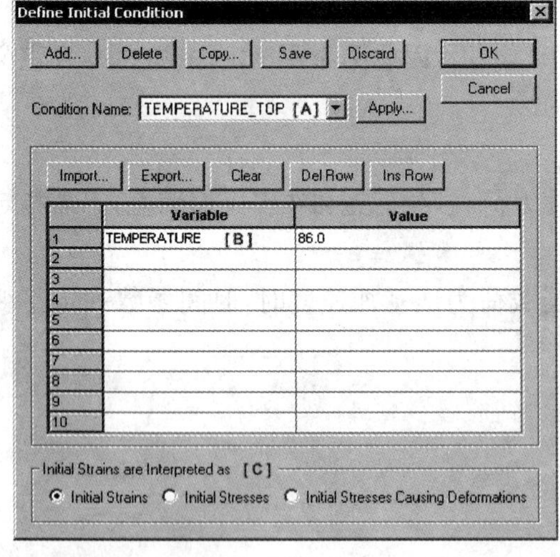

图 4-25　定义初始条件

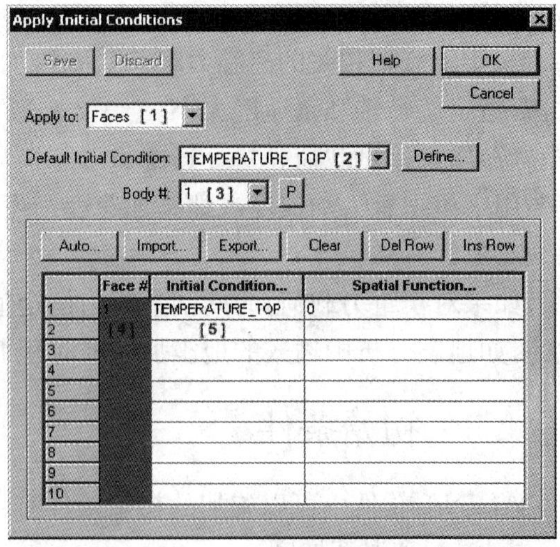

图 4-26　施加初始条件

施加初始条件的步骤：

[1]：选择施加初始条件的几何实体类型。

[2]：选择缺省的初始条件，但可以在[5]中给不同的几何实体赋予不同的初始条件。

[3]：如果在[1]中选择了 Edges 或 Faces，就必须在[3]中指定 Body 标号。

[4]：指定具体的几何实体，直接输入实体标号或者通过鼠标拾取均可。

[5]：如果不在此处指定，就自动使用缺省的初始条件，也可以在此处指定不同的初始条件。

4.6　接触

对于静力分析和隐式动力分析，有三种接触类型。

1)节段接触

节段接触是缺省的接触类型，适用于大多数分析。可以包括：

- 自接触，接触面同时可作为目标面；
- 弹性面之间的接触；
- 刚性目标面和弹性接触面之间的接触。

2)点对点接触

这种接触类型用得比较少，只有在不能使用节段接触类型的时候才使用，比如铰接点。

3)刚性目标接触

这种接触类型适用于目标面始终是刚性面的情况，比如金属成型问题，这类问题往往需要大量的计算时间，形状复杂时还需要划分大量的单元，采用刚性目标接触方法会更有效，而且所用的内存也较少。

接触分析中可以采用的单元类型有：2D 实体、3D 实体、壳、板、杆、梁、等参梁、轴对称壳、管单元。

接触分析必须至少包含一个接触组、一个接触面和一个接触对。

4.6.1　接触组(Contact Group)(图 4-27)

命令：CGROUP<CONTACT2 or CONTACT3>

菜单：【Model】>【Contact】>【Contact Group...】

图标：

[A]：接触组类型。2-D 接触组用于 2-D 实体单元，如果使用了壳单元或者 3-D 实体单元，就需要定义 3-D 接触组。对于 2-D 接触组，接触面定义在 YZ 平面内的线或边上。对于 3-D 接触组，接触面定义面或 Parasolid 面上。

[B]：接触算法。可以通过菜单【Model】>【Contact】>【Contact Control...】指定缺省的接触算法。

[C]：缺省的库仑摩擦系数。只有在接触对的摩擦系数为 0 的情况下才会使用这里指定的值。

[D]：穿透系数。如果穿透系数为 0，就表示接触面为刚性，不允许穿透。如果穿透系数为大于 0，就表示接触面为柔性，接触面之间的允许穿透量正比于穿透系数和法向接触力的乘积。

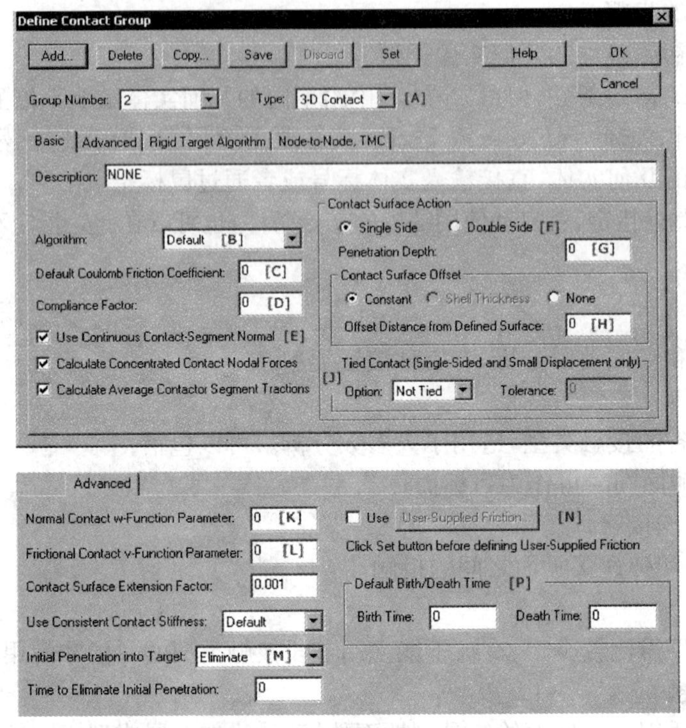

图 4-27 定义接触组

[E]:是否使用连续的接触节段法向。除非使用了双面接触,缺省为使用连续法向。

[F]:单面接触/双面接触开关。对于 2-D 接触面,只能使用单面接触。双面接触可以在壳分析中防止接触面任意穿透。

[G]:穿透深度。仅适用于单面接触,缺省为 0。

[H]:接触面平移距离。

[J]:绑定接触选项。用于把两个网格不同的面黏合到一起。

[K]:法向接触 w 函数参数,缺省为 0,表示程序会自动计算该参数。

[L]:摩擦接触 v 函数参数,缺省为 0,表示程序会自动采用 1e-3。

[M]:目标面初始穿透。

[N]:用户自定义摩擦。

[P]:缺省的接触对生死时间。

4.6.2 接触面(图 4-28)

命令:CONTACTSURFACE

菜单:【Model】>【Contact】>【Contact Surface...】

图标:

[A]:接触组标号。当前定义的接触面就属于该接触组。

[B]:定义接触面的几何元素类型。2-D 接触面可以定义在几何线或者 Parasolid 线上,3-D 接触面可以定义在几何面或者 Parasolid 面上。

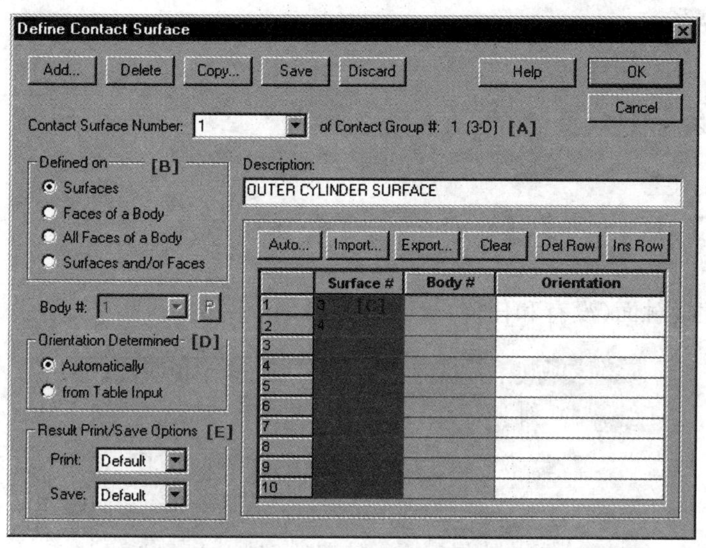

图 4-28　定义接触面

[C]:表格输入。为当前接触面指定几何线、Parasolid 线、几何面和 Parasolid 面的标号。

[D]:方向确定方式。

[E]:计算结果打印/保存选项。

4.6.3　接触对(图 4-29)

命令:CONTACTPAIR

菜单:【Model】>【Contact】>【Contact Pair...】

图标:

定义了至少一个接触面之后才能定义接触对。

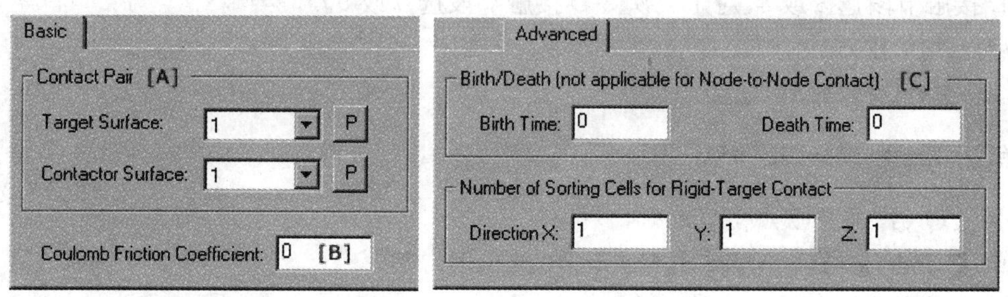

图 4-29　定义接触对

[A]:接触对。指定目标面和接触面。如果一个面有给定位移,该面就只能作为目标面。如果一个面是刚性的,该面也应该作为目标面。如果两个面都是柔性的,刚度较大的面作为目标面。通常,网格较粗糙的面应该作目标面。

[B]:库仑摩擦系数。

[C]:接触对生死时间。

4.6.4 划分接触网格(图 4-30)

命令:CSURFACE

菜单:【Model】>【Contact】>【Meshing...】

图标:▦

只需要对刚性接触面(没有和任何单元相联系)划分网格。

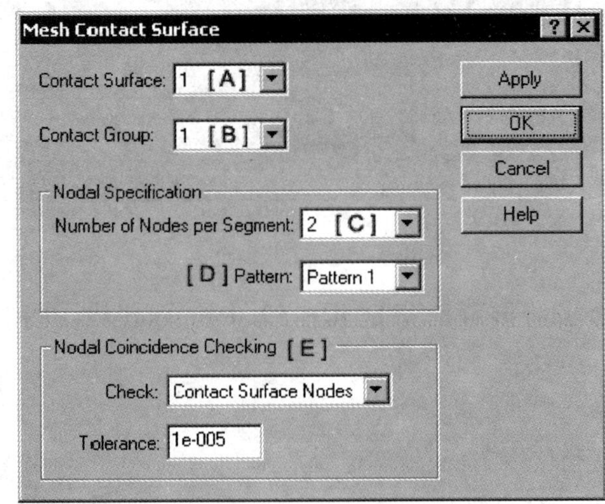

图 4-30 划分接触网格

[A]:接触面标号。

[B]:接触组标号。缺省为当前接触组。

[C]:每个节段的节点数。对于线性 2-D 接触节段选 2,对于二次 2-D 接触节段选 3。对于线性 3-D 接触节段选 3 或 4,对于二次 3-D 接触节段选 6 或 9。

[D]:三角形模式。

[E]:节点重合性检查。

4.6.5 接触控制(图 4-31)

命令:CONTACT-CONTROL

菜单:【Model】>【Contact】>【Contact Control...】

[A]:缺省的接触算法。

[B]:是否使用新类型的接触节段。

[C]:是否使用冲击修正。

[D]:接触节点和目标节点的配对迭代次数。

本章仅详细介绍了 ADINA Structure 模块的边界与荷载条件,ADINA Thermal 和 ADINA CFD 模块的边界与荷载条件可以参考后续书籍。

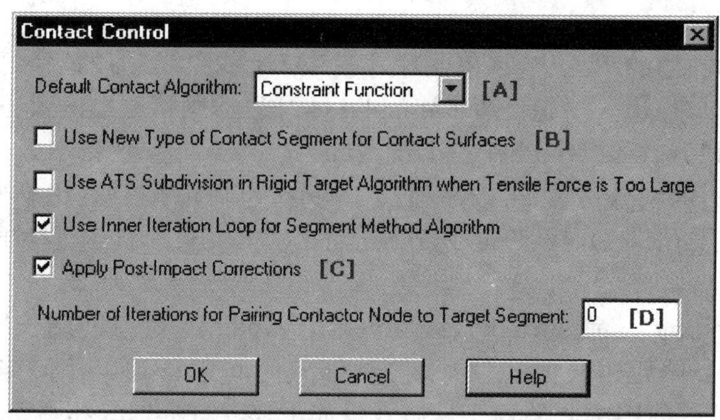

图 4-31　接触控制

4.7　网格密度控制与网格划分

对几何模型进行网格划分，必须首先定义单元组，然后给定几何对象的网格划分密度，最后执行划分生成单元和节点。有关网格划分的图标都位于 Modeling 工具条和 ADINA-M 工具条，对应的菜单为【Meshing】菜单。

4.7.1　网格划分密度

AUI 的网格划分算法基于对模型的线/边进行细分。所谓网格划分密度就是单元沿线/边的间隔长度或个数。用户可以对模型的点（这里指与线、面、体相连接的点）、线、面、体，甚至整个模型进行网格密度的设置，程序自动用垂直于几何对象线/边（细分边界）的短线表示将划分节点的位置（端点除外）。缺省时，所有的线/边都为一份，即一个单元边长，这显然不能满足绝大多数实际问题的需要，因此需要用户自己进行设置。

命令：SUBDIVIDE<geometry type>

菜单：【Meshing】>【Mesh Density】>【<geometry type>...】

图标：

其中定义线网格密度的对话框如图 4-32 所示。设置网格密度主要有三种方法。

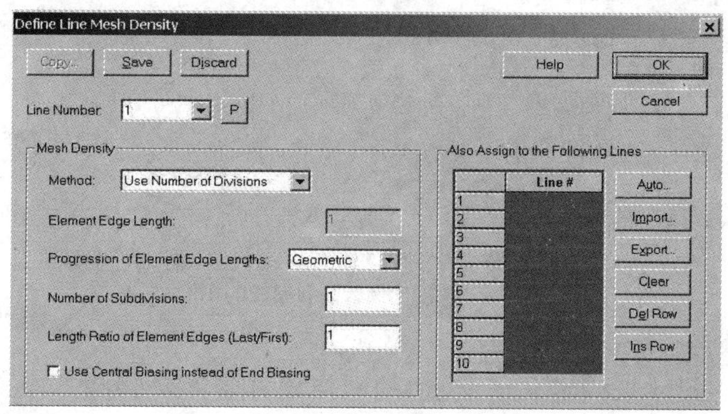

图 4-32　定义线网格密度

1)按长度划分(Use Length)

只需要指定沿线/边的单元边长(单元尺寸)。AUI 按照线/边的实际长度,并尽可能地接近指定的边长等分该线/边。这是设置 Parasolid 体/面/边网格密度的最方便的方法。

2)按细分份数划分(Use Number of Divisions)

指定沿着线或边的划分份数,可以是等长度划分,也可以按一定比率变长度划分,是指定几何体(volume)、面(surface)、线(line)划分密度的最好的方法,尤其是对面、体进行映射网格划分的时候。

对于几何体(volume)、面(surface)、线(line)和边(edge),可以使用长度比例参数(最后一个单元边长与第一个单元边长的比值)来控制细分的间距。对于几何体(volume)、面(surface)、线(line),还可以使用中心偏置。具体效果如下,参见图 4-33 和图 4-34。

(1)无中心偏置(No central biasing)

如果长度比大于 1,单元在线段 $u=1$ 一端的划分更长一些,如果长度比小于 1,单元在线段 $u=0$ 一端的划分更长一些。

(2)中心偏置(Central biasing)

如果长度比大于 1,单元在线段中点处的划分更长一些,如果长度比小于 1,单元在线段端部的细分更长一些。

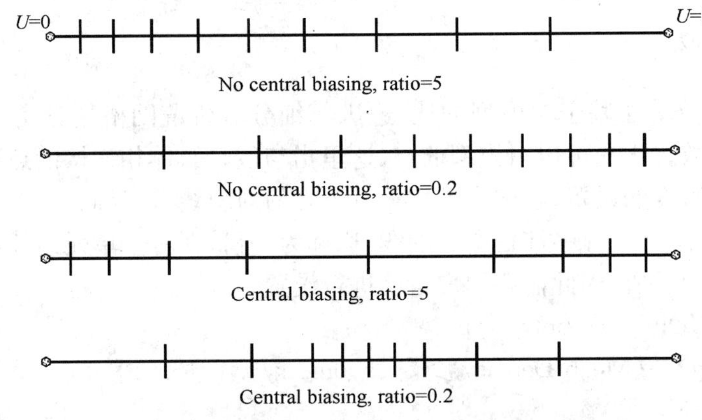

图 4-33　长度比例参数和偏置的效果

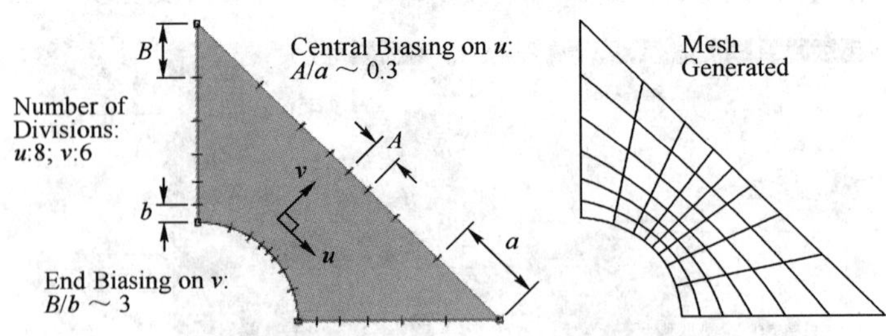

图 4-34　长度比例参数和偏置的实例

3)按端点尺寸划分(End-Point Sizes)

根据给定的端点尺寸来确定几何线、边的网格划分密度,划分的单元长度沿着线或边变化,如图 4-35 所示。图中,沿 E1 边的单元尺寸受 P4 和 P3 点处给定的端点尺寸控制,从 0.2 变化到 0.4,其他边依此类推。

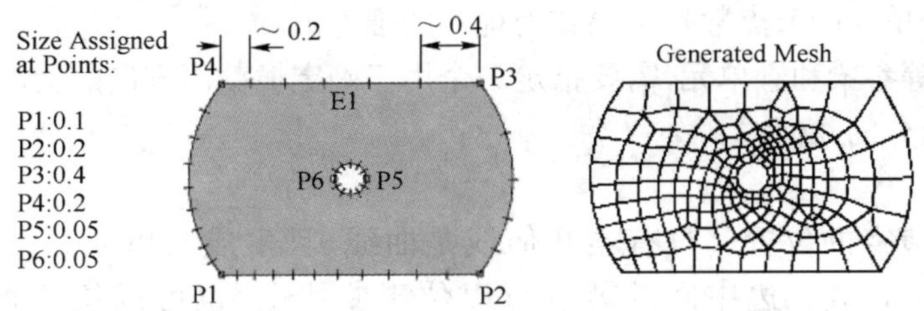

图 4-35　由端点尺寸控制网格密度的实例

4.7.2　生成单元和节点

几何模型划分网格所生成的单元取决于给几何模型指定的单元组，几何模型与单元组之间存在一定的匹配关系，参见表 4-3。

几何模型与单元组的匹配关系　表 4-3

几何模型	相匹配的单元组
Line/Edge	Truss/Beam/Isobeam/Pipe/2-D Fluid Interface/General
Surface/Face	2-D Solid/Plate/Shell/2-D Fluid/3-D Fluid Interface/General
Volume/Body	2-D Solid/3-D Fluid/General

1)划分线网格(Mesh Line)

命令：GLINE

菜单：【Meshing】>【Create Mesh】>【Line...】

图标：

对话框如图 4-36 所示。

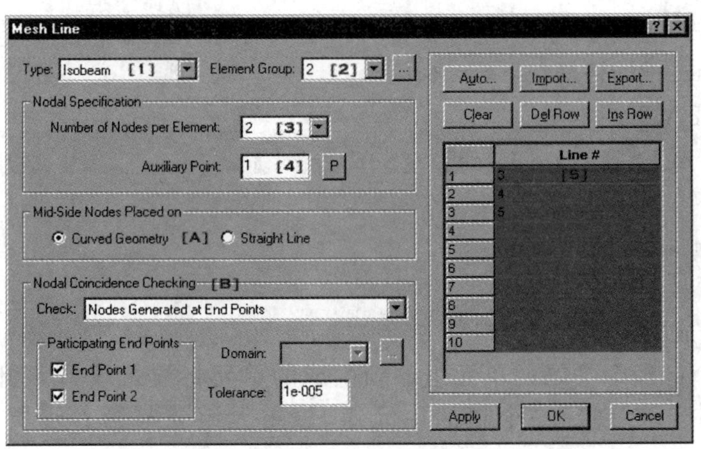

图 4-36　划分线网格

步骤：

(1)选择要生成的 1-D 单元类型。

(2)选择一个已经定义好的单元组。新生成的单元将放入该单元组。必要的时候可以单击右边的按钮，创建一个新的单元组，该单元组要与第一步所选择的单元类型匹配。

(3)选择每个单元的节点数目。缺省为程序的推荐值。

(4)对于梁、等参梁和管单元,需要指定一个用于确定横截面方向的辅助点。

(5)指定要划分的几何线。

选项:

[A]边中间节点的位置。只有当几何线是曲线,且生成的单元是 3 或者 4 节点单元的时候,该选项才有效。边中间的节点可以位于曲线上,也可以位于直线上,如图 4-37 所示。

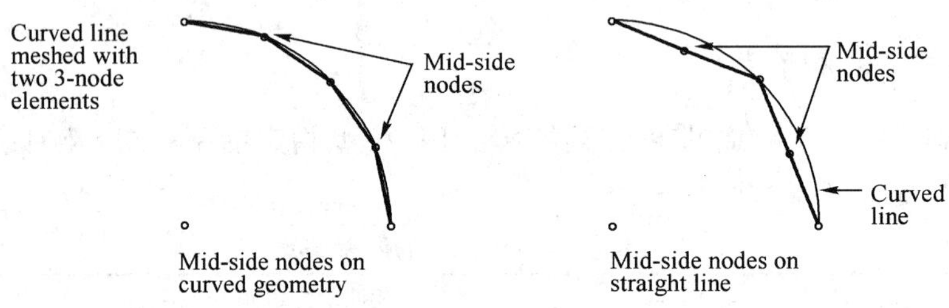

图 4-37 边中间节点的位置

[B]节点重合性检查。如果选中了该选项,并且在容差范围内已经有一个节点存在,那么划分网格的时候就不会在该位置上生成新的节点。

2)划分边网格(Mesh Edge)

命令:GEDGE

菜单:【Meshing】>【Create Mesh】>【Edge...】

图标:

对话框、操作步骤和选项与划分线网格类似,但是由于边的标号有可能不是唯一的,所以还需要指定相应的体(body)标号。

3)划分 Surface 面网格(Mesh Surface)

命令:GSURFACE

菜单:【Meshing】>【Create Mesh】>【Surface...】

图标:

对话框如图 4-38 所示。

步骤:

(1)选择要生成的 2-D 单元类型。

(2)选择一个已经定义好的单元组。新生成的单元将放入该单元组。必要的时候可以单击右边的按钮,创建一个新的单元组,该单元组要与第一步所选择的单元类型匹配。

(3)选择每个单元的节点数目。缺省为程序的推荐值。

(4)指定要划分的几何面。

选项:

[A]网格划分的类型。只要有可能,就尽量采用映射网格(rule-based)。推荐使用上一节中按细分份数控制网格密度的方法来划分全部都是四边形单元的网格。

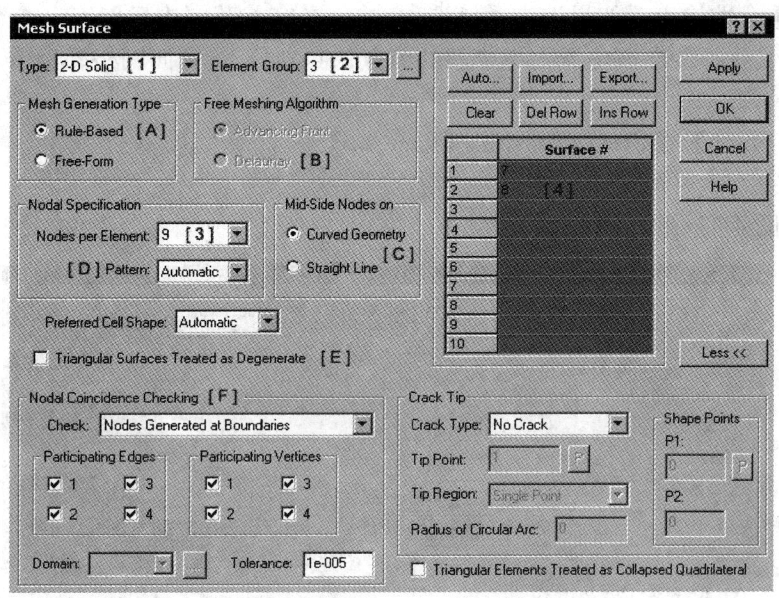

图 4-38　划分 Surface 面网格

[B]划分自由网格的算法。推荐使用 Delaunay 算法，该算法对于不规则的边线细分也可以生成全部都是四边形单元的网格。

[C]边中间节点的位置。只有当几何面至少有一个边是曲线，且生成的单元是 4 节点以上的高阶单元的时候，该选项才有效。

[D]网格划分的模式。共有 11 种模式，如图 4-39 所示，模式 1～9 用于 3、6 和 7 节点的三角形单元，模式 10 和 11 仅用于 4 节点的四边形单元。一般情况下，采用缺省的自动模式即可。

[E]是否把三角形面看作退化面。效果如图 4-40 所示。

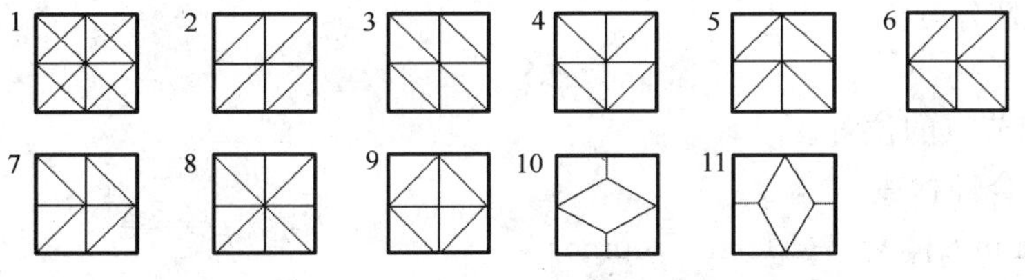

图 4-39　网格划分的模式

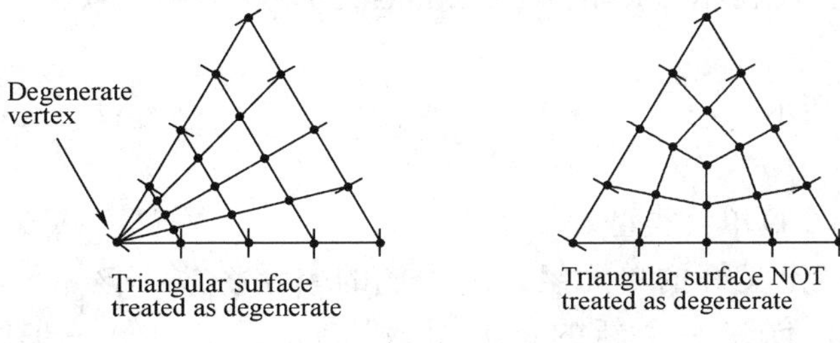

图 4-40　是否把三角形面看作退化面的效果

[F]节点重合性检查。如果选中了该选项，并且在容差范围内已经有一个节点存在，那么划分网格的时候就不会在该位置上生成新的节点。4)划分 Face 面网格(Mesh Face)

命令：GFACE

菜单：【Meshing】>【Create Mesh】>【Face...】

图标：

对话框如图 4-41 所示。

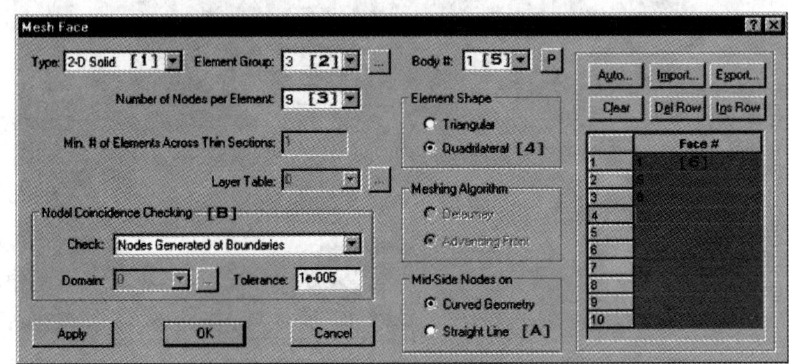

图 4-41 划分 Face 面网格

步骤：

(1)选择要生成的 2-D 单元类型。

(2)选择一个已经定义好的单元组。新生成的单元将放入该单元组。必要的时候可以单击右边的按钮，创建一个新的单元组，该单元组要与第一步所选择的单元类型匹配。

(3)选择每个单元的节点数目。缺省为程序的推荐值。

(4)选择单元形状，三角形或者四边形，建议对 4、8、9 和 16 节点的单元选择四边形。

(5)指定体标号。

(6)指定要划分的面。

选项：

[A]边中间节点的位置。

[B]节点重合性检查。

4)划分 Volume 体网格(Mesh Volume)

命令：GVOLUME

菜单：【Meshing】>【Create Mesh】>【Volume...】

图标：

对话框如图 4-42 所示。

步骤：

(1)选择要生成的 3-D 单元类型。

(2)选择一个已经定义好的单元组。新生成的单元将放入该单元组。必要的时候可以单击右边的按钮，创建一个新的单元组，该单元组要与第一步所选择的单元类型匹配。

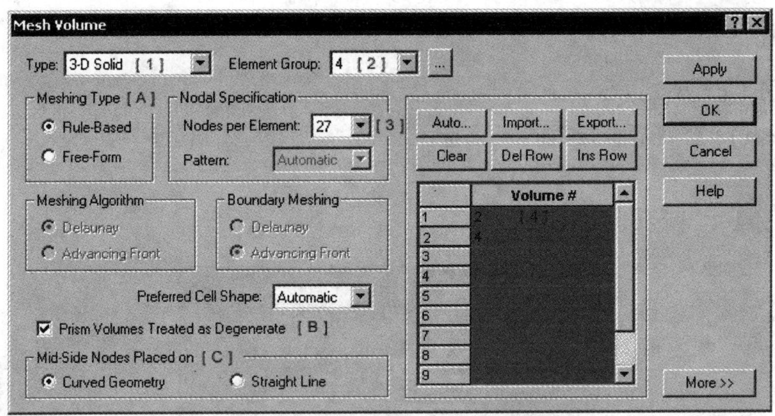

图 4-42　划分 Volume 体网格

(3)选择每个单元的节点数目。缺省为程序的推荐值。

(4)指定要划分的几何体。

选项：

[A]网格划分的类型。推荐使用映射网格。

[B]是否把楔形体看作退化体。效果如图 4-43 所示。

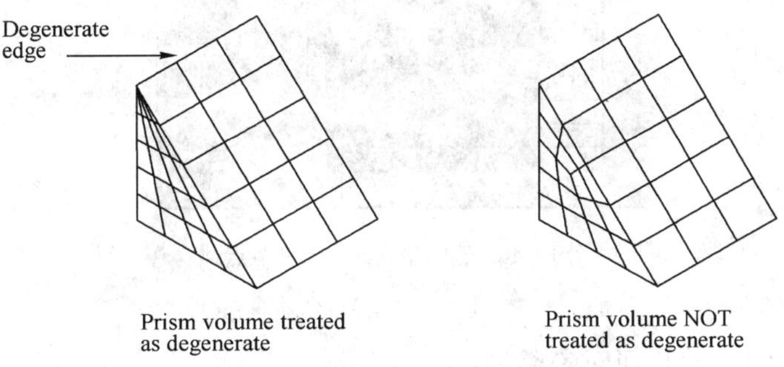

图 4-43　是否把楔形体看作退化体的效果

[C]边中间节点的位置。只有当几何体至少有一个边是曲线，且生成的单元是 8 节点以上的高阶单元的时候，该选项才有效。

5)划分 Body 体网格(Mesh Body)

命令：GBODY

菜单：【Meshing】>【Create Mesh】>【Body...】

图标：

对话框、操作步骤和选项与划分 Volume 体网格类似，需要注意的地方有：

(1)如果要分析的问题中有较大的弯矩，那么推荐使用 10、11、20、27 节点的高阶 3D 实体单元；如果材料模型是橡胶或者弹塑性材料，那么推荐使用 11 节点的四面体单元或者 27 节点的六面体单元。

(2)采用自由网格划分的时候，如果选择了单元的节点数目为 8 或者 27，那么程序将使用自动六面体剖分器，生成的单元大多数是六面体，个别的可能是四面体。

4.7.3 删除生成的单元和节点

命令:ELDELETE<geometry type>

菜单:【Meshing】>【Delete Mesh...】

图标:

对话框如图 4-44 所示。

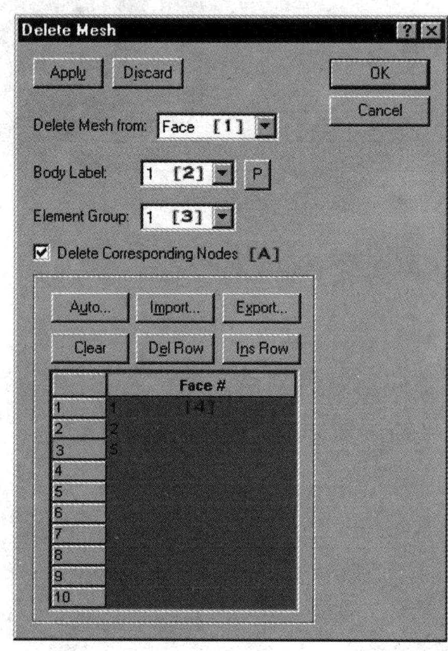

图 4-44 删除生成的单元和节点

步骤:

(1)选择要删除网格的几何对象类型。

(2)如果第一步选择的几何对象是 face 或者 edge,就需要选择对应的 body。

(3)选择容纳要删除单元的单元组。

(4)指定要删除网格的几何对象标号。

选项:

[A]:是否删除相应的节点。缺省为是,但不能删除与其他单元关联的节点。

第 5 章　分析类型与求解

5.1　分析类型

ADINA Structure 分析

1)静力分析(Statics):点按钮激活载荷工况和自动时间步长设定对话框。

2)ADINA 动力分析包括频域分析、直接积分、随机振动三大部分。

(1)频域分析包括:

模态分析(Frequencies/Modes):求解结构的固有频率和振型。点按钮选择频率阶数,求解方法和其他参数等。

模态应力(Modal Stress):求解结构固有频率、振型及结构的应力分布。点按钮选择频率和模态是从文件读入或是通过计算获得。

振型参与因子和反应谱分析(Modal Participation Factors):求解结构固有频率、振型以及荷载或地面运动的振型参与因子。求解固有频率、外荷载或地面运动的振型参与因子以及输入谱作用的反应谱输出。点按钮选择频率和模态从文件读入或是通过计算得到,选择要用到的模态阶数,激振载荷类型和其他参数。

模态叠加(Mode Superposition):计算结构的固有频率和振型,外荷载的振型参与因子。进行模态叠加瞬态动力分析,适用于线性模型。点按钮,选择频率和模态是从文件读入或是通过计算获得,并设定模态阶数和其他参量。

①ADINA 的模态分析

结构系统无阻尼自由振动的频率和相应振型模态是结构系统的重要动力特征,同时它对求解结构系统的动力反应也具有十分重要的作用。因此模态分析是最基本的动力学分析,是其他多种动力分析的基础。模态分析是线性分析,除了边界位移的约束外,无其他外荷载,模态分析用于计算结构的固有频率和振型。

动力分析的运动方程

$$[M]\{\ddot{u}\}+[C]\{\dot{u}\}+[K]\{u\}=\{f(t)\}$$

假定为只有自由振动,并忽略阻尼,即

$$\{f(t)\}=0\quad[C]=0$$

结构系统和无阻尼自由振动方程:

$$[M]\{\ddot{u}\}+[K]\{u\}=0$$

由微分方程的一般理论知,无阻尼自由振动方程的基本解形式为:

$$\{u(t)\}=\{\phi\}\sin(\omega t+\alpha)$$

其中$\{\phi\}$为非零的 n 元列矢量，它的各分量与时间 t 无关，ω 和 α 为待定常量。将基本解代入动力方程得：

$$([K]-\omega^2[M])\{\phi\}=\{0\}$$

上式是关于$\{\phi\}$的分量的线性齐次代数方程组，它有非零解的充要条件是系数矩阵的行列式为零，即：

$$\det([K]-\omega^2[M])=0$$

这个方程称为频率方程，设 $\lambda=\omega^2$，称 $P(\lambda)=\det([K]-\lambda[M])$为振动特征值的特征多项式，方程的根称为特征根，频率方程有 n 个解，对每一个解 ω 可得到与相应的非零解$\{\phi\}$，即相应的振型(模态)。方程特征值 ω_i^2的平方根 ω_i 即自振圆频率，自振频率 $f_i=\frac{\omega_i}{2\pi}$，$\omega_i$对应的特征向量$\{\phi_i\}$为振型。

ADINA 提供了多种模态分析的求解方法，之所以如此，是因为就解法有效性来说，总是最有效的方法是不存在的，应根据所要求解的具体问题来选择应该采用的方法。

大型有限元系统的振型叠加分析中，求特征值和特征向量的有效解法是非常重要的，因为大型特征值问题精确解法花费过多时间，所以对工程结构一直都在使用近似解法。行列式搜索法、子空间迭代法、兰索斯法迭代法是为求解 p 个最小特征值和相应特征向量而发展起来的。

行列式搜索法用于小带状系统的内存解法最有效。

子空间迭代法用在大带状系统分析中则最有效。

兰索斯法迭代法，计算过程更为简化，比子空间迭代求解更快。

具体求解方法的原理、过程可参考《有限元分析中的数值方法》(K. J. 巴特，E. L. 威尔逊)。

ADINA 模态分析基本操作

选择【ADINA Structure Frequencies】/【Modes】，点击 按钮，在对话框 Frequencies (Modes)作必要地选择设置。如图 5-1 所示。

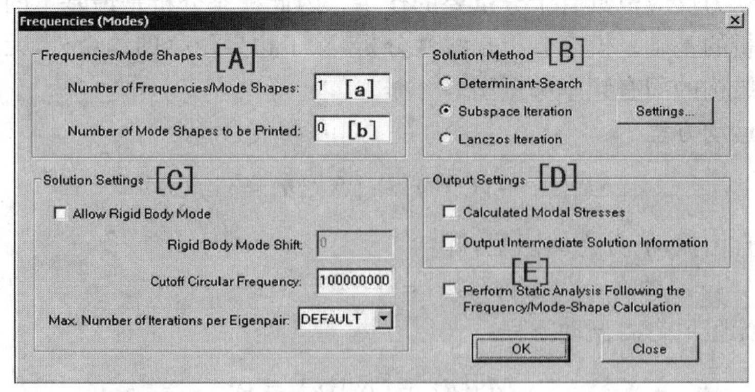

图 5-1

[A]：提取的固有频率/模态，[a]提取频率模态数(必须填写)和[b]输出模态数。

[B]:求解算法设置:行列式搜索法,(Determinant-Search),子空间迭代法(Subspace Iteration),兰索斯迭代法(Lanczos Iteration)。缺省为子空间迭代(Subspace Iteration)。【Setting】按钮只对子空间迭代和兰索斯迭代(Lanczos Iteration)有效。

子空间迭代,兰索斯迭代(图 5-2)

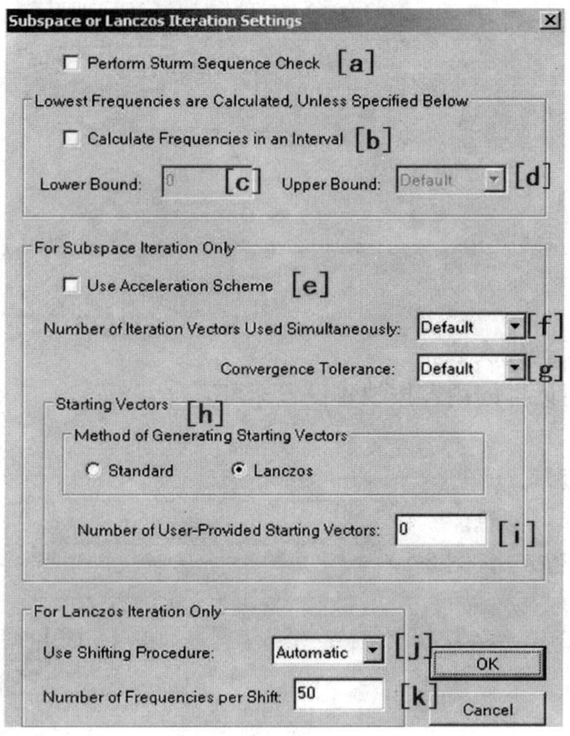

图 5-2

[a]是否执行 Sturm 序列检查,以检查特征值计算有无漏根。

[b]截断频率设置,如果设置则仅计算截断频率范围之内的频率,模态。

[c]截断频率的下限值。

[d]截断频率的上限值。

[e]对子空间迭代法是否使用加速技术模式。

[f]子空间迭代法中同时迭代向量数。

[g]子空间迭代法收敛容差。

[h]子空间迭代法开始向量生成选项,标准方法为(Standard)兰索斯法(Lanczos),缺省为兰索斯法(Lanczos)。

[i]用户指定的开始向量数。

[j]使用移位。

[k]每次移动的频率数。

一般情况下,这一对话框的内容按缺省设置即可。

求解设置(图 5-3)

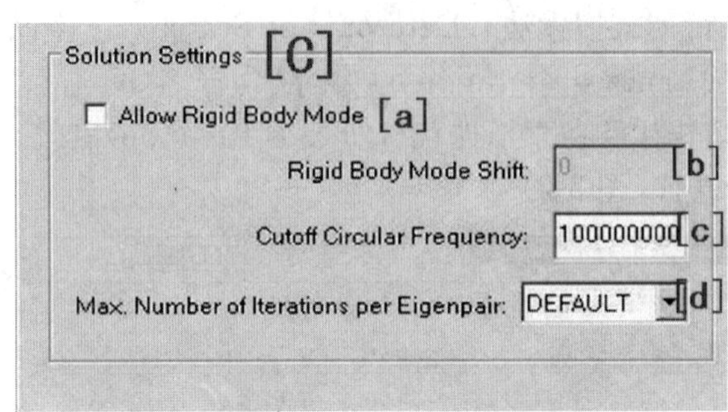

图 5-3

[a]是否允许刚体模态。

[b]刚体模态移位。

[c]中止圆频率。

[d]每一特征值最大迭代次数。

一般情况下,这一对话框的内容按缺省设置即可。

输出设置(图 5-4)

[a]是否计算模态应力。

[b]是否输出中间求解信息。

是否进行预应力模态分析(图 5-5)

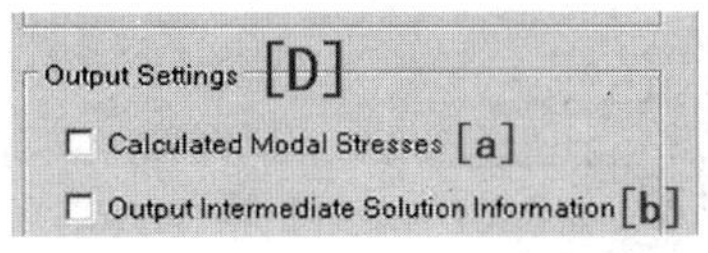

图 5-4

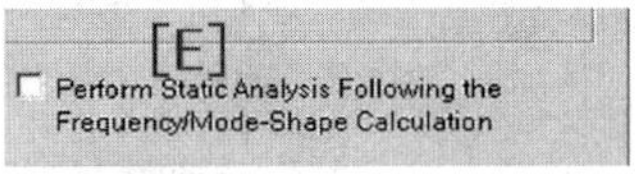

[E]
Perform Static Analysis Following the Frequency/Mode-Shape Calculation

图 5-5

如果作预应力模态分析,求解模态时需要读取预应力计算结果。

②ADINA 模态应力分析计算

选择【ADINA Structure Mode】/【Stress】,点击 按钮。如图 5-6 所示。

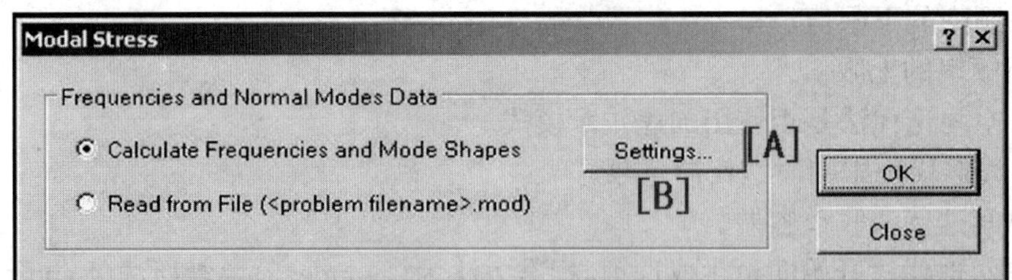

图 5-6

[A]:提取固有频率/模态,选择【settings...】则进入频率模态计算对话框,与模态计算相同。

[B]:读入已有模态分析结果,计算模态应力。

模态应力用于计算各阶模态的单元应力、应变,支反力等。需要指出的是模态并不是真实的结构位移,因此计算所得到的单元应力应变并非真实变形的应力应变,而只是一种应力应变的分布模式。模态应力也可以在模态分析中[D],输出设置[a]项选择计算模态应力。

③模态叠加

选择【ADINA Structure Mode Superposition】，点击按钮。如图 5-7 所示。

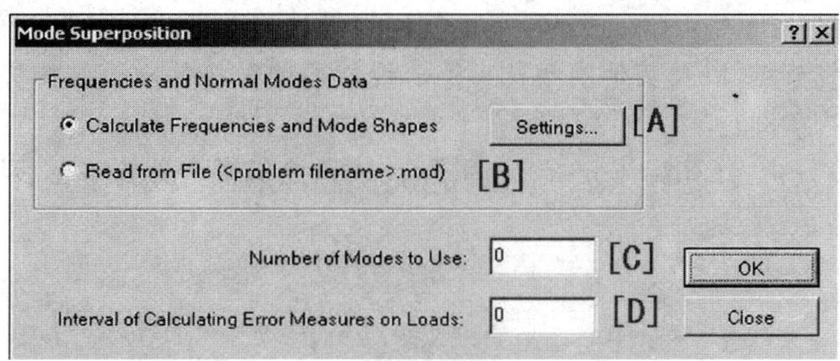

图　5-7

[A]、[B]：与(2)模态应力计算中[A]、[B]相同。

[C]：采用模态数。

[D]：载荷匹配误差。

④模态参与因子和反应谱计算

选择【ADINA Structure Mode Participation Factors】，点击按钮。如图 5-8 所示。

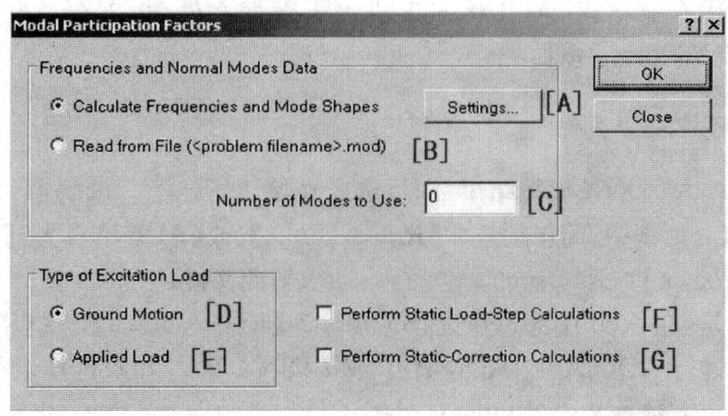

图　5-8

[A]、[B]：与(2)(3)相同。

[C]：采用模态数。

[D]：地面运动，主要用于地震响应谱分析。

[E]：施加荷载。

[F]：进行静载分析。

[G]：进行残差项计算。

(2)直接积分(Transient Dynamics)包括：隐式直接积分瞬态动力分析和显式直接积分瞬态动力分析。

(3)随机振动分析

显式直接积分瞬态动力分析，随机振动分析将在后续动力分析高级部分讲述。

3)线性屈曲分析(Linearized Buckling):点 a 按钮选择屈曲载荷数和其他求解设定。线形屈曲分析即特征值屈曲分析是求解结构失稳的临界荷载。

4)非线性屈曲分析(Collapse Analysis):使用自动选择载荷增量的静力分析。点 a 按钮选择位移控制点或节点,以及其他求解选项。非线性屈曲分析是求解结构失稳的极限荷载。具体可以参考第八章例题。

ADINA 的热分析、计算流体分析、流固耦合分析、热机耦合分析将在后续高级内容中做详细的介绍。

5.2 求解

5.2.1 生成求解器输入数据文件

完成模型定义后,必须为求解器生成输入数据文件。打开菜单【Solution】/【Data file】/【run】,输入文件名后开始生成。

对于 ADINA-F 可以选择无格式或格式数据文件。无格式数据文件占用较少的空间,但对某些计算机可能使用起来有些麻烦。

AUI 显示一个 Log 窗口给出数据文件生成时的一些信息,如最小带宽信息。

如果模型定义中含有错误,AUI 将不生成输入数据文件(也不覆盖原有的输入数据文件)。并将错误信息写到 Log 窗口。

5.2.2 AUI 环境启动求解

当采用 ADINA-AUI 准备模型结束,即可选择直接运行。运行求解器只需在【Solution】/【Data File】/【Run】对话框中,简单地选中【Run ADINA】(或【ADINA-T】或【ADINA-F】)复选框,则在生成求解数据文件(Jobname. dat)后,自动求解此文件。

另外一种方式是:在 AUI 中通过点选【Solution】/【Run ADINA】(或【Run ADINA-T】或【Run ADINA-F】)运行 ADINA(或 ADINA-T 或 ADINA-F)。如果这样运行系统,对话框要求输入已经生成的求解数据文件(Jobname. dat)。

在运行流固耦合求解器和热力耦合求解器时,输入的求解数据文件不是一个,而是两个文件。运行 ADINA-FSI,点选 AUI 中的【ADINA Structure】或【ADINA-CFD】,再点选【Solution】/【Launch ADINA-FSI】菜单。在 Run ADINA-FSI 对话框,输入 ADINA-CFD 和 ADINA Structure 数据文件的两个文件名称。操作如下:点击第一个文件名称,按住【Ctrl】键点击第二个文件名称。假定两个文件名是 f. dat 和 a. dat,AUI 将在 File name 字段显示:“f. dat”“a. dat”。文件名先后顺序没有要求。

运行 ADINA-TMC,点选 AUI 中的【ADINA Structure】或【ADINA-Thermal】后,点选【Solution】/【Launch ADINA-TMC】菜单。在 Run ADINA-TMC 对话框,输入 ADINA-Thermal 和 ADINA Structure 数据文件的两个文件名称。操作如下:点击第一个文件名称,按住【Ctrl】键点击第二个文件名称。假定两个文件名是 t. dat 和 a. dat,AUI 将在 File name 字段显示:“t. dat”“a. dat”。文件名先后顺序没有要求。

5.2.3 Windows Start Menu 方式启动求解

在 AUI 环境运行求解器的一个不足之处是，总的内存需求量是 AUI 和有限元系统两个内存需求量的和。因此，当求解模型很大（相对于硬件的配置而言），可以在 AUI 中生成求解数据文件 Jobname. dat，然后关闭 AUI。从 Windows Start Menu 选择要运行的求解器，点按【Start...】钮，输入文件名（键入文件名时，不要输入扩展名. dat），点选系统运行选项后点按【Open】。对于 ADINA-FSI 和 ADINA-TMC，如前面所述方法输入两个文件名。

通过这种方式启动计算任务，能够更有效地利用硬件资源。

5.2.4 批处理模式进行求解

在 DOS 提示符，批处理模式命令格式是：

adina[t|f|fsi|tmc]. exe-b-m <MTOT>[B|W] <file>. dat

（包括系统或文件路径）。MTOT 缺省单位是 byte。对于 FSI 或 TMC 分析，必须提供两个文件名。除其他参数外，也可以使用-s 命令参数。用了-s 命令参数，作业结束后系统会弹出一个对话框。

例如启动 ADINA-F 求解器计算 tunnel. dat 数据文件，给定的求解器基本内存（MTOT）为 120MB，方程求解器内存为 400MB，CPU 为两个，使用如下命令：

adianf. exe-b-m 120MB-M 400MB-t 2tunnel

其中，-m 指定基本内存数量，-M 指定方程求解器内存数量，-t 指定启动的 CPU 个数。

5.2.5 内存分配

运行求解器前，用户可以直接在 Start/Job 对话框中指定基本内存 MTOT 和方程求解器内存大小。注意：ADINA 稀疏矩阵求解器（Sparse）是最常使用的方程求解器，也是结构、热、流体模型中缺省设置所采用的求解器，具有极高的效率和精度，因此在一般的问题中都可采用 Sparse 求解器。在包含一些病态方程的问题中（如共轭传热问题），建议最好使用 Sparse 求解器。相对于其他的一些迭代求解器，如多重网格求解器 MultiGrid，Sparse 求解器需要的内存较大，因此使用 Sparse 求解器必须很好设置内存。

稀疏矩阵求解器的工作有两种方式：一种是完全在物理内存中运行，称为内核（In Core）方式；另一种是其存储内存全部或部分使用虚拟内存，称之为外核（Out of Core）方式。通常，同一个问题的求解，能够使用 In Core 方式的求解时间是采用 Out of Core 方式求解时间的 1/2～1/3。

针对一个具体的计算，可能有两种情况：

(1)如果机器可用内存（$M_{available}$）大于计算所需的基本内存 MTOT 和方程求解器内存 M_{sparse} 之和，则 ADINA 采用 In Core 方式求解，速度最快。

说明：ADINA 能够利用的机器可用内存小于物理内存，因为操作系统和其他应用程序都将占用物理内存。在启动 ADINA 求解器的窗口时，可以用【Memory Info】按钮查看当前的可用内存有多少。

(2)如果机器的可用内存大于基本内存 MTOT，小于基本内存 MTOT 和方程求解器内存

M_{sparse}之和，则 ADINA 可以采用 Out of Core 方式求解。但此时，用户必须明确指定两个内存大小，这两个内存分别是 MTOT 和 M_{sparse}。

5.3 求解器

ADINA 系统提供了包括直接和迭代求解器等多种方程组求解器。其中包括：

直接求解器

Sparse(稀疏矩阵求解器)

Direct(基于高斯消去方法的直接求解器)

迭代求解器

Multigrid(多重网格求解器)

GMRES-Iterative (ADINA-Structure 中称为 Iterative)

3D-iterative(只用于 ADINA-Structure)

Biconjugate Gradient(只用于 ADINA-CFD)

AMG(只用于 ADINA-CFD)

在直接求解器中，稀疏求解器已通过大量的作业测试，并且被证明能够大量减少求解时间，稀疏求解器较 Direct 直解解法求解器快 1～2 个数量级，此外它还大幅度降低了磁盘和内存的容量需求。

在 ADINA-Structure 模型中，用户可以选择使用 GMRES-Iterative、Multigrid 和 3D-iterative 求解器。GMRES-Iterative 与 Multigrid 求解器非常类似，而 Multigrid 更加节省机器的资源，但更加适用于模型单元为四面体的情况。3D-iterative 是近期加入的求解器，它要求模型中必须存在有带中节点的 3D 实体单元，当然模型中可以存在梁单元、壳单元等其他单元类型以及接触等各种非线性因素。

在 ADINA-CFD 模型中，当单元使用缺省的 FCBI 单元算法(或者非 FCBI 单元)时，缺省的求解器是 Sparse 求解器；当单元算法为 FCBI-C 算法是，缺省的求解器是 AMG 迭代求解器。

第 6 章　后　处　理

ADINA 软件提供了丰富的后处理功能，可以图形显示网格变形图、云图/等值线(面)图、矢量图、切片图、反力图、路径图、时程曲线图、动画等，也可以列表显示结果和极值等，还可以对图形显示方式、标注文字、时间步进行控制。

要对计算结果进行后处理，首先要从 AUI 的模块选择工具条中选择【Post-Processing】模块，这时候，AUI 的菜单和工具条会自动发生变化以适应后处理的需要。然后读入结果文件，进行后处理。

6.1　读入结果文件

6.1.1　完整地读入结果文件

菜单:【File】>【Open...】

图标:

选择菜单或者点击图标，对话框如图 6-1 上半部分所示，选择结果文件(＊.por)，单击【打开】按钮，随后读入整个结果文件。这时候，图形窗口自动绘制结果文件中最后一个时间步的网格变形图。

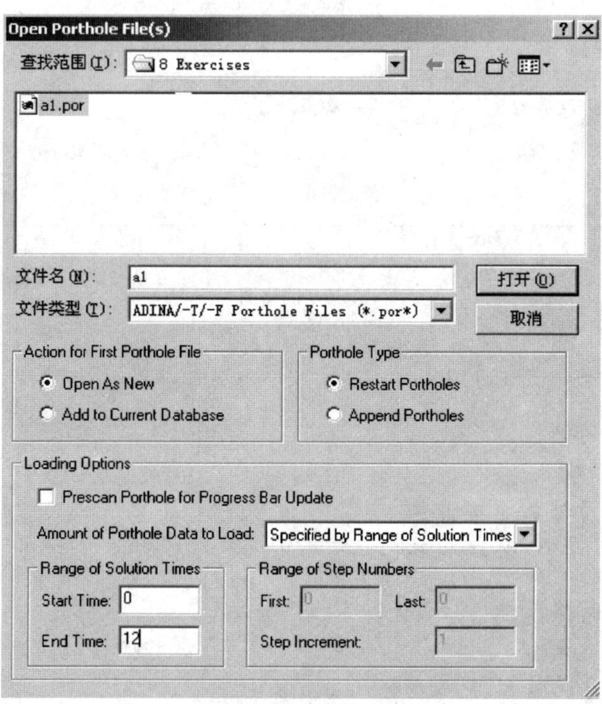

图 6-1　读入结果文件对话框

6.1.2 有选择地读入结果文件

菜单:【File】>【Open Porthole...】

对话框如图 6-1 所示,比完整地读入结果文件多了 3 组选项,根据需要进行设置。比如,可以选择读入结果的时间范围或者时间步。对于多次重启动分析,可以依次读入多个结果文件,然后整体进行后处理。

6.1.3 读入耦合分析的结果文件

ADINA-FSI 会产生一个 ADINA Structure 结果文件和一个 ADINA-CFD 结果文件,ADINA-TMC 会产生一个 ADINA Structure 结果文件和一个 ADINA-Thermal 结果文件,后处理的时候需要将它们都读入 AUI,但不用考虑先后顺序。

另外,由于结果文件中只包含有限元模型和结果数据,因此,如果后处理的时候需要使用几何模型信息,就需要先读入前处理数据库文件(*.idb),再读入结果文件。

6.2 网格图

成功读入结果文件之后,图形窗口自动绘制结果文件中最后一个时间步的网格变形图(图 6-2)。当然,也可以随时点击绘制网格图图标重新进行绘制。

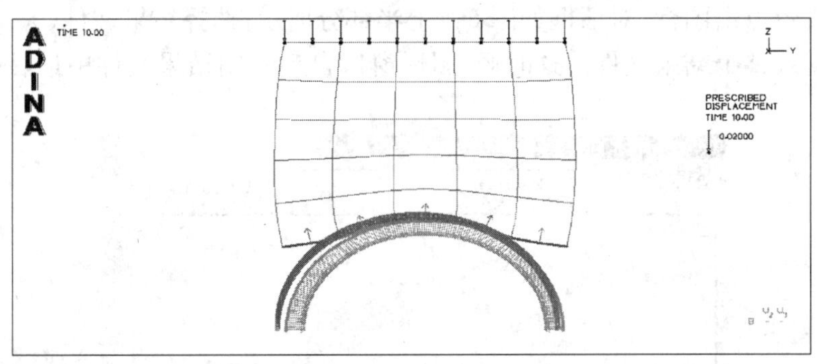

图 6-2 网格图

其他常用的功能有:

6.2.1 显示初始网格

图标:

控制初始网格是否显示,缺省为关闭。

6.2.2 显示变形网格

图标:

控制变形网格是否显示,缺省为打开。在显示荷载和边界条件的时候,最好只显示初始网格，这样便于检查荷载和边界条件。

6.2.3 变形显示比例

图标：

该图标是一个控制变形显示比例的开关，缺省为关闭，即显示真实的变形。变形显示比例初始设置为图形窗口大小的10%，可以使变形的形状便于观察。但对于接触分析容易引起误解，最好不要打开这个开关。

6.2.4 显示节段法向

图标：

该图标是一个控制接触面的节段法向是否显示的开关，缺省为关闭。

6.2.5 显示接触面

图标：

该图标是一个控制接触面是否显示的开关，缺省为关闭。

6.2.6 显示刚性连接和约束方程

图标：

该图标是一个控制刚性连接和约束方程是否显示的开关，缺省为关闭。

6.2.7 显示荷载

菜单：【Display】>【Load Plot】>【Use Default】

图标：

该图标是一个控制荷载是否显示的开关，缺省为关闭。

6.2.8 显示边界条件

菜单：【Display】>【Boundary Conditions】>【Default】

图标：

该图标是一个控制边界条件是否显示的开关，缺省为关闭。

6.2.9 修改网格图

图标：

菜单：【Display】>【Geometry/Mesh Plot】>【Modify...】

如图6-3所示，可以对模型、网格、视图和几何元素的绘制属性进行修改。比如，要改变变形显示比例，单击【Model Depiction】按钮，在弹出的后续对话框中，通过给定位移放大系数或者最大位移占窗口尺寸的百分比来设定位移显示选项即可。

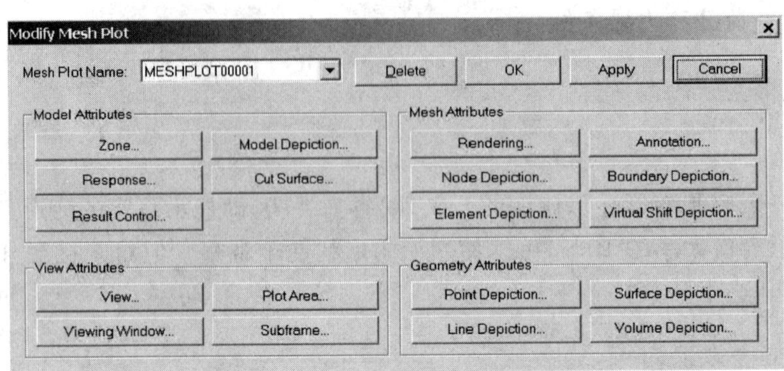

图 6-3 修改网格图对话框

6.3 云图/等值线图

6.3.1 显示云图/等值线图

命令:BANDPLOT

菜单:【Display】>【Band Plot】>【Create...】

图标:,

在单元的可见面上绘制云图/等值线图之前必须显示网格图,但是如果网格图中包含了切片,就只在切片上绘制云图/等值线图。由于单元结果是基于积分点的结果,因此在显示单元结果时候有可能出现云图不连续的情况,如果云图的跳跃性较大,就说明网格应该进一步细化。为了提高云图的外观效果,可以选择光滑处理,AUI 会把积分点的结果外插到节点上,并在相邻的单元之间进行平均。

选择菜单或者点击图标,弹出如图 6-4 所示的对话框,需要设置的选项主要有:

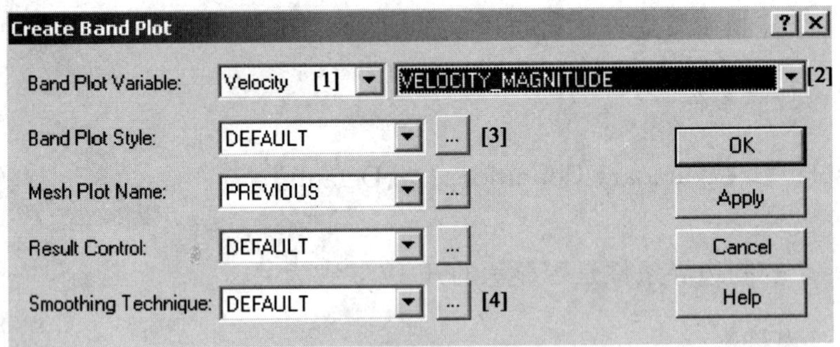

图 6-4 云图/等值线图对话框

(1)参数类型,如位移、应力、速度、加速度等;

(2)参数名,如 X 方向的位移、Y 方向的速度、等效应力等;

(3)绘制类型;

(4)光滑处理方式,缺省为不进行光滑处理。

如果点击快速绘制图标,就会直接绘制等效应力云图(图 6-5)。

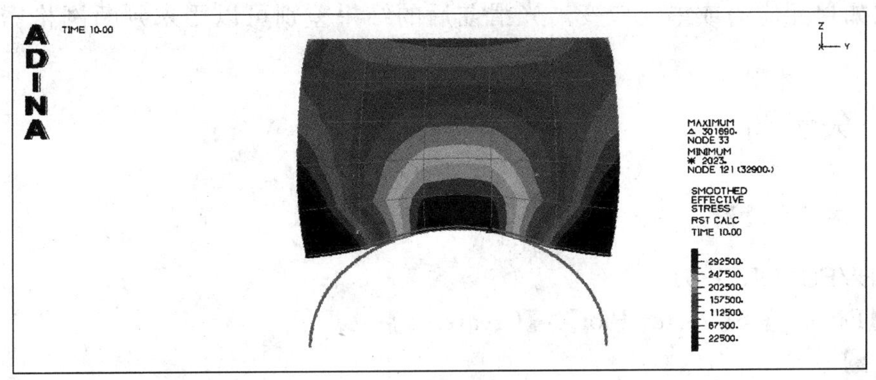

图 6-5　云图

6.3.2　修改云图/等值线图

命令:BANDPLOT

菜单:【Display】>【Band Plot】>【Modify...】

图标:

修改已有云图/等值线图的属性,比如标尺、渲染方式和注释。缺省绘制的云图/等值线图会自动标记并显示最大值和最小值,可以修改它们的字体大小和显示位置,甚至修改为不显示这些极值。对于标尺的范围、颜色和颜色数目也可以根据需要进行修改。通过选择渲染方式在云图和等值线图(图 6-6)之间进行切换。

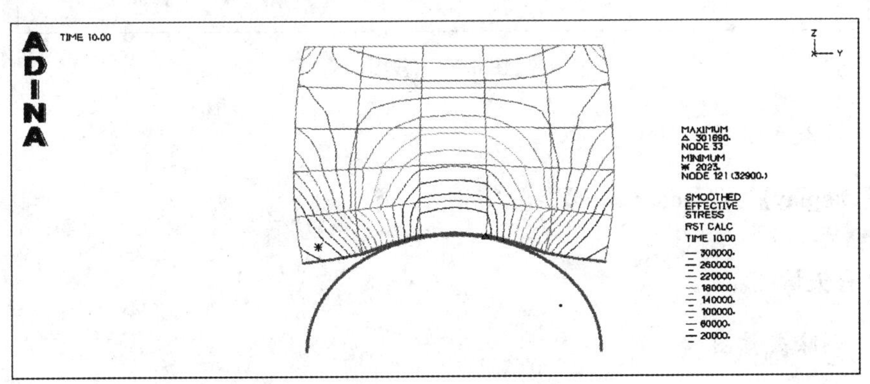

图 6-6　等值线图

6.3.3　删除云图/等值线图

图标:

删除当前网格图上的云图/等值线图。

6.3.4　光滑处理开关

图标:

对当前网格图上的云图/等值线图进行光滑处理,这时,当前的图形应该是关于单元结果的，比如单元应力或单元应变。光滑前后的结果差别可以用来判断网格密度是否满足要求。

6.4 矢量图

6.4.1 显示矢量图

命令：EVECTORPLOT

菜单：【Display】>【Vector Plot】>【Create...】

图标：

在单元的可见面上绘制矢量图(图 6-7)之前必须显示网格图，但是如果网格图中包含了切片，就只在切片上绘制矢量图。

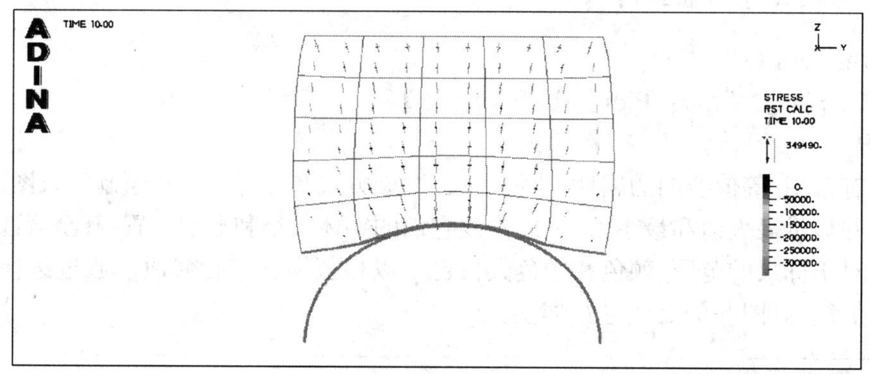

图 6-7 矢量图

6.4.2 修改矢量图

菜单：【Display】>【Vector Plot】>【Modify...】

图标：

修改已有矢量图

6.4.3 删除矢量图

图标：

6.4.4 快速显示主应力矢量图

图标：

快速显示主应力矢量图的时候不必要显示网格图。

6.5 切片图(图 6-9)

点击【切片显示】图标，如图 6-8 所示。

[A]：选择【Cutting Surface】，如果从切片状态回到正常状态，选择【None】；

[B]:切片平面方向和位置;
[C]:如果要用一系列等间隔平面切模型,则输入相邻两个平面距离值;
[D]:控制切开模型的显示方式。

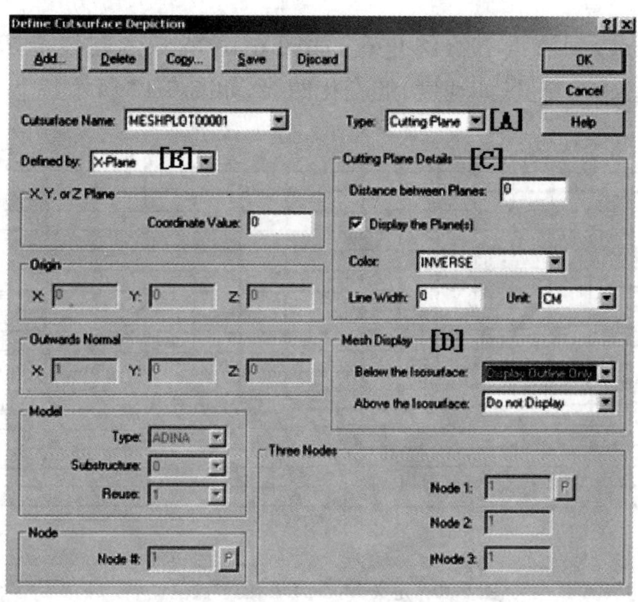

图 6-8　切片定义对话框

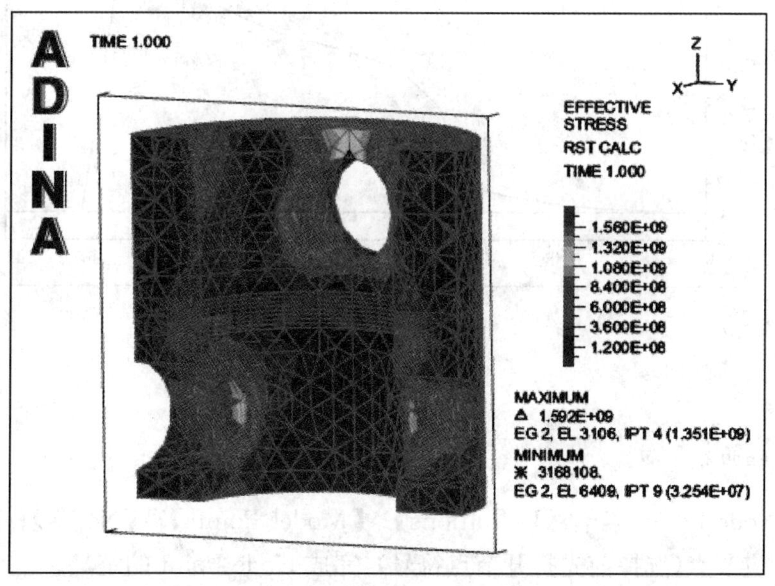

图 6-9　切片图

6.6 曲线图

6.6.1 路径曲线

从节点 N1(起始点)到节点 N2(终止点)如图 6-10 所示的红线标示路径定义的 Model Line,画出这些节点上某一变量(如速度)的变化曲线,如图 6-11 所示。

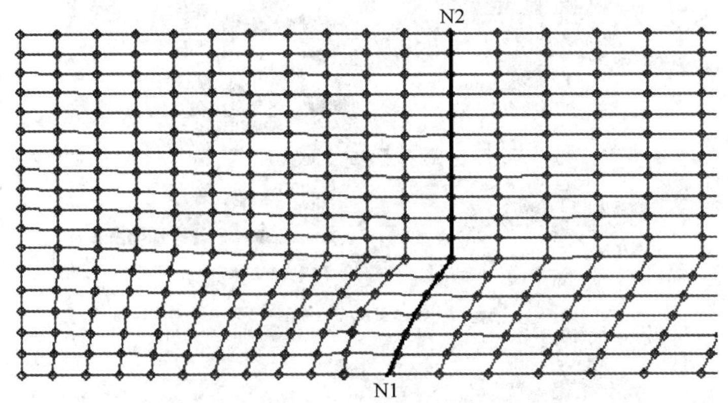

图 6-10 定义 Model Line 的节点位置

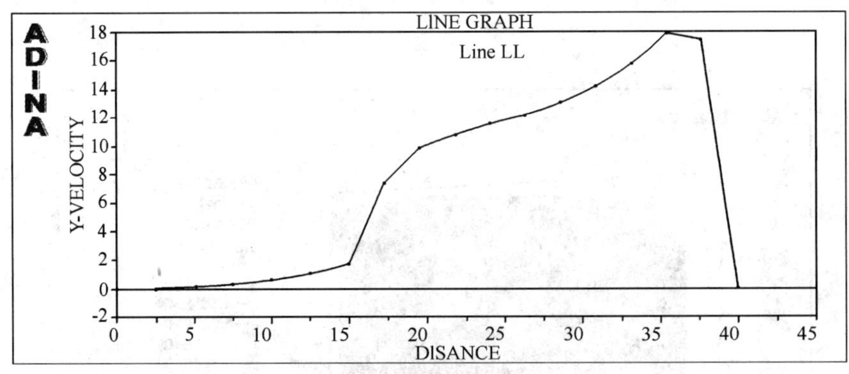

图 6-11 速度曲线

6.6.2 时程曲线

首先定义 Node Point,菜单:【Definitions】>【Model Points】>【Nodes】。点击窗口中的【P】按钮选择相应节点(选择前先打开节点符号),完成 Node Point 的定义。

画时程曲线,菜单:【Graph】>【Response Curve(Model point)】,选择相应的变量即可,曲线如图 6-12 所示。

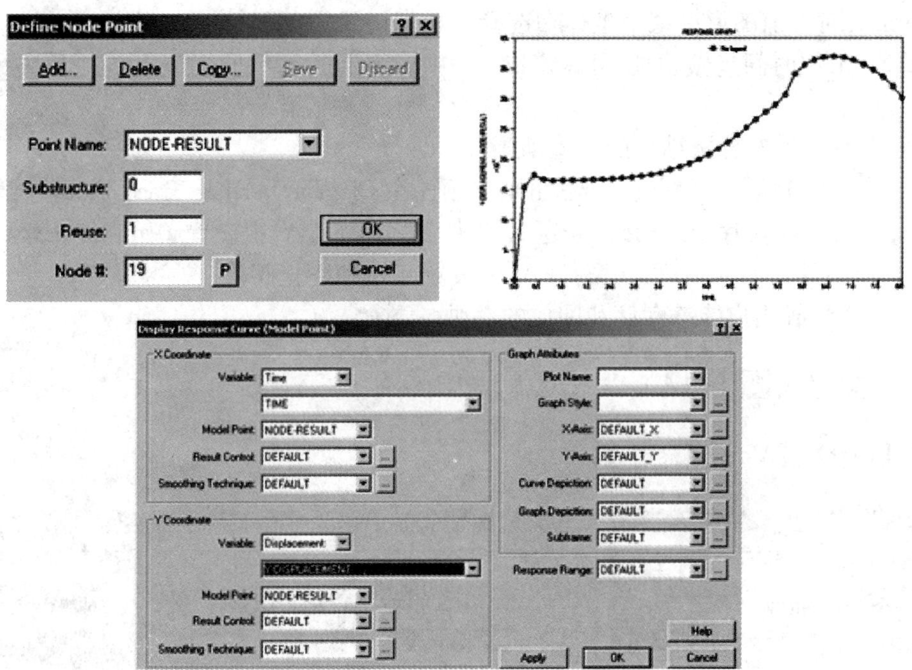

图 6-12　时程曲线

6.7　动画

输出动画：

菜单:【Display】>【Movie Shoot…】

图标(图 6-13)：

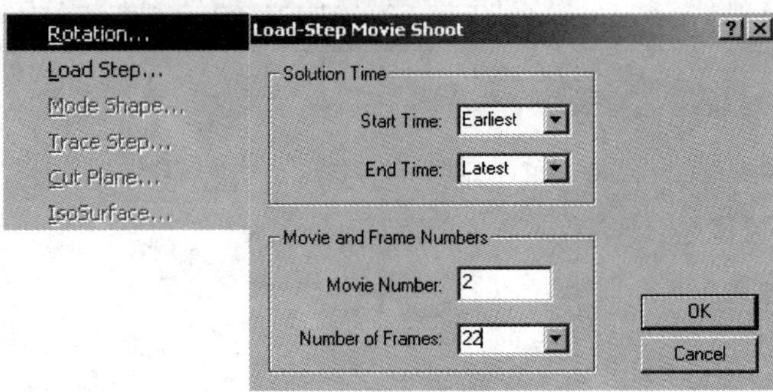

图 6-13　制作动画

说明：

动画文件的类型包括：

Rotation:对当前图形沿某个坐标轴选择并动态记录为动画;

Load Step:用时间步做动画;可在窗口[A]中设置起始和终止时间;并在[B]中设置动画帧数;

Mode Shape:模态分析结果的振型动画;

Trace Step:CFD 瞬态、稳态粒子流动画;必须先在 Display/Particle Trace Plot 生成粒子流;

Cut Plane:移动切片动画;必须先定义切片,可在窗口[A]中设置起始和终止坐标位置;

IsoSurface:等值面动画;可在窗口[A]中设置起始和终止阀值。

通过 AUI 生成用户能够存储和回放的动画。

6.8 列表(图 6-14)

菜单:【List】>【Value List…】

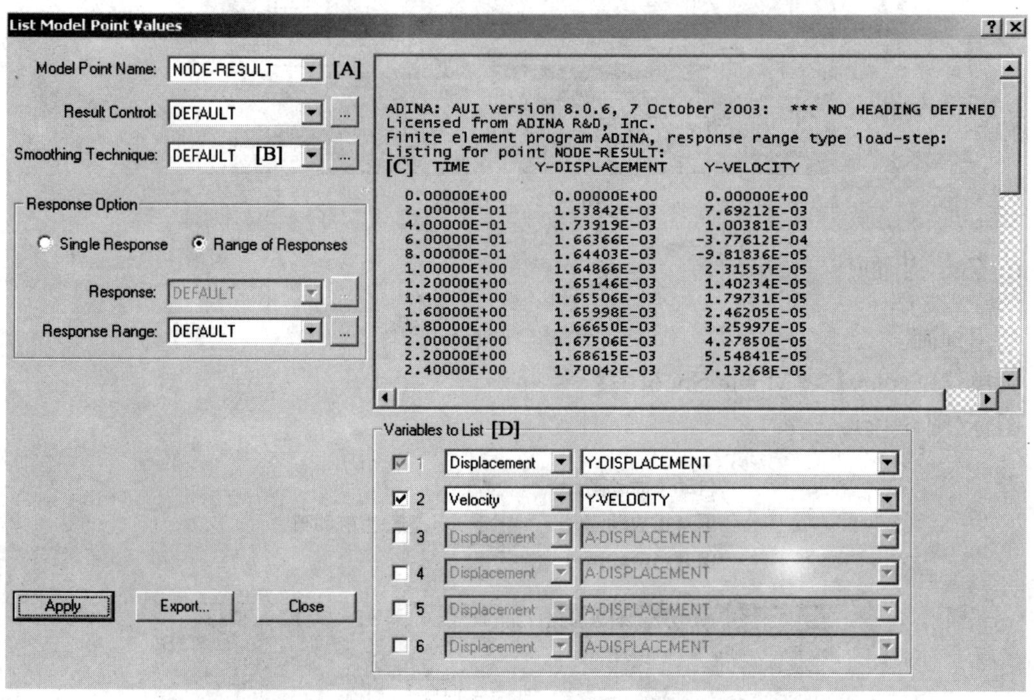

图 6-14 列表

[A]:选择范围,可以是:

Zone

Model Point

Model Line

如果选择 Whole_Model 的【Zone】,则包括模型所有节点;

[B]:选择光滑处理方式;

[C]:列出的结果;

[D]:选择要列出的变量;

[E]:将列表结果按格式输出为TXT文件。

列出定义的Model Point在不同时刻的Y向位移和速度。

6.8.1 摘要信息

1)模型信息

打开【List】>【Info】>【Model Info】菜单。可获得模型信息摘要。摘要包含作业标题名称,节点总数,每个单元组中的单元总数和其他信息。

2)加载响应信息(ADINA-AUI适用)

当从计算系统装入结果文件时,数据库中就装进了载荷步和模态形状,打开【List】>【Info】>【Response Info】菜单。显示载荷步和模态形状信息。它包括了各个求解时刻可用的节点和单元结果,以及可用的节点和单元结果的模态形状。

3)定义变量信息(ADINA-AUI适用)

得到一个可供列表显示、绘曲线图和云图的变量列表,打开【List】>【Info】>【Variable Info】菜单。即可看到。

4)质量特性信息(ADINA-AUI适用)

若要求ADINA-AUI进行质量特性计算(ADINA适用),那么就可以输出质量、体积和其他质量特性信息,打开【List】>【Info】>【Mass】>【Volume Info】菜单。即可进行查看。

质量特性信息中的大部分条目,还可以作为列表变量用于其他列表命令中。例如,使用变量MASS可以得到总质量。这些变量也可以用于合成量和列表合成量。

缺省情况下,AUI输出整个模型的质量信息。打开【Definitions】>【Mass】>【Volume Selection】菜单。可以修改缺省设定。

6.8.2 极值列表(ADINA-AUI适用)

1)结果点列表

打开【List】>【Extreme Values】>【Model Point】菜单,可以得到在一个指定结果点上的最多达6个变量的极值列表。在对话框中指定模型点,响应或时间段响应,光顺技术,结果控制技术和最多可达6个的变量名称等。还要指定极值类型(绝对值最大值,极大值或极小值),此外,还有想要列出的极值个数等。

2)沿结果线的结果列表

打开【List】>【Extreme Values】>【Model Line】菜单,可以得到在一个指定结果线上,最多达6个变量的极值列表。在对话框中指定结果线,响应或时间段响应,光顺技术,结果控制技术和可达6个的变量名称。还要指定极值类型(绝对值最大值,极大值或极小值),此外,还有想要列出的极值个数等。

3)区域或整个模型结果列表

打开【List】>【Extreme Values】>【Zone】菜单,可以得到在一个指定区域内的最多达6个变量的极值列表。在对话框中指定区域,响应或时间段响应,光顺技术,结果栅格,结果控制技术和可达6个的变量名称。还要指定极值类型(绝对值最大值,极大值或极小值),此外,还有想要列出的极值个数等。

规定区域为 WHOLE_MODEL，将得到整个模型的结果。变量计算位置取决于指定的变量，光顺技术和选择的结果栅格。

6.8.3 使用过滤器列表(ADINA-AUI 适用)

打开【List】>【Filtered Values】>【Model Point】,【List】>【Filtered Values】>【Model Line】和【List】>【Filtered Values】>【Zone】菜单来得到通过过滤后，最多达 6 个变量的模型点、沿模型线或一个模型区域内的极值列表。

过滤器将结果中不超过某一个预先规定值的结果统统都滤掉了。因次，AUI 只列表超过预先规定值的结果。只不过是要规定超越法则(绝对值最大，极大值或极小值)，以及代替极值的超越值，另外还有极值个数。

沿某一个线段列表，列表开始给出一个线段列表索引，然后列表显示对于指定的响应，或时间段响应中的每个响应结果。

6.8.4 不经过滤的列表(ADINA-AUI 适用)

打开【List】>【Value List】>【Model Point】、【List】>【Value List】>【Model Line】和【List】>【Value List】>【Zone】菜单，系统显示不经过过滤，最多达 6 个变量的模型点、沿模型线或一个模型区域内的极值列表。AUI 列出全部结果。

沿某一个线段列表，列表开始给出一个线段列表索引，然后列表显示对于指定的响应，或时间段响应中的每个响应结果。

第 7 章　ADINA　命　令

前面几章着重讲述的是对话框操作，对话框比较直观，容易理解和掌握。实际上，一个对话框和一个或多个 ADINA 命令相对应，两者的执行结果是一样的。由于直接执行命令所需的系统资源少，所以效率要更高一些。特别是形成了命令流文件的时候，效率要远远高于一步一步的对话框操作。而且命令流文件是文本文件，短小精悍，便于修改以及和别人交流。本章提供了部分 ADINA 常用命令的解释，用户可以参考本书所附光盘中实例的 *.in 文件逐渐熟悉这些命令。

ADINA 的命令及其参数众多，很难全部记忆下来，因此，建议一开始建模的时候采用对话框方式，而不是从零开始编写命令流文件，然后利用保存文件操作生成命令流文件（*.in 文件），能够读懂其中常用的命令并进行修改即可。

7.1　命令输入模式

1）交互模式

（1）AUI 在运行且显示用户界面的时候，直接在命令窗口输入命令，参见图 1-3。

（2）AUI 以命令行模式运行，即使用了“-cmd”选项时，以标准输入方式输入命令。

2）批处理模式

（1）AUI 在运行且显示用户界面的时候，用菜单【File】→【Open】读取命令流文件。

（2）直接在 AUI 启动时使用“-b”选项，从指定的文件中读取命令流。

另外，还可以用“READ”命令从一个文件中读取命令流。

7.2　命令的格式

1）定义点

```
*
COORDINATES POINT SYSTEM=0
@CLEAR
1 0.00000000000000 0.00000000000000 0.00000000000000 0
2 0.00000000000000 0.00000000000000 10.0000000000000 0
3 0.00000000000000 0.00000000000000 20.0000000000000 0
4 0.00000000000000 5.00000000000000 10.0000000000000 0
5 0.00000000000000 5.00000000000000 20.0000000000000 0
6 0.00000000000000 10.0000000000000 0.00000000000000 0
@
```

```
*
```

第一列为几何点标号，中间三列依次为 X1、X2、X3 坐标，最后一列为坐标系，0 表示默认的笛卡儿坐标系。

2)定义线

```
*
LINE STRAIGHT NAME=1 P1=1 P2=2
*
```

STRAIGHT 表示线的类型为直线，NAME 为线号，P1=1 P2=2 为定义此类型线用到的几何元素。不同类型的线，命令流也不同。

3)定义面

```
*
SURFACE VERTEX NAME=1 P1=3 P2=5 P3=4 P4=2
*
```

ERTEX 表示面的类型，NAME 为面号，P1=3 P2=5 P3=4 P4=2 为定义此类型面用到的几何元素。不同类型的面，命令流也不同。

4)定义体

```
*
VOLUME EXTRUDED NAME=1 SURFACE=1 DX=0.0,
        DY=0.0 DZ=0.1270 SYSTEM=0 PCOINCID=YES,
        PTOLERAN=1.0E-05 NDIV=1 OPTION=VECTOR
@CLEAR
@
*
```

EXTRUDED 表示体的类型，NAME 为体号，SURFACE 表示起始面号，DX、DY、DZ 表示延伸方向。不同类型的体，命令流也不同。

5)Parasolid 建模

```
*
BODY BLOCK NAME=1 OPTION=CENTERED POSITION=VECTOR ORIENTAT=SYS-
        TEM,
        CX1=0.00000000000000 CX2=0.00000000000000 CX3=0.00000000000000,
        SYSTEM=0 DX1=5.00000000000000 DX2=2.00000000000000,
        DX3=12.0000000000000
*
```

BLOCK 表示体的类型，NAME 为体号，OPTION=CENTERED POSITION=VECTOR 表示定义 Block 的方式为中心点和向量，然后给出中心点坐标 CX 和向量值 DX。不同类型的体，命令流也不同。

6)定义材料

```
*
```

```
MATERIAL ELASTIC NAME=1 E=2.00000000000000E+10 NU=0.167000000000000,
        DENSITY=2400.00000000000 ALPHA=0.00000000000000 MDESCRIP='NONE'
*
```

ELASTIC 表示材料类型为线弹性材料，E 为弹性模量，NU 为泊松比，DENSITY 为密度，ALPHA 为热膨胀系数。不同的材料类型，命令流也不同。

7)定义约束

```
*
FIXITY NAME=YT
@CLEAR
  'Y-TRANSLATION'
  'OVALIZATION'
@
*
FIXITY NAME=ZT
@CLEAR
  'Z-TRANSLATION'
  'OVALIZATION'
@
*
FIXBOUNDARY LINES FIXITY=ALL
@CLEAR
24 'YT'
9 'ZT'
@
*
```

FIXITY 为定义约束，NAME 为所定义约束的名称，本例中约束 YT 表示约束 Y 方向的平动自由度，约束 ZT 表示约束 Z 方向的平动自由度。

FIXBOUNDARY 为施加约束，LINES 表示施加在线上，在 Line24 上施加约束 YT，Line9 上施加约束 ZT。ADINA 已经定义好的约束为 ALL 全约束和 NONE 所有自由度都不约束。

8)定义荷载

```
*
LOAD MASS-PROPORTIONAL NAME=1 MAGNITUD=9.80000000000000,
        AX=0.00000000000000 AY=0.00000000000000 AZ=-1.00000000000000,
        INTERPRE=BODY-FORCE
*
APPLY-LOAD BODY=0
@CLEAR
1 'MASS-PROPORTIONAL' 1 'MODEL' 0 0 1 0.00000000000000 0 -1 0 0 0 ,
```

```
'NO' 0.00000000000000 0.00000000000000 1 0
@
*
```

LOAD 为定义荷载，MASS-PROPORTIONAL 表示荷载类型，MAGNITUD 为荷载大小，AX、AY、AZ 为荷载方向，BODY-FORCE 表示所加荷载为体力，本例为重力。

APPLY-LOAD 为施加荷载，MASS-PROPORTIONAL 后边的 1 表示荷载标号，MODEL 表示施加在整个模型上。不同的荷载类型，命令流也不同。

9)定义初始条件

```
*
INITIAL-COND NAME=VX
@CLEAR
 'X-VELOCITY' 12.0000000000000
@
*
SET-INITCOND VOLUMES CONDITIO=VX
@CLEAR
1 'VX' 0
2 'VX' 0
3 'VX' 0
@
*
```

INITIAL-COND 为定义初始条件，NAME 为初始条件名称，本例中初始条件 VX 表示 X 方向初始速度为 12。

SET-INITCOND 为施加初始条件，VOLUMES 表示施加的对象为体，在 Volume1，2，3 上施加 VX 的初始条件。不同的初始条件，命令流也不同。

10)定义单元组

```
*
EGROUP TWODSOLID NAME=1 SUBTYPE=STRAIN DISPLACE=DEFAULT,
        STRAINS=DEFAULT MATERIAL=1 INT=DEFAULT RESULTS=STRESSES,
        DEGEN=YES FORMULAT=0 STRESSRE=GLOBAL INITIALS=NONE FRACTUR=NO,
        CMASS=DEFAULT STRAIN-F=0 UL-FORMU=DEFAULT PNTGPS=0 NODGPS=0,
        LVUS1=0 LVUS2=0 SED=NO RUPTURE=ADINA INCOMPAT=DEFAULT,
        TIME—OFF=0.00000000000000 POROUS=NO WTMC=1.00000000000000,
        OPTION=NONE DESCRIPT='NONE' THICKNES=1.00000000000000,
        PRINT=DEFAULT SAVE=DEFAULT TBIRTH=0.00000000000000,
        TDEATH=0.00000000000000
*
```

TWOSOLID 表示单元组类型为二维实体单元，NAME 为单元组标号。SUBTYPE 为单元子类型,STRAIN 表示平面应变。材料选择已定义的材料标号 1,其他为默认选项。不同的单元组类型,命令流也不同。

11)指定网格大小

```
*
SUBDIVIDE LINE NAME=1 MODE=DIVISIONS NDIV=5 RATIO=1.0000000000000,
    PROGRESS=GEOMETRIC CBIAS=NO
@CLEAR
3
@
*
```

LINE 表示对线指定网格大小,NAME 表示对 Line1 指定网格大小,CLEAR 下边的 3 表示对 Line3 做同样的设置。MODE=DIVISIONS 表示指定网格密度的方式为 Use Number of Divisions,NDIV=5 表示分 5 份,RATIO=1.00000000000000 最末一个单元和第一个单元的边长比值,1 表示单元边长相同。对不同的几何元素指定划分份数,命令流也不同。

12)划分单元

```
*
GSURFACE NODES=9 PATTERN=AUTOMATIC NCOINCID=BOUNDARIES NCEDGE=
    1234,
    NCVERTEX=1234 NCTOLERA=1.00000000000000E-05 SUBSTRUC=0 GROUP=1,
    PREFSHAP=AUTOMATIC MESHING=MAPPED SMOOTHIN=NO DEGENERA=YES,
    COLLAPSE=NO MIDNODES=CURVED METHOD=ADVFRONT FLIP=NO
@CLEAR
1
@
*
```

GSURFACE 表示对面划分单元, NODES=9 表示单元为 9 节点,NCTOLERA=1.00000000000000E-05 为容差,NCOINCID=BOUNDARIES 表示检查边界节点,对距离小于容差的节点拟合,GROUP=1 表示划分的网格分配到第一个单元组中。CLEAR 下的标号 1 表示对 Surface1 划分单元。

第8章　实 例 详 解

实例1　集中/均布荷载作用下的悬臂梁

本例分析一个简单的悬臂梁结构结构静力分析，如图8-1所示。

分析的每一步都给出了相应结果。

第一部分主要包括以下内容：

- 启动/退出AUI
- 定义点
- 定义线
- 施加边界条件
- 定义材料
- 定义梁截面
- 定义并施加载荷
- 生成梁单元
- 生成ADINA数据文件
- 保存ADINA-IN命令流文件
- 运行ADINA
- 读入运行ADINA后生成的结果文件
- 画带有边界条件的网格图
- 显示载荷
- 列出最大挠度
- 画弯矩图、剪力图

第二部分主要演示以下主题：

- 打开ADINA-IN数据库文件，获取前面已建立的模型
- 删除以前定义的载荷并定义新的载荷

第三部分主要包括以下内容：

- 给现有模型增加边界条件
- 从模型中删除单元
- 单击绿色的列并填表
- 在线上指定划分份数，并对线划分单元
- 放大变形图

第一部分：在自由端施加集中载荷引起的变形(图 8-1)

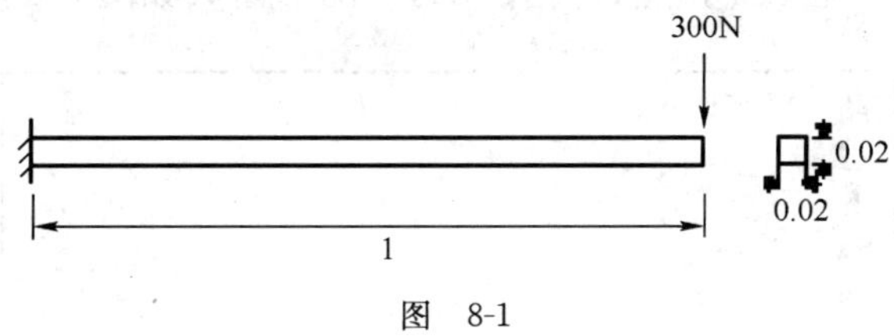

图　8-1

长度单位：m

弹性模量 $E=2.07\times10^{11}\text{N/m}^2$

启动 AUI,选择模块

启动 AUI,从程序模块的下拉式列表框中选 ADINA Structures。

建立几何模型

建立模型时,练习一些如图 8-2 所示的几何尺寸的输入对几何建模是很有帮助的。

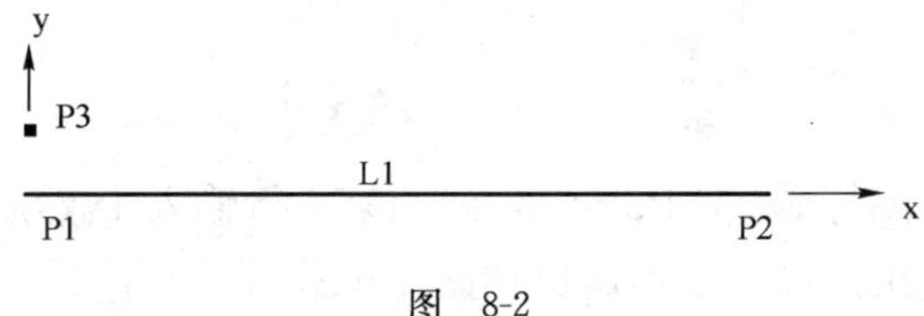

图　8-2

通过本例的分析,读者可以体会到输入几何尺寸的益处。

单击【Define Points】图标,并把以下信息输入到表中(图 8-3)。

Point#	X1	X2	X3
1			
2	1		
3		0.1	

图　8-3

(表中:元素区域若为空白,则该元素作为 0 处理) 然后单击【OK】。图形窗口如图 8-4 所示。

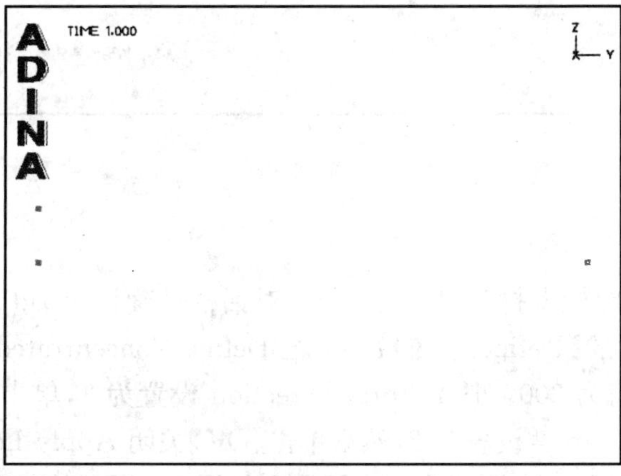

图　8-4

现在单击【Define Lines】图标■，然后单击【Add...】按钮定义 1 号线。在对话框中把点 1 输入到区域 1，点 2 输入到区域 2，然后单击【OK】。图形窗口如图 8-5 所示。

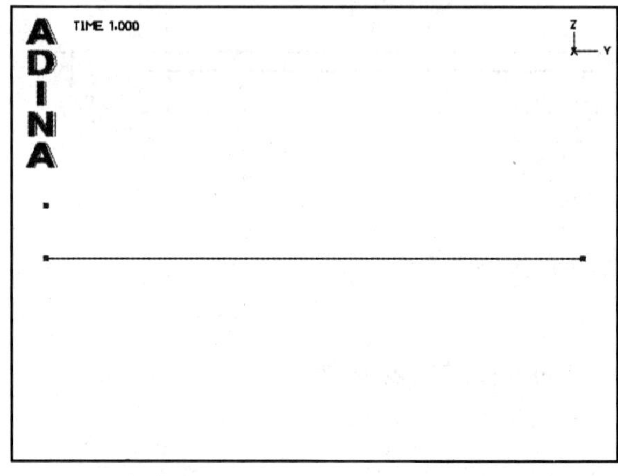

图 8-5

定义边界条件

单击【Apply Fixity】图标，在 Point # 列的第一行输入 1，然后单击【OK】。

单击【Boundary Plot】图标，图形窗口如图 8-6 所示。

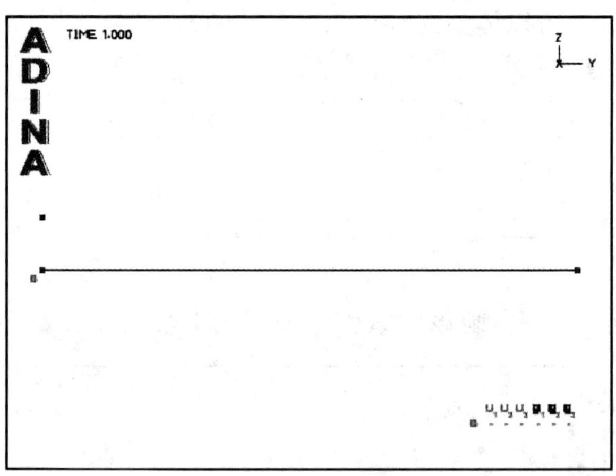

图 8-6

定义载荷

单击【Apply Load】图标打开 Apply Load 对话框。确认 Load Type 是 Force 后，单击 Load Number 区域右侧的【Define...】按钮。在 Define Concentrated Force 对话框中，增加 Concentrated Force 1，值为 300，把 Y Force Direction 设置为-1，单击【OK】。把 Apply Load 对话框中表的第一行的 Site #设置为 2，然后单击【OK】关闭 Apply Load 对话框。

单击【Load Plot】图标，在图形窗口中可看到如图 8-7 所示的信息。

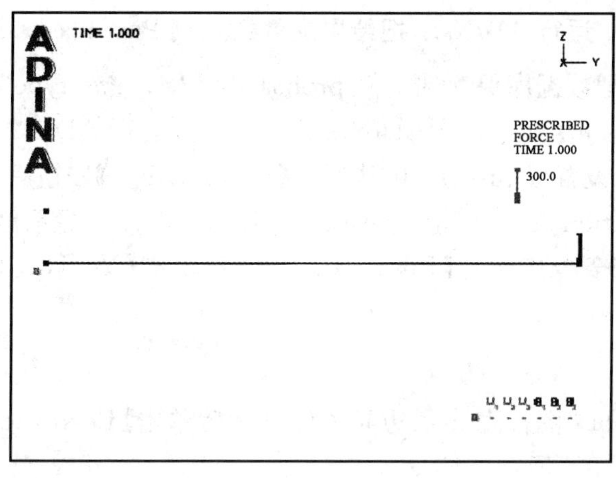

图　8-7

定义截面

单击【Cross Sections】图标。增加 cross-section 1，在 Width 区域输入 0.02，然后选中 Square Section 并单击【OK】。

定义材料

单击【Manage Materials】图标，选择【Elastic Isotropic】按钮。在 Define Isotropic Linear Elastic Material 对话框中，增加 material 1，把 Young's Modulus 设置为 2.07E11，然后单击【OK】。单击【Close】按钮关闭 Manage Material Definitions 对话框。

定义单元

单元组：单击【Define Element Groups】图标，增加 group 1，把 Type 设置为 Beam，然后单击【OK】。

生成单元：单击【Mesh Lines】图标，在 Auxiliary Point 区域输入 3，在 Line # 表的第一行输入 1，然后单击【OK】（辅助点用于定义单元局部坐标系的方向；单元的 s 方向位于由单元和辅助点定义的平面内，并指向辅助点），在图形窗口中可看到如图 8-8 所示的信息。

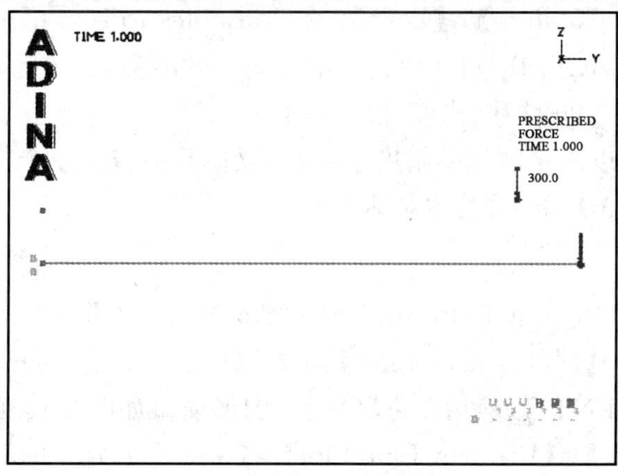

图　8-8

生成 ADINA 数据文件，运行 ADINA，把结果文件载入到 Post-Processing

先单击【Save】，把数据库保存到文件 prob01 中（“Save as type” 区域应该是“ADINA-IN Database Files（*.idb)”）。生成 ADINA 数据文件并运行 ADINA，单击【Data File/Solution 图标】，把文件名设置成 prob01，确认选了【Run ADINA】按钮后，单击【Save】。ADINA 运行完毕后，显示“Solution successful, please check the results”提示信息。关闭所有对话框。从程序模块的下拉式列表框中选择【Post-Processing】，单击【Yes】，其余选默认，单击【Open】，打开结果文件 prob01。

画变形图

单击【Boundary Plot】图标显示边界条件。然后单击【Load Plot】图标显示载荷，在图形窗口中可看到如图 8-9 所示的信息。

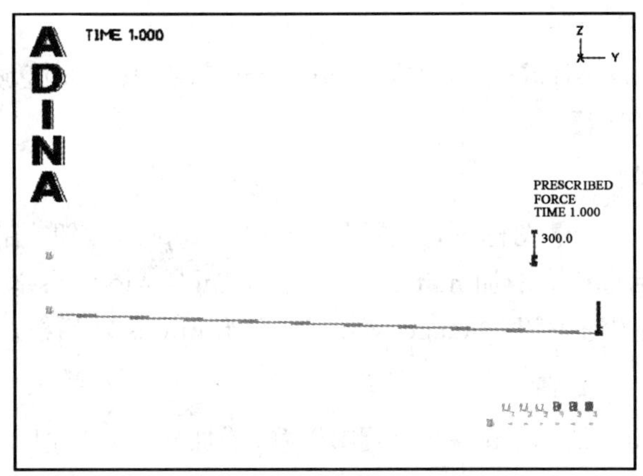

图 8-9

列出自由端的挠度

选【List】>【Extreme Values】>【Zone】。在 Variables to List 框中，第一行从右侧的下拉式列表框中选 Y-DISPLACEMENT（列表框带有向下的箭头）。然后单击【Apply】。

AUI 显示节点 2 的 y 向位移(挠度)值是－3.62319E-02，这也是梁在该点的理论挠度值。一个简单的梁单元就足以满足本例的精度了，因为梁单元中包括一个三次位移项，这也是梁的理论计算所要求的。单击【Close】关闭对话框。

画弯矩图、剪力图

ADINA 中可以输出线状单元(Beam、Truss、Pipe)的内力图。

弯矩图：选【Display】>【Element Line Plot】>【Create】，把 Element Line Quantity 项设置成 BENDING_MOMENT-T，然后单击【OK】。图形窗口如图 8-10 所示。

剪力图：选【Display】>【Element Line Plot】>【Modify】，把 Element Line Quantity 项设置成 SHEAR_FORCE-S 然后单击【OK】。图形窗口如图 8-11 所示。

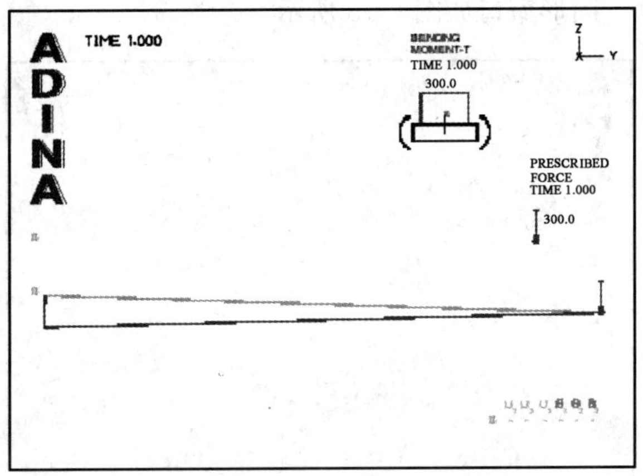

图　8-10

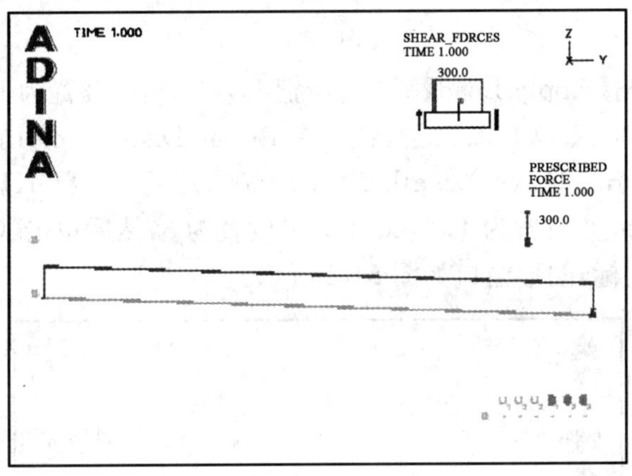

图　8-11

退出 AUI

选【File】>【Exit】,然后单击【Yes】,其余选默认,退出 ADINA-AUI。

第二部分：由均布载荷引起的挠度

给悬臂梁施加如图 8-12 所示的均布载荷。

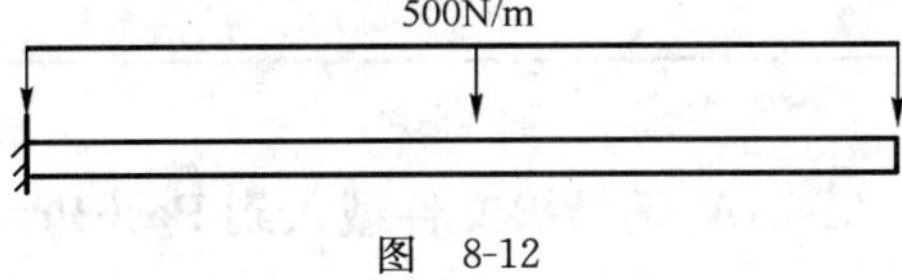

图　8-12

启动 AUI 并从程序模块下拉式列表框中选 ADINA Structures。再从【File】菜单下部的最近打开过的文件列表中选 prob01. idb。

删除并重新定义载荷

删除载荷:在模型目录树中,点击【Loading】前的＋号,然后对"1. Force 1 on Point 2"右击选择【Delete】,再单击【Yes】关闭对话框。

单击【Redraw】图标更新图形窗口。单击【OK】关闭 No loads in load plot. Creating

empty load plot 警告框。图形窗口如图 8-13 所示。

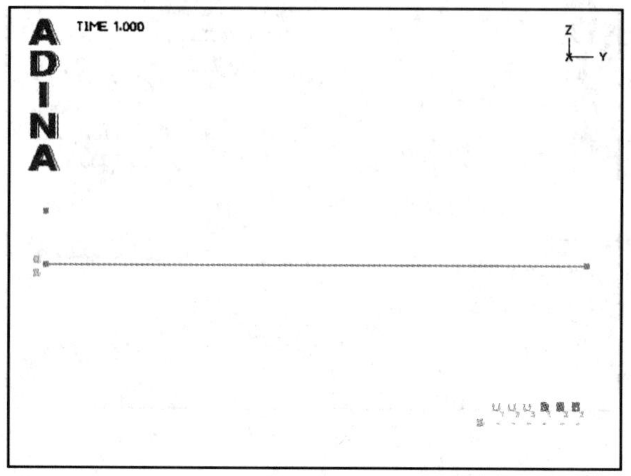

图 8-13

重新定义载荷：单击【Apply Load】图标，把 Load Type 设置为 Distributed Line Load。单击 Load Number 右侧的【Define...】按钮。在 Define Distributed Line Load 对话框中定义线载荷号 1，把 Magnitude [Force/Length]设置为 500，然后单击【OK】。在 Apply Load 对话框的表的第一行，把 Site #设置为 1，Aux. Point 设置为 3，然后单击【OK】。

单击【Redraw】图标，图形窗口如图 8-14 所示。

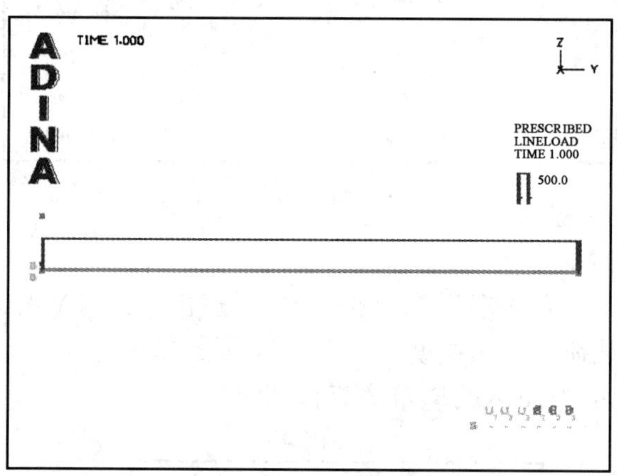

图 8-14

生成 ADINA 数据文件，运行 ADINA，把结果文件载入到 Post-Processing

把 ADINA-IN 数据库存为一个新文件，选【File】>【Save As】，输入 prob01a，然后单击【OK】。

单击【Data File/Solution】图标，输入文件名 prob01a，确认选了【Run ADINA】按钮后，单击【Save】。运行完 ADINA 后，关闭所有对话框。

本次除了导入的结果文件是 prob01a 外，其余的后处理步骤和前面集中力后处理的步骤完全一致。本例中梁在均布载荷作用下，自由端的挠度是−2.26449E-02。这也和理论计算值一致。带有载荷和边界条件的变形图如图 8-15 所示。

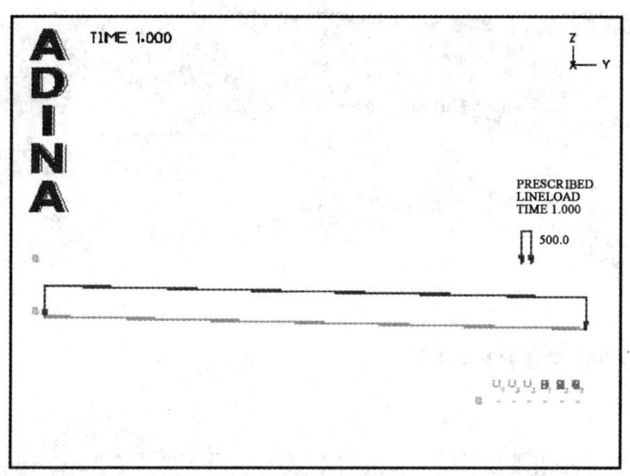

图　8-15

实例 2　平面框架静力分析(节点自由度松弛)

问题描述

本题是一个门式框架受侧向集中力作用的静力分析(图 8-16)。主要演示 ADINA 梁单元节点自由度松弛和刚性端在结构处理特殊连接关系中的应用。

几何模型

建立点

菜单【Geometry】>【Point】,在打开的窗口中输入图 8-17 中 5 个点,单击【OK】关闭对话框。

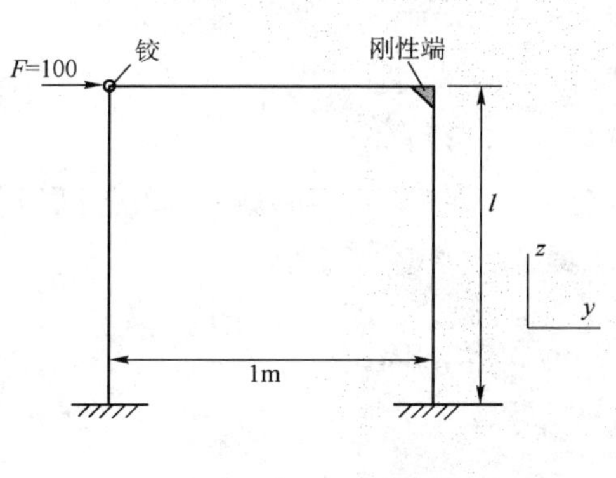

图　8-16

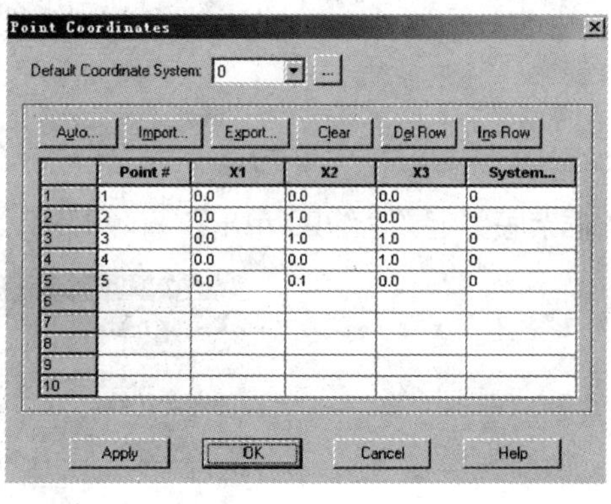

	Point #	X1	X2	X3	System...
1	1	0.0	0.0	0.0	0
2	2	0.0	1.0	0.0	0
3	3	0.0	1.0	1.0	0
4	4	0.0	0.0	1.0	0
5	5	0.0	0.1	0.0	0
6					
7					
8					
9					
10					

图　8-17

建立线

菜单【Geometry】>【Line】>【Define】,在打开的窗口中(图 8-18)点击【Add】按钮,然后点击 Point1 相邻的【P】按钮,再依次在屏幕上选择第一个点和第二个点,然后按键盘上【Esc】键退回到 Define Line 窗口,点击【Save】存储第一条线。

按同样方法定义 Line2 和 3:

LINE STRAIGHT NAME=2 P1=4 P2=3

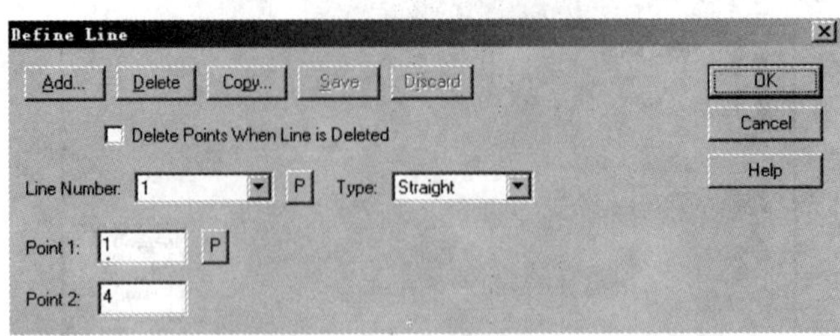

图 8-18

LINE STRAIGHT NAME=3 P1=3 P2=2

定义材料

菜单【Model】>【Materials】>【Manage Materials】，点击【Isotropic】按钮，定义线弹性各向同性材料，在打开的窗口中(图 8-19)点击【Add】按钮，如图中所示输入数据，点击【OK】，再单击【Close】关闭 Manage Material Definitions 对话框。

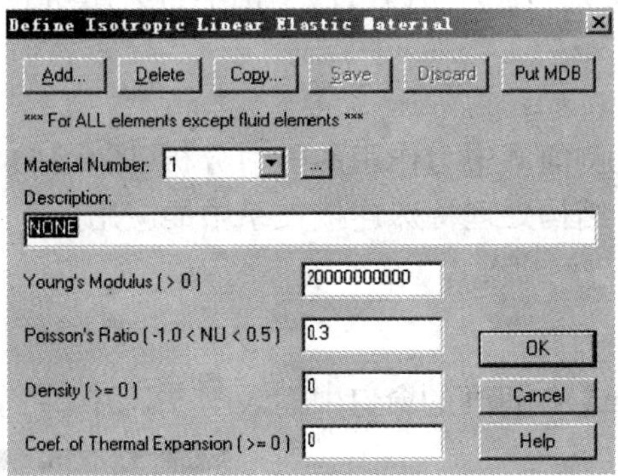

图 8-19

定义约束

框架底部定义全约束，单击【Apply Fixity】图标(图 8-20)，在 Point # 列中输入 1,2，点击【OK】。

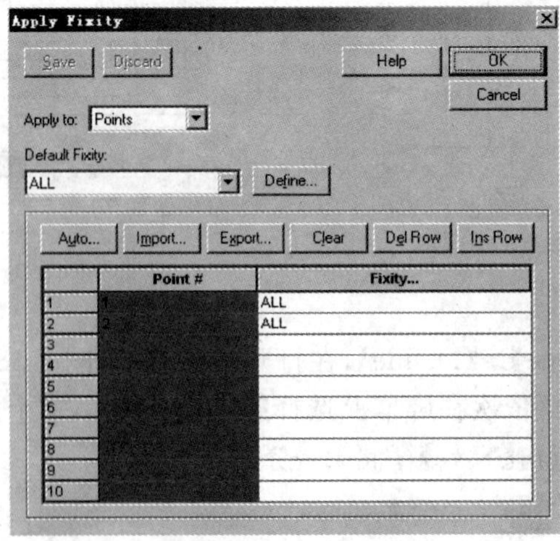

图 8-20

定义并施加荷载

单击【Apply Load】图标打开 Apply Load 对话框。确认 Load Type 是 Force 后，单击 Load Number 区域右侧的【Define...】按钮，如图 8-21 所示定义，单击【OK】关闭对话框。

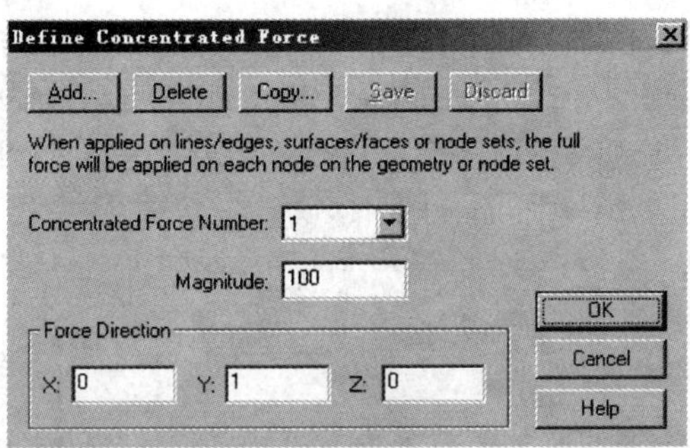

图　8-21

在 Apply Load 对话框中表的第一行的 Site ＃设置为 4(图 8-22)，然后单击【OK】关闭 Apply Load 对话框。

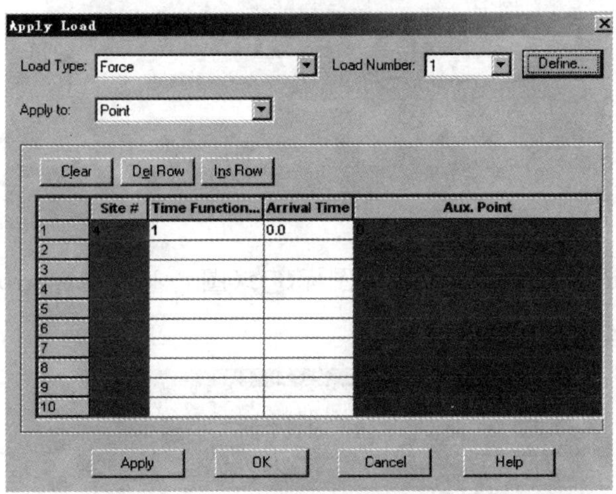

图　8-22

单击【Load Plot】图标和【Boundary Plot】，在图形窗口中可看到如图 8-23 所示的信息。

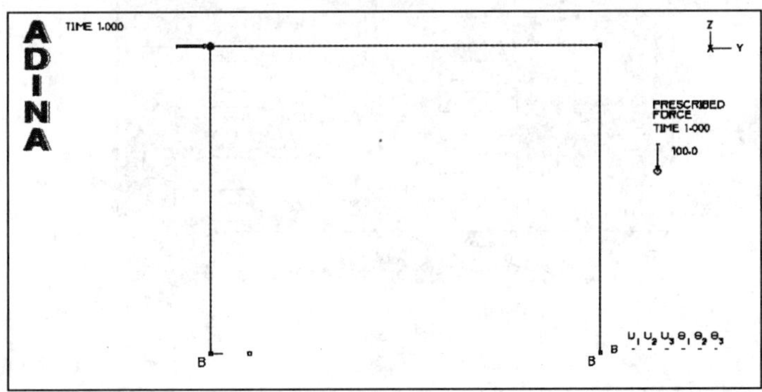

图　8-23

定义横截面

单击【Cross Sections】图标（图 8-24）。增加 cross-section 1，类型选择【Rectangular】，在 Width 区域输入 0.01，然后选中 Square Section 并单击【OK】。

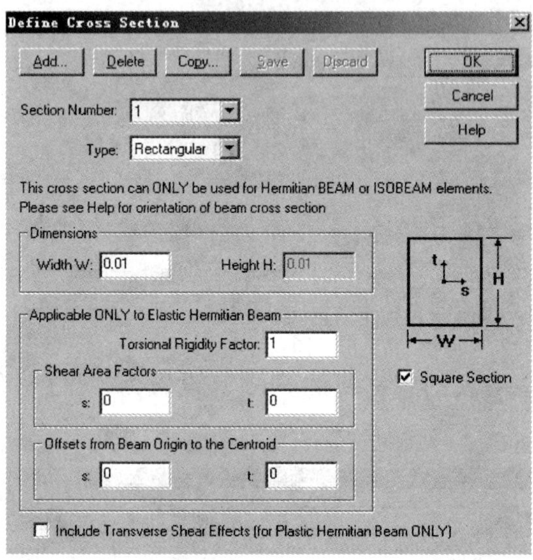

图 8-24

定义单元

单元组：单击【Define Element Groups】图标（图 8-25），增加 group 1，把 Type 设置为 Beam，然后单击【OK】。

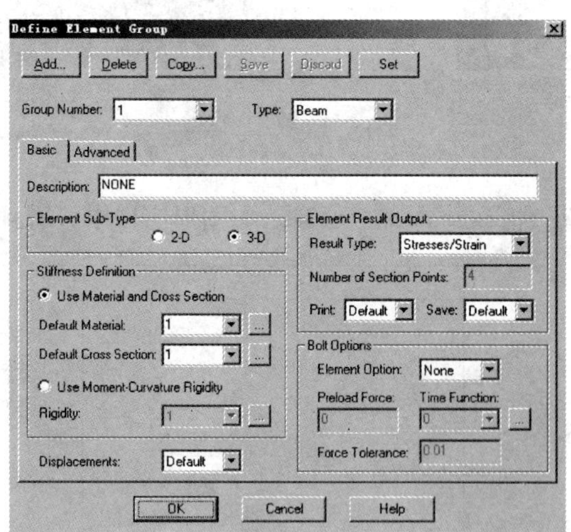

图 8-25

指定网格大小：单击【Meshing】>【Mesh Density】>【Line】（图 8-26），Method 选择【Use Number of Divisions】，Line1、Line2、Line3 均分为 10 等份。

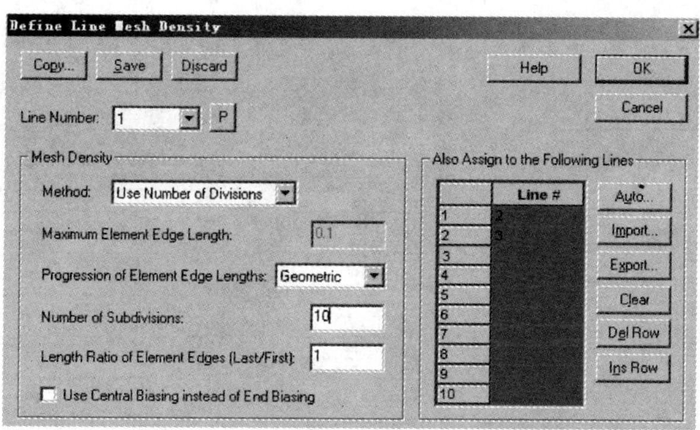

图　8-26

生成单元：单击【Mesh Lines】图标，在 Auxiliary Point 区域输入 5，在 Line # 表中输入 1,2,3，然后单击【OK】(辅助点用于定义单元局部坐标系的方向；单元的 s 方向位于由单元和辅助点定义的平面内，并指向辅助点)，在图形窗口中可看到如图 8-27 所示的信息。

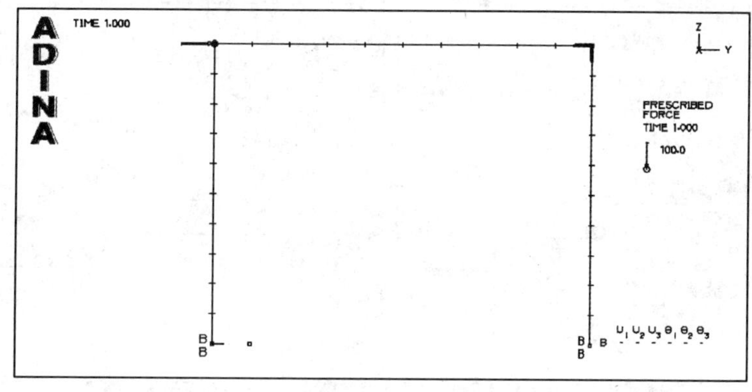

图　8-27

定义端点释放

ADINA 对于一端是铰一端是固端的梁单元，采用铰所在一端释放相应节点的转动自由度来实现，如图 8-28 所示，梁单元 10 和 11 在 11 号节点铰接(平面铰)，则对单元 10 释放 11 号节点端绕 X 轴转动自由度，并对单元 11 释放 11 号节点端 X 轴转动自由度。注意：必须明确 11 号节点对单元 10 或 11 在单元局部坐标系下究竟是单元的前点(Node1)还是后点(Node2)。具体做法在单元数据表中实现。

【Meshing】>【Element】>【Element Nodes】(图 8-29)中查看 Element11 中 11 号节点为 Node1，Element10 中 11 号节点为 Node2。

【Model】>【Boundary Condition】>【End Release】下，单击【Add】，增加 End Release Number1，释放 Node1 在 t 方向上的弯矩，单击【Save】，再增加 End Release Number2，释放 Node2 在 t 方向上的弯矩，单击【OK】。如图 8-30 所示。

【Meshing】>【Element】>【Element Data】下，把 Element10 的 End Release 设为 2，Element11 的 End Release 设为 1。如图 8-31 所示。

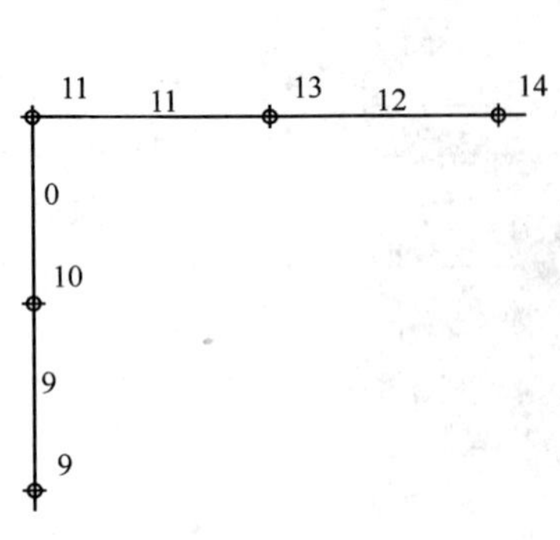

图 8-28

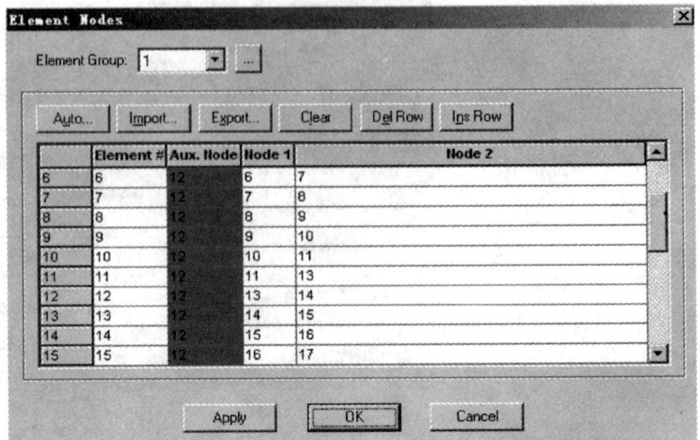

图 8-29

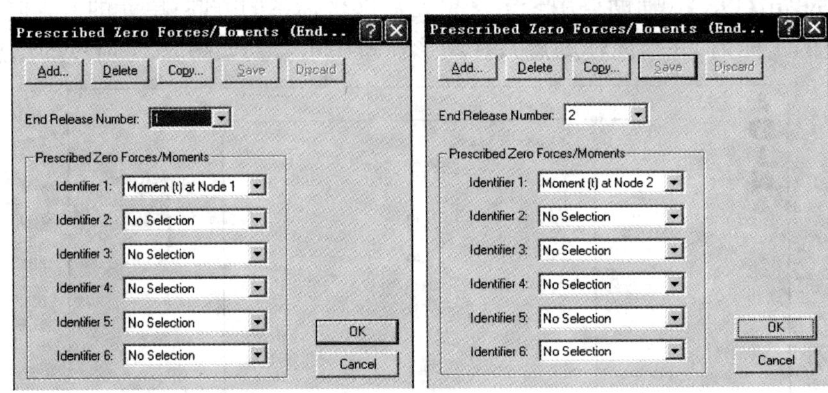

图 8-30

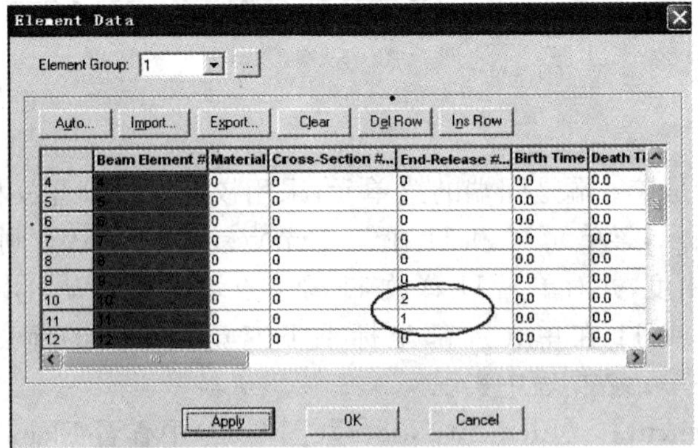

图 8-31

由于 11 号节点 X 轴的转动自由度对相连的全部单元自由度均已释放，因此要将 11 号节点的 X 轴转动自由度约束掉。【Model】>【Boundary Condition】>【Apply Fixity on Nodes】下，如图 8-32 所示定义。

刚性端

梁与梁连接时，由于梁有高度和宽度，在连接节点附近范围，梁的变形很小，可以视为一个刚性范围，称为刚性端。如图 8-33 所示。

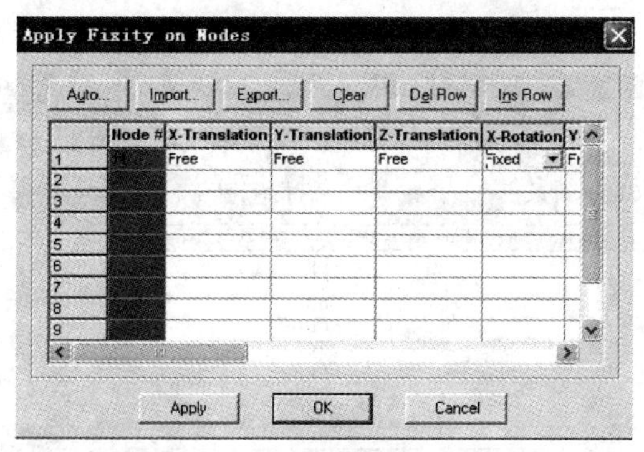

图　8-32

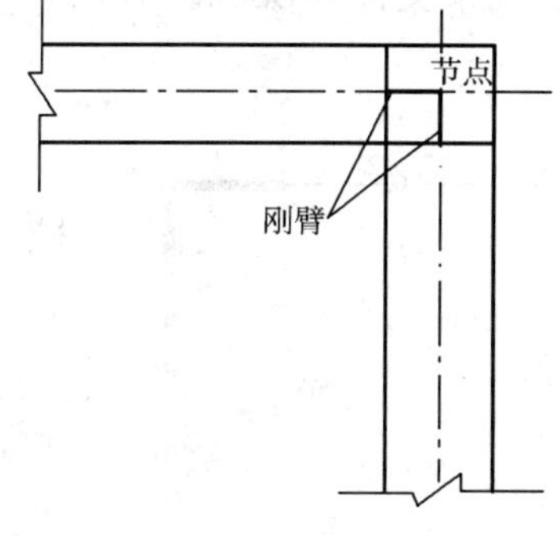

图　8-33

不考虑刚性端的影响，变形会过大。考虑刚性端作用也是在单元数据表中输入有刚性端的单元的刚性臂长度，同样刚性臂长度也应按单元局部坐标系中的前点(Node1)、后点(Node2)输入其值。另外在单元组定义中要指定刚性臂刚度的大小，通常选无限大刚度。

【Meshing】>【Element Group】，在 Advanced 选项中 Rigid End Zones 选择【Defined by Length with Infinite Stiffness】。如图 8-34 所示。

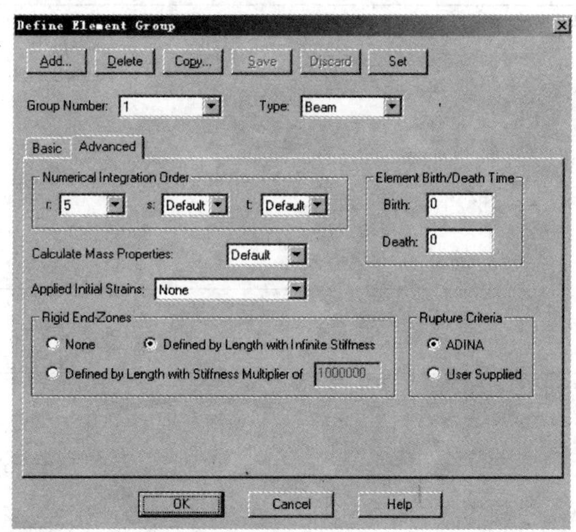

图　8-34

同样在【Meshing】>【Element】>【Element Nodes 】路径下查看单元节点编号。22 号节点为单元 20 的 Node2，为单元 21 的 Node1。在【Meshing】>【Element】>【Element Data】下，直接定义刚性臂的长度为 0.05。如图 8-35、图 8-36 所示。

生成 ADINA 数据文件，运行 ADINA，把结果文件载入到 Post-Processing

先单击【Save】，把数据库保存到文件 prob02 中（“Save as type” 区域应该是“ADINA-IN Database Files (*.idb)”）。生成 ADINA 数据文件并运行 ADINA，单击【Data File/Solution】图标，把文件名设置成 prob02，确认选了【Run ADINA】按钮后，单击【Save】。ADINA 运行完毕后，显示 Solution successful, please check the results 提示信息。关闭所有对话框。

从程序模块的下拉式列表框中选择【Post-Processing】，单击【Yes】，其余选默认，单击【Open】📂，打开结果文件 prob02。

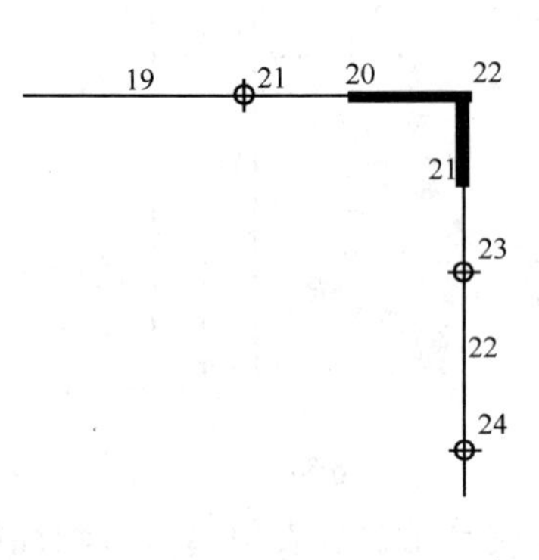

图 8-35

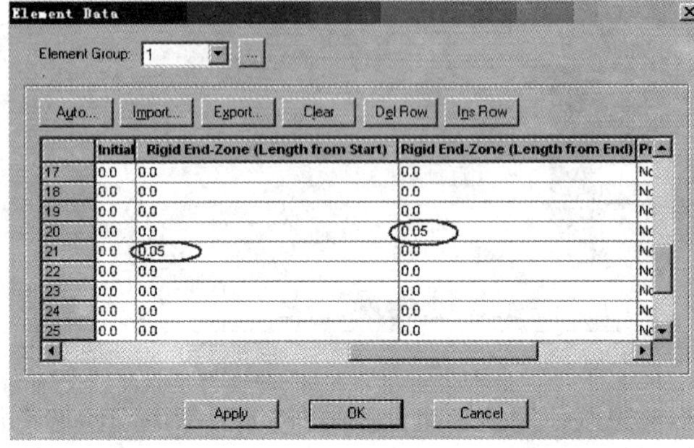

图 8-36

后处理

以下给出变形结果图和弯矩图(图 8-37、图 8-38)。

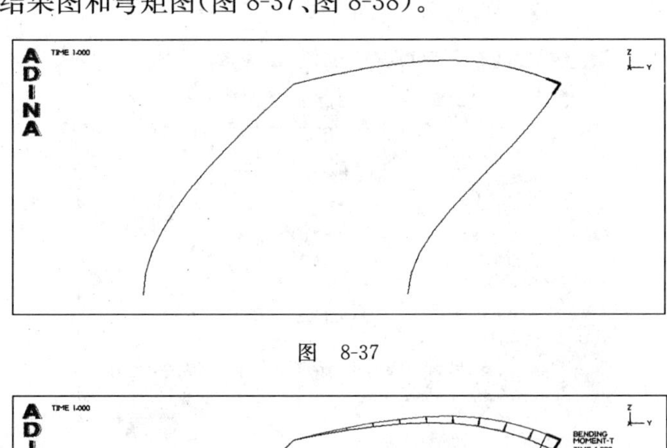

图 8-37

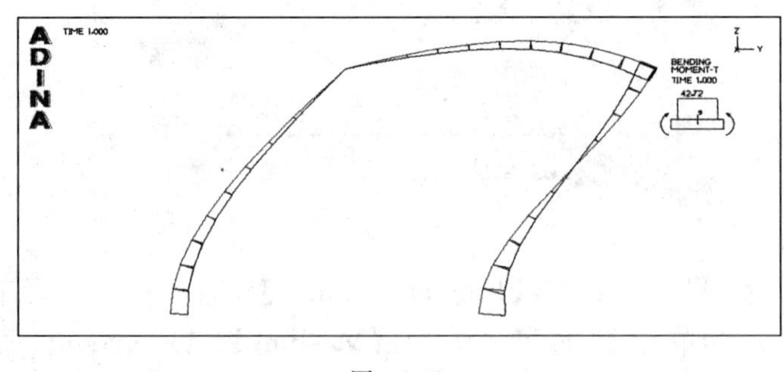

图 8-38

实例 3 预应力混凝土梁

问题描述

本例用 3D 实体模型模拟悬臂梁并考虑了预应力索的作用(图 8-39)，但是在实际工程中整个结构采用 3D 单元建立有限元模型是不现实的。为此我们提供了利用刚性连接和 Truss

单元在梁单元模型上模拟预应力筋的效应，并对两个模型的结果做了比较，其结果非常一致，参考本例提供的办法是解决预应力梁结构的有效方法。

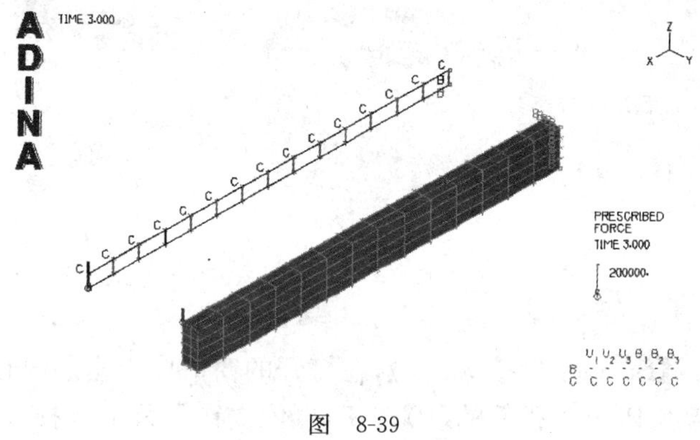

图　8-39

几何建模

建立点

菜单【Geometry】>【Model Point】，在打开的窗口中输入下图中 8 个点，输入后点击【OK】存储数据同时关闭窗口(图 8-40)。表格中第一列点号必须输入，坐标为 0 时可以不输入，即表格中未输入的坐标值 Adina 认为是 0。

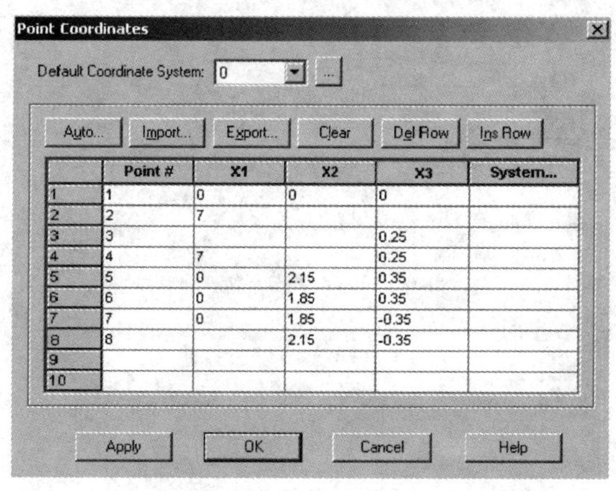

	Point #	X1	X2	X3	System...
1	1	0	0	0	
2	2	7			
3	3			0.25	
4	4	7		0.25	
5	5	0	2.15	0.35	
6	6	0	1.85	0.35	
7	7	0	1.85	-0.35	
8	8		2.15	-0.35	
9					
10					

图　8-40

建立线

菜单【Geometry】>【Line】>【Define】，在打开的窗口中点击【Add】按钮，然后点击 Point1 相邻的【P】按钮，再依次在屏幕上选择第一个点和第二个点，然后按键盘上【Esc】键退回到 Define Line 窗口，点击【Save】存储第一条线。

再次按【Add】按钮，增加第二条线，同样点击 Point1 相邻的【P】按钮后依次在屏幕上选择第三个点和第四个点然后按键盘上【Esc】键退回到 Define Line 窗口，点击【OK】存储同时关闭窗口。

可以不用点击【P】按钮后在屏幕上选择点，而直接在 Point1 和 Point2 相邻的文本框中输入点号。可以通过 ? 工具查询点号，或通过 ⌗ 工具显示所有点号。如图 8-41 所示。

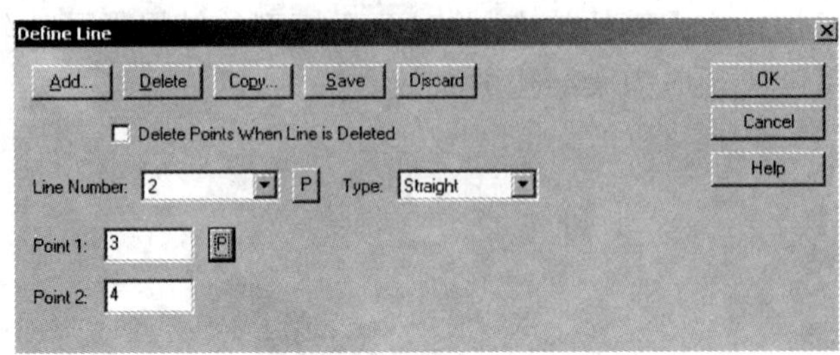

图 8-41

建立面

菜单【Geometry】>【Surface】>【Define】，在打开的窗口中点击【Add】按钮，Type 下拉菜单改为 Vertex，然后点击 Point1 相邻的【P】按钮，再依次在屏幕上选择 5、6、7、8 四个点，然后按键盘上【Esc】键退回到 Define Surface 窗口，点击【OK】存储面，同时关闭窗口。

可以不用点击【P】按钮后在屏幕上选择点，而直接在文本框中输入点号，可以通过?工具查询点号，或通过工具显示所有点号。如图 8-42 所示。

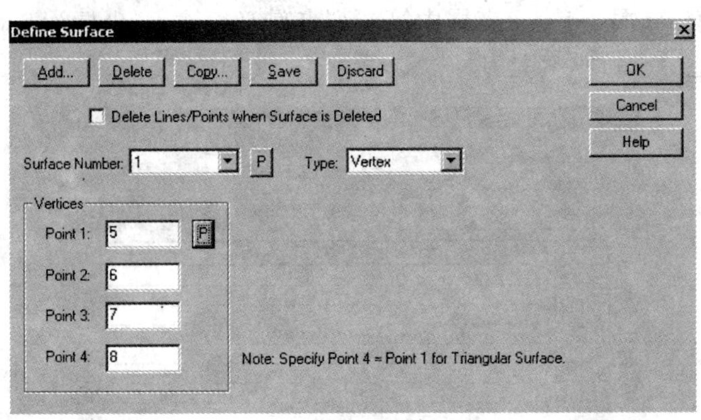

图 8-42

建立体

菜单【Geometry】>【Volume】>【Define】，在打开的窗口中点击【Add】按钮，Type 下拉菜单改为 Extruded，然后点击 Initial Surface 相邻的【P】按钮，在屏幕上选择刚才建立的面，按【Esc】键退回到窗口，在 Vector 域的 X 中输入 7，表示面沿 x 方向拉伸 7m 生成体，点击【OK】存储体同时关闭窗口。

可以不用点击【P】按钮后在屏幕上选择面，而直接在文本框中输入面号。可以通过?工具查询面号，或通过工具显示所有面号，可以通过工具使面实体显示。如图 8-43 所示。

复制线

菜单【Geometry】>【Line】>【Define】，在打开的窗口中点击【Add】按钮，Type 下拉菜单改为 Transformed，然后点击 Parent Line 相邻的【P】按钮，在屏幕上选择第一条线，按【Esc】键退回窗口，在 Additional Parent Line 域中写入 2，点击 Transformation 相邻的【…】按钮。

也可以在 Additional Parent Line 域中双击绿色框，在屏幕上选择第二条线，按【Esc】键退回到窗口。可以通过 工具查询线号，或通过 工具显示所有线号。如图 8-44 所示。

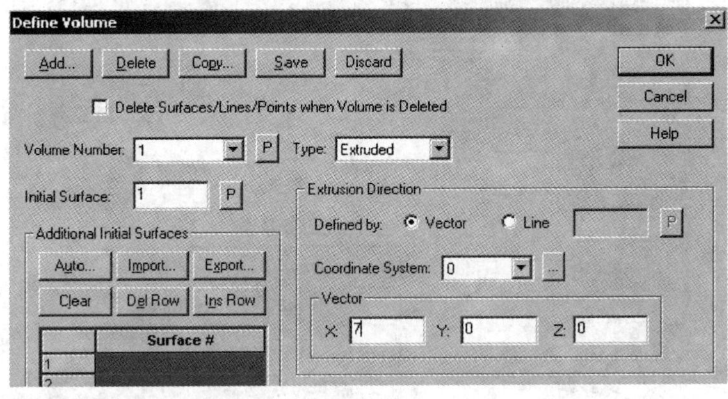

图 8-43

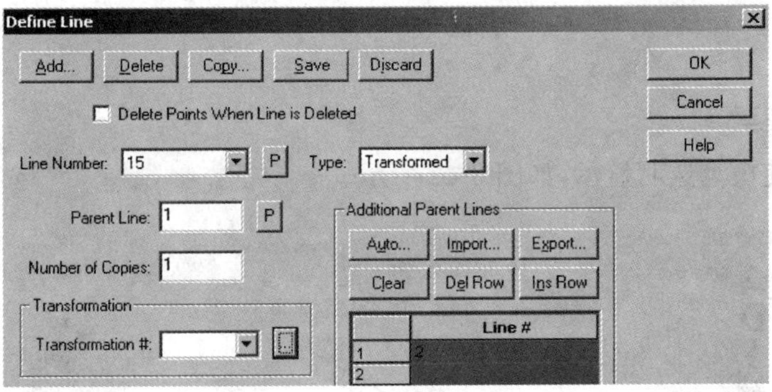

图 8-44

在打开的窗口中点击【Add】按钮，Type 下拉菜单改为 Translation，在 Translation Increments 域中 Y 文本框中写入 2，表示复制的线相对于原来的线在 Y 方向移动 2m，点击【OK】按钮退回到 Define Line 窗口。如图 8-45 所示。

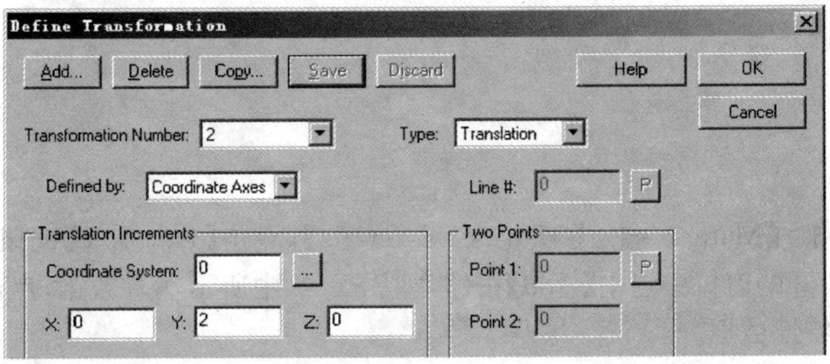

图 8-45

在 Transformation 相邻的下拉菜单中选择 2，点击【OK】关闭窗口。如图 8-46 所示。

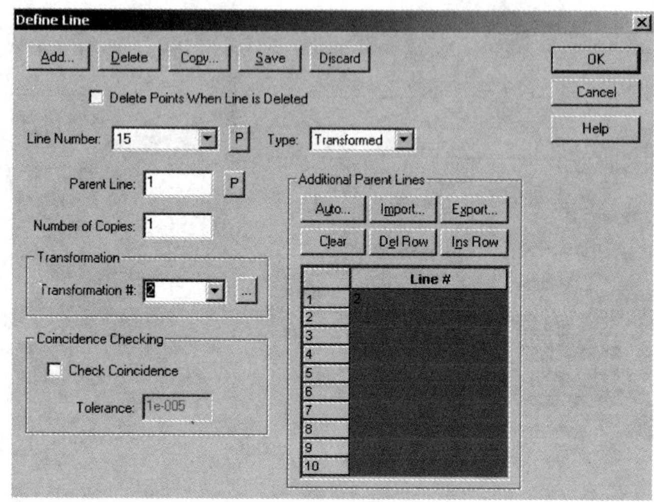

图 8-46

显示完成的几何模型

点击按钮使模型透明显示，如图 8-47 所示。

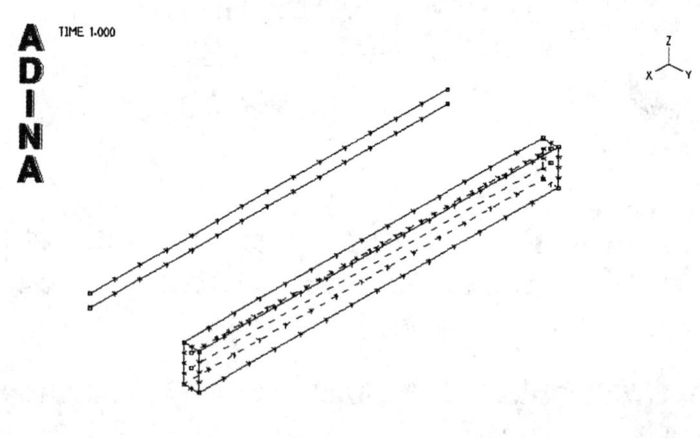

图 8-47

定义材料

菜单【Model】>【Materials】>【Manage Materials】，点击【Isotropic】按钮，定义线弹性各向同性材料，在打开的窗口中点击【Add】按钮，如图 8-48 中所示输入数据，点击【Save】按钮保存第一种材料的特性数据。

点击【Add】按钮，如图 8-49 中所示输入数据，点击【OK】按钮保存第二种材料数据，然后点击【Close】按钮。

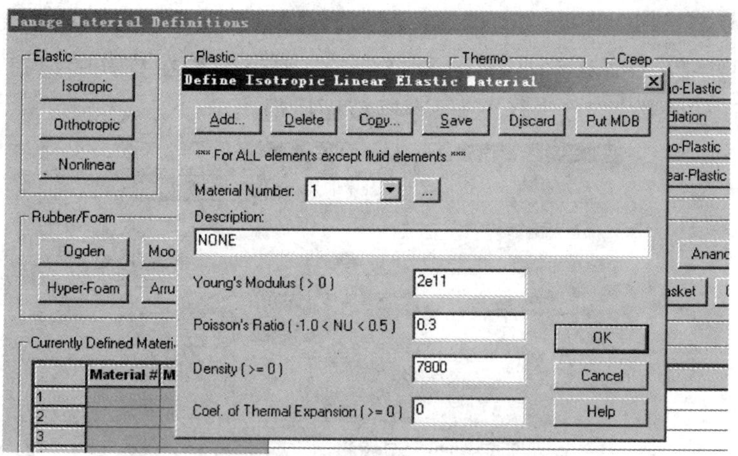

图 8-48

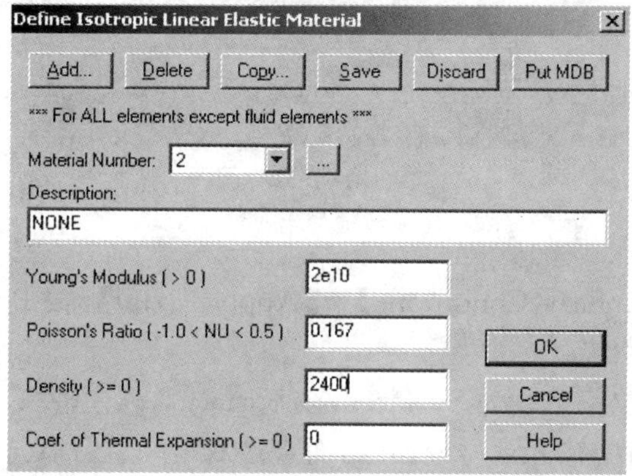

图 8-49

定义 Truss 单元截面性质

菜单【Model】>【Element Properties】>【Truss】，在打开的窗口中输入如图 8-50 数据，表示对第 2 条线和第 16 条线指定截面面积为 0.0001，指定初始应变为 0.001。

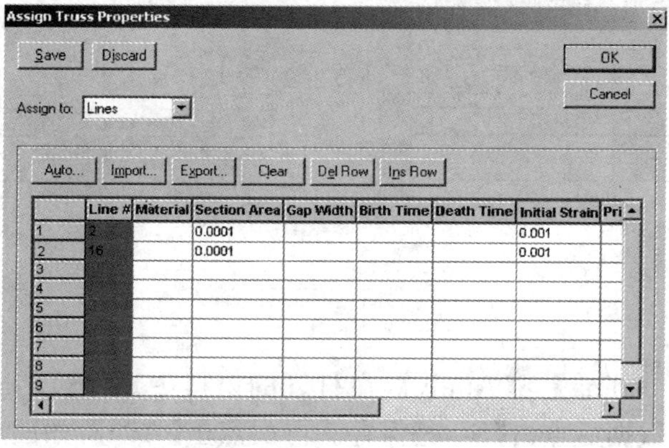

图 8-50

定义 Beam 单元截面性质

菜单【Model】>【Element Properties】>【Cross Section】，在打开的窗口中点击【Add】按钮，然后如图 8-51 输入数据，点击【OK】保存梁截面后退出窗口。

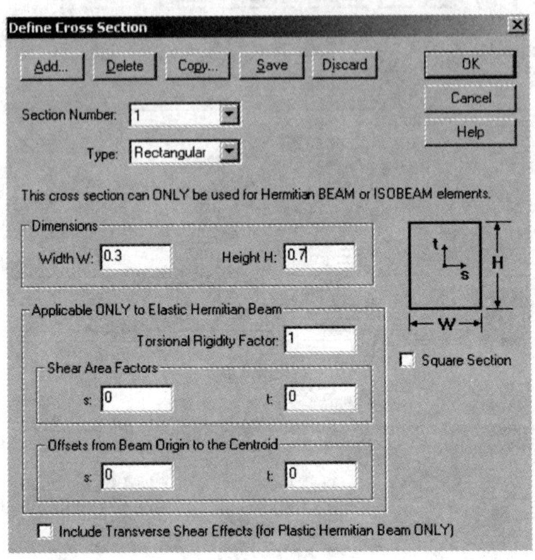

图 8-51

定义约束条件

菜单【Model】>【Boundary Conditions】>【Apply Fixity】，在 Point＃列中输入 1 ，点击【Save】，表示约束所有自由度。

把 Apply to 相邻下拉菜单改为 Surfaces，在 Surface＃列中输入 1，点击【OK】保存并退出窗口。可以不在绿色窗口中输入点号或面号，而直接双击绿色窗口，在屏幕上选择相应的点和面。如图 8-52、图 8-53 所示。

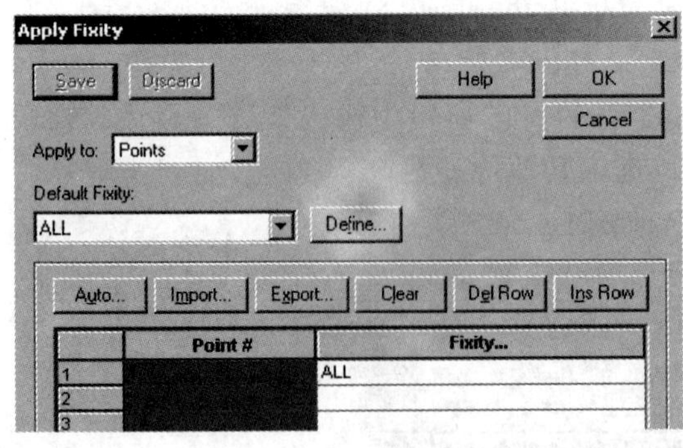

图 8-52

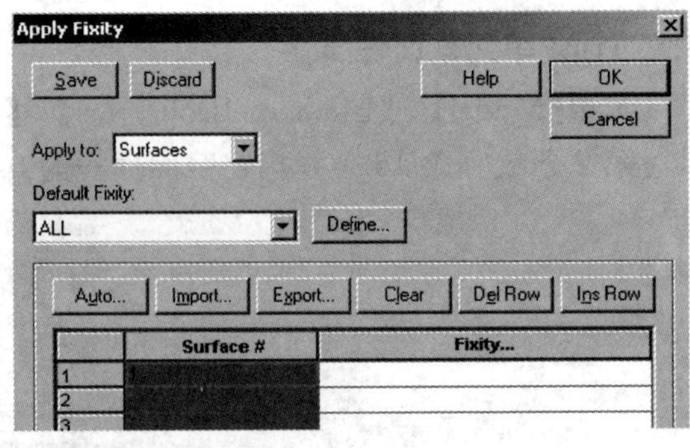

图 8-53

定义荷载

菜单【Model】>【Loading】>【Apply】，在打开的窗口中点击【Define】，在新窗口中点击【Add】，如图 8-54 输入数据后点击【Save】保存。再次点击【Add】，如图 8-55 输入数据后点击【OK】保存并退出窗口。

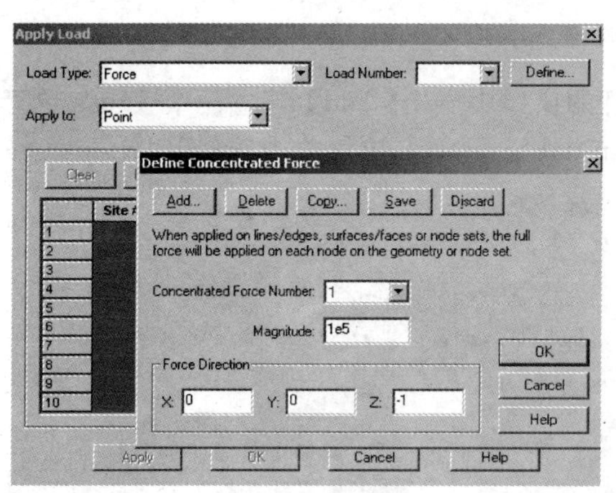

图 8-54

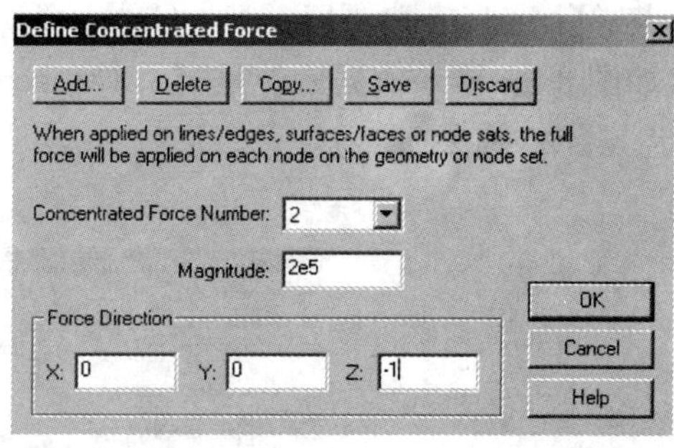

图 8-55

在 Apply Load 窗口中如图 8-56 输入数据后点击【Apply】保存。在 Load Number 窗口中选择 2，如图 8-57 输入数据后点击【OK】按钮保存并退出窗口。可以不在绿色窗口中输入点号，而直接双击绿色窗口，在屏幕上选择相应的点。

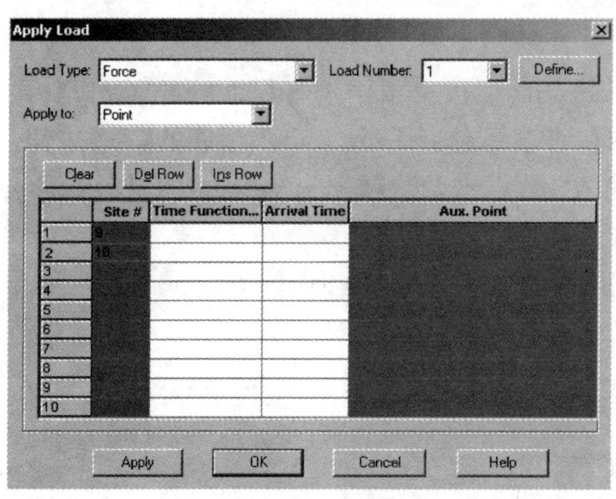

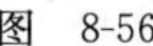

图 8-56

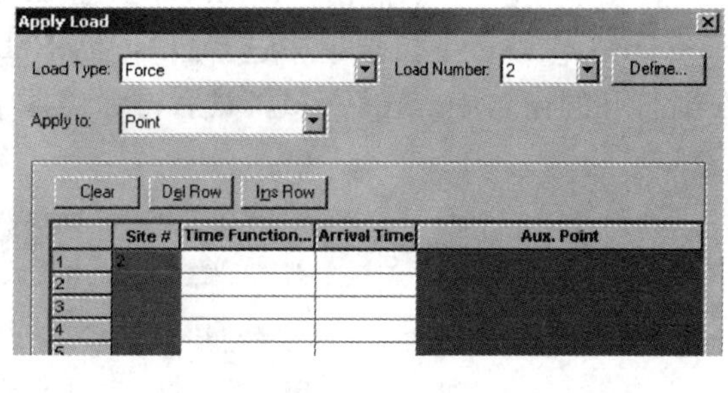

图 8-57

建立 rigid link

菜单【Model】>【Constraints】>【Rigid Links】，在打开的窗口中如图 8-58 输入数据后点击【OK】保存并退出窗口。可以不在 Entity# 中输入线号，而直接点击【P】按钮，在屏幕上选择相应的线。

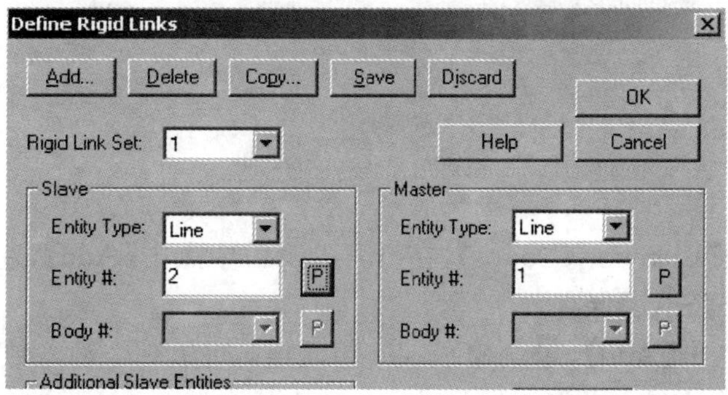

图 8-58

定义单元组

菜单【Meshing】>【Element Groups】，在打开的窗口中点击【Add】，建立两个 Truss 单元组。如图 8-59 输入数据后，点击【Advanced】在 Initial Strains 下拉菜单中选择【Element Only】，点击【Save】保存。

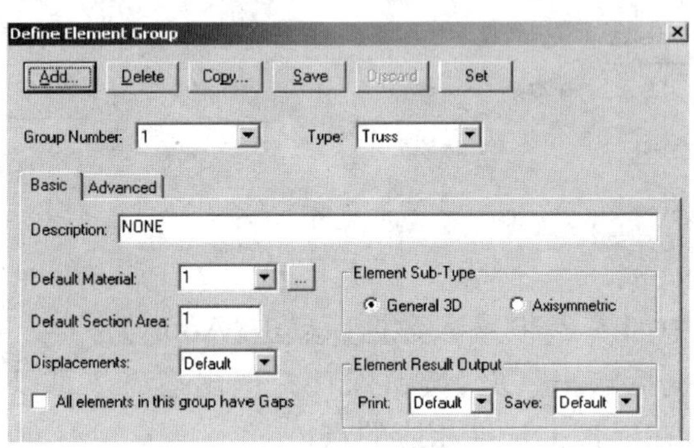

图 8-59

再次点击【Add】，点击【Advanced】，在 Initial Strains 下拉菜单中选择【Element Only】，在 Element Options 下拉菜单中选择【Use as Rebars】，点击 Rebar-Line Label 相邻的【…】按钮，在新打开的窗口中点击【Add】，然后再绿色框中输入 16，点击两次【OK】。如图 8-60 所示。

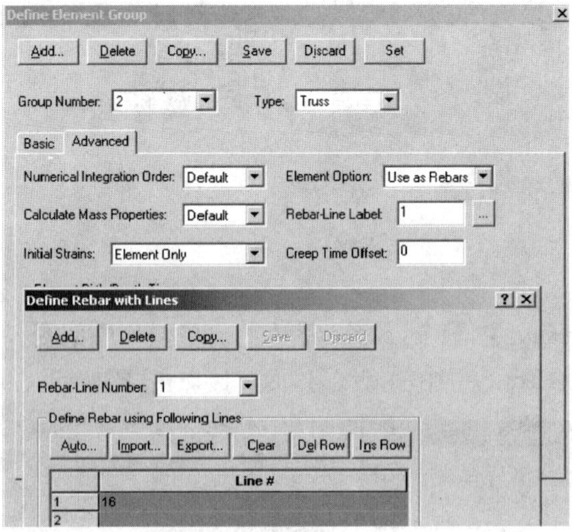

图 8-60

菜单【Meshing】>【Element Groups】，在打开的窗口中点击【Add】，建立 Beam 单元组，如图8-61输入数据后点击【Save】保存。

在打开的窗口中点击【Add】，建立 3D-Solid 单元组，如图 8-62 输入数据后点击【OK】保存并退出窗口。

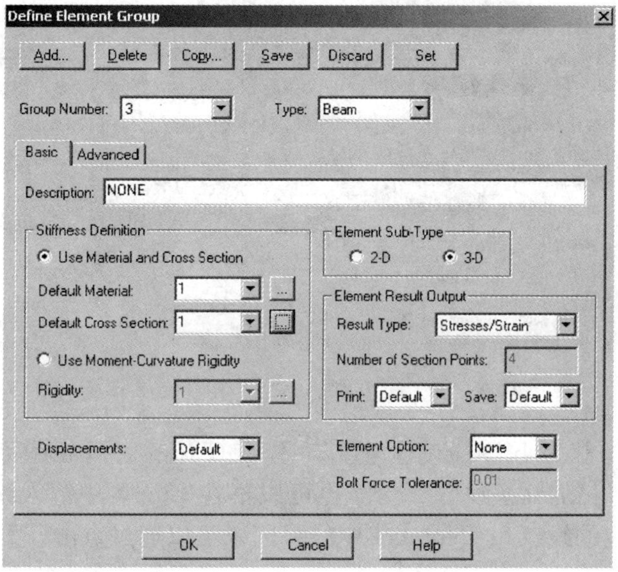

图　8-61

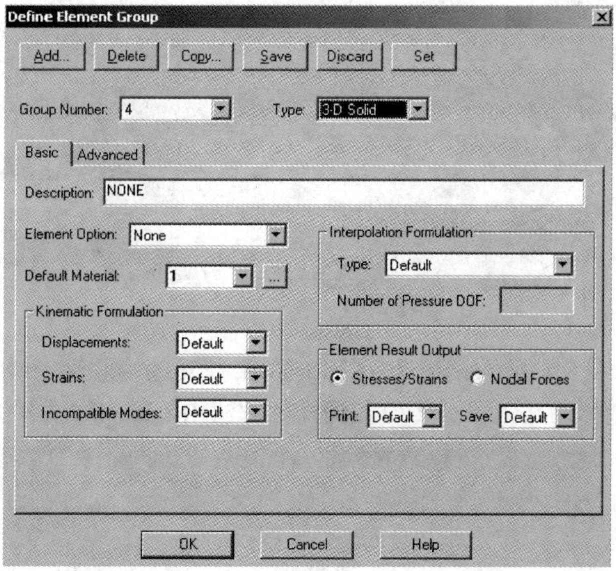

图　8-62

指定网格大小

菜单【Meshing】>【Mesh Density】>【Line】，在打开的窗口如图 8-63 输入数据后点击【Save】保存，表示给选择的几条线分 14 份。可以不在 Line# 中输入线号，而直接双击绿色框，在屏幕上选择相应的线，Line Number 中线号同样可以通过点击【P】按钮选择。

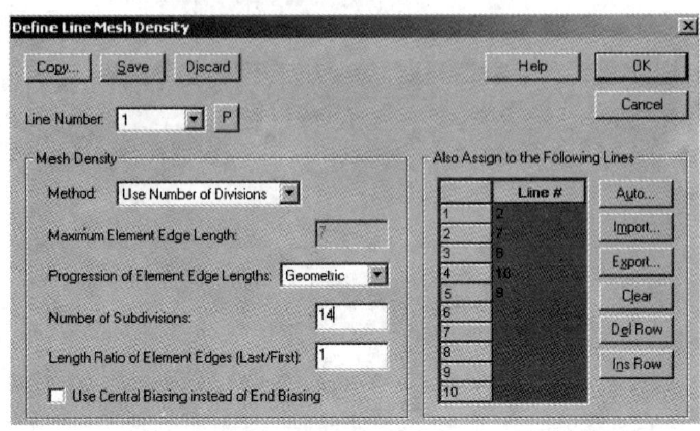

图 8-63

菜单【Meshing】>【Mesh Density】>【Line】，在打开的窗口如图 8-64 输入数据后点击【Save】保存，表示给选择的几条线分 2 份。也可以不在 Line # 中输入线号，而直接双击绿色框，在屏幕上选择相应的线，Line Number 中线号同样可以通过点击【P】按钮选择。

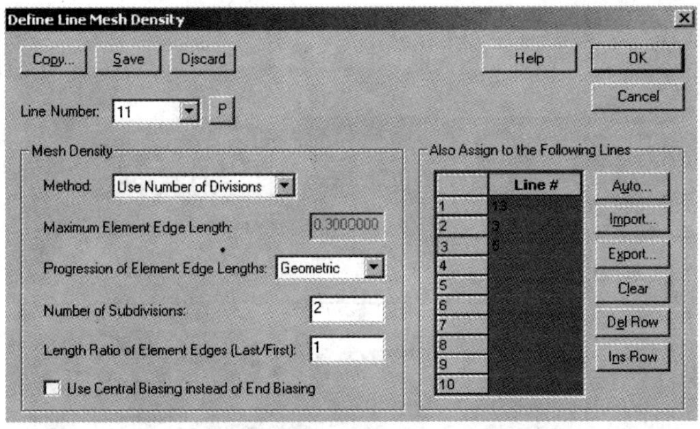

图 8-64

菜单【Meshing】>【Mesh Density】>【Line】，在打开的窗口如图 8-65 输入数据后点击【Save】保存，表示给选择的几条线分 4 份。同样的方法给 Line16 分 28 份。

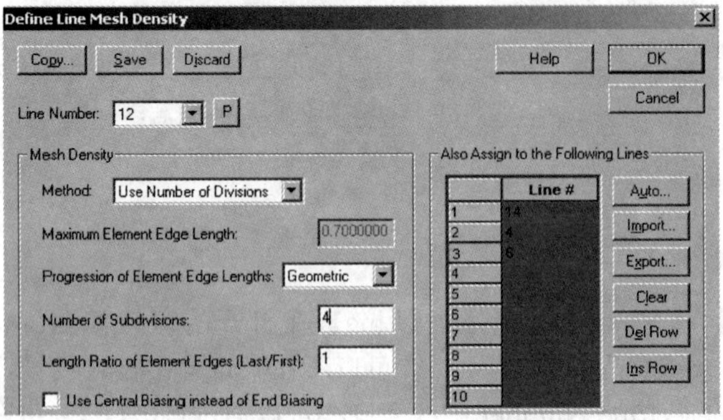

图 8-65

划分网格

菜单【Meshing】>【Create Mesh】>【Line】，在打开的窗口如图 8-66 输入数据后点击【Apply】保存，表示对第 2 条线划分单元，单元划分到 Element Group1 中。同样可以不在 Line # 中输入线号，而直接双击绿色框，在屏幕上选择相应的线。

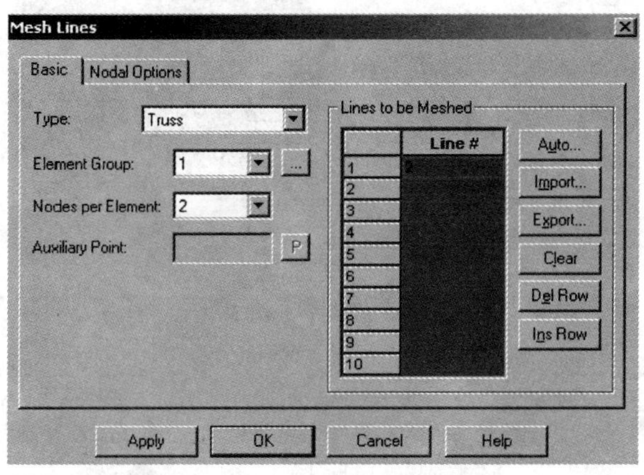

图 8-66

菜单【Meshing】>【Create Mesh】>【Line】，在打开的窗口如图 8-67 输入数据后点击【OK】保存并退出窗口，表示对第 1 条线划分单元，单元划分到 Element Group3 中。

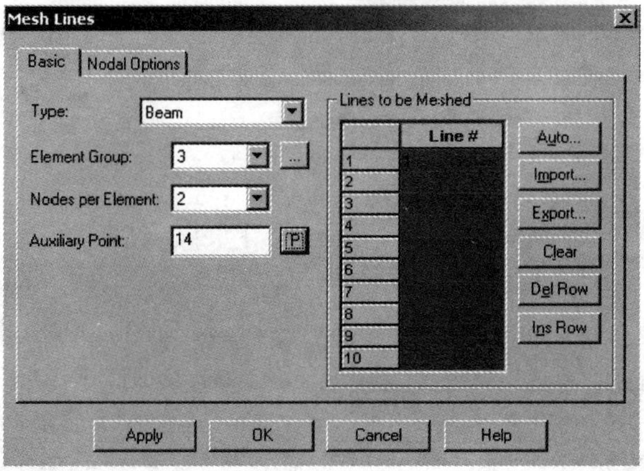

图 8-67

菜单【Meshing】>【Create Mesh】>【Volume】，在打开的窗口如图 8-68 输入数据后点击【OK】保存并退出窗口，表示对第 1 个体划分单元，单元划分到 Element Group4 中。

点击两个按钮后显示出约束和荷载，模型如图 8-69 所示。

时间函数和求解时间步

菜单【Control】>【Time Function】，如图 8-69、图 8-70 输入后，点击【OK】，表示荷载在第一步为 0，第二步施加全部荷载的 0.5 倍，第三步施加全部荷载。

菜单【Control】>【Time Step】，如图 8-71 输入后，点击【保存】，表示求解三步。

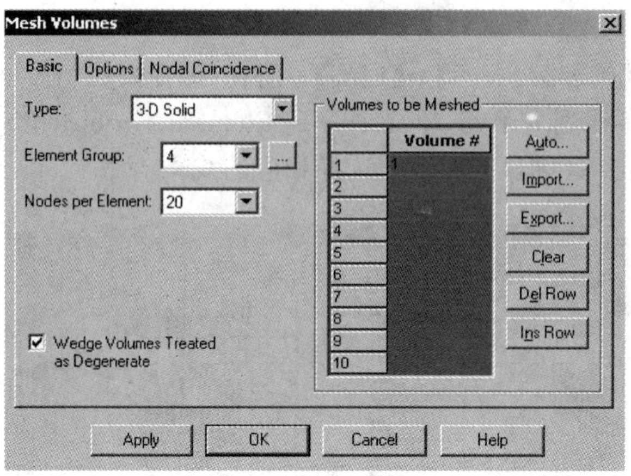

图 8-68

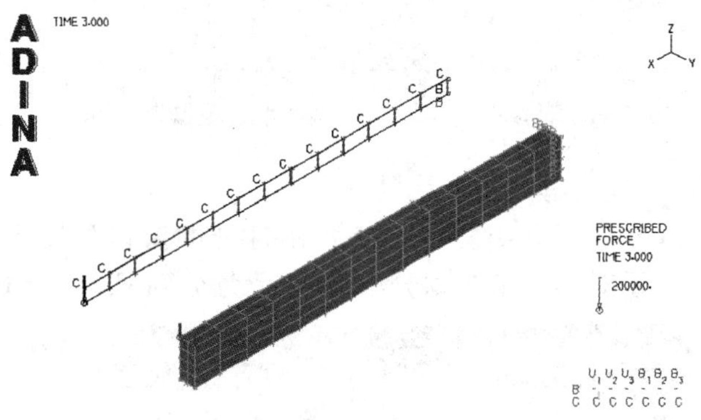

图 8-69

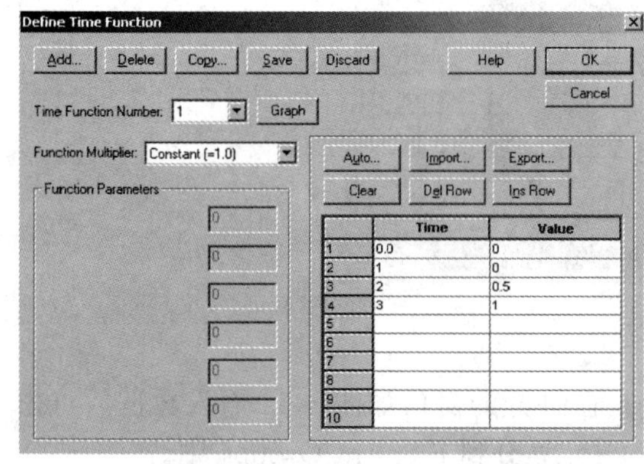

图 8-70

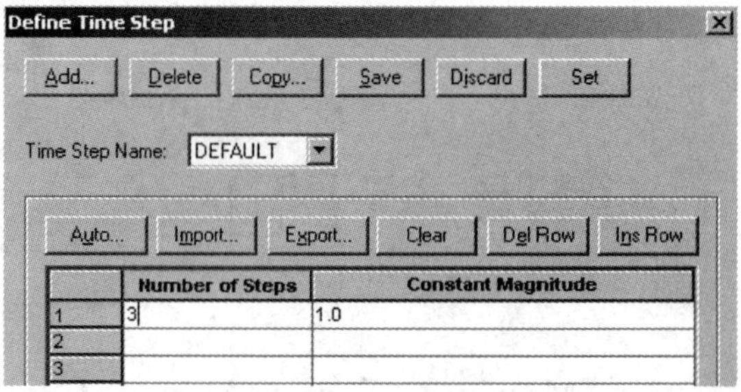

图 8-71

文件保存和求解

菜单【File】>【Save】，如图 8-72 输入后，点击【Save】保存，存储命令流文件。

菜单【Solution】>【Data File/Run】，如图 8-73 输入后，点击【Save】保存，存储 prob03. dat 文件，同时求解。

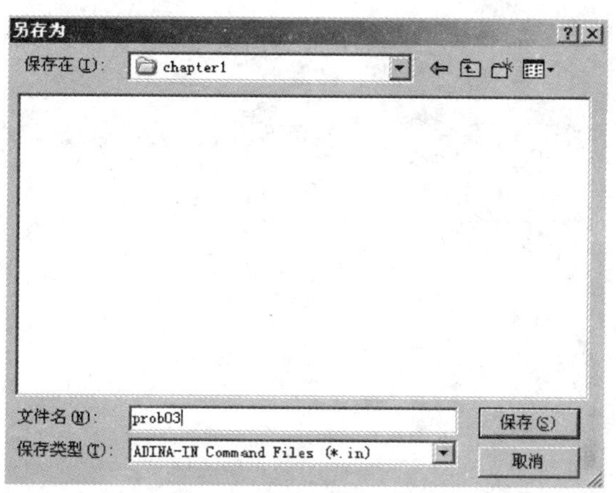

图　8-72

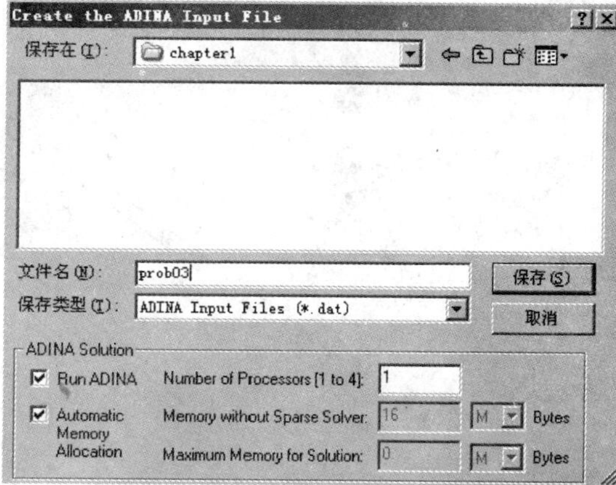

图　8-73

后处理

打开文件

选择【Post-Processing】模块，菜单【File】>【Open】，如图 8-74 打开 prob03. por。

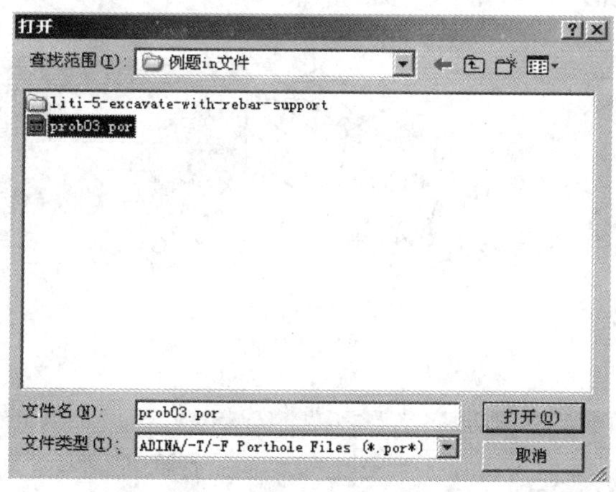

图　8-74

后处理观察模型变形

打开文件后模型显示的是计算的最后一步结果，可以通过　两个按钮显示前一步计算结果和后一步计算结果。可以通过　按钮放大模型变形。如图 8-75 所示。

定义 Model Point

点击　显示节点，点击菜单【Definitions】>【Model Point】>【Node】，在打开的窗口中(图 8-76)点击【Add】，写入 N1 点击【OK】，点击【P】按钮选择梁悬臂一端的节点，点击【Save】保存。再以同样的方法定义 N2。

画 Model Point 曲线

点击　清除屏幕，点击菜单【Graph】>【Response Curve(Model Point)】，在打开的窗口中如图 8-77 输入，点击【Apply】。

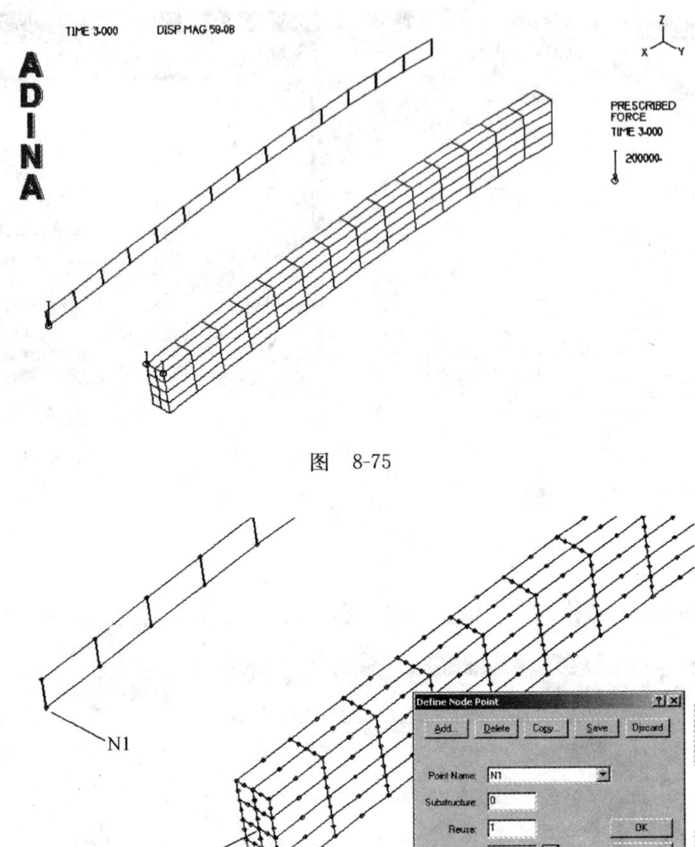

图 8-75

图 8-76

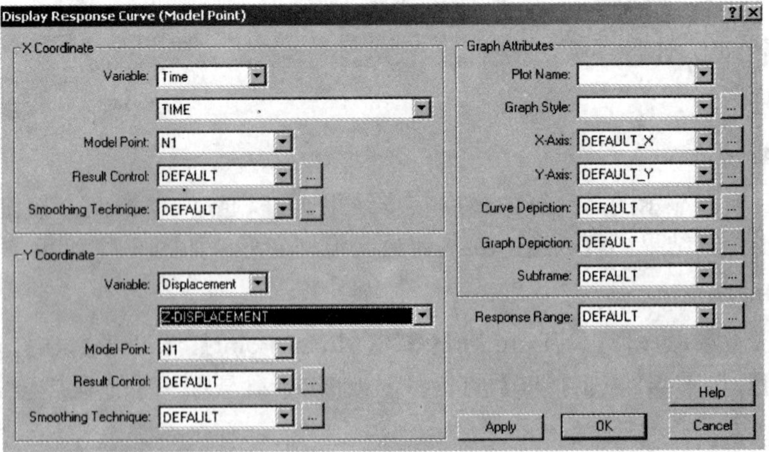

图 8-77

如图 8-78 修改后，再点击【OK】，画图同时退出窗口。

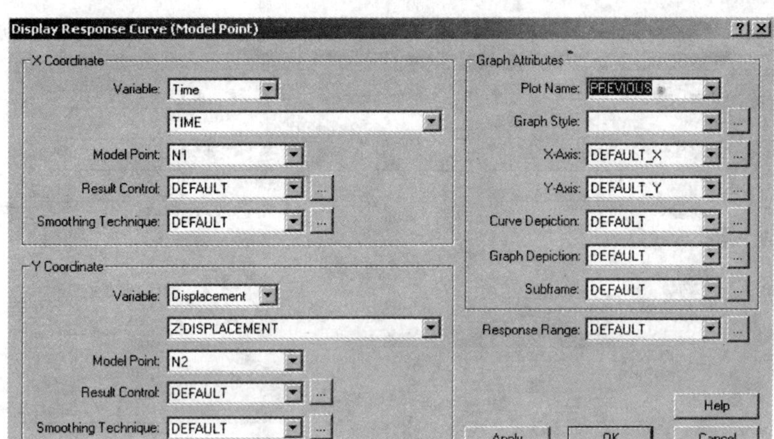

图　8-78

【Plot Name】下拉菜单中选择【PREVIOUS】是为了把两个 Model Point 随时间变化的图画到一个图中。

定义 Model Line

点击显示节点，点击菜单【Definitions】>【Model Line】>【Node】，在打开的窗口中(图 8-79)点击【Add】，写入 L1 点击【OK】，点击【P】按钮从梁固定端到梁悬臂端依次选择红线包围的那些节点，点击【Save】保存 L1。再以同样的方法在实体梁上定义相应的 Model Line。

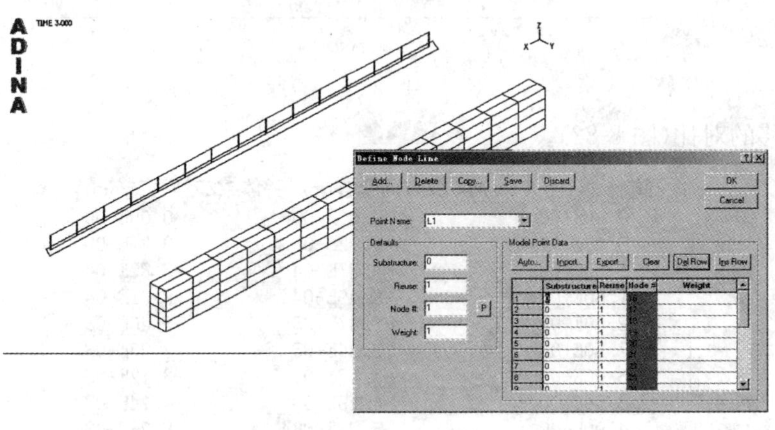

图　8-79

画 Model Line 曲线：点击清除屏幕，点击菜单【Graph】>【Response Curve(Model Line)】，在打开的窗口中如图 8-80 输入，点击【Apply】。

把 Model Line Name 由 L1 改为 L2，在【Plot Name】下拉菜单中选择【PREVIOUS】，点击【OK】。如图 8-81 所示。

Plot Name 下拉菜单中选择【PREVIOUS】是为了把两个 Model Point 随时间变化的图画到一个图中。

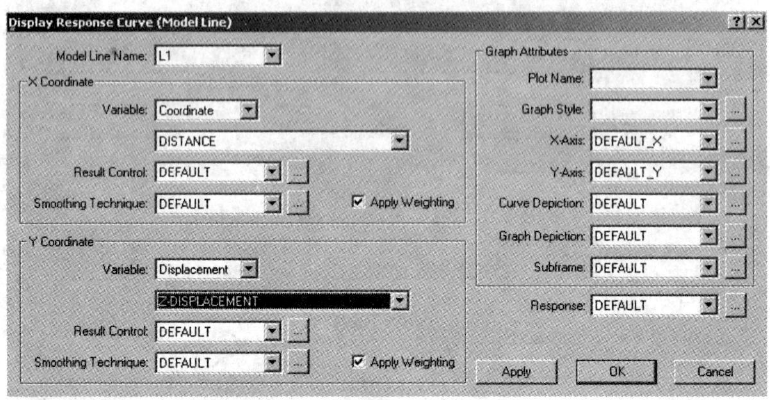

图 8-80

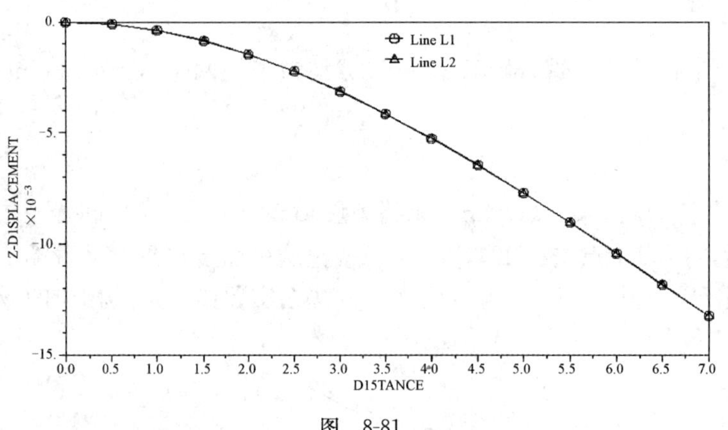

图 8-81

Z 方向位移的对比(图 8-82)。

距固端长度(m)	Beam单元Z方向位移(m)	实体梁Z方向位移(m)
0.00E+00	0.00E+00	0.00E+00
5.00E-01	-9.92E-05	-9.27E-05
1.00E+00	-3.87E-04	-3.80E-04
1.50E+00	-8.49E-04	-8.41E-04
2.00E+00	-1.47E-03	-1.46E-03
2.50E+00	-2.24E-03	-2.23E-03
3.00E+00	-3.13E-03	-3.12E-03
3.50E+00	-4.15E-03	-4.14E-03
4.00E+00	-5.26E-03	-5.25E-03
4.50E+00	-6.46E-03	-6.45E-03
5.00E+00	-7.73E-03	-7.72E-03
5.50E+00	-9.06E-03	-9.05E-03
6.00E+00	-1.04E-02	-1.04E-02
6.50E+00	-1.18E-02	-1.18E-02
7.00E+00	-1.33E-02	-1.32E-02

图 8-82

实例 4　约束方程应用(不同自由度单元连接)

问题描述(图 8-83,图 8-84)

本算例是约束方程在连接不同自由度单元中的应用,梁单元在一点(P6)与二维实体单元相连,在 P6 点梁单元的自由度是绕 X 轴转动 θ_x^{P6},沿竖直方向平移 U_z^{P6},沿水平方向平移 U_y^{P6}。而二维实体单元在 P6 点仅有 U_z^{P6} 和 U_y^{P6} 平移。考虑梁单元在 P6 与平面单元的连接关系,依照变形协调条件,在小变形情况下:

$$\theta_x^{P6} \approx \tan\theta_x^{P6} = (U_z^{P4} - U_z^{P3})/10$$

约束方程为:

$$\theta_x^{P6} \approx 0.1U_z^{P4} - 0.1U_z^{P3}$$

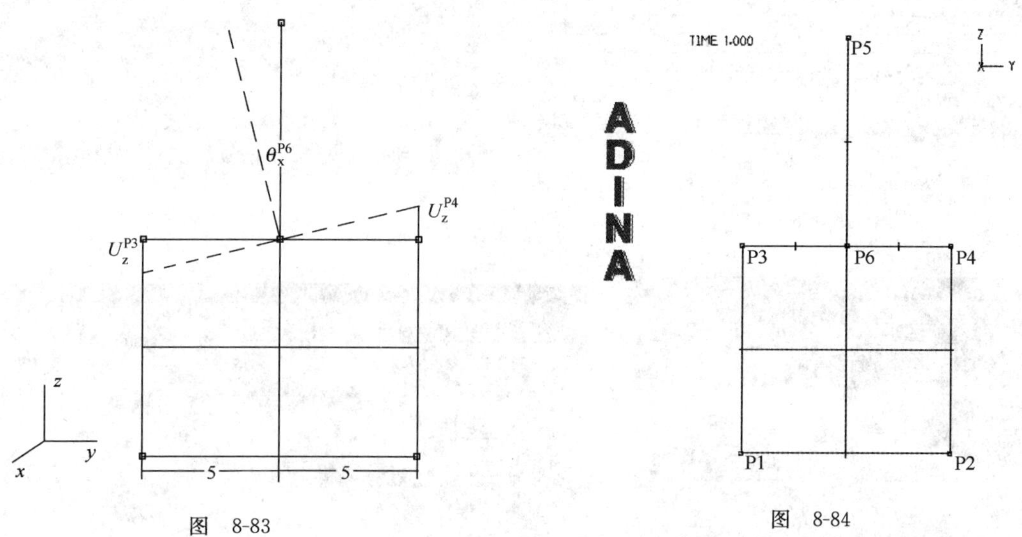

图　8-83　　　　图　8-84

当梁与 3D 实体单元部分连接时也可按本例提供的思路推导相应的约束方程。

定义几何模型

输入点

菜单【Geometry】>【Model Point】,在打开的窗口图 8-85 中输入 5 个点,输入后点击【OK】存储数据同时关闭窗口。

建立面

菜单【Geometry】>【Surface】>【Define】,在打开的窗口图 8-86 中点击【Add】按钮,【Type】下拉菜单改为 Vertex,然后点击 Point1 相邻的【P】按钮,再依次在屏幕上选择 1、2、4、3 四个点,然后按键盘上【Esc】键退回到 Define Surface 窗口,点击【OK】存储面,同时关闭窗口。

截断线

菜单【Geometry】>【Line】>【Split】,在打开的窗口图 8-87 中点击【P】按钮,然后点选 Line3,在 Parametric Value at which line split 中输入 0.5,然后点击【OK】,把 Line3 截断为两条线。

建立线

菜单【Geometry】>【Line】>【Define】，在打开的窗口图 8-88 中点击【Add】按钮，然后点击 Point1 相邻的【P】按钮，再依次在屏幕上选择 Point5 和 Point6，然后按键盘上【Esc】键退回到 Define Line 窗口，点击【OK】。

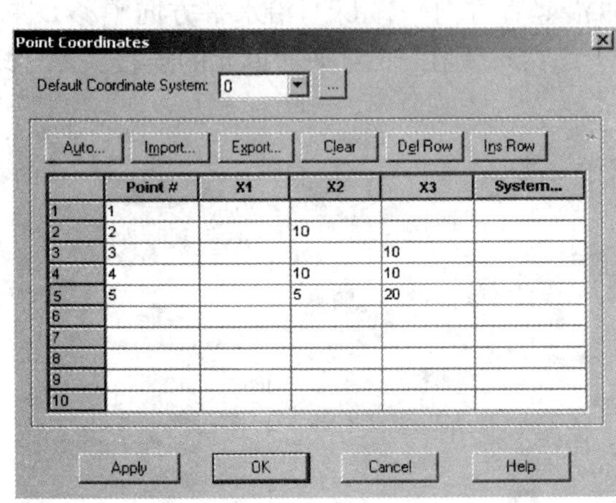

图 8-85

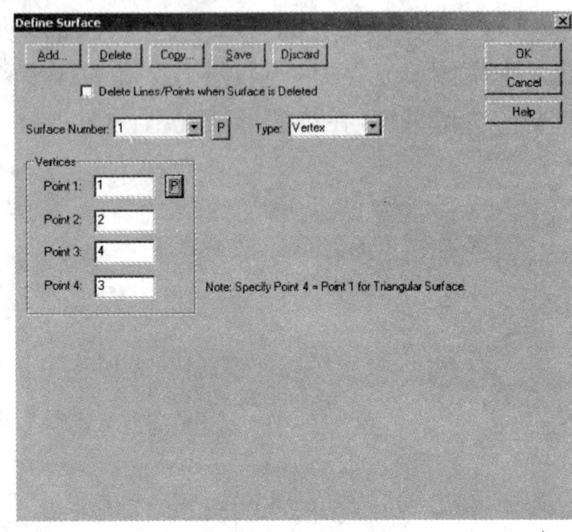

图 8-86

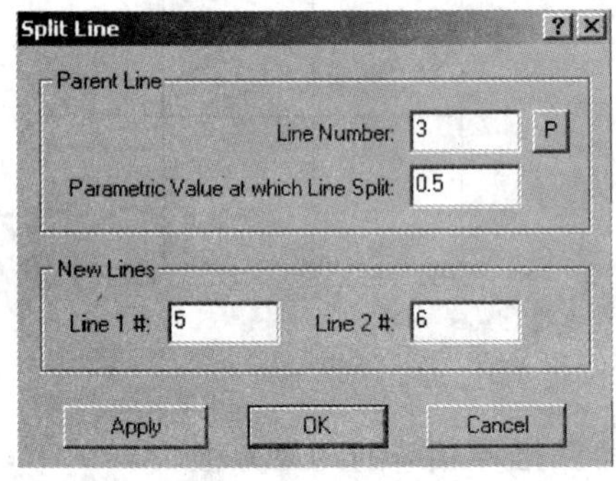

图 8-87

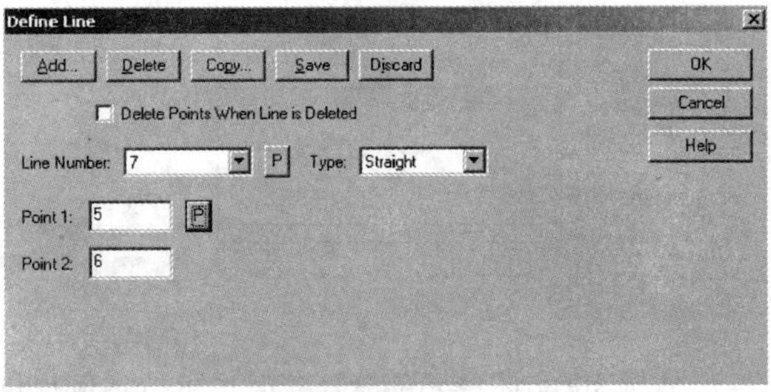

图 8-88

显示完成的几何模型

点击按钮使模型不透明显示，如图 8-89 所示。

定义材料

菜单【Model】>【Materials】>【Manage Materials】，点击【Isotropic】按钮，定义线弹性各向同性材料，在打开的窗口中点击【Add】按钮，如图 8-90 中所示输入数据，点击【OK】按钮在点击【Close】按钮。

定义约束条件

把 Apply to 相邻下拉菜单改为 Lines，在 Line# 列中输入 1，点击【OK】保存并退出窗口。如图 8-91 所示。

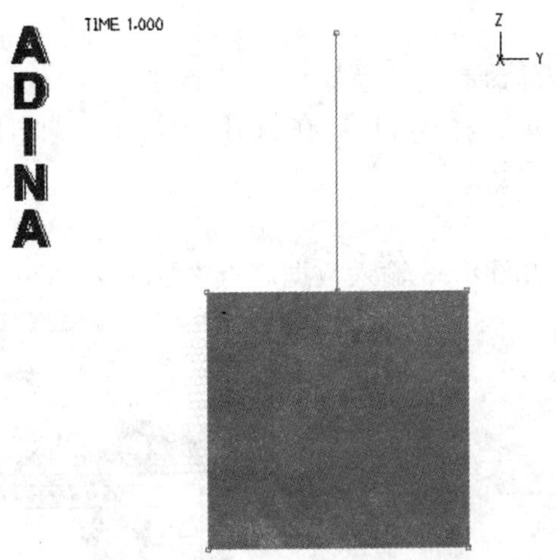

图　8-89

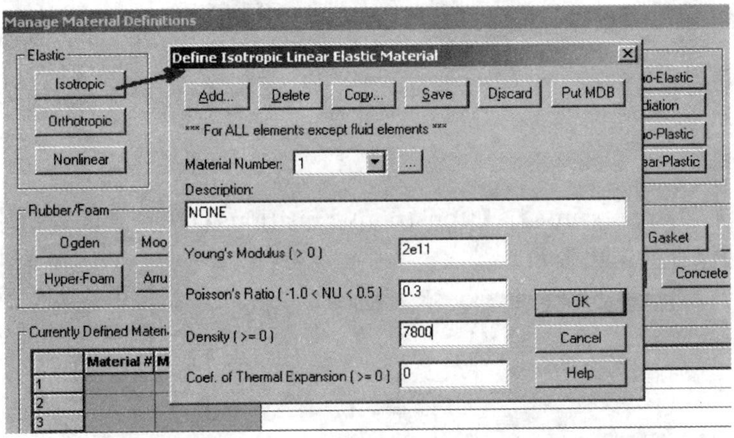

图　8-90

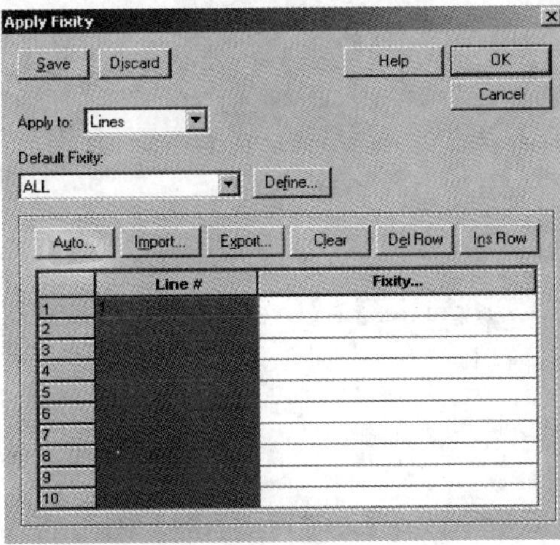

图　8-91

定义荷载

定义 Y 轴方向的水平集中力荷载

菜单【Model】>【Loading】>【Apply】，在打开的窗口中点击【Define】，在新窗口中点击【Add】，如图 8-92 输入数据后点击【OK】。

施加水平集中力荷载

在 Apply Load 窗口中如图 8-93 输入数据后点击【OK】。

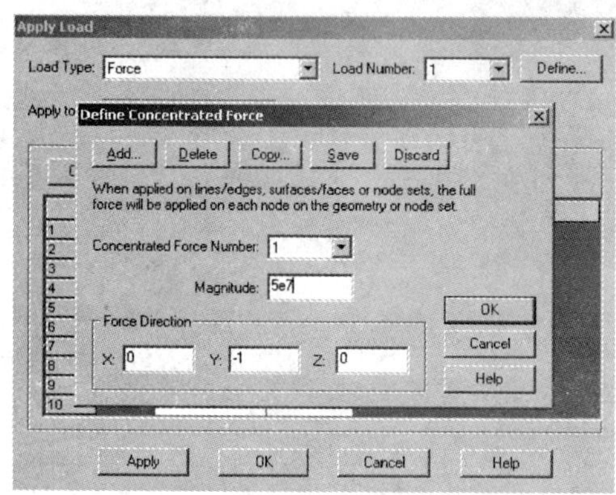

图 8-92

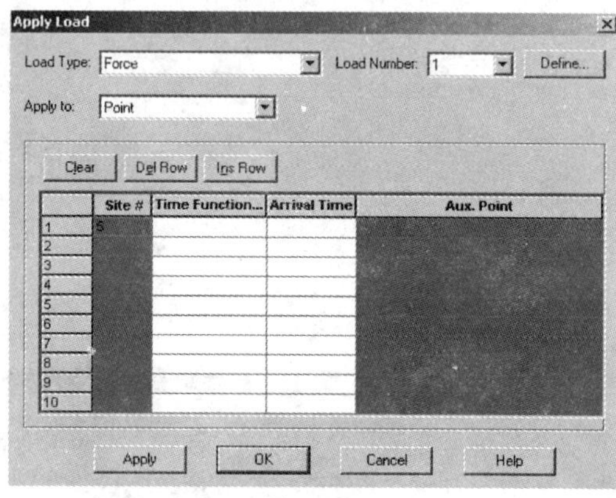

图 8-93

定义约束方程

菜单【Model】>【Constraints】>【Constraint Equations】，在打开的窗口中如图 8-94 输入数据后点击【OK】保存并退出窗口。

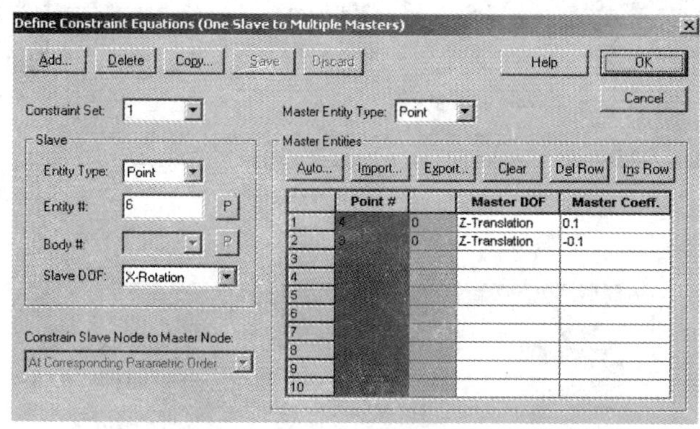

图 8-94

建立梁单元截面

菜单【Model】>【Element Properties】>【Cross Sections】，在打开的窗口中如图 8-95 输入数据后点击【OK】保存并退出窗口。

定义单元组

建立 Beam 单元组

菜单【Meshing】>【Element Groups】，在打开的窗口中点击【Add】，如图 8-96 输入数据后点击【Save】保存。

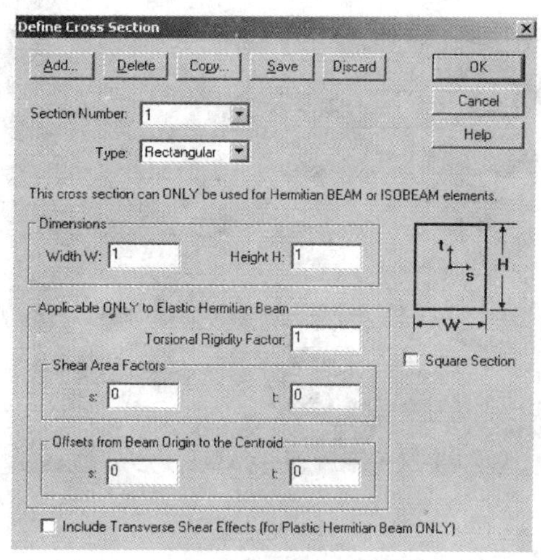

图　8-95

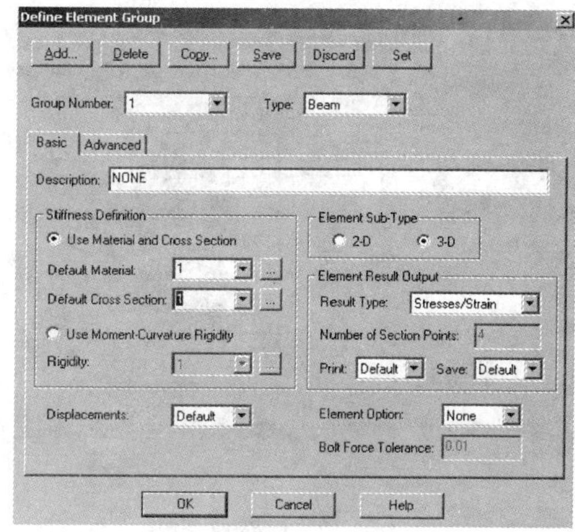

图　8-96

建立 2D-Solid 单元组并指定厚度

在打开的窗口中点击【Add】，如图 8-97 输入数据后点击【OK】保存并退出窗口。

指定网格密度

菜单【Meshing】>【Mesh Density】>【Line】，在打开的窗口如图 8-98 输入数据后点击【Save】保存，表示所选择的几条线分 2 份。

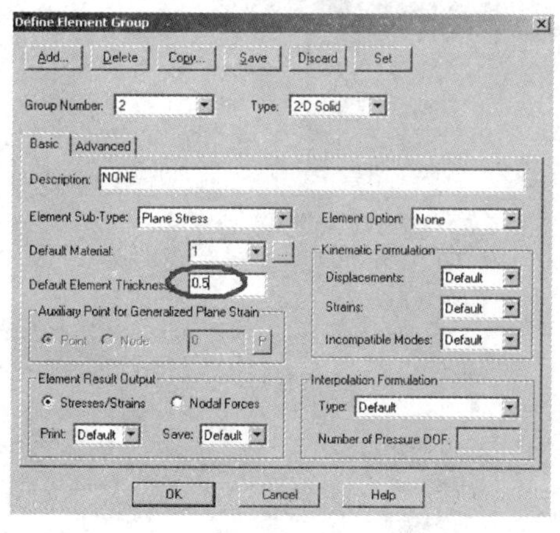

图　8-97

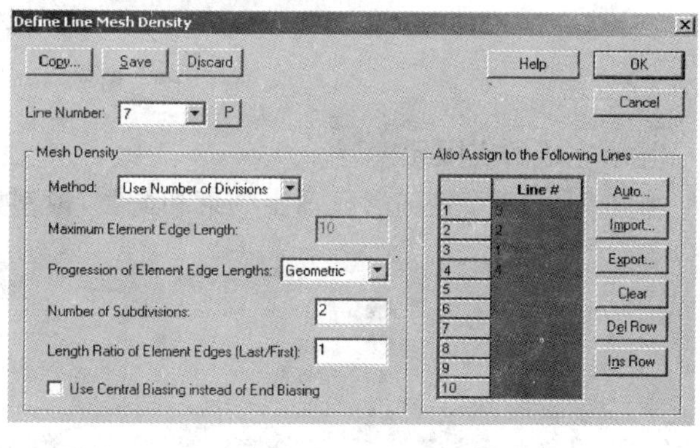

图　8-98

划分网格

菜单【Meshing】>【Create Mesh】>【Line】，在打开的窗口如图 8-99 输入数据后点击【OK】保存，表示把第 7 条线划分单元，单元划分到 Element Group1 中。

菜单【Meshing】>【Create Mesh】>【Surface】，在打开的窗口如图 8-100 输入数据后点击【OK】保存并退出窗口，表示把第 1 个面划分单元，单元划分到 Element Group2 中。

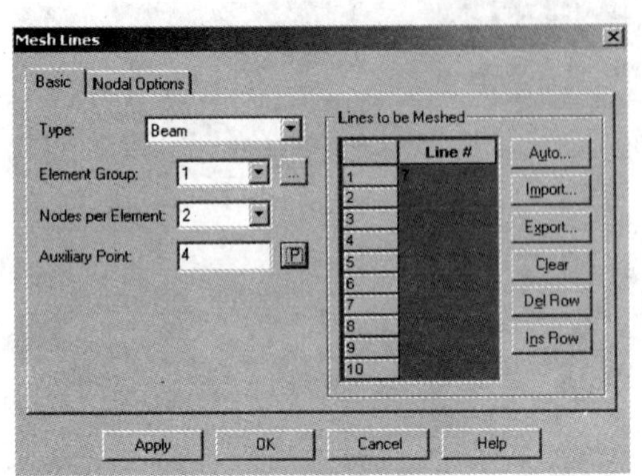

图 8-99

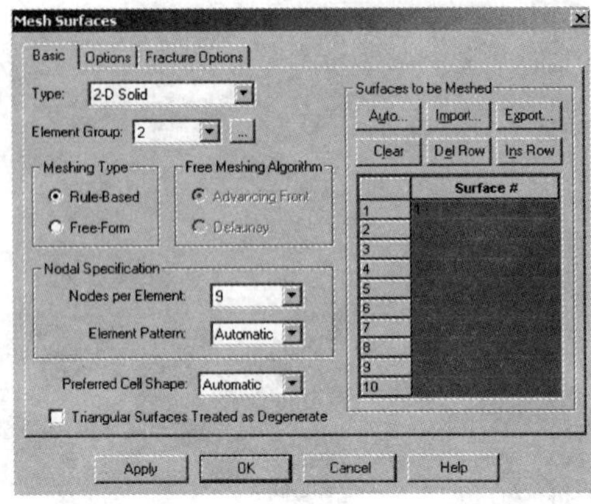

图 8-100

指定模型自由度

菜单【Control】>【Degrees of Freedom】,在打开的窗口中如图 8-101 输入。

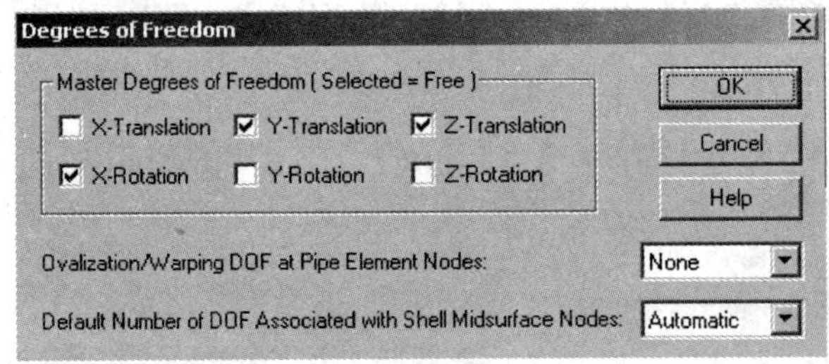

图 8-101

显示完成的有限元模型

点击两个按钮后显示出约束和荷载,模型如图 8-102 所示。

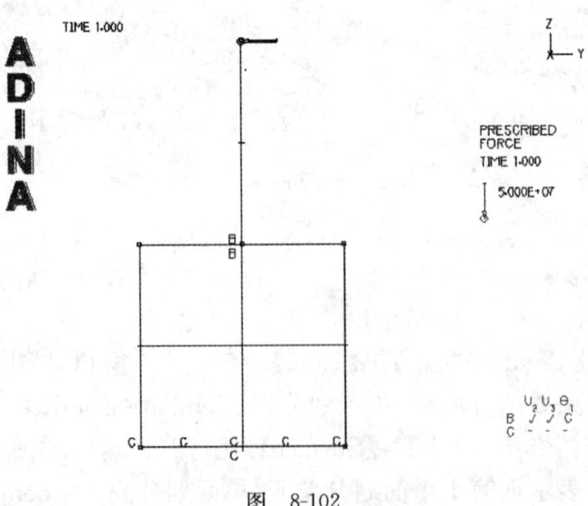

图 8-102

文件保存和求解

菜单【File】>【Save】，如图 8-103 输入后，点击【Save】保存，存储命令流文件。

菜单【Solution】>【Data File/Run】，如图 8-104 输入后，点击【Save】保存，存储 prob04. dat 文件，同时求解。

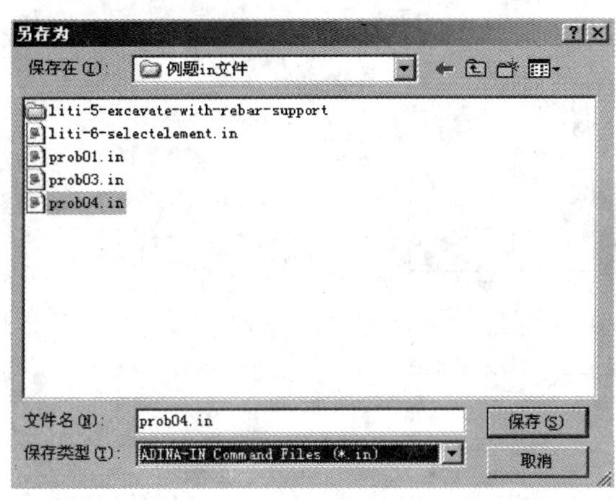

图 8-103

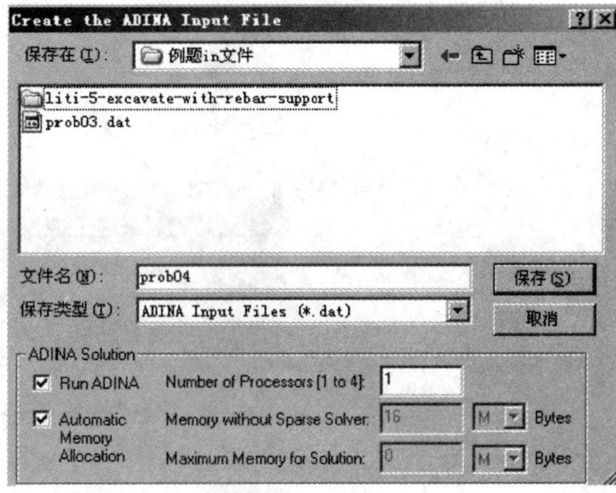

图 8-104

后处理

选择【Post-Processing】模块。

菜单【File】>【Open】，如图 8-105 打开 prob04. por 文件。

可以通过按钮放大模型变形。如图 8-106 所示。

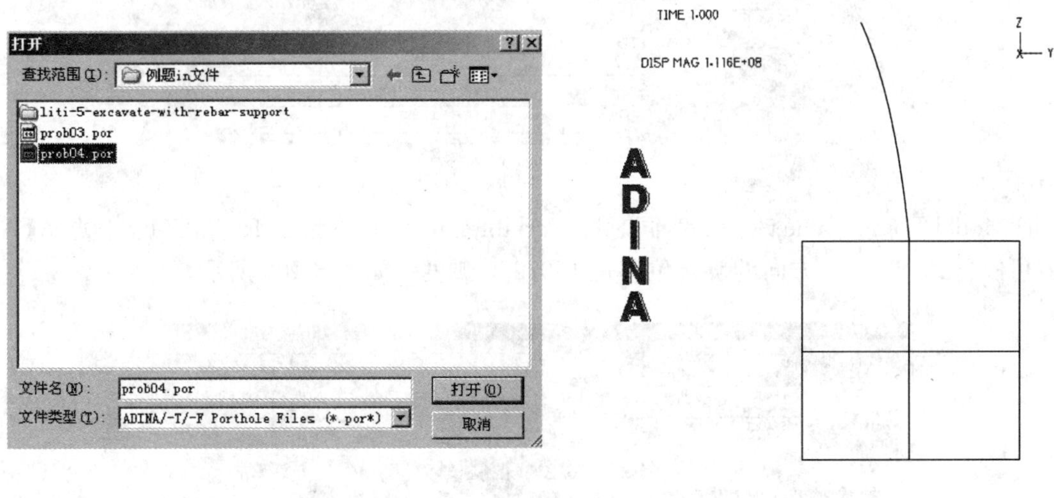

图 8-105　　　　图 8-106

定义 Model Point

点击显示节点，点击菜单【Definitions】>【Model Point】>【Node】，在打开的窗口中点击【Add】，写入 N1 点击【OK】，点击【P】按钮选择相应的节点，点击【Save】保存。再以同样的方法定义 N2 和 N3。如图 8-107 所示。

列出 Model Point 数据

点击菜单【List】>【Value List】>【Model Point】，在打开的窗口中如图 8-108 输入，点击【Apply】。可以看到 N1 点 z 方向的位移是 5.36647mm。

ADINA
TIME 1.000
DISP MAG 1.116E+08
Z
Y
N3
N2
N1
Define Node Point
Add...
Delete
Copy...
Save
Discard
Point Name: N1
Substructure: 0
Reuse: 1
Node #: 4
P
OK
Cancel

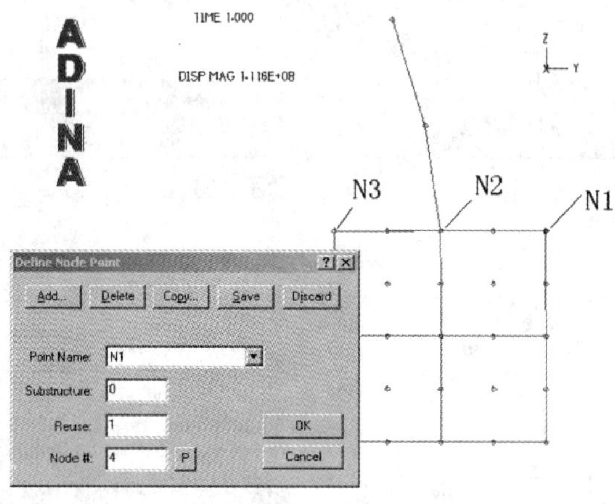

图 8-107

List Model Point Values
Model Point Name: N1
Result Control: DEFAULT
Smoothing Technique: DEFAULT
Response Option
Single Response
Range of Responses
Response: DEFAULT
Response Range: DEFAULT
ADINA: AUI version 8.3.1, 17 June 2006: *** NO HEADING DEFINED
Licensed from ADINA R&D, Inc.
Finite element program ADINA, response range type load-step:
Listing for point N1:
TIME Z-DISPLACEMENT
0.00000E+00 0.00000E+00
1.00000E+00 5.36647E-03
*** End of list.
Variables to List
1 Displacement Z-DISPLACEMENT

图 8-108

把 Model Point Name 改为 N2，同时把 Variables to List 改为 X-ROTATION，点击【Apply】，可以看到 N2 点 x 方向的旋转位移是 1.07329 弧度。如图 8-109 所示。

List Model Point Values
Model Point Name: N2
Result Control: DEFAULT
Smoothing Technique: DEFAULT
Response Option
Single Response
Range of Responses
Response: DEFAULT
Response Range: DEFAULT
ADINA: AUI version 8.3.1, 17 June 2006: *** NO HEADING DEFINED
Licensed from ADINA R&D, Inc.
Finite element program ADINA, response range type load-step:
Listing for point N2:
TIME X-ROTATION
0.00000E+00 0.00000E+00
1.00000E+00 1.07329E-03
*** End of list.
Variables to List
1 Displacement X-ROTATION

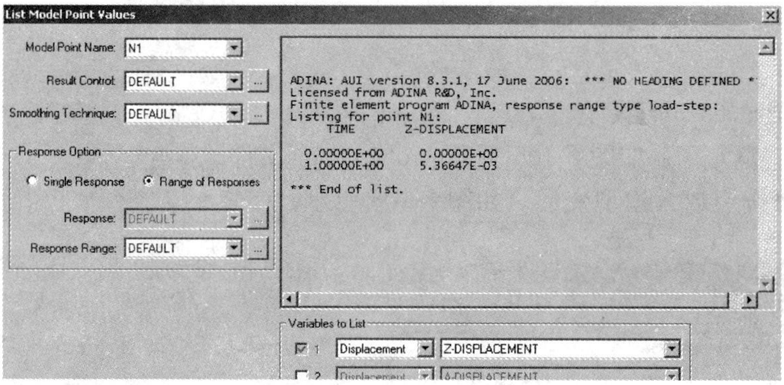

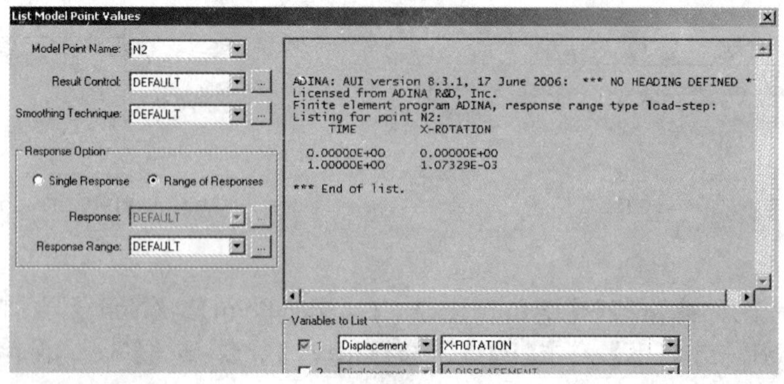

图 8-109

点击菜单【List】>【Value List】>【Model Point】，在打开的窗口中如图 8-110 输入，点击【Apply】，可以看到 N3 点 z 方向的位移是 -5.36647mm。

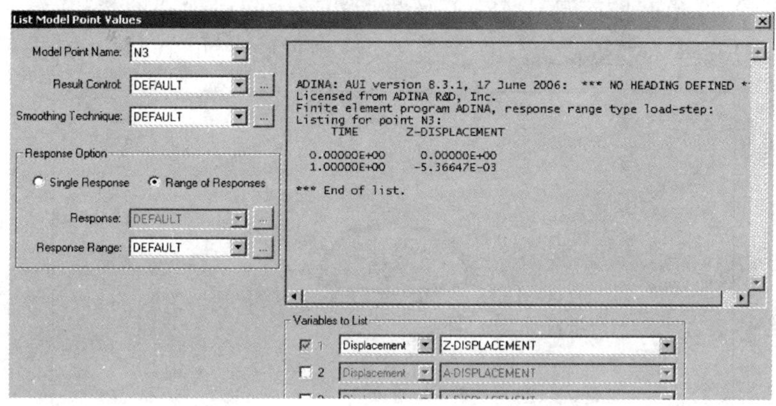

图　8-110

结论

通过简单计算可以看出，“N4 节点的 z 方向位移”$\times 0.1+$“N3 节点的 z 方向位移”$\times(-0.1)=$“N6节点的 x 方向转角”。

菜单【Model】>【Constraints】>【Constraint Equations】所建立的约束方程有一个从自由度和多个主自由度，其最终建立的约束方程是 Slave＝Master1×Master Coeff1 ＋ Master2×Master Coeff2 ＋ Master3×Master Coeff3……。

菜单【Model】>【Constraints】>【Constraint Equations(MultiSlaves)】建立的约束方程有一个主自由度和多个从自由度，其最终建立的约束方程是 Master×Master Coeff1＝Slave1；Master×Master Coeff2＝Slave2；Master×Master Coeff3＝Slave3；……。

实例 5　初始应力场施加

工程背景说明

地下隧道开挖的虚拟仿真模拟是洞室截面、开挖顺序、支护形式等设计和施工方案设计、优选的必要手段。ADINA 有限元程序能够完成隧道的整个施工过程的模拟，通过对不同模型的方案对比，选出最优的施工方案。在施工模拟过程中可以对整个结构进行非线性静力分析。ADINA 提供单元生死(独特的单元刚度软化)功能具有工程含义准确、操作方便、计算速度快的优点。

第一部分

学习要点

地应力的施加

单元生死时间的定义并准确理解单元的刚度 Decay Time 的使用

后处理中的地应力的显示以及施工过程动态模拟

问题说明

在土体中开挖一隧道，开挖面简化为二维平面应变问题，在建立隧道模型的时为了方便简化弧形为直线段线，隧道开挖面是从右上开始先两边后中间对称开挖，每开挖一部分做开挖面的一次衬砌，断面开挖全部完成之后，再进行二次衬砌支护。如图 8-111 所示。

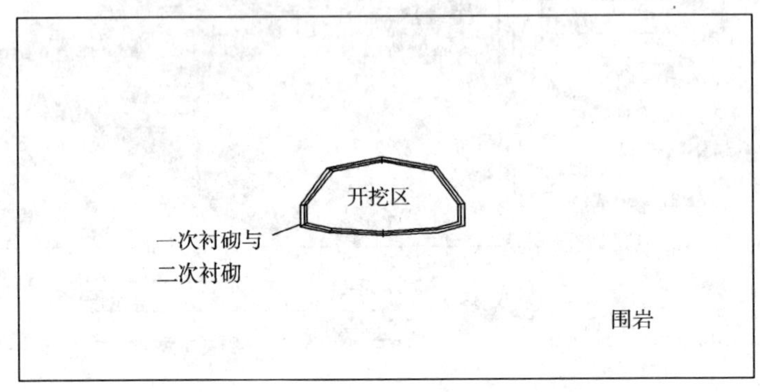

图 8-111

建立几何模型

本题模型较为复杂，读者可以从本书所附光盘中直接读入模型输入文件 prob05-a-geomery. in(图 8-112)。

首先需要计算地应力，例题只考虑重力场产生的地应力，在地应力的计算过程中，需要定义模型的重力荷载、边界条件。

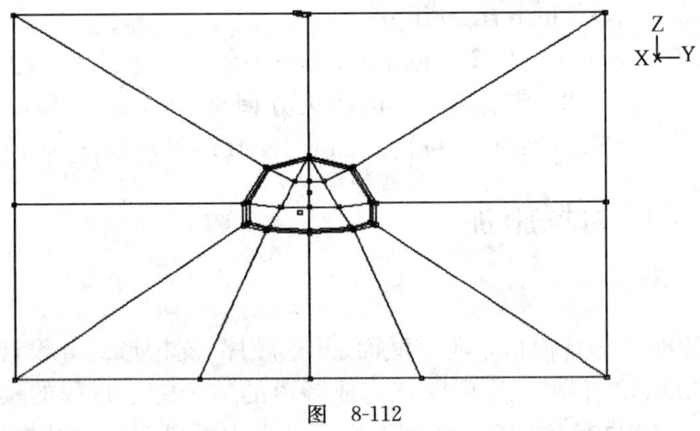

图 8-112

定义并施加边界条件

边界条件是左侧边界(L71、L73)和右侧边界(L83、L86)约束 Y 向位移，底边(L75、L77、L79、L81)的约束 Z 向位移。点击图标，点击【Define】，如图 8-113～图 8-115 定义 YF 和 ZF 约束条件。

按照图 8-116 所示，对边界线施加相应的约束条件。

施加重力荷载

点击图标，选择荷载类型【Mass Proportion】点击【Define】，输入重力加速度及其方向如图 8-117 所示，点击【OK】，返回上一级窗口，输入重力作用的时间函数 1 如图 8-118 所示；时间函数 1 是缺省的时间函数标号，其载荷比例因子是 0～1e21 时间内保持为 1。这表示重力从 0 时刻完全施加并保持不变。

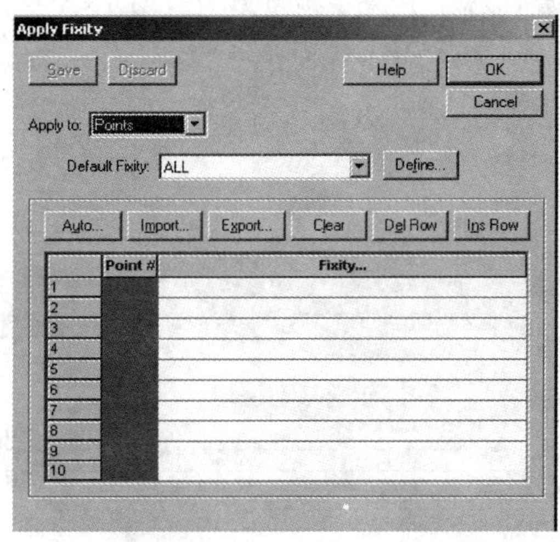

图 8-113

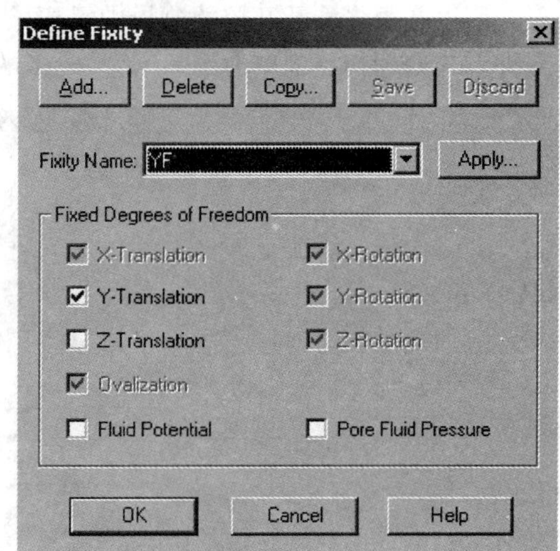

图 8-114

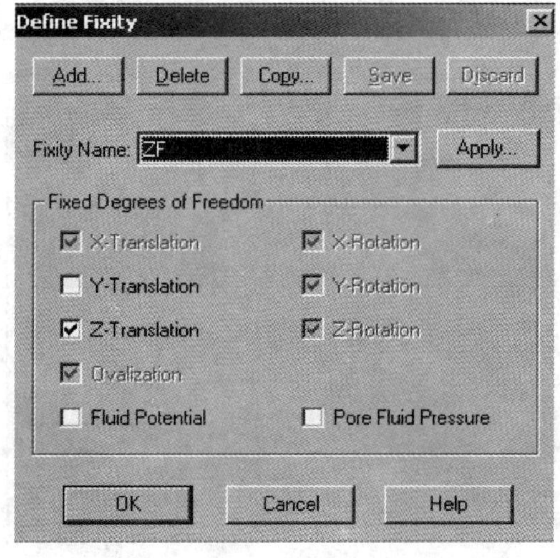

图 8-115

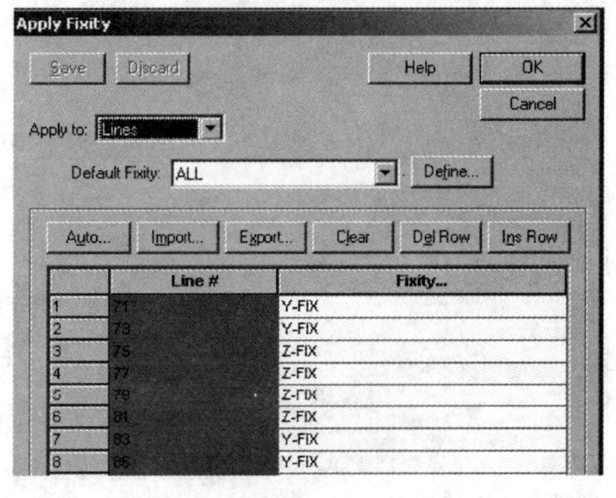

图 8-116

定义材料属性

对围岩体、开挖土体和衬砌分别定义材料属性，点击图标 M ，选择【Elastic】中的【Isotropic】，即各向同性的线弹性材料类型，在弹出窗口中增加材料 1、材料 2，其参数如图 8-119、图 8-120 所示。材料 1 为莫尔-库仑材料用于模拟围岩，不考虑剪切膨胀效应；材料 2 为线弹性材料，用于模拟衬砌结构。

设置初始地应力场

通常不设置初始地应力场也可以通过重力加载得到开挖前的地应力分布，但是重力引起的变形依然存在，由于初始衬砌的单元与围岩边界共节点，围岩的变形就导致支护边界单元出现零应力变形而改变了衬砌的形状。如果模型中施加了初始地应力场，则由于初始应力场和重力平衡，则计算的平衡状态没有变形出现（为零），因此可以彻底消除支护单元出现前的扰动变形。所以在很多涉及开挖的分析中需要输入初始应力场（用来平衡重力场），ADINA 提供了多种方式处理初始地应力场的问题，更多的问题可以参考 ADINA 技术文档。

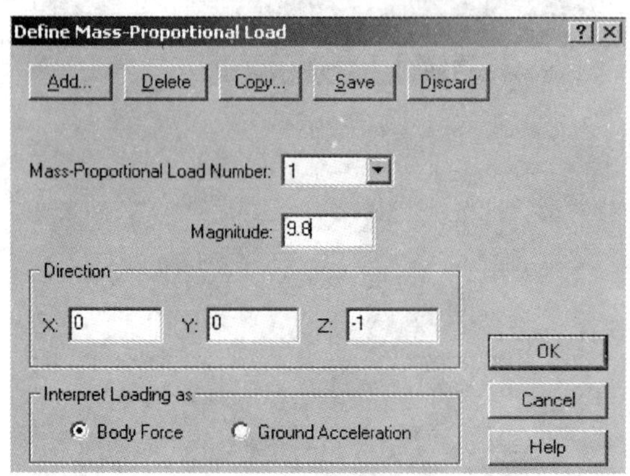

图 8-117

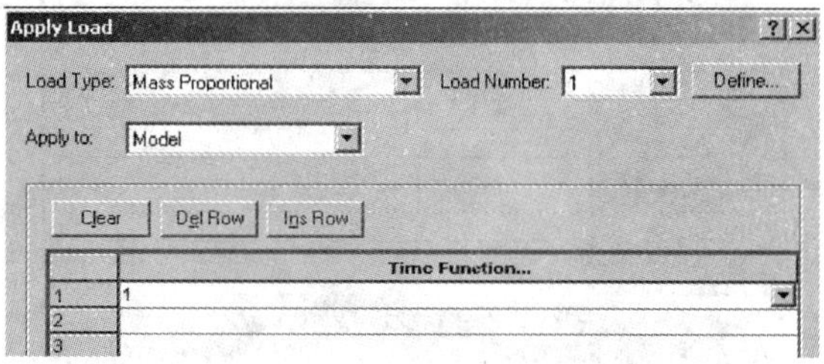

图 8-118

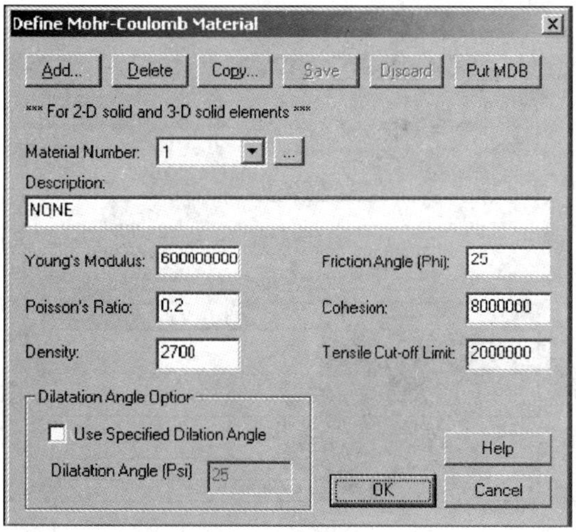

图 8-119

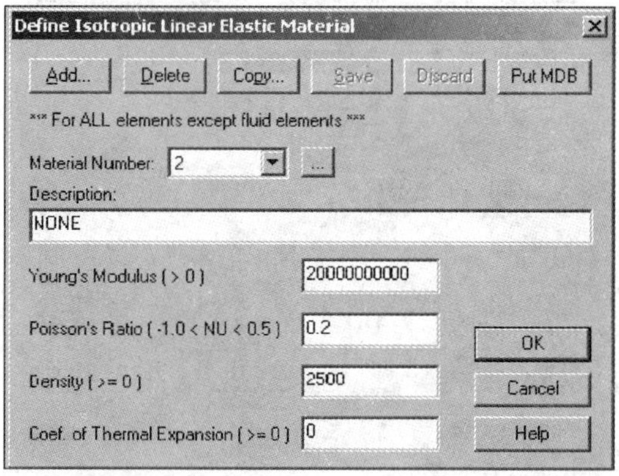

图 8-120

本例中的地应力场采用 ADINA 提供的 Initial Geological Stress 方式输入（图 8-121）。在 2D 的单元中，通常只需要指定模型中的参数 A、B 和 C 即可。

如上图所示，初始地应力场参数设定按下面公式推导：

$$e_{22} = A + Bz$$

$$e_{11} = Ce_{22} + D$$

$$e_{33} = Ee_{22} + F \text{（对于 2D solid element）。}$$

其中，z 为整体坐标中的 z 坐标值；

$B = \rho \times g$；

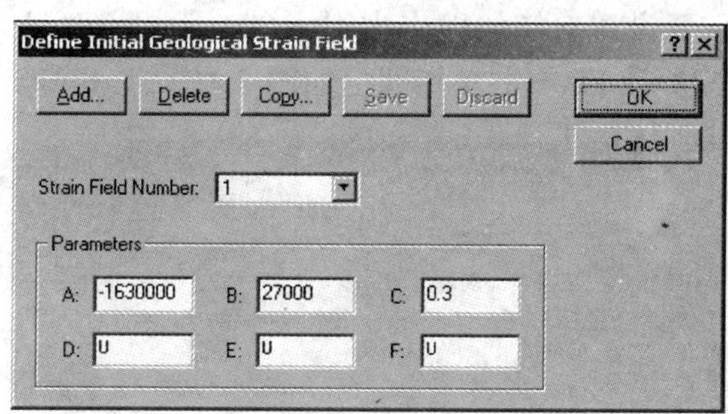

图　8-121

C、E 为侧压力系数，一般取 0.3～0.4，可查阅相关规范。一般情况下 D、F 为 0。ρ 为材料密度，g 为重力加速度。

本例中计算 A、B 的过程如下：

$B=\rho\times g$

当 $Z=60$ 时，即地表的 Z 向应力为零，

即 $A+60B=e_{22}=0$

由以上两式可以得到 A、B 的值。

由于初始地应力场是加载在单元坐标系，但我们给定的应力是基于整体坐标系下，所以需要专门定义一个用于初始应变轴方向的正交坐标系轴，具体可以参看附录“Orthotropic Axes system”，单元应力就可以转换到整体坐标系下。点击菜单【Model】>【Orthotropic Axes Systems】>【Define】定义坐标系 1(图 8-122)。

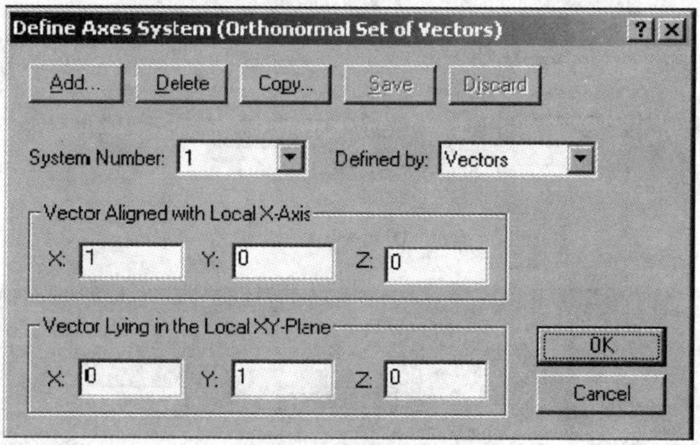

图　8-122

点击【Model】>【Orthotropic Axes Systems】>【Assign(Initial Strain)】并指定局部坐标系的关系。如果是 2D 模型，则如图 8-123 定义，这样就施加在所有的零时刻的模型上面。(如果是 3D 模型中，采用缺省值，则 a-direction 为 Local X，b-direction 为 Local Y)。

定义单元组

同一单元组的单元，单元类型和材料特性相同。如果一个面采用了单元组 1 划分单元，则这个面上所有生成的单元都具有单元组 1 规定的单元类型和材料特性。点击图标，增加四种 2D solid 单元，Element Sub-Type 为平面应变类型 Plane Strain。其中 EG1 和 EG2 设置相

同，注意 EG1 和 EG2 都需要设置有初始地应力引入（Applied Initial Strain）并给定地应力场的标号 1（Strain Field），EG3 和 EG4 定义相同。如图 8-124、图 8-125 所示。

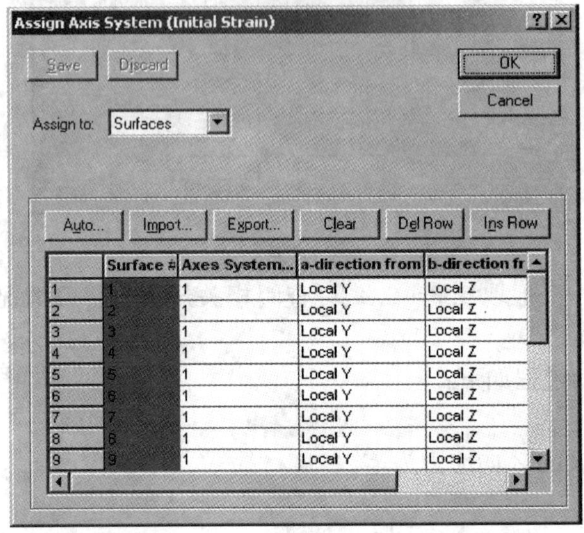

图 8-123

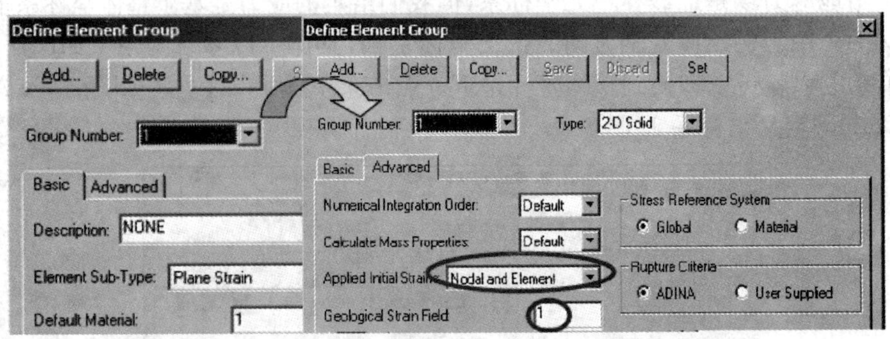

图 8-124

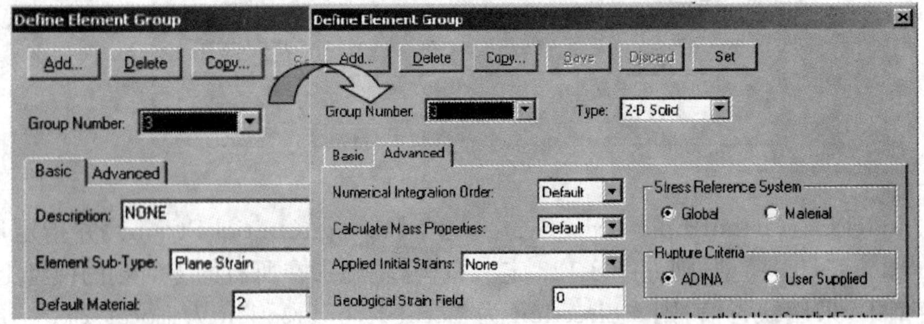

图 8-125

指定网格大小

一次衬砌和二次衬砌沿厚度方向网格分成 3 份，其余的线均划分为 16 份。点击，弹出定义线密度对话框(图 8-126)。

最终的网格密度如图 8-127 所示。

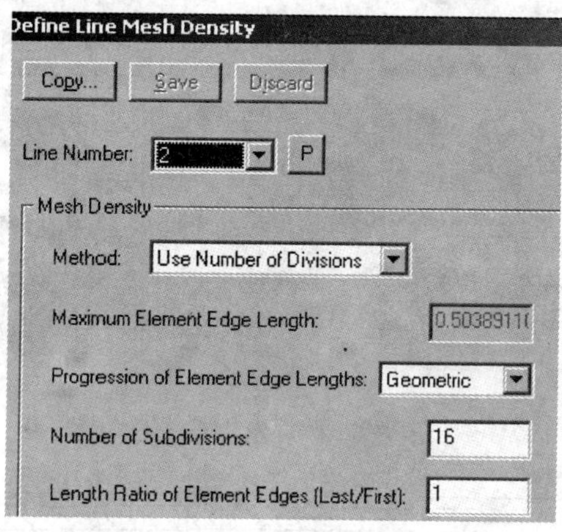

图 8-126

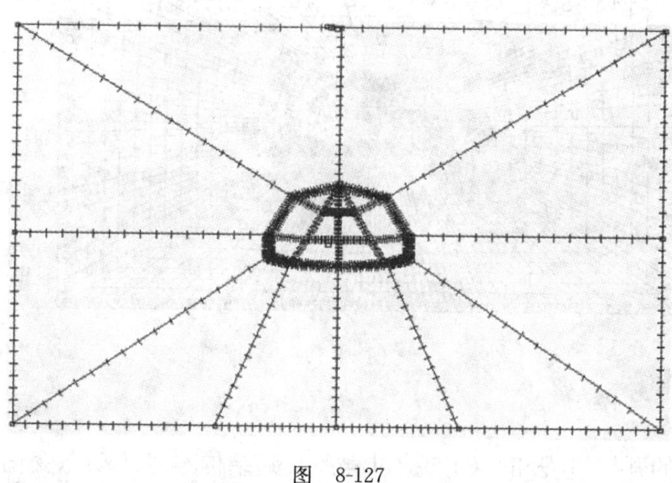

图 8-127

单元划分

点击图标,在弹出窗口中选择单元组 1,选择 4 节点阶单元,然后选定代表围岩开挖部分的 10 个 Surface 划分网格,用单元组 2 对开挖部分的 12 个 Surface 划分单元,然后选择单元组 3 对一次衬砌部分的 10 个 Surface 划分单元,最后采用单元组 4 对二次衬砌部分的 10 个 Surface 划分单元。如图 8-128 所示。

单元组 1 对应的 Surface 为:33~42;

单元组 2 对应的 Surface 为:1~12;

单元组 3 对应的 Surface 为:13~22;

单元组 4 对应的 Surface 为:23~32;

打开边界条件显示按钮,以及单元组不同颜色显示按钮,网格划分如图 8-129 所示。

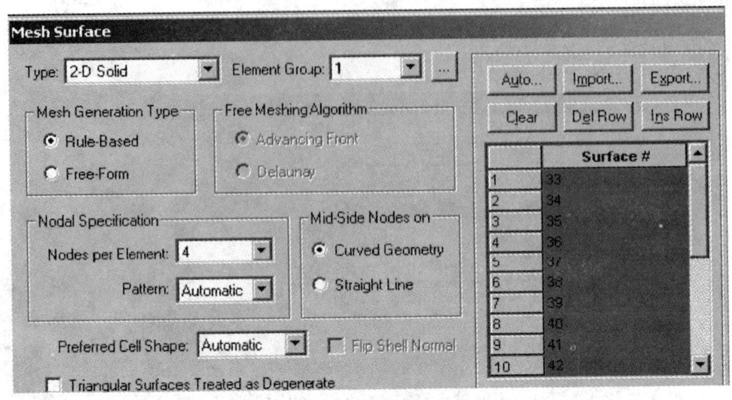

图 8-128

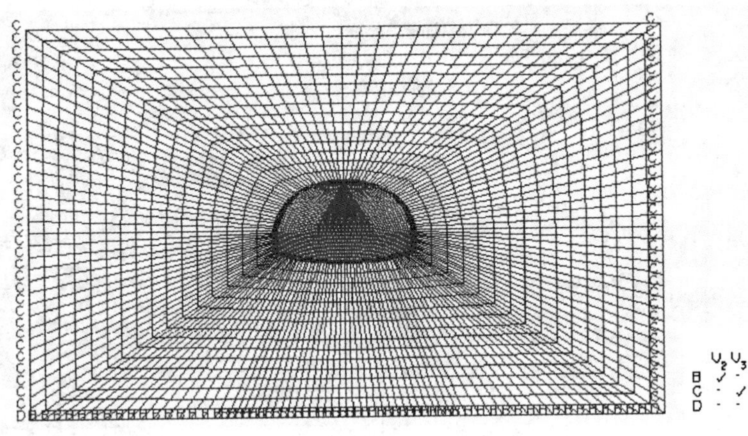

图 8-129

定义单元生死时间

由于隧道施工的开挖过程和衬砌支护过程涉及到结构本身的动态变化。开挖支护的施工过程需要采用单元生死(ElementBirth/Death)功能,用单元“死”(Inactive)来模拟开挖过程,用单元“生”(Active)模拟衬砌的支护过程,包括一次衬砌,二次衬砌,施工过程的具体的设置如下。

选择菜单【Model】>【Geometry Attributes】>【Simple Geometry】>【2D Solid】,弹出对话框,本例需要按实际施工先后顺序和时间设定开挖部分 Surfaces 的“死”的时间 Death Time 以及一次衬砌和二次衬砌部分的 Surfaces 的“生”的时间 Birth Time。

时间顺序是实际的施工顺序 Surfaces 4(D) →22(B) →1(D) →13(B) →2(D) →3(D) →7(D) →21(B) →12(D) →14(B) →5(D)→6(D) →8(D) →20(B) →19(B) →11(D) →16(B) →15(B) →10(D) →17(B) →9(D) →18(B) →28(B) →29(B) →30(B) →31(B) →32(B)。

假定每一步工序延续时间为 10 即假定为等时间步长 10。

值得注意的是,实际输入的单元生死的时间比上面顺序安排得生死时间稍微滞后一点,这样就避免了舍入误差。如图 8-130 所示。

Assign 2-D Solid Properties to Surfaces

Auto...　Import...　Export...　Clear　Del Row　Ins Row

	Surface #	Material	Material Angle	Birth Time	Death Time	Initial Strain Angle	Pr
8	8	0	0.0	0.0	130.1	0.0	No
9	9	0	0.0	0.0	210.1	0.0	No
10	10	0	0.0	0.0	190.1	0.0	No
11	11	0	0.0	0.0	160.1	0.0	No
12	12	0	0.0	0.0	90.1	0.0	No
13	13	0	0.0	40.1	0.0	0.0	No
14	14	0	0.0	100.1	0.0	0.0	No
15	15	0	0.0	180.1	0.0	0.0	No
16	16	0	0.0	170.1	0.0	0.0	No

图　8-130

求解控制

定义模型自由度

选择菜单【Control】>【Degrees of Freedom】，去除不需要的旋转自由度以及 X 方向平移自由度。

定义时间步和步数

在菜单【Control】>【Time Step】中定义时间步长 10，计算 40 步，总的计算时间为 400。如图 8-131 所示。

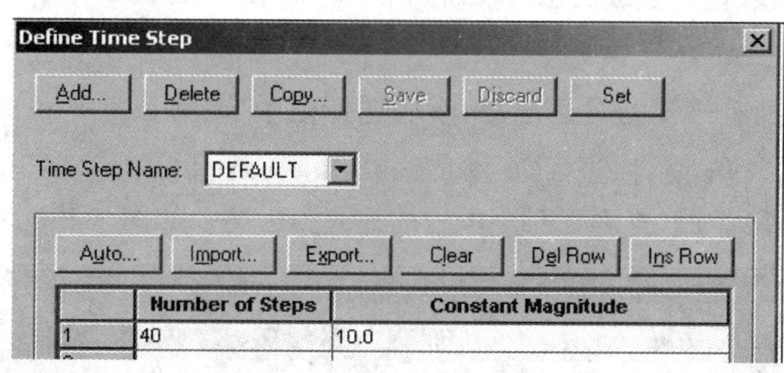

图　8-131

设置刚度消失时间 Decay Time

单元“死”是刚度消失，ADINA 的单元“死”过程，单元刚度的消失可以在一段时间内线形变化，最终为一个极小的值。这一点可以用于模拟施工过程的时间效应，开挖后一段时间内，在释放荷载作用下，围岩在不断的变形，直到某个时刻才达到稳定，尽管导致围岩收敛变形的原因极为复杂，可以简化为一个线形变化的过程。在这个过程中，如果不采用任何支护，则围岩的卸荷力完全由围岩自身承受；如果开挖之后立即支护，则支护将承受几乎所有的卸荷力（通常此时的衬砌厚度非常之大）；如果围岩达到稳定才进行支护则围岩承受几乎所有的卸荷力，衬砌承载很小。实际的施工过程，尤其是新奥法施工过程，需要围岩变形到某个程度，才施加一次衬砌并观测围岩变形，判断是否需要二次衬砌。新奥法施工过程围岩和衬砌共同承受卸荷力，结构更为合理。

本例中，设置单元刚度的消失时间 Decay Time 为 20，如果单元开挖时间设置为 10，则此单元最终完全失去刚度的时间为 10＋20＝30。而相应的支护生成时间为开挖单元“死”之后的

10 时刻(刚度消失了 50%),因此大体上,围岩和支护各承担 50%的卸荷力。如图 8-132 所示。

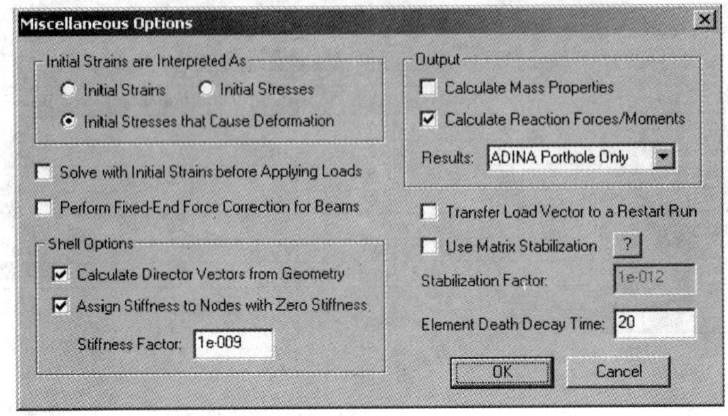

图 8-132

设置初始应力的方法

如图 8-132 所示,选择【Initial Stress that caused deformation】。

保存数据库为 prob05-a. idb,也可以保存命令流文件 prob05-a. in 文件。说明:文件名和文件夹都不要使用中文。

点击图标,输入将要生成的求解文件 prob05-a. dat,ADINA 开始求解。

后处理及结果说明

求解完毕,关闭所有打开的对话框,从模块选择框中选择【Post-Processing】,点击打开按钮,打开 prob05-a. por 文件,点击,在 Band Plot Variable 中选择【Stress】,在后继的下拉菜单中选择【SIGMA-P1】,查看 0 时刻围岩的地应力云图。如图 8-133、图 8-134 所示。

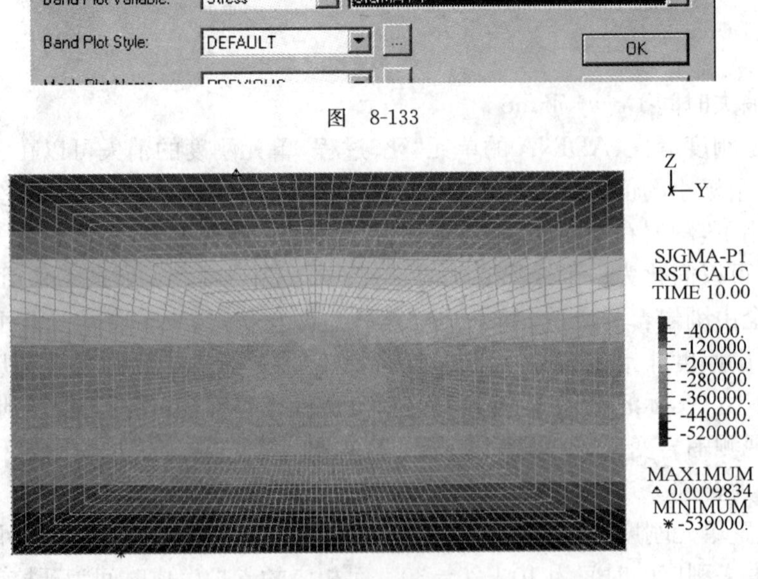

图 8-133

图 8-134

可以点击◀，▶显示每个施工阶段的第一主应力的情况，图 8-135 为开挖、一次衬砌某个阶段的第一主应力分布。

图　8-135

点击（按照缺省的设置做动画）可用动画形式显示模拟的施工过程。

第二部分

建立顶部围岩有锚杆的分析模型

建立锚杆的几何模型

增加如图 8-136 所示的 Point，用于定义直线。

```
201 0.0 0.0 21.20 0
202 0.0 0.0 36.20 0
211 0.0 2.0 21. 0
212 0.0 5.5 36. 0
221 0.0 4.5 20.50 0
222 0.0 13.35.50  0
231 0.0 7.2 20.0
232 0.0 21.35.0
241 0.0 -2.0 21.0
242 0.0 -5.5 36.0
251 0.0 -5.5 20.50 0
252 0.0 -13.35.50 0
261 0.0 -7.2.20. 0
262 0.0 -21.35. 0
```

图　8-136

定义直线(图 8-137)。

则模型显示如图 8-138。

定义材料

定义材料 3 为双线形塑性钢材，参数如下：

E=2.0E+11

```
LINE STRAIGHT NAME=88 P1=262 P2=261
*
LINE STRAIGHT NAME=89 P1=252 P2=251
*
LINE STRAIGHT NAME=90 P1=242 P2=241
*
LINE STRAIGHT NAME=91 P1=202 P2=201
*
LINE STRAIGHT NAME=92 P1=212 P2=211
*
LINE STRAIGHT NAME=93 P1=222 P2=221
*
LINE STRAIGHT NAME=94 P1=232 P2=231
*
```

图 8-137

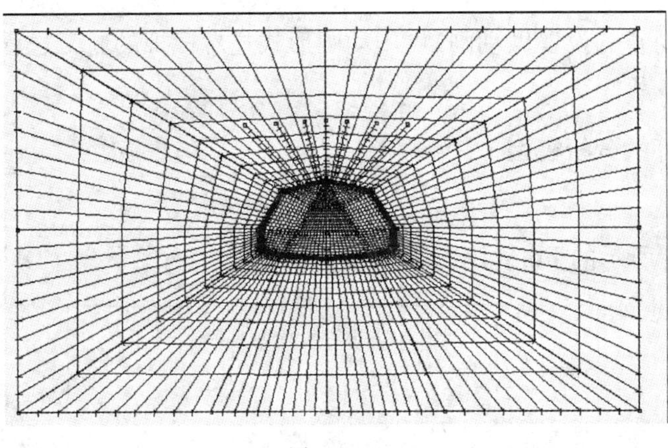

图 8-138

NU=0.3

YIELD=5.0E+08

ET=1.E+09,DENSITY=7800.

定义单元组

定义单元组 EG5,采用材料 3,然后点击【Option】按钮,在弹出窗口中指定 Line88～line94 为 Rebar(图 8-139)。

定义截面特性

点击菜单【Model】>【Element Properties】>【Truss】,在弹出窗口图 8-140 中输入如下截面和单元生死信息。锚杆是在开挖后进行锚固时起作用。

划分锚杆单元

采用 Rebar 功能,则不需要用户划分单元,在求解时自动处理。

后处理

实际的开挖过程中,顶部为了防止坍塌常常需要用锚杆进行锚固。用户自己可以对有锚杆分析的结果和无锚杆分析的结果进行比较，观察不同情况下的围岩应力分布、衬砌应力分布、整体下沉的变形量等。

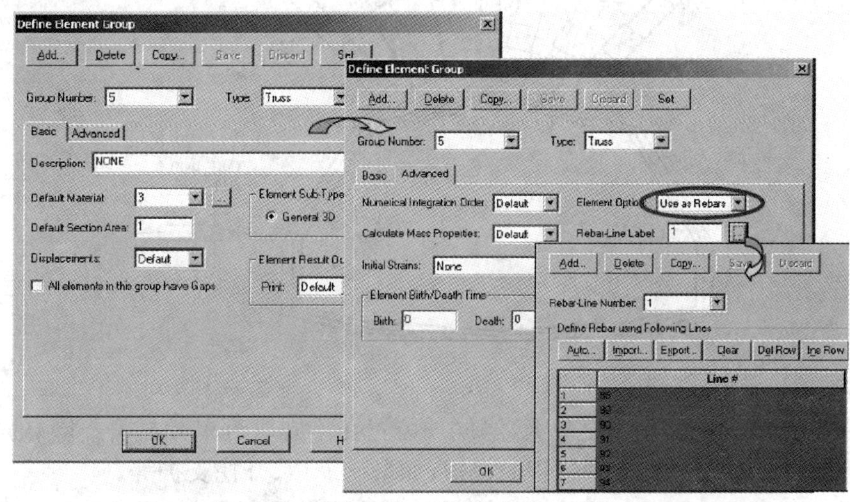

图　8-139

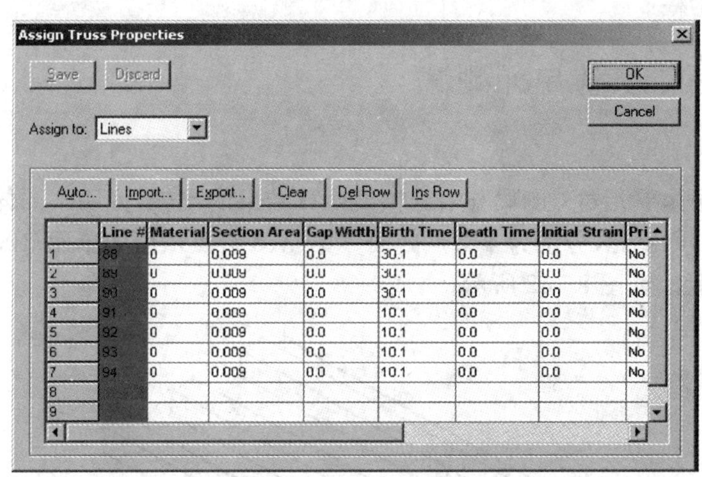

图　8-140

点击菜单【Display】>【 Element Line】>【Create】，在弹出窗口中选择 Axis Force，点击【OK】，则如图 8-141 显示锚杆轴力的大小和分布，随着施工的过程的不同阶段，锚杆轴力会出现很大的变化。

工程应用扩展说明

本例中采用的最主要的处理技术为单元生死，在单元生死过程中，ADINA 所提供的功能：

用户可以任意控制单元生死的过渡时间（ΔT），即在这段时间内，单元刚度从真实刚度到零之间线性变化（刚度因子在 1～0 之间变化），而且在单元尚存在残余刚度的某个时刻激活支护单元，就可以自动控制卸荷力。

单元生死可以直接定义在几何元素上，这给处理复杂的地下结构开挖问题带来极大的方便。

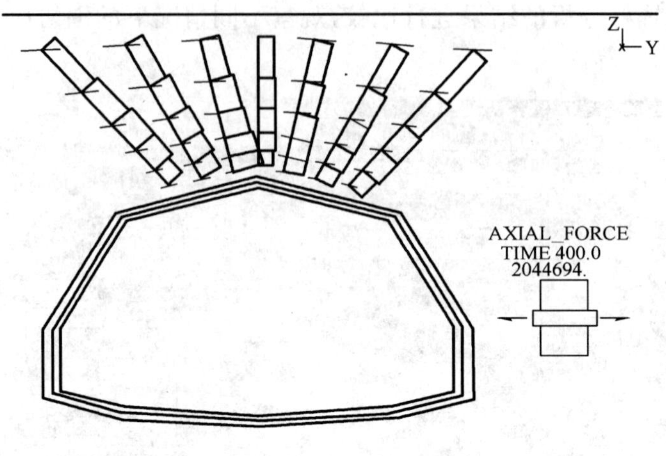

图 8-141

ADINA 支持模型中存在重复单元(当同一位置在不同时刻单元材料不同)的单元生死定义,可以处理各种复杂的开挖支护过程的模拟,如采矿返填、开挖支护等。

可以方便地定义锚杆、土钉等单元或控制生死的接触界面定义,用来模拟带有锚固、预应力锚固的支护结构等。

实例 6 三维实体单元测试

问题描述

本例通过不同体单元划分的梁与哈密顿梁计算结果的比较,说明不同体单元的计算精度问题。采用了四种体单元,分别为 4 节点四面体单元、8 节点六面体单元、10 节点四面体单元、27 节点六面体单元。如图 8-142 所示。

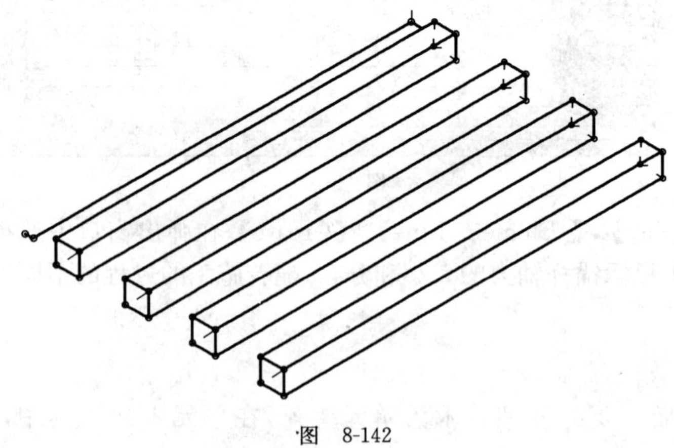

图 8-142

启动 AUI ,选择模块

启动 AUI,从程序模块的下拉式列表框中选 ADINA Structures。

建几何模型

定义点:单击【Define Points】图标输入以下信息(图 8-143),然后单击【OK】。

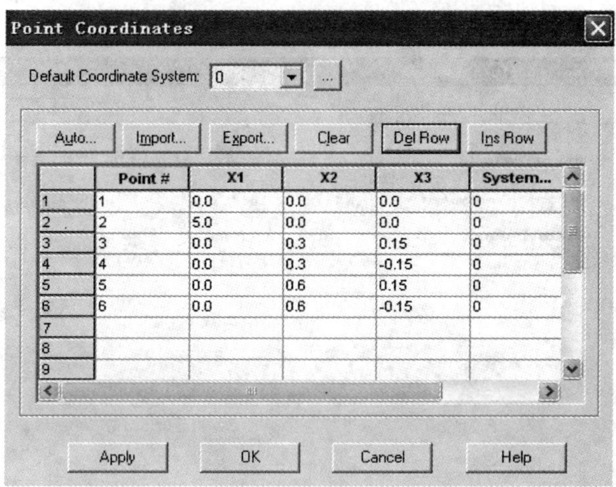

	Point #	X1	X2	X3	System...
1	1	0.0	0.0	0.0	0
2	2	5.0	0.0	0.0	0
3	3	0.0	0.3	0.15	0
4	4	0.0	0.3	-0.15	0
5	5	0.0	0.6	0.15	0
6	6	0.0	0.6	-0.15	0
7					
8					
9					

图　8-143

定义线：单击【Define Lines】图标，增加线 1，把 Type 设置成 Straight，Point1 设置为 1，Point2 设置为 2，然后单击【OK】。

定义面：单击【Define Surfaces】图标，增加面 1，Type 设置成 Vertex，把 Point 1 设置成 5，Point2 设置成 6，Point 3 设置成 4，Point 4 设置成 3，然后单击【OK】。

定义体：单击【Define Volume】图标，增加体 1，Type 设置为 Extruded，Initial Surface 设置为 1，延伸的方向向量 Vector，X 设为 5，表示延 X 轴正向延伸 5 个单位，单击【Save】不关闭对话框。

复制体：单击【Add】增加 Volume Number2，Type 设置为 Transformed，Parent Volume 设为 1，Number of Copies 设为 3。单击 Transformation 右侧的【…】按钮，在弹出的 Define Transformation 对话框中增加 Transformation Number2，类型设为 Translation，Translation Increments 设为 Y=0.9，单击【OK】关闭对话框。在 Define Volume 的对话框中，把 Transformation 设为 2，单击【OK】关闭对话框。如图 8-144、图 8-145 所示。

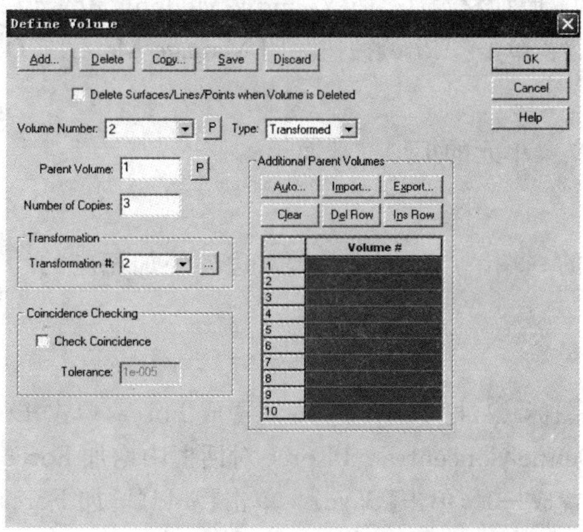

图　8-144

此时图形窗口如图 8-146 所示。

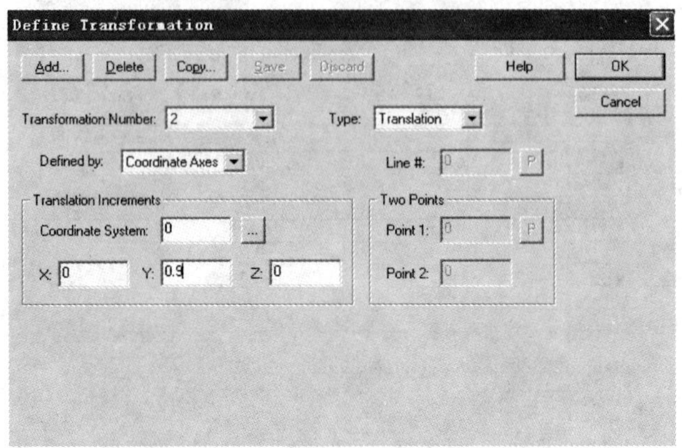

图 8-145

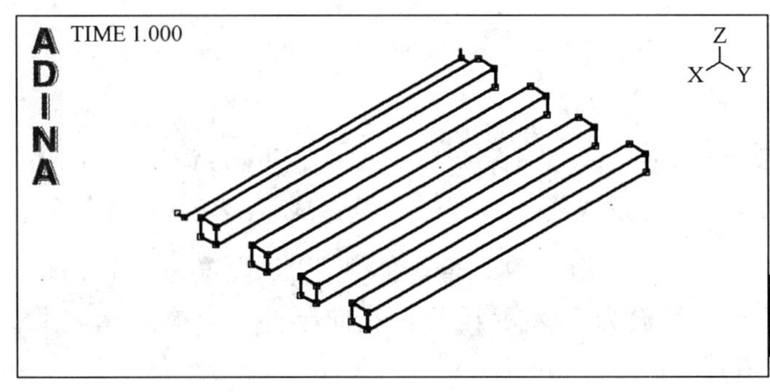

图 8-146

定义材料

单击【Manage Materials】图标M，再单击【Elastic Isotropic】按钮。在 Define Isotropic Linear Elastic Material 对话框中，增加材料 1，把 Young′s Modulus 设置为 2E10，Poisson′s ratio 设置为 0.2，然后单击【OK】。单击【Close】按钮关闭 Manage Material Definitions 对话框。

定义横截面

如图 8-147 所示定义梁单元的矩形横截面。

施加约束：

边界条件是约束梁的一端。点击图标，对边界施加相应的约束条件。如图 8-148、图 8-149 所示。

定义和施加载荷

单击【Apply Load】图标，把 Load Type 设置成 Force，单击 Load Number 区域右侧的【Define...】按钮。在 Define Concentrated Force 对话框中增加 Force 1，把 Magnitude 设置为 1000，Z Translation 设置成－1，单击【Save】。单击【Add】增加 Force2，把 Magnitude 设置为 500，Z Translation 设置成－1，单击【OK】关闭对话框。把 Apply Load 对话框中的 Apply to

设置成 Point，Load Number 为 1 时，表的第一行的 Site ＃设置成 1，单击【Apply】。Load Number 设为 2 时，表中 Site ＃依次输入 3、5、14、11、22、19、30、27，单击【OK】关闭 Apply Load 对话框。单击【Load Plot】图标和【Boundary Plot】图标，图形窗口如图 8-150 所示。

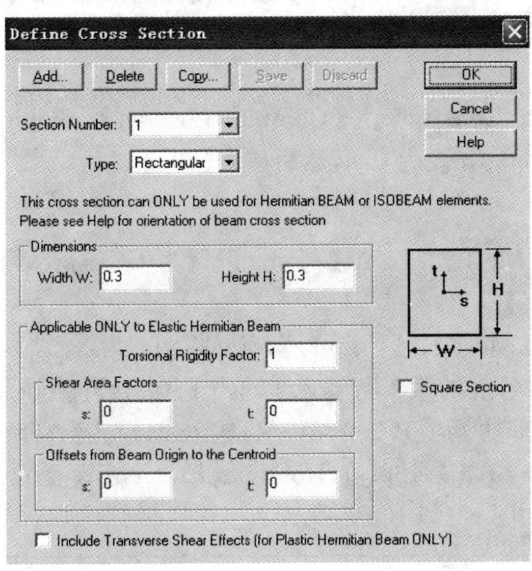

图　8-147

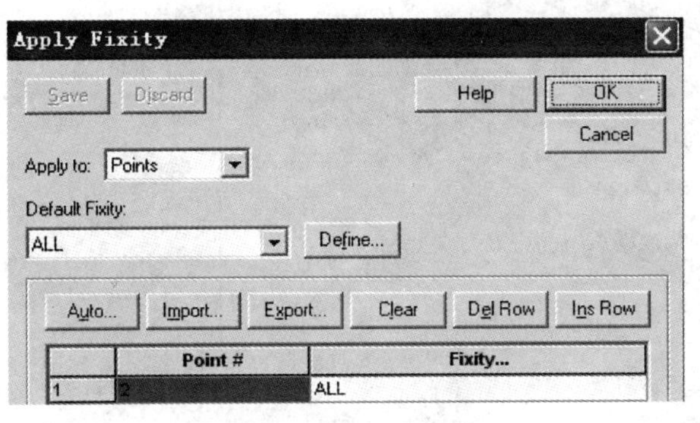

图　8-148

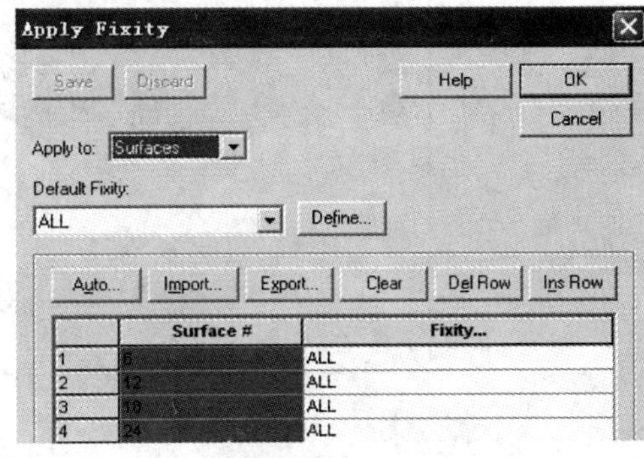

图　8-149

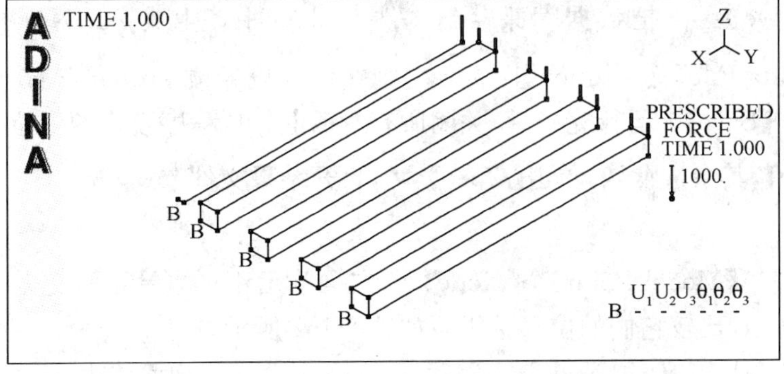

图　8-150

定义单元组

单击【Define Element Groups】图标，增加 group number 1，把 Type 设置为 2-D Solid，Default Material 和 Default Cross Section 均设置为 1，然后单击【Save】。单击【Add】增加 group number 2，Type 设置为 3-D Solid，Material 设置为 1，单击【OK】关闭对话框。

指定网格大小

【Meshing】>【Mesh Density】>【Complete Model】，Subdivision Mode 选择【Use Length】，Element Edge Length 设为 0.5，然后单击【OK】。

生成单元

【Meshing】>【Create Mesh】>【Line】，Type 设置为 Beam，在表的第一行输入 1，Auxiliary Point 设为 35，单击【OK】。

【Meshing】>【Create Mesh】>【Volume】，确认 Type 为 3-D Solid，Element Group 为 2，Node per Element 设置为 4，表的第一行输入 1，单击【Apply】；Node per Element 设置为 8（8-节点实体单元缺省为带有非协调项），表的第一行输入 2，单击【Apply】；Node per Element 设置为 10，表的第一行输入 3，单击【Apply】；Node per Element 设置为 27，表的第一行输入 4，单击【OK】。此时图形窗口如图 8-151 所示：

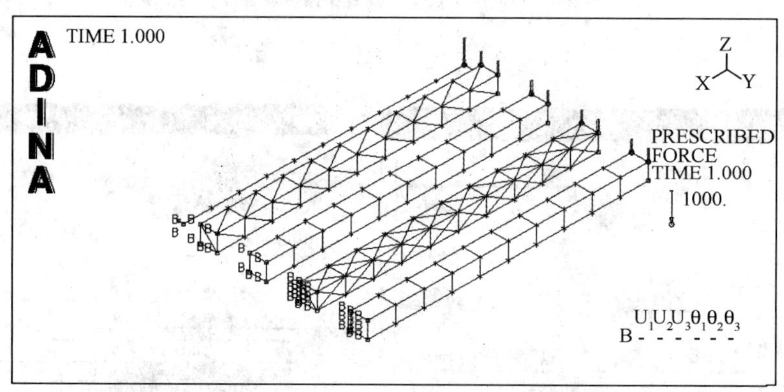

图 8-151

生成 ADINA 数据文件，运行 ADINA，把结果文件读入到 Post-Processing

首先单击【Save】，把数据库保存到文件 prob06 中。生成 ADINA 数据文件并运行 ADINA，单击【Data File】/【Solution】图标，把文件名设置成 prob06，确认选了【Run ADINA】按钮后，单击【Save】。运行完毕后，关闭所有对话框。从程序模块的下拉式列表框中选择【Post-Processing】，其余选默认，单击【Open】，打开结果文件 prob06。

后处理

【Definitions】>【Model Point】>【Node】下，在梁单元和实体单元的受力一端选一个节点定义成 Model Point，比较它们的位移结果。如图 8-152 所示。

Model Point N1 定义为 Node1，N2 定义为 Node13，N3 定义为 Node57，N4 定义为 Node148，N5 定义为 Node700。

【Graph】>【Response Curve(Model Point)…】下，画位移结果图，Model Point 为 N1，Y Coordinate Variable 设为 Z-DISPLACEMENT，单击【Curve Depiction】右侧的【…】按钮，Legend Type 设为 Custom，Legend 表格中输入“N1”。如图 8-153、图 8-154 所示。

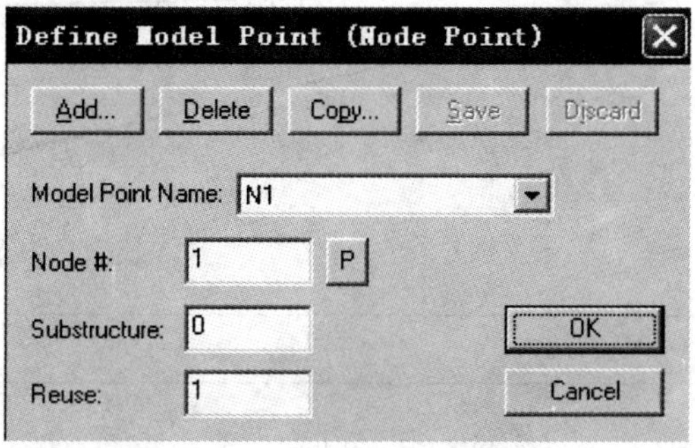

图　8-152

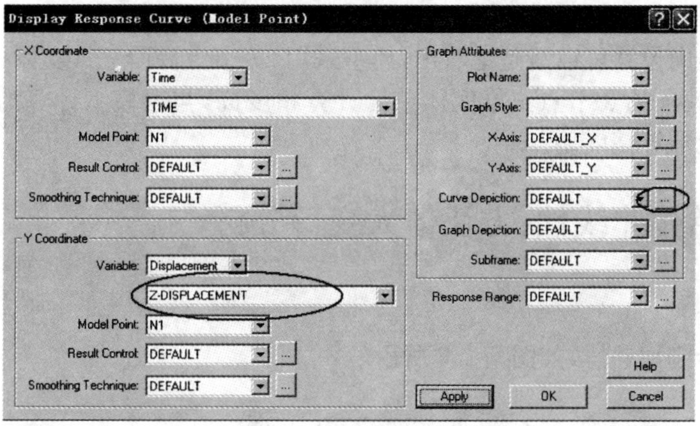

图　8-153

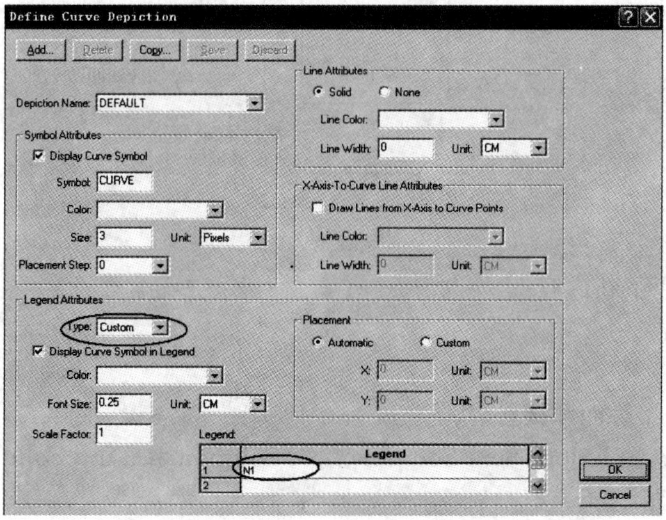

图　8-154

要在同一个图上画所有 Model Point 的结果，依次将 Model Point 设为 N2、N3、N4、N5，Plot Name 设为 PREVIOUS，并按同样方法修改 Legend。图形窗口如图 8-155 所示。

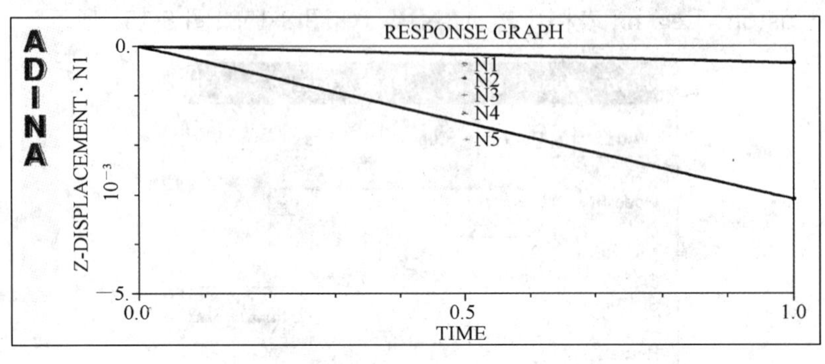

图 8-155

各点位移为 N1 为－3.08642E－03，N2 为－3.68330E－04，N3 为－3.07215E－03，N4 为－3.08025E－03，N5 为－3.07851E－03。

从自由端的竖向位移可以清楚地看出，模型采用 27-节点高阶三维实体单元、10-节点三维实体单元、带非协调项的 8-节点三维实体单元计算精度高，与梁模型计算的结果接近。而 4-节点的四面体单元计算精度差。

实例 7　结构非线性：方块体大变形分析

问题描述

块体挤压一个刚性柱体，如图 8-156 所示。

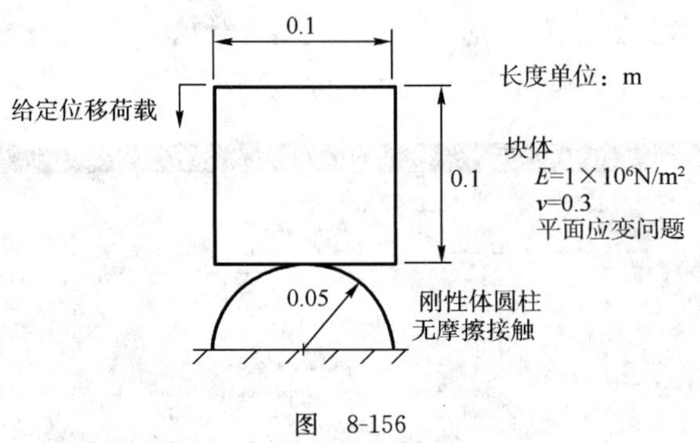

图 8-156

本例主要演示以下新内容：

- 定义时间函数
- 定义时间步
- 定义接触组、接触面和接触对
- 图标 Previous Solution、Next Solution、Last Solution 和 First Solution 的使用
- 模态响应的动画显示
- 画随时间变化的结果

- 画接触面接触力(法向、切向等)
- 生成动画文件(AVI、GIF 和 FLC 格式)

启动 AUI ,选择模块

启动 AUI,从程序模块的下拉式列表框中选 ADINA Structures。

建模型的关键数据

分析标题：选【Control】>【Heading】,输入标题“Problem 7：Contact between a block and a rigid cylinder”然后单击【OK】。

主自由度:选择【Control】>【Degrees of Freedom】,X-Translation,X-Rotation，Y-Rotation 和 Z-Rotation 选项为不选,然后单击【OK】。

建几何模型

图 8-157 是建模型时用到的主要几何数据。

定义点:单击【Define Points】图标,并把以下信息输入到表的 X2，X3 列中：(X1 列为空白),然后单击【OK】。如图 8-158 所示。

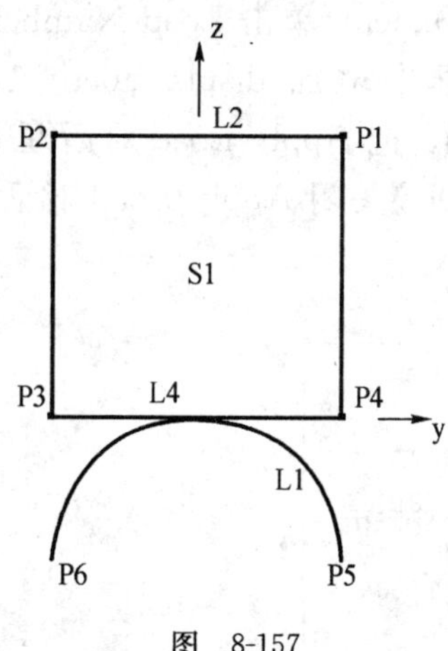

图　8-157

Point#	X2	X3
1	0.05	0.1
2	−0.05	0.1
3	−0.05	0.0
4	0.05	0.0
5	0.05	−0.05
6	−0.05	−0.05

图　8-158

单击【Point Labels】图标查看点号。

定义弧线:单击【Define Lines】图标,增加线 1,把 Type 设置成 Arc,“Defined by”设置成“P1，P2，P3，Angle”,“Starting Point，P1”设置成 5,“End Point，P2”设置成 6,“In-Plane Point，P3”设置成 1,“Included Angle”设置成 180,然后单击【OK】。

单击【Line/Edge Labels】图标查看线号。

定义曲面:单击【Define Surfaces】图标,增加曲面 1,若必要可把 Type 设置成 Vertex,把 Point 1 设置成 1，Point 2 设置成 2，Point 3 设置成 3，Point 4 设置成 4,然后单击【OK】。

单击【Surface/Face Labels】图标查看面号。图形窗口如图 8-159 所示。

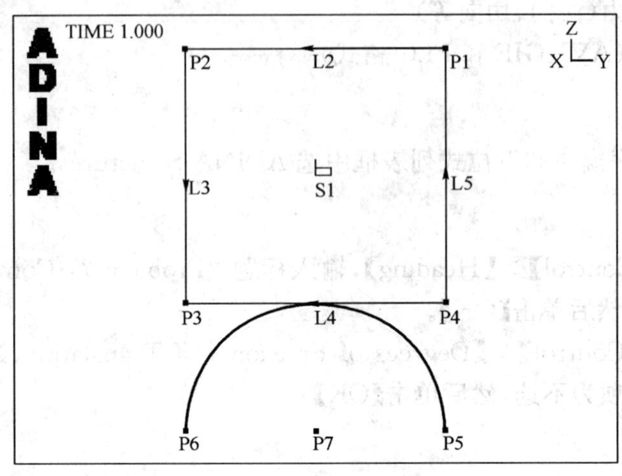

图 8-159

定义和施加载荷

单击【Apply Load】图标，把【Load Type】设置成 Displacement，单击 Load Number 区域右侧的【Define...】按钮。在 Define Displacement 对话框中增加 displacement 1，把 Y Translation设置成 0，Z Translation 设置成 −1，单击【OK】。把 Apply Load 对话框中的 Apply to 设置成 Line，表的第一行的 Site ＃设置成 2。单击【OK】关闭 Apply Load 对话框。单击【Load Plot】图标，图形窗口如图 8-160 所示。

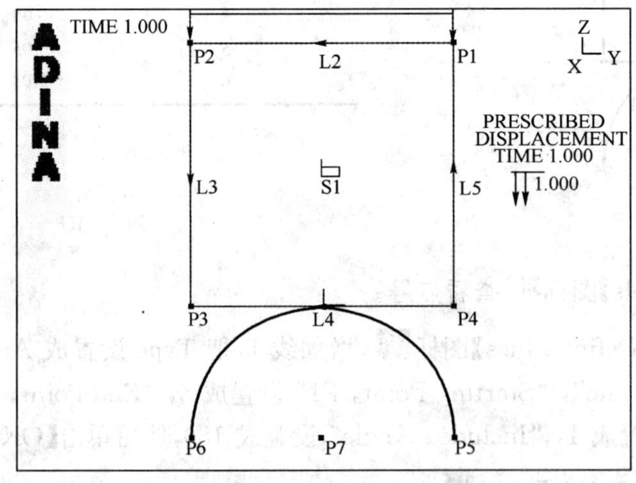

图 8-160

定义材料

单击【Manage Materials】图标，再单击【Elastic Isotropic】按钮。在 Define Isotropic Linear Elastic Material 对话框中，增加材料 1，把 Young′s Modulus 设置为 1E6，Poisson′s ratio 设置为 0.3，然后单击【OK】。单击【Close】按钮关闭 Manage Material Definitions 对话框。

定义接触面

接触控制：选【Model】>【Contact】>【Contact Control】，选中 Use New Type of Contact Segment for Contact Surfaces 选项，单击【OK】。

接触组：选【Model】>【Contact】>【Contact Group】，增加 contact group 1。把 Contact Surface Type 设置为 Planar，单击【OK】。

接触面：选【Model】>【Contact】>【Contact Surface】，增加 contact surface number 1，在表的第一行把 Line Number 设置为 1，单击【Save】。再增加 contact surface number 2，在表的第一行把 Line Number 设置为 4，单击【OK】关闭对话框。

接触对：选【Model】>【Contact】>【Contact Pair】，增加 contact pair number 1，把 Target Surface 设置为 1，Contactor Surface 设置为 2，单击【OK】。

定义单元

单元组：单击【Define Element Groups】图标，增加 group number 1，把 Type 设置为 2-D Solid，把 Element Sub-Type 设置为 Plane Strain，然后单击【OK】。

划分网格：用 5×5 的网格进行求解。单击【Subdivide Surfaces】图标，把 u 和 v 的"Number of Subdivisions"都设置成 5，然后单击【OK】。

生成单元：单击【Mesh Surfaces】图标，在表的第一行输入 1，单击【OK】。图形窗口如图 8-161 所示。

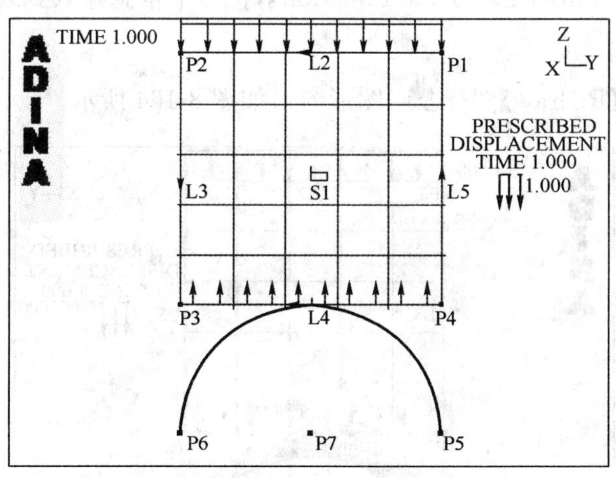

图 8-161

注意一下方框的底边是粗线，这是方框的接触面。该粗线上的箭头给出的是接触面的方向。箭头指向块体内部。

定义目标面

首先指定接触面上的接触段(Segment)的数目，然后生成接触 Segment。

划分网格：指定接触面上的接触节段数目，划分接触面上的线。单击【Subdivide Lines】图标，选 line 1，把 Number of Subdivisions 设置成 180，单击【OK】。

生成接触段：选【Model】>【Contact】>【Mesh Rigid Contact Surface,】把 Contact Surface 设置成 1，单击【OK】。图形窗口如图 8-162 所示。

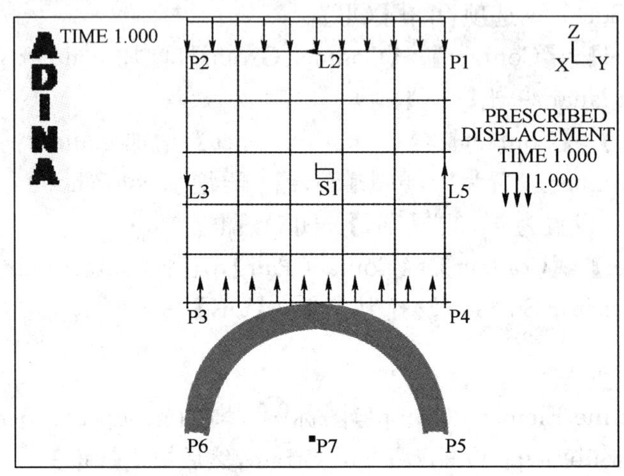

图 8-162

指定载荷步大小

首次运行时，需校验模型，所以在第一个时间步内给一个相对较小的位移。给定的位移由时间函数 1 控制。选【Control】>【Time Function】，把以下信息输入到表中(图 8-163)。

Time	Value
0.0	0.0
1.0	0.001

图 8-163

单击【OK】。单击【Redraw】图标，图形窗口如图 8-164 所示。

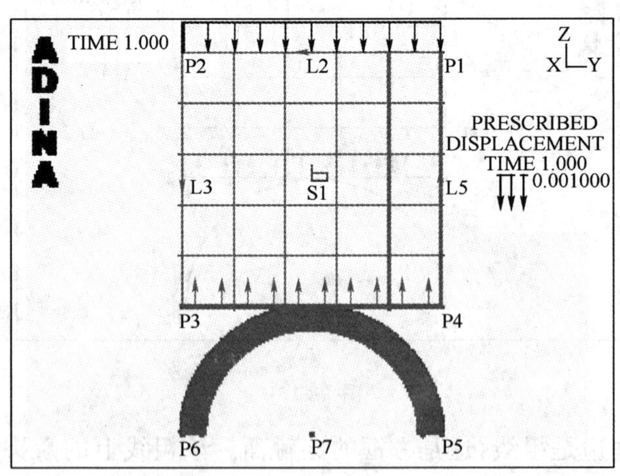

图 8-164

注意：给定的位移值已被更新。

生成 ADINA 数据文件，运行 ADINA，把结果文件读入到 Post-Processing

首先单击【Save】，把数据库保存到文件 prob07 中。生成 ADINA 数据文件并运行 ADINA，单击【Data File/Solution】图标，把文件名设置成 prob07，确认选了【Run ADINA】按钮后，单击【Save】。信息窗口中反复出现提示信息 No element connection for node ...，这是因为弧线上的点仅仅位于接触面上，而和任何单元都不相连。这些节点被自动固定，就像信息窗口底部描述的那样。ADINA 运行完毕后，关闭所有对话框。从程序模块的下拉式列表框中选择【Post-Processing】，其余选默认，单击【Open】，打开结果文件 prob07。

查看结果，查询更多的时间步，重新运行

点击【Quick Vector Plot】图标 查看应力矢量。图形窗口如图 8-165 所示。

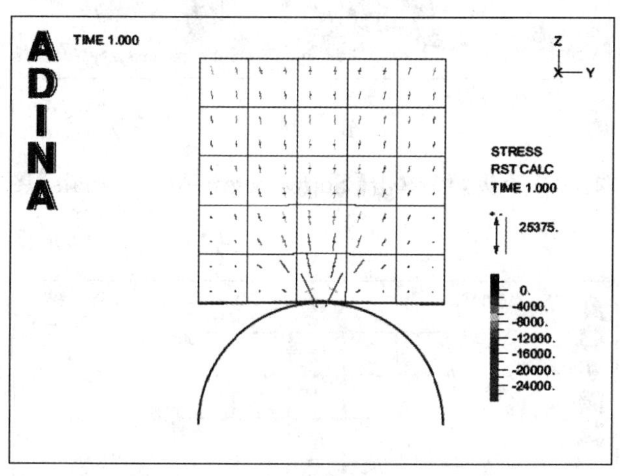

图 8-165

从图上看，似乎有两个体接触在一起。更新模型，查看更多的求解步。

启动前处理：从程序模块的下拉式列表框中选择【ADINA Structures】，单击【Yes】，其余选默认，从【File】菜单下部的最近打开过的文件中选 prob07. idb。指定总位移为 0. 02 m，时间步是 10 个。

Time	Value
0.0	0.0
10.0	0.02

图 8-166

时间函数：选【Control】>【Time Function】，新输入的数据如图 8-166所示，然后单击【OK】。

时间步：选【Control】>【Time Step】，把表第一行的 Number of Steps 设置成 10，然后单击【OK】。单击【Redraw】图标，图形窗口如图 8-167 所示。

可用【Previous Solution】图标，【Next Solution】图标，【First Solution】图标和【Last Solution】图标查看各求解时间步的载荷量级。

运行 ADINA：单击【Save】保存当前数据库。单击【Data File/Solution】图标，把文件名设置成 prob07a，确认选了【Run ADINA】按钮后，单击【Save】。ADINA 运行完毕后，关闭所有对话框。从程序模块的下拉式列表框中选择【Post-Processing】，其余选默认，单击【Open】，打开结果文件 prob07a。

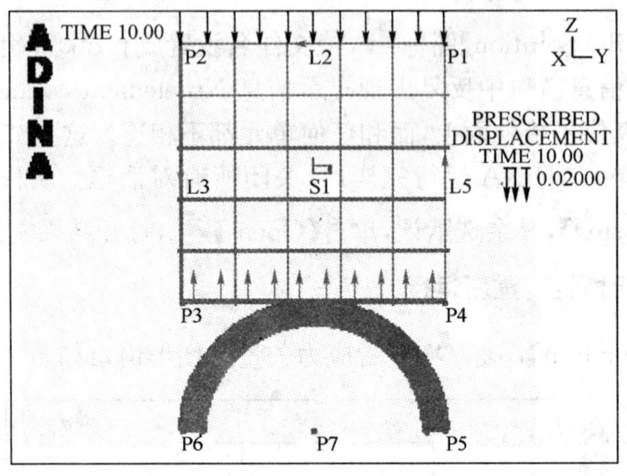

图 8-167

要隐藏接触界面的法向箭头，可单击【Show Segment Normals】图标，图形窗口如图 8-168所示。

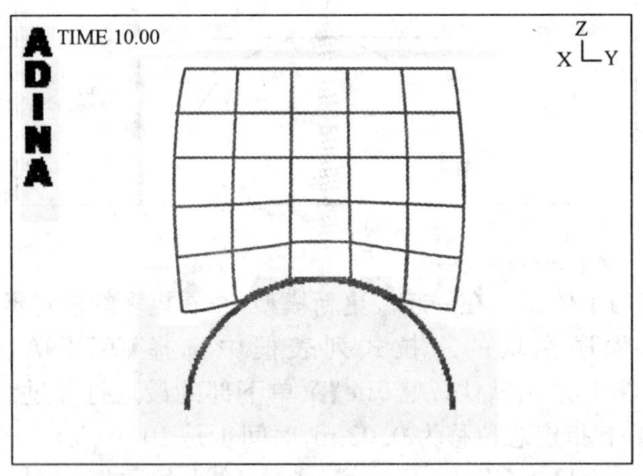

图 8-168

生成结果动画

制作网格变形图的动画。单击【Movie Load Step】图标，AUI 更新每个求解步的单元网格图，并将网格图存到动画号为 1 的画面中。观看动画，可单击【Animate】图标，AUI 就会连续进行光滑的动画显示。要放慢动画播放速度，可选【Display】>【Animate】，把 Minimum Delay 设置成 5，单击【Apply】。Minimum Delay 的值大，则播放速度慢，小则播放速度快。单击【Cancel】关闭 Animate 对话框。

可以看到，方形框的上底边被图形窗口的边界遮挡了一部分。为此，可创建一个小一些的网格图动画。单击【Refresh】图标清除动画，然后用【Pick】图标和鼠标调整网格图的大小，图形窗口如图 8-169 所示。

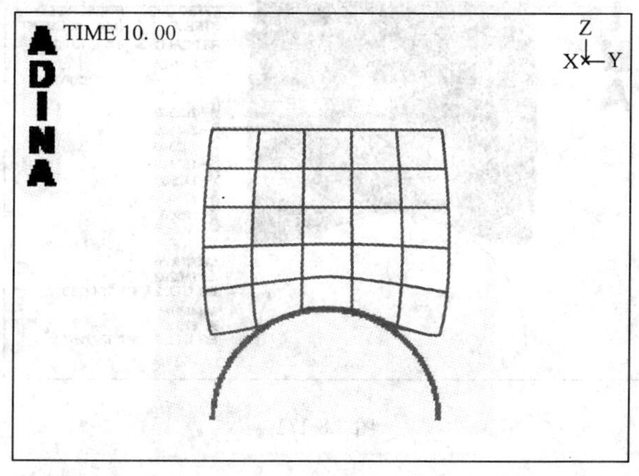

图　8-169

单击【Movie Load Step】图标，AUI 创建调整后的网格图的动画，即动画 2。要观看动画，可单击【Animate】图标。

用 AUI 的 Windows 版本建立动画：建立动画 2 的 AVI 文件。单击【Save AVI】图标，输入文件名 mov2，选【Play AVI Movie After Saving】按钮，单击【Save】。建立 AVI 文件后，AUI 上出现 Windows 的媒体播放器。选【File】>【Exit】，关闭媒体播放器。

单击【Refresh】图标，再单击【Load Plot】图标查看载荷，图形窗口如图 8-170 所示。

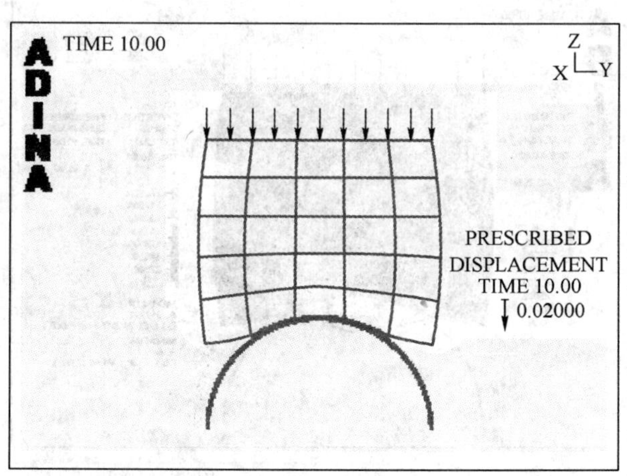

图　8-170

可以演示带载荷的网格图动画，请试着做一下。

单击【Refresh】图标清除动画，再单击【Quick Band Plot】图标查看应力，图形窗口如图 8-171 所示。

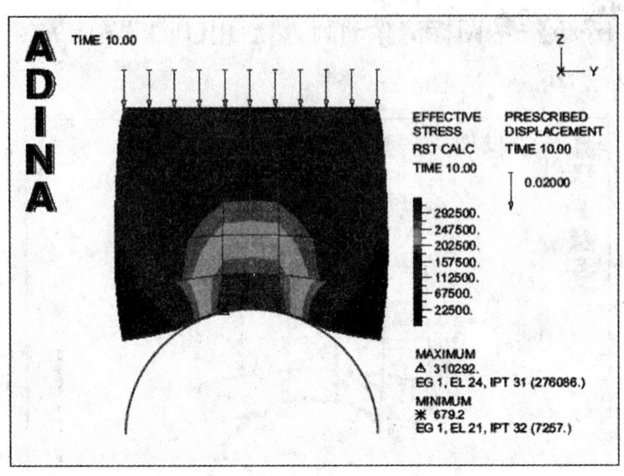

图 8-171

演示带载荷和云图的网格图动画，在该过程中记着用【Refresh】图标清除动画。

可用【Previous Solution】图标，【Next Solution】图标，【First Solution】图标和【Last Solution】图标查看各求解时间步的解。

画接触压力

选【Display】>【Reaction Plot】>【Create】，把 Reaction Quantity 设置成 DISTRIBUTED_CONTACT_FORCE，单击【OK】。用【Pick】图标和鼠标调整网格图的大小，直到得到图 8-172所示的画面。

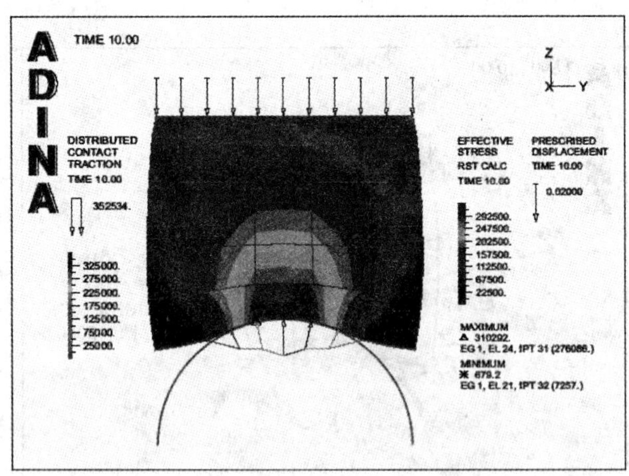

图 8-172

画图表曲线：画块体中心的接触压力的曲线图，该压力是载荷的函数。当“新”的接触段产生时，接触压力则在接触面的每个节点输出。块体中心接触点的节点号为 64。

首先定义一个 Model Point。选择【Definitions】>【Model Point】>【Node】，增加点 CEN-

TER，把 Node 设置成 64，单击【OK】。

单击【Clear】图标，选【Graph】>【Response Curve (Model Point)】。把 X Variable 设置成

(Time：TIME_FUNCTION_1)，把 Y Variable 设置成(Traction：NORMAL_TRACTION：接触正压力)，单击【OK】。图形窗口如图 8-173 所示。

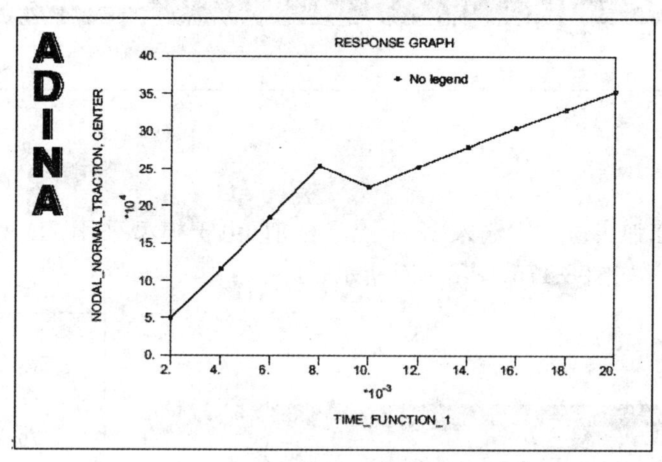

图　8-173

调用指定位移值和时间函数值相等的这一步，图中显示的接触压力即是位移的函数。

当一个新的接触段产生接触时，压力在中心区域会发生减小，这是由于模型中的单元较少所致。

退出 AUI：从【File】中选【Exit】，其余选默认，退出 AUI。

实例 8　接触模态分析

工程背景

在许多工程问题的分析计算中都要用到接触概念，ADINA 可以根据摩擦表面的实际情况定义摩擦系数，摩擦系数可以随接触压力而变化，而且用户可以定义多种摩擦模型，模拟多实体间重复接触、分离过程。对于存在接触界面定义的频域分析，ADINA 提供了特别的接触模态求解器 Determinant-Search 用来求解。本例中分析一个三层板接触的问题，旨在介绍接触分析的实际操作过程。

学习要点

接触界面的定义过程；

接触定义之间关系的理解；

接触界面的显示；

问题说明

模型如图 8-174，为三层等厚板接触，厚度均为 0.01m，最下面的板长度为 0.4m，依次递减 0.1m，即中间长为 0.3m，最上面板长为 0.2m；材料均为各向同性线弹性；板左端固定，右端

自由；本例在接触分析基础上做了两个问题的分析：一个是右端施加一个集中力的静力分析；另一个是模态分析；模型简化为二维平面模型。

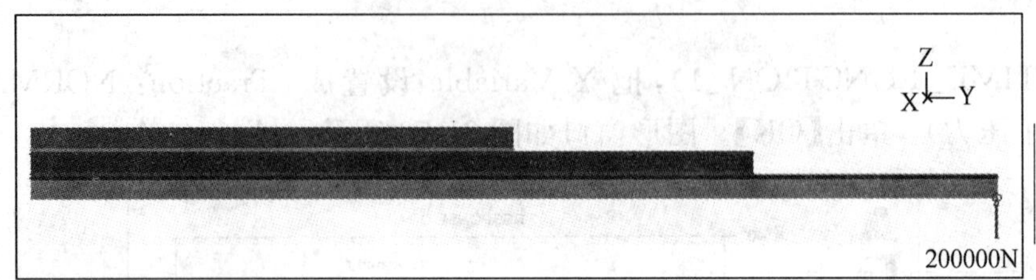

图 8-174

建立几何模型

点击图标，在弹出窗口中输入12个点坐标值，由于模型采用2D的平面应变模型，所有点的X坐标为零。如图8-175、图8-176所示。

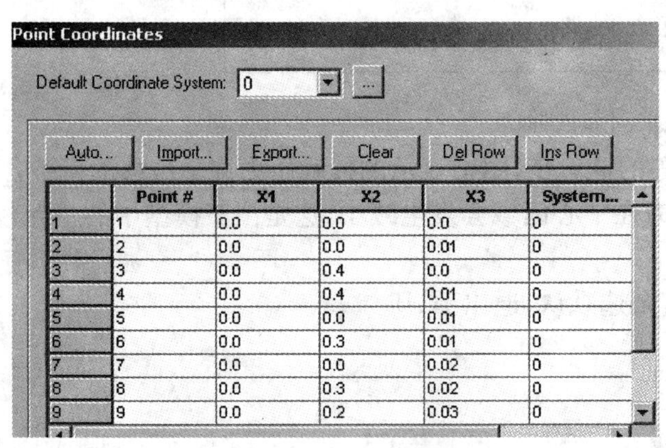

	Point #	X1	X2	X3	System...
1	1	0.0	0.0	0.0	0
2	2	0.0	0.0	0.01	0
3	3	0.0	0.4	0.0	0
4	4	0.0	0.4	0.01	0
5	5	0.0	0.0	0.01	0
6	6	0.0	0.3	0.01	0
7	7	0.0	0.0	0.02	0
8	8	0.0	0.3	0.02	0
9	9	0.0	0.2	0.03	0

图 8-175

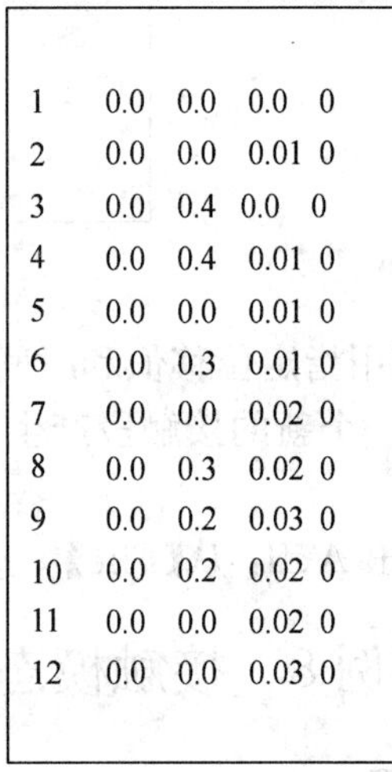

```
1   0.0  0.0  0.0  0
2   0.0  0.0  0.01 0
3   0.0  0.4  0.0  0
4   0.0  0.4  0.01 0
5   0.0  0.0  0.01 0
6   0.0  0.3  0.01 0
7   0.0  0.0  0.02 0
8   0.0  0.3  0.02 0
9   0.0  0.2  0.03 0
10  0.0  0.2  0.02 0
11  0.0  0.0  0.02 0
12  0.0  0.0  0.03 0
```

图 8-176

点击图标，依次创建4个Surface。如图8-177、图8-178所示。

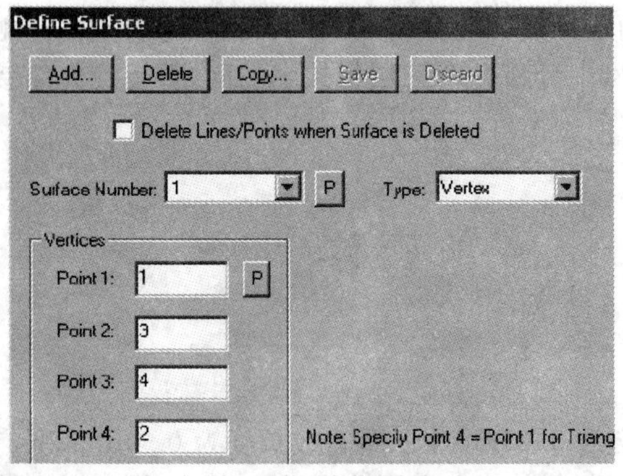

图 8-177

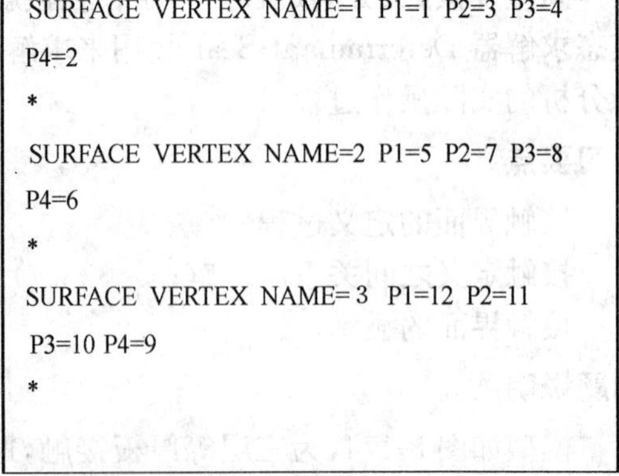

```
SURFACE VERTEX NAME=1 P1=1 P2=3 P3=4
P4=2
*
SURFACE VERTEX NAME=2 P1=5 P2=7 P3=8
P4=6
*
SURFACE VERTEX NAME= 3 P1=12 P2=11
P3=10 P4=9
*
```

图 8-178

定义并施加边界条件：

边界条件是左侧边界(L4、L5、L9)为固定约束。点击图标，Apply to 选择【Lines】，Default Fixity 选择【ALL】(固定约束)，然后双击表中的绿色位置，在图形窗口上拾取施加约束的线，按【Esc】返回到施加约束对话框，在后面的约束类型中全部选择【ALL】，如图(8-179)所示。

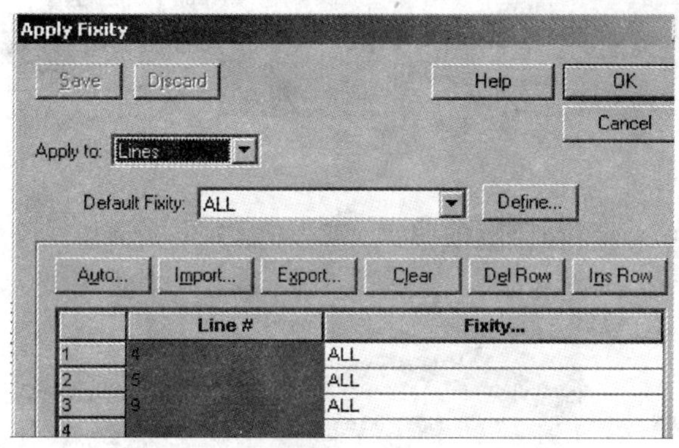

图　8-179

定义时间函数

点击【Control】>【Time Function】，弹出对话框，在表格位置输入时间函数的数据，具体输入按图 8-180 中数据。

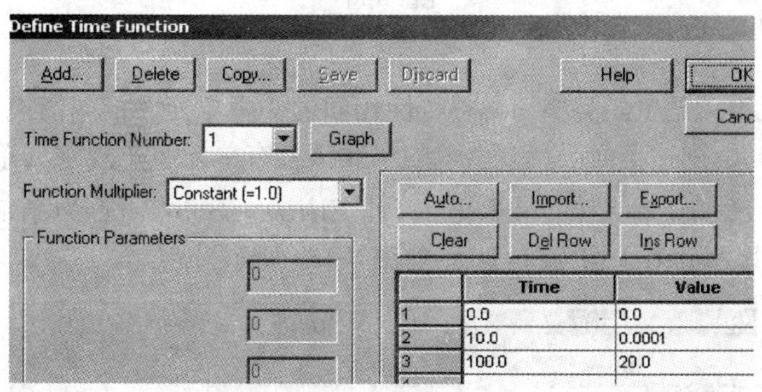

图　8-180

定义并施加荷载

点击图标，选择荷载类型【Force】，点击【Define】，输入如图 8-181、图 8-182 所示力的大小及其方向，点击【OK】，返回上一级对话框，输入力的作用在 Point 上、施加位置在点 3、时间函数为 1；时间函数 1 表示初始时刻没有受力，接下来缓慢施加较小的力，在后面的 100 个时刻中均匀加载，在 100 时刻时达到为 200000N。

定义材料

点击图标，选择【Elastic】中的【Isotropic】，即各向同性的线弹性材料类型，在弹出窗口中增加材料 1，其参数如图 8-183 所示。

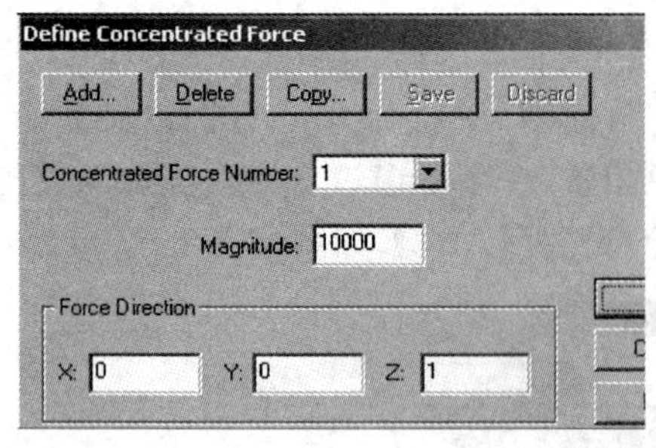

图 8-181

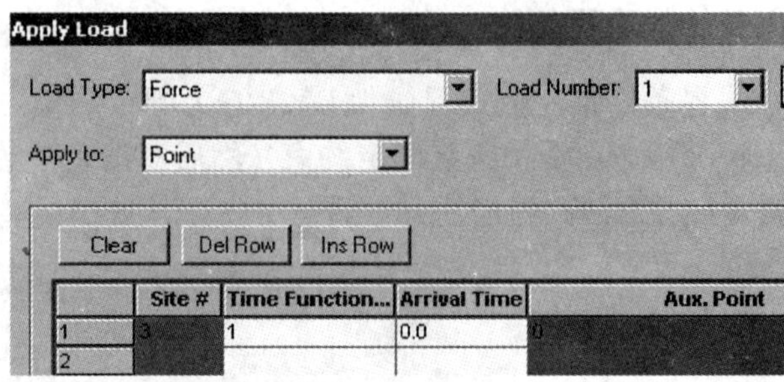

图 8-182

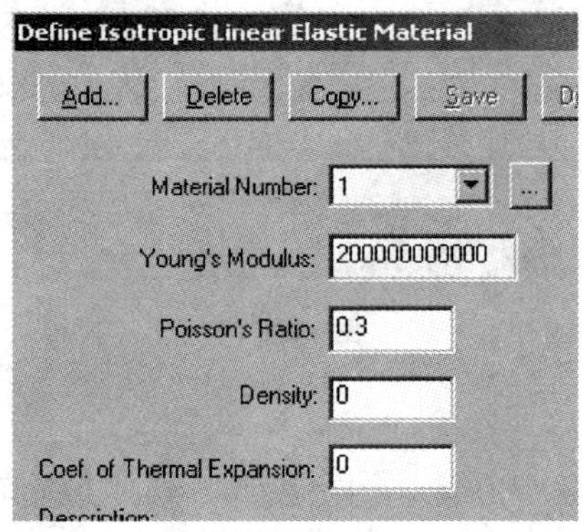

图 8-183

定义单元组

可以认为单元组就是单元类型和材料特性相同的一批单元。换句话说，如果一个面采用了单元组 1 划分单元，则这个面上所有生成的单元都具有单元组 1 规定的单元类型和材料特性。点击图标，增加三种 2-D solid 单元，其 Element Sub-Type 为平面应变类型 Plane Strain，材料 Default Material 均为材料 1。如图 8-184 所示。

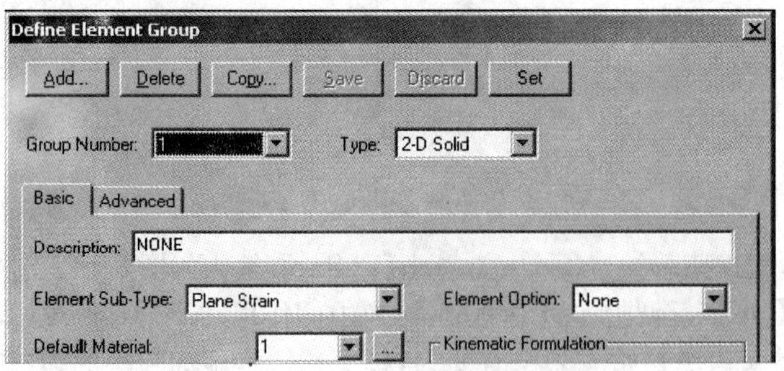

图 8-184

网格密度控制

所有网格均等分。对于 Y 方向的长边采用的划分方法的用长度划分(Use Length)，单元边的长度(Element Edge Length)为 0.01。然后双击绿色框在模型中拾取需要划分的线；对于

Z 方向的短边采用的划分方法为划分份数方法，每个线段划分为 3 份，其余同前，如图 8-185、图 8-186 所示。

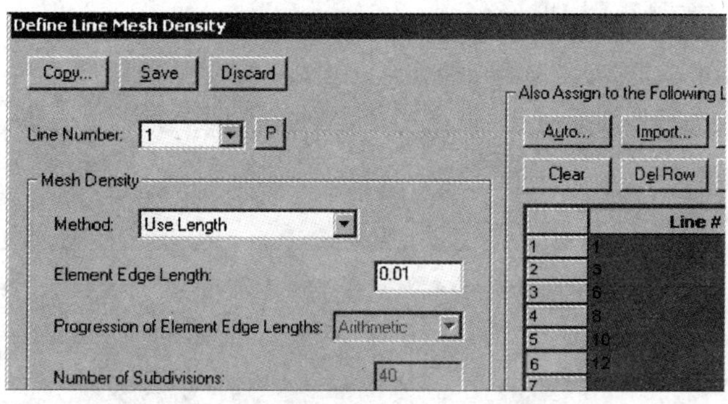

图　8-185

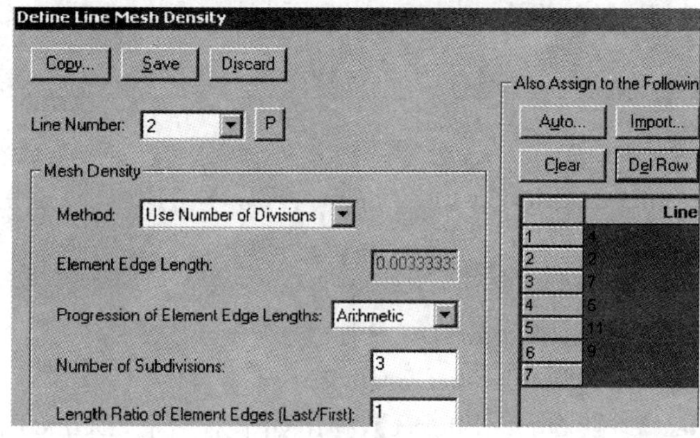

图　8-186

单元划分

点击图标，在弹出窗口中选择单元组 1，选择 4 节点低阶单元然后选择 Surface1 划分网格，参看图 8-187。

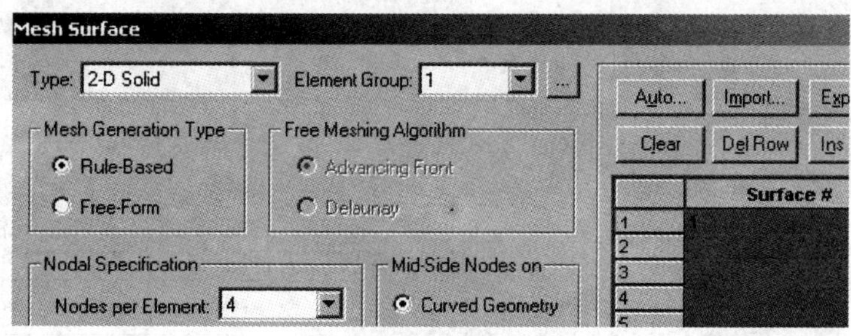

图　8-187

同理对于其余两个面划分网格。

定义接触

定义接触组(Contact Group)：

【Model】>【Contact】>【Contact Group 】弹出如图 8-188 所示对话框，对于具体参数的设置下面进行详细解释：接触类型(Type)：是必须指定的，接触类型分为 2-D 和 3-D，2-D 接触中有轴对称和平面两种，本题选用 Planar。

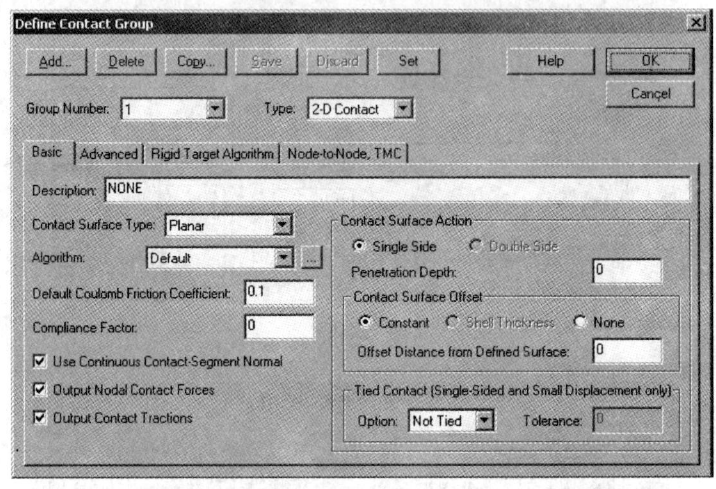

图 8-188

接触摩擦系数(Coulomb Friction Coefficient)：可以不考虑(计算更快)，设置对此接触组中的所有接触对有效。

接触面作用(Contact Surface Action)：一般选择为单面接触(Single Side)，除非有 Self-Contact 发生。也可定义 Birth 和 Death 时间；其他选项可用缺省。

定义接触面或称为接触边界(Contact Surface)：

【Model】>【Contact】>【Contact Surface】，弹出如下对话框，Defined on 用于区别建模方式，本题是采用 ADINA Native 方式建模，所以采用默认的 AUI Geometry。如图 8-189 所示。

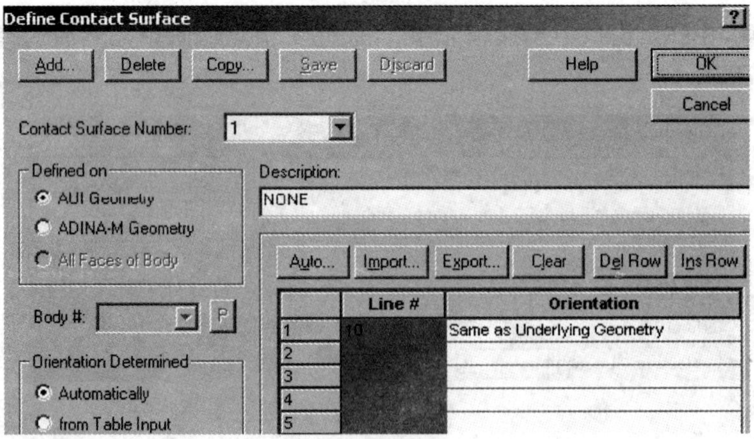

图 8-189

定义方向(Orientation Determined)：通常缺省的方向都是正确的，如果不正确，可将方向指定为 From Table 方式，然后在输出窗口中【Orientation】中选择【Opposite】。

本题中定义了四个接触面，分别是一二面相接的线 L3、L8 以及三四面相接的 L6 和 L10，方向均选择为【Same as Underlying Geometry】。

定义接触对（Contact Pair）

【Model】>【Contact】>【Contact Surface】，弹出如图 8-190 所示对话框，每个接触对包括 Target Surface 和 Contactor Surface，在算法上两者并不平等，也就说如果互换两者标号最后所得结果不同，但是区别不是很大，如果接触为自身接触（Self-Contact），两者输入同一接触面标号；接触对里的摩擦系数只对接触对有效，并且可以覆盖接触组中定义的摩擦系数；这里的时间生死用于定义此接触对的有效搜索时间；本例中定义两个接触对，分别为 2→1，3→4，其余项默认。

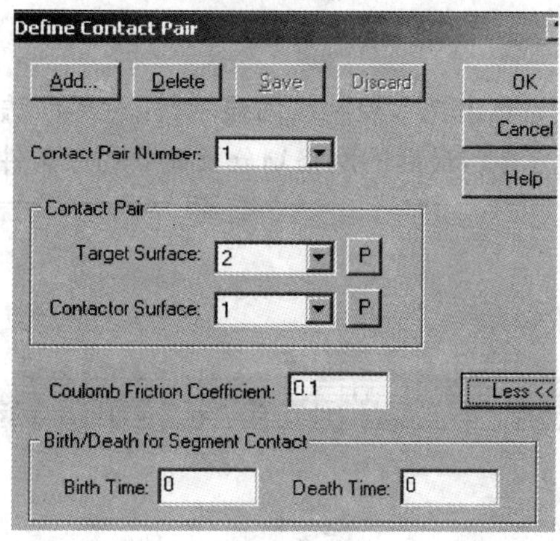

图　8-190

网格划分

【Meshing】>【Create Mesh】>【Surface】分别对面 1、2、3 采用 4 节点低阶单元划分网格，但在对面 2、3 划分网格时注意需要关闭节点重合搜寻（Node Coincidence Checking），在下拉框中选择【No Checking】，以避免接触面上不同部分节点重合导致接触设置不起作用。对面 1 进行如图 8-191 的网格划分。

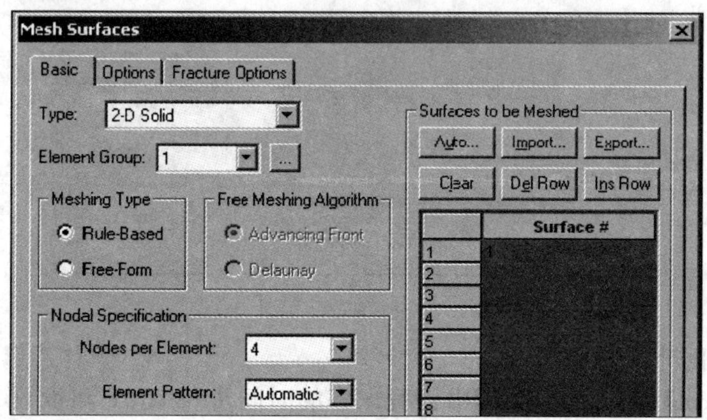

图　8-191

对面 2 进行如图 8-192 的网格划分。同样对面 3 进行网格划分。

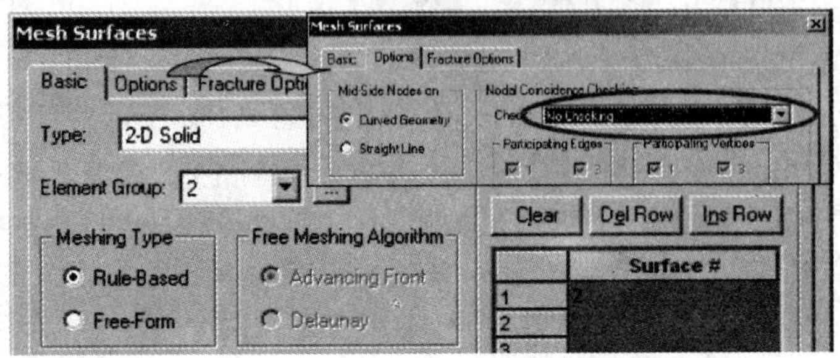

图 8-192

接触界面显示：

点击 为控制接触显示；点击 ，控制法向显示；注意界面法向背离接触面为正确。同时打开边界显示 和荷载显示 ，最后的网格划分及荷载约束条件显示如图 8-193 所示。

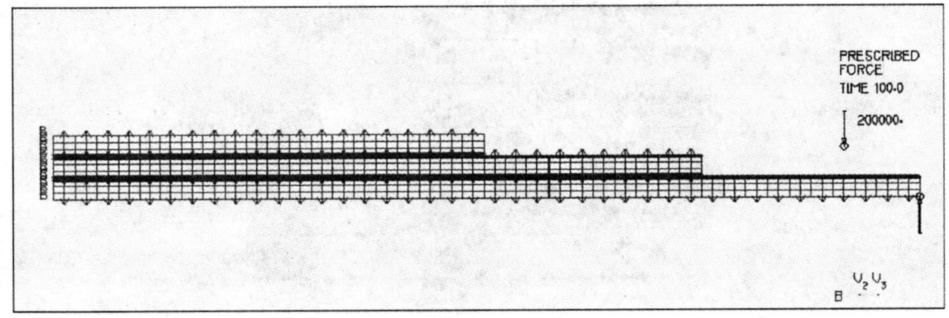

图 8-193

求解控制

删除模型多余自由度

2D 平面单元的自由度为 Y 轴和 Z 轴方向的平移自由度。选择菜单【Control】>【Degrees of Freedom】，去除不需要的旋转自由度以及 X 轴方向平移自由度。如图 8-194 所示。

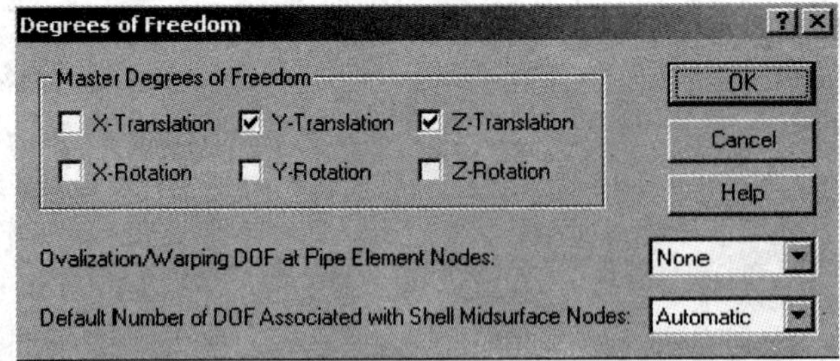

图 8-194

设置求解时间步长、步数

在菜单【Control】>【Time Step】中设置求解的时间步长 0.01 和步数 1。如图 8-195 所示。

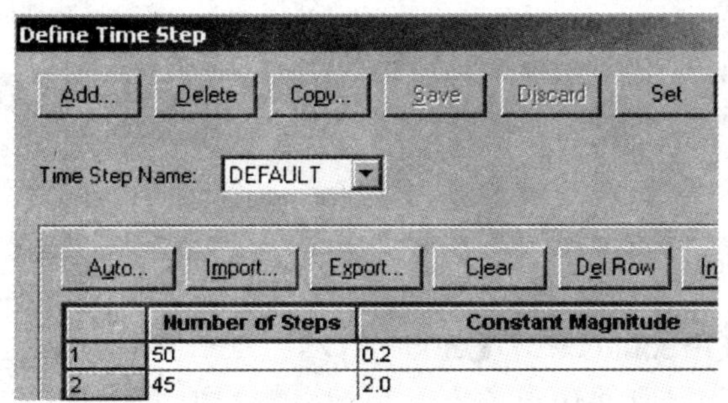

图 8-195

保存数据库为 prob08. idb 也可以保存为命令流文件,则为 prob08. in 文件。

点击图标,输入将要生成的求解文件 contact-plate. dat,ADINA 开始求解。

后处理及结果

求解完毕,关闭所有打开的对话框,从程序模块下拉菜单中选择【Post-Processing】,点击按钮,打开 prob08. por 文件,可以看到第 100 时刻时板的变形情况。如图 8-196 所示。

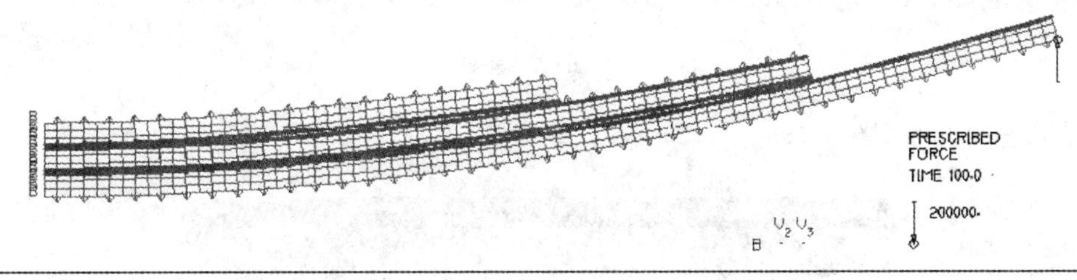

图 8-196

也可以按 ◀ , ▶ 逐步显示加载过程中板变形情况。

建立模态分析几何模型

修改材料参数

对于模态分析,一定要输入材料密度。原模型材料参数中未定义密度,重新打开材料定义。输入密度如图 8-197 所示。

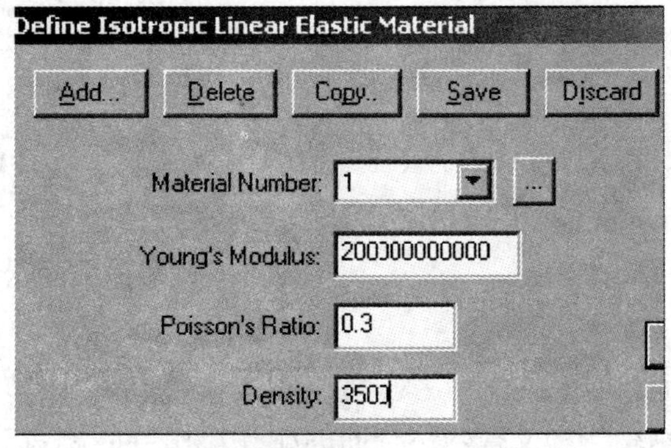

图 8-197

删除原荷载

自振频率计算中除约束外不需要任何荷载。打开荷载施加，点击【Clear】，然后点击【Apply】即可。

求解设置

分析类型设置

在求解类型中选择【Frequencies】/【modes】，然后点击其后 a ，弹出对话框，选择求解方法为【Determinant-Search】，提取并输出的模态和频率数均为 10。如图 8-198 所示。

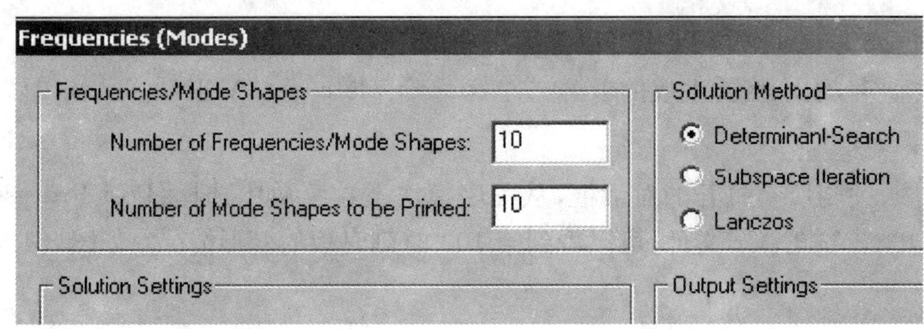

图 8-198

设置求解时间步(图 8-199)

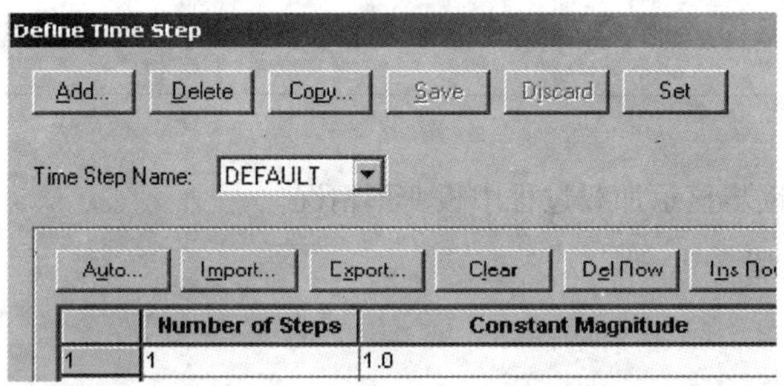

图 8-199

点击图标 ，输入将要生成的求解文件 prob08. dat，ADINA 开始求解。

后处理及结果

求解完毕，关闭所有打开的对话框，从程序模块下拉菜单中选择【Post-Processing】，点击按钮 ，打开 prob08. por 文件，可以按 ◀，▶ 逐步显示每阶模态。下面显示为前三阶模态(图 8-200)。

工程扩展：

钢筋与混凝土的锚固黏结、握裹力情况、桩土相互作用、基岩中节理、裂隙、隧道岩土体与初砌间的相互作用以及刚结构中支撑与结构间的相互作用等问题，均可按本例提供的接触分析来求解。

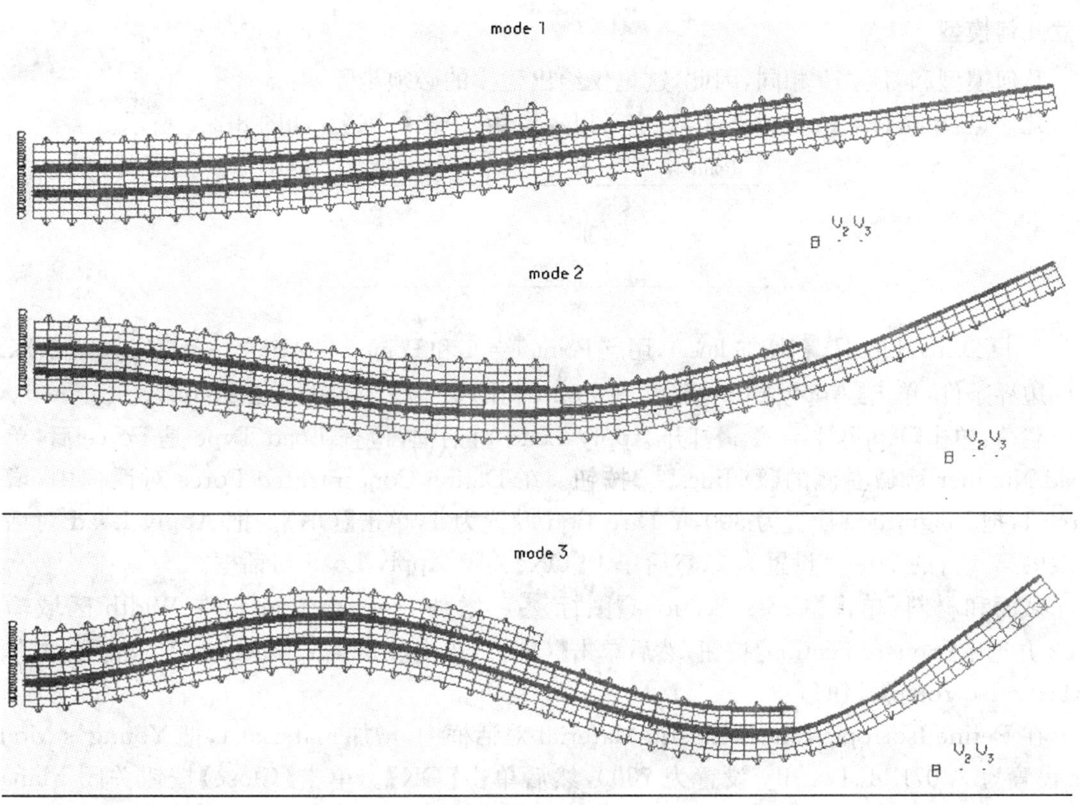

图　8-200

实例 9　冲击载荷作用的梁——模态叠加

问题描述

分析问题 1 中的梁结构,梁承受冲击载荷。如图 8-201 所示。

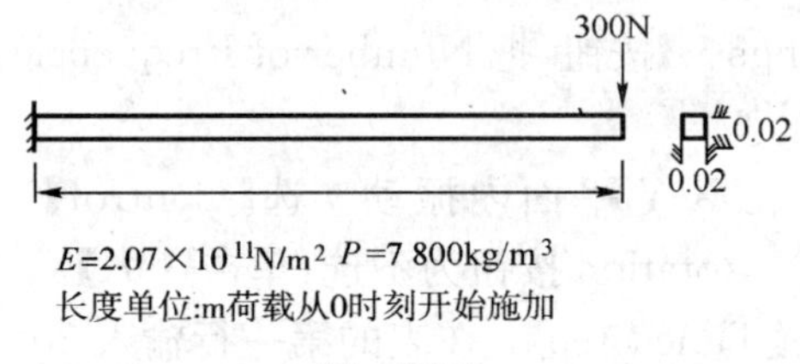

图　8-201

本例的模型和问题 10 相同,但在时间积分中用的是模态叠加。

本例主要演示以下新内容:

使用模态叠加分析方法

把 Response Type 设置为 mode-shape,画模态形状

启动 AUI,选择程序模块

启动 AUI,从程序模块的下拉式列表框中选 ADINA Structures。

建立几何模型

几何模型和习题10相同，因此，这里仅给出建模的必须步骤。

几何点：单击【Define Points】，定义以下点后，单击【OK】。如图8-202所示。

Point#	X1	X2	X3
1			
2	1		
3		0.1	

图 8-202

单击【Define Lines】，增加line 1，用点Point 1= 1和Point 2 =2定义一条直线，单击【OK】。

边界条件：单击【Apply Fixity】，在Point列的第一行输入1，单击【OK】。

载荷：单击【Apply Load】打开Apply Load对话框，检查Load Type是Force后，单击Load Number区域右侧的【Define...】按钮。在Define Concentrated Force对话框中，增加force 1，把Magnitude设置为300，Y Direction设置为-1，单击【OK】。把Apply Load对话框中表的第一行的Site #设置为2，然后单击【OK】关闭Apply Load对话框。

截面和材料：单击【Cross Sections】图标。增加cross-section 1，在Width区域输入0.02并选中【Square Section】按钮，然后单击【OK】。单击【Manage Materials】图标，再单击【Elastic Isotropic】按钮。

在Define Isotropic Linear Elastic Material对话框中，增加material 1，把Young's Modulus设置为2.07E11，Density设置为7800，然后单击【OK】。单击【Close】按钮关闭Manage Material Definitions对话框。

定义单元：单击【Define Element Groups】图标，增加group 1，把Type设置为Beam，然后单击【OK】。单击【Subdivide Lines】图标，把Number of Subdivisions设置成2，单击【OK】。

单击【Mesh Lines】图标，把Auxiliary Point设置为3，在表中输入1，然后单击【OK】。

指定分析选项

分析类型：从Analysis Type的下拉式列表框中选Mode Superposition，单击【Analysis Options】图标，单击【Settings…】按钮，把Number of Frequencies/Mode Shapes设置为2，单击【OK】关闭对话框。

自由度：这里指定模型在X-Y平面内振动。选【Control】>【Degrees of Freedom】，Z-Translation，X-Rotation和Y-Rotation按钮为不选，单击【OK】。

时间步：选【Control】>【Time Step】，在表的第一行输入20，0.0025，然后单击【OK】。

单击【Boundary Plot】图标和【Load Plot】图标，在图形窗口中可看到如图8-203所示的信息。

生成ADINA求解数据文件，运行ADINA，把结果文件载入到Post-Processing

先单击【Save】，把数据库保存到文件prob9中。单击【Data File/Solution】图标，把文件名设置成prob9，确认选了【Run ADINA】按钮后，单击【Save】。ADINA运行完毕后，关闭所有对话框。从程序模块的下拉式列表框中选择【Post-Processing】，其余选默认，单击【Open】，打开结果文件prob9。

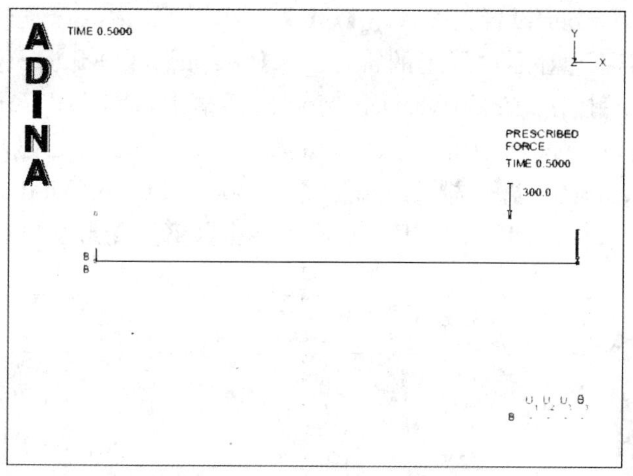

图 8-203

列自振频率

选【List】>【Value List】>【Zone】，把 Response Range 设置为 DEFAULT_MODE-SHAPE，Variable 1 设置为（Frequency/Mode：FREQUENCY），单击【Apply】。第一、二阶频率分别是 1.66504E+01(Hz)，1.05131E+02。单击【Close】关闭对话框。

画模态

先画模态 1。选【Definitions】>【Response】，把 Type 设置为 Mode Shape，单击【OK】。

单击【Clear】图标和【Mesh Plot】图标，把网格图移到图形窗口的上半部分。

再画模态 2，选【Definitions】>【Response】，确认 Response Name 是 DEFAULT 后，把 Mode Shape Number 设置为 2，单击【OK】。单击【Mesh Plot】图标，把网格图移到图形窗口的下半部分。调整网格图并删除标注，直到得到图 8-204 所示的画面。

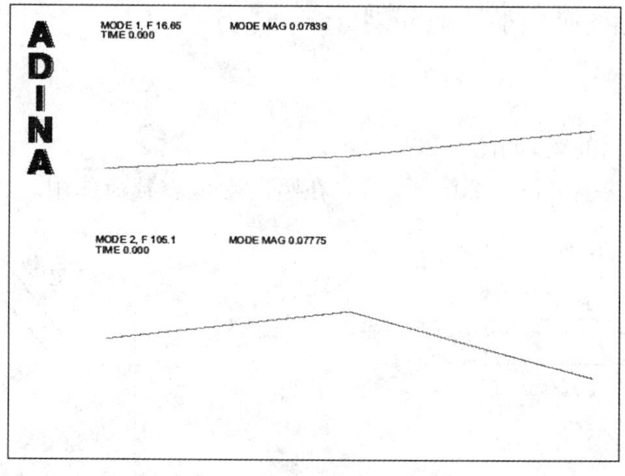

图 8-204

画时间历程曲线

在梁自由端的节点定义 Model Point。选【Definitions】>【Model Point】>【Node】，增加

name TIP，把 Node Number 设置为 3，单击【OK】。

在这幅图中，我们不想显示曲线上的符号。选【Graph】>【Define Style】。单击 Curve Depiction 区域右侧的【…】按钮，在 Curve Depiction 对话框中，Display Curve Symbol 按钮为不选，把 Legend Attributes 对话框中的 Type 设置为 No Legend。单击【OK】两次关闭这两个对话框。现在，单击【Clear】图标，选【Graph】>【Response Curve (Model Point)】，把 Y Variable 设置为(Displacement：Y-DISPLACEMENT)，单击【OK】，图形窗口如图 8-205 所示。

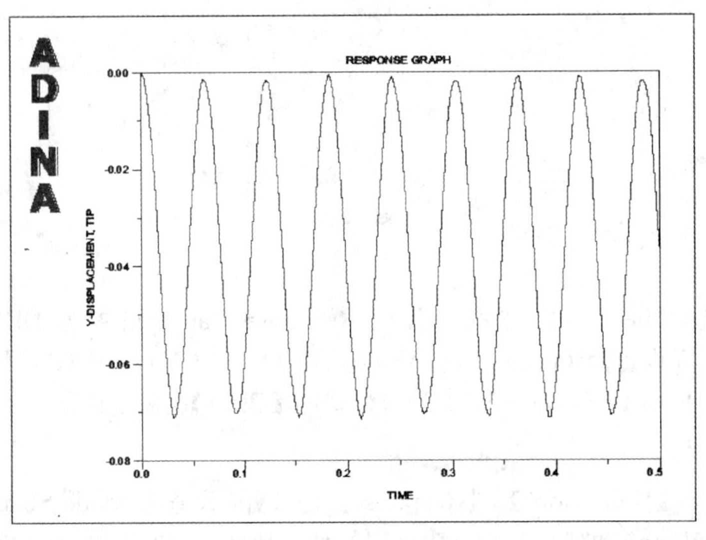

图 8-205

这个曲线和问题 10 的计算结果曲线看起来非常类似。

退出 AUI：选【File】>【Exit】，然后单击【Yes】，其余选默认，退出 AUI。

实例 10 地震载荷作用的梁——谱分析

问题描述

分析地震载荷作用的梁，如图 8-206 所示。

地震加速度的反应谱如图 8-207 所示，只在竖向受地震载荷作用。

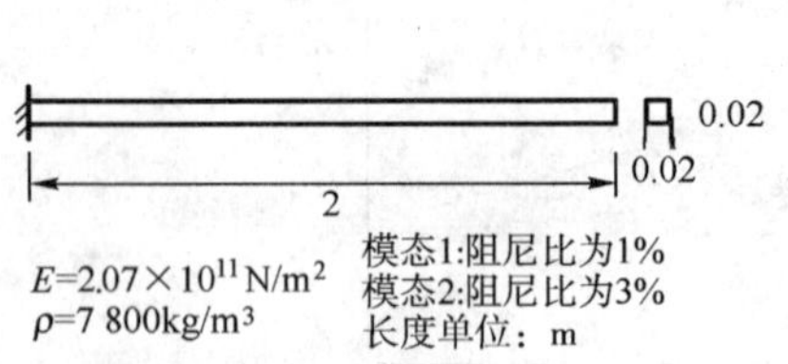

图 8-206

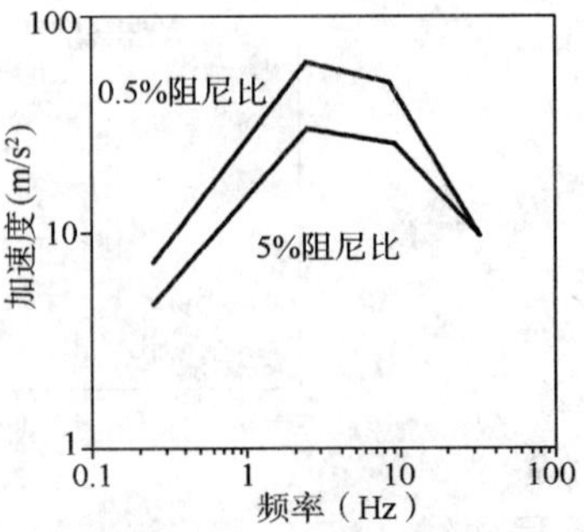

图 8-207

之所以指定梁的长度为 2m，是为了保证结构自振频率在地震加速度反应谱的频率范围内。

本例主要演示以下新内容：

反应谱分析

提取单元结果

列模型(单元组)的质量

启动 AUI，选择程序模块

启动 AUI，从程序模块的下拉式列表框中选 ADINA Structures。

建立几何模型

几何点：单击【Define Points】，定义以下点后，单击【OK】。如图 8-208 所示。

Point#	X1	X2	X3
1			
2	1		
3		0.1	

图　8-208

单击【Define Lines】，增加 line 1，用点 Point 1＝ 1 和 Point 2 ＝2 定义一条直线，单击【OK】。

边界条件：单击【Apply Fixity】，在 Point 列的第一行输入 1，单击【OK】。

截面和材料：单击【Cross Sections】图标。增加 cross-section 1，在 Width 区域输入 0.02并选中【Square Section】按钮，然后单击【OK】。单击【Manage Materials】图标，再单击【Elastic Isotropic】按钮。在 Define Isotropic Linear Elastic Material 对话框中，增加 material 1，把 Young's Modulus 设置为 2.07E11，Density 设置为 7800，然后单击【OK】。单击【Close】按钮关闭 Manage Material Definitions 对话框。

定义单元：单击【Define Element Groups】图标，增加 group 1，把 Type 设置为 Beam，然后单击【OK】。

单击【Subdivide Lines】图标，把 Number of Subdivisions 设置成 2，单击【OK】。

单击【Mesh Lines】图标，把 Auxiliary Point 设置为 3，在表中输入 1，然后单击【OK】。

指定分析选项

分析类型：从 Analysis Type 的下拉式列表框中选 Modal Participation Factors，单击【AnalysisOptions】图标，单击【Settings…】按钮，把 Number of Frequencies/Mode Shapes 设置为 2，单击【OK】关闭对话框。

把 Number of Modes to Use 设置为 2，确认 Type of Excitation Load 是 Ground Motion 后，单击【OK】关闭对话框。

自由度：这里指定模型在 X-Y 平面内振动。选【Control】＞【Degrees of Freedom】，Z-Translation，X-Rotation 和 Y-Rotation 按钮为不选，单击【OK】。

单击【Boundary Plot】图标，在图形窗口中可看到如图 8-209 所示的信息。

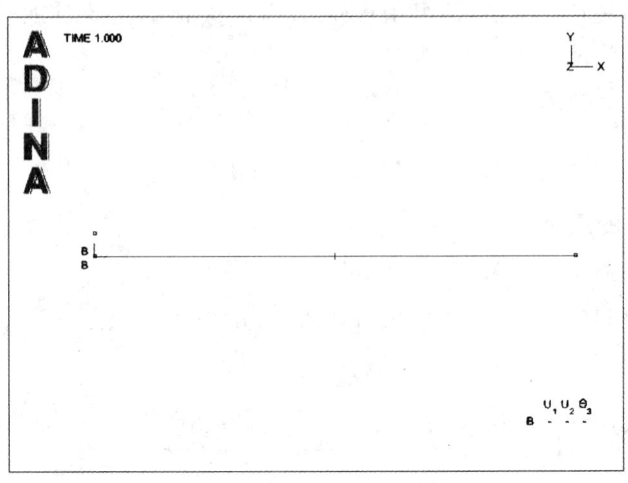

图 8-209

生成 ADINA 数据文件，运行 ADINA，把结果文件载入到 Post-Processing

先单击【Save】，把数据库保存到文件 10 中。单击【Data File/Solution】图标，把文件名设置成 prob10，确认选了【Run ADINA】按钮后，单击【Save】。ADINA 运行完毕后，关闭所有对话框。从程序模块的下拉式列表框中选择【Post-Processing】，其余选默认，单击【Open】，打开结果文件 prob10. por。

列自然频率、模态参与系数(因子)、模型质量

要列出模型数据，可选【List】>【Info】>【MPF】。第一个表中的第一阶频率是 4. 16284E＋00 (Hz)，第二阶频率是 2. 62936E＋01，对应于第一、二阶频率 Y 方向的参与系数分别是 1. 89159E＋00 和 8. 14598E-01。

MODE	FREQUENCY	FACTOR(X)	FACTOR(Y)
1	4.16284E+00	1.43411E-17	1.89159E+00
2	2.62936E+01	−3.91115E-09	8.14598E-01

第二个表中的 Y 方向的质量分别是 3. 57811 (kg)和 6. 63570E-01 (kg)。

MODE	FREQUENCY	MASS(X)	MASS(Y)
1	4.16284E+00	2.05668E-34	3.57811E+00
2	2.62936E+01	1.52971E-17	6.63570E-01

第三个表中的 Y 方向的累积质量分别是 3. 57811 和 4. 24168。注意，仅仅只有这两个模态需要拾取总质量(总质量是 6. 24 kg)。单击【Close】关闭对话框。

MODE	FREQUENCY	MASS(X)	MASS(Y)
1	4.16284E+00	2.05668E-34	3.57811E+00
2	2.62936E+01	1.52971E-17	4.24168E+00

定义载荷反应谱

频率加速度曲线：载荷反应谱由两条频率加速度曲线组成，第一条的阻尼是 0. 5 %，第二条的阻尼是 5. 0 %。每一条曲线都给出了加速度，加速度是频率的函数。选【Definitions】>【Spectrum Definitions】>【FrequencyCurve】,增加 frequency curve F05,并定义该曲线如图 8-210 所示。

Frequency	Value
0.25	7.22
2.5	58.37
9.0	48.66
33.0	9.81

图　8-210

然后,再增加 frequency curve F50,并定义该曲线如图 8-211 所示。

Frequency	Value
0.25	4.63
2.5	30.71
9.0	25.60
33.0	9.81

图　8-211

单击【OK】关闭对话框。

反应谱:选【Definitions】>【Spectrum Definitions】>【Response Spectrum】,增加 response spectrum RS1,在表的第一行输入 F05, 0.5,第二行输入 F50, 5.0。单击【Save】和【Graph...】按钮。在 Display Response Spectrum 对话框中,把 Response Spectrum 设置为 RS1,单击【OK】。单击【Cancel】关闭另一个对话框。

要删除图形窗口的网格图,可单击【Pick】图标,使网格图变为高亮度,单击【Erase】图标(或按下【Delete】键)。图形窗口如图 8-212 所示。

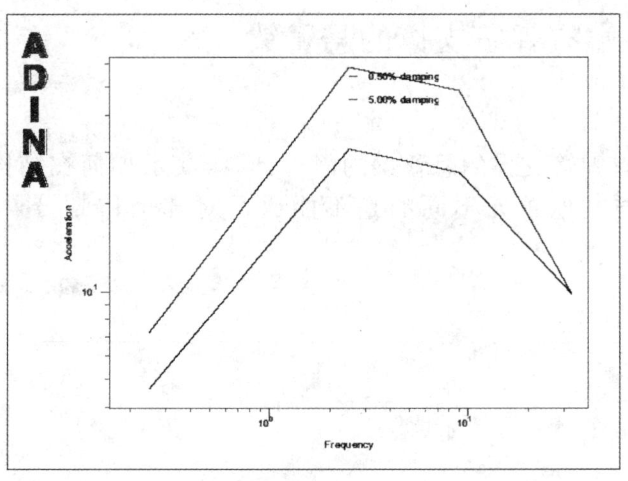

图　8-212

定义模型的阻尼比

选【Definitions】>【Spectrum Definitions】>【Damping Table】，增加 damping table name DAMPING，把 Defined by 设置为 Tabular Input，在表的前两行输入 1，1.0；2，3.0，单击【OK】。

计算由地震载荷引起的响应

响应定义：选【Definitions】>【Response】，增加 response EARTHQUAKE，把 Type 设置为 Response Spectrum，把 Spectrum 设置为 RS1，Damping Table 设置为 DAMPING，Ground Motion Direction 设置为 Y，然后单击【OK】。

计算：选【List】>【Value List】>【Zone】，把 Response Option 设置为 Single Response，Response，设置为 EARTHQUAKE。再把 Variable 1 设置为（Displacement：Y-DISPLACEMENT），variable 2 设置为（Velocity：Y-VELOCITY），variable 3 设置为（Acceleration：YACCELERATION），variable 4 设置为（Reaction：Z-MOMENT_REACTION），单击【Apply】。

节点 1 的结果应该是反力 reaction = 2.74963E+02（N·m），节点 3 的结果应该是位移 displacement = 1.13969E-01（m），速度 velocity = 2.98134E+00（m/s），加速度 acceleration =7.83830E+01（m/s^2）。单击【Close】关闭对话框。

要计算固定端的弯矩，可以用固定端的 Model Point 结果。固定端的结果由单元 1 在局部节点 1 处的结果计算所得。选【Definitions】>【Model Point】>【Element】，增加 point BUILT-IN，确认 Element Number 是 1 后，把 Defined By 设置为 Label Point，确认 Label Point 是 1 后，单击【OK】。

现在选【List】>【Value List】>【Model Point】，把 Response Option 设置为 Single Response，把 Response设置为 EARTHQUAKE。再把 Variable 1 设置为（Force：NODAL_MOMENT-T），单击【Apply】。结果应该是 2.74963E+02（N-m）。单击【Close】关闭对话框。

退出 AUI：选【File】>【Exit】，然后单击【Yes】，其余选默认，退出 AUI。

注：用批处理文件定义反应谱比用在对话框中输入反应谱更方便、容易。

实例 11　一端有弹簧支撑的悬臂梁

问题描述

本例通过一端有弹簧支撑的悬臂梁的静力计算，演示如何在结构分析中如何建立弹簧单元，弹簧单元与其他单元不同的是不能通过对几何体划分网格生成单元。如图 8-213 所示。

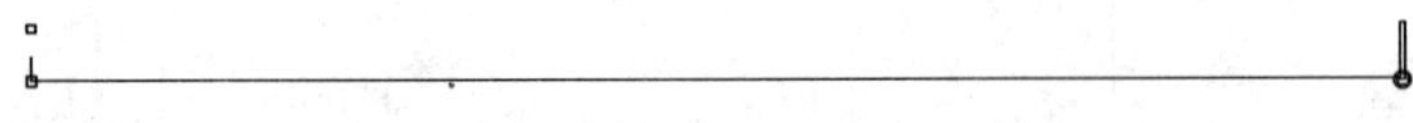

图　8-213

启动 AUI，选择模块

启动 AUI，从程序模块的下拉式列表框中选 ADINA Structures。

建立几何模型

单击【Define Points】图标，如图 8-214 所示输入。

现在单击【Define Lines】图标，然后单击【Add..】按钮定义 1 号线。在对话框中把点 1 输入到区域 1，点 2 输入到区域 2，然后单击【OK】。

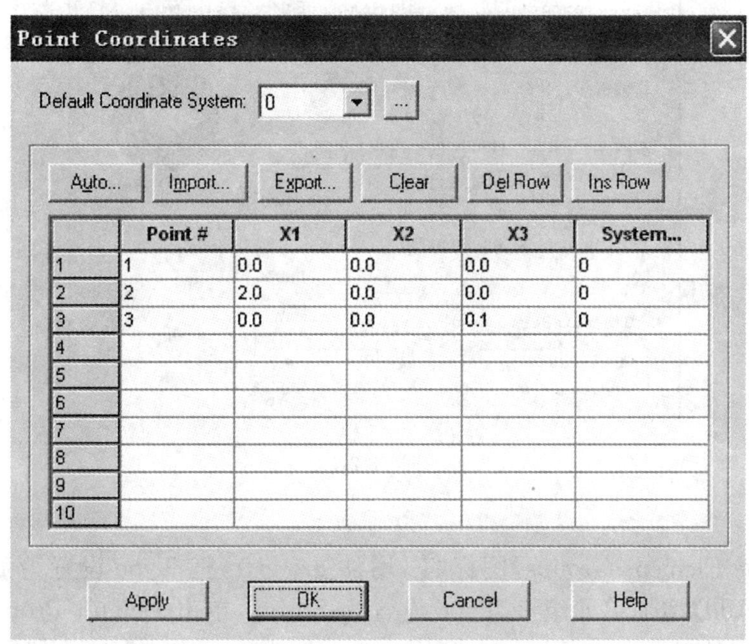

	Point #	X1	X2	X3	System...
1	1	0.0	0.0	0.0	0
2	2	2.0	0.0	0.0	0
3	3	0.0	0.0	0.1	0
4					
5					
6					
7					
8					
9					
10					

图 8-214

定义材料

单击【Manage Materials】图标，选择【Elastic Isotropic】按钮。在 Define Isotropic Linear Elastic Material 对话框中，增加 material 1，把 Young's Modulus 设置为 2 E11，然后单击【OK】。单击【Close】按钮关闭 Manage Material Definitions 对话框。

定义边界条件

单击【Apply Fixity】图标，在 Point # 列的第一行输入 1，然后单击【OK】。

定义载荷

单击【Apply Load】图标打开【Apply Load】对话框。确认 Load Type 是 Force 后，单击 Load Number 区域右侧的【Define...】按钮。在 Define Concentrated Force 对话框中，增加 Concentrated Force 1，值为 1e5，把 Z Force Direction 设置为-1，单击【OK】。把 Apply Load 对话框中表的第一行的 Site # 设置为 2，然后单击【OK】关闭 Apply Load 对话框。

定义截面

单击【Cross Sections】图标。增加 cross-section 1，如图 8-215 所示定义并单击【OK】。

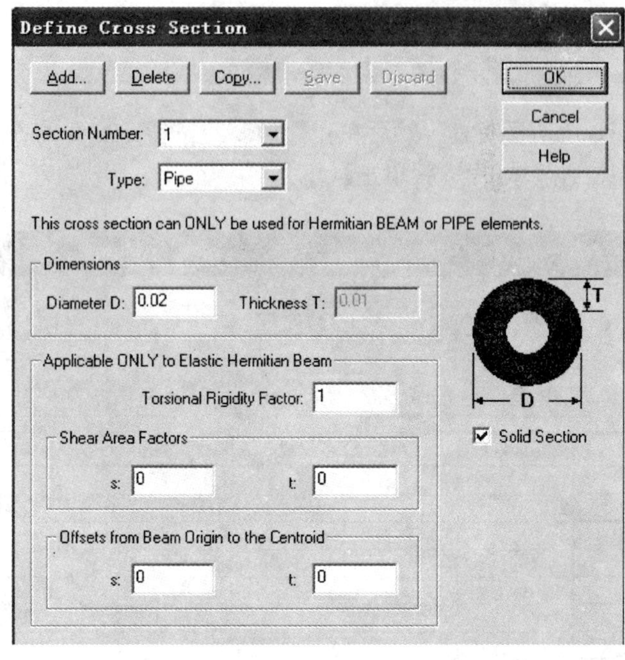

图 8-215

定义单元组

单击【Define Element Groups】图标，增加 group 1，把 Type 设置为 Beam，然后单击【Save】。单击【Add】增加单元组 2，Type 设置为 Spring，单击 Default Property Set 右侧的【…】按钮，在弹出的对话框中，Element Stiffness 设置为 100，单击【OK】关闭对话框。在 Define Element Group 对话框中确认 Default Property Set 为 1。如图 8-216、图 8-217 所示。

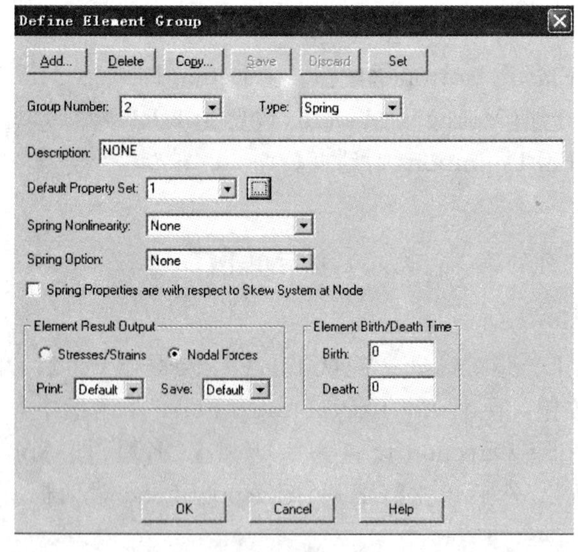

图 8-216

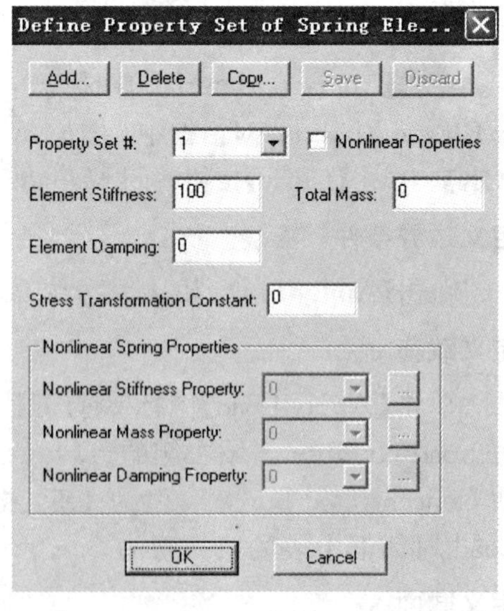

图 8-217

指定网格大小

单击【Mesh Line】图标，Line Number 为 1，Mesh Density Method 设置为 Use Number of Divisions，划分 15 份。

生成单元

单击【Mesh Lines】图标，在 Auxiliary Point 区域输入 3，在 Line # 表的第一行输入 1，然后单击【OK】，

生成弹簧单元

【Meshing】>【Element】>【Spring】下，如图 8-218 所示建立弹簧单元，Point2 设为 0，表示为接地弹簧。

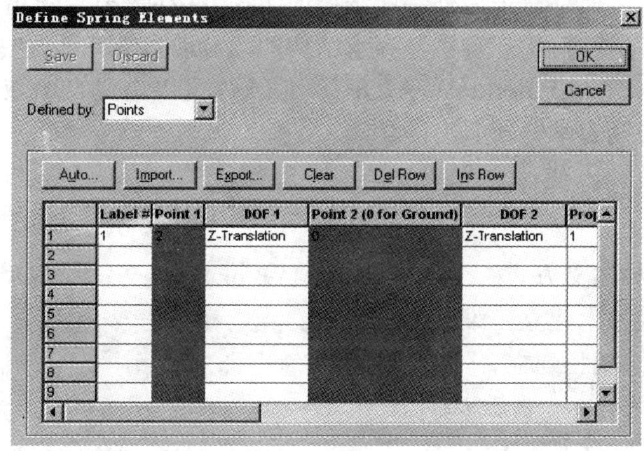

图 8-218

图形窗口如图 8-219 所示。

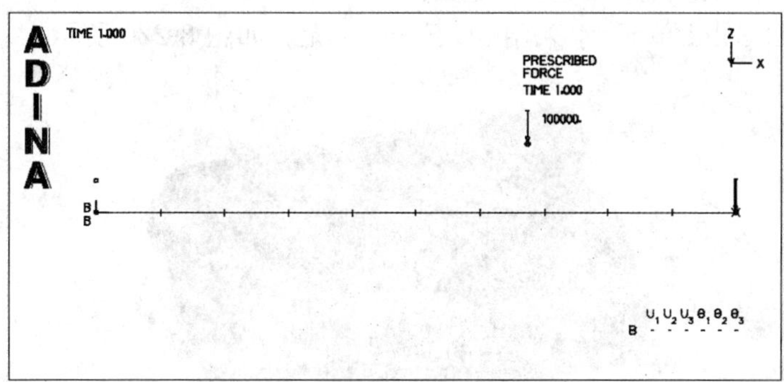

图 8-219

生成 ADINA 数据文件，运行 ADINA，把结果文件载入到 Post-Processing

先单击【Save】，把数据库保存到文件 prob11 中（Save as type 区域应该是 ADINA-IN Database Files（*.idb））。生成 ADINA 数据文件并运行 ADINA，单击【Data File/Solution】图标，把文件名设置成 prob11，确认选了【Run ADINA】按钮后，单击【Save】。ADINA 运行完毕后，显示 Solution successful, please check the results 提示信息。关闭所有对话框。从程

序模块的下拉式列表框中选择【Post-Processing】,单击【Yes】,其余选默认,单击【Open】,打开结果文件 prob11。

后处理

读者可以比较有弹簧支撑一端的 Z 向位移值－0.145128,与无弹簧支撑的悬臂端的 Z 向位移值－0.169765,显然有弹簧支撑时端点 Z 向位移较小。

*实例 12　流固耦合计算——水坝相互作用(势流体)

工程背景

仅仅是结构本身的频率分析是相对容易实现的,如水坝未蓄水时的模态计算、地震参与因子计算、地震谱分析等。但是对于另外一些结构或工况,往往需要求解流固耦合的模态,如计算蓄水的坝、渡槽、水工管道、化工容器等容水结构的频域动力学特性,包括地震谱分析。此时的流体应采用势流体(Fluid Potential),AIDINA 势流体可以定义自由液面、无限远等边界条件等等,这是水工频域动力学分析必需的功能。

学习要点

势流体的定义

自由水面模型两种定义方式

用 Parasolid 建模技术建立三维几何模型;

流固耦合(势流体)模型建立;

问题说明

坝体几何尺寸为:$L \times W \times H = 5\text{m} \times 2\text{m} \times 12\text{m}$ 坝的底部为固定约束,A 模型不考虑水面的运动;B 模型考虑水面的微小波动。

水的材料属性:体积模量:2.3E^9 Pa 密度:1000 kg/m^3

坝体采用为 3D Solid 单元,水采用 3D Fluid 单元。如图 8-220 所示。

图　8-220

在这个问题的分析模型定义中,自由水面模型可以通过两种方式来实现,究竟采用哪种方法取决于所要的精确度。如果水面的运动是可以忽略的,那么在没有变形的自由水面,我们假定为 0 压力,这个假定可以在模型建立时在自由表面设置势为 0。如果需要考虑水面的振型,则可以使用 ADINA 提供给势流体的自由液面边界条件 Free Surface。

首先按第一种模型建模求解：模型 A，忽略水面振型。

模型 A

建立几何模型

点击图标，在弹出的对话框中输入如图 8-221 所示数据：生成 Body1，点击【Save】保存，然后点击【Add】，在 Center Position 中输入（0 11 0），在 Dimension Vector 中输入（5 20 12），生成 Body 2。

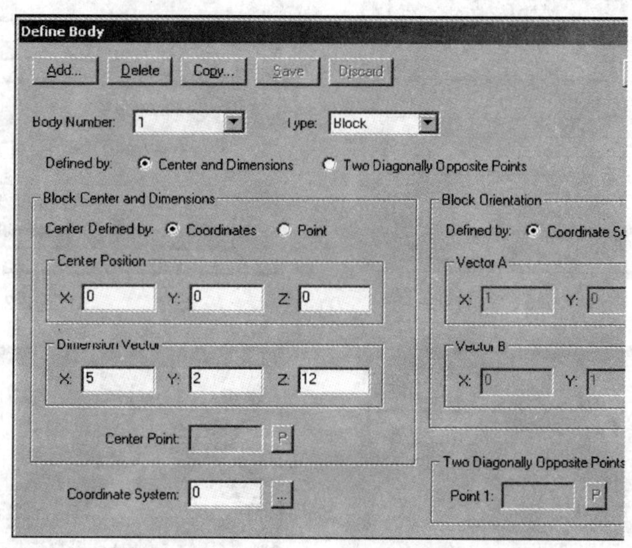

图　8-221

打开体显示按钮，可以看到如图 8-222 所示图形。

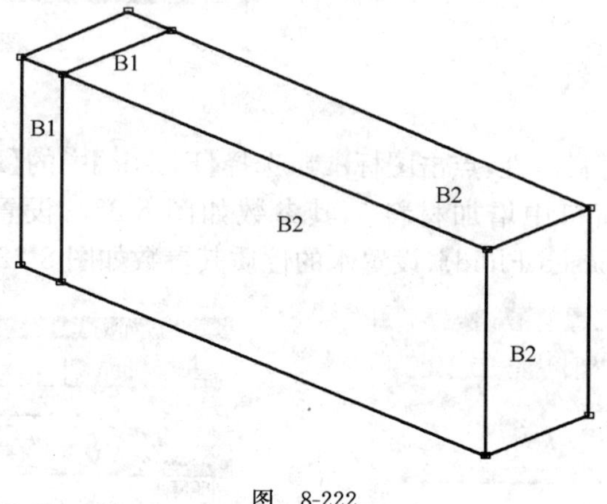

图　8-222

定义并施加边界条件

边界条件是 body1 中 face 5 上为固定约束，和 body2 中 face1 为 FREE_SURFACE。点击图标，点击【Define】，如图 8-223、图 8-224 定义 FREE_SURFACE 约束（此 FREE_SURFACE 是我们自己定义用来约束势为 0 的边界条件，不等同于 ADINA 的自由液面）。

按照图 8-225、图 8-226 对两个 Body 分别施加约束。

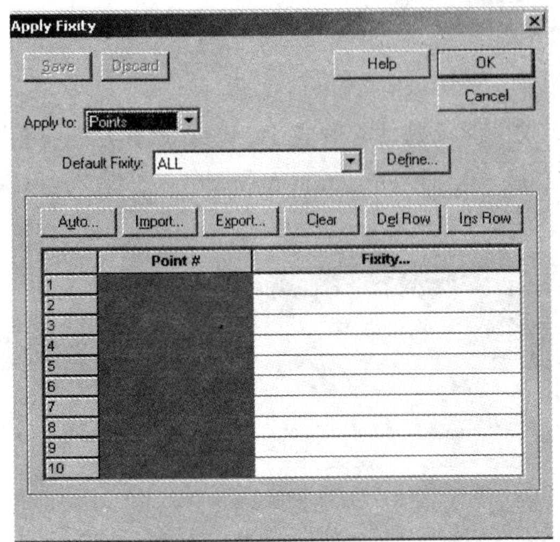

图 8-223

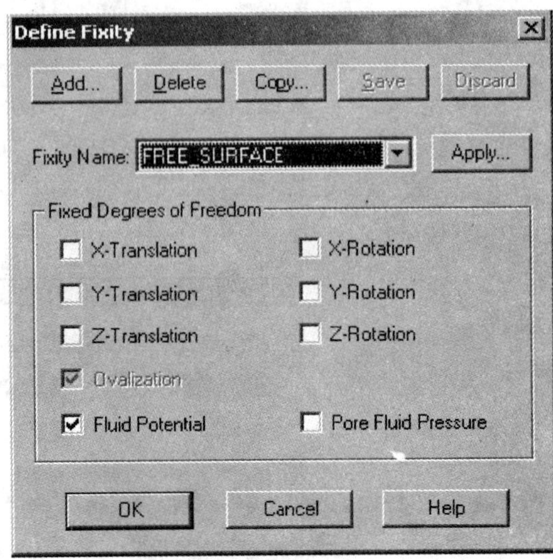

图 8-224

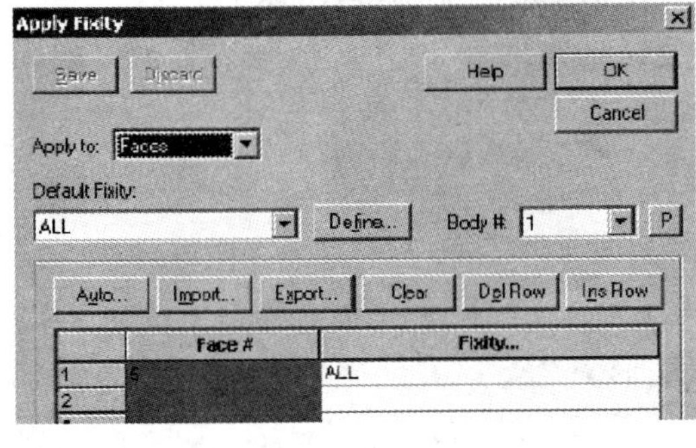

图 8-225

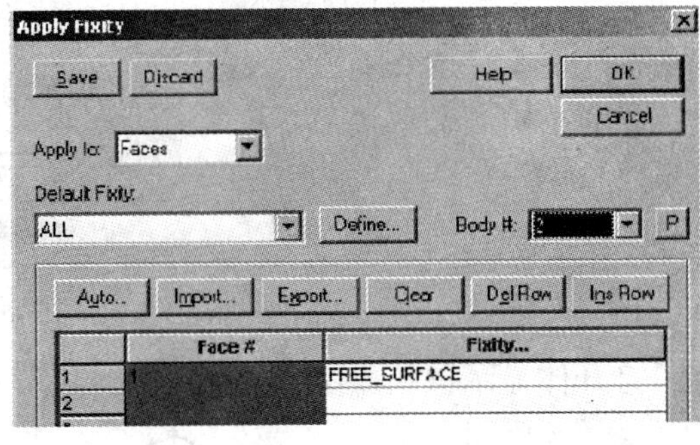

图 8-226

定义材料特性

要对坝体和水分别材料属性，点击图标 M，选择【Elastic】中的【Isotropic】，即各向同性的弹性材料类型，在弹出窗口中增加材料 1 其参数如图 8-227；设置完毕返回原窗口，选择【others】中的【Potential-based Fluid】，设置水的性质其参数如图 8-228。

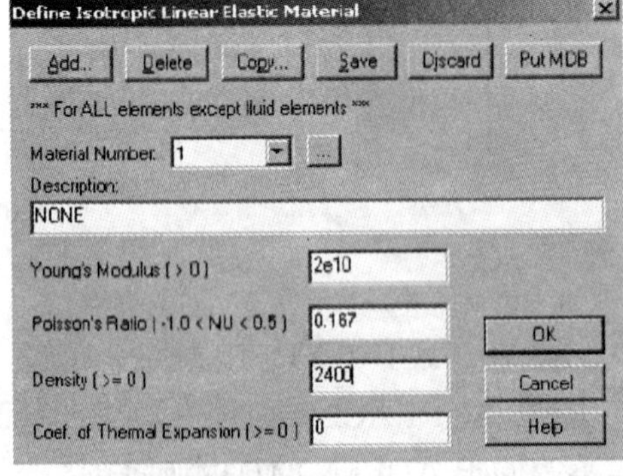

图 8-227

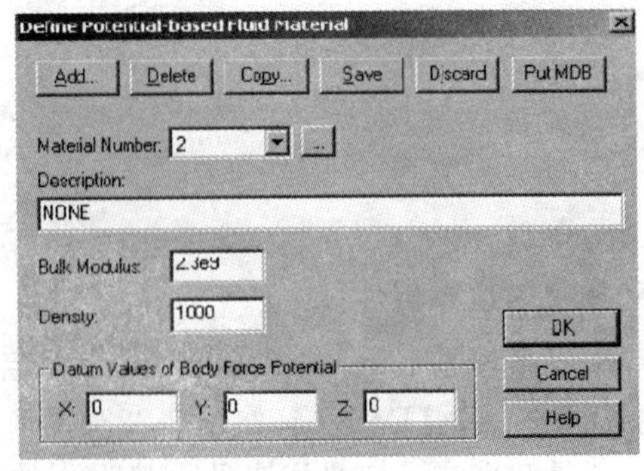

图 8-228

定义单元组

点击图标，增加两种单元 3D solid 及 3D fluid，其中 3D fluid 的【Fomulation】选择【Linear Potential-based Element】，【Default Material】分别为材料 1 和 2。如图 8-229、图 8-230 所示。

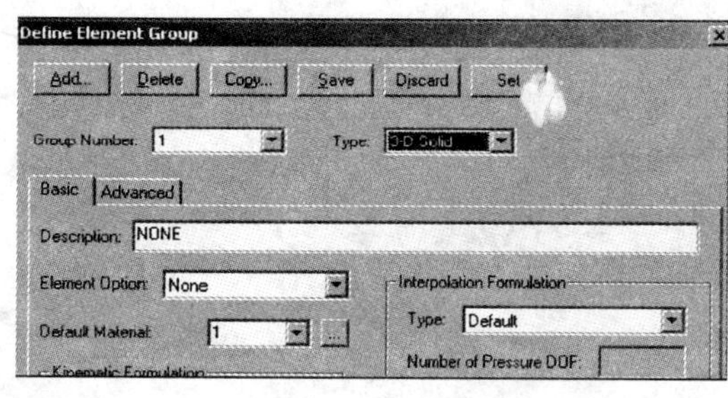

图　8-229

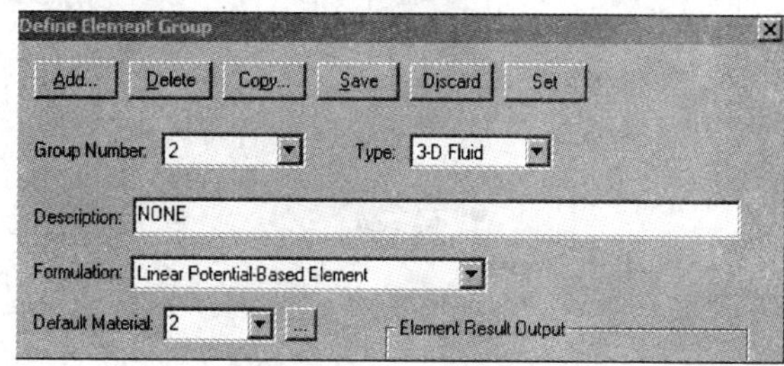

图　8-230

指定网格密度

先给 Body1 和 Body2 指定相同的网个大小，单元长度＝0. 6（如图 8-231 所示）。

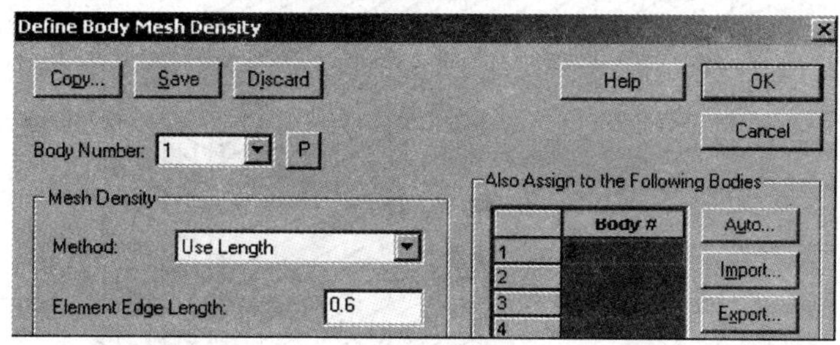

图　8-231

再对 Body2 的 1、3、9、11 四个 Edge 指定分为 3 份。如图 8-232 所示。

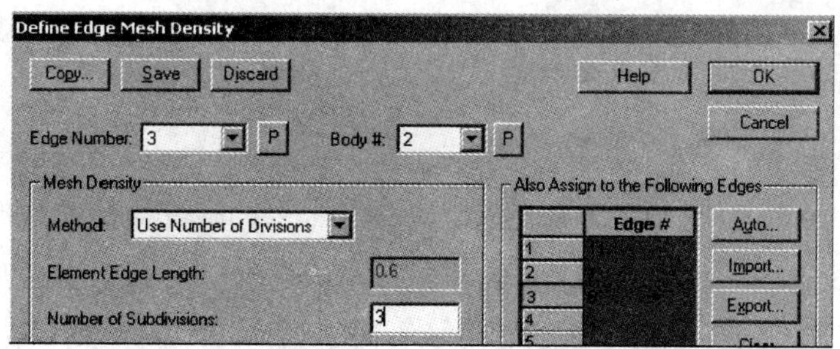

图　8-232

单元划分

点击图标，在弹出窗口中选择单元类型为【3D solid】，单元组选择 1，选择 8 点单元；划分类型选择【Rule-Based】，在第一个表格处填 1，单击【Apply】，然后选择【3D fluid】，单元组选择 2，划分类型选择【Rule-Based】，在第一个表格处填 2，单击【OK】。如图 8-233 所示。

划分好的模型如图 8-234 所示。

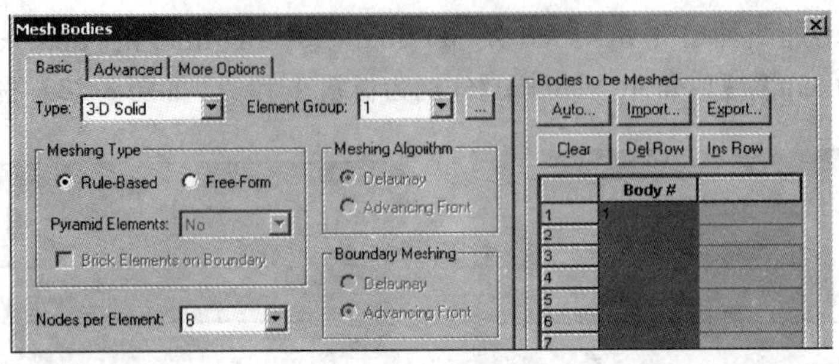

图 8-233

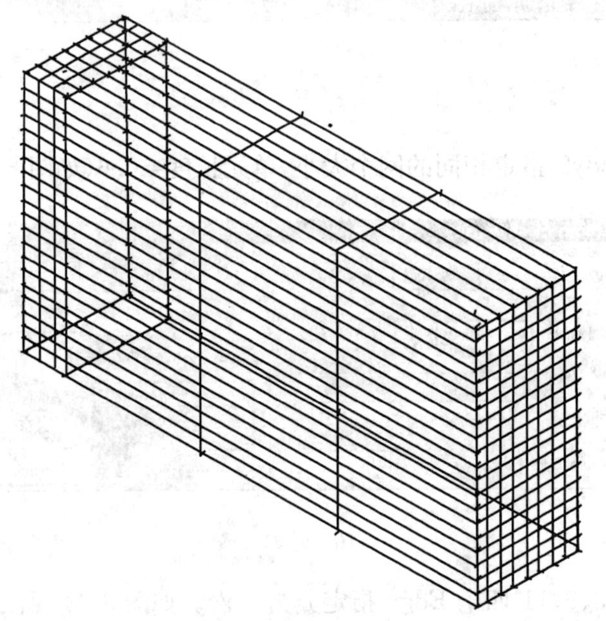

图 8-234

求解控制

设置模型自由度

点击菜单【Control】>【Degrees of Freedom】,去除不需要的旋转自由度。如图 8-235 所示。

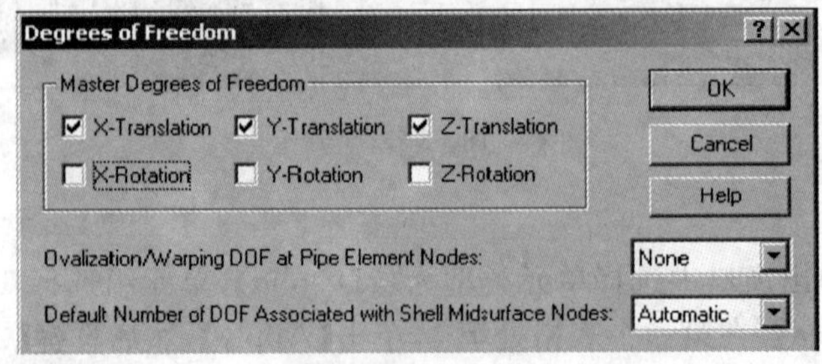

图 8-235

设置分析类型和模态求解器

在分析类型下拉框中选择【Model ParticipationFactors】，然后点击分析选项按钮 ，在 Number of Modes to Use 中选择所要提取的模态数，本例中为 10 阶，单击【Setting】，弹出对话框，在求解方法选项中，选择专门用于流固耦合模态求解器【Determinant-Search】(在最新的 8.3.1 版本中也可以采用 Subspace Iteration 或者 Lanczos 求解器)，其余设置如图 8-236～图 8-238 所示。

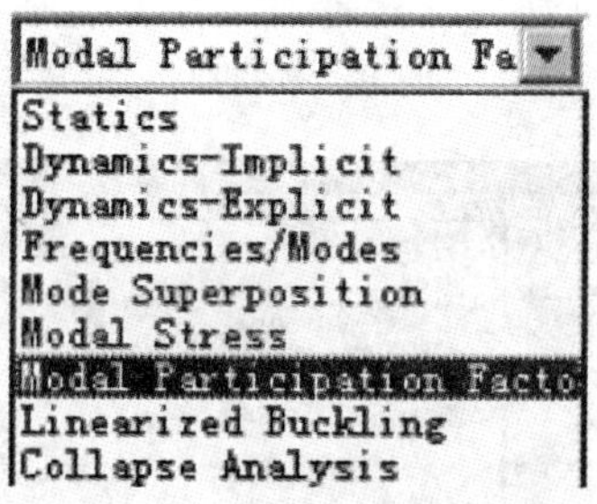

图 8-236

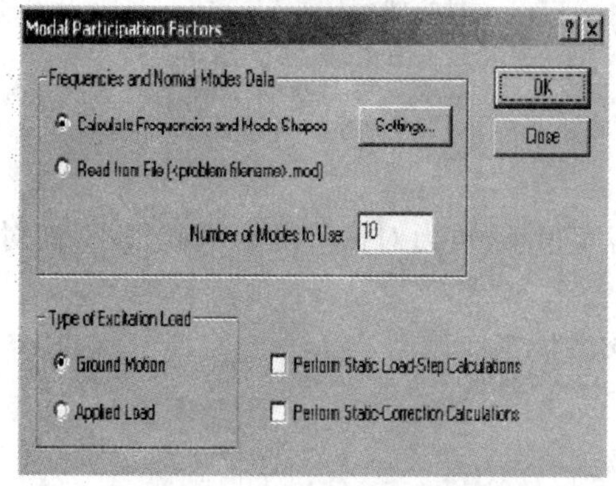

图 8-237

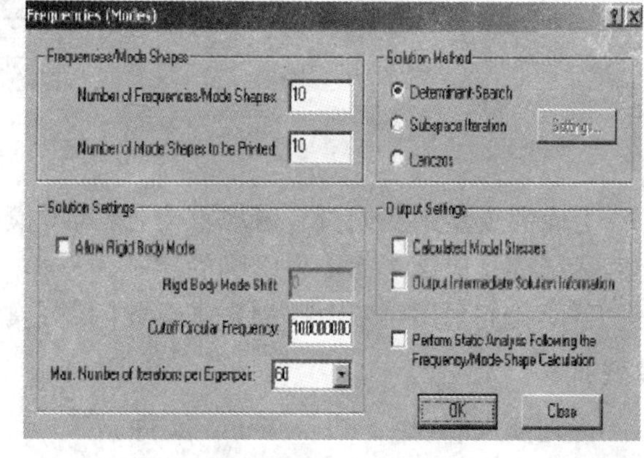

图 8-238

保存数据库为 prob12-no-wave. idb，也可以保存为命令流文件，则为 prob12-no-wave. in 文件。说明：文件名和文件夹都不要使用中文。

点击图标 ，输入将要生成的求解文件 prob12-no-wave. dat，ADINA 开始求解。

后处理及结果说明

查看振型

选择程序模式为【Post-Processing】，读入 prob12-no-wave. por。可看到一阶振型，可按 或者 查看其他振型。图 8-239 为前三阶振型。

查看频率

点击菜单【List】>【Filtered Values】>【zone】，弹出对话框，在 Variables to List 第一个框中选择【Frequency】/【mode】，第二框中选择【FREQUENCY】，单击【Apply】，则在空白处出现每阶模态对应的频率值，如图 8-240、图 8-241 所示。

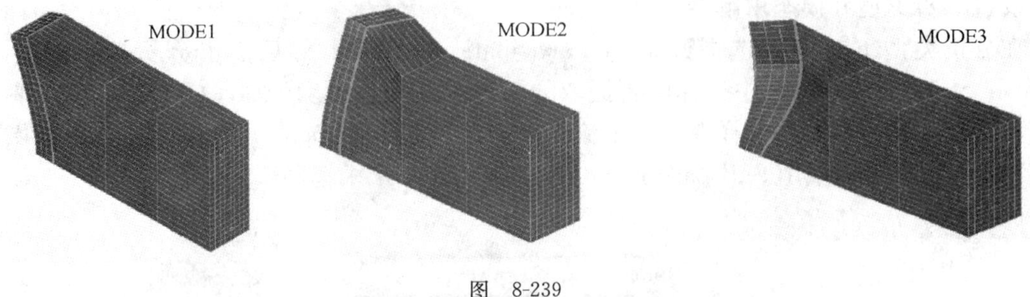

图 8-239

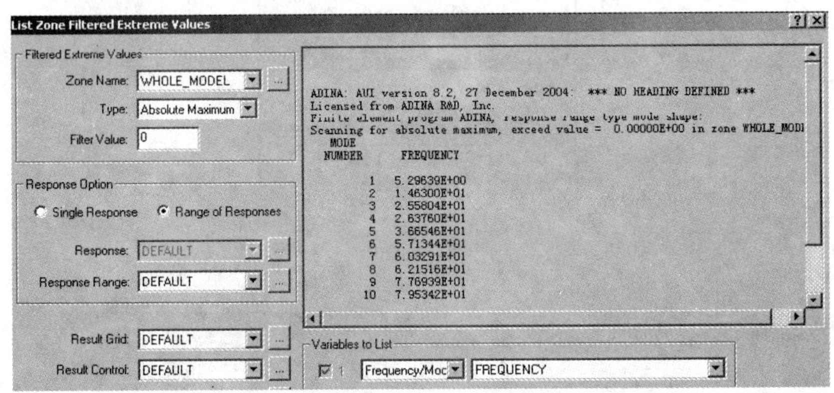

图 8-240

上面的模型中我们没有考虑重力，因为本模型高度很小，重力对振型的影响就很小，而对于实际结构是应该考虑重力影响的。

下面我们采用第二个模型来求解此问题：模型 B，考虑水面振型。

模型 B

首先读入 prob12-no-wave. in 文件。

修改物理条件

在图 8-242 所示窗口中点击【Clear】再点击【OK】，删除(A)模型中 Body2 上 face1 上的 Free-surface 约束条件。

Mode	Frequency
1	5.29639E+00
2	1.46300E+01
3	2.55804E+01
4	2.63760E+01
5	3.66546E+01
6	5.71344E+01
7	6.03291E+01
8	6.21516E+01
9	7.76939E+01
10	7.95342E+01

图 8-241

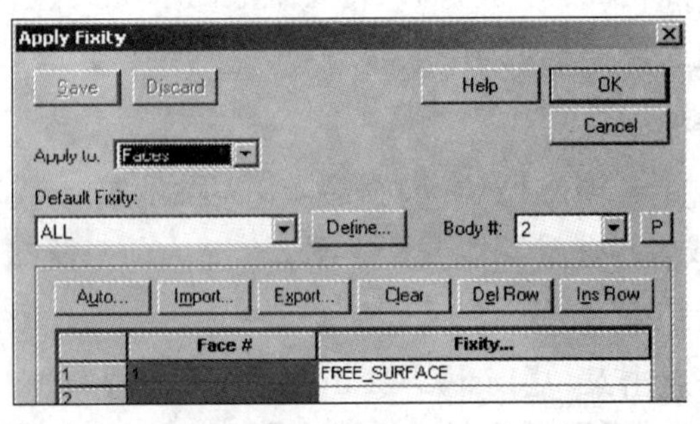

图 8-242

施加新的边界:【Model】>【Boundary conditions】>【potential interface】,弹出对话框,类型选择【Free Surface】,施加位置选择【Faces】,【body】选择 2,在表格的第一行第一列输入 1,第二列输入 2。如图 8-243 所示。

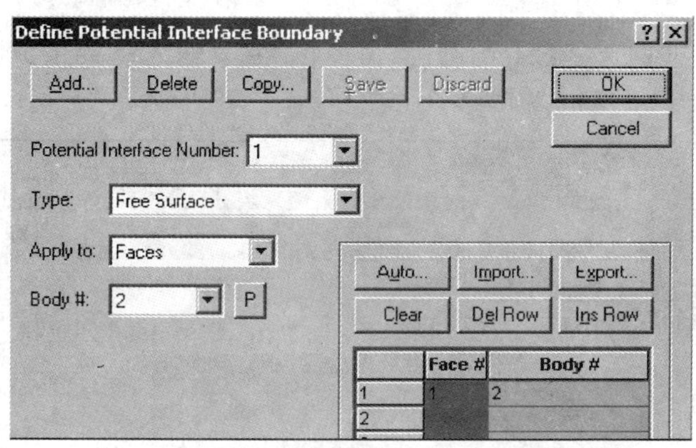

图　8-243

在这个模型中我们必须考虑重力,因为重力决定自由表面上波的频率,所以模型分两部分运行,一个是静力部分,这一部分施加重力,另一部分是频率。

施加重力:

点击图标,选择荷载类型为【Mass proportional】,点击【define】,定义荷载大小和方向,具体数值如图 8-244 所示。

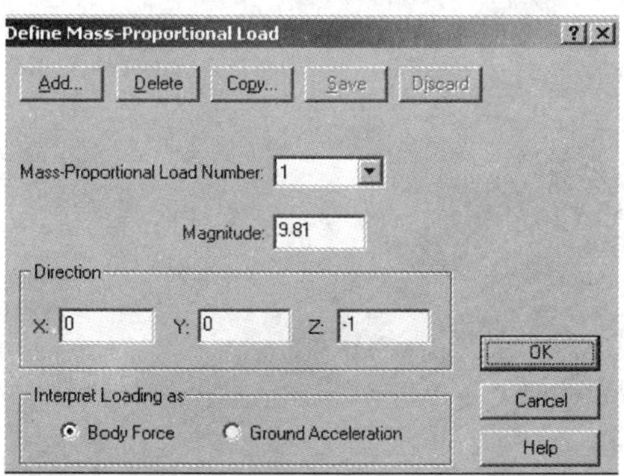

图　8-244

把重力施加在整个模型上,时间函数为 1,表示重力不变如图 8-245 所示。

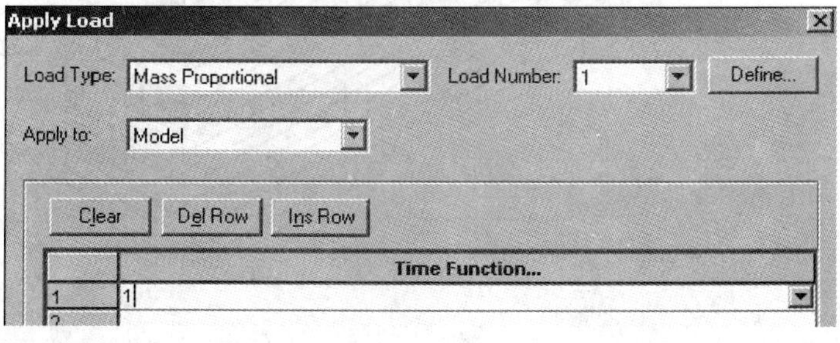

图　8-245

重新显示模型的边界条件和荷载。(注意:重力荷载不能显示。)

保存数据库为 prob12-wave-a. idb,也可以保存为命令流文件 prob12-wave-a. in。

求解

在分析类型下拉框中选择【Statics】,点击图标 ,输入将要生成的求解文件 prob12-wave-a. dat,ADINA 开始求解。如图 8-246 所示。

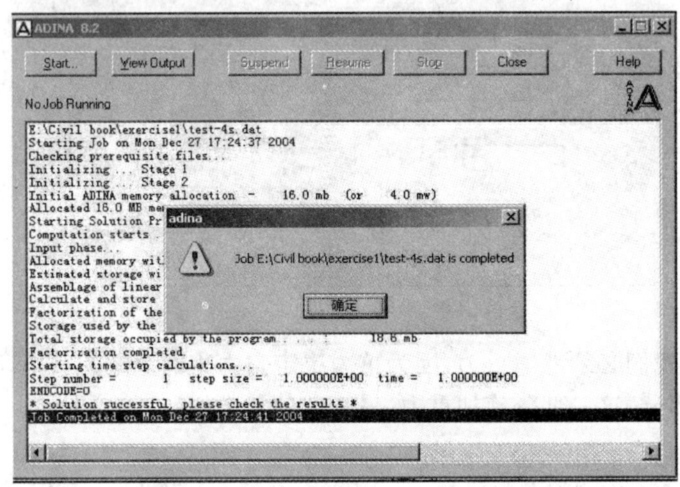

图 8-246

检查静力分析的结果

进入后处理,打开保存结果文件 prob12-wave-a. por,查看在重力作用下的变形如图 8-247 所示。

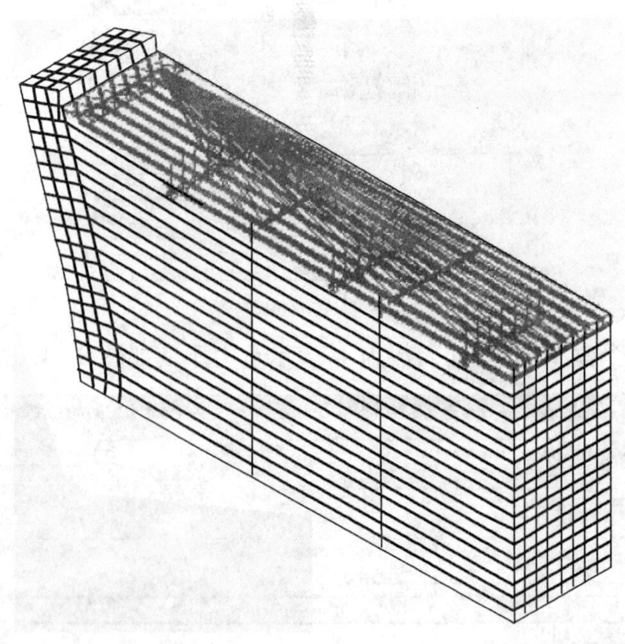

图 8-247

重启动进行频域分析

打开刚才保存的数据库文件 prob12-wave-a. in，在菜单【Control】>【Solution Process】中定义重启动分析，并输入前次分析的终止时刻 1(如图 8-248 所示)

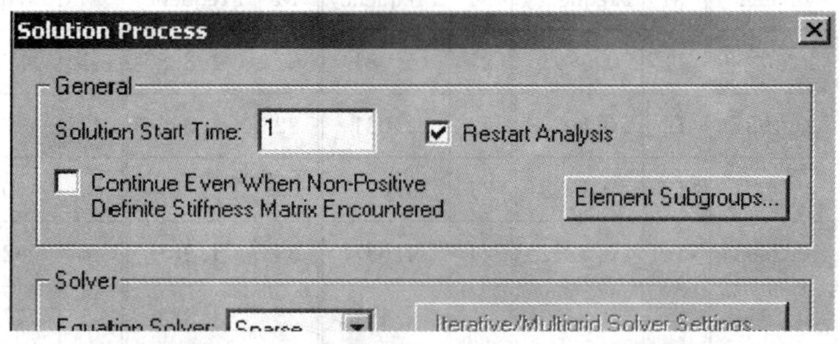

图　8-248

选择分析类型为【Modal Participation Factors】，点击 ，设定分析选项，设定提取模态为 50 阶，其余同模型 prob12-no-wave. in。保存数据库文件 prob12-wave-b. idb，或者保存命令流文件 prob12-wave-b. in，点击 进行求解，输入将要生成的求解文件 prob12-wave-b. dat。窗口提示选择前次分析的重启动文件，选择 prob12-wave-a. res(此文件前次正常求解自动生成)，则程序自动进行求解。如图 8-249、图 8-250 所示。

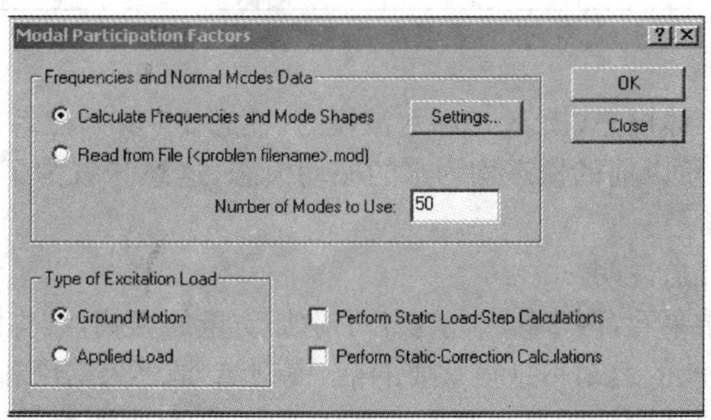

图　8-249

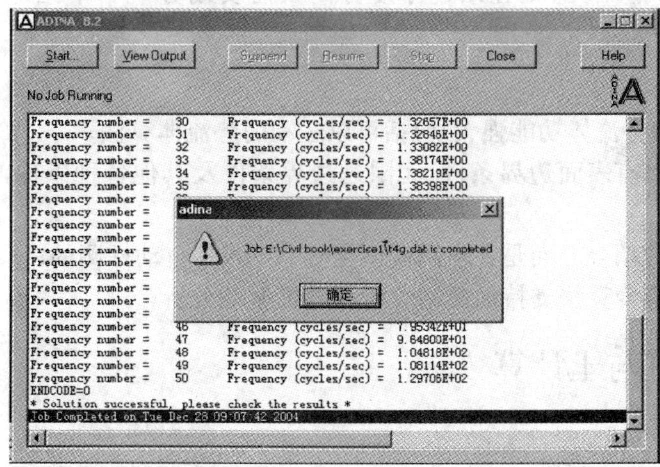

图　8-250

后处理及结果说明

频率列表:(M=Mode Number)(图 8-251)

M	Frequency	M	Frequency	M	Frequency	M	Frequency	M	Frequency
1	4.562e-8	11	0.584 5	21	1.031	31	1.328	41	36.65
2	0.1981	12	0.5957	22	1.031	32	1.330	42	57.13
3	0.3022	13	0.7238	23	1.034	33	1.381	43	60.33
4	0.3598	14	0.7252	24	1.037	34	1.381	44	62.15
5	0.3974	15	0.7306	25	1.191	35	1.383	45	77.69
6	0.4040	16	0.7371	26	1.191	36	1.386	46	79.53
7	0.4278	17	0.8735	27	1.193	37	5.300	47	96.48
8	0.4530	18	0.8745	28	1.196	38	14.63	48	104.8
9	0.5726	19	0.8781	29	1.325	39	25.58	49	108.1
10	0.5750	20	0.8826	30	1.326	40	26.38	50	129.7

图 8-251

频率结果中包括刚体模态(模态 1)和水波模态(模态 1~36),然后是与结构振型相关的高阶模态。可以看到 36 阶以前的模态均为水的振动模态,这意味着为了获得结构自振的频率,需要计算更多的模态阶数。

关于两个模型的几点说明:

1)从两个模型的结果看,两个模型均考虑了附加质量的影响,结构的 1 阶振动频率计算结果相同。因此,如果水波的运动不是很重要的话,模型 A 是更为实用和简单的模型。

2)本题中所采用的结构单元为 8 节点六面体单元,在弯曲情况下不是非常好。如果流体和结构均选用 27 节点单元,则在结构厚度方向只需要划分一个单元即可获得很好的弯曲模态。

工程扩展说明

ADINA 提供的势流体功能强大,包括可以运动的势流体算法;

势流体提供的自有表面边界条件、无限远边界条件及其他各种条件,能够处理复杂工程问题;

势流体和结构的耦合界面是在求解模型化时 ADINA 自动探测的;

势流体与结构耦合算法支持地震谱分析和随机振动分析;

实例 13　桩与土计算

工程背景说明

桩基与地基土体的相互作用的整体分析对于建筑工程结构桩基设计方案的评价、工程事故原因的调查、整治措施的拟定等非常关键。ADINA 以其良好的非线性分析功能可方便地为不同形式的基础设计提供深入的分析并获得相应的结果，本例中主要研究摩擦桩与土体的摩擦接触作用。

学习要点

初始地应力的施加；

灵活的建模方式；

接触单元的定义；

问题说明

在土体中打入一个高 10m 的桩，上部施加 2000kN 的均布压力；

土体的边界条件为左右两侧约束 Y 向

位移自由度；

底部约束 Z 向位移自由度；

模型简化为二维平面应变模型；如图 8-252 所示。

地应力分析模型

建立几何模型

点击图标，在弹出窗口中输入

16 个点坐标值。由于模型采用 2D 的平面应变模型，所有点的 X 坐标为零（空白即为零）。如图 8-253、图 8-254 所示。

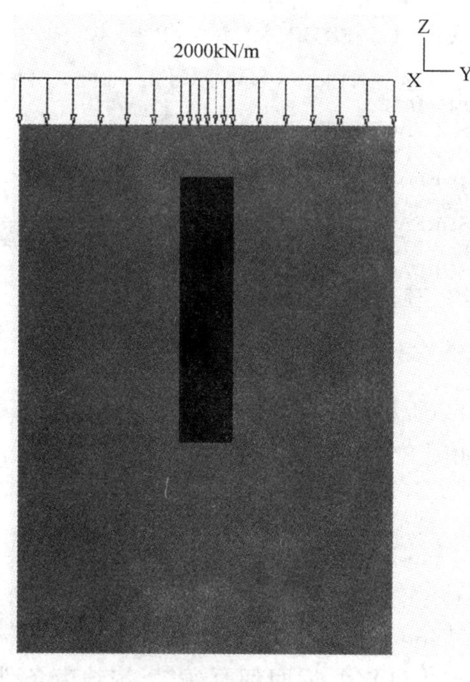

图　8-252

1	0.0	0.0	0.0	0
2	0.0	0.0	−2.0	0
3	0.0	0.0	−12.0	0
4	0.0	0.0	−20.0	0
5	0.0	6.0	0.0	0
6	0.0	6.0	−2.0	0
7	0.0	6.0	−12.0	0
8	0.0	6.0	−20.0	0
9	0.0	8.0	0.0	0
10	0.0	8.0	−2.0	0
11	0.0	8.0	−12.0	0
12	0.0	8.0	−20.0	0
13	0.0	14.0	0.0	0
14	0.0	14.0	−2.0	0
15	0.0	14.0	−12.0	0
16	0.0	14.0	−20.0	0

图　8-253

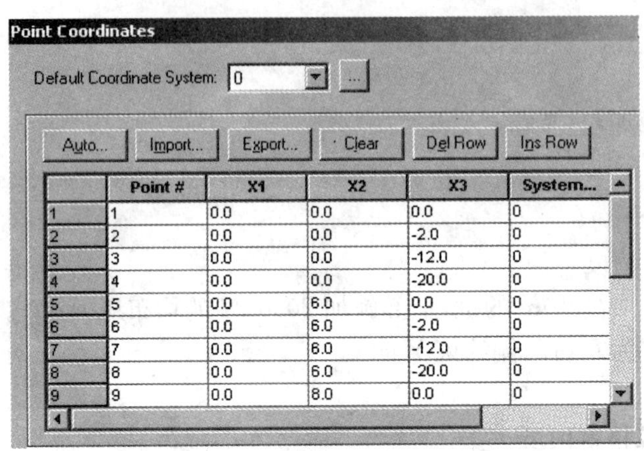

	Point #	X1	X2	X3	System...
1	1	0.0	0.0	0.0	0
2	2	0.0	0.0	-2.0	0
3	3	0.0	0.0	-12.0	0
4	4	0.0	0.0	-20.0	0
5	5	0.0	6.0	0.0	0
6	6	0.0	6.0	-2.0	0
7	7	0.0	6.0	-12.0	0
8	8	0.0	6.0	-20.0	0
9	9	0.0	8.0	0.0	0

图 8-254

点击图标，依次创建 9 个 Surface。如图 8-255、图 8-256 所示。

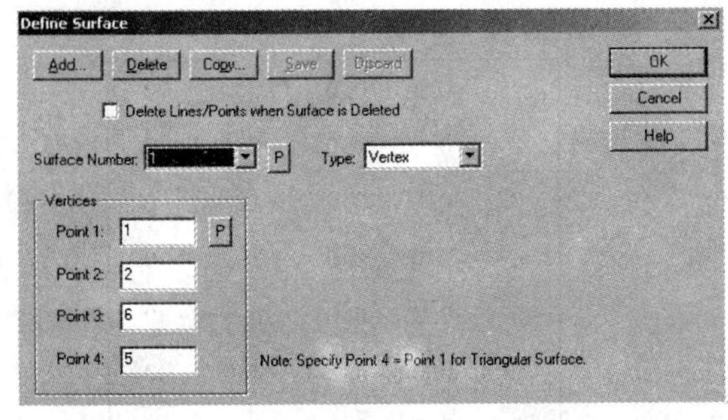

图 8-255

```
SURFACE VERTEX NAME=1 P1=1 P2=3 P3=6
P4=5
SURFACE VERTEX NAME=2 P1=2 P2=3 P3=7
P4=6
SURFACE VERTEX NAME=3 P1=3 P2=4 P3=8
P4=7
SURFACEVERTEX NAME=4 P1=5 P2=6 P3=10
P4=9
SURFACE VERTEX NAME=5 P1=6 P2=7 P3=11
P4=10
SURFACE VERTEX NAME=6 P1=7 P2=8 P3=12
P4=11
SURFACE VERTEX NAME=7 P1=9 P2=10 P3=14
P4=13
SURFACE VERTEX NAME=8 P1=10 P2=11
P3=15 P4=14
SURFACE VERTEX NAME=9 P1=11 P2=12
P3=16 P4=15
```

图 8-256

打开 Surface 标号显示当前几何模型如图 8-257 所示。

首先点击打开线编号，显示当前线编号。如图 8-258 所示。

定义并施加边界条件

边界条件是土体的左、右边(L1、L5、L8 和 L24、L22、L19)约束 Y 向位移自由度，底边(L9、L16、L23)约束 Z 向位移自由度即可。

点击图标，在弹出的对话框中 Apply to 选 Line，在 Default Fixity 中点击【Define】，弹出 Define Fixity 对话框，分别定义约束条件，然后点击【OK】，返回到原窗口，按约束条件在相应的位置施加约束，如图 8-259～图 8-261 所示。

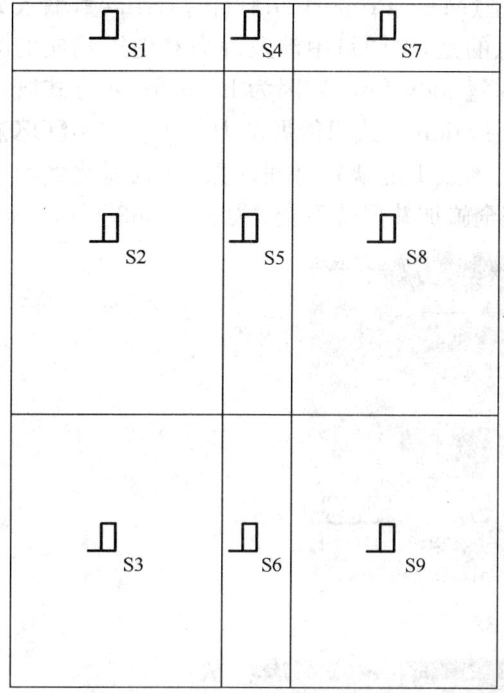

图 8-257

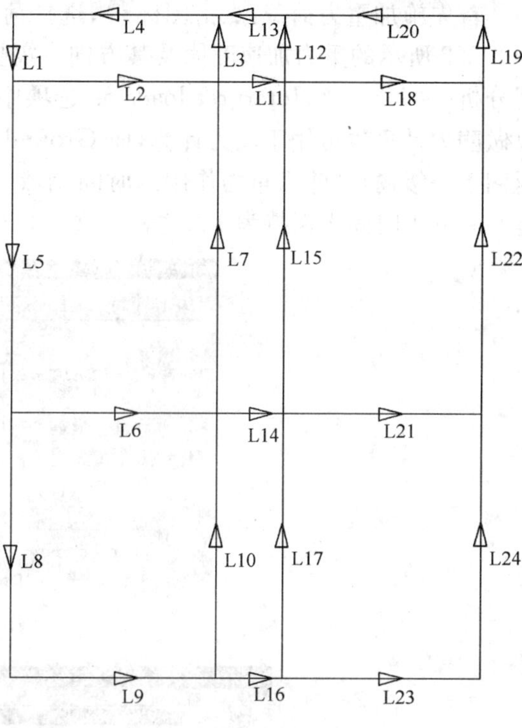

图 8-258

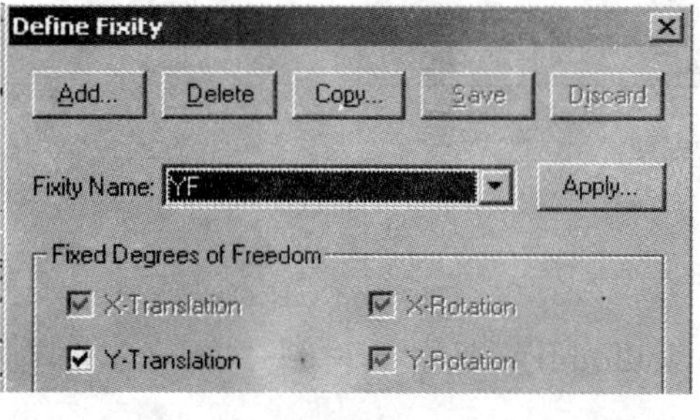

图 8-259

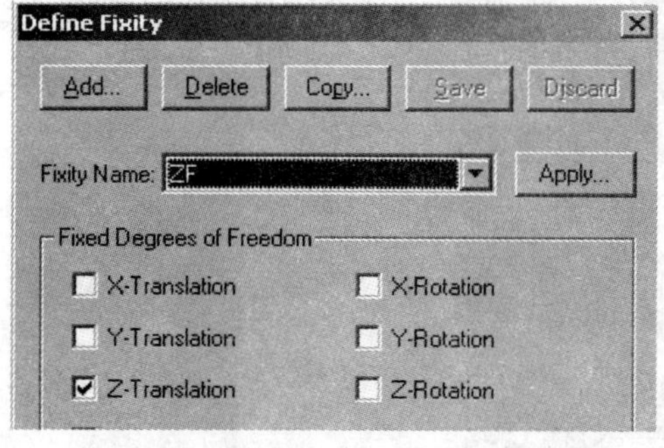

图 8-260

Apply Fixity

Save Discard Help OK Cancel

Apply to: Lines

Default Fixity: ALL Define...

Auto... Import... Export... Clear Del Row Ins Row

	Line #	Fixity...
1	1	YF
2	5	YF
3	8	YF
4	9	ZF
5	16	ZF
6	19	YF
7	22	YF
8	23	ZF
9	24	YF
10		

图 8-261

施加荷载

首先施加重力荷载：点击图标，选择荷载类型【Mass Proportion】点击【Define】，输入如图 8-262 所示的重力加速度值及其方向。需要注意的是，本题目中涉及静力和地震响应的时程分析两部分计算，Interpret loads as 选项中应选择【body force】，因为 body force 方式既可以做静力计算也可用于动力计算，而 Ground Acceleration 方式只能做动力分析。点击【OK】，返回上一级窗口，输入重力作用的时间函数 1，时间函数 1 是缺省时间函数，其载荷比例因子是 0～1e21 时间内保持为 1。这表示重力 0 时刻完全施加并保持不变。如图 2-263 所示。

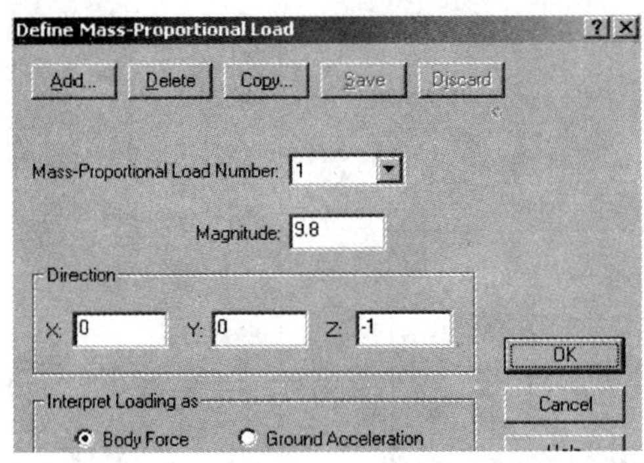

图 8-262

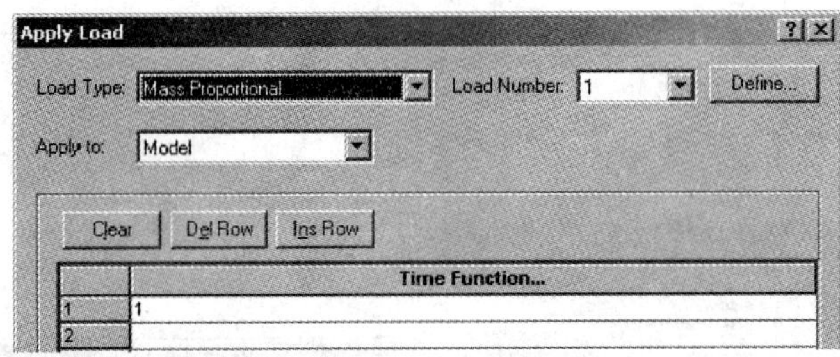

图 8-263

定义材料特性(Material Property)**和单元组**(Element Group)

点击图标 M，选择【Geotechnical】中的【Mohr-Coulomb】，即岩土材料中的莫尔库仑模型，在弹出窗口中增加材料 1 其参数如图 8-264 所示。

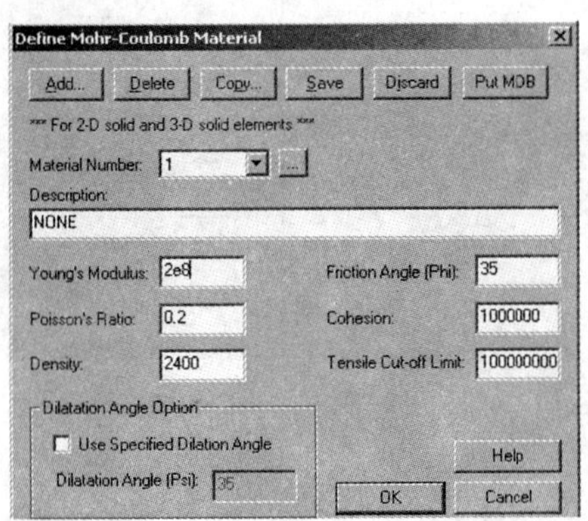

图 8-264

需要注意的是，膨胀角(Dilatation Angle)可以通过选择【Use Specified Dilatation Angle】选项来自定义，但是一般小于摩擦角(Friction Angle)。再者，莫尔库仑模型属于弹性—理想塑性模型，不能考虑多数岩土具备的硬化特征，其屈服面为多边形。

定义单元组

点击图标，增加两个 2D solid 单元组，其 Element Sub-Type 为平面应变类型 Plane Strain，Default Material 为材料 1。这里是为下一步方便地删除桩所在位置的土体插入桩，在桩的位置特意设定了一个与单元组 1 完全一样的单元组 2。如图 8-265 所示。

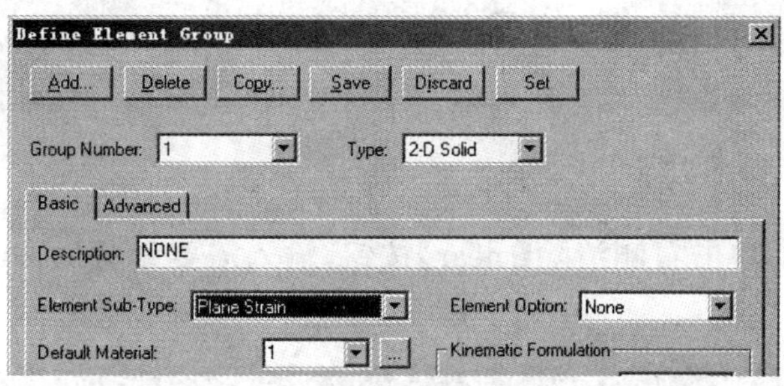

图　8-265

指定网格密度

在划分网格前，首先对各条线指定网格划分密度，在【Meshing】>【Mesh Density】>【Line】的弹出窗口中指定线的划分份数。相同等分份数的线可以一次指定，点击【Save】；然后选择其他线，指定不同的份数，直到所有的线上都有网格密度的定义。

本例中所有线段均按 6 等分，具体操作如图 8-266 所示。

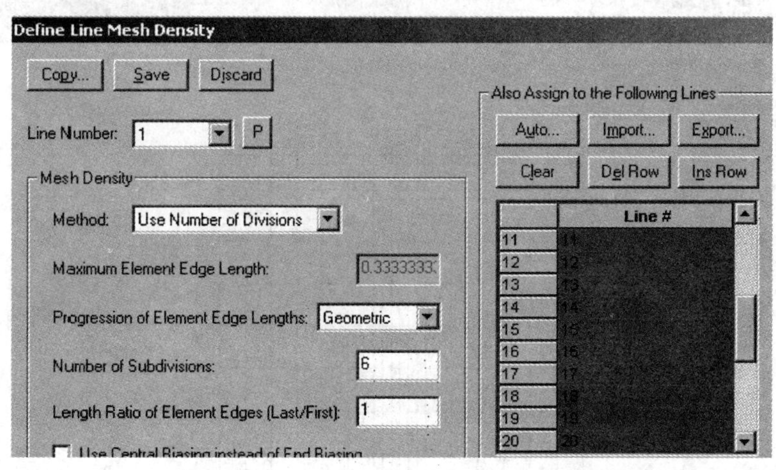

图　8-266

单元划分

点击图标，在弹出窗口中选择单元组 1，选择 4 节点低阶单元；然后用鼠标选择或直接输入需要划分的 8 个 Surface 号，点击【Apply】按钮进行单元划分。如图 8-267 所示。

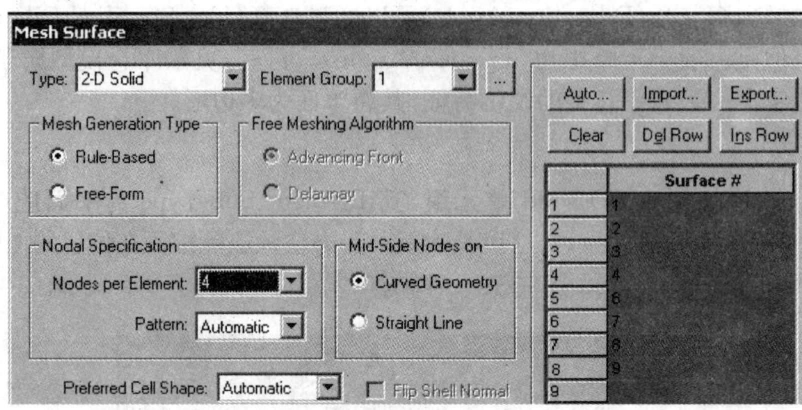

图 8-267

接着选择单元组 2,单击右侧清除【clear】按钮,输入需要划分的 surface 5,点击【OK】按钮。如图 8-268 所示。

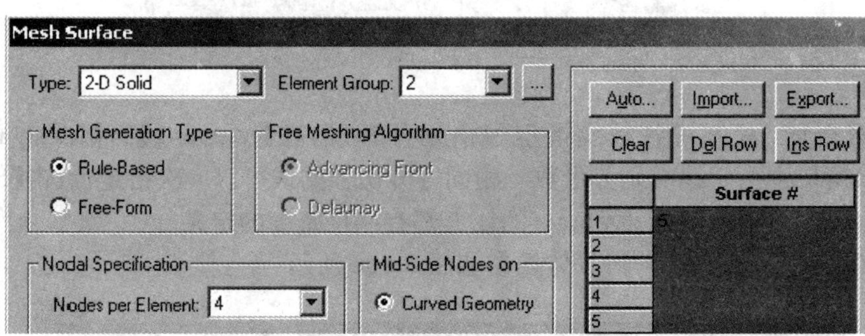

图 8-268

网格划分的结果如图 8-269 所示。

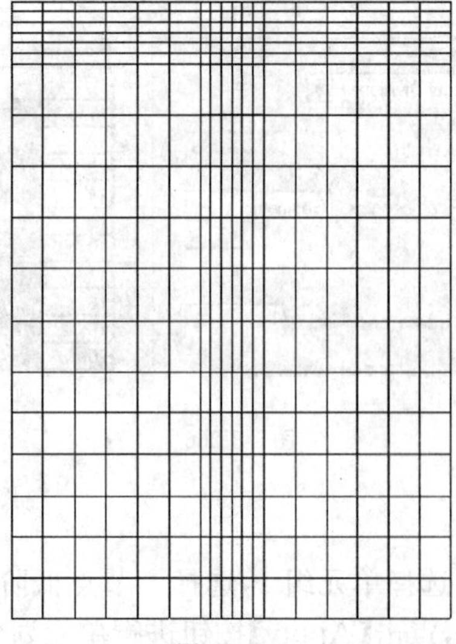

图 8-269

求解控制

定义模型自由度：选择菜单【Control】>【Degrees of Freedom】，去除不需要的旋转自由度以及 X 轴方向平移自由度。

保存数据库为 prob13-a. idb，也可以保存为命令流文件，则为 prob13-a. in 文件。

求解

点击图标，输入求解文件名 prob13-a，ADINA 开始求解。

在后处理中提取地应力

求解完毕，选择程序模块为【Post-Processing】，读入 prob13-a. por。查看第一步求解初始地应力的结果。

用 List Zone (Whole Model)列出所有节点的应力值，注意：对 smoothing Technique 选项应选择 AVERAGED，否则没有结果；对 Response option 应选择【Single Response】。选择 6 个分量的顺序应遵循以下规定。

应力分量的顺序对于 3Dsolid 单元应该是 stress11、stress22、stress33、stress12、stress13、stress23。

对于 2D solid，plate 和 shell 单元初始应力轴的 1-2 轴位于平面内，3 轴位于平面外，所以这些单元的 6 个应力分量的顺序为 stress22、stress33、stress11、stress23、stress12、stress13。

列表结果后点击【Export】将结果写入用户指定名字的 TXT 文件，然后将 TXT 文件处理成 ADINA 的数据表格式形式，过程如下。

首先去掉多余文件说明；再用替换方式去掉所有的 Node+空格，保存为 TXT 文件(例如 t1. txt)，然后用 Excel 应用软件打开此文本文件，另存为 initial-stress-data. txt 文件，注意保存类型应选择文本文件(制表符分隔)，打开此文件确认第一行为空行。见如 8-270、图 8-271 所示的过程说明。

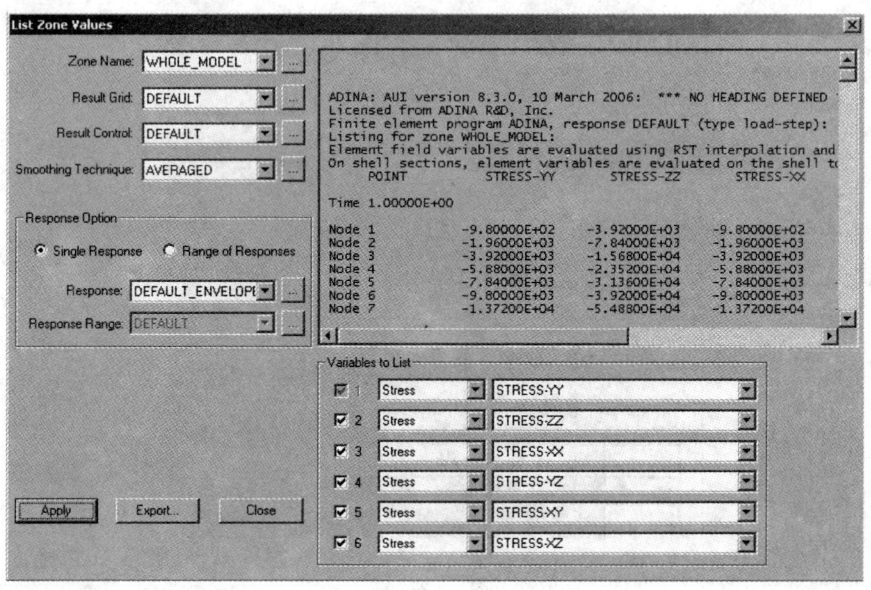

图　8-270

文件(F) 编辑(E) 格式(O) 查看(V) 帮助(H)

1	-9.80000E+02	-3.92000E+03	-9.80000E+02	-2.09751E-10	0.00000E+00	0.00
2	-1.96000E+03	-7.84000E+03	-1.96000E+03	-4.45612E-10	0.00000E+00	0.00
3	-3.92000E+03	-1.56800E+04	-3.92000E+03	7.93691E-11	0.00000E+00	0.00
4	-5.88000E+03	-2.35200E+04	-5.88000E+03	3.60103E-10	0.00000E+00	0.00
5	-7.84000E+03	-3.13600E+04	-7.84000E+03	1.90384E-10	0.00000E+00	0.00
6	-9.80000E+03	-3.92000E+04	-9.80000E+03	2.62664E-10	0.00000E+00	0.00
7	-1.37200E+04	-5.48800E+04	-1.37200E+04	-1.32282E-11	0.00000E+00	0.00
8	-9.80000E+02	-3.92000E+03	-9.80000E+02	-3.23235E-10	0.00000E+00	0.00
9	-1.96000E+03	-7.84000E+03	-1.96000E+03	-2.82238E-10	0.00000E+00	0.00
10	-3.92000E+03	-1.56800E+04	-3.92000E+03	-1.48766E-10	0.00000E+00	0.00
11	-5.88000E+03	-2.35200E+04	-5.88000E+03	5.72467E-10	0.00000E+00	0.00
12	-7.84000E+03	-3.13600E+04	-7.84000E+03	3.03830E-10	0.00000E+00	0.00
13	-9.80000E+03	-3.92000E+04	-9.80000E+03	1.50211E-12	0.00000E+00	0.00
14	-1.37200E+04	-5.48800E+04	-1.37200E+04	-2.22238E-10	0.00000E+00	0.00
15	-9.80000E+02	-3.92000E+03	-9.80000E+02	-4.45254E-10	0.00000E+00	0.00
16	-1.96000E+03	-7.84000E+03	-1.96000E+03	-2.54013E-10	0.00000E+00	0.00
17	-3.92000E+03	-1.56800E+04	-3.92000E+03	1.71221E-10	0.00000E+00	0.00
18	-5.88000E+03	-2.35200E+04	-5.88000E+03	-2.04623E-10	0.00000E+00	0.00
19	-7.84000E+03	-3.13600E+04	-7.84000E+03	-1.67362E-10	0.00000E+00	0.00
20	-9.80000E+03	-3.92000E+04	-9.80000E+03	-1.72775E-10	0.00000E+00	0.00
21	-1.37200E+04	-5.48800E+04	-1.37200E+04	1.07743E-10	0.00000E+00	0.00
22	-9.80000E+02	-3.92000E+03	-9.80000E+02	-3.71901E-10	0.00000E+00	0.00
23	-1.96000E+03	-7.84000E+03	-1.96000E+03	8.34595E-11	0.00000E+00	0.00
24	-3.92000E+03	-1.56800E+04	-3.92000E+03	4.31826E-12	0.00000E+00	0.00
25	-5.88000E+03	-2.35200E+04	-5.88000E+03	-9.33008E-11	0.00000E+00	0.00
26	-7.84000E+03	-3.13600E+04	-7.84000E+03	-7.08189E-11	0.00000E+00	0.00
27	-9.80000E+03	-3.92000E+04	-9.80000E+03	1.59498E-10	0.00000E+00	0.00

图 8-271

建立桩、土分析的新模型

建立新的几何模型

重新打开原来的数据库文件 prob13-a. idb，删除桩所在位置的单元组 2 的单元及几何面，在原位置建立一个新面，新面代表桩所在位置，但其边不能与周围代表土的面共边。

删除不需要的部分模型

点击删除单元图标，选择从面删除，单元组选择 2，在下面的 Surface # 中输入需要删除的 surface 5，则删除了单元组 2 的所有单元和节点。如图 8-272 所示。

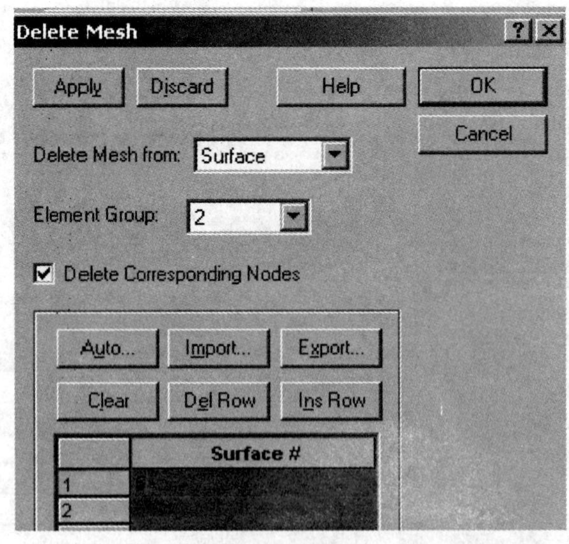

图 8-272

点击，选择单元组 2，其材料为 1，点击【Delete】删除的第二个单元组。

建立桩体的几何面

点击图标，在弹出窗口中新建 4 个点，输入相应点的坐标值，这四个点分别与点 6、7、10 和 11 点位置相同。如图 8-273、图 8-274 所示。

106	0.0	6.0	−2.0	0
107	0.0	6.0	−12.0	0
110	0.0	8.0	−2.0	0
111	0.0	8.0	−12.0	0

图　8-273

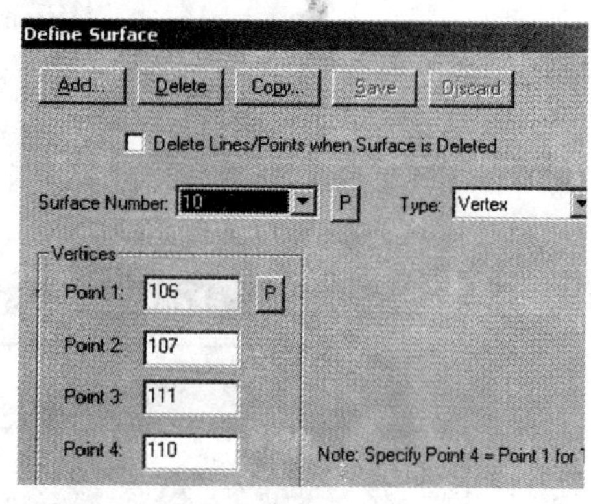

图　8-274

点击图标，建立代表桩面的新面 Surface10。

定义新的荷载

原边界条件不变，需要施加上表面的均布压力，由于压力是缓慢逐级加载，所以预先设定时间函数 2。

点击【Control】>【Time Function】，弹出对话框，Add 新增时间函数 2，如图 8-275 所示。

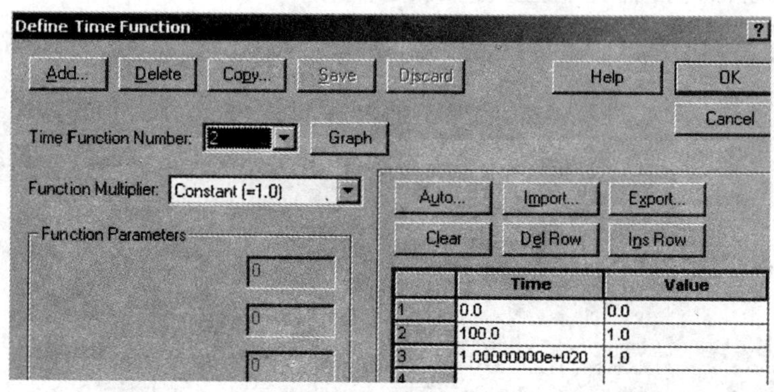

图　8-275

点击施加荷载按钮，弹出对话框，荷载类型选择【Pressure】，点击【Define】弹出对话框，如图 8-276 输入载荷大小为 2000000 的均布压力值，单击【OK】。再选择施加在线上，在施加位置输入上边界线 Line4、Line13 和 Line20，加载时间函数需要选择预先定义的【Time Function 2】。如图 8-277 所示。

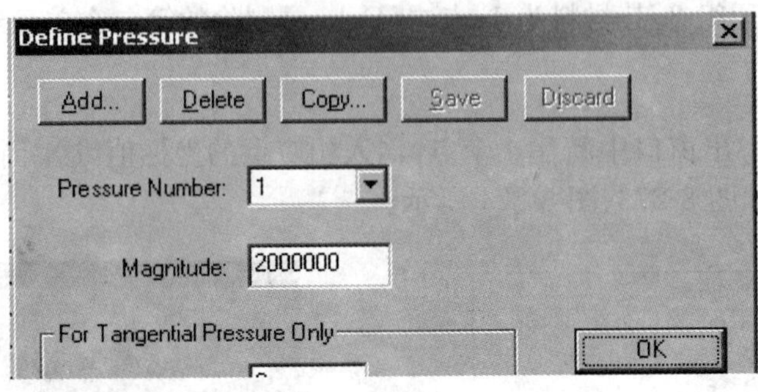

图 8-276

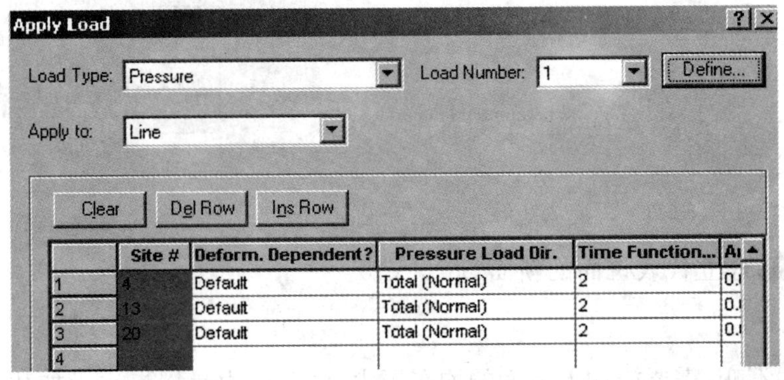

图 8-277

定义桩的材料属性

桩材料采用线弹性各向同性模型,参数设定如图 8-278 所示。

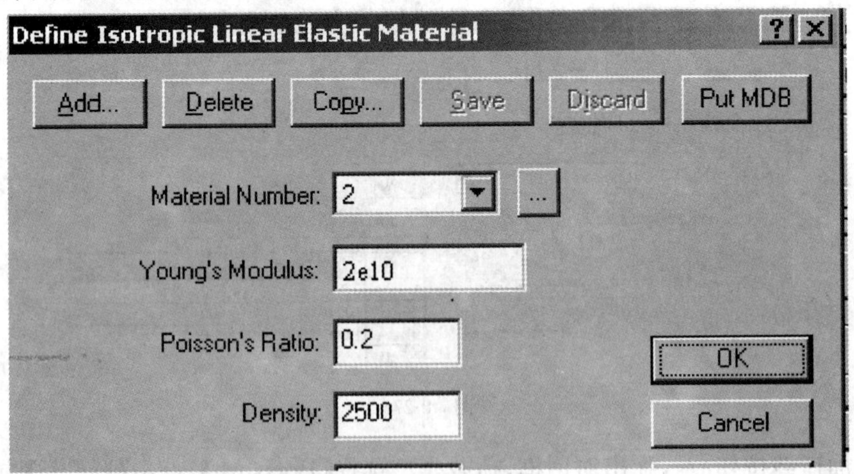

图 8-278

单元组

定义新单元组 2,其材料为材料 2,如图 8-279 所示。

由于单元组 1 需要施加初始地应力，要先修改单元组 1 的选项，这样才能够将初始应力施加到单元组 1 代表的地基上，点击【Advanced】栏，如图 8-280 所示进行定义。

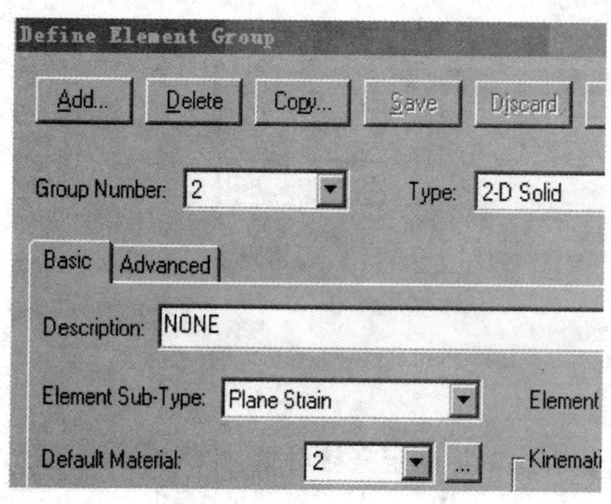

图　8-279

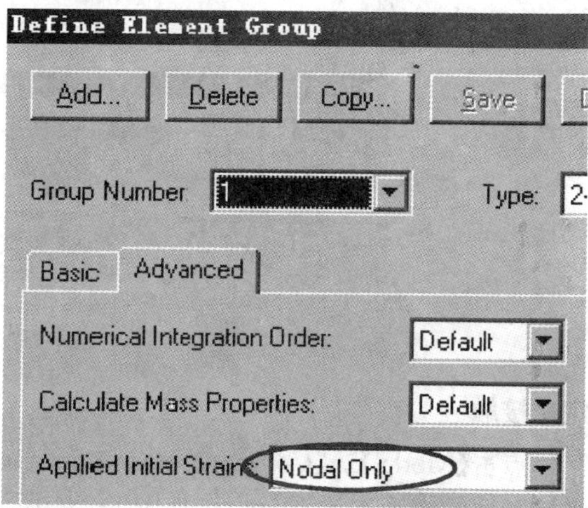

图　8-280

指定网格大小

对于新生成的四条线，左右两条线 L25、L27 划分为 10 等份，上下两条线 L26、L28 划分为 6 等份。如图 8-281、图 8-282 所示。

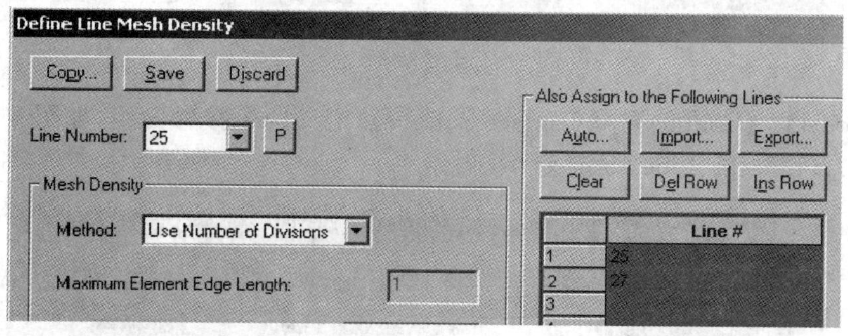

图　8-281

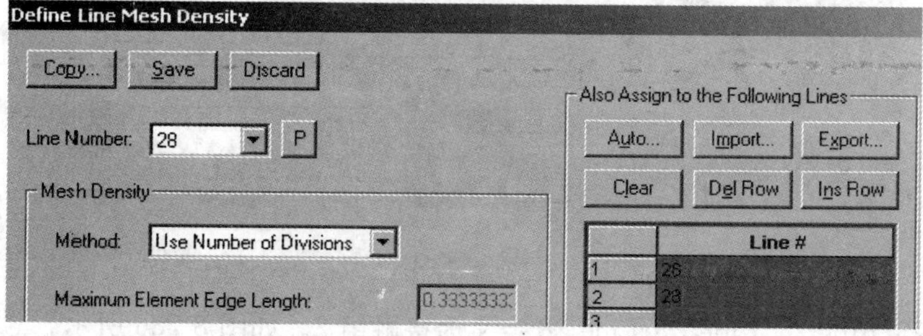

图　8-282

网格划分

选择 4 节点低阶单元，在节点合并检查中选择 No checking，对 Surface 10 划分单元。如图 8-283 所示。

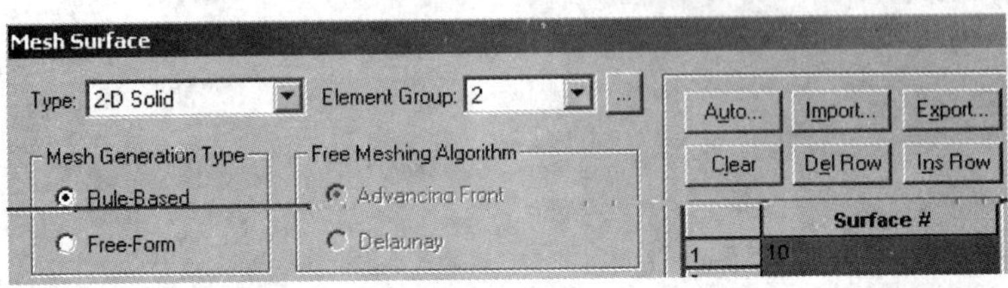

图 8-283

定义接触

点击【Model】>【Contact】>【Contact Group】，弹出对话框定义接触组，此例为平面问题，将接触面的类型选为 Planar。如图 8-284 所示。

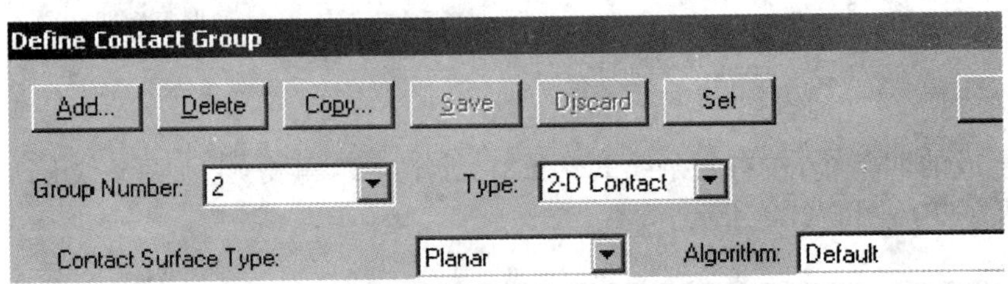

图 8-284

点击【Model】>【Contact】>【Contact Surface】，定义两个接触面组，如图 8-285 所示，将 Line 14、Line 7、Line 11、Line 15 定义为接触组 1。

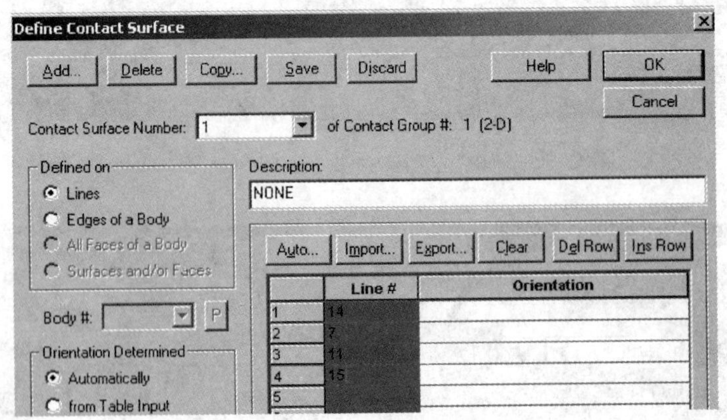

图 8-285

将 Line 25、Line 26、Line 27、Line 28 定义为接触组 2。如图 8-286 所示。

点击【Model】>【Contact】>【Contact Pair】，定义接触对。如图 8-287 所示。

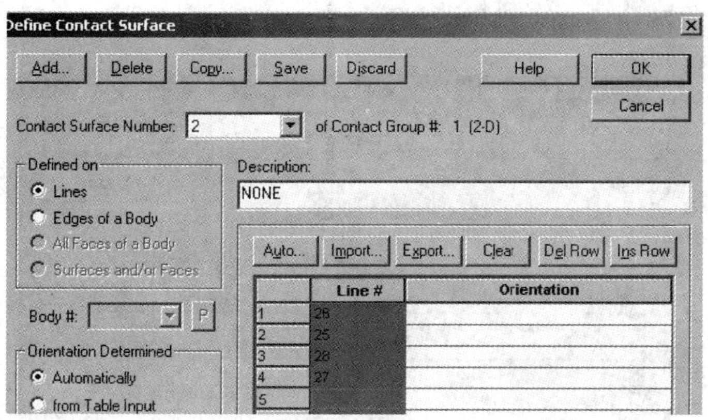

图　8-286

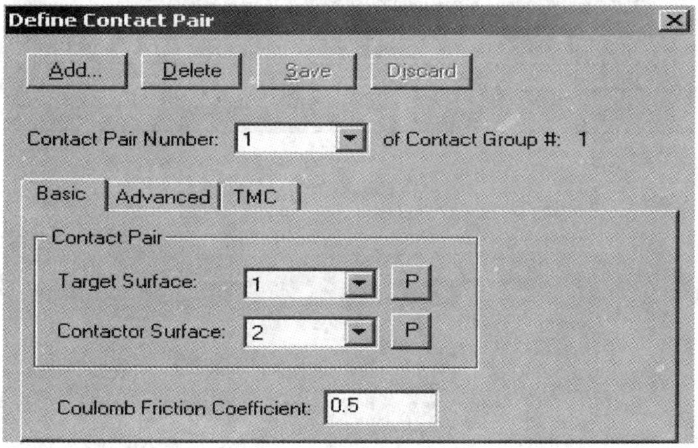

图　8-287

施加初始地应力

打开施加初始应力条件菜单【Model】>【Initial Condition】>【Apply on Nodes】，选择【strain】选项，注意：这里没有【Stress】选项，然后用【Import】读入初始应力文件 initial-stress-data. txt 文件即可。如图 8-288 所示。

在【Control】>【Miscellaneous Options】中选择【Input Strain use as Initial Stress】(or【Initial Stress that Cause Deformation】)选项。如图 8-289 所示。

由于初始地应力场各应力分量是按单元坐标系给出的，而我们读入的初始应力是基于整体坐标系，所以需要定义一个与整体坐标系一致的 Orthotropic 坐标系(该坐标系相应的三个坐标轴为 a、b、c)，把单元应力分量就转换到整体坐标系方向。

点击菜单【Model】>【Orthotropic Axes Systems】>【Define】定义坐标系 1。如图8-290 所示。

点击【Model】>【Orthotropic Axes Systems】>【Assign(Initial Strain)】并指定定义的坐

标系 1(Orthotropic)与整体坐标系的关系。ADINA 中二维实体模型必须在 YZ 平面内，则如图 8-291 定义，这样就施加在所有的零时刻的模型上面。

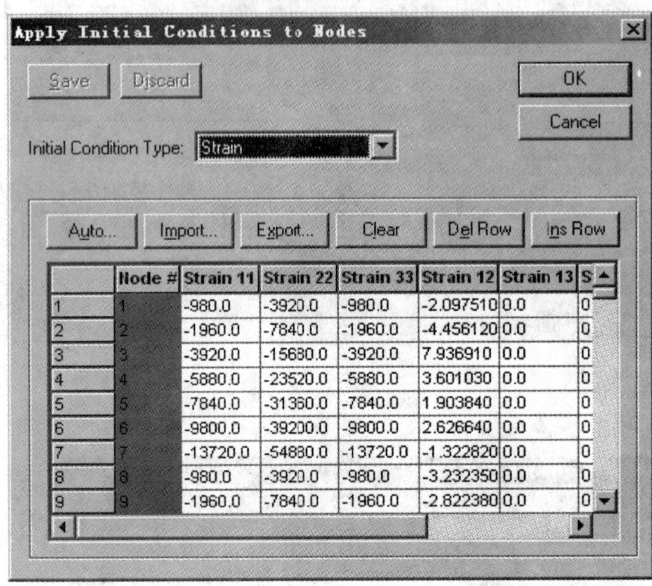

	Node #	Strain 11	Strain 22	Strain 33	Strain 12	Strain 13	S
1	1	-980.0	-3920.0	-980.0	-2.097510	0.0	0
2	2	-1960.0	-7840.0	-1960.0	-4.456120	0.0	0
3	3	-3920.0	-15680.0	-3920.0	7.936910	0.0	0
4	4	-5880.0	-23520.0	-5880.0	3.601030	0.0	0
5	5	-7840.0	-31360.0	-7840.0	1.903840	0.0	0
6	6	-9800.0	-39200.0	-9800.0	2.626640	0.0	0
7	7	-13720.0	-54880.0	-13720.0	-1.322820	0.0	0
8	8	-980.0	-3920.0	-980.0	-3.232350	0.0	0
9	9	-1960.0	-7840.0	-1960.0	-2.822380	0.0	0

图 8-288

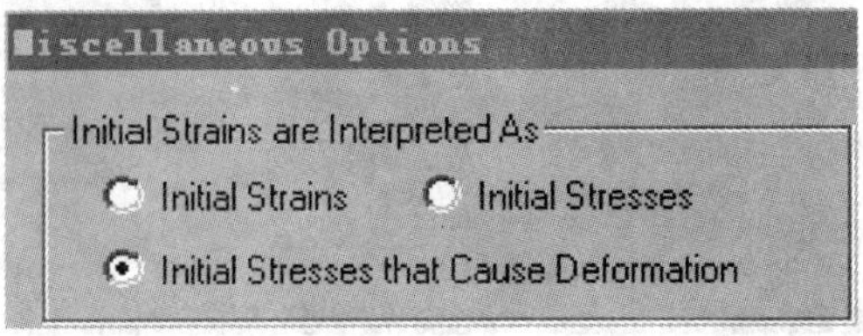

Miscellaneous Options
Initial Strains are Interpreted As
Initial Strains　Initial Stresses
Initial Stresses that Cause Deformation

图 8-289

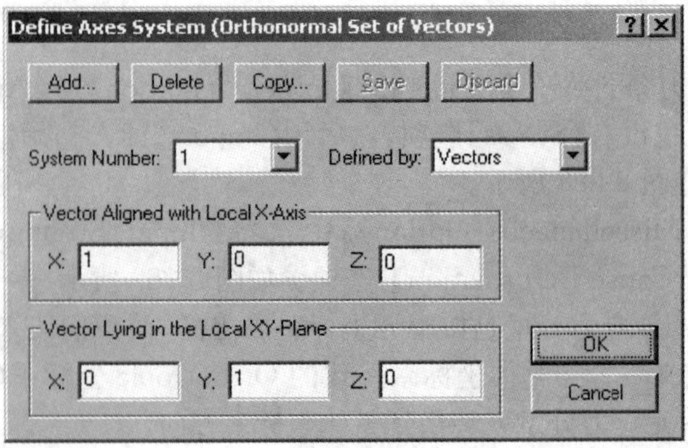

Define Axes System (Orthonormal Set of Vectors)
Add... Delete Copy... Save Discard
System Number: 1　Defined by: Vectors
Vector Aligned with Local X-Axis
X: 1　Y: 0　Z: 0
Vector Lying in the Local XY-Plane
X: 0　Y: 1　Z: 0
OK
Cancel

图 8-290

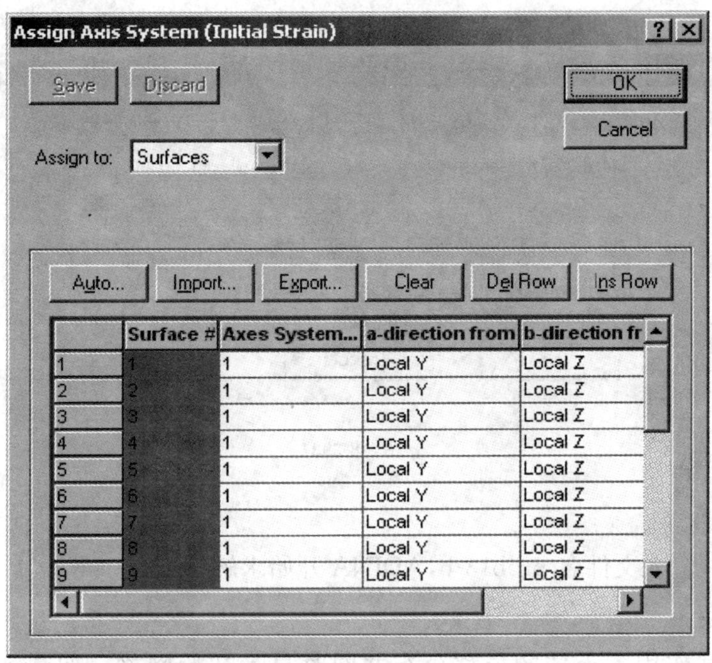

图　8-291

如果是三维实体模型中，采用缺省值，即 a-direction 为 Local X，b-direction 为 Local Y。

求解控制

设置时间步和几何非线性

在菜单【Control】>【Time Step】中设置求解的时间步长为 5，步数为 20。如图 8-292 所示。

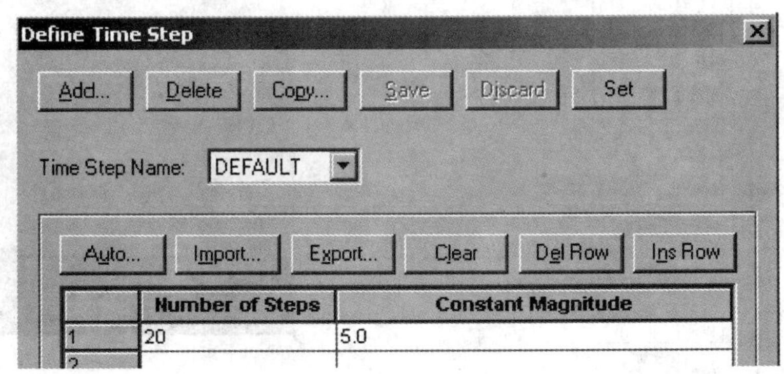

图　8-292

点击【Analysis Assumption】>【Kinematics】，在【Displa cements】/【Rotations】中选择 Large，打开大变形开关。如图 8-293 所示。

保存数据库文件为 prob13-b. idb，也可保存为 prob13-b. in 文件。

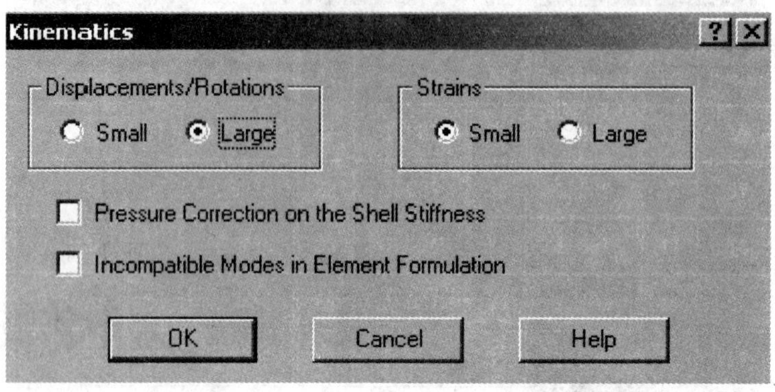

图 8-293

求解过程

点击图标，输入文件名 prob13-b，ADINA 开始求解。

后处理与结果说明

显示压力荷载作用下土体的位移分布并同时显示初始网格。如图 8-294、图 8-295 所示。

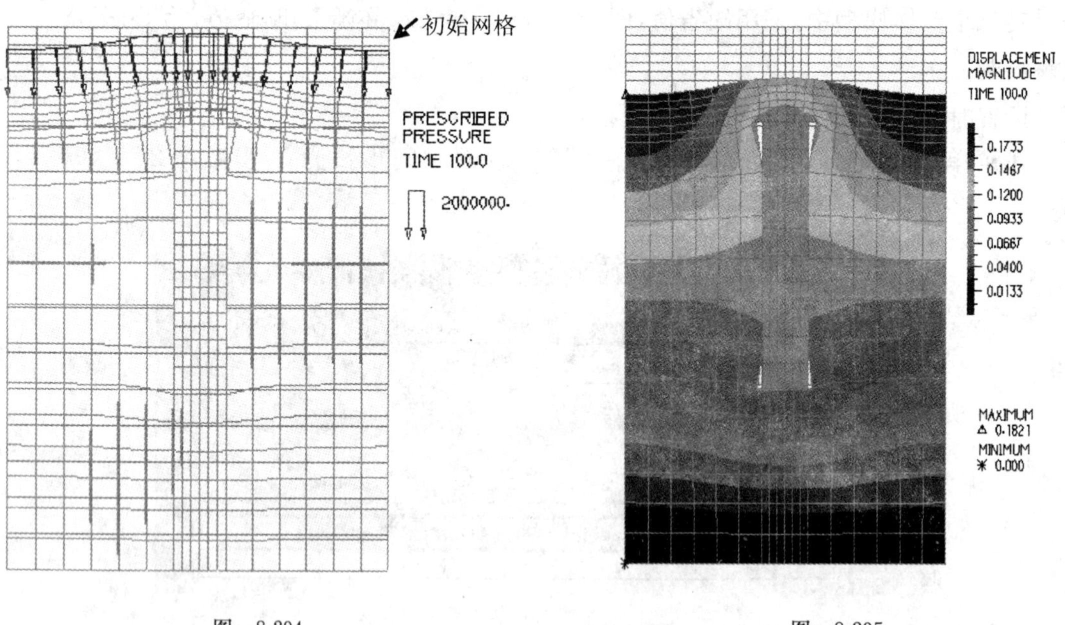

图 8-294　　　　图 8-295

点击【clear】图标清除图形窗口的显示，点击【Display Zone】图标，选择单元组 2，即 EG2（ADINA 自动定义的 Zone），点击【OK】单独显示桩单元。点击菜单【Display】>【reaction plot】>【Create】>【Consistent Contact force】，显示土体对桩的作用力分布。如图 8-296、图 8-297 所示。

图　8-296

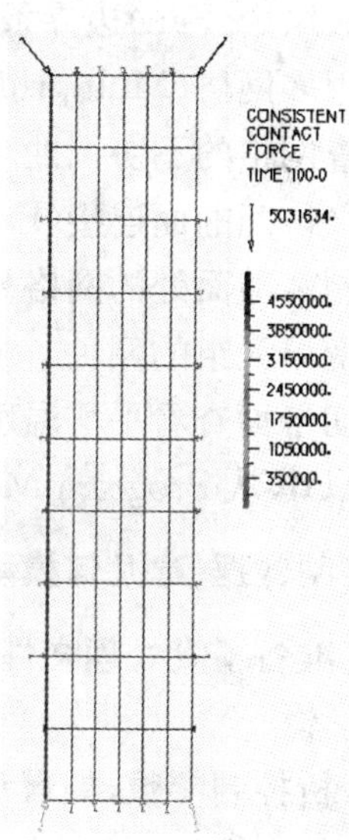

图　8-297

工程扩展

对于各种复合地基、各式沉台、筏板式或箱式基础，均可按本例提供的方法分析处理。

* 实例 14　蒸汽—空气热交换器

问题描述

空气绕管道流动，管道中有热蒸汽，如图 8-298 所示。

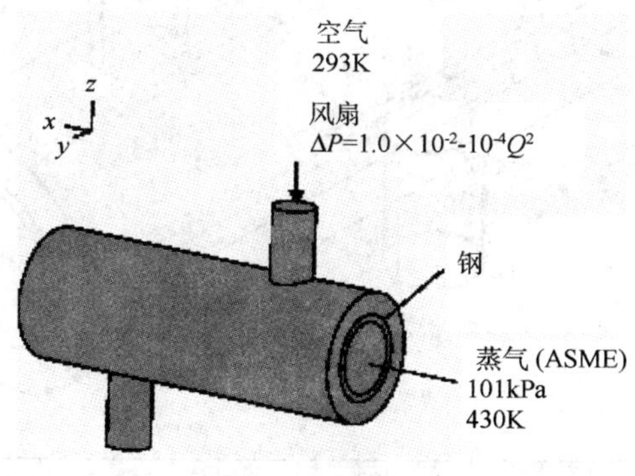

图　8-298

空气入口处的边界条件表示成进气口处压降和流速的函数。

固体模型在 ADINA-CFD 模型中作为“Solid”单元组。

本例主要演示以下新内容：

- 用 ASME 蒸汽参数表定义材料
- 定义风扇(Fan)边界条件
- 使用多网格(Multigrid)求解器
- 检查网格的不协调性
- 定义体间的面连接(Face-link)
- 控制薄截面处的网格划分
- 改变单元组的颜色
- 用切平面查看平均温度

启动 AUI,从 Program Module 的下拉式列表框中选 ADINA-CFD。

定义模型控制数据,建几何模型,给定划分网格数据,指定边界条件和材料

事先已准备了批处理文件(prob14_1. in),包括以下操作:

建几何体

定义分析控制参数,如自动时间步

定义空气和钢的材料属性

显示模型

单击【Open】,找到工作目录或工作文件夹,把 File Type 设置成 ADINA-IN Command Files (*. in),选文件 prob14_1. in,单击【Open】。图形窗口如图 8-299 所示。

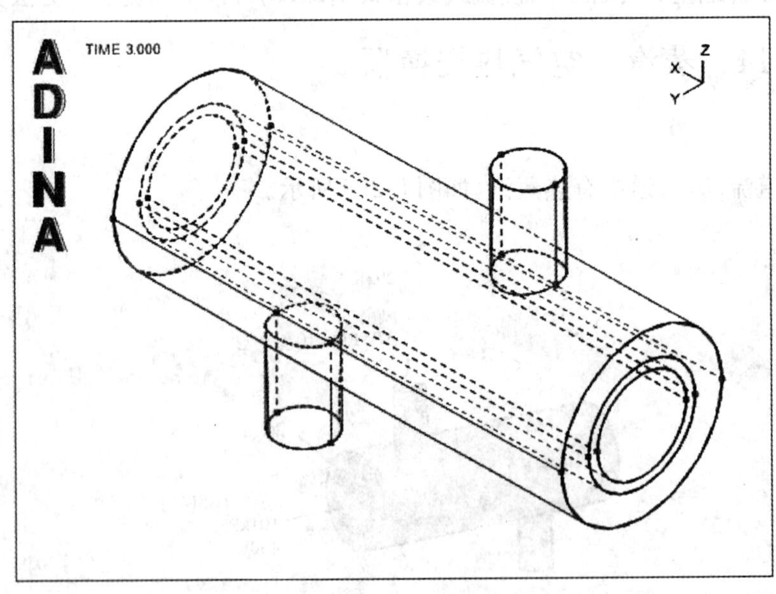

图 8-299

选择多重网格求解器

选【Control】>【Solution Process】,把 Equation Solver 设置成 Multigrid,单击【OK】。

定义蒸汽参数表

单击【Manage Materials】和【ASME Steam】按钮，在 Define ASME Steam Material 对话框中，增加 material 3，把 Reference Temperature 设置成 400.0，确认 Constant Pressure 是 101300.0，把 Constant Temperature 设置成 0.0，单击【OK】。单击【Close】关闭 Manage Materials 对话框。

定义边界条件

事先准备了批处理文件 (prob14_2.in)，包括以下操作：

定义壁面边界条件

定义温度荷载，并将之施加在空气和蒸汽的入口处

定义入口边界压力，并将之施加在蒸汽的入口处

重新显示模型

单击【Open】，找到工作目录或工作文件夹，把“File Type”设置成“ADINA-IN Command Files (＊.in)”，选文件 prob14_2.in，单击【Open】。图形窗口如图 8-300 所示。

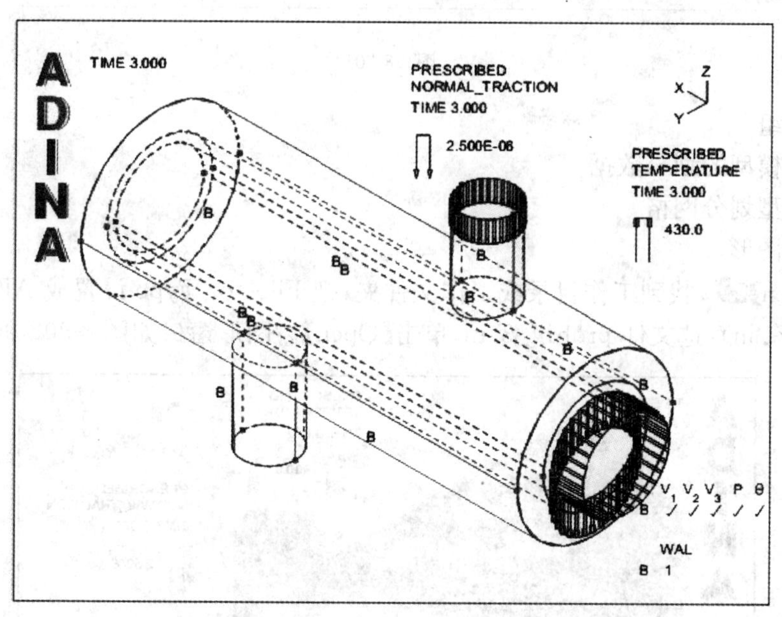

图 8-300

增加风扇边界条件。单击【Special Boundary Conditions】，增加 condition number 2，把 Type 设置成 Fan，C0 设置成 1.0E-2，C2 设置成-1.0E-4，M2 设置成 2.0(注意，不需要改变 C1 和 M1 的值)，Type of Fan 设置成 Intake，Time Function ＃设置成 4。再把 Apply to 区域设置成 Faces，Body ＃设置成 3。把表第一行的 Face ＃设置成 9，单击【OK】。单击【Redraw】，图形窗口如图 8-301 所示。

定义单元组，给定划分网格的数据，划分网格

事先已做好了批处理文件(prob14_3.in)，包括以下操作：

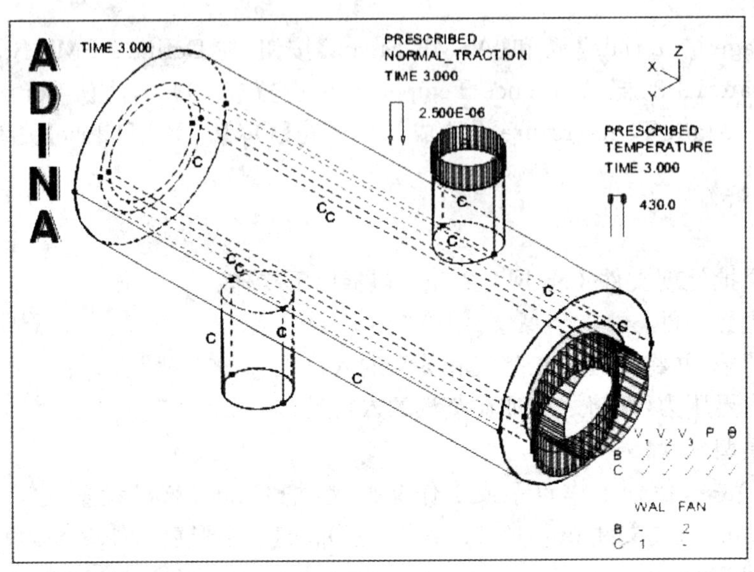

图 8-301

定义单元组

指定几何模型的划分数据

给几何模型划分网格

重新生成图形

单击【Open】,找到工作目录或工作文件夹,把 Files of Type 设置成 ADINA-IN Command Files (*. in),选文件 prob14_3. in,单击【Open】。图形窗口如图 8-302 所示。

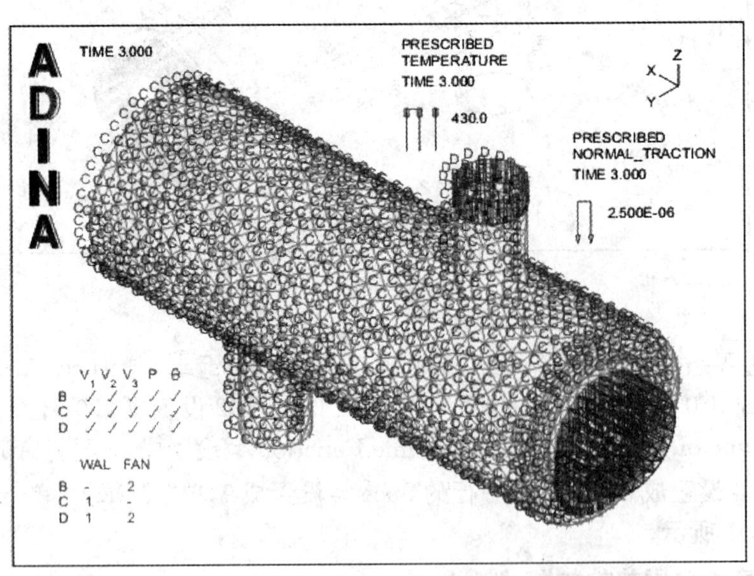

图 8-302

检查网格的不协调性：继续其他工作之前，先来检查网格的不协调性。单击【Clear】、【Mesh Plot】【Show Geometry】（不显示几何模型）、【Shading】、【No Mesh Lines】，图形窗口如图 8-303 所示。

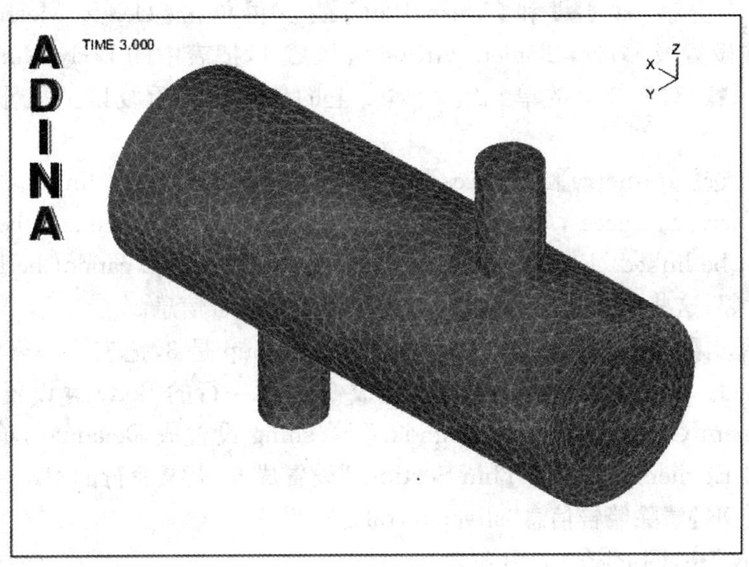

图　8-303

现在单击【Cull Front Faces】，该图标的作用是删除上面图中的所有位于前部的面，图形窗口如图 8-304 所示。

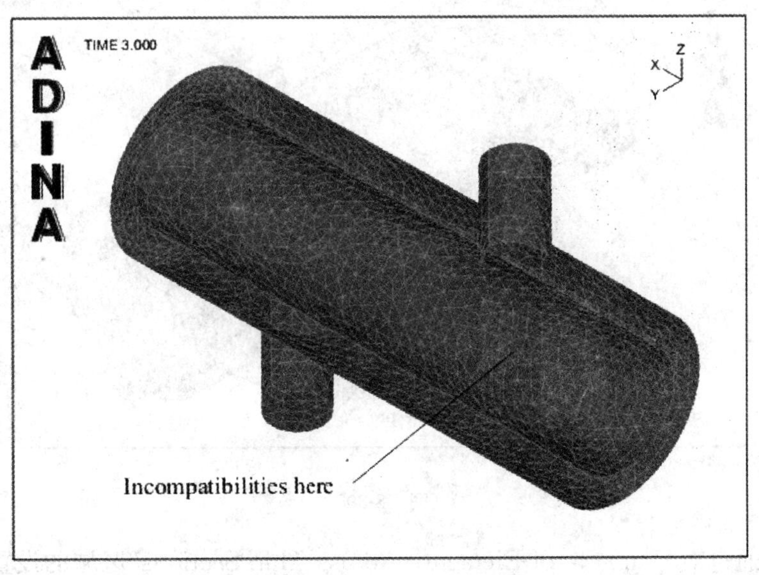

图　8-304

以这样的方式可以看到模型内部。

模型内部还有一些面，这是由于模型的不协调性造成的。建几何模型时，没有连接体与体之间的面，从而使模型不协调性（为了演示如何检查网格的不协调性，我们有意没有处理这些面的关系，因此网格是分离的）。

用 Pick 和鼠标旋转图形，从不同角度观察模型内部的面。

模型不能用，因此必须删除网格并重新划分。

删除网格：单击【Clear】和【Mesh Plot】。再单击【Delete Mesh】，把 Delete Mesh from 区域设置成 Body，Element Group 设置成 1，把表中的 Body Number 设置成 3，然后单击【Apply】。对体 2 上的单元组 2、体 1 上的单元组 3 重复以上操作，单击【OK】关闭对话框。

建立面连接：选【Geometry】>【Faces】>【Face Link】，增加 face link 1，把 Type 设置成 Create for All Faces/Surfaces，单击【OK】，AUI 显示警告信息："Face 2 of body 1 and face 3 of body 2 cannot be linked. Face 3 of body 1 and face 4 of body 2 cannot be linked"。既然这些面没有相互毗邻，这些信息是正确的。单击【OK】清除警告信息。

重画网格：单击【Mesh Bodies】，确认 Element Group 是 3，把表第一行的 Body #设置成 1，单击【Apply】。再把 Element Group 设置成 2，表第一行的 Body #设置成 2，单击【Apply】。再把 Element Group 设置成 1，Boundary Meshing 设置成 Delaunay，单击【Advanced】栏，"Min. # of Elements Across Thin Sections"设置成 5，表第一行的 Body #设置成 3，单击【OK】。单击【OK】清除警告信息"sliver tetrahedral"。

单击【Redraw】，图形窗口如图 8-305 所示。

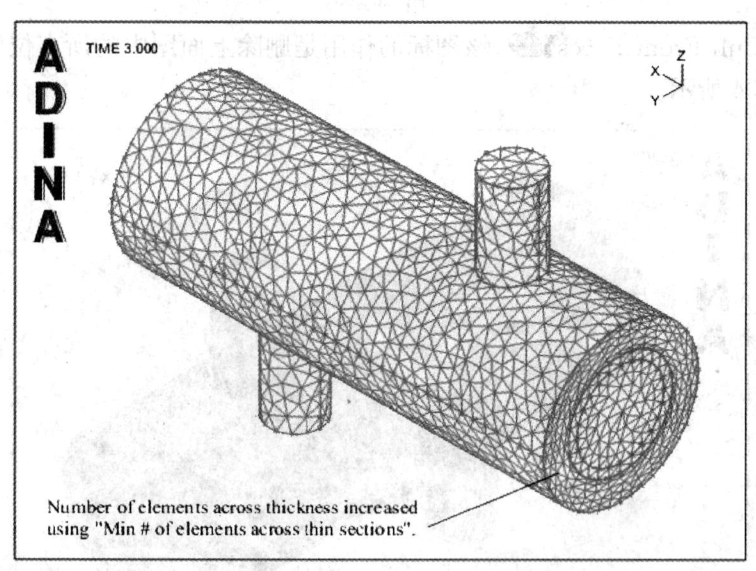

图 8-305

注意：这里通过对"Min. # of Elements Across Thin Sections"区域的设置。增加了通过体 3 厚度方向的单元数。

检查网格的不协调性：下面对新网格进行不协调性检查。单击【Show Geometry】（隐藏几何模型）、【Shading】、【No Mesh Lines】和【Cull Front Faces】，图形窗口如图 8-306 所示。

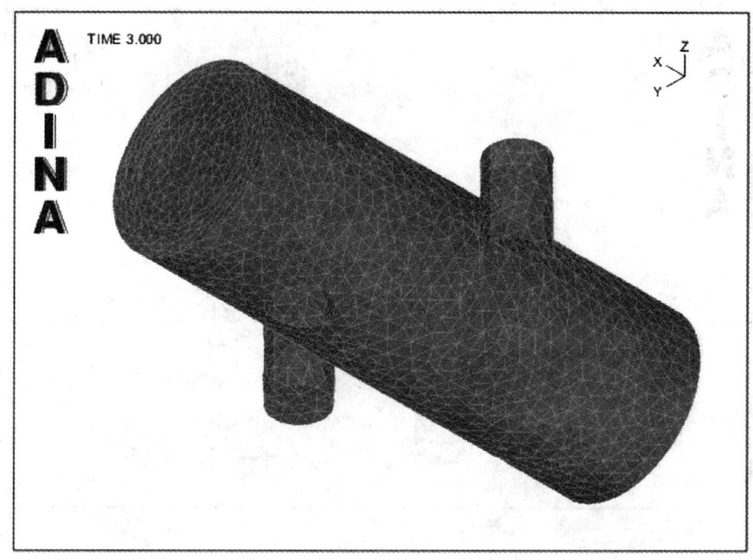

图　8-306

从图中可看出，模型内部已没有面了。这表明单元间的不协调性已消除了。

用【Pick】和鼠标旋转图形，Pick 图标似乎是倒转的，这是由于观察的是模型的后部面而引起的一种虚拟感觉。

生成 ADINA-CFD 数据文件，运行 ADINA-CFD，读入 porthole 结果文件

单击【Save】，把数据库保存到文件 prob14 中。单击【Data File/Solution】图标，把文件名设置成 prob14，确认选了【Run ADINA-F】按钮，确认 Memory without Sparse Solver 至少是 120 M，单击【Save】。

日志窗口显示以下信息：

WARNING：In BCD 1 the face 1 of body 1 is not at model boundary

In BCD 1 the face 1 of body 3 is not at model boundary

In BCD 1 the face 4 of body 1 is not at model boundary

In BCD 1 the face 6 of body 3 is not at model boundary

这个信息表明，在 special boundary condition 1 中，模型的一些面并不在模型边界上。这是正确的：我们已经把壁面边界条件施加在和钢相邻的空气表面和蒸汽表面上。壁面边界条件确保这些面上是无滑移的。

ADINA-CFD 运行了 3 个求解步。ADINA-CFD 运行完毕后，关闭所有对话框。从 Program Module 的下拉式列表框中选择【Post-Processing】，其余选默认，单击【Open】，打开结果文件 prob14. por。

后处理

用不同的颜色画单元组：单击【Color Element Groups】，绿色表示空气，红色表示钢，洋红色（介于红、蓝之间）表示蒸汽。红色和洋红色很难区分，单击【Zone Colors】，把 Color for zone EG3 设置成 CYAN，然后单击【OK】。现在，蒸汽是蓝绿色的，图形窗口如图 8-307 所示。

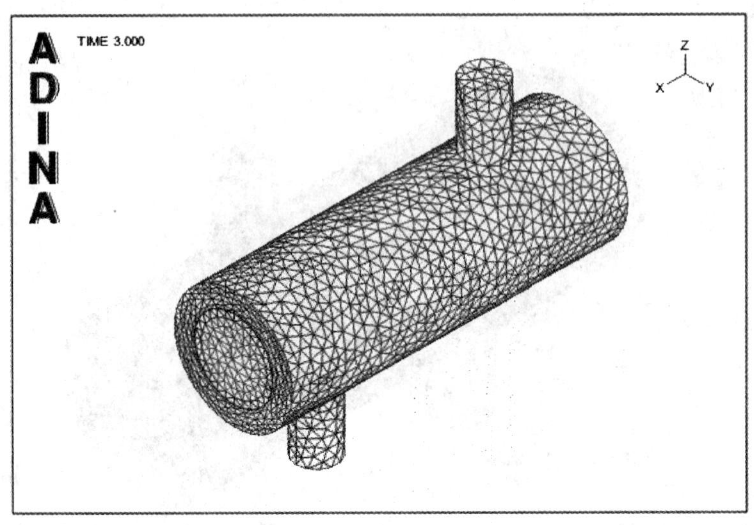

图 8-307

显示速度：单击【Shading】、【No Mesh Lines】和【Quick Vector Plot】。这时只画出了模型外表面上的速度矢量。单击【Cull Front Faces】就可以看到模型内部的速度矢量了。但速度矢量的颜色和单元组的相同，所以很难区分这些速度矢量。单击【Color Element Groups】，使所有单元组的颜色都相同，然后单击【Modify Mesh Plot】和【Element Depiction…】按钮，在 Define Element Depiction 对话框中，把“Appearance for Deformed Mesh” color 设置成 GRAY，然后单击【OK】两次关闭两个对话框。图形窗口如图 8-308 所示。

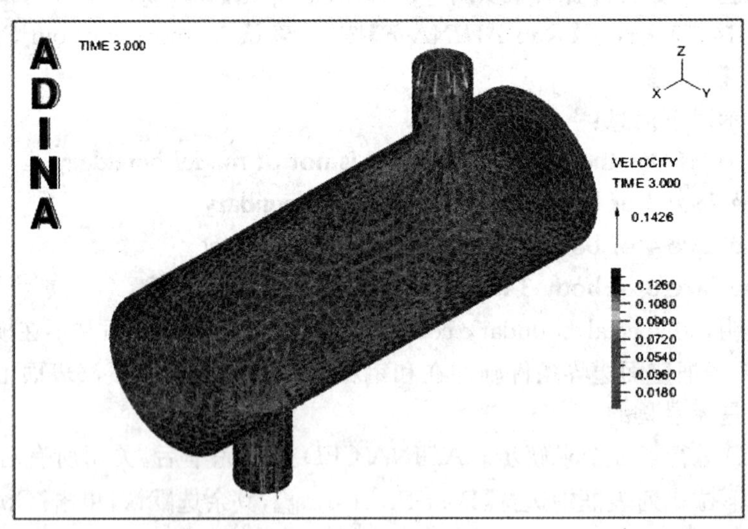

图 8-308

用【Pick】和鼠标从不同角度检查模型，你的结果可能和图示稍有不同，这有由于不同平台上自由网格的划分也稍有不同造成的。

温度：单击【Clear】和【Mesh Plot】，再单击【Cut Surface】，把 Type 设置成 Cutting Plane，Defined by 区域设置成 Y-Plane，单击【OK】。单击【Model Outline】和【Create

Band Plot】，把 Band Plot Variable 设置成（Temperature：TEMPERATURE），单击【OK】，图形窗口如图 8-309 所示。

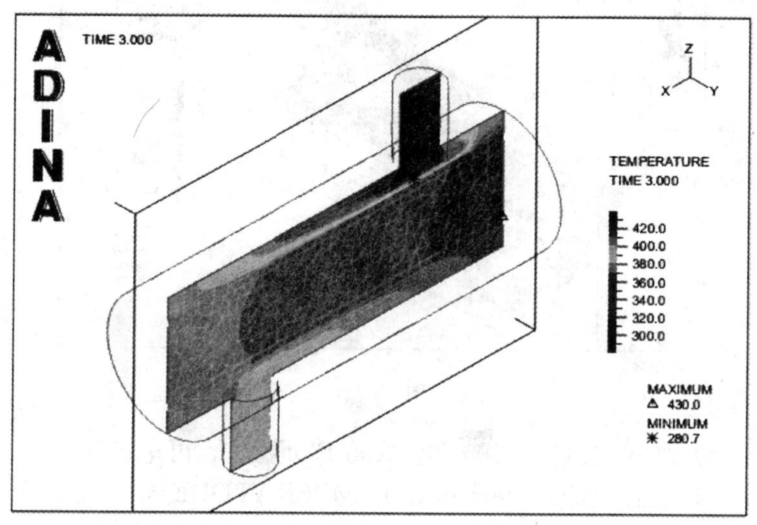

图　8-309

只显示空气的温度。选【Display】>【Geometry/Mesh Plot】>【Change Zone】，把 Zone Name 设置成 EG1，单击【OK】，图形窗口如图 8-310 所示。

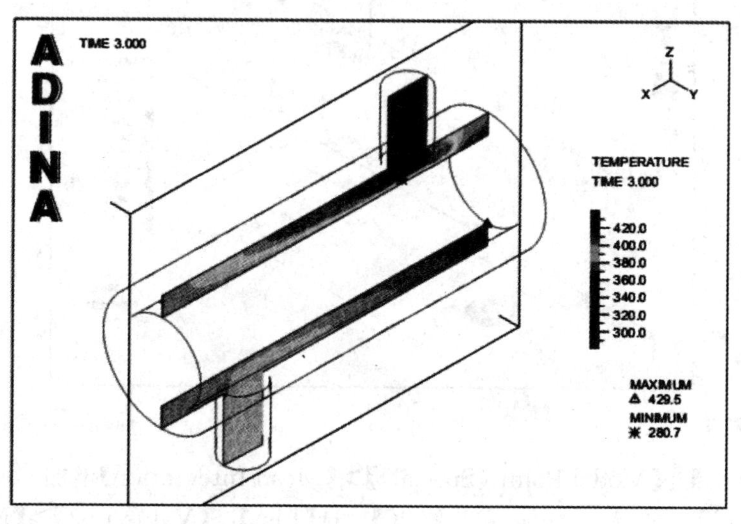

图　8-310

只显示切平面一侧部分的温度。单击【Cut Surface】，把"Mesh Display Below the Cutplane"设置成"Display as Usual"，单击【OK】。现在图中画出的是与切平面交叉部分下面的温度。注意，切片交叉部分下面还有一些难看的线，要隐藏这些线，可单击【Modify Mesh】和 Rendering…按钮，把"Element Face Angle"设置成 50，然后单击【OK】两次关闭两个对话框。图形窗口如图 8-311 所示。

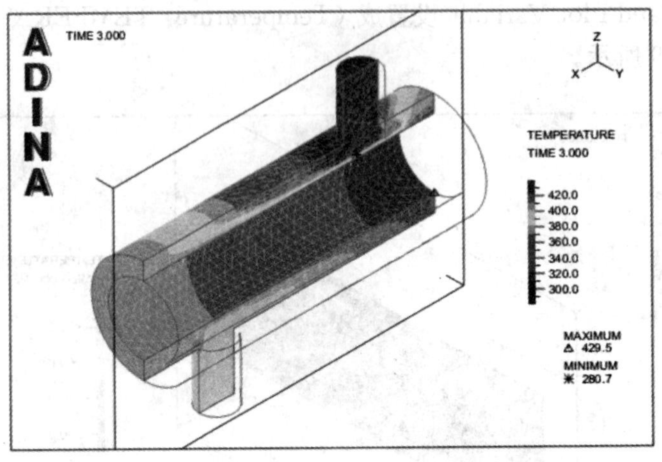

图 8-311

出口处的平均温度：单击【Clear】和【Mesh Plot】。再单击【Create Band Plot】，把 Band Plot Variable 设置成（Temperature：TEMPERATURE），单击【OK】。单击【Cut Surface】，把 Type 设置成 Cutting Plane，"Defined by" 区域设置成 Z-Plane，Coordinate Value 设置成－0.37，单击【OK】，图形窗口如图 8-312 所示。

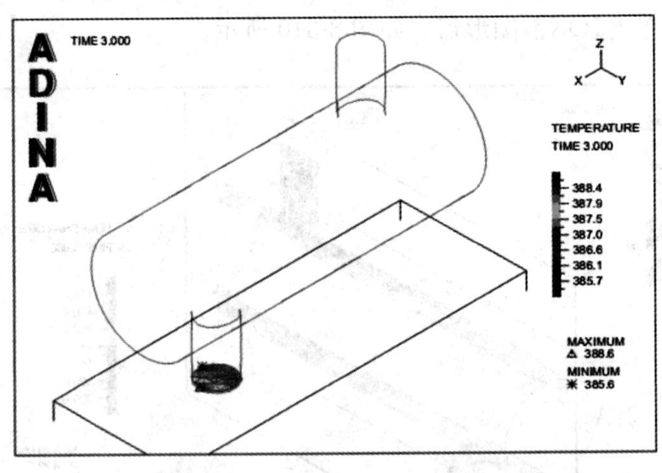

图 8-312

选【Definitions】>【Model Point (Special)】>【Mesh Integration】增加 point OUTLET，把 Integration Type 设置成 Averaged，单击【OK】。选【List】>【Value List】>【Model Point】，把 Variable 1 设置成（Temperature：TEMPERATURE），单击【Apply】。时间 3.0 时的温度是 3.86966E+02 (K)。（由于自由网格的划分和平台有关，你的结果可能稍有不同。）

退出 AUI：选【File】>【Exit】退出 AUI（可放弃所有更改）。

说明

本例中空气速度相对较低，这就意味着，空气粒子在热交换器内停留的时间相对较长，同时也意味着对空气加热效果显著。

对本例来说，多重网格求解器(Multigrid solver)比稀疏矩阵求解器(Sparse solver)更有效。(大规模的问题，倾向于采用多重网格求解器；而在中小求解规模的问题，或者是直接 FSI 问题中则采用 Sparse 求解器。)

* 实例 15　用滑移网格法对简化的涡轮做 FSI 分析

问题描述

图 8-313 是浸入流体的简化的涡轮示意图。

开始分析时，涡轮是静止的。在涡轮入口处突然施加一个入口边界压力，流体流过涡轮箱，使涡轮旋转。

模型是 2D 平面模型。

涡轮可以以任意角度旋转，因此可以用随涡轮旋转的单元方便地模拟环绕涡轮的流体，这些单元从涡轮机箱附近的单元上滑过，如图 8-314 所示。

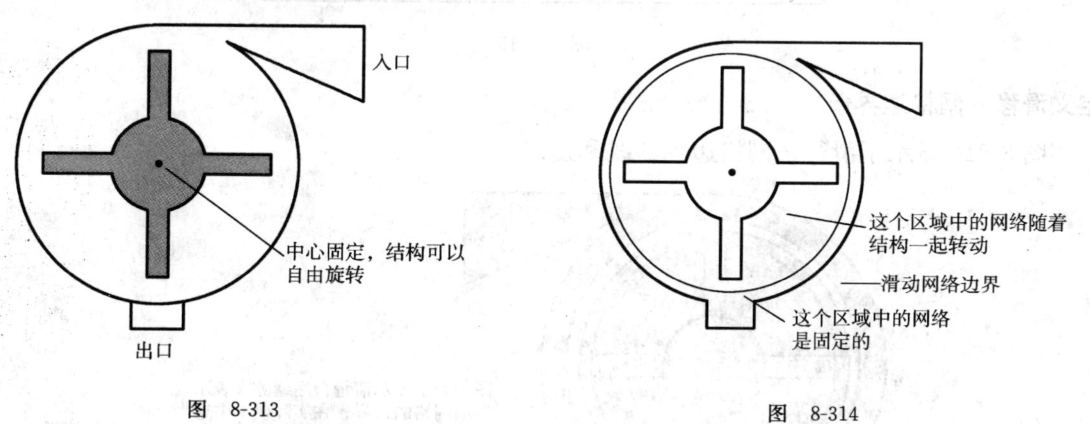

图　8-313　　　　图　8-314

允许流体流过滑移网格的边界。

本例主要演示以下新内容：

定义 sliding-mesh(滑移网格)类型的边界条件

启动 AUI，从 Program Module 的下拉式列表框中选 ADINA-CFD，选【Edit】>【Memory Usage】，确认 ADINA/AUI 的内存至少是 400 MB。

ADINA-CFD 模型

定义模型控制数据，建几何模型，指定壁面边界条件

事先已准备了批处理文件(prob15_1. in)，包括以下操作：

选择瞬态 FSI 分析

指定时间步

定义几何点、线、面

定义 Body Sheet 实体

定义壁面边界条件

显示模型

单击【Open】，找到工作目录或工作文件夹，把“File Type”设置成“ADINA-IN Command Files（*.in）”，选文件 prob15_1.in，单击【Open】，图形窗口如图 8-315 所示。

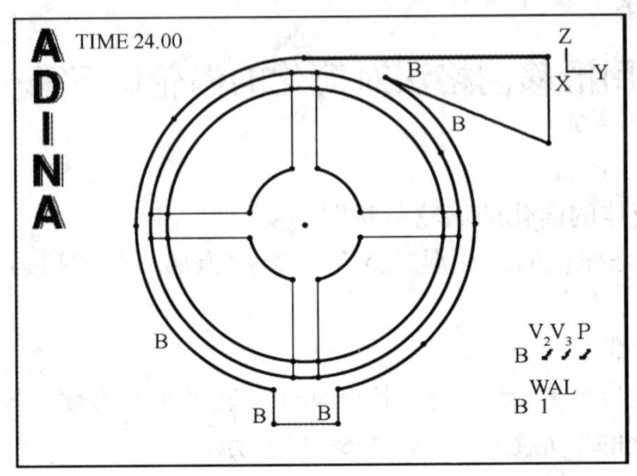

图 8-315

定义滑移—网格边界条件

图 8-316 显示了滑行—网格边界的线和边。

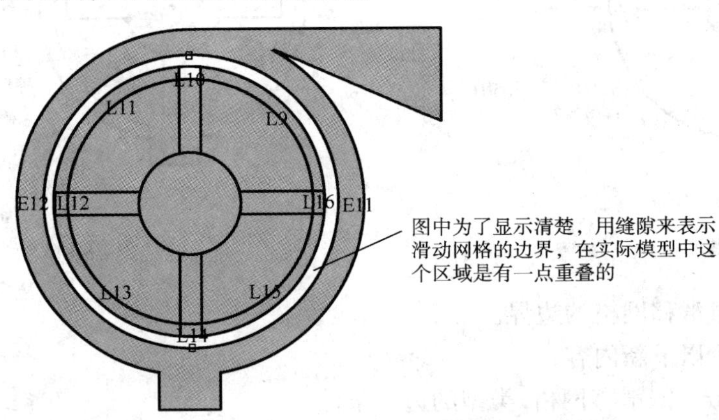

图 8-316

图中显示两个网格间有一个小的间隙，但实际上，两个网格有微小的交叠。这并不影响模型的定义和计算。

单击【Special Boundary Conditions】，增加 condition number 2，把 type 设置成 Sliding Mesh.，“Apply to” 区域设置成 Edges，然后在表的前两行输入 12，11，单击【Save】。增加 condition number 3，确认 Type 是 Sliding Mesh。把“Apply to” 区域设置成 Lines，在表中输入线号 9～16，单击【Save】(不关闭对话框)。

创建边界条件对连接两个 Sliding-mesh 类型的边界条件。单击【Boundary Condition Pair】按钮，把表的第一行的 B. C. ＃1 设置成 2，B. C. ＃2 设置成 3，单击【OK】两次关闭两个对话框。

单击【Redraw】，图形窗口如图 8-317 所示。

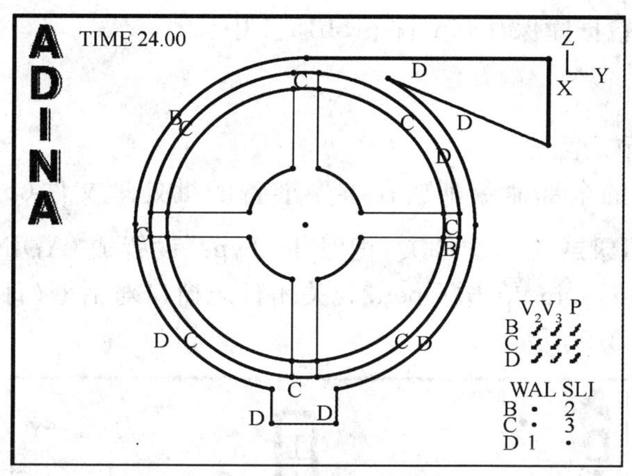

图　8-317

完成 ADINA-CFD 的模型定义

事先已准备了批处理文件(prob15_2. in),包括以下操作:

定义其余的专用边界条件(Special boundary condition)

定义 Leader-follower 关系(控制网格复杂运动)

定义材料

定义入口边界压力(Normal-traction)荷载

定义单元组

指定几何模型上的网格划分数据

划分网格

生成 prob15_f. dat 数据文件

重新生成图形

单击【Open】,找到工作目录或工作文件夹,把"File Type"设置成"ADINA-IN Command Files (＊. in)",选文件 prob15_2. in,单击【Open】。关闭日志窗口对话框(AUI 生成数据文件时,日志窗口会显示),图形窗口如图 8-318 所示。

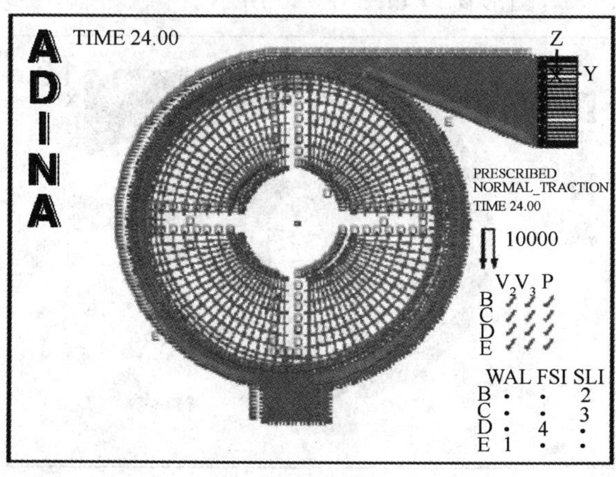

图　8-318

单击【Save】,把数据库保存到文件 prob15_f 中。

ADINA 模型

单击【New】建新模型。

创建 ADINA 模型的全部命令都放在事先准备的批处理文件(prob15_3. in)中。单击【Open】,找到工作目录或工作文件夹,把“File Type”设置成“ADINA-IN Command Files (*. in)”,选文件 prob15_3. in,单击【Open】。关闭日志窗口对话框(日志显示 AUI 生成数据文件),图形窗口如图 8-319 所示。

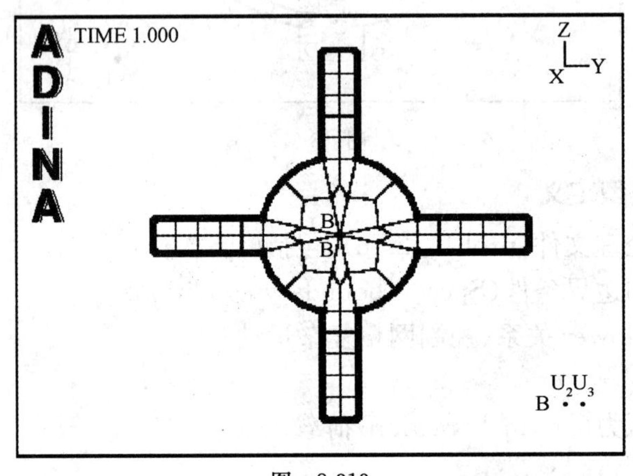

图 8-319

运行 ADINA-FSI

选【Solution】>【Launch ADINA-FSI】,单击【Start】按钮,选文件 prob15_f,再按下【Ctrl】键的同时选择文件 prob15_a,在 File name 区域显示两个文件都被选中,单击【Start】。

ADINA-FSI 运行了 120 个求解步。

运行完毕后,关闭所有对话框。从 Program Module 的下拉式列表框中选择【Post-Processing】(可放弃所有更改),单击【Open】,打开结果文件 prob15_f. por,再单击【Open】,打开结果文件 prob15_a. por,图形窗口如图 8-320 所示。

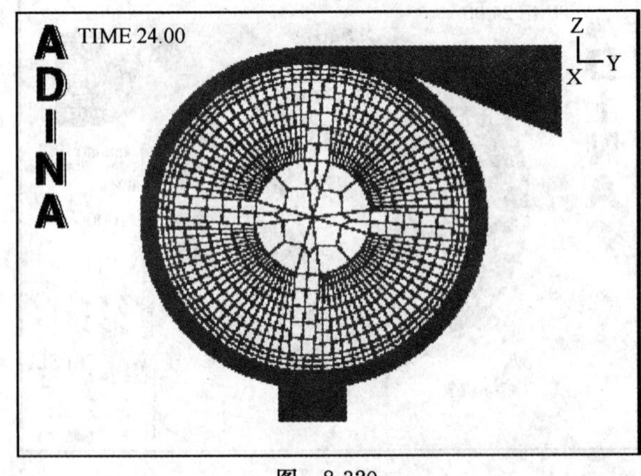

图 8-320

后处理

查看网格的移动:单击【Movie Load Step】，再单击【Animate】，注意:环绕涡轮周围的网格和涡轮一起旋转，并相对于涡轮机箱附近的网格滑动，环绕涡轮周围的网格也有点变形。单击【Refresh】清除动画。

看速度矢量:单击【Model Outline】和【Quick Vector Plot】。

要清除图示结构中的应力矢量，可单击【Modify Vector Plot】，确认 Vector Quantity 是 STRESS，单击【Delete】按钮，单击【Yes】确定，单击【OK】关闭对话框，图形窗口如图 8-321 所示。

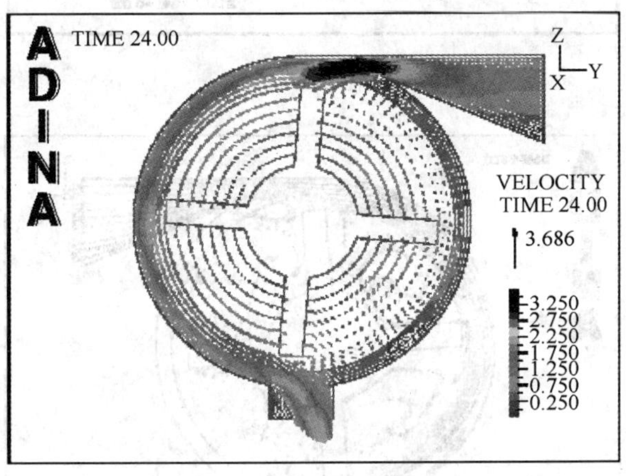

图　8-321

单击【Movie Load Step】，再单击【Animate】播放速度矢量的动画。注意:速度矢量穿过了滑移—网格边界。单击【Refresh】清除动画。

粒子踪迹:用粒子示踪查看流体的流动情况。

先单击【Clear Vector Plot】删除速度矢量。

与粒子示踪相关的命令都放在了批处理文件(prob15_1. plo)中。单击【Open】，找到工作目录或工作文件夹，把“File Type”设置成“ADINA-PLOT Command Files (*. plo)”选 prob15_1. plo，单击【Open】。图形窗口如图 8-322 所示。

图中仅是第一个时间步的粒子踪迹。单击【Movie Load Step】计算所有求解步的粒子踪迹，并制作成动画(计算时间可能很长，增加给 AUI 多分配的内存可以提高计算速度)。动画制作完成后，单击【Animate】进行播放，图形窗口如图 8-323 所示。

注意查看粒子是如何穿过滑移网格边界的。

单击【Refresh】清除动画。也可以用【First Solution】，【Next Solution】，【Previous Solution】和【Last Solution】查看不同求解时间的粒子踪迹。

退出 AUI：选【File】>【Exit】退出 AUI(可放弃所有更改)。

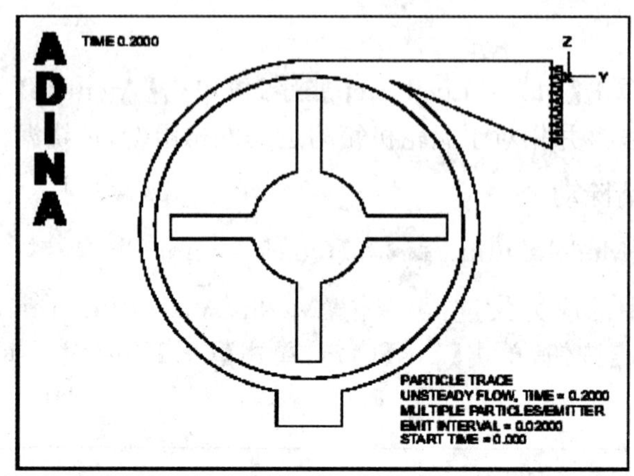

图 8-322

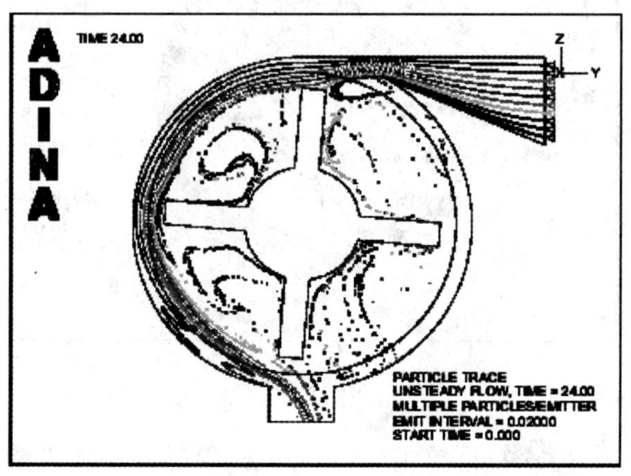

图 8-323

注意

若两个网格间有小的间隙，滑移—网格（Sliding-mesh）特征仍能正常使用，但在求粒子踪迹时，若粒子进入了该间隙，粒子将会丢失，并且不能重新进入到模型中。

这两个网格必须是不协调的（即不能共用节点）。生成不协调网格的一个方便方法就是：两个网格都用各自独立的单元组，并在划分第二个单元组时把 Coincidence Checking 设置成 Group。

不稳定的粒子示踪非常占内存，理想状况下，应把 RAM（物理内存）全部分配给 AUI。

* 实例 16　结构流体和热的三场耦合模型

本模型模拟的问题是流场中的流体流动冲击结构，同时流场中还有温度；在温度和流场的共同作用下结构发生变形。本例采用流固耦合算法，有结构和流体两个模型。

结构模型

启动 ADINA，选择结构计算模块【Structure】，选择动力分析【Dynamics-Implicit】。

定义模型控制参数

菜单:【Control】>【Analysis Assumptions】>【Kinematics】

使用大位移设置。如图 8-324 所示。

定义自动时间步长,图标:a,如图 8-325 所示。

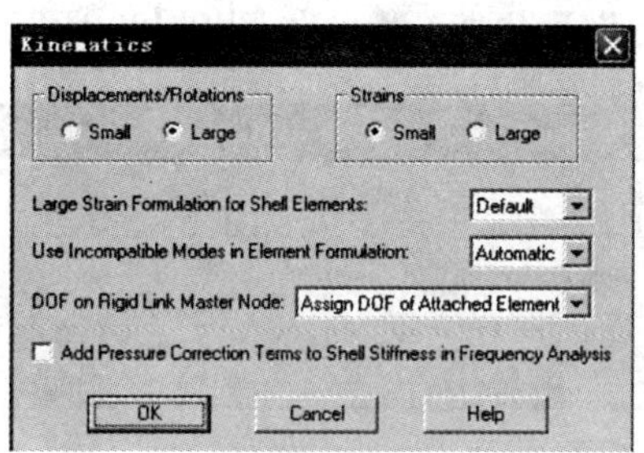

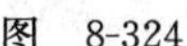
图　8-324

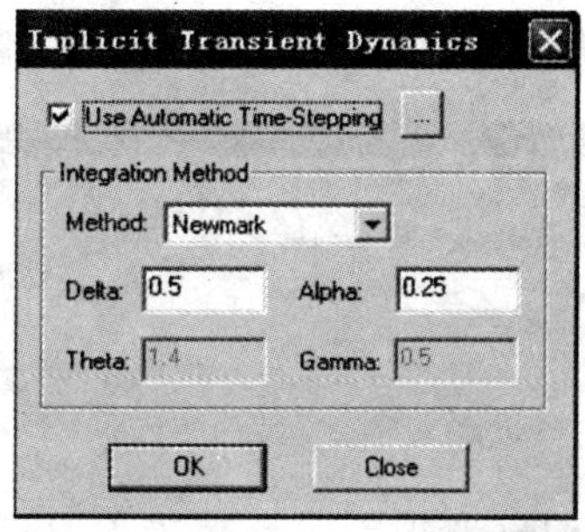

图　8-325

定义几何模型

菜单:【Geometry】>【Point】,定义点 1 和 2。如图 8-326 所示。

菜单:【Geometry】>【Lines】>【Define】,定义线 1,为 Straight 类型。图 8-327 所示。

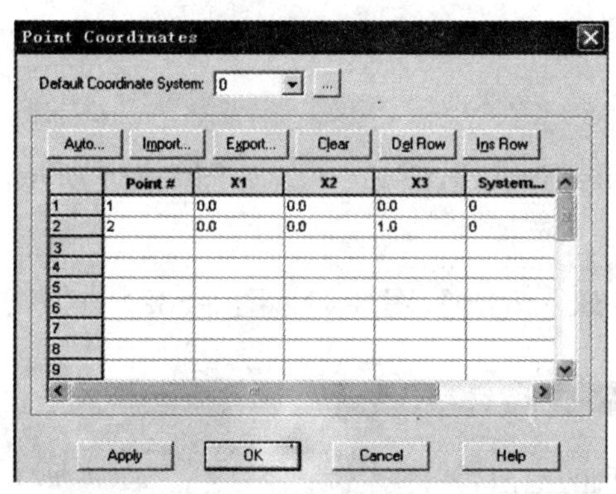

图　8-326

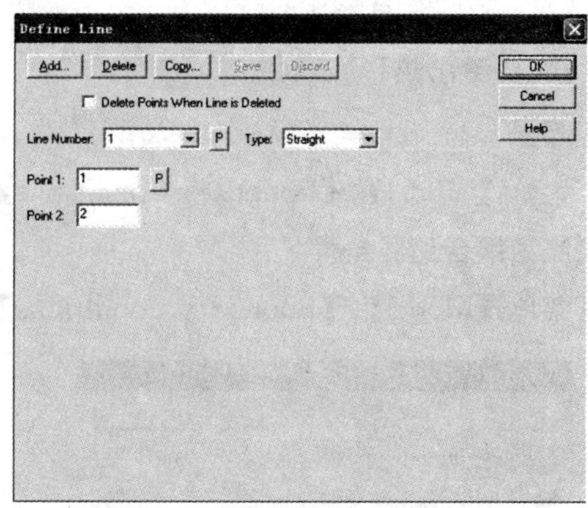

图　8-327

菜单:【Geometry】>【Surfaces】>【Define】,定义面 1,为 Extruded 类型。图 8-328 所示。

定义几何面 2～17:

Surface	Type	Initial Line	Extrusion Direction (by vector)
2	Extruded	4	Y=0.1
3	Extruded	7	Y=0.1
4	Extruded	10	Y=0.15
5	Extruded	13	Y=0.3
6	Extruded	3,6,9,12,15	Z=0.08

11	Extruded	2,5,8,11,14	Z=−0.08
16	Extruded	25	Z=0.15
17	Extruded	36	Z=−0.15

定义材料

菜单:【Model】>【Materials】>【Elastic】>【Isotropic】,图标:M。如图 8-329 所示。

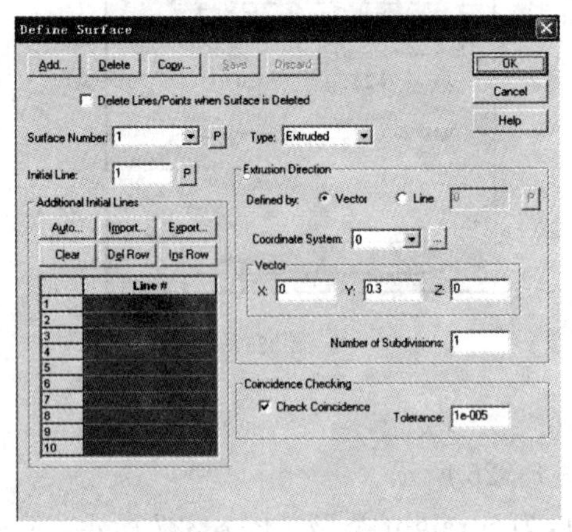

图 8-328

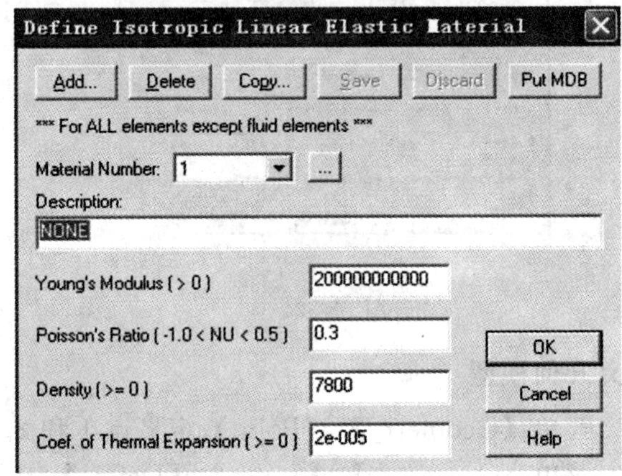

图 8-329

注:要给出热膨胀系数。

施加约束

菜单:【Model】>【Boundary Conditions】>【Apply Fixity】,图标:。如图 8-330 所示。

定义流固耦合边界条件

菜单:【Model】>【Boundary Conditions】>【FSI Boundary】(图 8-331、图 8-332)

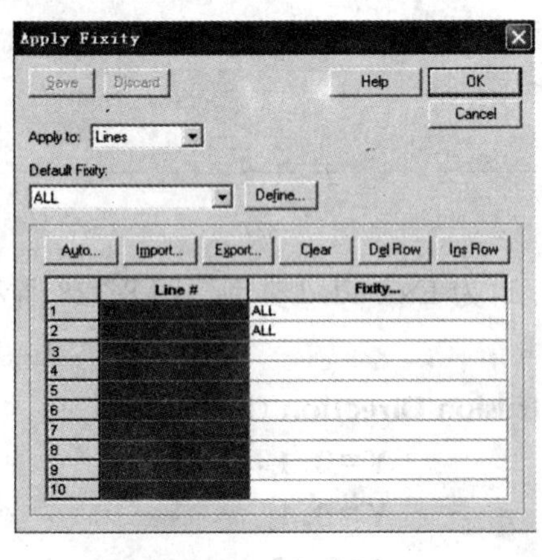

图 8-330

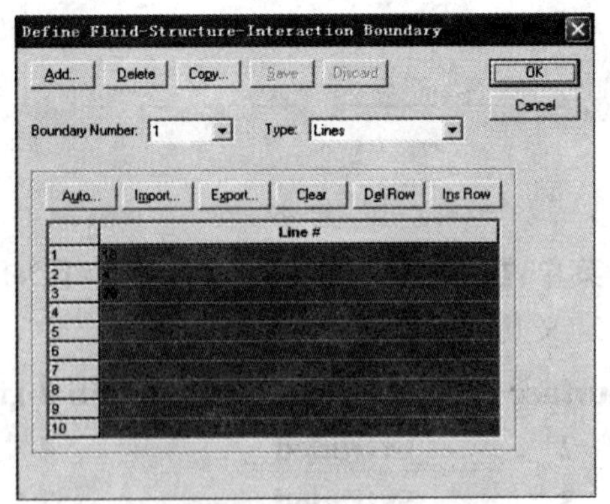

图 8-331

定义初始条件

菜单:【Model】>【Initial Conditions】>【Define】(图 8-333),定义温度初始条件。

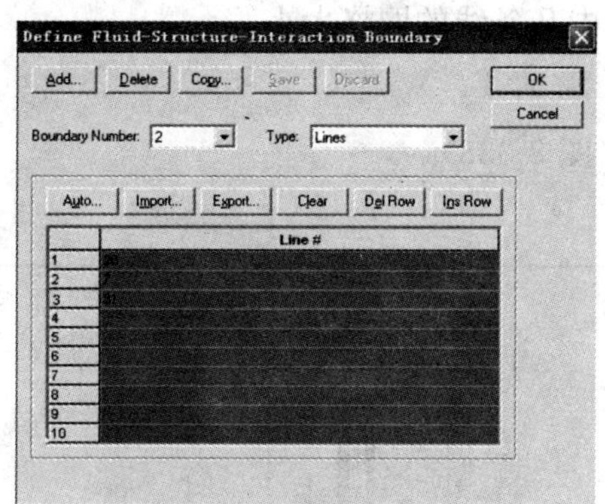

图 8-332

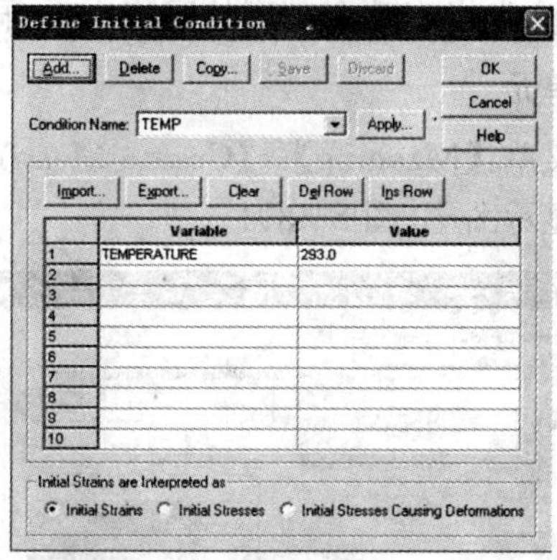

图 8-333

菜单:【Model】>【Initial Conditions】>【Apply】(图 8-334),温度初始条件施加在面上。

定义单元组

菜单:【Meshing】>【Element Group】(图 8-335)定义单元组,Incompatible Modes 选择【No】。

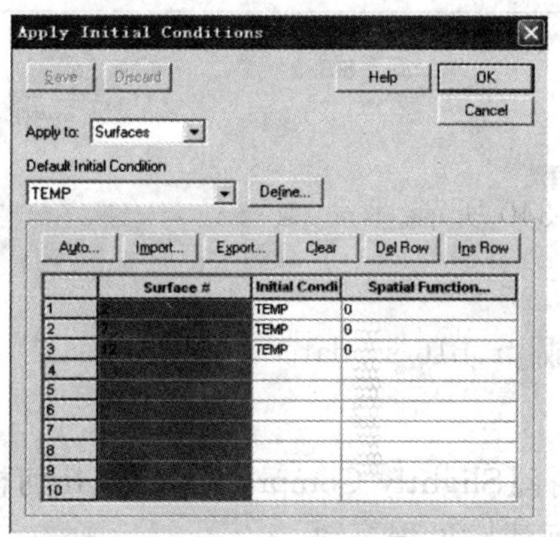

图 8-334

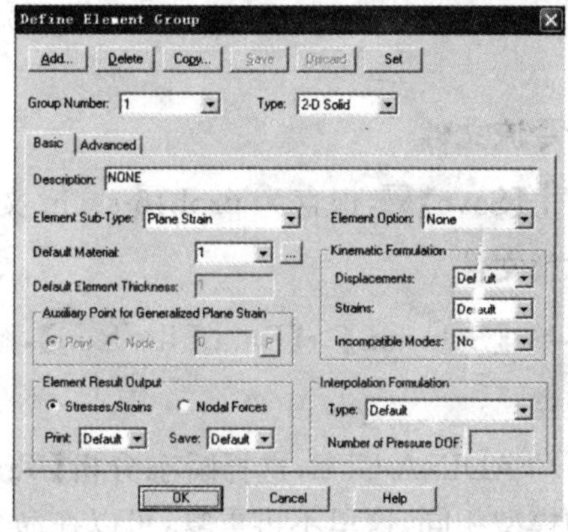

图 8-335

指定网格大小

菜单:【Meshing】>【Mesh Density】>【Complete Model】(图 8-336)

菜单:【Meshing】>【Mesh Density】>【Line】(图 8-337)

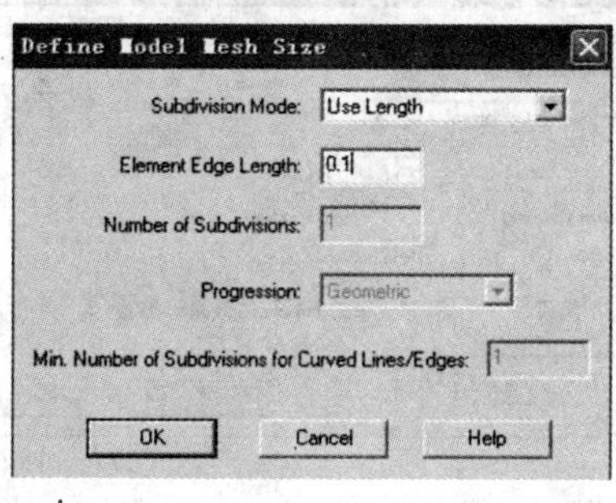

图 8-336

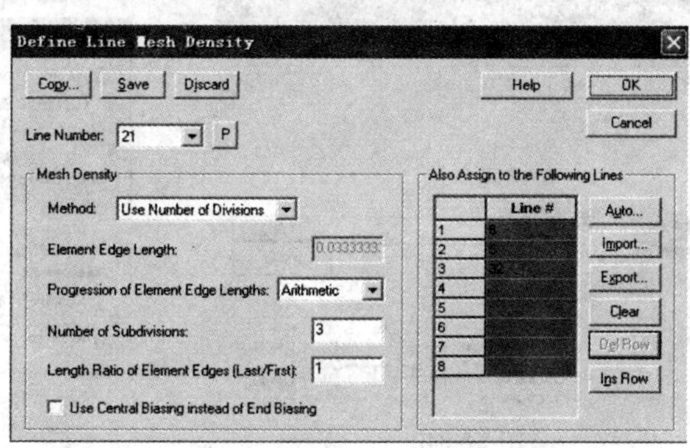

图 8-337

注:先指定整个模型的网格大小,再重新指定其中几条线的网格大小。

划分单元

菜单:【Meshing】>【Create Mesh】>【Surface】(图 8-338)

显示图形(图 8-339)

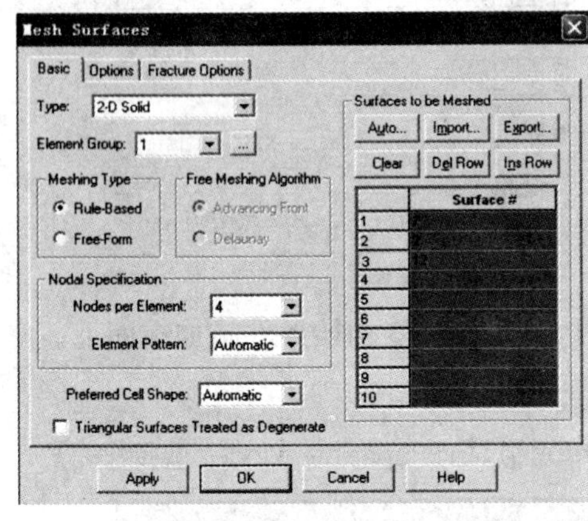

图 8-338

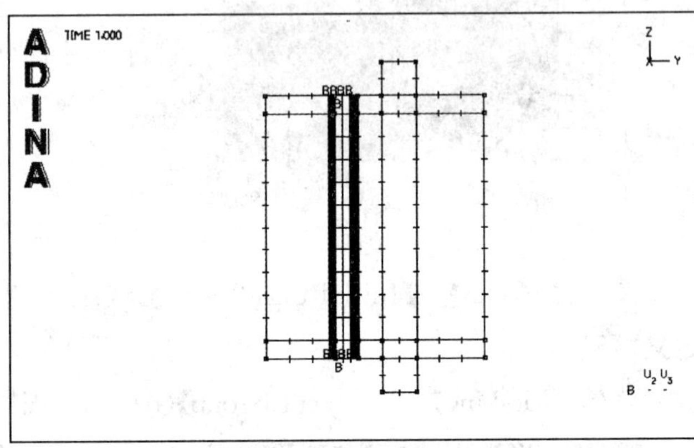

图 8-339

保存命令流文件

单击【Save】,保存为 prob16-ss. in 文件。如图 8-340 所示。

生成求解文件

菜单:【Solution】>【Data File/Run】,图标:,生成 prob16-ss. dat。

流体模型

启动 ADINA-CFD,选择瞬态分析【Transient】,选择【Slightly Compressible】。几何模型同结构模型相同,这里不再重复,可以在命令流中把几何建模过程复制。

定义模型控制参数

菜单:【Model】>【Flow Assumptions】,选择【Includes Heat Transfer】、【FSI】、【Includes Temperature Coupling】。如图 8-341 所示。

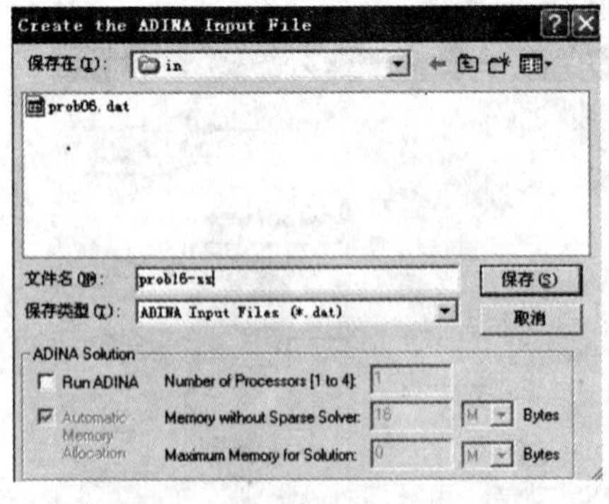

图 8-340

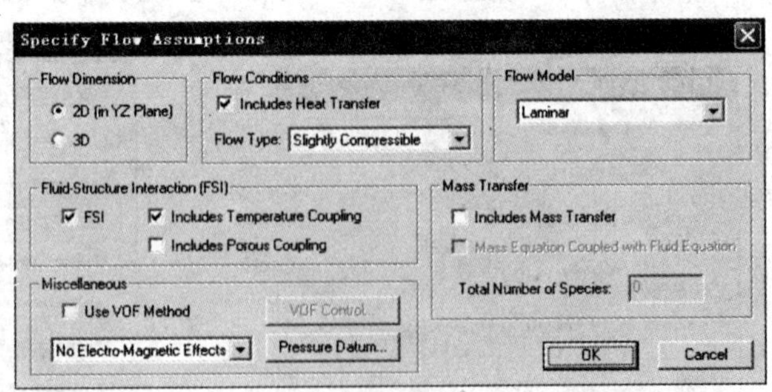

图 8-341

定义材料

菜单:【Model】>【Materials】>【Constant】,图标:,材料 1 为流体材料。如图 8-342 所示。

材料 2 为与结构模型重合位置的材料参数,其中黏度这个参数可以任意输入一个数,主要需要的是热参数。如图 8-343 所示。

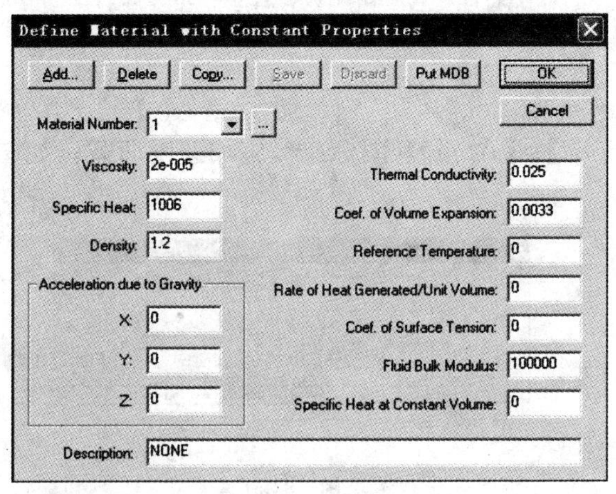

图 8-342

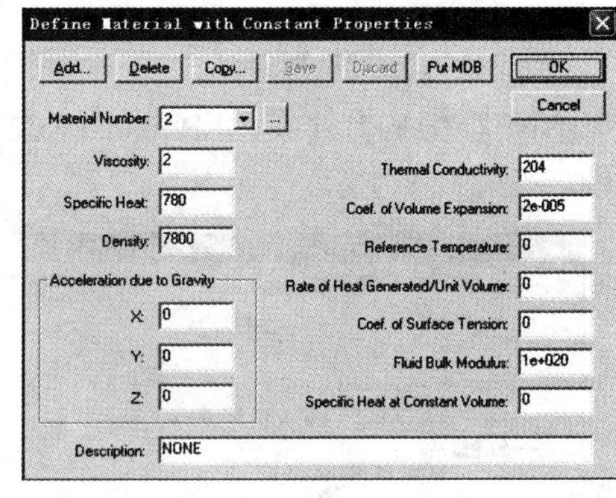

图 8-343

定义时间函数

菜单:【Control】>【Time Function】,定义时间函数 1 和 5。如图 8-344、图 3-345 所示。

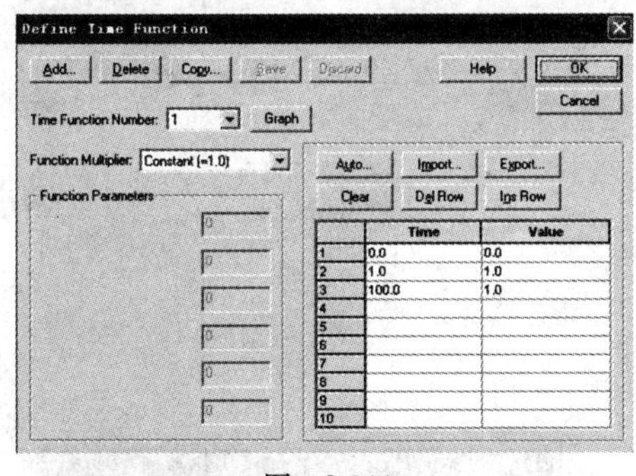

图 8-344

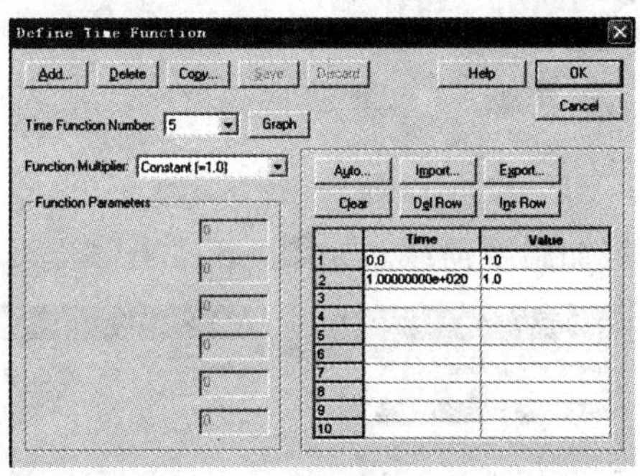

图 8-345

定义并施加荷载

菜单:【Model】>【Usual Boundary Conditions】>【Apply】,再单击【Define】,图标:。如图 8-346~图 8-349 所示。

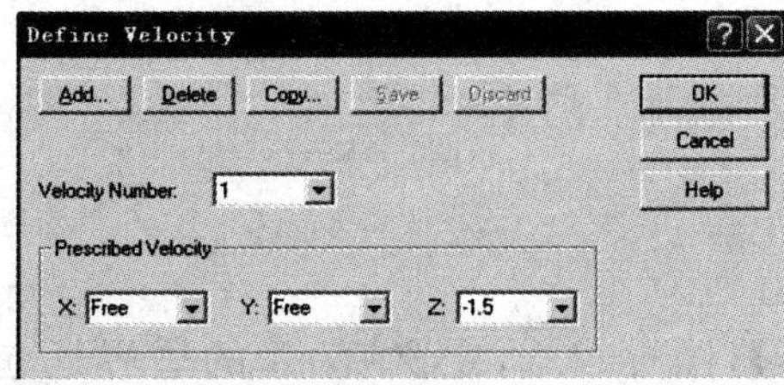

图 8-346

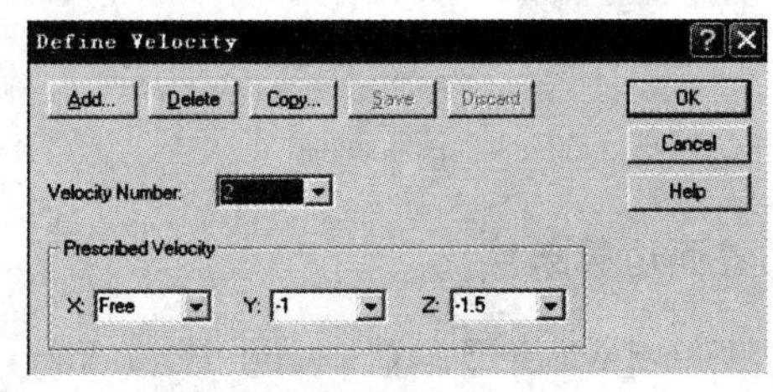

图 8-347

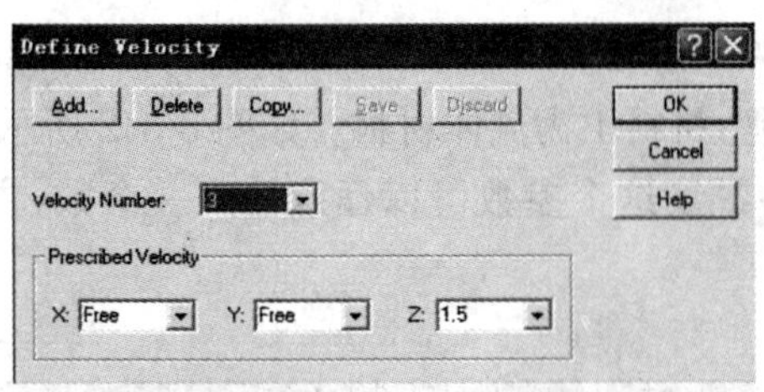

图 8-348

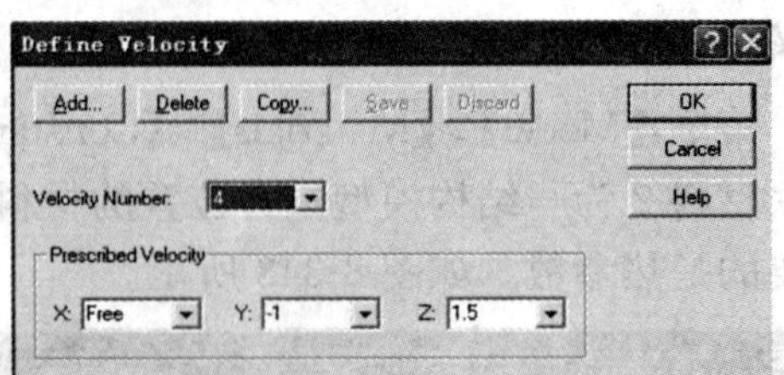

图 8-349

菜单:【Model】>【Usual Boundary Conditions】>【Apply】,图标:▦,施加速度荷载。如图 8-350～图 8-353 所示。

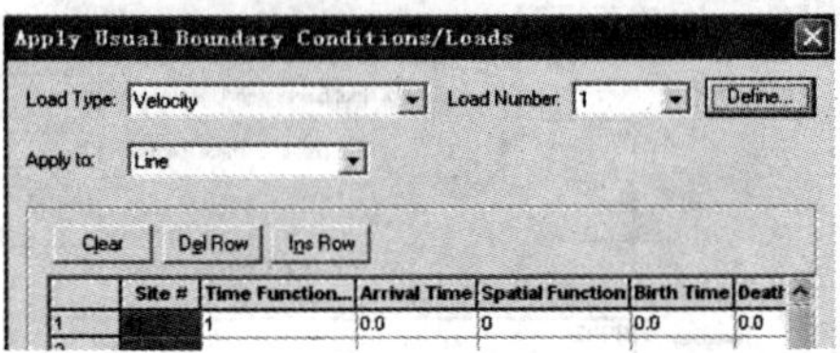

图 8-350

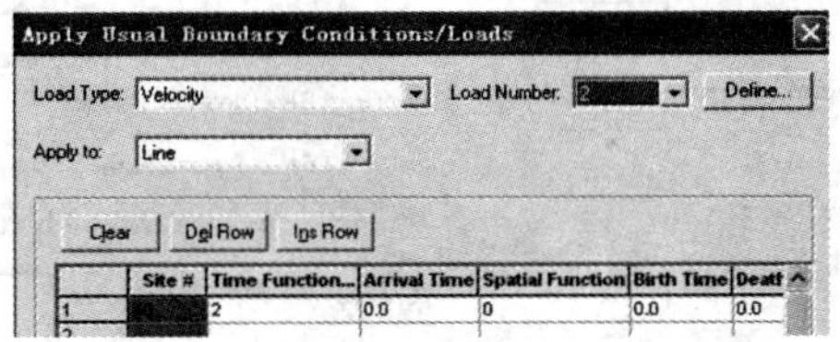

图 8-351

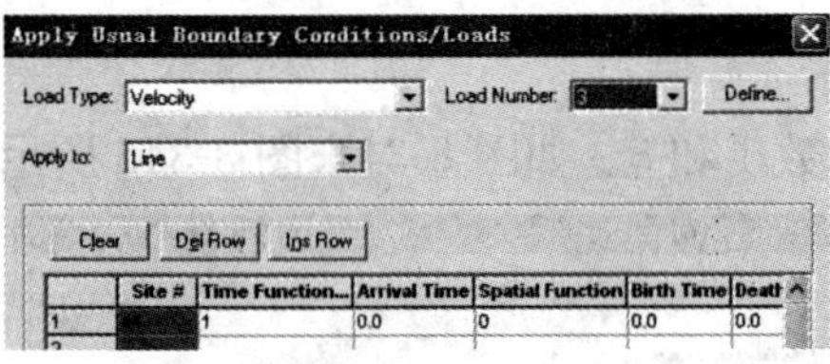

图 8-352

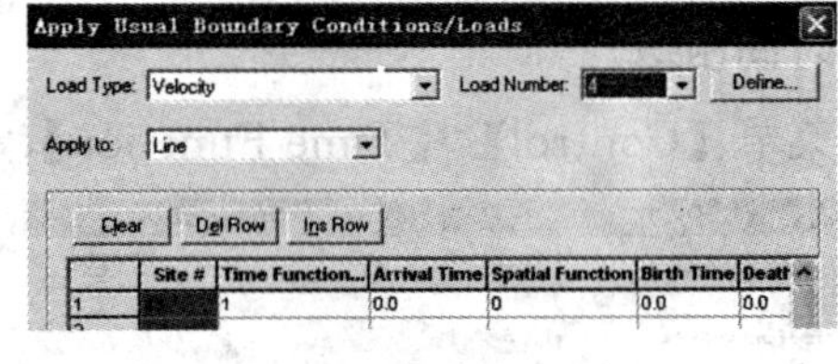

图 8-353

施加温度荷载。如图 8-354、图 8-355 所示。

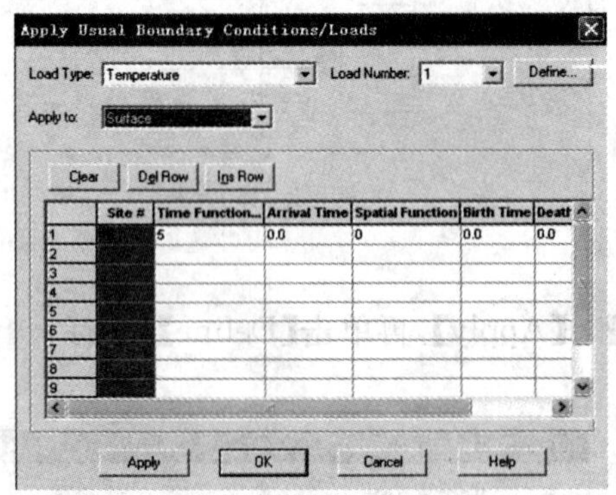

图 8-354

图 8-355

定义壁面边界条件

菜单:【Model】>【Special Boundary Conditions】,图标:SBC,定义 Wall 的边界还包括 L37,L38,L39,L42。如图 8-356 所示。

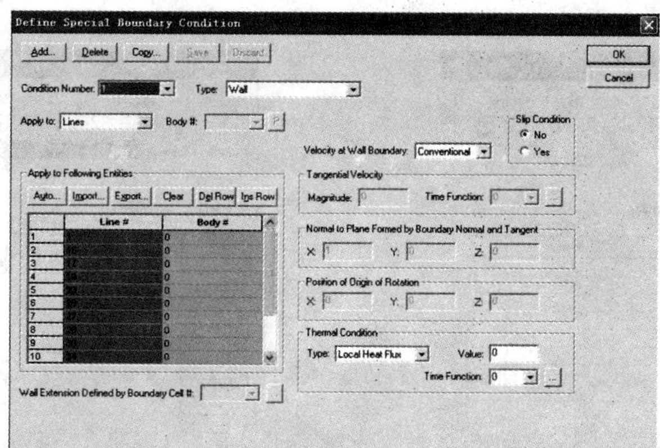

图　8-356

定义流固耦合边界条件(图 8-357、图 8-358)

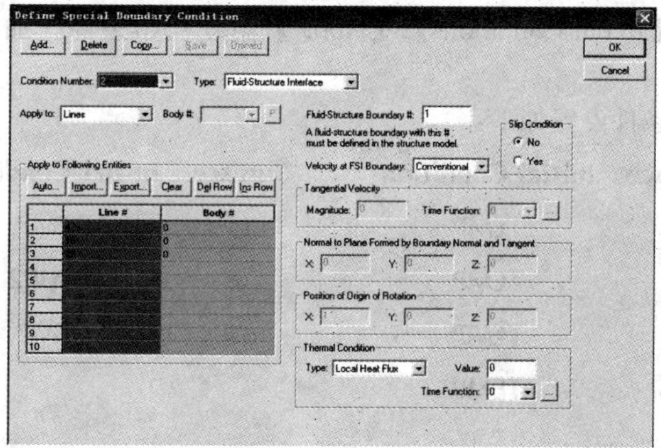

图　8-357

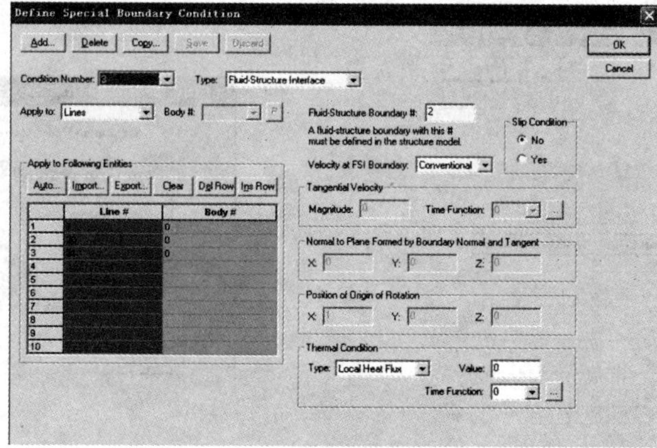

图　8-358

定义初始条件

菜单:【Model】>【Initial Conditions】>【Define】,定义温度初始条件。如图 8-359、图 8-360 所示。

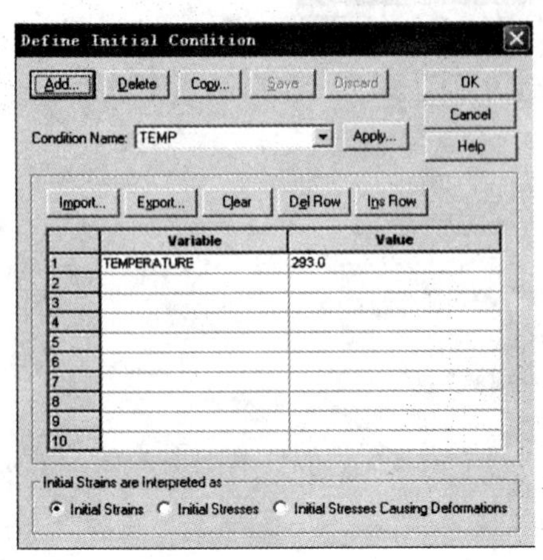

图 8-359

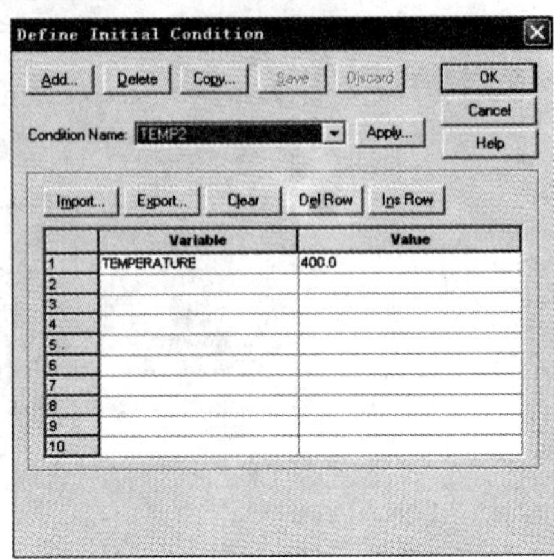

图 8-360

菜单:【Model】>【Initial Conditions】>【Apply】,温度初始条件施加在面上。如图 8-361 所示。

其他面上的初始条件设置如下:

Surface	Initial Condition	Surface	Initial Condition
11	TEMP	15	TEMP
12	TEMP	16	TEMP2
13	TEMP	17	TEMP
14	TEMP		

指定网格大小

菜单:【Meshing】>【Mesh Density】>【Complete Model】(图 8-362)

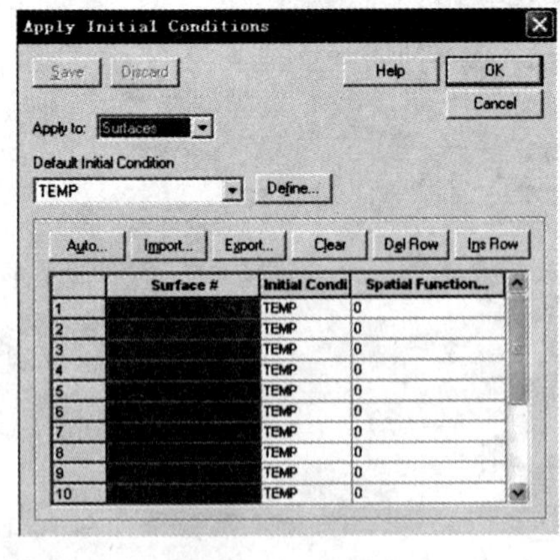

图 8-361

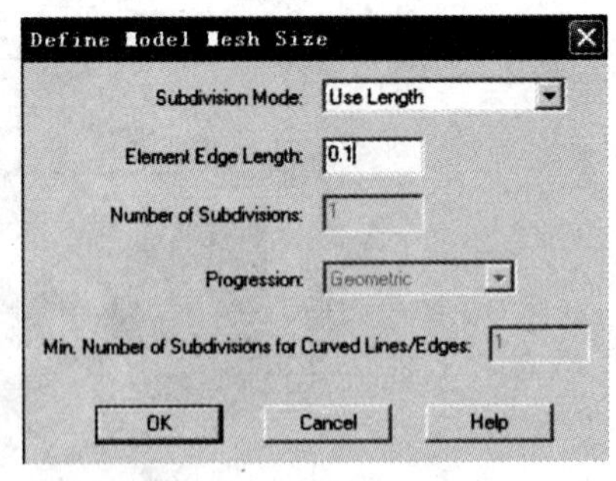

图 8-362

菜单:【Meshing】>【Mesh Density】>【Line】(图 8-363)

注:先指定整个模型的网格大小,再重新指定其中几条线的网格大小。

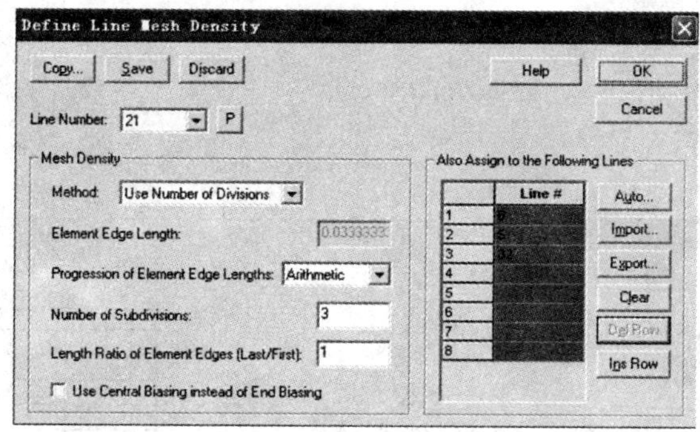

图　8-363

定义单元组

菜单:【Meshing】>【Element Group】(图 8-364)

菜单:【Meshing】>【Element Group】,Element Option 选为 Solid,这一部分单元与结构模型是重合的。如图 8-365 所示。

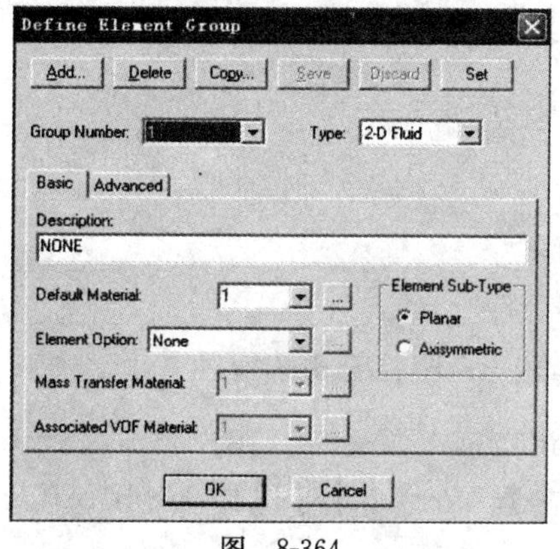

图　8-364

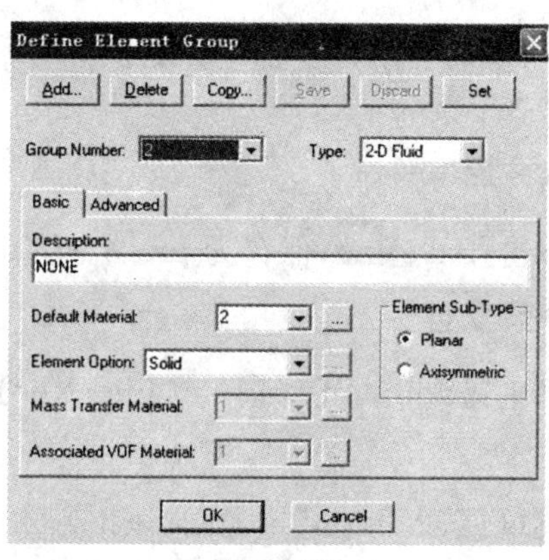

图　8-365

划分单元

菜单:【Meshing】>【Create Mesh】>【Surface】,单元组 1 中的面还包括:S9,S10,S5,S15。如图 8-366 所示、图 8-367 所示。

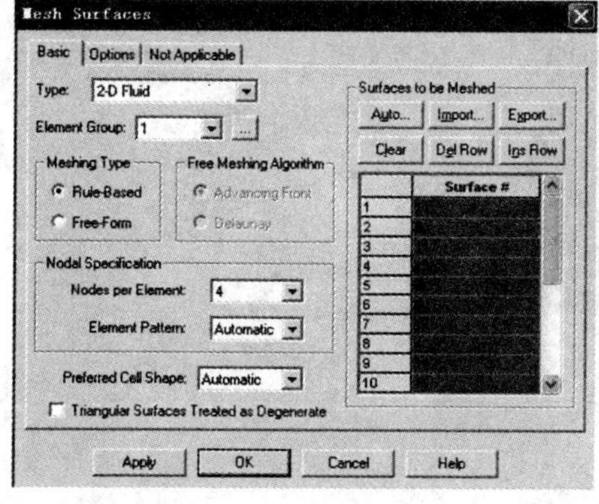

图　8-366

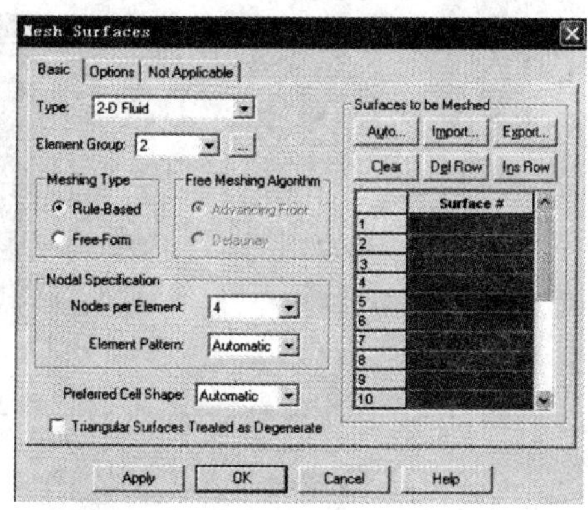

图　8-367

定义时间步

菜单:【Control】>【Time Step】(图 8-368)

显示图形(图 8-369)

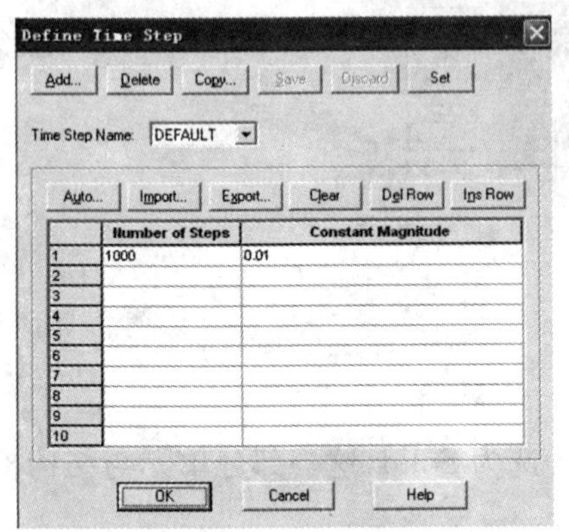

图 8-368

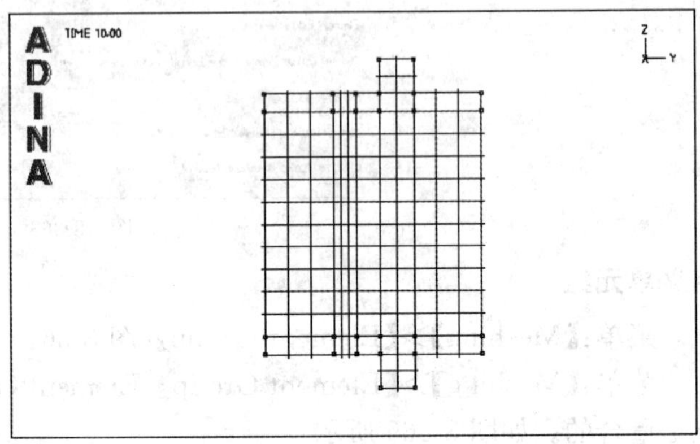

图 8-369

保存命令流文件

单击【Save】,保存为 prob16-ff. in 文件。

生成求解文件

菜单:【Solution】>【Data File/Run】,图标:,生成 prob16-ff. dat。

求解

菜单:【Solution】>【Launch ADINA-FSI】,单击【Start】,同时选中 prob16-ff. dat 和 prob16-ss. dat。计算完成后进入后处理。

图 8-370 中显示了温度的传播及结构在流体和温度场的双重作用下发生变形的过程。

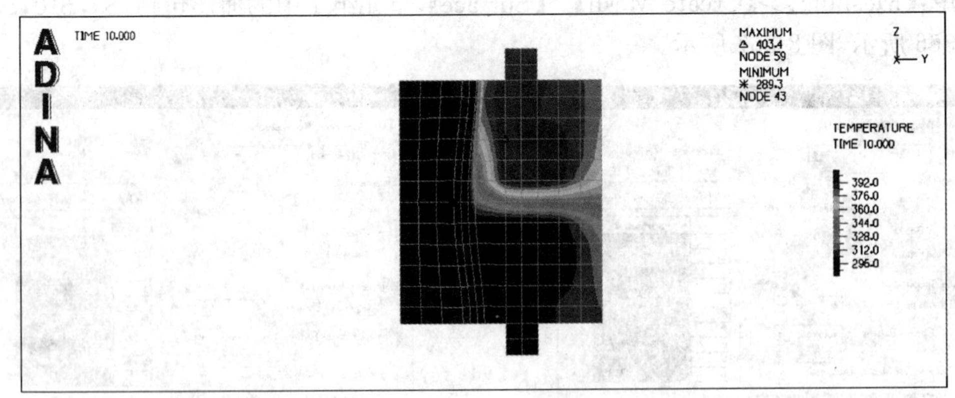

图 8-370

＊ 实例 17　带多孔介质的流固耦合模型

本模型模拟的问题是水道中间有块板，为多孔介质属性，水可以从板渗透过去；由于板两侧有压差存在，将导致板发生变形；本例采用流固耦合算法，有结构和流体两个模型。

结构模型

启动 ADINA，选择结构计算模块【Structure】，选择静力分析【Dynamics-Implicit】。

定义模型控制参数

菜单：【Control】>【Analysis Assumptions】>【Kinematics】，使用大位移设置。如图 8-371 所示。

菜单：【Control】>【Analysis Assumptions】>【Fluid Structure Interaction】，选择多孔介质耦合。如图 8-372 所示。

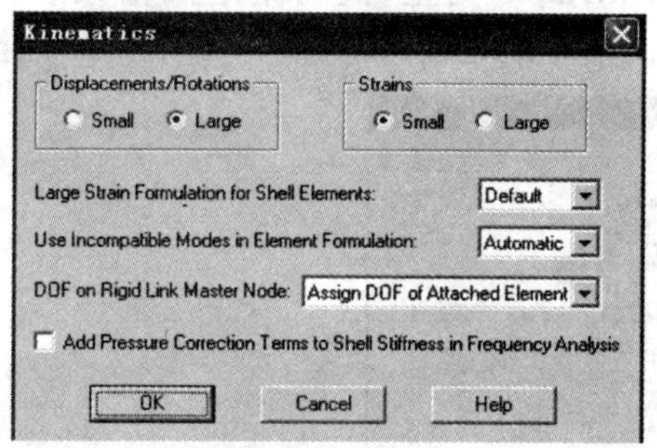

图　8-371

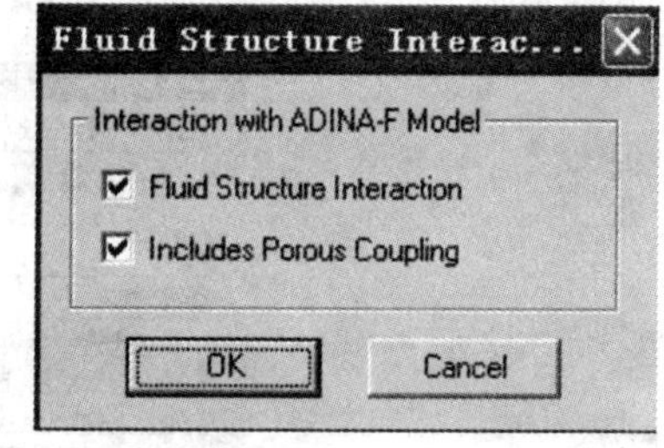

图　8-372

定义自动时间步长(图 8-373)

定义几何模型

菜单：【Geometry】>【Point】，定义点 1～4。如图 8-374 所示。

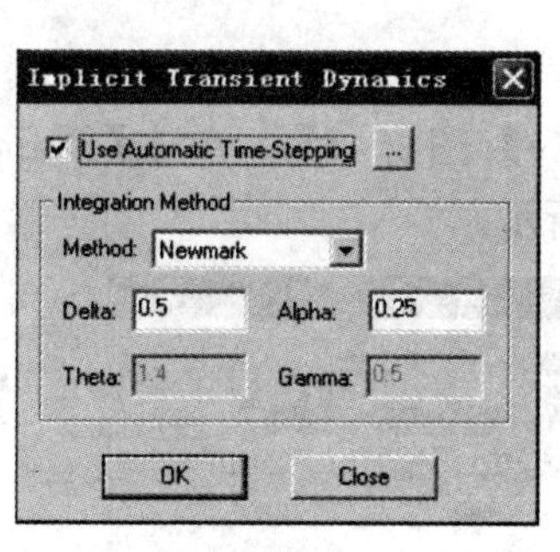

图　8-373

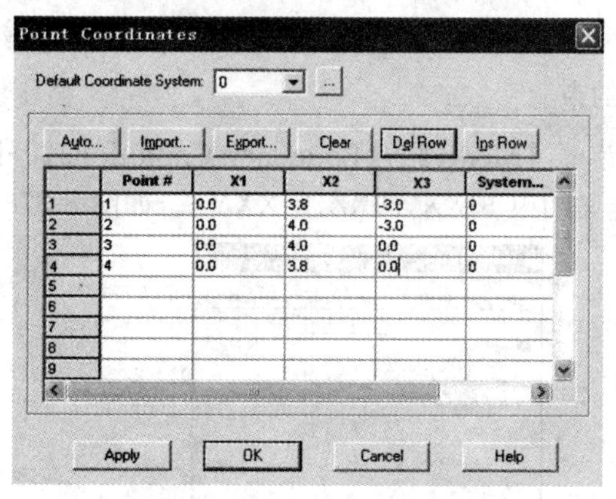

图　8-374

菜单：【Geometry】>【Surface】，定义面 1。如图 8-375 所示。

菜单：【Meshing】>【Mesh Density】>【Surface】，指定网格大小。如图 8-376 所示。

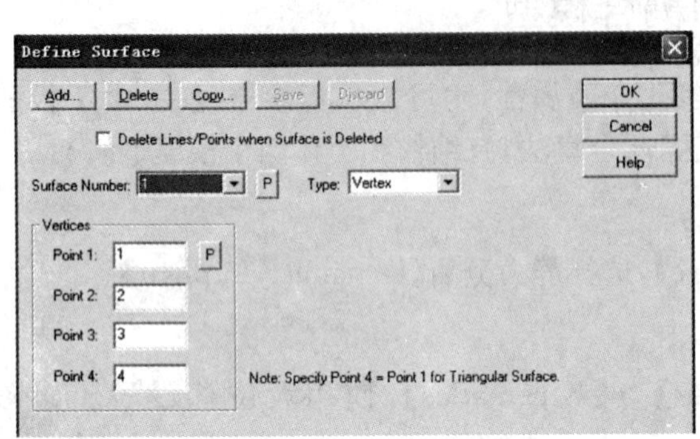

图 8-375

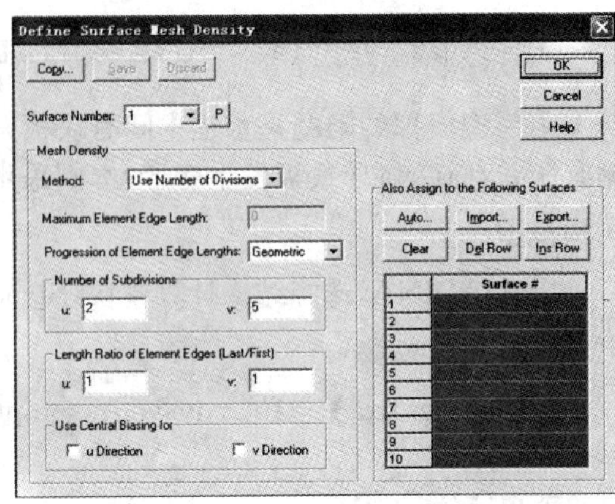

图 8-376

菜单:【Geometry】>【Volume】,定义体 1,为 Extruded 类型,同时指定网格大小。如图 8-377 所示。

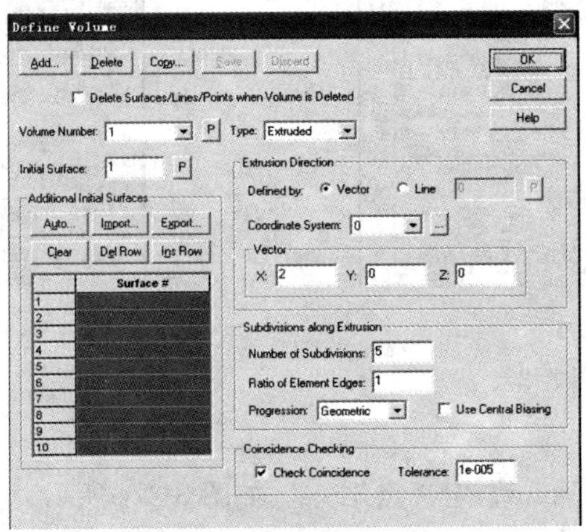

图 8-377

定义约束

菜单:【Model】>【Boundary Conditions】>【Apply Fixity】,图标: 。单击【Define】按钮,定义约束 FIXX,FIXZ,FIXXYZ。如图 8-378~图 8-381 所示。

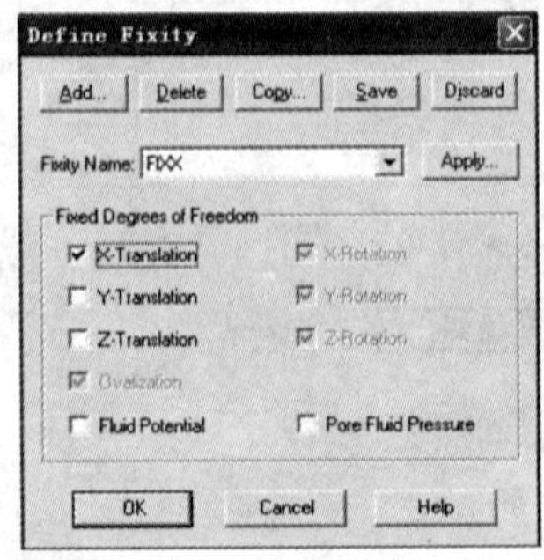

图 8-378

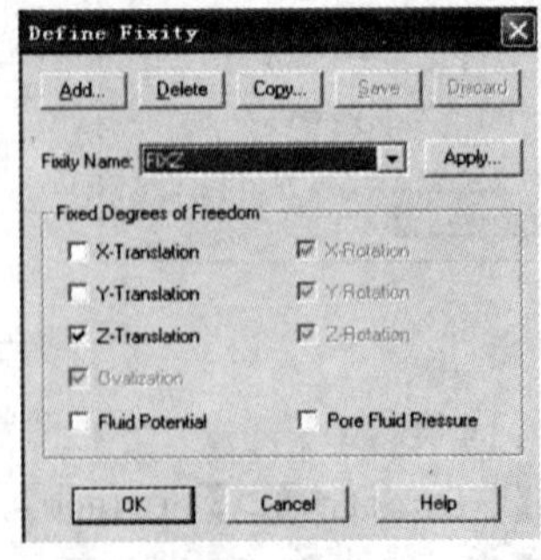

图 8-379

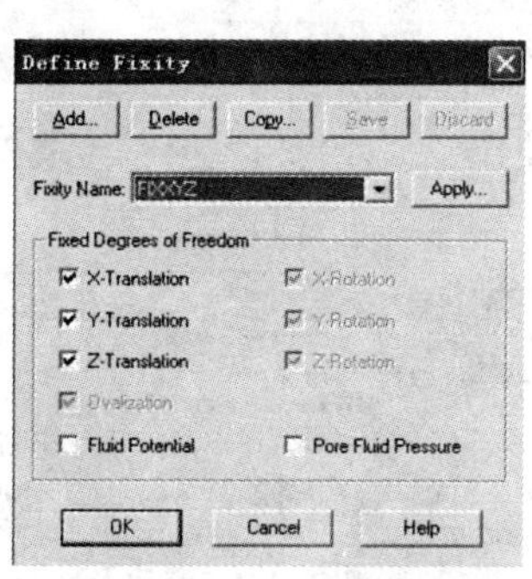

图　8-380

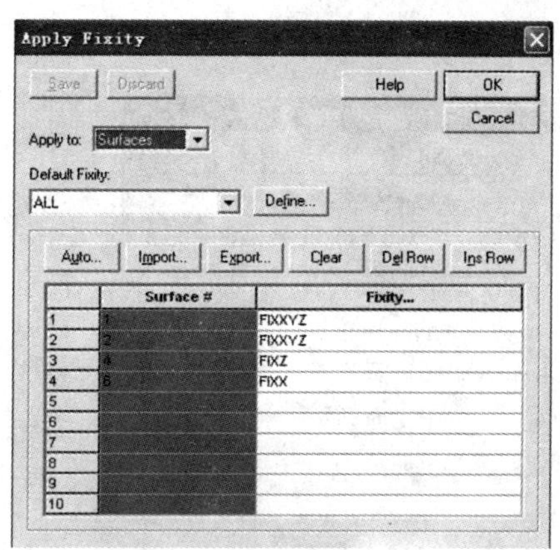

图　8-381

定义流固耦合边界条件

菜单:【Model】>【Boundary Conditions】>【FSI Boundary】(图 8-382、图 8-383)

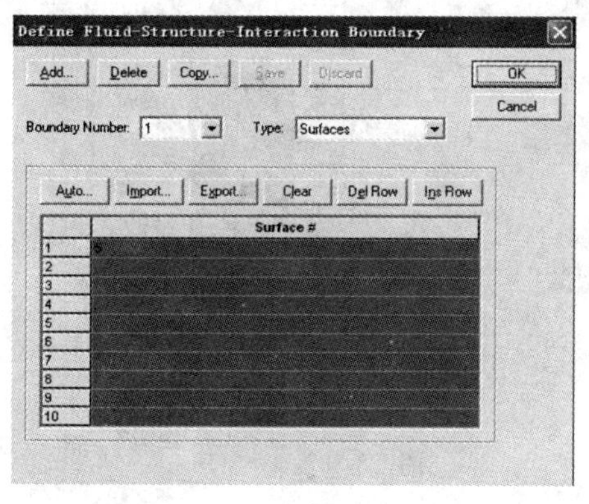

图　8-382

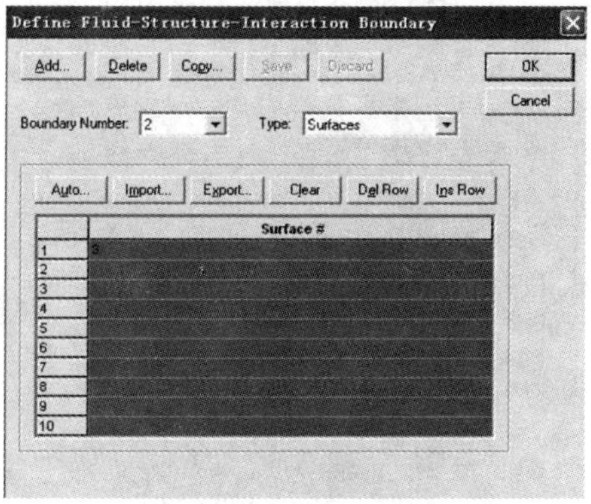

图　8-383

定义材料

菜单:【Model】>【Materials】>【Elastic】>【Isotropic】,图标:M。如图 8-384 所示。

定义单元组

菜单:【Meshing】>【Element Group】,定义单元组,选择多孔介质属性。如图 8-385 所示。

定义渗透系数

菜单:【Model】>【Material】>【Porous Media Property】(图 8-386)

注:需要在定义单元组时选择多孔介质,才能定义这个性质。

划分单元

菜单:【Meshing】>【Create Mesh】>【Volume】(图 8-387)

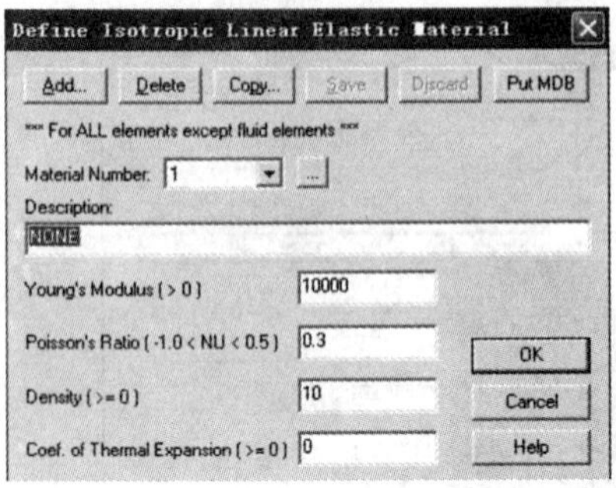

图 8-384

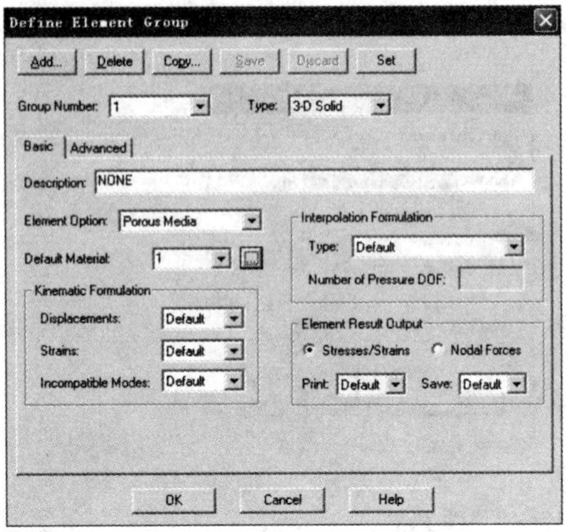

图 8-385

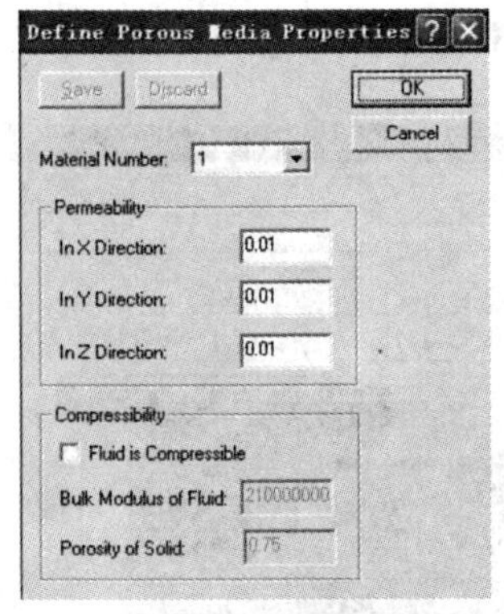

图 8-386

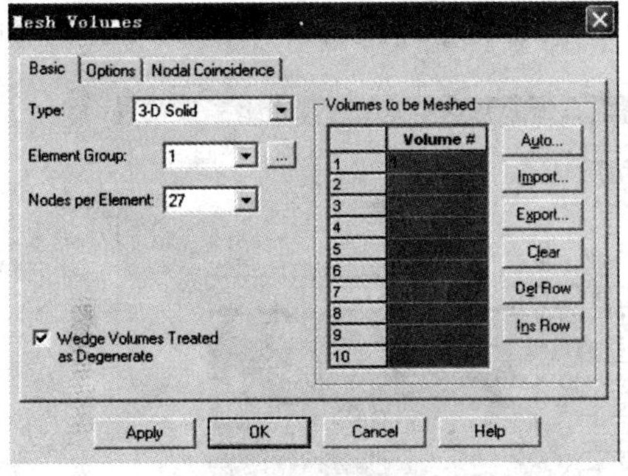

图 8-387

显示图形(图 8-388)

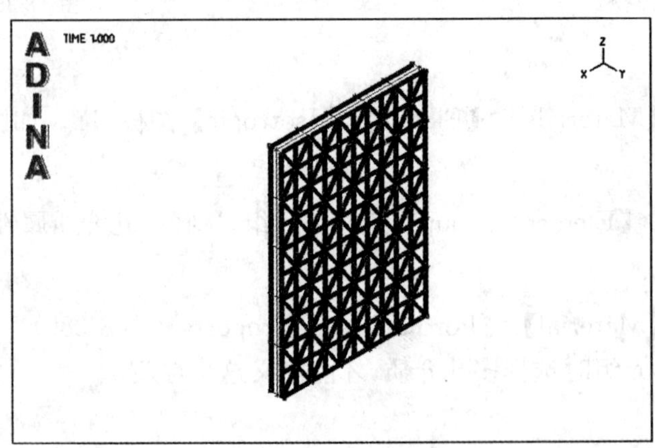

图 8-388

保存命令流文件

单击【Save】，保存为 prob17-a. in 文件，单击生成 prob17. dat 文件。

流体模型

启动 ADINA-CFD，选择瞬态分析【Transient】。

定义模型控制参数

菜单：【Control】>【Solution Process】，设置最大迭代次数为 500。如图 8-389 所示。

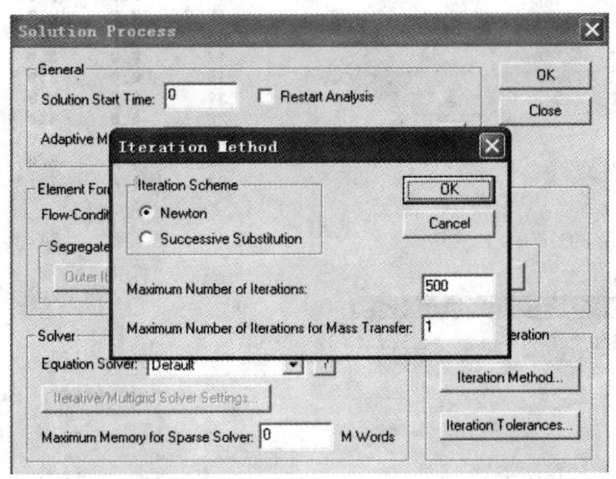

图 8-389

定义自动时间步长，图标：。如图 8-390、图 8-391 所示。

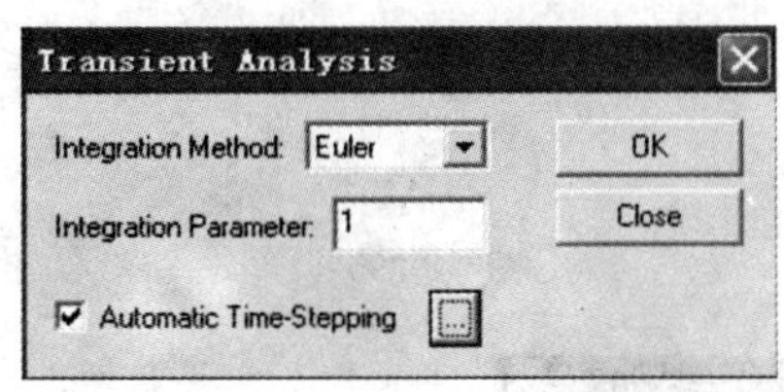

图 8-390

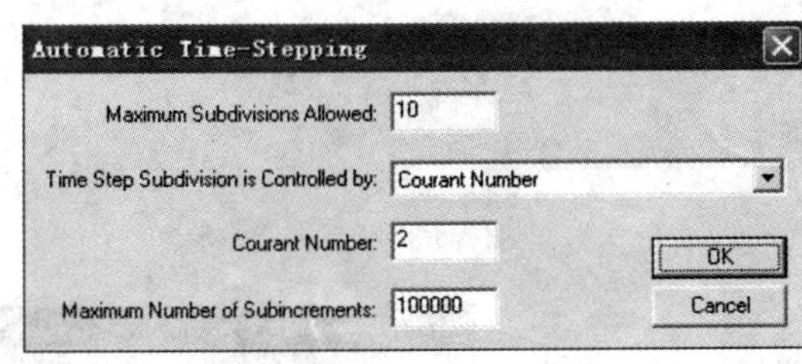

图 8-391

定义几何模型

菜单：【Geometry】>【Point】(图 8-392)

点 1～23 的坐标(图 8-393)：

菜单：【Geometry】>【Surface】，定义面 1。如图 8-394 所示。

同样的方式定义面 2～13，均为 Vertex 类型。如图 8-395 所示。

指定网格大小

菜单：【Meshing】>【Mesh Density】>【Line】(图 8-396)

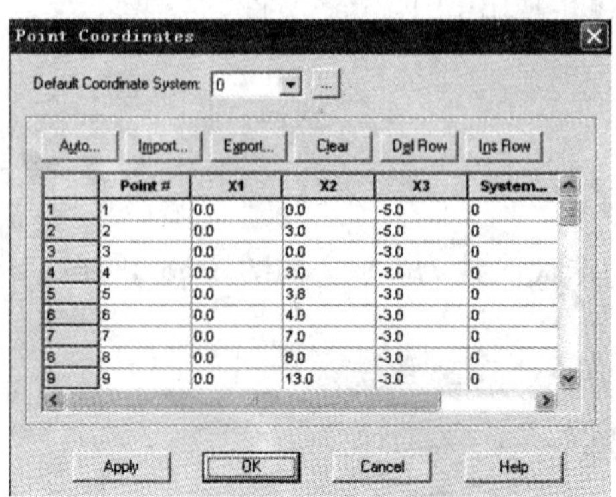

图 8-392

Point #	X1	X2	X3	System...
1	0.0	0.0	-5.0	0
2	0.0	3.0	-5.0	0
3	0.0	0.0	-3.0	0
4	0.0	3.0	-3.0	0
5	0.0	3.8	-3.0	0
6	0.0	4.0	-3.0	0
7	0.0	7.0	-3.0	0
8	0.0	8.0	-3.0	0
9	0.0	13.0	-3.0	0
10	0.0	0.0	-1.5	0
11	0.0	3.0	-1.5	0
12	0.0	3.8	-1.5	0
13	0.0	4.0	-1.5	0
14	0.0	7.0	-1.5	0
15	0.0	8.0	-1.5	0
16	0.0	13.0	-1.5	0
17	0.0	0.0	0.0	0
18	0.0	3.0	0.0	0
19	0.0	3.8	0.0	0
20	0.0	4.0	0.0	0
21	0.0	7.0	0.0	0
22	0.0	8.0	0.0	0
23	0.0	13.0	0.0	0

图 8-393

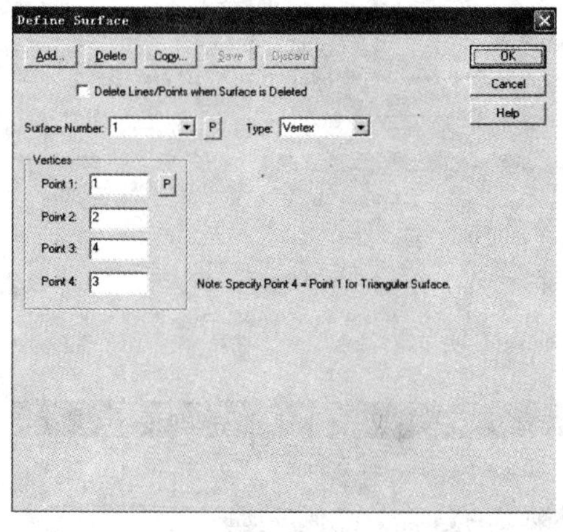

图 8-394

Surface	Point1	Point2	Point3	Point4
2	3	4	11	10
3	10	1	18	17
4	4	5	12	11
5	11	12	19	18
6	5	6	13	12
7	12	13	20	19
8	6	7	14	13
9	13	14	21	20
10	7	8	15	14
11	14	15	22	21
12	8	9	6	15
13	15	16	23	22

图 8-395

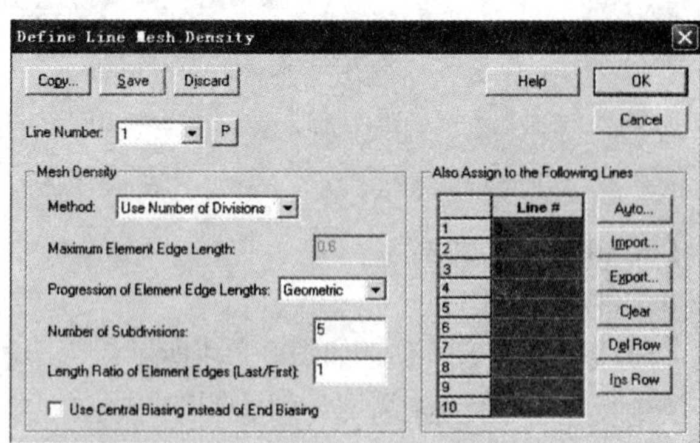

图 8-396

其他线的划分份数如下(图 8-397):

Line	Method	Number of Subdivisions
11	Use Number of subdivisions	3
13	Use Number of subdivisions	3
15	Use Number of subdivisions	3
21	Use Number of subdivisions	5
23	Use Number of subdivisions	5
25	Use Number of subdivisions	5
26	Use Number of subdivisions	4
28	Use Number of subdivisions	4
31	Use Number of subdivisions	8
33	Use Number of subdivisions	8
35	Use Number of subdivisions	8
2	Use Number of subdivisions	5
4	Use Number of subdivisions	5
5	Use Number of subdivisions	6
7	Use Number of subdivisions	6
12	Use Number of subdivisions	6
17	Use Number of subdivisions	6
22	Use Number of subdivisions	6
27	Use Number of subdivisions	6
32	Use Number of subdivisions	6
34	Use Number of subdivisions	6
29	Use Number of subdivisions	6
24	Use Number of subdivisions	6
19	Use Number of subdivisions	6
14	Use Number of subdivisions	6
8	Use Number of subdivisions	6
10	Use Number of subdivisions	6
16	Use Number of subdivisions	2
18	Use Number of subdivisions	2
20	Use Number of subdivisions	2

图　8-397

菜单:【Geometry】>【Volume】,定义体 1,为 Extruded 类型,Initial Surface 为 1~13。如图 8-398 所示。

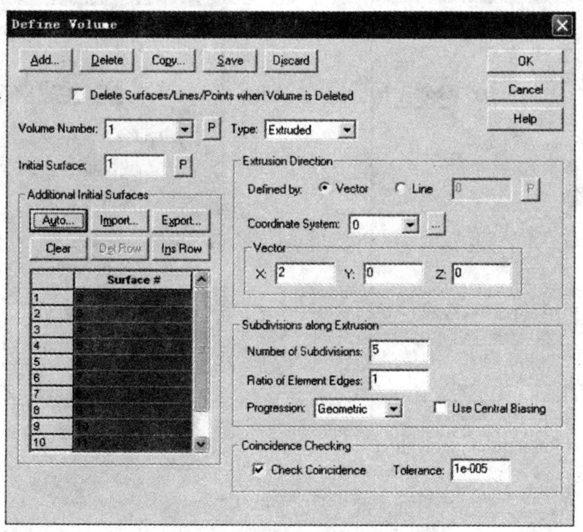

图　8-398

定义材料

菜单:【Model】>【Materials】>【Constant】,图标:M,材料 1 为流体材料。如图 8-399 所示。

材料 2 为多孔介质材料,渗透系数要和结构模型中定义的一致。如图 8-400 所示。

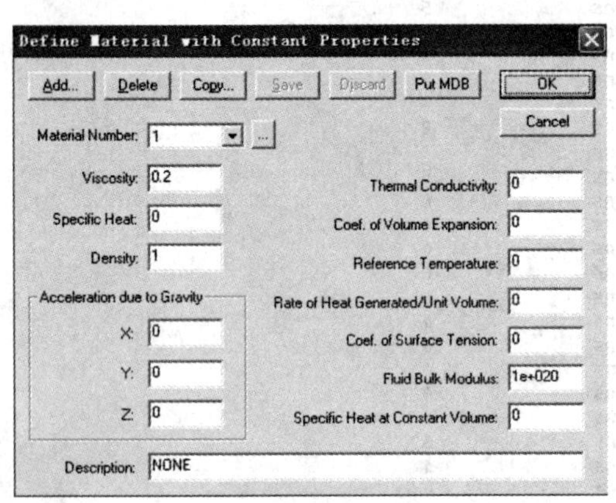

图 8-399

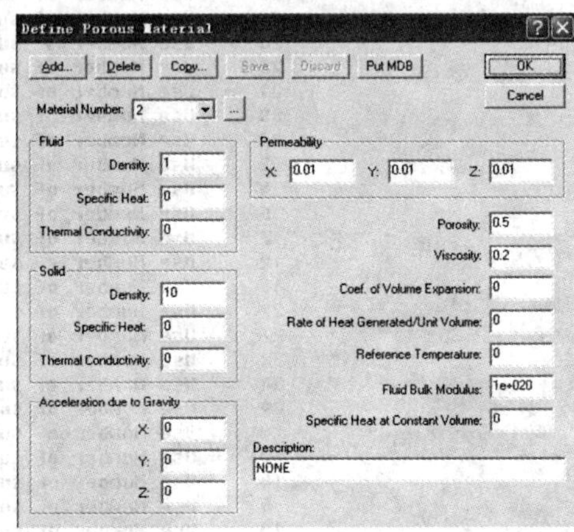

图 8-400

定义约束

菜单:【Model】>【Boundary Conditions】>【Apply Fixity】,图标:,单击【Define】按钮,定义约束 FIXX,FIXZ。如图 8-401、图 8-402 所示。

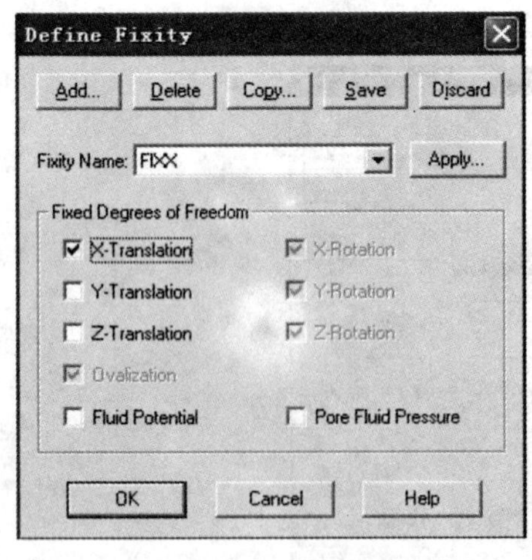

图 8-401

图 8-402

施加约束

菜单:【Model】>【Boundary Conditions】>【Apply Fixity】其他约束条件为:如图 8-403、图 8-404 所示。

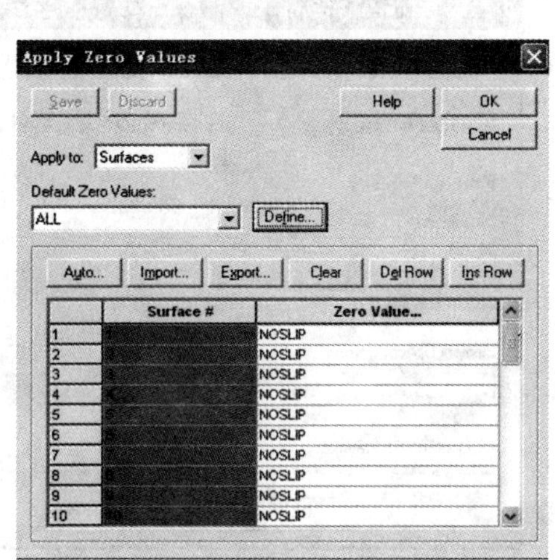

图　8-403

Surface #	Zero Value...
12	NOSLIP
13	NOSLIP
15	NOSLIP
17	NOSLIP
18	FIXX
21	NOSLIP
22	FIXX
24	FIXZ
25	NOSLIP
26	FIXX
27	NOSLIP
30	FIXX
32	FIXZ
33	FIXX
34	FIXZ
37	FIXX
39	FIXZ
40	FIXX
41	NOSLIP
44	FIXX
45	NOSLIP
46	FIXZ
47	FIXX
48	NOSLIP
50	NOSLIP
51	FIXX
52	NOSLIP
53	FIXZ
55	NOSLIP
58	FIXX
60	FIXZ
61	FIXX

图　8-404

定义并施加荷载

菜单:【Model】>【Usual Boundary Conditions】>【Apply】,图标:▤。如图 8-405、图 8-406 所示。

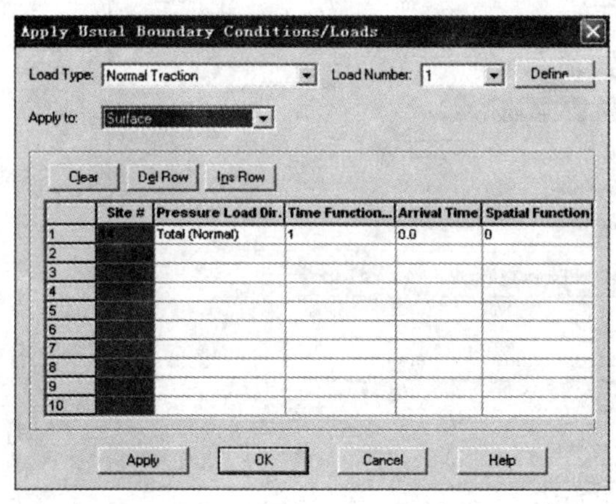

图　8-405

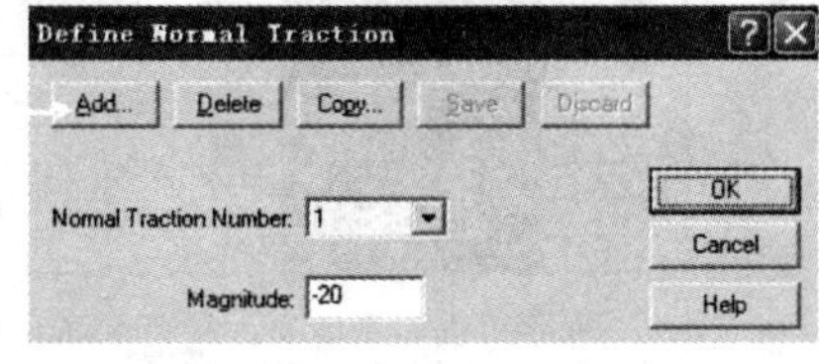

图　8-406

定义单元组

菜单:【Meshing】>【Element Group】,结构部分在流体模型中也要建立模型(建立单元

Element Group2),并定义多孔介质的材料属性。如图 8-407、图 8-408 所示。

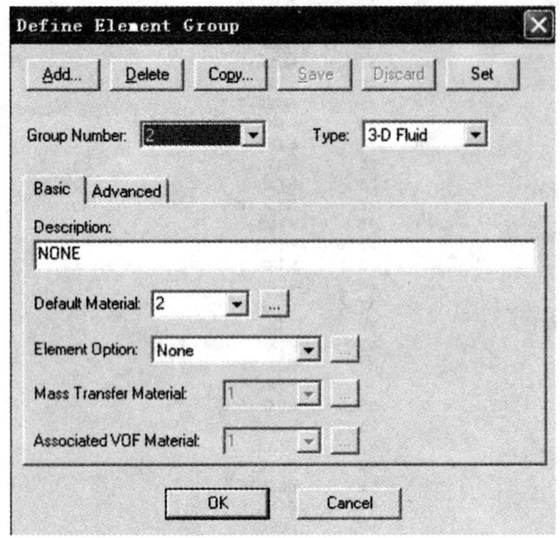

图 8-407

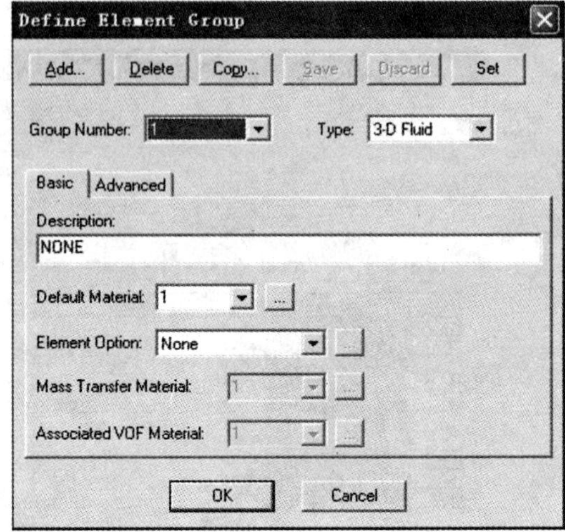

图 8-408

定义流固耦合边界条件

菜单:【Model】>【Special Boundary Conditions】,图标:SBC。如图 8-409、图 8-410 所示。

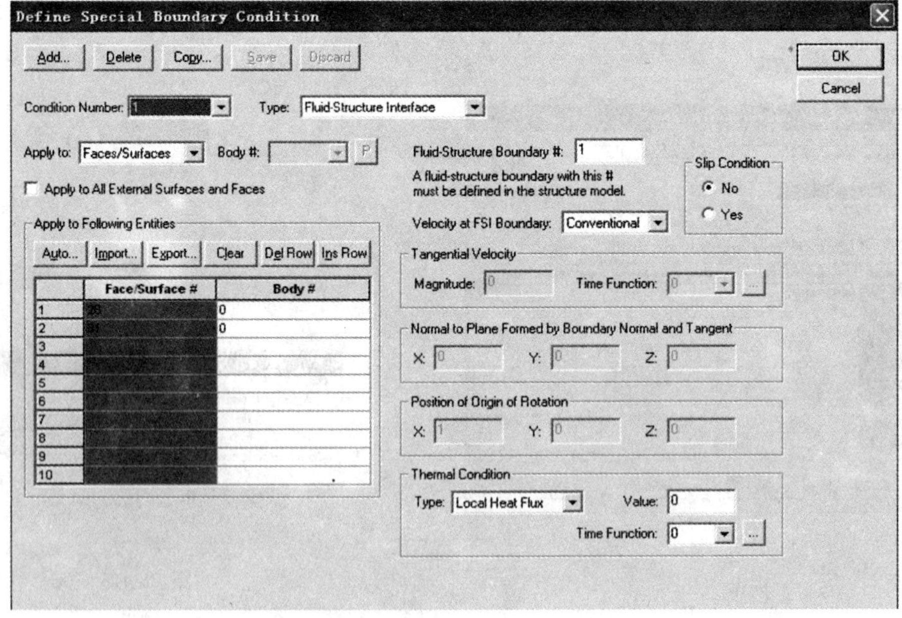

图 8-409

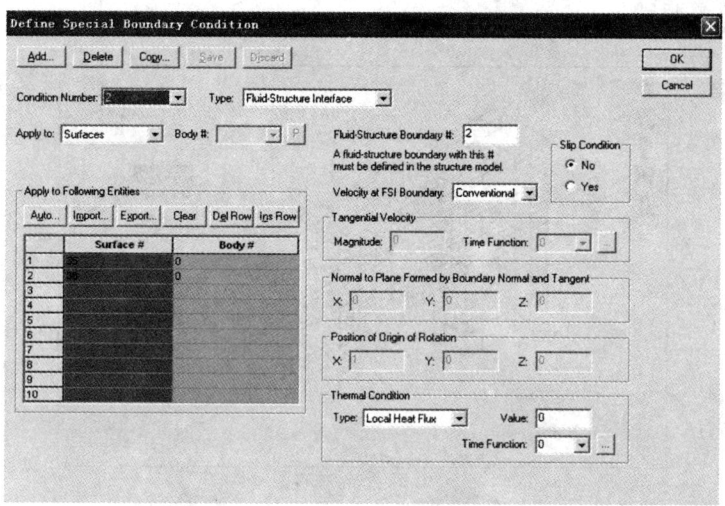

图 8-410

注:编号 FSBOUNDA 要和结构模型中的边界条件相对应。

划分单元

菜单:【Meshing】>【Create Mesh】>【Volume】(图 8-411~图 8-413)

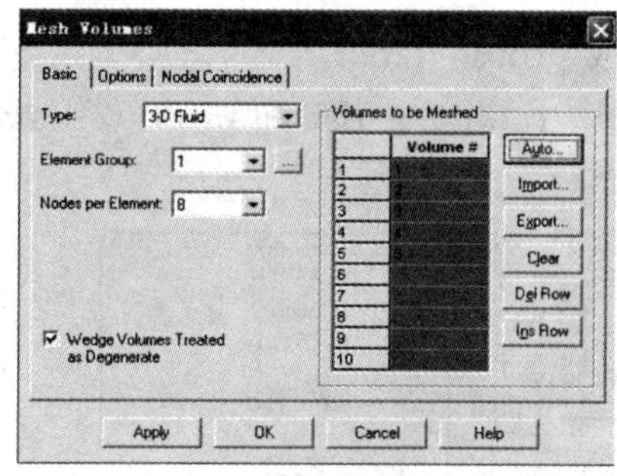

图 8-411

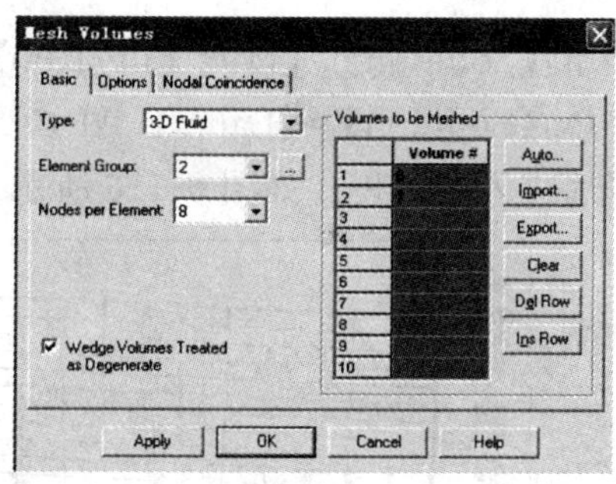

图 8-412

定义时间步

菜单:【Control】>【Time Step】(图 8-414)

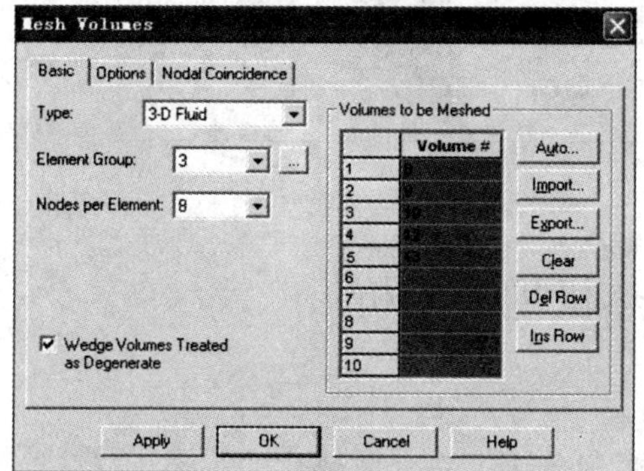

图 8-413

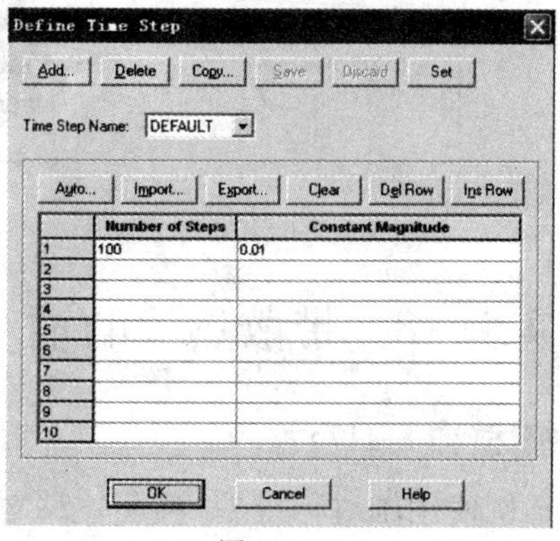

图 8-414

显示图形(图 8-415)

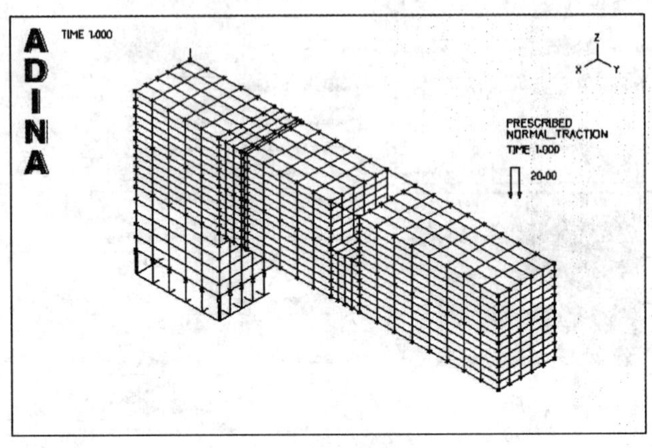

图 8-415

保存命令流文件

单击【Save】,保存为 prob17-f. in 文件。

生成求解文件并进行计算

菜单:【Solution】>【Data File/Run】,图标:,生成 prob17-f. dat。

菜单:【Solution】>【Launch ADINA-FSI】,同时选中 prob17-a. dat 和 prob173-f. dat。计算完成后进入后处理。如图 8-416 所示。

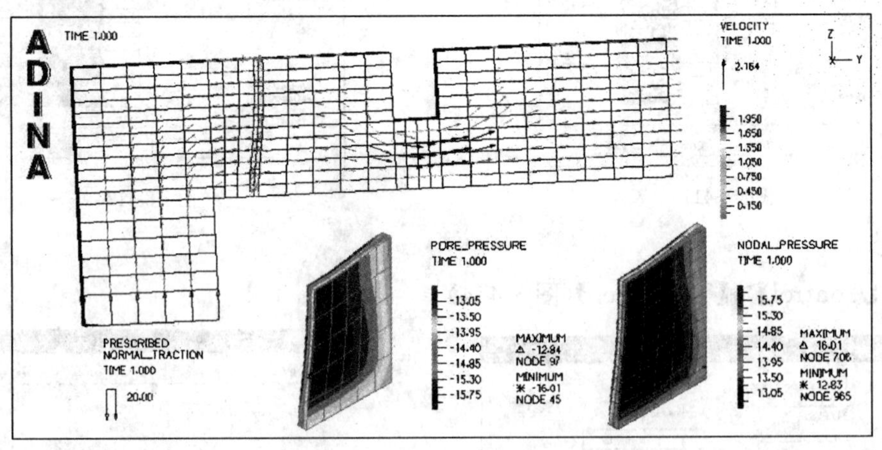

图 8-416

实例 18 带散热片的轴对称管的热机耦合分析

问题描述(图 8-417)

本例使用轴对称模型,利用位移对称和轴对称,仅分析了一个散热片的一半。

本例主要演示以下新内容:

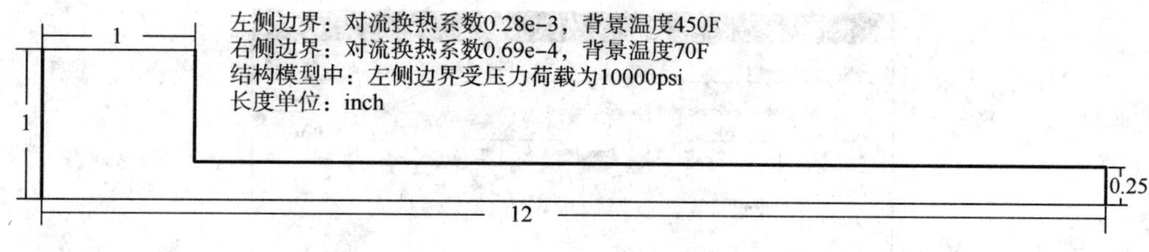

图 8-417

用 ADINA-Thermal 进行热分析

定义边界上的对流单元

用 ADINA-Thermal 和 ADINA Structure 中的不同网格分析热应力，在 ADINA Structure 模块求解中应用了网格节点结果的外差

热分析

启动 AUI，选择模块

启动 AUI，从程序模块的下拉式列表框中选 ADINA Thermal。

建模型的关键数据

建立映射文件：选【Control】>【Mapping】，选【Create Mapping File】按钮，单击【OK】。映射文件用于结构分析的网格和热分析的网格不同时的热应力分析。

建几何模型

图 8-418 是建模型时用到的主要几何尺寸。

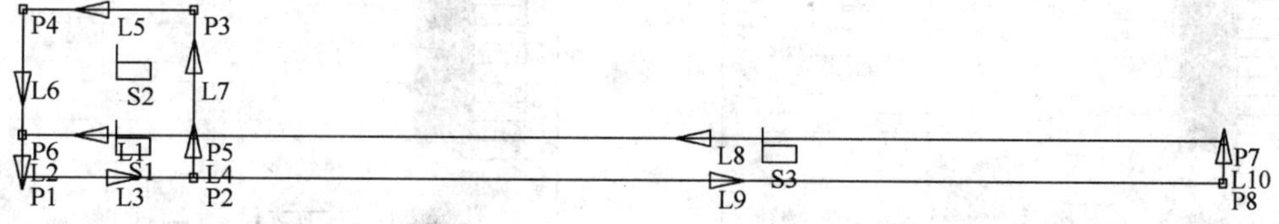

图 8-418

定义点：单击【Define Points】图标，并把以下信息输入到表中，然后单击【OK】。

Point #	X1	X2	X3	System…	Point #	X1	X2	X3	System…
1	0.0	5.0	0.0	0	5	0.0	6.0	0.25	0
2	0.0	6.0	0.0	0	6	0.0	5.0	0.25	0
3	0.0	6.0	1.0	0	7	0.0	12.0	0.25	0
4	0.0	5.0	1.0	0	8	0.0	12.0	0.0	0

定义面：单击【Define Surfaces】图标，定义图 8-419 面后，单击【OK】。

其他两个面按如下方式定义：

SURFACE VERTEX NAME=2 P1=3 P2=4 P3=6 P4=5

SURFACE VERTEX NAME=3 P1=7 P2=5 P3=2 P4=8

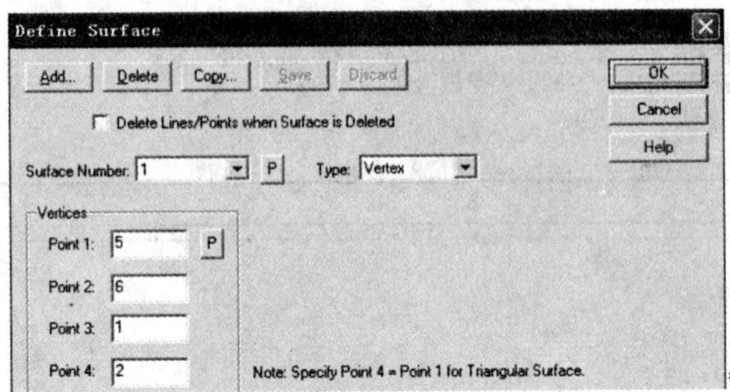

图 8-419

定义对流荷载

单击【Apply Load】图标，把 Load Type 设置成 Convection，单击 Load Number 区域右侧的【Define...】按钮。在 Define Convection 对话框中增加 convection 1，把 Environment Temperature 设置成 70，单击【Save】。再单击【Add】，增加 convection2，把 Environment Temperature 设置成 450，单击【OK】。在 Apply Load 对话框中，Load Number 为 1，把“Apply to”区域设置成 Line，施加在 Line7，Line8，Line10 上；Load Number 设置为 22，施加在 Line6 和 Line2 上。如图 8-420、图 8-421 所示。

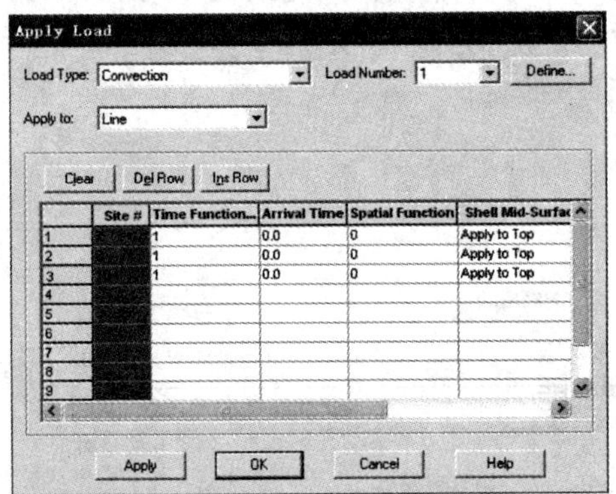

图 8-420

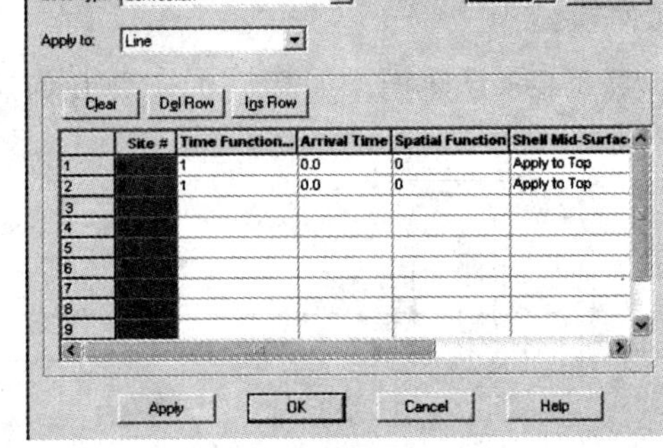

图 8-421

单击【Load Plot】图标，可得到图 8-422。

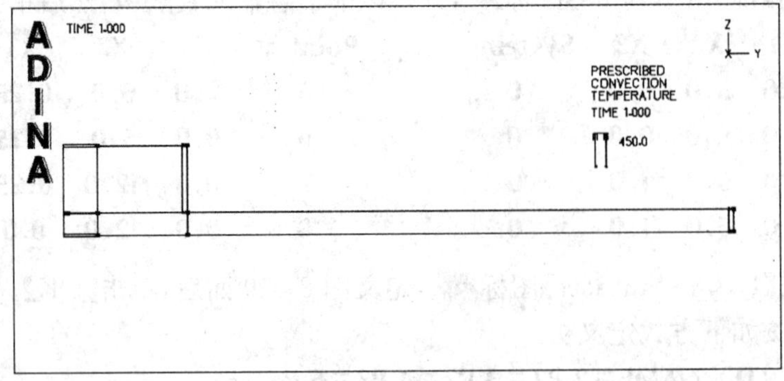

图 8-422

定义材料

单击【Manage Materials】图标[M]，单击【k isotropic, c constant】按钮。在 Define Constant Isotropic Material 对话框中，增加 material 1，把 conductivity 设置成 0.000218，单击【OK】。（不关闭 Manage Material Definitions 对话框）

单击【Convection Constant】按钮。在 Define Constant Convection Material 对话框中，增加 material 2，把 convection coefficient 设置成 6.9e－005，单击【Save】；再单击【Add】，增加 material 3，把 convection coefficient 设置成 0.00028，单击【OK】。单击【Close】关闭 Manage Material Definitions 对话框。

定义单元

单元组：单击【Define Element Groups】图标，增加 element group number 1，把 Type 设置成 2-D Conduction，确认 Element Sub-Type 是 Axisymmetric，单击【Save】。增加 group number 2，把 Type 设置成 Boundary Convection，把 Element Sub-Type 设置成 Axisymmetric，把 Default Material 设置成 2，单击【Save】。再增加 group number 3，把 Type 设置成 Boundary Convection，把 Element Sub-Type 设置成 Axisymmetric，把 Default Material 设置成 3，单击【OK】关闭对话框。

划分网格：指定统一大小的网格。选【Meshing】>【Mesh Density】>【Complete Model】，把 Subdivision Mode 设置成 Use Length，把 Element Edge Length 设置成 0.05，单击【OK】。

生成单元：生成 2-D 传导单元，单击【Mesh Surfaces】图标，把 Type 设置成 2-D Conduction，在 Surface #表中输入 1，2，3，单击【OK】。

生成边界对流单元，单击【Mesh Lines】，把 Type 设置成 Boundary Convection，Element Group 设置为 2，在 Line #表中输入 7，8，10，单击【Apply】。再把 Element Group 设置为 3，在 Line #表中输入 6 和 2。

此时图形窗口如图 8-423 所示。

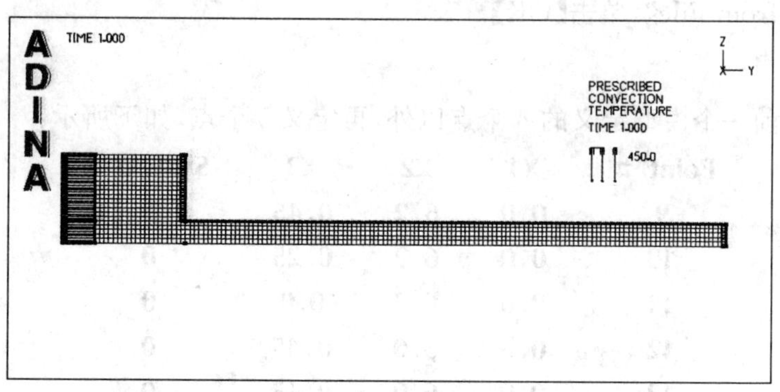

图　8-423

生成 ADINA-Thermal 数据文件，运行 ADINA-Thermal，把结果文件载入到 Post-Processing

先单击【Save】，把数据库保存到文件 prob18-t.in 中。生成 ADINA-Thermal 数据文件并运行 ADINA-Thermal，单击【Data File/Solution】图标，把文件名设置成 prob18-t，确认

选了【Run ADINA-T】按钮后，单击【Save】。ADINA-Thermal 运行完毕后，关闭所有对话框。从程序模块的下拉式列表框中选择【Post-Processing】，其余选默认，单击【Open】，打开结果文件 prob18-t. por。

查看结果

单击 Quick Band Plot 查看温度，图形窗口如图 8-424 所示。

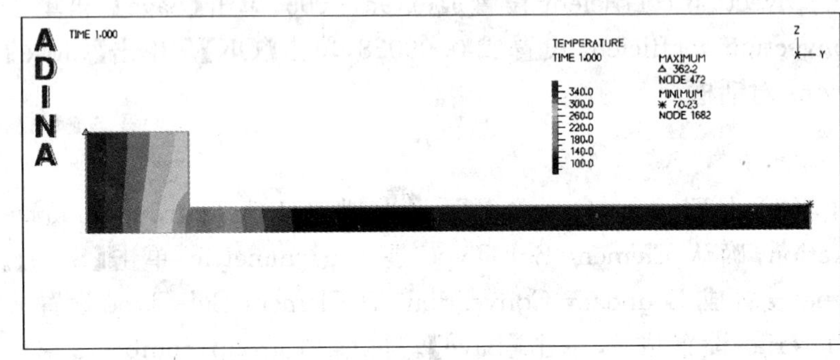

图 8-424

应力分析

对增加了圆弧倒角的模型做应力分析。热分析模型中并没有计算倒角处的温度结果，应力分析模型读入前一个模型产生的映射文件，通过外差的方法得到了倒角处的温度。

建模的关键数据

选 ADINA Structure 模块：从程序模块的下拉式列表框中选 ADINA Structures

主自由度：选【Control】>【Degrees of Freedom】，X-Translation，X-Rotation，Y-Rotation 和 Z-Rotation 选项为不选，单击【OK】。

设置温度载荷来源：选【Control】>【Miscellaneous File I/O】，把"Temperatures"区域设置成"Data Read from File"，单击【OK】。

几何模型

定义点：除了前一个模型定义的 8 个点以外，再定义 5 个点，如下所示：

Point #	X1	X2	X3	System…
9	0.0	6.2	0.45	0
10	0.0	6.2	0.25	0
11	0.0	6.2	0.0	0
12	0.0	5.0	0.45	0
13	0.0	6.0	0.45	0

定义面：类型为 Vertex，如下所示：

SURFACE VERTEX NAME=1 P1=5 P2=6 P3=1 P4=2

SURFACE VERTEX NAME=2 P1=13 P2=12 P3=6 P4=5

SURFACE VERTEX NAME=3 P1=3 P2=4 P3=12 P4=13

SURFACE VERTEX NAME=4 P1=10 P2=5 P3=2 P4=11

SURFACE VERTEX NAME=5 P1=7 P2=10 P3=11 P4=8

定义线:增加 Line17,选择【Arc】类型,如图 8-425 所示定义。

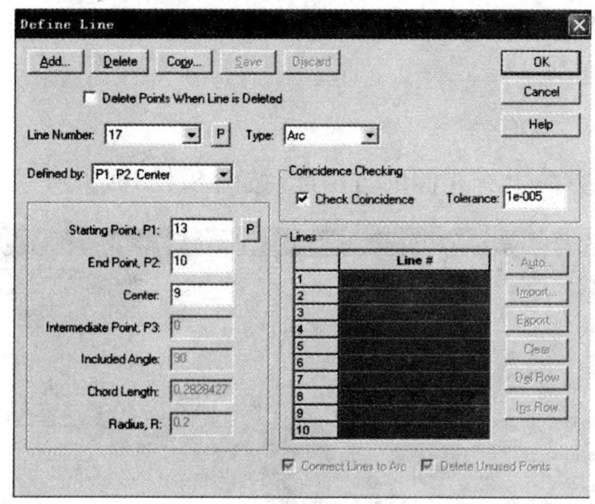

图 8-425

定义面:增加 Surface6,类型为 Vertex,如图 8-426 所示定义。

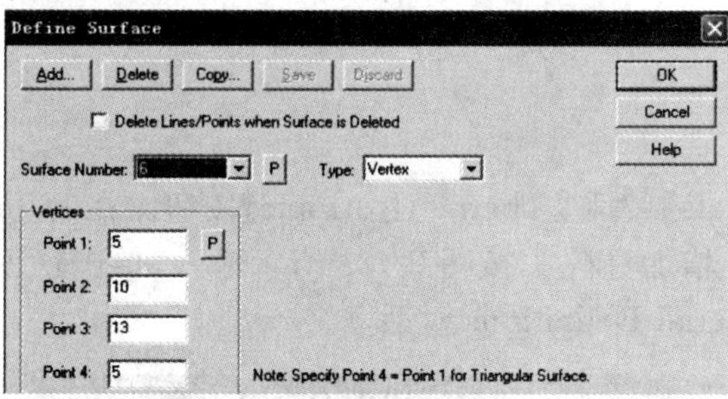

图 8-426

此时图形窗口如图 8-427 所示,右上方为倒角处局部放大图。

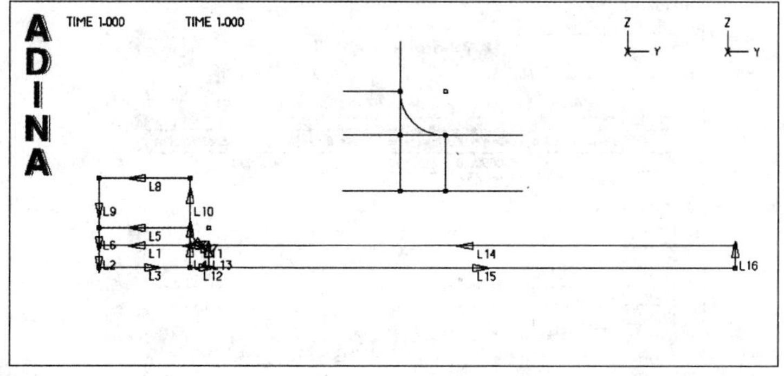

图 8-427

定义并施加约束

在散热片的底部施加 Z 方向约束。单击【Apply Fixity】图标，再单击【Define...】按钮。在 Fixity 对话框中增加约束名 ZF，单击【Z-Translation】按钮，单击【OK】。

把 Apply Fixity 对话框中的“Apply to”域设置成 Lines。在表的第一行输入 line 3，12，15，fixity ZF，单击【OK】。

定义约束方程

Line8 上的节点在 Z 方向上有相同的自由度，按图 8-428 所示定义约束方程。

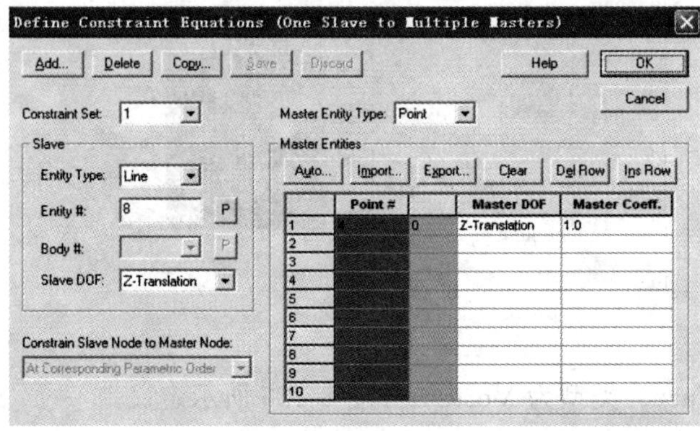

图 8-428

定义材料

单击【Manage Materials】和【Thermo Isotropic】按钮。在 Define Isotropic Thermo-Elastic Material 对话框中，增加材料 1，按图 8-429 所示输入，单击【OK】关闭对话框。再单击【Close】关闭 Manage Material Definitions 对话框。

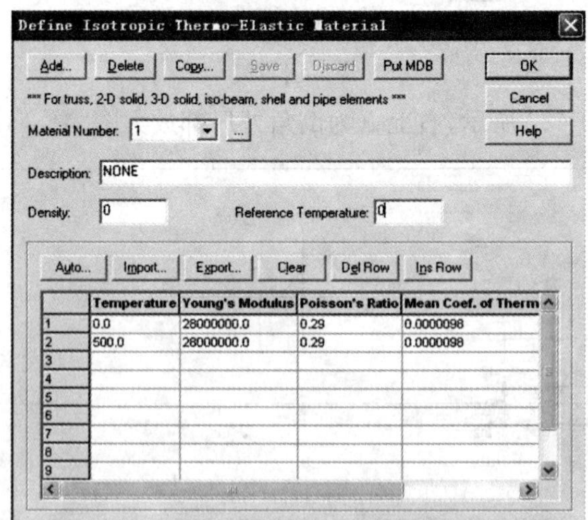

图 8-429

注:若要在应力分析中得到温度结果,必须使用热相关材料。

定义并施加荷载

单击【Apply Load】图标,把 Load Type 设置成 Pressure,单击 Load Number 区域右侧的【Define...】按钮。在 Define Pressure 对话框中增加 Pressure number 1,把 Magnitude 设置成 10000,单击【OK】。确认 Apply Load 对话框中的"Apply to"区域是 Line,并在表中 Site #输入 9,6,2,单击【OK】关闭对话框。如图 8-430、图 8-431 所示。

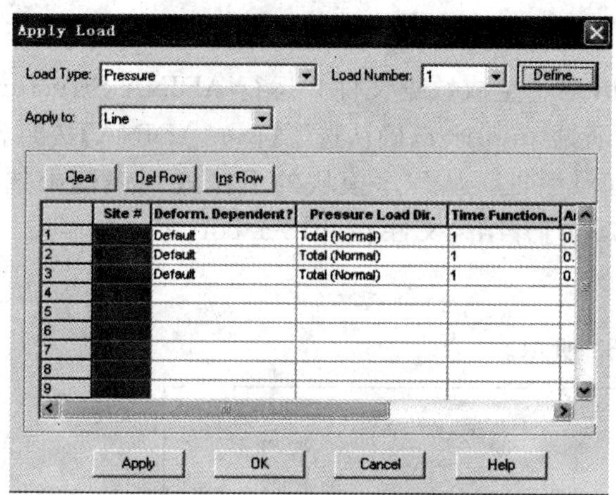

图 8-430

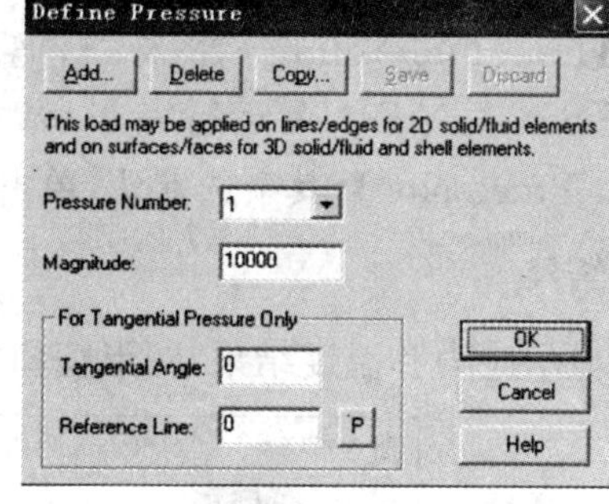

图 8-431

定义单元

单元组:单击【Define Element Groups】图标,增加 group number 1,把 Type 设置为 2-D Solid,把 Element Sub-Type 设置为 Axisymmetric,单击【OK】。

划分网格:指定统一大小的网格。选【Meshing】>【Mesh Density】>【Complete Model】,把"Subdivision Mode"设置成"Use Length",把"Element Edge Length"设置成 0.05,单击【OK】。

生成单元:单击【Mesh Surfaces】图标,在 Surface #表中输入 1、2、3、4、5、6,单击【OK】。图形窗口如图 8-432 所示。

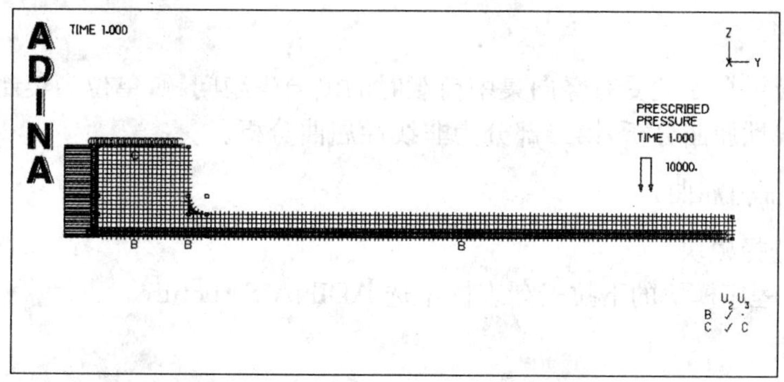

图 8-432

指定映射文件

因为结构分析的网格和热分析的网格不同，而且模型的范围也不同，故在使用ADINA-Thermal的计算结果时需用到映射文件，选【File】>【Thermal Mapping】>【Define】，选prob18-t. map，Option选择默认的【Map for all External Nodes】，单击【Open】。

注：保存成命令流文件以后，需要把此命令行中的文件路径删掉，否则若文件更改路径，再次打开则不能正常使用。

生成ADINA Structure数据文件，运行ADINA Structure，把结果文件载入到Post-Processing中

先单击【Save】，保存到文件prob18-a. in中。生成数据文件并运行ADINA Structure，单击【Data File/Solution】图标，把文件名设置成prob18-a，确认选了【Run ADINA】按钮后，单击【Save】。ADINA运行完毕后，关闭所有对话框。从程序模块的下拉式列表框中选择【Post-Processing】，其余选默认，单击【Open】，打开结果文件prob18-a. por。

查看结果

显示应力和温度结果，图形窗口如图8-433所示。

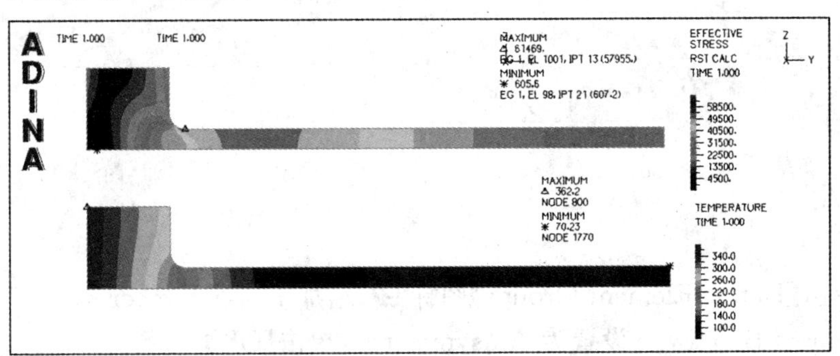

图 8-433

从结果中可以看出，应力分析模型中增加的转角部分，同样有应力和温度的计算结果。

实例19 板梁的屈曲分析

问题描述（图8-434）

本例为悬臂板梁自由端受有竖向集中荷载时的侧向失稳问题，单位为英制单位。

第一部分为线性屈曲分析，第二部分为非线性屈曲分析。

线性屈曲分析（特征值屈曲）

启动AUI，选择模块

启动AUI，从程序模块的下拉式列表框中选ADINA Structure。

建模型的关键数据

Analysis Type选择【Linearized Buckling】，单击图标，如图8-435所示定义，只需计算一阶模态。

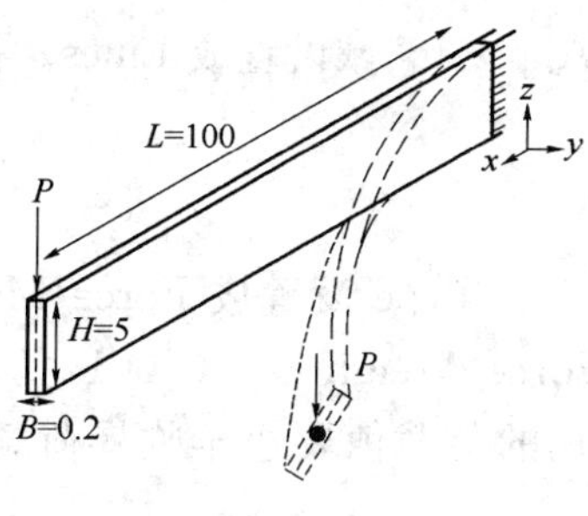

图 8-434

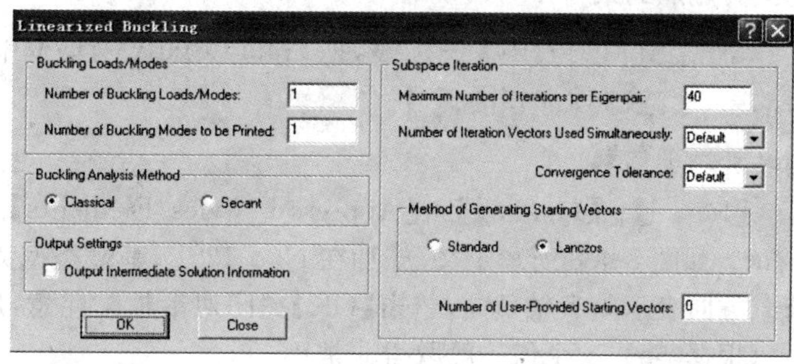

图 8-435

设置大变形：单击【Control】>【Analysis Assumption】>【Kinematics】，Displacements/Rotations 选择【Large】。

建几何模型

图 8-436 是建模型时用到的主要几何尺寸。

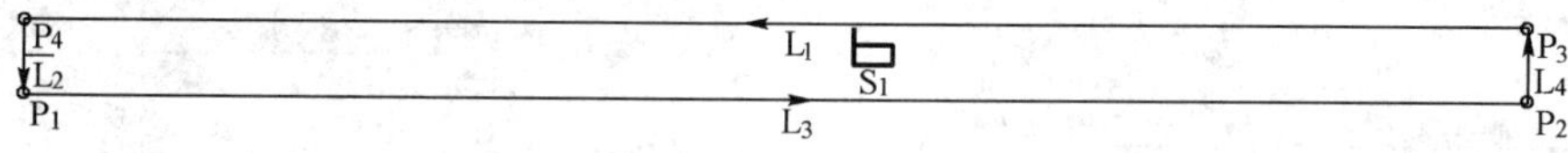

图 8-436

定义点：单击【Define Points】图标，并把以下信息输入到表中，然后单击【OK】。

Point #	X1	X2	X3	System...
1	0.0	0.0	−2.5	0
2	100.0	0.0	−2.5	0
3	100.0	0.0	2.5	0
4	0.0	0.0	2.5	0

定义面：单击【Define Surfaces】图标，定义图 8-437 所示面后，单击【OK】。

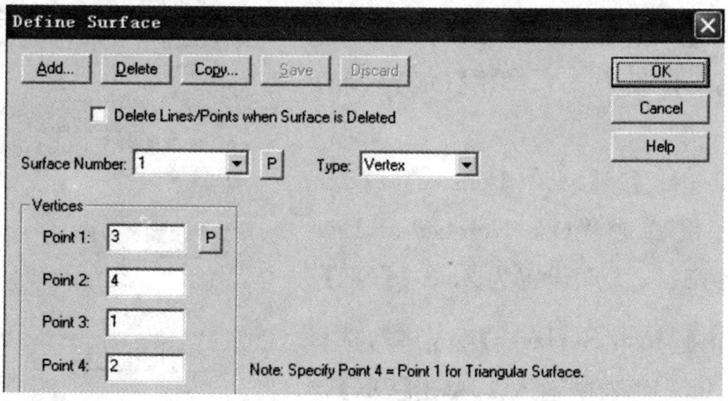

Define Surface
Add... Delete Copy... Save Discard
Delete Lines/Points when Surface is Deleted
Surface Number: 1 P Type: Vertex
Vertices
Point 1: 3 P
Point 2: 4
Point 3: 1
Point 4: 2
Note: Specify Point 4 = Point 1 for Triangular Surface.
OK
Cancel
Help

图 8-437

定义并施加约束

单击【Apply Fixity】图标，把 Apply Fixity 对话框中的“Apply to”域设置成 Lines。在表的第一行输入 2，单击【OK】。

定义并施加荷载

【Model】>【Loading】>【Apply on Nodes/Elements】，把 Load Type 设置成 Force/Moment。如图 8-438 所示定义，施加在 Node12 上，荷载类型为 Z-Force，Weight＝－0.001，负号荷载方向表示为 Z 轴负向，单击【OK】关闭对话框。注意：所施加的荷载值要小于临界荷载，所以根据经验，这个值一般取得非常小。

定义材料

单击【Manage Materials】和【Isotropic】按钮。增加材料 1，弹性模量 E＝1.0e4psi，泊松比为 0，单击【OK】关闭对话框。再单击【Close】关闭 Manage Material Definitions 对话框。如图 8-439 所示。

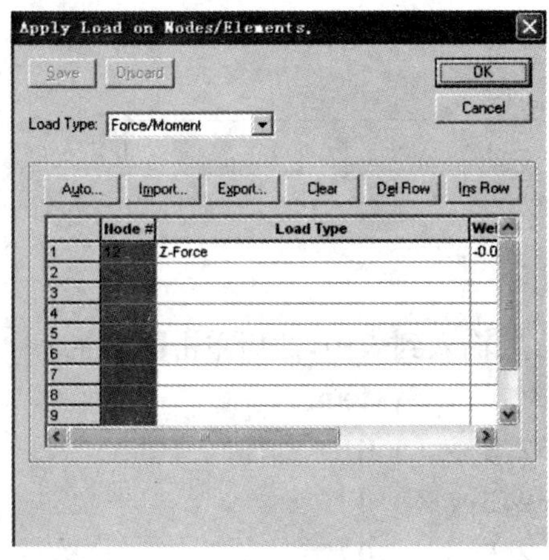

图 8-438

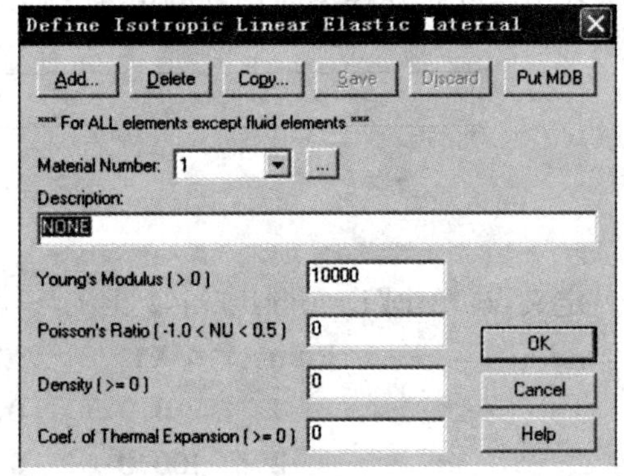

图 8-439

定义单元

单元组：用壳单元模拟板梁，单击【Define Element Groups】图标，增加 group number 1，把 Type 设置为 shell，厚度设为 0.2，单击【OK】。如图 8-440所示。

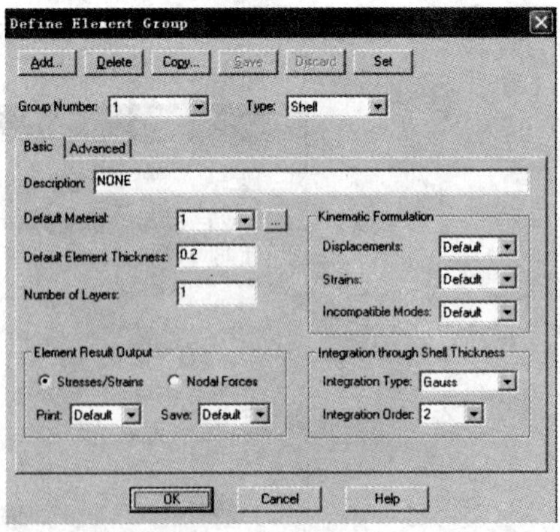

图 8-440

划分网格：【Meshing】>【Mesh Density】>【Surface】，把“Method”设置成“Use Number of Divisions”，u 方向设置为 10，v 方向设置为 2，单击【OK】。

生成单元：单击【Mesh Surfaces】图标，选择 9 节点单元，在 Surface # 表中输入 1，单击【OK】。

图形窗口如图 8-441 所示。

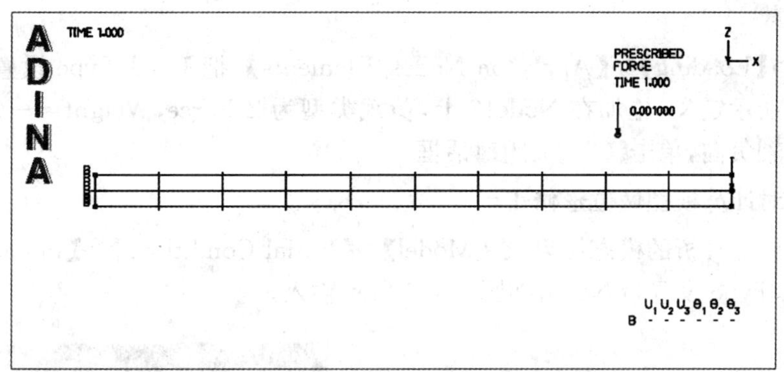

图　8-441

生成 ADINA Structure 数据文件，运行 ADINA Structure，把结果文件载入到 Post-Processing 中

先单击【Save】，保存到文件 prob19-1. in 中。生成数据文件并运行 ADINA Structure，单击【Data File/Solution】图标，把文件名设置成 prob19-1，确认选了【Run ADINA】按钮后，单击【Save】。ADINA 运行完毕后，关闭所有对话框。从程序模块的下拉式列表框中选择【Post-Processing】，其余选默认，单击【Open】，打开结果文件 prob19-1. por。

查看结果

图形窗口如图 8-442 所示。

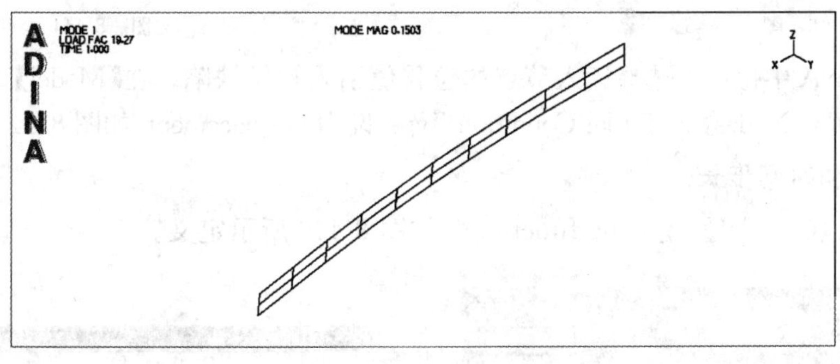

图　8-442

临界荷载因子 Load Factor 为 19. 27，临界荷载为荷载值乘以荷载因子，即 0. 01927psi。从屈曲模态的结果可以看出，侧向失稳发生在 Y 轴负方向。

非线性屈曲分析

考虑非线性屈曲的极限荷载应该小于临界荷载，所以为保险起见，非线性屈曲分析中的荷载值应略大于临界荷载值，本例中取 0. 02psi。

几何模型、材料、约束和网格与线性屈曲分析中相同。以下仅列出不同之处。

建模的关键数据

在 ADINA Structures 模块中选择【Statics】静力分析。

【Control】>【Solution Process】下，单击【Iteration Method】，把最大迭代步设为 150，Use of Line Searches 选择【Yes】，如图 8-443 所示。

定义并施加荷载

【Model】>【Loading】>【Apply on Nodes/Elements】，把 Load Type 设置成 Force/Moment。如下图所示定义，施加在 Node12 上，荷载类型为 Z-Force，Weight=－0.02，表示负号荷载方向为 Z 轴负向，单击【OK】关闭对话框。

引入初始缺陷对计算模型做位形修正

导入线性屈曲分析的模态结果，在【Model】>【Initial Conditions】>【Imperfection】下，Initial Condition Type 设置为 Node，如图 8-444 所示输入。

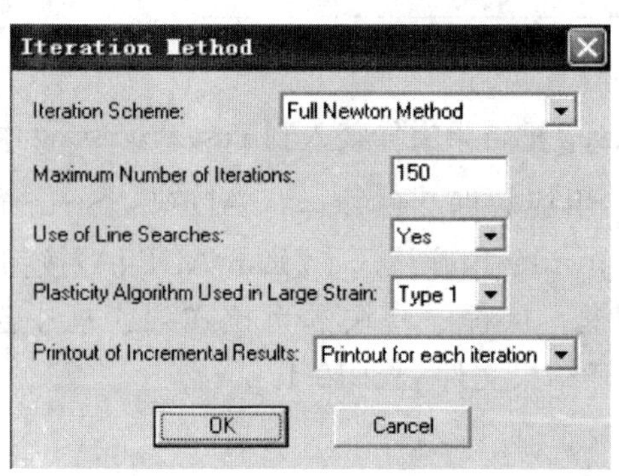

图 8-443

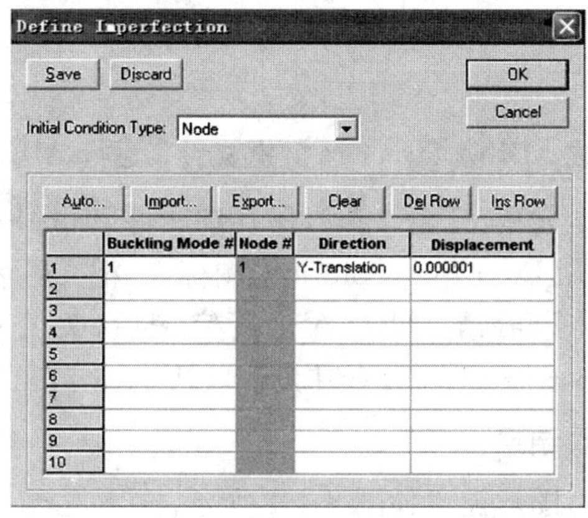

图 8-444

注意：ADINA 中也可以选择读入节点的位移值引入初始缺陷。在【Model】>【Initial Conditions】>【Apply on Nodes】下，Initial Condition Type 设为 Displacement，如图 8-445 所示定义。

定义时间函数和时间步长

时间函数：【Control】>【Time function】，如图 8-446 所示定义。

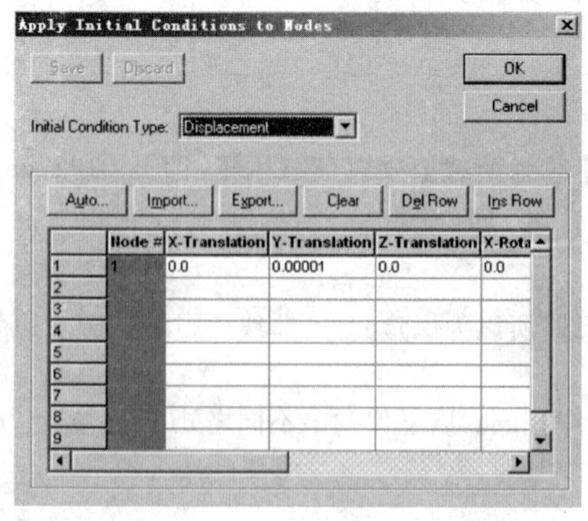

图 8-445

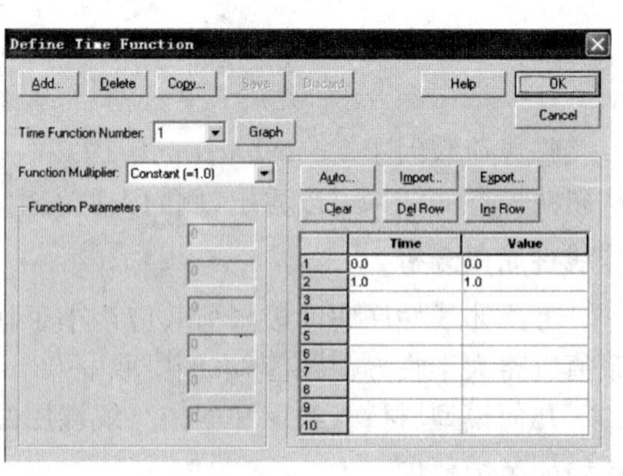

图 8-446

时间步:定义 1000 个时间步,步长为 0.001。

时间步数一般按经验设置,尽可能充分多,以便能计算出极限荷载。

生成 ADINA Structure 数据文件,运行 ADINA Structure,把结果文件载入到 Post-Processing 中

先单击【Save】,保存到文件 prob19-2.in 中。生成数据文件并运行 ADINA Structure,单击【Data File/Solution】图标,把文件名设置成 prob19-2,确认选了【Run ADINA】按钮后,单击【Save】。ADINA 运行后,弹出 Specify the Mode Shape File 对话框,如图 8-447 所示。

图 8-447

选中线性屈曲分析计算生成的 prob19-1.mod 文件,单击【Copy】。计算到 969 步,提示刚度阵不正定,退出计算。这是因为结构的刚度矩阵已经不再正定,因而无法计算下去。关闭所有对话框,从程序模块的下拉式列表框中选择【Post-Processing】,其余选默认,单击【Open】,打开结果文件 prob19-2.por。

查看结果

图 8-448 中显示的是反力的结果。

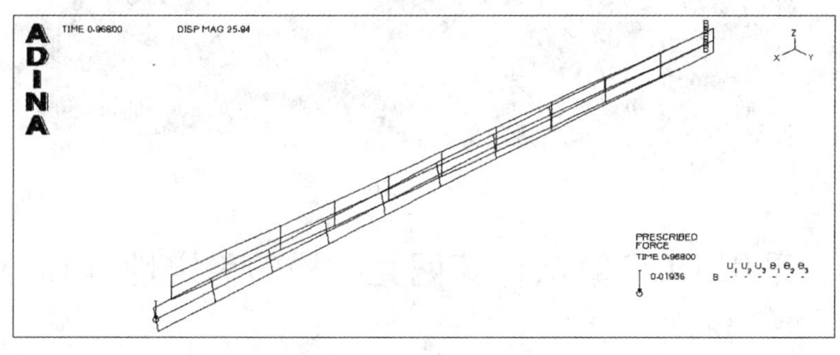

图 8-448

画自由端 Y 向位移与结构反力曲线图

先定义 Model Point,【Definitions】>【Model Point】>【Node】下增加 N12,Node 选择施加荷载的节点 12,【Definitions】>【Model Point(Special)】>【Reaction Sum】下增加 AA,Zone Name 选择【Whole Model】。定义一个变量,【Definitions】>【Variable】>【Resultant】下增加变量 DD,Expression 为-Y-DISPLACEMENT。

【Graph】>【Response Curve(Model Point)…】对话框中,X-Coordinate 下 Variable 设为 User Defined,DD,Model Point 设为 N12,Y-Coordinate 下 Variable 设为 Reaction,Z-Reaction,Model Point 设为 AA,单击【OK】,如图 8-449 图所示。

【Graph】>【List…】下,列出所画曲线的数据点。如图 4-450 所示。

在图 8-449 曲线中找出曲线的拐点,拐点的反力值就是极限荷载值。拐点的位移和反力值如图 8-450 所示,极限荷载值为 0.01916,显然小于临界荷载 0.01927。

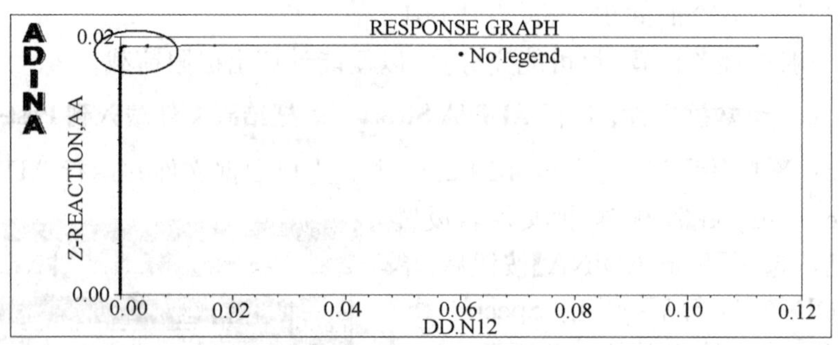

图 8-449

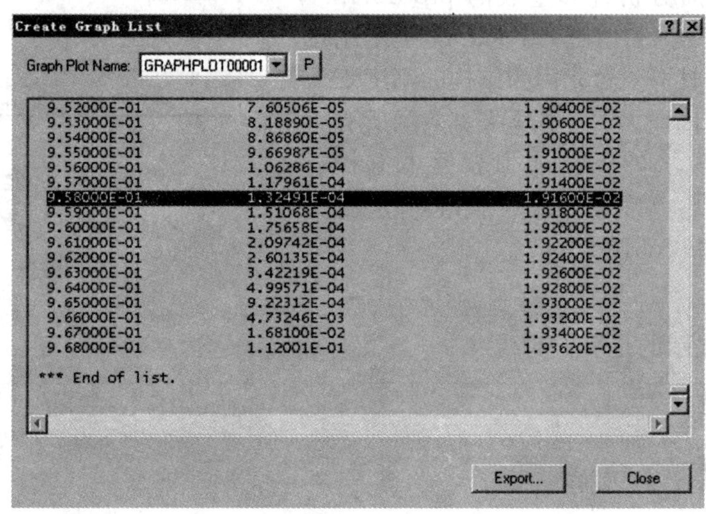

9.52000E-01	7.60506E-05	1.90400E-02
9.53000E-01	8.18890E-05	1.90600E-02
9.54000E-01	8.86860E-05	1.90800E-02
9.55000E-01	9.66987E-05	1.91000E-02
9.56000E-01	1.06286E-04	1.91200E-02
9.57000E-01	1.17961E-04	1.91400E-02
9.58000E-01	1.32491E-04	1.91600E-02
9.59000E-01	1.51068E-04	1.91800E-02
9.60000E-01	1.75658E-04	1.92000E-02
9.61000E-01	2.09742E-04	1.92200E-02
9.62000E-01	2.60135E-04	1.92400E-02
9.63000E-01	3.42219E-04	1.92600E-02
9.64000E-01	4.99571E-04	1.92800E-02
9.65000E-01	9.22312E-04	1.93000E-02
9.66000E-01	4.73246E-03	1.93200E-02
9.67000E-01	1.68100E-02	1.93400E-02
9.68000E-01	1.12001E-01	1.93620E-02

*** End of list.

图 8-450

实例 20 采用 LDC 算法计算网壳结构的稳定性、屈曲和后屈曲分析

概述

LDC 算法简述

LDC(Load Displacement Control)方法是基于改进弧长法计算非线性屈曲和后屈曲问题一种算法，是 ADINA 非线性技术特色之一，可以快速稳定地求出结构失稳的极限荷载。其实现过程是通过反复增加荷载寻求结构失稳的极限荷载。

采用 LDC 算法计算网壳结构的稳定性(屈曲后屈曲分析)

采用 LDC 算法计算网壳结构的稳定性、屈曲和后屈曲分析可以用在框架、薄板、等细长杆件或薄壳屈曲破坏。

学习要点

屈曲分析；

LDC 方法；

非线性屈曲分析后处理。

问题描述(图 8-451)

一个六边形桁架,六个顶点受到全约束,六边形的中心受到一个 Z 向逐渐增大的集中力,如六边形中心点 Z 向位移超过了 60 则认为结构屈曲破坏了。

分析过程

设置作业标题为"Large displacement analysis (LDC method)"

AUI:【Menu】>【Control】>【Heading…】(图 8-452)。

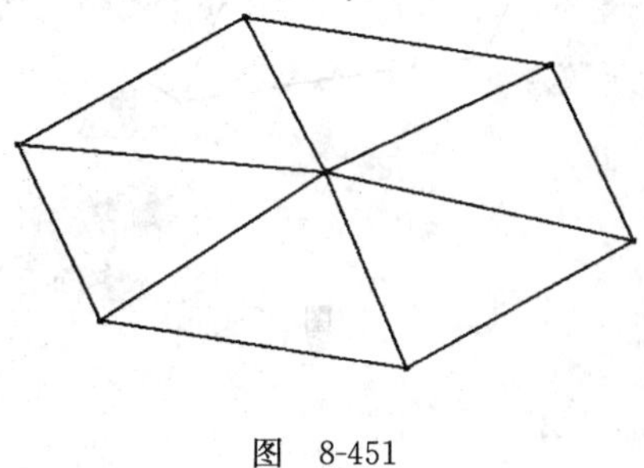

图　8-451

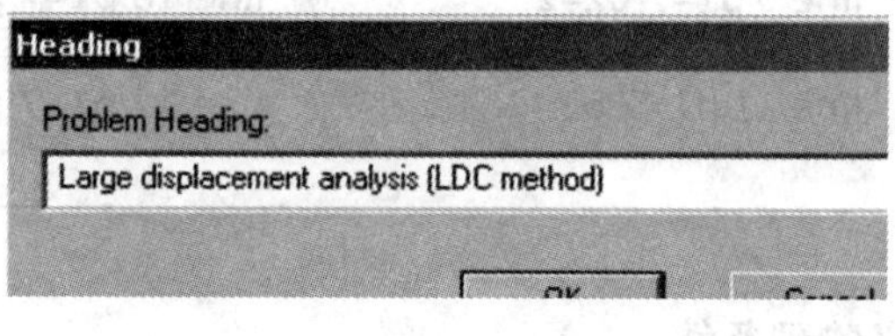

图　8-452

建立几何模型

建立点

AUI:【Geometry】>【Points…】依次输入 7 个点的坐标,具体坐标参见图 8-453:

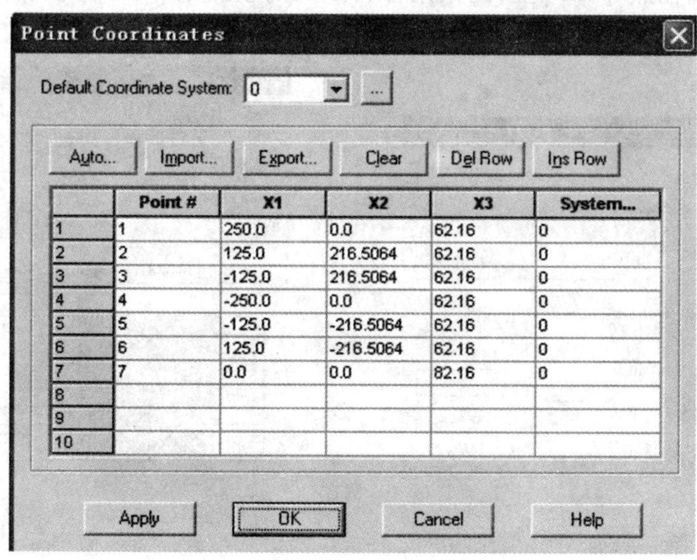

	Point #	X1	X2	X3	System...
1	1	250.0	0.0	62.16	0
2	2	125.0	216.5064	62.16	0
3	3	-125.0	216.5064	62.16	0
4	4	-250.0	0.0	62.16	0
5	5	-125.0	-216.5064	62.16	0
6	6	125.0	-216.5064	62.16	0
7	7	0.0	0.0	82.16	0
8					
9					
10					

图　8-453

建立线

AUI:【Geometry】>【Lines】>【Define…】选择【Straight】,输入点号或点击【P】按钮选择点生成 12 条直线,具体线的定义如图 8-454 所示。

得到几何模型为图 8-455。

line 1 p1=6 p2=5	line 2 p1=5 p2=4
line 3 p1=4 p2=3	line 4 p1=3 p2=2
line 5 p1=2 p2=1	line 6 p1=1 p2=6
line 7 p1=7 p2=5	line 8 p1=7 p2=1
line 9 p1=7 p2=2	line 10 p1=7 p2=4
line 11 p1=7 p2=3	line 12 p1=7 p2=6

图 8-454

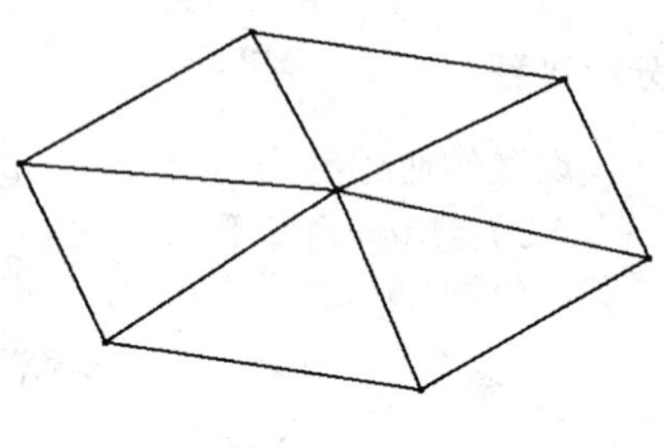

图 8-455

定义物理条件

定义材料属性

AUI:【Model】>【Materials】>【Elastic】>【Isotropic…】,在弹出的对话框中设定材料参数。如图 8-456 所示。

定义约束

AUI:【Model】>【Boundary condition】>【Apply fixity…】,在弹出的对话框中选择约束施加的类型为施加在点(point)上,约束条件为默认的全约束(ALL),在底部表格中输入具体的施加点的标号,或双击绿色框后选择如下点也可。如图 8-457 所示。

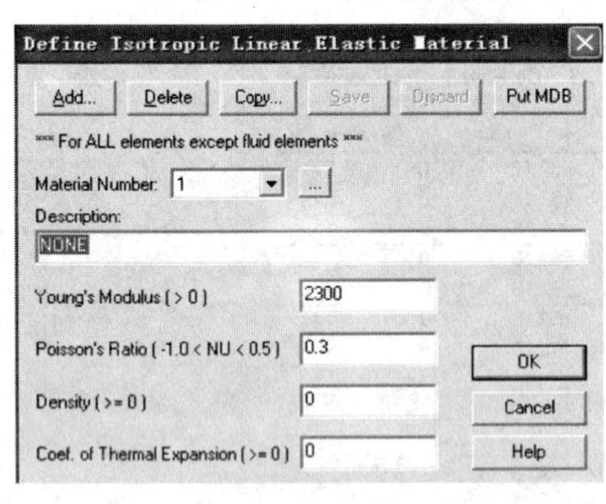

图 8-456

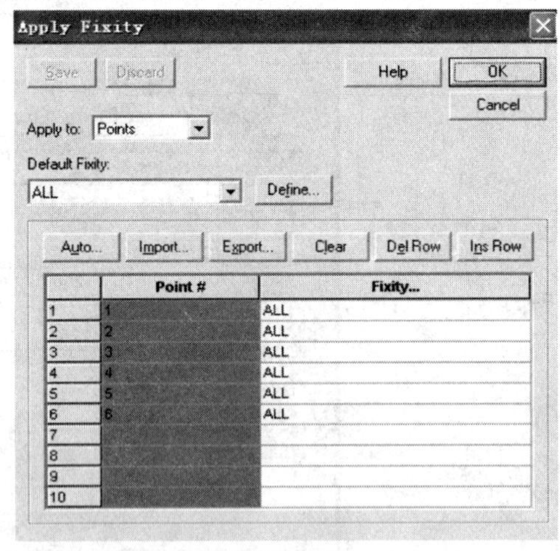

图 8-457

施加集中力

AUI:【Model】>【Loading】>【apply …】,在弹出的对话框中,选择荷载的类型为集中力(force)点击定义【define】,定义荷载的大小为 1500,方向为和 Z 坐标正向相反,点击确定返回主菜单,选择施加的类型为施加在点上,具体的施加位置(第 7 个点)定义在底部表格中。LDC 方法中力的定义只是定义一个方向,给单位 1 也是可以的。如图 4-458,

图8-459 所示。

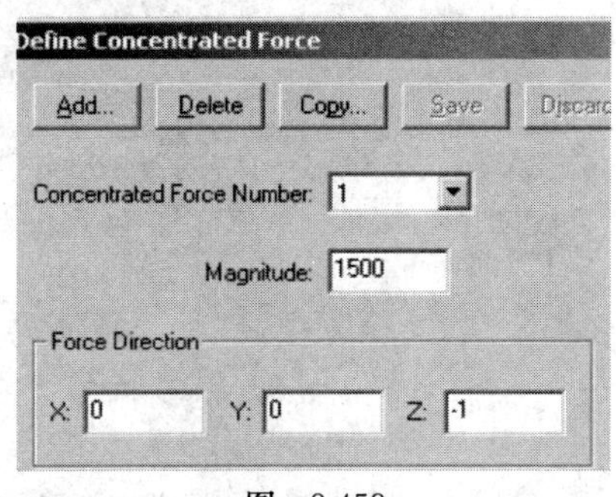

图　8-458

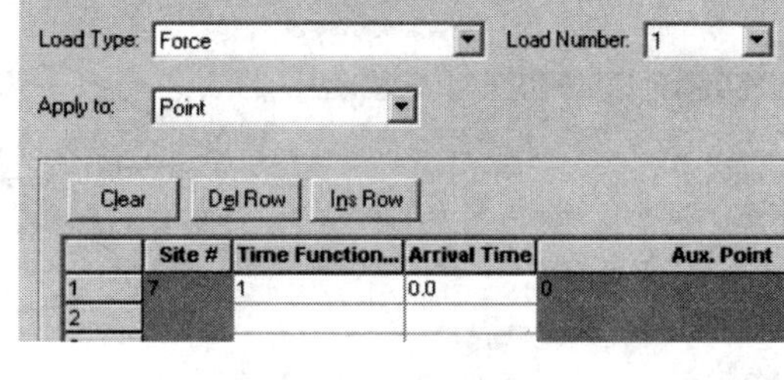

图　8-459

网格划分

定义单元组

AUI:【Meshing】>【Element Groups…】,点击添加【Add】定义单元组 1(Element Group 1),定义单元类型为 truss,选择已经定义的第 1 种材料,选择 Displacement 为大变形(Large)如图 8-460 所示。

定义横截面积

AUI:【Model】>【Element Properties】>【Truss】,使用 Auto 功能,将 Line1-12 的 Section Area 设置为 317。

划分单元

AUI:【Meshing】>【Create Mesh】>【Lines… 】选择【truss】,选择第 1 个单元组,选择每个单元的节点数为 2,在右侧的表格中输入需要划分的线号 1 到 12,可用自动方法输入线号。如图8-461,图 8-462 所示。

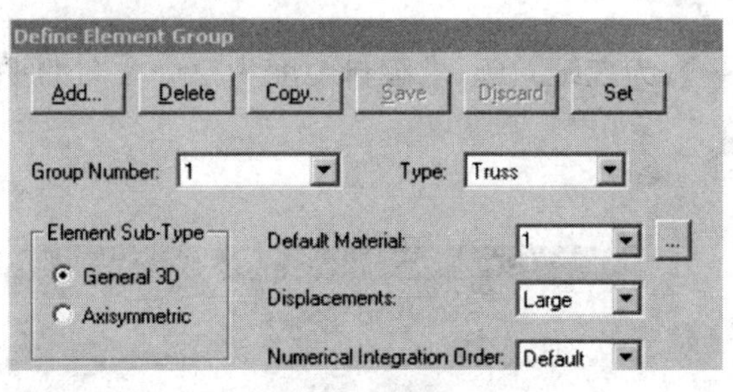

图　8-460

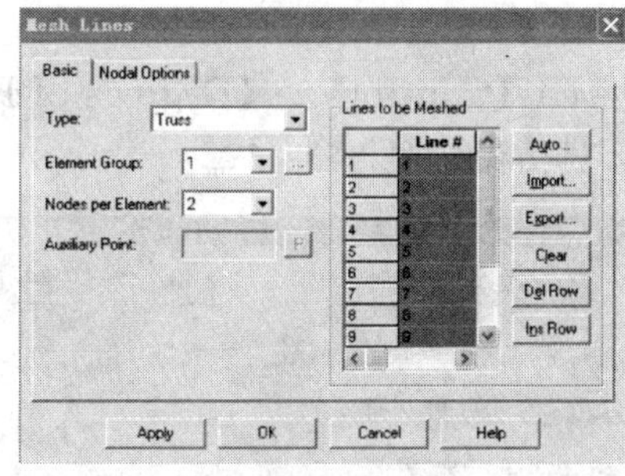

图　8-461

至此有限元模型建立完成,打开节点编号、单元编号、荷载显示按钮、边界条件显示按钮,最终的有限元模型结果如图 8-463 所示。

求解控制

定义分析类型

定义分析类型为屈曲分析(collapse analysis),点击定义 LDC 算法控制参数。首先定义预先假定的初始位移,指定点 7 在 Z 向的位移为－0.01,指定允许的最大位移为 60,Alpha 为缺省值 3,选择进行后屈曲分析【continue after First critical point is Reached】,允许的最大划分【Maximum Subdivision Allowed】为 10。如图 8-464 所示。

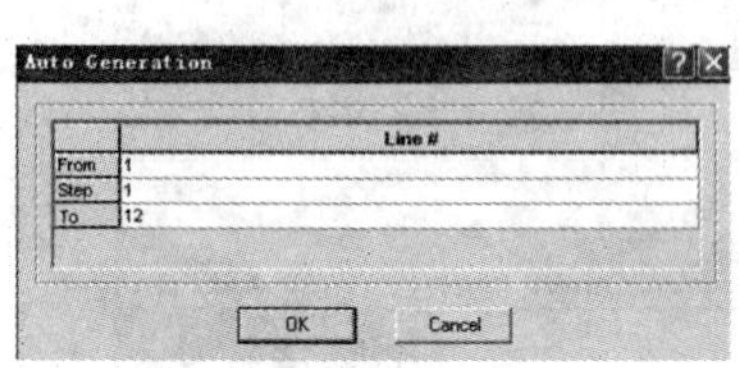

图 8-462

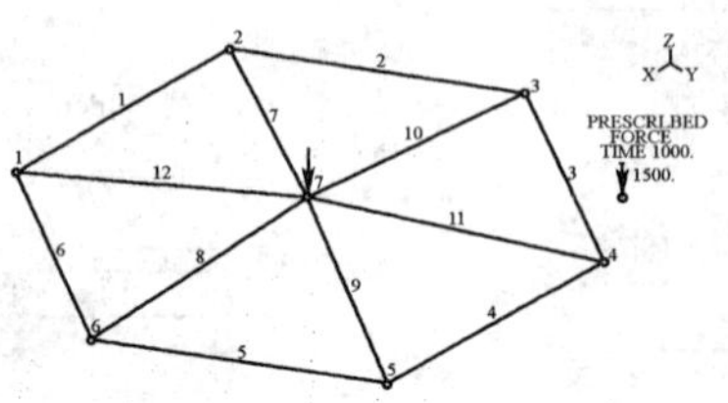

图 8-463

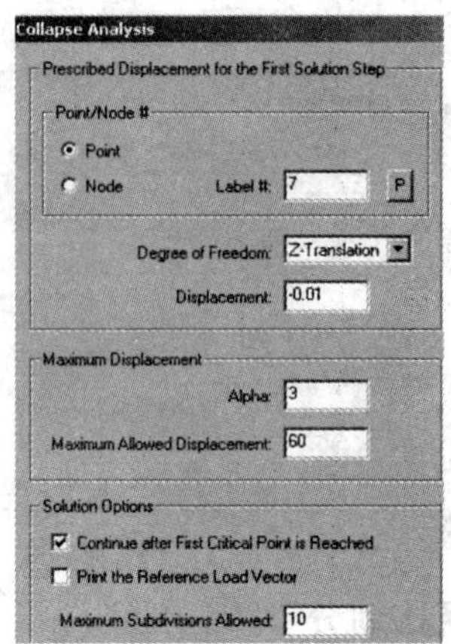

图 8-464

设置时间步

AUI:【Control】>【Time Step…】,定义时间函数如图 8-465 所示,计算步数为 1000。LDC 方法中时间步的定义一定要大于所需要的时间步,尽量给大些。最终实际的计算步数是程序自定的。

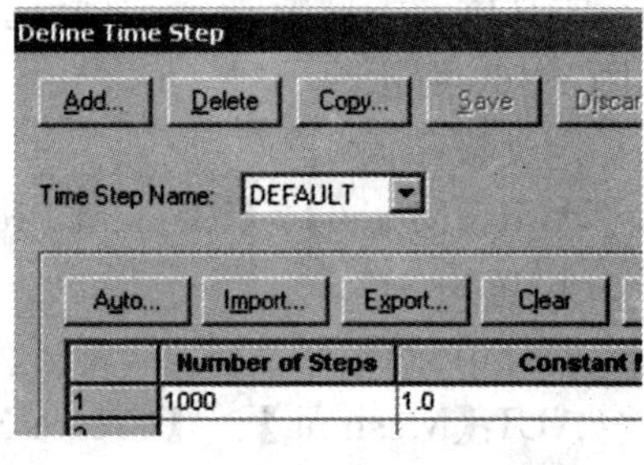

图 8-465

设置时间函数

AUI:【Control】>【Time Function…】,在弹出的对话框中修改时间函数 1,定义见图 8-466,表示荷载在初始时刻不加,在 1000 时全部加满。LDC 方法中时间函数的定义实际上不起作用,用默认的也可以。

设置求解自由度

AUI:【Control】>【Degrees of Freedom…】,为三维问题,求解自由度为三个方向的平动位移,具体设定见图 8-467。

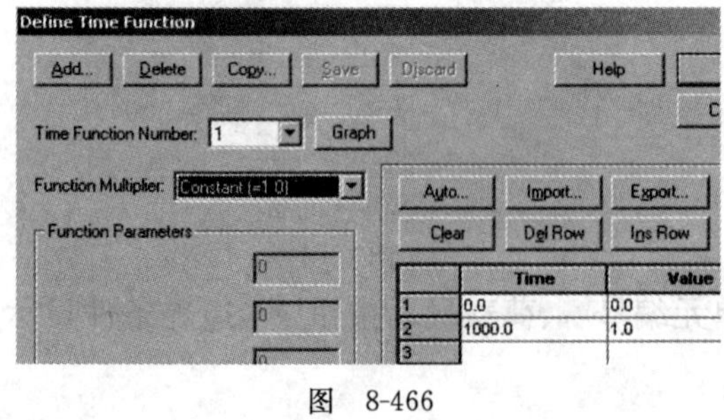

图 8-466

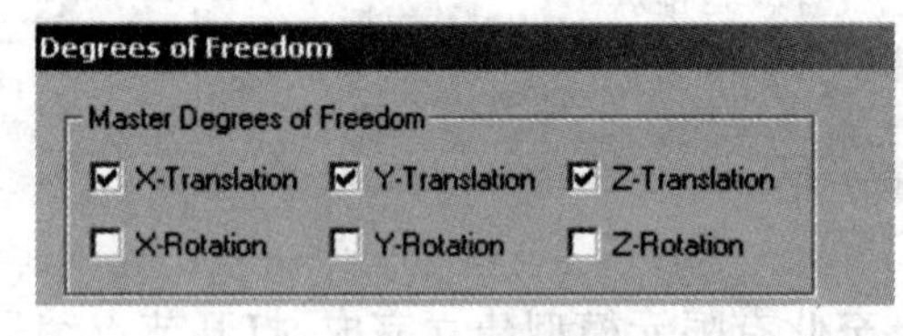

图 8-467

求解

保存为数据库文件 prob20.idb 或者为命令流文件 prob20.in 文件。说明,文件名和文件夹都不要使用中文。

点击图标,或者通过 AUI:【Solution】>【Data File/Run】输入将要生成的求解文件 prob20.dat,ADINA 开始求解。

后处理

转入后处理模块，读入结果文件 LDC. por。

列 Z 方向最大位移

AUI:【List】>【Extreme value】>【zone…】，结果显示节点 7 在 100 时刻时 Z 向位移最大为－60.3142大于预先设定的最大允许位移 60，程序以此来判断计算终止。如图 8-468 所示。

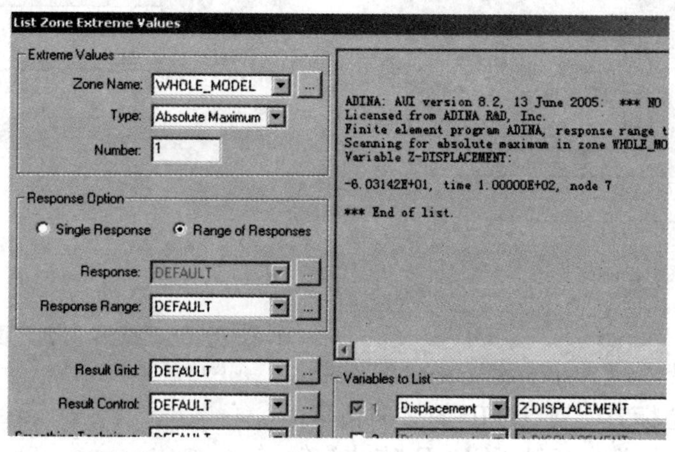

图　8-468

变形前后对比图(图 8-469)

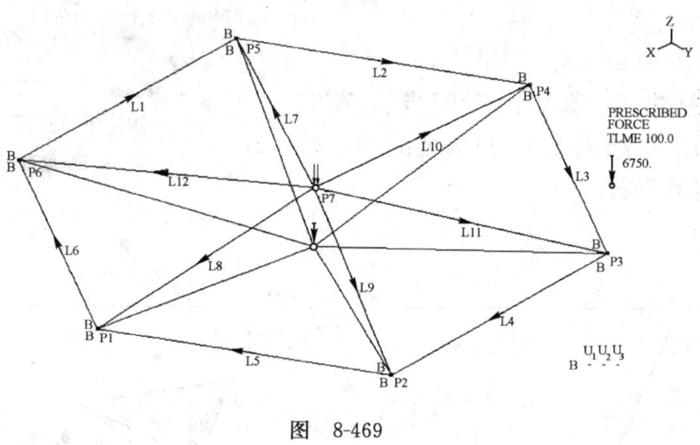

图　8-469

绘制荷载—位移曲线

定义模型点

在绘制荷载—位移曲线时采用几何点，首先在后处理模块中读入 ADINA 前处理数据库文件(idb 文件)，然后再读入后处理文件(. por)。

AUI:【Definitions】>【Model Point (Combination)】>【General…】，在弹出的对话框中选择增加一个名为 TIP 的几何点 7。如图 8-470 所示。

定义结果变量

AUI:【Definitions】>【Variable】>【resultant…】，在弹出的对话框中定义一个名为

force 的变量，其表达式为 Z 向预先施加的荷载的反向。具体设置见图 8-471。

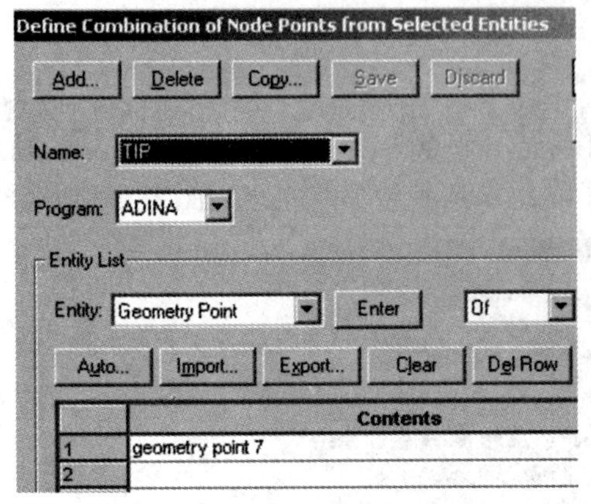

图 8-470

图 8-471

绘制曲线

AUI:【graph】＞【response curve (model point)…】,设置 X 坐标为模型点 TIP 的 Z 向位移，Y 向坐标为用户自定义的变量 FORCE，点击【确定】得到最后绘制图形，图形坐标范围、标志均可修改。如图 8-472 所示。

最后绘制图形如图 8-473。

注意:LDC 算法中，荷载大小、时间步长、荷载时间函数的选择与求解结果无关，只需要时间步数要大于所需要的求解步数。

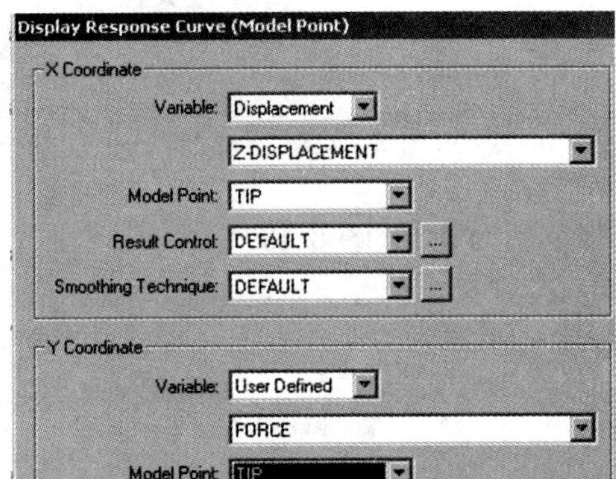

图 8-472

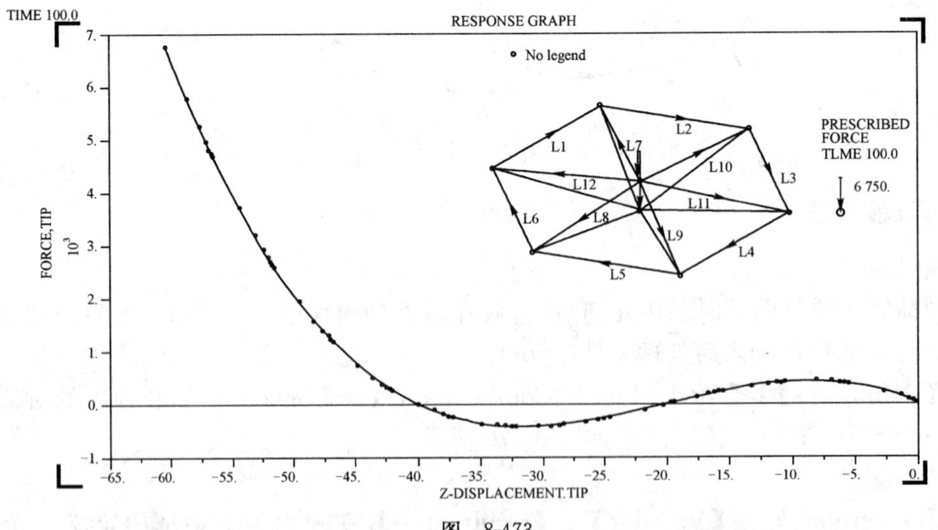

图 8-473

实例 21　受均匀拉力的中心开孔板

问题描述

本题是为了演示 Analysis Zooming(又称子区模型或子模型)的操作方法。子模型是得到模型部分区域中更加精确解的有限元技术。

在有限元分析中往往出现这种情况:对于用户关心的区域(如应力集中区域),网格太疏不能得到满意的结果,而对于这些区域之外的部分,网格已经足够密了。子模型方法又称切割边界位移法,或特定边界位移法。

切割边界是子模型从整体的较粗糙模型分割开的边界。整体模型在切割边界的计算位移值即为子模型的边界条件。

子模型是基于圣维南原理:即如果实际分布载荷被等效载荷代替之后得到的应力和应变,只在载荷施加位置有改变。

除了求得模型部分区域精确解外,子模型还有以下优点:

减少甚至取消有限元实体模型中所需的复杂的传递区域

用户可以在感兴趣的区域就不同设计(如不同圆角半径)进行分析

帮助用户证明网格划分是否足够细

步骤

生成并分析较粗糙模型

生成子模型

提供切割边界插值

分析子模型

验证切割边界和应力集中区域的距离足够远

启动 AUI,选择模块

选择结构计算模块 ADINA Structure,选择静力分析【Statics】。

几何模型

几何模型按照对称关系只建立四分之一模型。

建立点

【Geometry】>【Point】下,或单击【Define Points】图标,定义点 1~6。

Point #	X1	X2	X3	System...
1	0.0	0.0	0.0	0
2	0.0	0.1524	0.0	0
3	0.0	1.8288	0.0	0
4	0.0	0.0	0.1524	0
5	0.0	0.0	1.8288	0
6	0.0	1.8288	1.8288	0

建立线

【Define Lines】图标■,然后单击【Add..】按钮定义1号线,为Arc类型如图8-474所示。

单击【Geometry】>【Line】>【Split Line】下,定义切分线,做出弧线中点的辅助点。如图8-475所示。

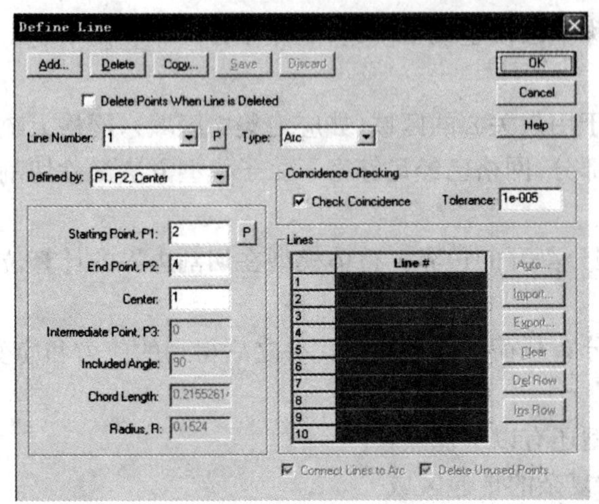

图 8-474

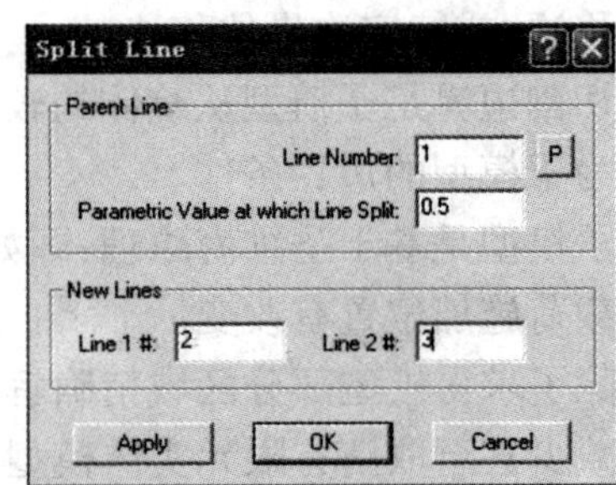

图 8-475

【Geometry】>【Surface】下,定义面1和2如图8-476、图8-477所示。

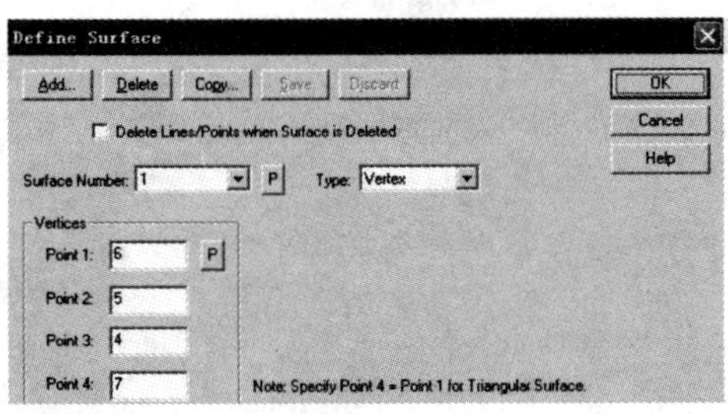

图 8-476

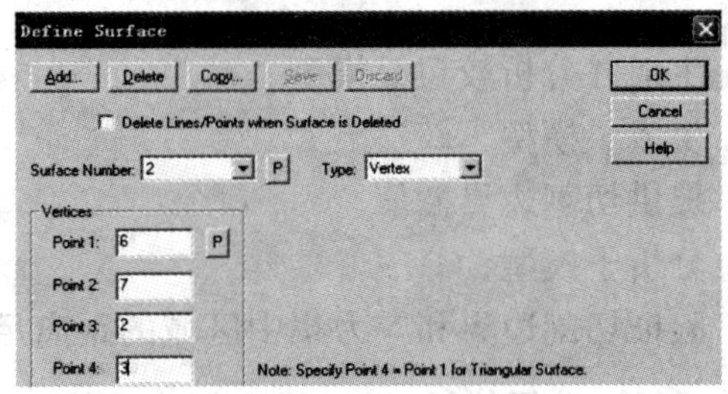

图 8-477

显示几何模型(图8-478)

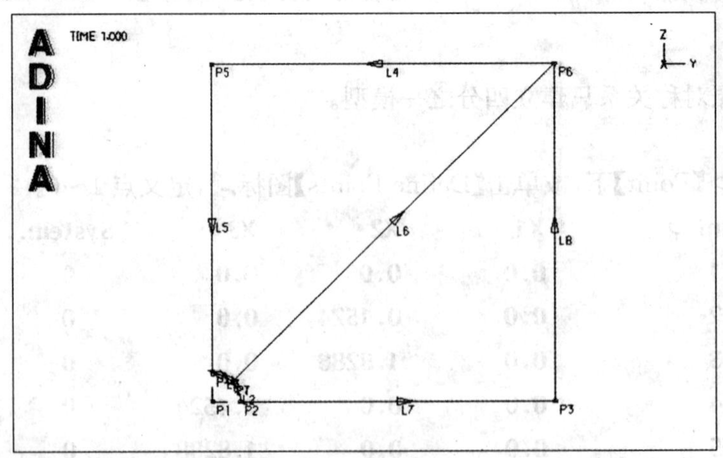

图 8-478

定义材料

单击【Manage Materials】图标M,选择【Elastic Isotropic】按钮。在 Define Isotropic Linear Elastic Material 对话框中，增加 material 1,如图 8-479 所示定义,然后单击【OK】。单击【Close】按钮关闭 Manage Material Definitions 对话框。

定义并施加荷载

单击【Apply Load】图标打开 Apply Load 对话框。确认 Load Type 是 Pressure 后,单击 Load Number 区域右侧的【Define...】按钮。在 Define Pressure 对话框中,增加 Pressure 1,值为−1 000,单击【OK】。把 Apply Load 对话框中 Apply to 设为 Line,表的第一行的 Site #设置为 8,然后单击【OK】关闭 Apply Load 对话框。如图 8-480、图 8-481 所示。

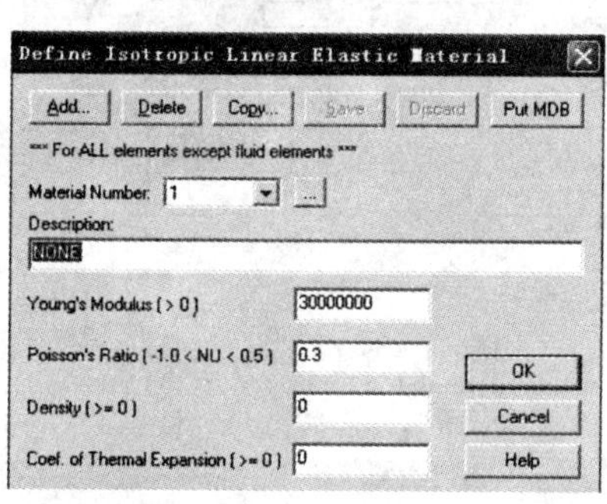

图 8-479

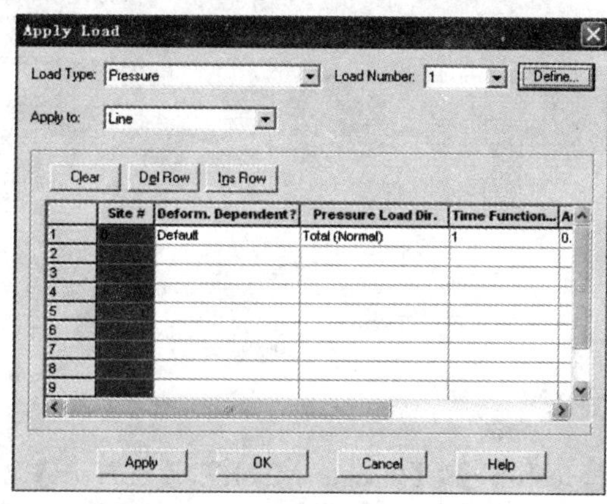

图 8-480

定义单元组

单击【Define Element Groups】图标,增加 group 1,把 Type 设置为 2D-Solid,Element Sub Type 设置为 Plane Stress,然后单击【OK】如图 8-482 所示。

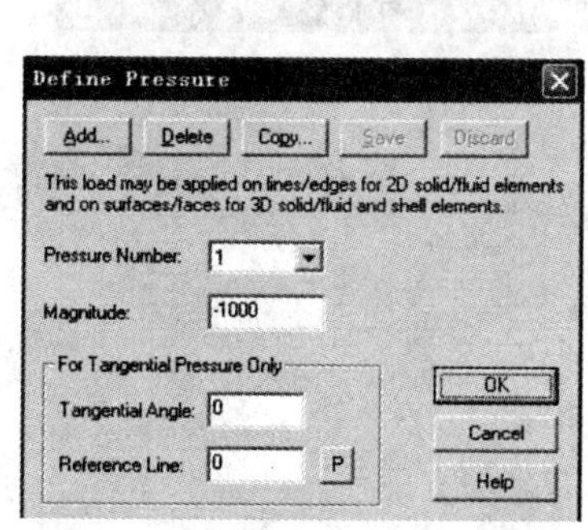

图 8-481

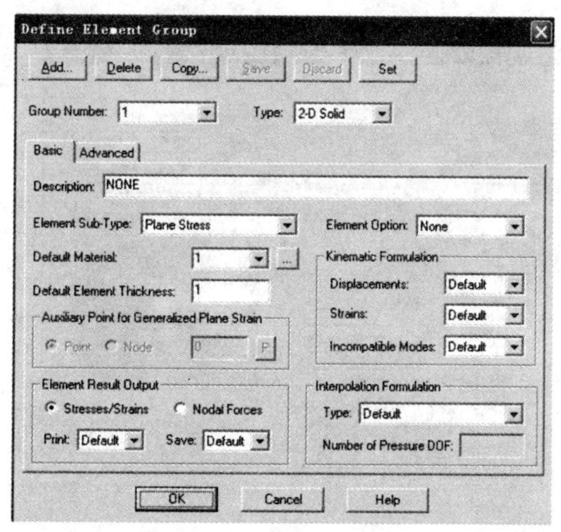

图 8-482

指定网格大小

【Meshing】>【Mesh Density】>【Complete Model】下，先指定整个模型的网格大小。如图 8-483 所示。

【Meshing】>【Mesh Density】>【Line】，再指定模型局部的网格大小。如图 8-484 所示。

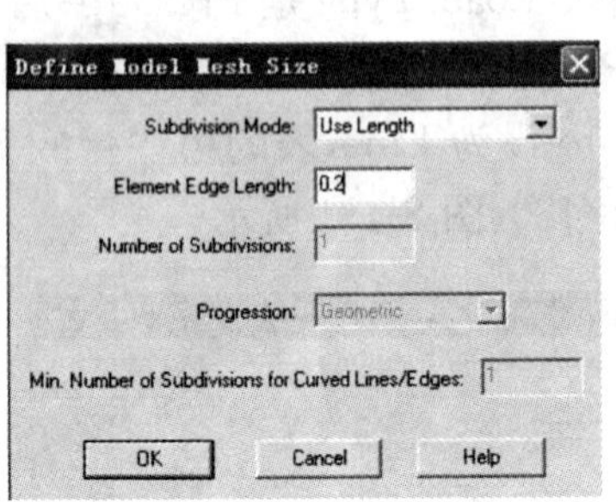

图 8-483

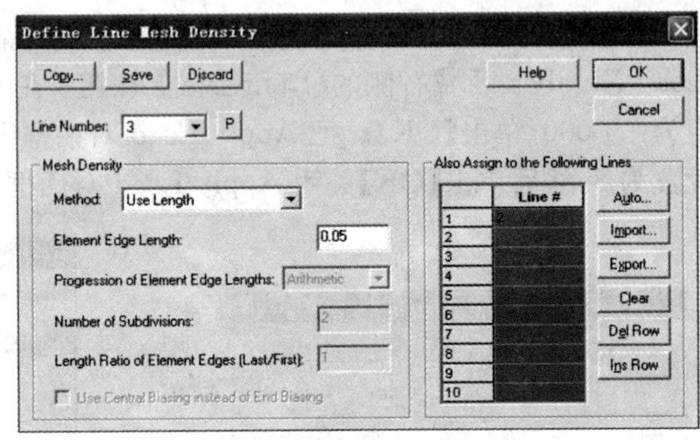

图 8-484

划分网格

【Meshing】>【Create Mesh】>【Surface】，如图 8-485 所示定义。

定义并施加约束

【Model】>【Boundary Conditions】>【Apply Fixity】，单击【Define】按钮，如图 8-486、图 8-487所示定义约束条件 YT 和 ZT。

在 Apply Fixity 对话框中，分别对 Line5 和 7 施加相应约束。如图 8-488 所示。

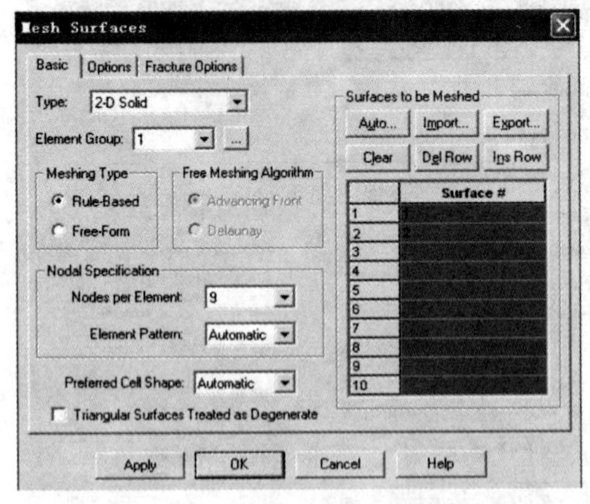

图 8-485

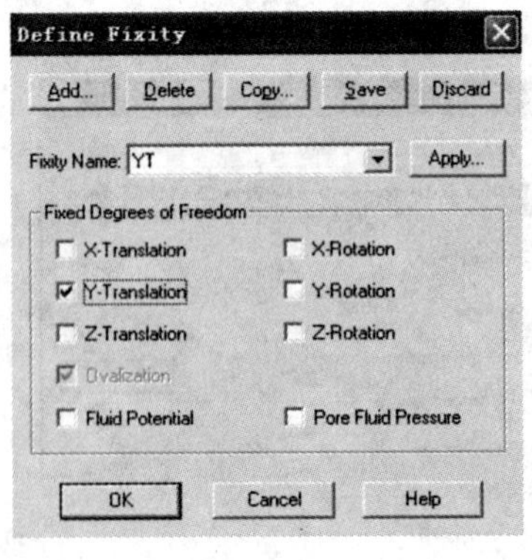

图 8-486

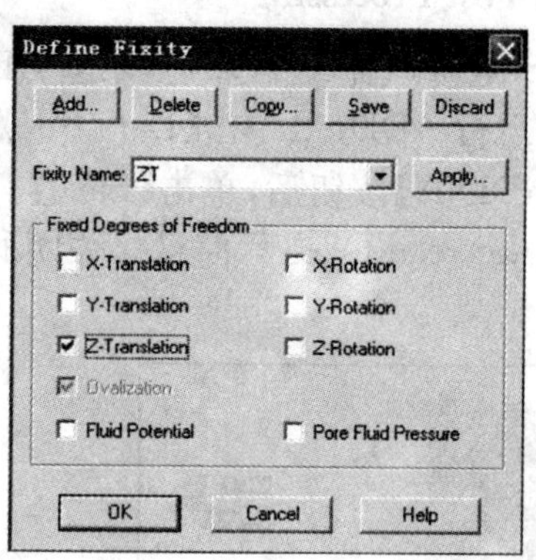

图　8-487

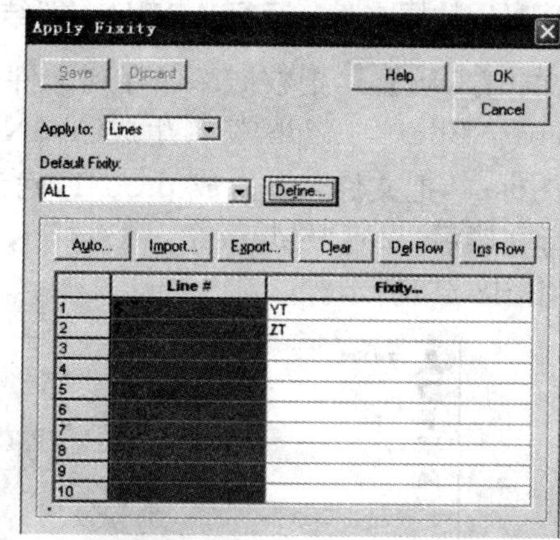

图　8-488

定义模型控制参数

【Control】>【Mapping (. map) …】下，选择【Create Mapping File for Zoom Analysis】，这样计算完成后会生成 *. map 的映射文件，后边的局部模型分析时会用到。如图 8-489 所示。

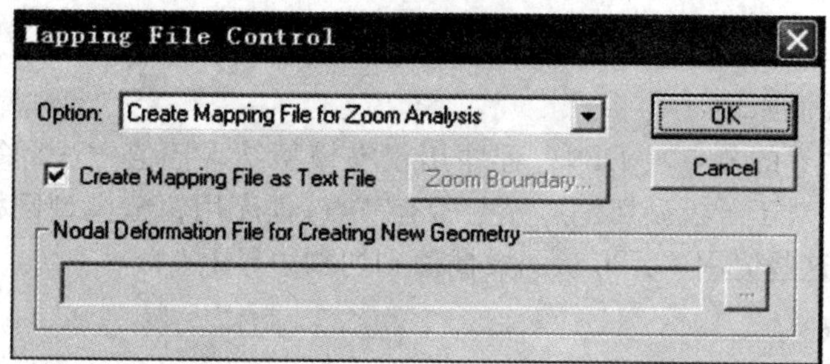

图　8-489

显示图形(图 8-490)

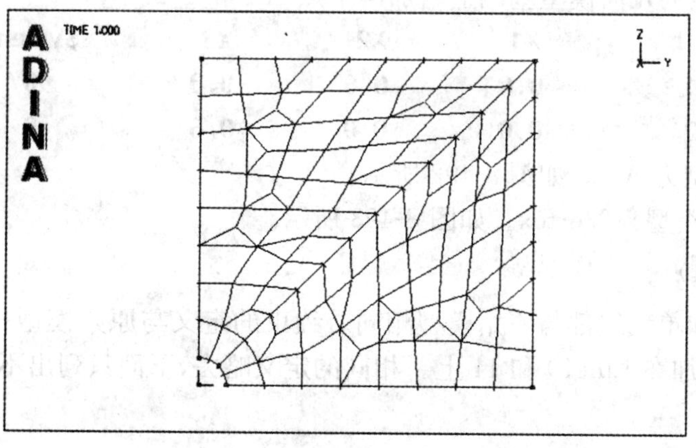

图　8-490

生成 ADINA 数据文件，运行 ADINA，把结果文件载入到 Post-Processing

先单击【Save】，把数据库保存到文件 prob21 中（“Save as type” 区域应该是“ADINA-IN Database Files (*.idb)”)。生成 ADINA 数据文件并运行 ADINA，单击【Data File】/【Solution】图标，把文件名设置成 prob21，确认选了【Run ADINA】按钮后，单击【Save】。ADINA 运行完毕后，显示“Solution successful, please check the results”提示信息。关闭所有对话框。如图8-491所示。

图 8-491

定义子区模型

生成切割边界插值原理：

用户定义切割边界的节点，ADINA 程序用粗糙模型结果插值方法计算这些节点上的自由度数值(位移等)。对于子模型切割边界上所有节点，程序用粗糙模型网格中相应单元确定自由度数值，然后将这些值用单元形状函数插值到切割边界上。

启动 AUI，选择模块

启动 AUI，从程序模块的下拉式列表框中选 ADINA Structures，选择静力分析【Statics】。

几何模型

在原有粗糙模型的几何模型基础上增加两个点 101 和 102。

Point #	X1	X2	X3	System...
101	0.0	0.6	0.0	0
102	0.0	0.0	0.6	0

定义 Line9，类型为 Arc。如图 8-492 所示。

定义 Surface3，类型为 Vertex。如图 8-493 所示。

显示几何模型(8-494)

子模型的材料和单元组都与原始模型相同。约束的定义与原始模型相同，只是施加的位置不同，子模型是施加在 Line10 和 11 上。相同的定义略去，下面只列出不同之处。

指定网格大小

【Meshing】>【Mesh Density】>【Surface】下，仅对感兴趣的区域 Surface3 细划网格。如图 8-495所示。

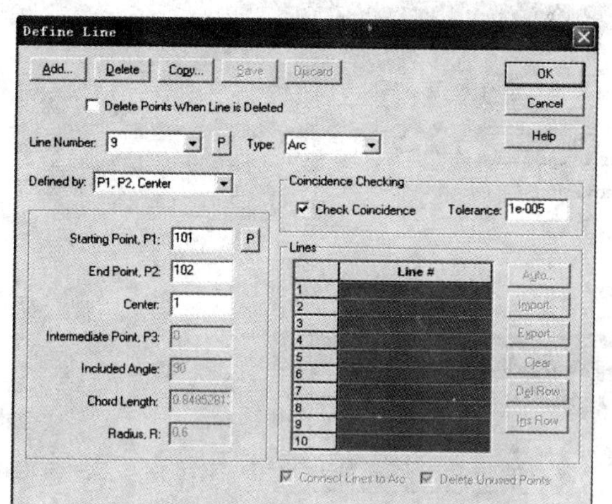

图　8-492

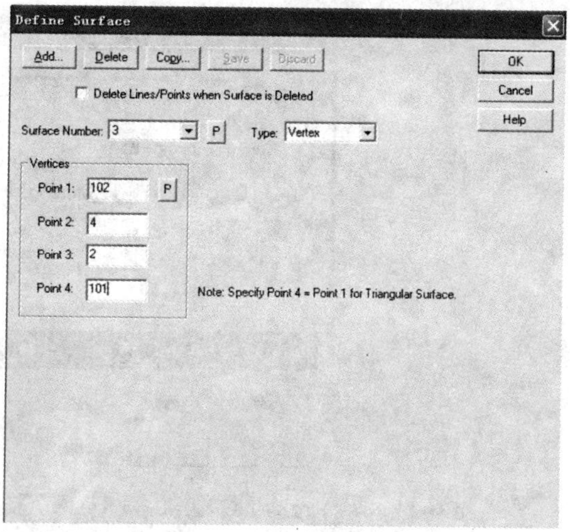

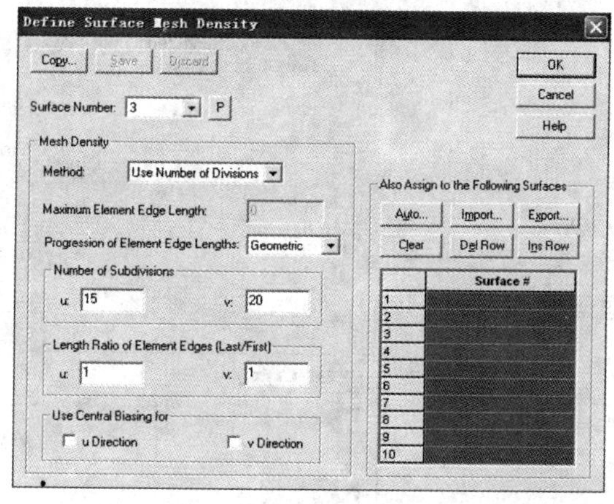

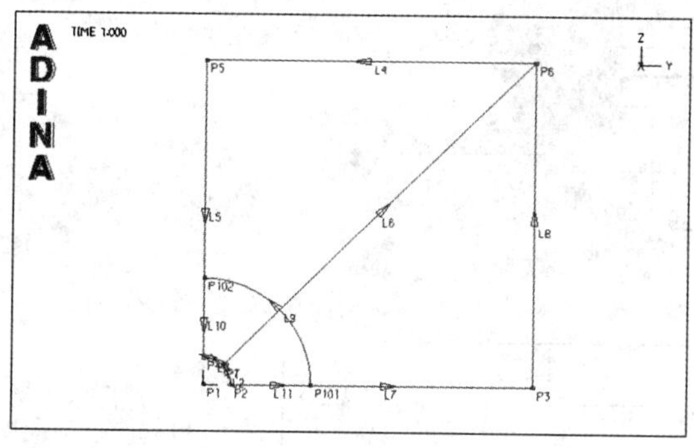

图　8-494

图　8-493

图　8-495

划分网格

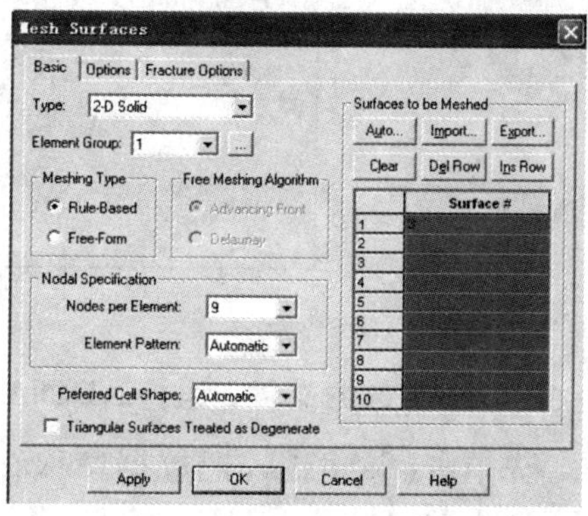

图　8-496

【Meshing】>【Create Mesh】>【Surface】，仅对 Surface3 划分网格。如图 8-496 所示。

定义模型控制参数

【Control】>【Mapping（.map）…】，选择【Read Mapping File for Zoom Analysis】，单击【Zoom Boundary】，选择的面是在原来模型的内部。

如果不定义 Zoom Boundary，那么所有的边界都默认为在原来模型的内部。如图 8-497 所示。

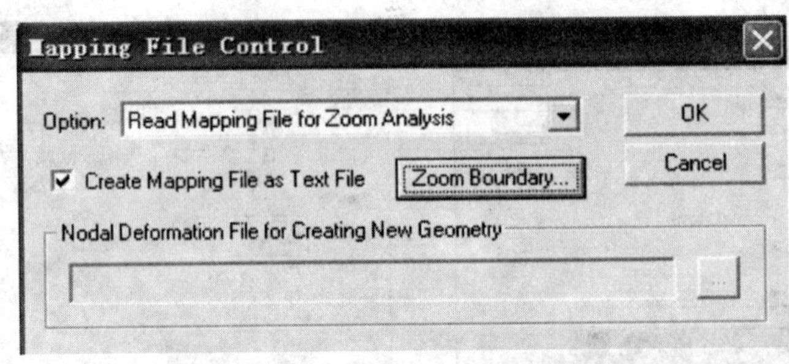

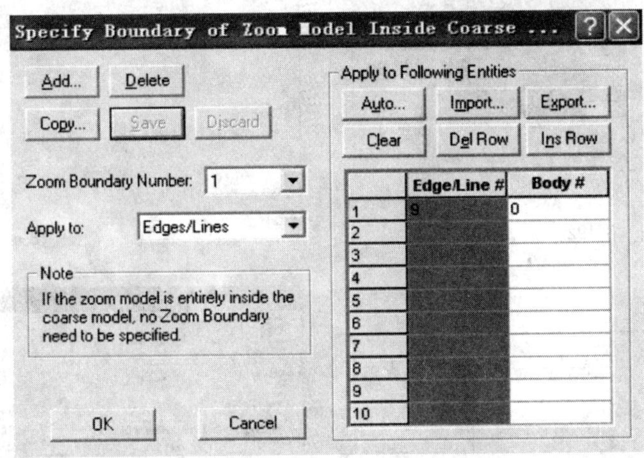

图 8-497

显示模型(图 8-498)

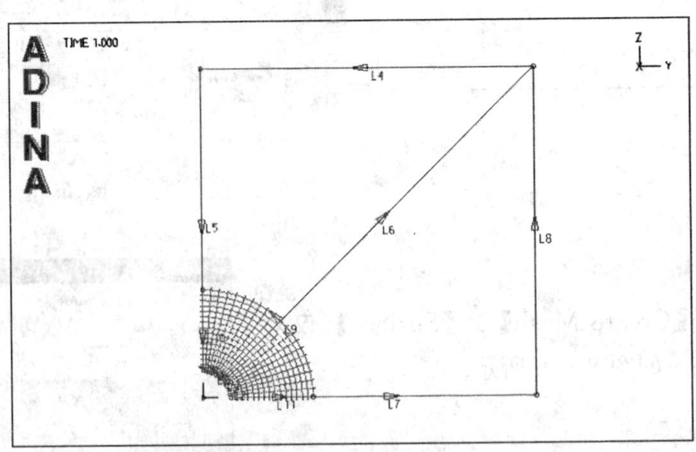

图 8-498

生成 ADINA 数据文件，运行 ADINA，把结果文件载入到 Post-Processing

先单击【Save】，把数据库保存到文件 prob21-zoom 中（"Save as type" 区域应该是"ADINA-IN Database Files (＊.idb)"）。生成 ADINA 数据文件并运行 ADINA，单击【Data File/Solution】图标，把文件名设置成 prob21，dat 文件的名称要与前一步相同，这样会覆盖

前一步结果，如果想要保留，需要事先保存。确认选了【Run ADINA】按钮后，单击【Save】。ADINA 运行完毕后，显示“Solution successful, please check the results”提示信息。关闭所有对话框。从程序模块的下拉式列表框中选择【Post-Processing】，单击【Yes】，其余选默认，单击【Open】，打开结果文件 prob21。

后处理

图 8-499 中给出应力分布结果。

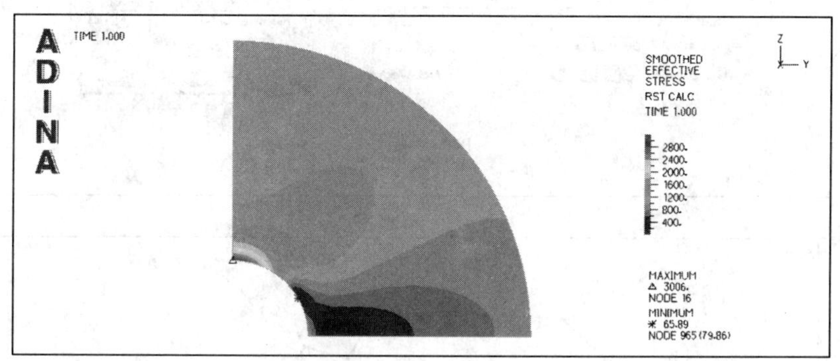

图　8-499

检验切割边界与应力集中位置的距离是否足够

可以比较切割边界上的结果(应力、应变)与粗糙模型相应位置的结果是否一致来验证。如果符合的很好，证明切割边界的选取是正确的。如果不符合的话，应该重新在离感兴趣部分更远的切割边界上生成子模型，再次计算。

【Definition】>【Model Line】>【Node】下，定义切割边界上的节点。如图 8-500 所示。

Define Model Line (Sequence of Nodal Points)

Add... Delete Copy... Save Discard OK Cancel

Model Line Name: L2

Defaults: Substructure: 0 Reuse: 1 Node #: 1 P Weight: 1

Node Points: Auto... Import... Export... Clear Del Row Ins Row

	Substructure	Reuse	Node #	Weight
1	0	1	1	
2	0	1	17	
3	0	1	33	
4	0	1	49	
5	0	1	65	
6	0	1	81	
7	0	1	97	
8	0	1	113	
9	0	1	129	
10	0	1	145	

图　8-500

【Graph】>【Response Curve (Model Line)】下，画出子区模型切割边界上节点的应力结果。如图 8-501～图 8-503 所示。

原始模型上相应于切割边界位置附近节点上的应力分布。从上面的结果可以看出，我们所取得切割边界已经足够远。子模型的最大等效应力值为 3 006，较粗模型最大应力值 2 517 约 20%。

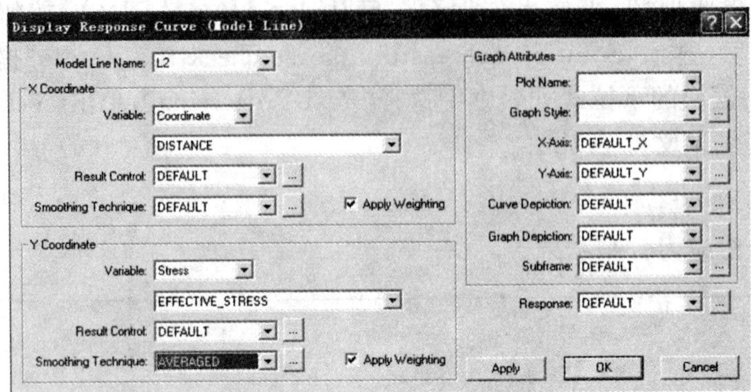

图 8-501

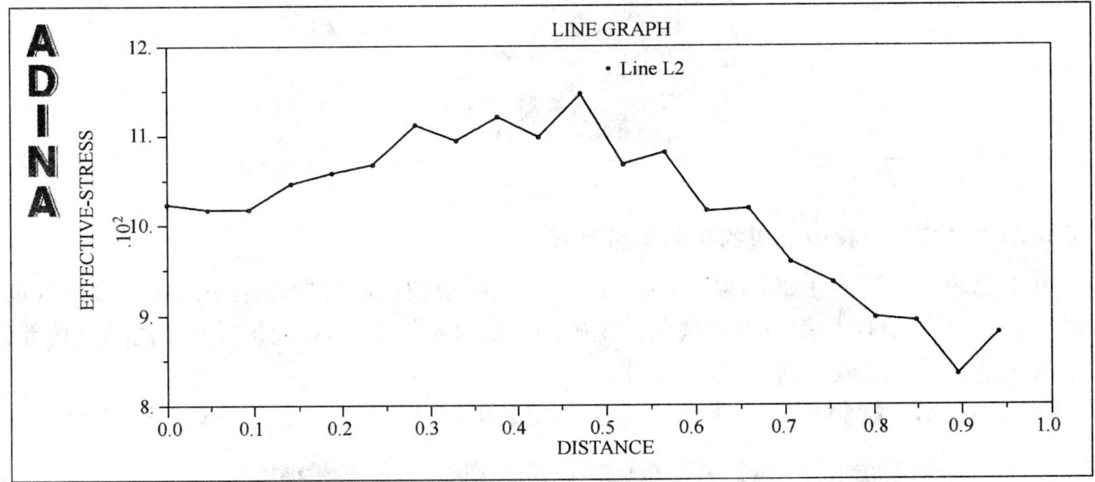

图 8-502

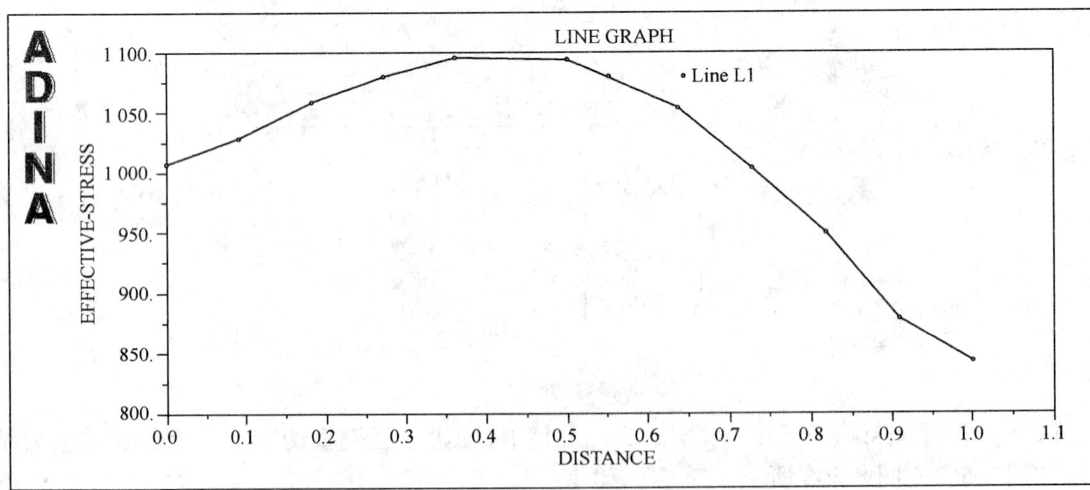

图 8-503

附　　录

Skew System(斜坐标系)

斜坐标系也需要用户自行定义,可以是直角坐标,也可以是柱坐标或球坐标。

斜坐标系标示了节点自由度的局部方向,不能用于几何模型的建立。在前处理中,斜坐标系用于节点自由度方向的荷载、位移、约束等的施加。

用菜单【Model】>【Skew Systems】>【Define…】来定义斜坐标系,其定义的方法很多,如附图1所示。定义完成后,菜单【Model】>【Skew Systems】>【Apply…】将所定义的斜坐标系指定到某一几何对象上,如附图2所示。需要说明的是,定义斜坐标系时,若选择的Type为【Normal】,则只需要给定斜坐标系Name即可,指定到某一几何对象后,斜坐标系的一个坐标轴将垂直于该几何对象。后处理中,可以得到对应于斜坐标系的位移结果:A-DISPLACEMENT 、B-DISPLACEMENT、C-DISPLACEMENT,而没有被指定斜坐标的模型部分,其斜坐标系的位移结果默认为整体坐标系的结果。注意,斜坐标系中不会有应力、应变结果。

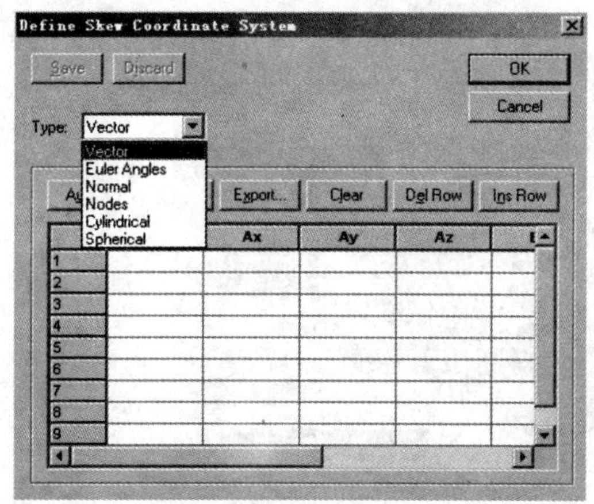

附图1　定义斜坐标对话框

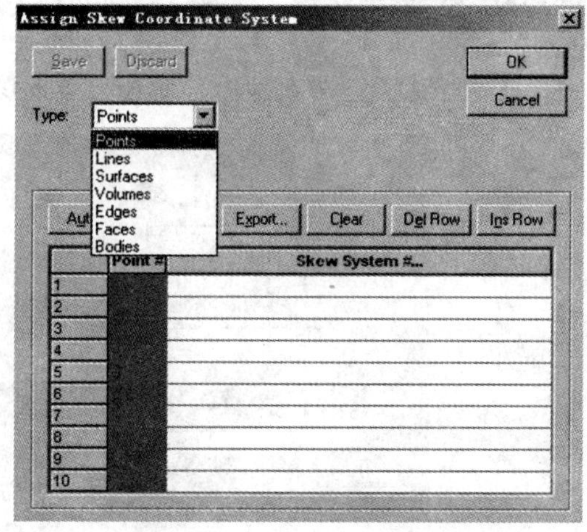

附图2　施加斜坐标对话框

两体(面、线)共用一个面(线、点)时,若两体(面、线)分别被指定了不同的斜坐标系,则应明确指定所共用的面(线、点)的斜坐标系。

Geometry Triads(几何的三坐标架)

几何的坐标架为依附于几何实体的局部坐标。在指定网格大小时,要求根据不同的方向来指定,这时可以打开依附于面或体的坐标架来查看几何的方向。

打开面号的显示,则会显示面的坐标架标示u、v方向及外法线方向,如附图3所示;打开体号的显示,则会显示体的坐标架标示体的u、v、w三个方向,如附图4所示。

附图 3　　　　附图 4

一般来说，用 Vertex 方式建立面时，所选择的点中第一点到第二点的方向即为 u 方向，用 Patch 方式建立面时，第一条线的方向即为 u 方向；如果体是用 Extrude 方式建立，则拉伸的方向即为 w 方向，所用的面决定了 u-v 平面。

Element Local Coordinate System（单元坐标系）

单元坐标系是单元的一种局部坐标，依附于所生成的单元，每个单元均有一个单元坐标系，在整个前处理、求解、后处理过程中，单元坐标系的方向是固定不变的。

单元坐标系可以用于求解（如单元刚度矩阵形成）、梁单元截面定义、结果的输出等。

用菜单【Display】>【Geometry/Mesh Plot】>【Modify】或直接点击图标，在打开窗口中点击【Element Depiction…】选项，然后在弹出的 Define Element Depiction 窗口中的 Local System Triad 栏下，选中【Display Local System Triad】，Type 选择为【Element Coordinate System】，点击【OK】两次即可显示单元坐标系，如附图 5 所示。

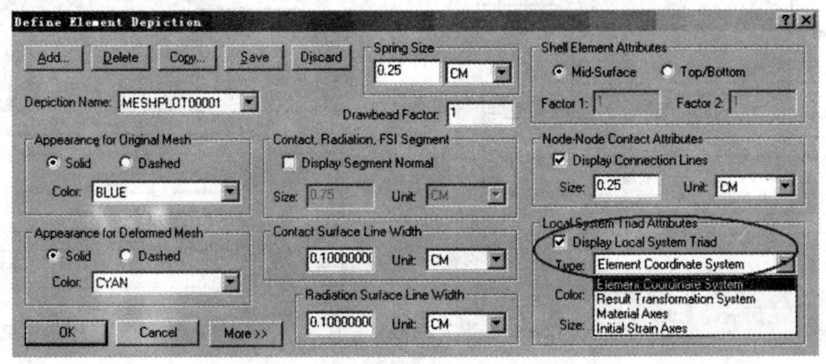

附图 5　显示单元坐标系操作窗口

注意：ADINA 中单元的初始应变（或者以初始应变方式施加的初始应力）并不是施加于单元坐标系，而是施加于单元的另外一种局部坐标：初始应变轴；同样，对于正交各向异性材料，正交的材料特性也是基于单元的另一种局部坐标：材料轴。

单元坐标系的方向与单元的形状有关，不一定与整体坐标系平行。另外，对于二维实体（2D-Solid）类型的单元，单元的外法线法方向（t 方向）不一定与生成单元的几何面的外法线方向相同，而对于壳（shell）单元，生成的单元的外法线方向与几何面的外法线方向默认相同，但可以在划分壳单元时反向。

后处理中,STRESS(RST)与 STRAIN(RST)即为基于单元坐标系的应力、应变结果。注意,单元坐标系中不会有位移结果。前面提到过,3D Plane Stress 单元标有 YY、ZZ 的结果也是单元坐标系的结果。对于壳单元,可以在 Define Element Group 窗口中选择应力的参考系(默认为 Global),如附图 6 所示,当 Stress Reference System 选择为【Local】或者【Mid-Surface】时(二者有区别,可参考理论手册),则后处理中即可得出 STRESS(RST)与 STRAIN(RST)的结果,而不会有整体坐标系的 STRESS(XYZ)、STRAIN(XYZ)结果。

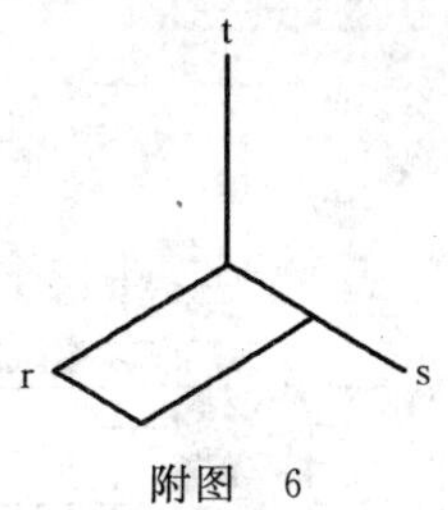

附图 6

Orthotropic Axes System(用于与初始应变轴或材料轴对齐的正交轴系)

正交轴系需要用户自行定义,其实是由三个互相正交的向量组成,故只能是类似直角坐标的形式。如附图所示。

只用于将初始应变轴或材料轴与所定义的正交轴系对齐,达到调整单元的初始应变轴或材料轴方向的目的。

菜单【Model】>【Orthotropic Axes Systems】>【Define…】,如附图 8 所示,定义的方式很多,定义完成后,将几何的初始应变轴或材料轴与正交轴系对齐,即可调整几何上单元的初始应变轴或材料轴的方向:菜单【Model】>【Orthotropic Axes Systems】>【Assign(Material)…】将面、体或单元集的材料轴与定义的正交轴系对齐,如附图 9 所示。菜单【Model】>【Orthotropic Axes Systems】>【Assign(Initial Strain)…】将面、体或单元集的初始应变轴与正交轴系对齐,如附图 10 所示。

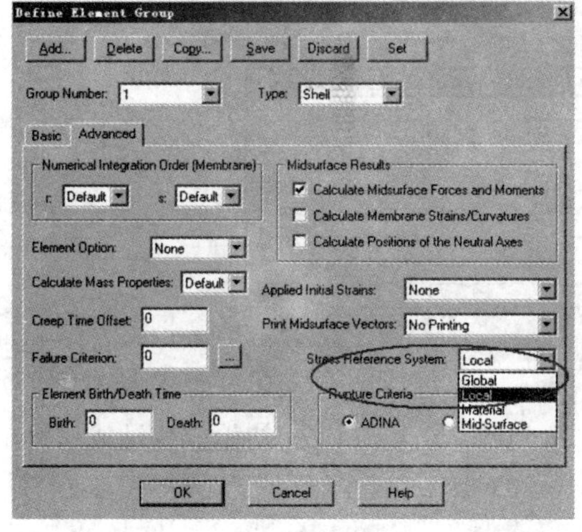

附图 7 定义单元组窗口

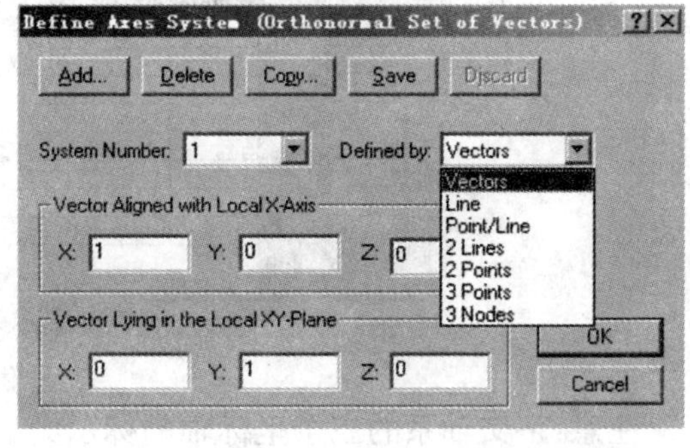

附图 8

对于 2D、Plate、Shell 单元,(注意,3D 单元不可以),还可以用下面的方式定义正交轴并同时直接将单元的材料轴或初始应变轴与之对齐。

菜单【Model】>【Orthotropic Axes Systems】>【Specify to Elements(Material)…】

菜单【Model】>【Orthotropic Axes Systems】>【Specify to Elements(Initial Strain)…】

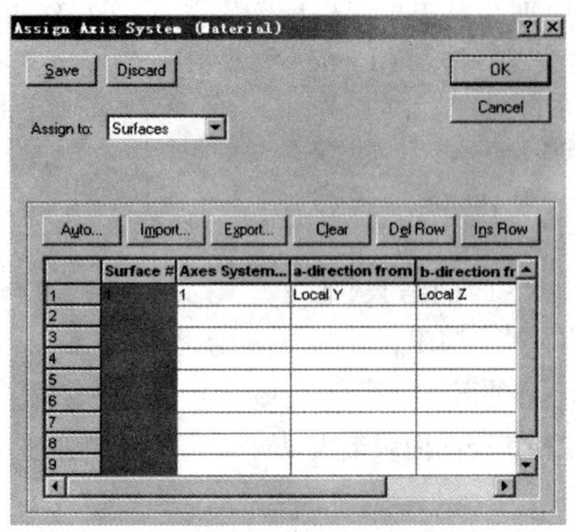

附图 9

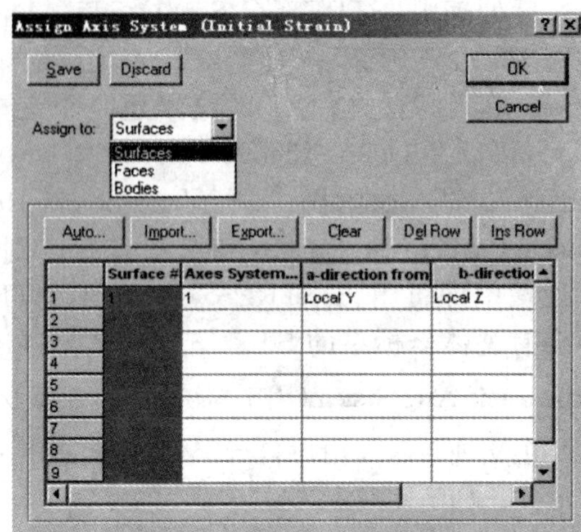

附图 10

对于几何体，（几何面不可以），也可以用另外的方式将该体的材料轴或初始应变轴与已经定义好的正交轴系对齐。

菜单【Model】>【Element Properties】>【3D-Solid…】，如附图 11 所示。

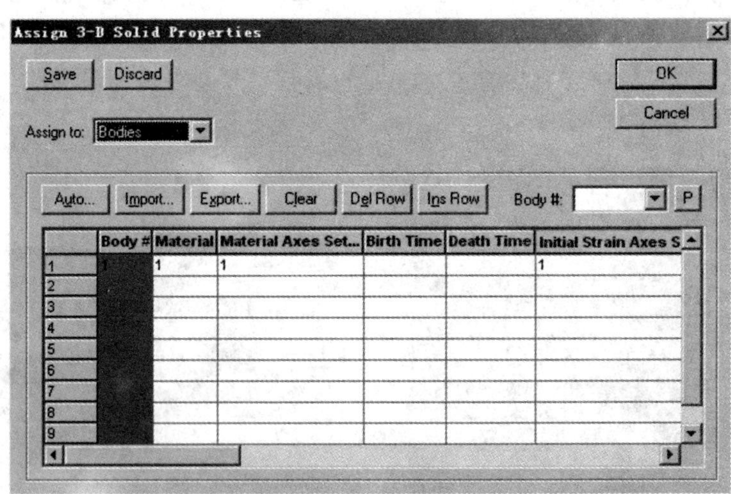

附图 11

注意：正交轴系的三个坐标轴的标示为 Local X、Local Y、Local Z。初始应变轴或材料轴三个坐标轴的标示为 a、b、c。

Initial Strain Axes（初始应变轴）

初始应变轴依附于每个单元，ADINA 中已经默认存在，如附图 12 所示，但多数情况下需要与定义的 Orthotropic Axes System 对齐，以调整初始应变轴的方向。

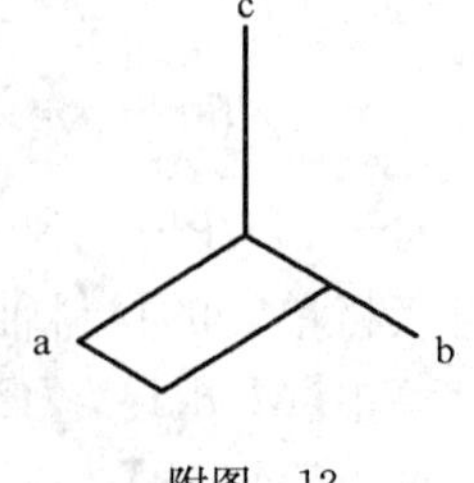

附图 12

定义初始应变（或以初始应变方式所加的初始应力）的施加方向。

只有在定义单元组中选择了有初始应变，如附图 13 时，才可以显示单元的初始应变轴，菜单【Display】>【Geometry/Mesh Plot】>

【Modify…】(或直接点击图标)，点击【Element Depiction…】，在弹出的“Define Element Depiction”窗口中的 Local System Triad 栏下，选中 Display Local System Triad，Type 选择为 Initial Strain Axes，点击【OK】两次即可显示单元的初始应变轴。

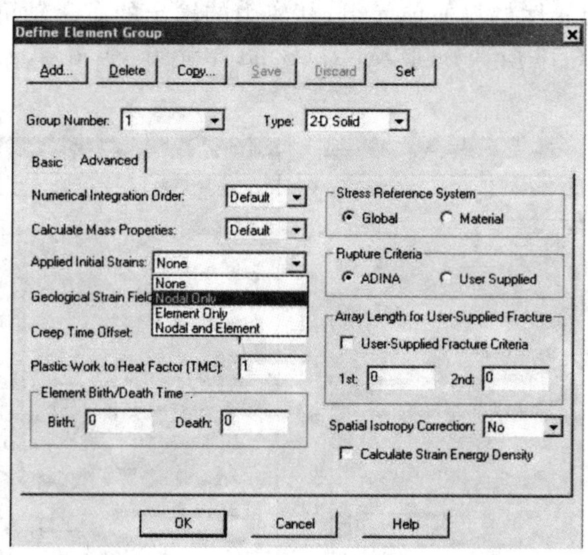

附图 13

注意：默认情况下，单元的初始应变轴与单元坐标系不一定对齐，默认的各个单元初始应变轴的方向与单元形状有关，也不一定与整体坐标系对齐。一般来说，用于计算的初始应力场取自于前次计算结果的整体坐标系，而作为本次计算初始应力时，是施加于初始应变轴的方向，故要判断是否要对初始应变轴的方向进行调整：对于平面问题，初始应力场列出的顺序为(YY、ZZ、XX、YZ、XY、XZ)，显示各单元的初始应变轴，查看各单元初始应变轴的 a、b 的正方向是否与整体坐标的 Y、Z 的正方向分别对齐，若对齐，则不需调整，若没有对齐，则应进行调整。对于三维情况，初始应力场列出的顺序为(XX、YY、ZZ、XY、XZ 、YZ)，显示各单元的初始应变轴，查看各单元初始应变轴的 a、b、c 的正方向是否与整体坐标的 X、Y、Z 的正方向分别对齐，若对齐，则不需调整，若没有对齐，则应进行调整。

Material Axes(材料轴)

材料轴依附于每个单元，ADINA 中已经默认存在，如附图 14 所示，但多数情况下需要与定义的 Orthotropic Axes System 对齐，以调整材料轴的方向。

定义正交各向异性材料的正交方向。

只有在定义单元组时选择了正交各向异性材料，如 Elastic-Orthotropic 、Plastic-Orthotropic、Thermo-Orthotropic 等材料时，才可以显示单元的材料轴，菜单【Display】>【Geometry/Mesh Plot】>【Modify…】(或直接点击图标)，点击【Element Depiction…】，在弹出的“Define Element Depiction”窗口中的 Local System Triad 栏下，选中 Display Local System Triad，Type 选择为【Material Axes】，点击【OK】两次即可显示单元的材料轴。

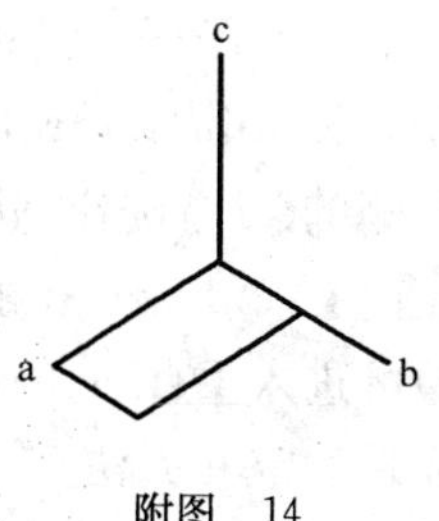

附图 14

注意:默认情况下,单元的材料轴与单元坐标系不一定对齐,默认的各个单元的材料轴的方向与单元形状有关,也不一定与整体坐标系对齐。定义并使用各向异性材料时应注意,对于平面问题,材料轴的 a-b 平面指的是整体坐标系的 YZ 平面,轴 a、b 的具体方向根据需要进行调整。对于使用了各向异性材料的单元组,其应力的输出的参考轴可以为材料轴(默认为 Global),如附图 15、附图 16 所示分别设定 2D-Solid 单元组、Shell 单元组的应力参考系为材料轴。

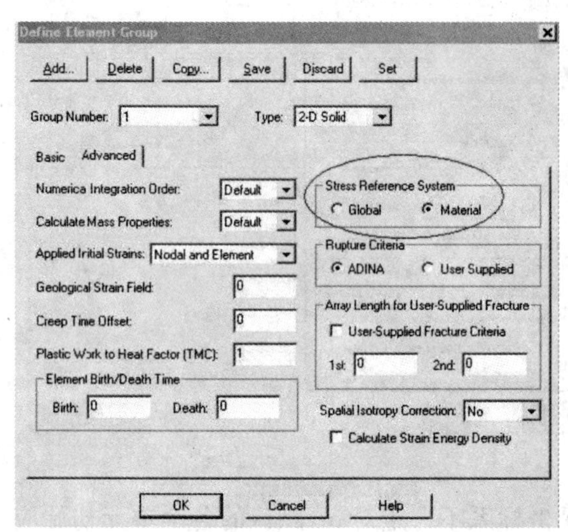

附图 15

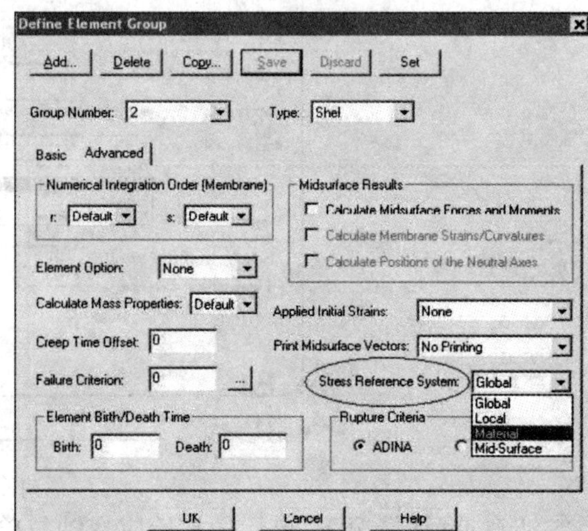

附图 16

注意:对于没有使用各向异性材料的单元组,该选择不起作用,均为 Global。后处理中,STRESS(ABC)及 STRAIN(ABC)即是基于材料轴的结果,而这时,整体坐标系的 STRESS(XYZ)、STRAIN(XYZ)将不会输出。另外,材料轴中不会有位移结果,注意区别于 Skew System 中的位移结果(标号为 A、B、C)。

Result Transformation System(结果转换坐标系)

该坐标系,如附图 17 所示,默认时为整体坐标系,需要用户自行定义所需的坐标系。可以有直角坐标、柱坐标、球坐标三种形式,局部坐标系可以用作结果转换坐标系。

用于后处理中,转换整体坐标系中的应力、应变结果到结果转换坐标系。

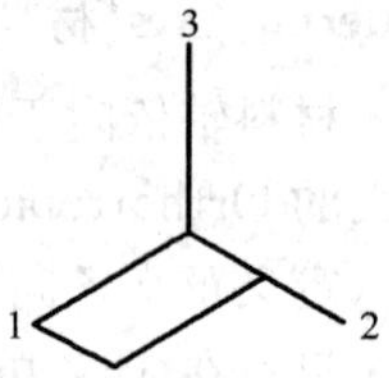

附图 17

后处理中,菜单【Display】>【Band Plot】>【Create…】(或图标▨),点击 Create Band Plot 窗口中 Result Control 项右侧的【…】按钮,进入 Define Result Control Depiction 窗口,点击该窗口中 Coordinate System 项右侧的【…】按钮,进入 Define Coordinate System 对话框。或者,菜单【Display】>【Band Plot】>【Modify…】(或图标▨),点击 Modify Band Plot 窗口中的【Result Control…】按钮,依次即可进入 Define Coordinate System 对话框,如附图 18 所示。该坐标系的定义方法与局部坐标系的定义方法完全相同。定义完成后,可在 Define Result Control Depiction 窗口选择所用的结果转换坐标系(默认为 0,即整体坐标系)。

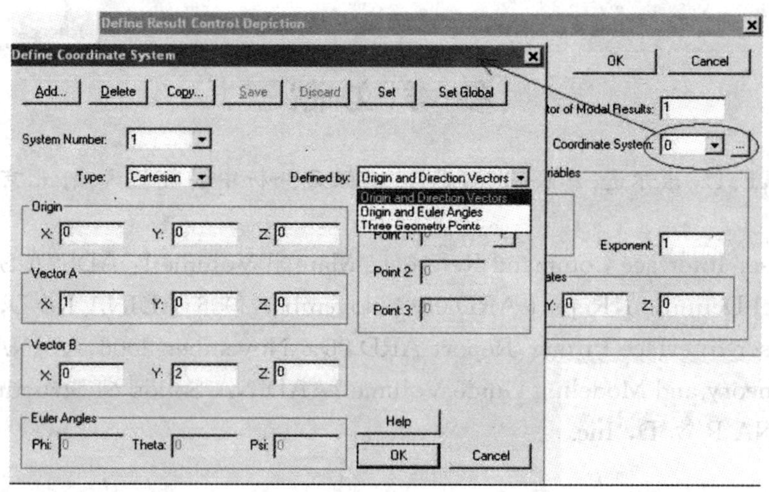

附图 18

另外，可以将前处理中所定义的局部坐标系，用作后处理中的结果转换坐标系，但要在进行后处理时，先将模型的 *.idb 文件打开，再打开 *.por 文件。结果转换坐标系的显示：后处理中，菜单【Display】>【Geometry/Mesh Plot】>【Modify…】(或直接点击图标)，点击【Element Depiction…】，在弹出的 Define Element Depiction 窗口中的 Local System Triad 栏下，选中 Display Local System Triad，Type 选择为【ResultTransformation System】，点击【OK】两次即可显示各个单元的结果转换坐标系。注意，前处理中，结果转换坐标系也可以显示，方法与上同，但只能显示其所默认的 0 坐标系。

注意：后处理中，STRESS(123)、STRAIN(123)即为结果转换坐标系中的结果，结果转换坐标系中不会有位移结果。

STRESS(IJK)的意义：

IJK 方向不代表某一坐标系，当一些单元的应力是在整体坐标系中输出时，STRESS(IJK)应力分量等于整体坐标系中的应力分量；当一些单元的应力是在等参坐标系中输出时，STRESS(IJK)应力分量等于等参坐标系中的应力分量；当一些单元的应力是在材料坐标系中输出时，STRESS(IJK)应力分量等于材料坐标系中的应力分量。STRESS(IJK)主要用于一些结果不变量(即不依赖于坐标系的方向)的计算，比如，EFFECTIVE_STRESS 就是用 STRESS>II、STRESS>JJ 等来定义的。

参 考 文 献

[1] K.J. 巴特,E.L. 威尔逊.林公豫,罗恩译.有限元分析中的数值方法.北京:科学出版社,1985.

[2] ADINA User Interface Command Reference Manual Volume I: ADINA Solids & Structures Model Definition,Report ARD 06-2 November 2006,ADINA R&D, Inc.

[3] ADINA User Interface Primer,Report ARD 06-6 November 2006,ADINA R& D, Inc.

[4] ADINA Theory and Modeling Guide Volume I: ADINA Solids & Structures,November 2006,ADINA R & D, Inc.